Peter Seethaler | Markus Steitz (Hrsg.)

Praxishandbuch Treasury-Management

Peter Seethaler | Markus Steitz (Hrsg.)

Praxishandbuch Treasury-Management

Leitfaden für die Praxis des Finanzmanagements

GABLER

Bibliografische Information Der Deutschen Nationalbibliothek
Die Deutsche Nationalbibliothek verzeichnet diese Publikation in der Deutschen Nationalbibliografie; detaillierte bibliografische Daten sind im Internet über <http://dnb.d-nb.de> abrufbar.

1. Auflage Februar 2007
Nachdruck 2009

Lektorat: Ulrike M. Vetter

Der Gabler Verlag ist ein Unternehmen von Springer Science+Business Media.
www.gabler.de

Umschlaggestaltung: Nina Faber de.sign, Wiesbaden
Druck und buchbinderische Verarbeitung: Wilhelm & Adam, Heusenstamm
Gedruckt auf säurefreiem und chlorfrei gebleichtem Papier
Printed in Germany

ISBN 978-3-8349-0223-8

„Tempora mutantur,
nos et mutamur in illis.“

„Die Zeiten ändern sich, und
wir ändern uns in ihnen.“

(Quelle: unbekannt)

Geleitwort

Alle Bereiche des Wirkens sind einem ständigen Wandel unterworfen. So auch die Treasury-Organisationen, die einem stetigen Veränderungsprozess unterliegen und in den letzten Jahren wesentlich an Bedeutung für die Unternehmen gewonnen haben.

Vergleicht man die Aufgaben des Treasury im Zeitablauf der letzten Dekaden, so ist zweifellos festzustellen, dass sich das Tätigkeitsspektrum des Treasurers in den Unternehmen erweitert hat. Wichtige Gründe hierfür sind beispielsweise die großen Fortschritte in der Datenkommunikationstechnik, das vermehrte Angebot an Alternativen in der Unternehmensfinanzierung, die erhöhte Aufmerksamkeit hinsichtlich der Finanzmarktkommunikation, die zunehmende Bedeutung der Steuerung der Energie- und Rohstoffpreisrisiken und die verstärkte Mitwirkung des Treasurers im Management des Working Capital, des Asset- und Pension Managements der Unternehmen sowie bei Unternehmensfusionen, -käufen bzw. -verkäufen.

Die konzernweite Sicht auf die gesamten Finanzprozesse des Unternehmens, die verbundenen Banken sowie gegebenenfalls Drittserviceanbieter ist heute integriert und automatisiert besser darstellbar als noch vor wenigen Jahren (Stichwort: Financial Supply Chain Management). Dem Finanzmanager stehen eine Vielzahl von Methoden und Verfahren zur unternehmensweiten Steuerung der Liquidität und der Finanzrisiken zur Verfügung, die es bisher in einer derartigen Ausprägung nicht gab. Der Treasurer kann heute schneller, präziser und umfassender seinem anspruchsvollen Aufgabenspektrum nachkommen und die Finanzinformationen für die Unternehmensführung und die Stakeholder gezielt bereitstellen.

Das Rollenbild des Treasurers hat sich gewandelt, vom „bloßen Verwalter der Kasse“ hin zum dynamischen Liquiditäts- und Finanzrisikomanager sowie Finanzberater der Unternehmensführung, der die Anforderungen der Kapital- und Kreditmärkte sowie der Regulatoren aufnimmt und sowohl in strategischer als auch in organisatorischer Hinsicht im Unternehmen berücksichtigt. Professionelles Finanz- und Treasury-Management wird immer mehr zum unternehmerischen Erfolgs- und oftmals auch zum Überlebensfaktor, wie populäre Praxisbeispiele der jüngsten Vergangenheit zeigen.

Die Beiträge in diesem Handbuch, geschrieben von Praktikern für Praktiker, sind aktuell, informativ und zeigen weitere Entwicklungstendenzen des Finanz- und Treasury-Managements auf.

Dieses Buch bietet Denkanstöße für den fachkundigen Leser und stellt komprimiert die praktischen Probleme und Lösungsmöglichkeiten in zahlreichen Treasury-relevanten Themengebieten dar.

Frankfurt am Main, im Januar 2007

Bernd Schmid
Global Head of Advisory
Mitglied des Vorstands von KPMG
Stuttgart

Hans Zehnder
Chief Financial Officer
Mitglied des Vorstands von KPMG
Frankfurt am Main

Inhaltsverzeichnis

Kapitel 2: Finanzierung

Kapitel 3: Umgang mit Kapital- und Bankenmarkt

Kapitel 4: Asset und Pension Management

Kapitel 5: Risikomanagement

Kapitel 6: Treasury Accounting

Kapitel 7: Treasury IT

Danksagung

Unser herzlicher Dank richtet sich zunächst an alle Autorinnen und Autoren, welche die vorliegenden Beiträge neben ihrem Tagesgeschäft in der Regel abends, am Wochenende oder während ihres Urlaubs verfasst haben. Insgesamt haben 56 Autorinnen und Autoren dazu verholfen, dieses Praxishandbuch zu realisieren.

Darüber hinaus gebührt unser herzlicher Dank auch unserem Team von KPMG, das sich in monatelanger Arbeit intensiv inhaltlich und formattechnisch mit den Einzelbeiträgen auseinandergesetzt hat. Namentlich möchten wir Mario Bruns, Prof. Dr. Christian Debus, Dr. Roland Demmel, Frank Düllmann, Harald Fritsche, Heike Groß, Christoph Engel, Klaus-Dieter Findeisen, Steffen Haß, Cornelia Holzamer-Debus, Carsten Jäkel, Dr. Navin Thomas Lal, Marc Müller, Stephan Plein, Dr. Andreas Rimpler, Doris Rossel, Roland Scheinert, Ulf Seckert, Thorsten Wagner, Kerstin Wegmann und Frank Wendt danken.

Die Herausgeber danken weiterhin dem Lektorat des Gabler Verlags für die gute Zusammenarbeit. Hier gebührt unser spezieller Dank Frau Ulrike M. Vetter und Frau Sabine Bernatz.

Frankfurt am Main, im Januar 2007

Dr. Peter Seethaler

Partner Advisory, KPMG

Frankfurt am Main

Albrecht Markus Steitz

Partner Advisory, KPMG

Frankfurt am Main

Herausgeber

Dr. Peter Seethaler – KPMG

Jahrgang 1972, ist Partner bei KPMG, Frankfurt am Main, im Geschäftsbereich Advisory und verantwortet den Bereich Finanz- und Treasury-Management. Er berät die Finanzbereiche großer Industrie- und Handelsunternehmen in allen Fragestellungen bezüglich des Finanzmanagements. Dr. Seethaler studierte von 1992 bis 1996 an der Universität Siegen Betriebswirtschaftslehre und beendete dort 1999 seine Promotion in Volkswirtschaftslehre.

Markus Steitz – KPMG

Jahrgang 1962, ist leitender Partner bei KPMG, Frankfurt am Main, im Geschäftsbereich Advisory. Nach der Banklehre und einjähriger Tätigkeit bei einem Genossenschaftsinstitut studierte er von 1986 bis 1990 Betriebswirtschaftslehre in Mainz und trat 1990 in die KPMG Peat Marwick GmbH in Frankfurt am Main ein. Seit 1997 ist er mitverantwortlich für den Auf-/Ausbau einer europäischen KPMG Financial Risk Management Gruppe (FRM) und seit 2001 Partner und zuständig für die Bereiche Asset Management sowie Finanz- und Treasury-Management von Unternehmen.

Autoren

Peter Adolph – KION Group GmbH (vormals Gabelstaplersparte der Linde AG)

Jahrgang 1965, begann seine berufliche Laufbahn 1985 bei der ATH Allgemeine Treuhand GmbH. Mit Abschluss seines Zweitstudiums im Jahre 1993 war er zunächst bis 2004 bei der KPMG DTG AG, Frankfurt, im Bereich Financial Services mit der Prüfung und Beratung von Leasinggesellschaften beschäftigt und legte in dieser Zeit seine Steuerberaterprüfung erfolgreich ab. Seit 2004 leitet er den Bereich Financial Services bei der KION Group GmbH (vormals Gabelstaplersparte der Linde AG). Seit 1991 ist er nebenberuflich Lehrbeauftragter der Berufsakademie Stuttgart.

Dirk Baltzer – Celanese AG

Diplom-Kaufmann, Jahrgang 1965, war zwei Jahre im Treasury der BHF-Bank tätig und wechselte anschließend zur Beratungsfirma BankBetriebsWirtschaft in Wiesbaden. Seit 1997 arbeitet er im Treasury der Hoechst AG bzw. ab 1999 in der abgespaltenen Celanese AG und ist dort verantwortlich für das Risikomanagement von Zinsen und Währungen.

Dr. Werner Brandt – SAP AG

Seit 2001 Mitglied des Vorstands der SAP AG mit den Verantwortlichkeiten Finanzen und Administration. Zwischen 1999 und 2001 war er Mitglied des Vorstands und Arbeitsdirektor der Fresenius Medical Care AG. Von 1992 bis 1999 war Dr. Brandt Mitglied der Geschäftsleitung und Vice President European Operations der Baxter Deutschland GmbH. Dr. Brandt studierte von 1976 bis 1981 Betriebswirtschaftslehre an der Universität Nürnberg-Erlangen. 1991 promovierte er an der TU Darmstadt.

Dr. Sabine Brummel – Wincor Nixdorf AG

Diplom-Volkswirtin, Jahrgang 1972, war nach dem Studium im Bereich Investor und Public Relations eines am Neuen Markt notierten Software-Unternehmens tätig. 2003 machte sie sich als Kommunikationsberaterin selbständig und nahm Lehraufträge im Bereich der Medienwissenschaften wahr. Seit 2004 ist sie als Referentin für Investor Relations bei der Wincor Nixdorf AG tätig. Dort liegt der Schwerpunkt ihrer Tätigkeit in der Betreuung von Finanzanalysten sowie von institutionellen Investoren im In- und Ausland.

Dr. Marko Brunner – KPMG

Jahrgang 1970, ist Assistant Manager bei KPMG, Frankfurt am Main, im Geschäftsbereich Advisory, Finanz- und Treasury-Management. Er berät Industrie- und Handelsunternehmen in allen Treasury-relevanten Themenbereichen. Dr. Brunner studierte von 1991 bis 1996 Betriebswirtschaftslehre an den Universitäten Gießen und Sheffield. 2003 promovierte er an der Universität Gießen.

Dr. Hans Bünting – RWE AG

Jahrgang 1964, ist seit Anfang 2005 Leiter des Bereichs Risiko Management der RWE AG. Von 2000 bis 2004 leitete er den Bereich Finance & Risk Control (global) der RWE Trading GmbH. Schwerpunkt seiner Tätigkeit ist die Bewertung und Steuerung von Commodity- und Kreditrisiken des RWE-Konzerns, auch unter Berücksichtigung der bilanziellen Auswirkungen.

Marcus Ceglarek – KPMG

Diplom-Bankbetriebswirt, Jahrgang 1969, war elf Jahre bei der Dresdner Bank AG für die Betreuung von Konzernen in Fragen des Treasury-Geschäfts verantwortlich. In dieser Zeit ist er als interner Referent und als Dozent an der Bankakademie tätig gewesen. Seit 1999 verantwortet er die Treasury-Abteilung der KPMG Gruppe. Zu diesem Aufgabenbereich gehört die Finanzplanung und Liquiditätssteuerung, die Steuerung der Bankverbindungen, das Asset- und Risikomanagement sowie das Versicherungsgeschäft.

Guillaume de Clerck – European Aeronautic Defence and Space Company EADS NV

MBA, Jahrgang 1973, ist seit fünf Jahren im EADS Konzern im Bereich Finance & Treasury tätig. Gegenwärtig ist er als Manager Reporting & Risk Assessment im Middle Office für das Treasury-Berichtswesen und die Analyse von Finanzrisiken verantwortlich. Darüber hinaus besitzt er ein Diplom in Biochemie und war vor seinem Einstieg in die EADS Gruppe in verschiedenen Funktionen in Frankreich und Brasilien tätig.

Dieter Dehlke – GEA Group AG

Diplom-Volkswirt, Jahrgang 1965, ist seit 1992 in leitenden Funktionen in den Finanzbereichen verschiedener Dax-, MDax- und anderer international bekannter Unternehmen tätig (unter anderem Preussag AG, Siemens AG, Babcock Borsig AG, Howaldtswerke-Deutsche Werft AG, MAN Ferrostaal AG). Seit Januar 2005 leitet er den Bereich Finanzen der GEA Group AG (vormals Metallgesellschaft AG) in Bochum.

Marc Dönges – E.ON AG

Diplom-Kaufmann, Jahrgang 1977, war drei Jahre im Bereich Financial Services der Degussa AG tätig. Seit 2005 ist er Referent in der Abteilung Finanz-Controlling der E.ON AG. Der Schwerpunkt seiner Tätigkeit liegt im Controlling des konzernweiten Kreditrisikos.

Andreas Drabert – European Aeronautic Defence and Space Company EADS NV

Diplom-Kaufmann, Jahrgang 1971, ist Vice President, Head of Treasury Controlling bei der EADS NV. Er begann seine Karriere 1995 bei der DaimlerChrysler AG und hielt zahlreiche Positionen mit wachsender Verantwortung innerhalb der Finance & Treasury Organisation in Stuttgart und New York inne. Seit seinem Wechsel zur EADS im Jahr 2002 ist er dort für die Bereiche Back, Middle Office und Treasury Processes verantwortlich.

Thomas Empelmann – ThyssenKrupp AG

Diplom-Kaufmann, Jahrgang 1962, ist seit 19 Jahren für den ThyssenKrupp Konzern tätig. 2002 übernahm er die Leitung des Zentralbereiches Corporate Finance der ThyssenKrupp AG. In dieser Funktion verantwortet er die Finanzierungsaktivitäten des Konzerns und damit die Sicherstellung der Liquidität der weltweit operierenden Konzerngesellschaften.

Jörg Esser – Deutsche Telekom AG

Jahrgang 1968, startete nach dem Studium der Volkswirtschaft an der Universität Köln seine Karriere bei der Bank für Sozialwirtschaft AG in Köln im Bereich Controlling. Seit 2000 ist er Referent im Bereich Kapitalmarkt der Deutsche Telekom AG. In seiner Position war er in der Umsetzung diverser Kapitalmarktprojekte tätig, unter anderem Off-Balance-Finanzierungen, syndizierte und bilaterale Kredite, Projektfinanzierungen und Anleihen.

Alexander Foltin – Infineon Technologies AG

Diplom-Kaufmann, Jahrgang 1968, arbeitet seit drei Jahren bei Infineon Technologies AG, wo er den Bereich Intercompany Finance verantwortet, der externe und interne Finanzierungen (Bankkredite, Leasing, Garantien) sowie Corporate-Finance-Projekte für den Infineon Konzern umsetzt.

David Freidl – Bayer AG

Diplom-Ökonom, Jahrgang 1969, arbeitete bei zwei Banken, bevor er 2000 zur Bayer AG wechselte. Dort ist er seit sechs Jahren im Treasury der Bayer AG tätig und leitet seit 2002 das Zinsmanagement. Zu den wesentlichen Aufgabengebieten des Bereiches gehören die Liquiditätssteuerung, das weltweite Konzernkreditgeschäft und die Zinsrisikosteuerung der Bayer Gruppe.

Peter Ganz – TUI AG

Diplom-Kaufmann, Jahrgang 1967, arbeitet seit 13 Jahren in unterschiedlichen Funktionen des Finanzresorts der TUI AG. Seit 2000 ist er verantwortlicher Treasurer und seit zwei Jahren stellvertretender Bereichsleiter Konzern Finanzen mit den Aufgabenschwerpunkten Cash- und Liquiditätsmanagement, finanzwirtschaftliches Risikomanagement und Finanz-Controlling.

François-Xavier Gérard – Infineon Technologies AG

Diplom-Betriebswirt, Jahrgang 1968, arbeitet seit sieben Jahren bei Infineon Technologies AG, wo er von 2000 bis 2004 den Bereich Intercompany Finance leitete. Seit 2005 ist er als Corporate Treasurer für den Gesamtbereich Finance & Treasury zuständig. Schwerpunkte sind das Liquiditäts-, Währungs- und Zinsmanagement, Finanzierungen jeglicher Art, die dazugehörigen Risikocontrolling und Back-Office-Aktivitäten sowie das Versicherungsmanagement.

Thomas Grad – METRO AG

MBA, Jahrgang 1956, ist Leiter Finanzen und Konzern-Treasurer der METRO AG. Zuvor war er als Vice President Corporate Finance & Treasury bei Aventis SA sowie der Hoechst AG tätig. Davor bekleidete er mehrere leitende Funktionen bei der Deutsche Bank AG, zuletzt als Direktor im Firmenkundengeschäft.

Dr. Tina Gusinde – BMW AG

Lic. oec. HSG, Jahrgang 1976, promovierte als wissenschaftliche Assistentin am Lehrstuhl für Rechnungslegung der Universität St. Gallen. Seit 2003 arbeitet sie in der BMW Group. Nachdem sie im Bereich Konzernberichtswesen für IFRS Grundsatzfragen und Schulungen sowie für Konzernrichtlinien zuständig war, wechselte sie 2006 in den Bereich Konzerncontrolling. Sie ist verantwortlich für methodische Fragestellungen des internen Planungs- und Steuerungskonzeptes der BMW Group.

Henrik Hänche – Dr. Ing. h.c. F. Porsche AG

Diplom-Kaufmann, Jahrgang 1958, ist seit dem Jahr 2000 Leiter des Treasury Centers der Dr. Ing. h.c. F. Porsche AG. Er ist verantwortlich für das Finanzmanagement des Konzerns. Davor war er in der Dyckerhoff AG und der Asea Brown Boveri AG tätig. Seinen beruflichen Werdegang startete er in der BASF AG.

Nico Hammesfahr – Dr. Ing. h.c. F. Porsche AG

Diplom-Kaufmann, Jahrgang 1966, war fünf Jahre bei KPMG München im Bereich Wirtschaftsprüfung tätig. 1996 wechselte er zum Sportwagenhersteller Dr. Ing. h.c. F. Porsche AG nach Stuttgart. Nach verschiedenen Tätigkeiten im Finanzbereich ist er heute innerhalb des Porsche Treasury Centers für den Bereich Kapitalmarkt verantwortlich.

Steffen Haß – KPMG

Diplom-Volkswirt, Jahrgang 1972, arbeitet seit 2002 bei KPMG, Frankfurt am Main, im Bereich Finanz- und Treasury-Management. Als Manager im Geschäftsbereich Advisory berät er die Finanzbereiche großer Industrie- und Handelsunternehmen in allen Treasury-relevanten Themenbereichen. Vor seinem Einstieg bei KPMG absolvierte er eine Ausbildung zum Bankkaufmann und später ein Studium der Volkswirtschaftslehre an der Universität Mannheim.

Christian Held – Bayer AG

Diplom-Kaufmann, Jahrgang 1961, absolvierte ein Trainee-Programm bei der Dresdner Bank und arbeitete im Anschluss im Investmentbanking der Bank in Frankfurt. Nach verschiedenen Positionen im Treasury, unter anderem bei Procter & Gamble und RWE-DEA, ist er seit 1999 Leiter des Corporate Treasury der Bayer AG mit der Zuständigkeit für Cash Management, Devisen- und Zinsrisikomanagement im Konzern.

Peter Holder – Wincor Nixdorf AG

Diplom-Wirtschaftsingenieur, Jahrgang 1961, war nach dem Studium des Wirtschaftsingenieurwesens und einem Trainee-Programm bei der BHF-Bank im Finanzbereich von Daimler Benz und im Treasury Center des US-Multis Procter & Gamble tätig. 1999 wechselte er zu Wincor Nixdorf in Paderborn als Leiter Finanzen. In dieser Funktion ist er für die Bereiche Treasury, Finanzierung, Steuern und Versicherung und seit 2004 zudem für den Bereich Investor Relations verantwortlich.

Joerg Hornstein – Merck KGaA

Bachelor of Business Administration der Baylor University, USA, Jahrgang 1977, hat seinen beruflichen Werdegang als Trainee bei der Merck KGaA begonnen. Seit 2002 arbeitet er im Treasury Management des Bereichs Corporate Finance & Treasury der Merck KGaA. Als Leiter des Global Cash Management Projektes ist er für den Aufbau der Inhouse Bank in der Merck Gruppe verantwortlich.

Karlheinz Hornung – MAN AG

Jahrgang 1950. Nach der Ausbildung zum Steuerberater trat er 1977 in die Kolbenschmidt AG, eine Tochter der Metallgesellschaft AG, ein. Innerhalb der Metallgesellschaft AG arbeitete er in verschiedenen Führungspositionen der Bereiche Finanz- und Rechnungswesen, Controlling und Informationssysteme. 2000 übernahm er die Leitung des gesamten Finanzbereichs und später zusätzlich die Leitung der Bereiche Investor Relations und Personal. Ab Oktober 2004 war er als Vorstandsmitglied der MAN AG verantwortlich für den Bereich Controlling, seit 1. Januar 2006 ist er dort CFO (Chief Financial Officer).

Dr. Joachim Jäckle – Henkel KGaA

Vice President Corporate Finance der Henkel Gruppe, Jahrgang 1959, begann 1991 seine Karriere und leitete von 1996 bis 2000 das Treasury Management in Düsseldorf. Ab 2000 war er in Hongkong verantwortlich für Finance/Controlling im Raum Asia Pacific. Seit Juli 2002 leitet er den Bereich Corporate Finance in Düsseldorf und ist verantwortlich für die Bereiche Treasury Management & Controlling, Asset Management/Pension Funds und die finanzielle Steuerung der Tochtergesellschaften weltweit.

Peter Jakobsmeier – Celanese AG

Diplom-Ökonom, Jahrgang 1945, trat 1979 in die betriebswirtschaftliche Abteilung der Hoechst AG ein. 1993 wurde er Leiter der betriebswirtschaftlichen Abteilung. 1995 erfolgte der Wechsel zum Corporate Controlling, für das er 1998 die Leitung übernahm. 1999 wurde er mit Abspaltung der Celanese Vice President Controller. Seit 2004 ist Peter Jakobsmeier CFO der Celanese AG.

Boris Jendruschewitz – Otto (GmbH & Co KG)

Diplom-Betriebswirt, Jahrgang 1970, ist seit 2003 in der Otto Group tätig. Dort leitet er den Bereich Konzern Finanzsteuerung, der unter anderem konzernweit strukturierte Finanzierungen und ABS-Programme durchführt. Zuvor war er 13 Jahre bei Banken im In- und Ausland tätig.

Heinz-Joachim Kastning – METRO AG

Diplom-Kaufmann, Jahrgang 1942, ist seit mehr als 35 Jahren in leitender Funktion für die METRO Group tätig. Seit 20 Jahren ist er zuständig für den Bereich Finanzdienstleistungen. Internationale Verantwortlichkeit für Konzeption und Implementierung bargeldloser Zahlungssysteme, POS-Clearing sowie Financial Services. Heinz-Joachim Kastning ist Mitglied verschiedener Arbeitskreise und Expertengruppen der nationalen und internationalen Handelsverbände.

Florian Khuen – Bayer AG

Diplom-Kaufmann, Jahrgang 1980, absolvierte ein Trainee-Programm bei der Bayer AG und arbeitet seit zwei Jahren im Zinsmanagement des Unternehmens. Er arbeitet an der Entwicklung und Umsetzung von Strategien zur Zinsrisikosteuerung, der bilanziellen Behandlung von Finanzinstrumenten sowie an der Vergabe und Sicherung internationaler Konzerndarlehen mit.

Olaf Klinger – Merck KGaA

Diplom-Kaufmann, Jahrgang 1965, war zunächst vier Jahre in verschiedenen Positionen im Finanzbereich der Mannesmann AG tätig, um danach von 1996 bis 2001 die Funktion des Treasurers bei der Mannesmann Corporation in New York zu übernehmen. Seit 2002 leitet er den Bereich Corporate Finance & Treasury der Merck KGaA. In dieser Funktion zeichnet er für die weltweiten Finanzierungs- und Treasury-Aktivitäten der Merck-Gruppe verantwortlich.

Andreas Knopf – SAP AG

Diplom-Betriebswirt, Jahrgang 1969, ist nach dem Studium der Wirtschaftsinformatik seit 1992 bei der SAP AG in Walldorf tätig und leitet dort den Bereich „Treasury Operations and Processes“. Er ist verantwortlich für das Cash Management, den Devisenzahlungsverkehr, die technische Integration mit Banken und die laufende Optimierung weltweiter Treasury-Prozesse. Er ist der Vertreter des Verbands Deutscher Treasurer (VDT) in der Payment Commission des EACT zu SEPA.

Claas Carsten Kohl – European Aeronautic Defence and Space Company EADS NV

Diplom-Mathematiker, Jahrgang 1969, leitet als Senior Manager seit 2005 das Middle Office im Bereich Treasury Controlling der EADS NV Sein Verantwortungsbereich umfasst sowohl das Treasury-Berichtswesen und die Risikoanalyse als auch die Qualitätskontrolle aller Treasury-Prozesse. Sein beruflicher Werdegang führte ihn vom Risiko-Controlling der Dresdner Bank AG über die Hoechst AG in die Zentrale von Aventis nach Straßburg, wo er von 2000 bis 2004 für Risikoanalyse und Treasury-Reporting zuständig war.

Detlef Konter – Robert Bosch GmbH

Diplom-Kaufmann, Jahrgang 1958, arbeitet seit elf Jahren für die Robert Bosch GmbH. Während dieser Zeit war er unter anderem verantwortlich für die Treasury-Aktivitäten der Bosch Gruppe und das nordamerikanische Controlling. Seit 2000 leitet er in der Bosch Zentrale die Zentralabteilung Finanzen und Bilanzen. In seinen Zuständigkeitsbereich fällt vor allem die weltweite Verantwortung für Treasury und Finanzierungsaktivitäten, Bankenpolitik und Risikomanagement sowie die Bilanzierung der Bosch Gruppe.

Michael Marquard – European Aeronautic Defence and Space Company EADS NV

Diplom-Volkswirt, Jahrgang 1963, arbeitet seit vier Jahren im Bereich Treasury Operations Management im Back Office bei der EADS in München. Der Schwerpunkt seiner Tätigkeit liegt in der Kontrolle und Abwicklung sämtlicher Treasury-Geschäfte der EADS, insbesondere jedoch Devisen- und Geldmarktgeschäften, welche bei EADS über das SWIFT-Netz abgewickelt und abgeglichen werden.

Gerhard Mischke – Deutsche Telekom AG

Jahrgang 1959, begann nach Abschluss des Studiums der Betriebswirtschaftslehre an der Universität Gießen seine berufliche Karriere 1985 in der Finanzabteilung der Franz Haniel & Cie GmbH, Duisburg. 1991 wurde er Bereichsleiter Finanzierung + M&A bei der GEHE AG, Stuttgart. 1998 wurde er Finanzvorstand der GEHE UK. Seit 09/2000 ist er Leiter des Zentralbereichs Treasury der Deutsche Telekom AG.

Peter Mißler – Deutsche Post AG

Jahrgang 1950, ist Diplom-Kaufmann. Nach Abschluss seines betriebswirtschaftlichen Studiums hat er mehrjährige Erfahrung in verschiedenen großen internationalen Unternehmen im Finanzbereich gesammelt. Er ist seit 2001 bei der Deutschen Post World Net in Bonn Zentralbereichsleiter Rechnungswesen und Reporting. In dieser Funktion ist er verantwortlich für das weltweite Rechnungswesen.

Albrecht Möhle – Volkswagen AG

Jahrgang 1958, ist seit Oktober 2004 Leiter des Bereichs Geld- und Kapitalverkehr der Volkswagen AG und Vorstand des Volkswagen Pension Trust e.V. Sein Weg seit 1986 bei Volkswagen führte ihn durch die Abteilungen Credit Management und Risikomanagement. Er war Treasurer bei der VW-Tochter SKODA Auto a. s. und General Manager der Volkswagen Investments Limited in Dublin.

Dr. Philip Nölling – Otto (GmbH & Co KG)

Diplom-Volkswirt, Jahrgang 1966, promovierte am Graduiertenkolleg des Europa-Kollegs Hamburg. Seit 2002 ist er als Direktor Konzern-Finanzen der Otto Group für alle Finanzierungsthemen maßgeblich verantwortlich. Die Otto Group ist mit rund 123 Gesellschaften in 19 Ländern die weltweit größte Versandhandelsgruppe und der zweitgrößte B2C Internethändler. Zuvor war Dr. Philip Nölling sechs Jahre in unterschiedlichen Positionen im In- und Ausland tätig.

Robert Pflug – EnBW AG

Diplom-Kaufmann, Jahrgang 1961, wechselte 1996 von der Deutschen Bank AG zur damaligen Badenwerk AG. Im Zuge der Fusion mit der EVS AG zur heutigen EnBW AG im Jahre 1998 hat er das Cash Management maßgeblich aufgebaut und weiterentwickelt. Darüber hinaus verantwortet er mittlerweile sämtliche Treasury-Management-Aktivitäten des Konzerns.

Dr. Peter Rathgeb – Siemens Financial Services GmbH

Jahrgang 1967, ist seit sechs Jahren bei Siemens Financial Services beschäftigt und verantwortet dort die Kreditabteilung, das Kreditrisikocontrolling, das Treasury Controlling und Treasury Back Office sowie sämtliche risikomethodischen Fragestellungen. In den Jahren 1996 bis 2000 war er bei der HypoVereinsbank für die Entwicklung interner Risikomodelle verantwortlich.

Luis Rauch – Dyckerhoff AG

Diplom-Kaufmann, Jahrgang 1957, leitet seit 1999 den Finanz- und Versicherungsbereich bei der Dyckerhoff AG, Wiesbaden. Vor seinem Eintritt bei Dyckerhoff war er bei der Hoechst AG in diversen Funktionen im Finanz- und Rechnungswesen 15 Jahre tätig und zuletzt dort verantwortlich für das finanzielle Risikomanagement der Gruppe. Er ist Mitglied der Gefiu und des VDT.

André Scipio – RWE AG

Diplom-Betriebswirt, Jahrgang 1975, war zweieinhalb Jahre im Finanzbereich der RWE Power AG in Essen tätig. Anfang 2005 wechselte er in das Treasury der RWE AG und ist dort unter anderem für Zins- und Wechselkurssicherungen sowie Geldanlagen zuständig. Zudem war er für das konzernweite Roll-out einer Devisenhandelsplattform verantwortlich.

Thomas M. Seibel – RWE AG

Diplom-Kaufmann, Jahrgang 1975, ist seit 01.07.2004 Leiter des Financial Risk Managements und des Back Office der RWE AG. Dort beschäftigt er sich neben der Messung der finanzwirtschaftlichen Risiken des RWE Konzerns auch mit der möglichst effizienten Abwicklung der internen und externen Finanztransaktionen des Group Treasury.

Dr. Lothar Steinebach – Henkel KGaA

Jahrgang 1948, ist seit Juli 2003 Executive Vice President und CFO und seit Januar 2005 zusätzlich General Counsel der Henkel KGaA, Düsseldorf. Von 1969 bis 1978 absolvierte er das Studium der Rechtswissenschaften in Mainz, die Referendarausbildung sowie ein Graduiertenstudium an der University of Michigan. 1980 begann er seine Karriere in der Rechtsabteilung der Henkel KGaA. Dr. Steinebach war in der Henkel KGaA maßgeblich in zahlreiche bedeutende Transaktionen involviert.

Silvan Stimming – CeDo GmbH

Jahrgang 1969, trat nach seinem Studium zum Diplom-Kaufmann an der Universität Mainz 1997 bei der KPMG DTG AG ein. Die Prüfung zum CPA legte er erfolgreich im Jahre 2000 in den USA ab. Von 2001 bis 2006 arbeitete Silvan Stimming bei der Linde AG, Wiesbaden, und war vornehmlich für die Bilanzierung im Bereich Financial Services verantwortlich. Seit 2006 ist er Head of Group Accounting bei der CeDo GmbH. Im Jahr 2004 erfolgte der Abschluss seines Zweitstudiums zum MBA in Edinburgh (UK).

Axel Tillmann – Deutsche Lufthansa AG

Jahrgang 1964, war sechs Jahre bei der Continental AG in Hannover als Referent und später als Leiter des Zins-, Geld- und Währungsmanagements beschäftigt. 1997 wechselte er in den Finanzdienstleistungsbereich der Daimler-Benz AG und übernahm dort die Verantwortung für das Euro-Projekt. Seit 1999 ist er bei der Deutschen Lufthansa AG in Köln bzw. Frankfurt tätig und leitet derzeit den Bereich Konzernfinanzen der Unternehmensgruppe.

Frank Wagner – Robert Bosch GmbH

Diplom-Wirtschaftsingenieur (FH), Jahrgang 1969, war zwei Jahre als SAP-Berater mit Schwerpunkt Migration R/2 auf R/3 tätig und arbeitet seit 1997 für die Robert Bosch GmbH. Während dieser Zeit war er vorwiegend im Bereich Treasury für die Themen Devisen- und Cash Management sowie IT-Systeme zuständig. Seit 2006 ist er in der Zentralabteilung Finanzen und Bilanzen für den Bereich Cash Management & Back Office verantwortlich.

Dr. Christoph Waidacher – E.ON AG

MSc, Jahrgang 1968, promovierte in Physik an der TU Dresden und verfasste eine Masterarbeit in Finanzmathematik an der Universität Oxford. Er war fünf Jahre als Berater im Bereich Finanzrisiken und -systeme tätig. Seit 2005 leitet er die Abteilung Finanzcontrolling der E.ON AG. Die Hauptverantwortlichkeiten dieser Abteilung liegen im Controlling der konzernweiten Kredit-, Währungs-, Zins- und Commodity-Preis-Risiken sowie im Controlling von Cash Flow und Nettofinanzposition der E.ON AG.

Christoph Waldvogel – RWE AG

Betriebswirt (VWA), Jahrgang 1966, ist Projektmanager für Treasury Systeme bei der RWE AG. Er war Verantwortlicher aus dem Bereich Treasury für die Auswahl und die Implementierung des Treasury-Management-Systems und übernahm zum Ende des Projektes dessen Leitung. Heute ist er zuständig für die Administration sowie die fachliche und strategische Weiterentwicklung der Treasury Systeme in der RWE AG.

Bernd Walter – Siemens Financial Services GmbH

Diplom-Ingenieur, Jahrgang 1970, baute bei Siemens Financial Services das Methodenteam auf und leitet dieses seit fünf Jahren. In dieser Funktion verantwortete er die Entwicklung und Implementierung einer Reihe von finanzmathematischen Modellen. Darüber hinaus wurden unter seiner Leitung Risiko- und Optimierungsmodelle für die Versicherungssparte, das Beteiligungsgeschäft und das Asset Management entwickelt.

Stephan Wiemann – Deutsche Telekom AG

Diplom-Kaufmann, Jahrgang 1968, leitet seit 2000 den Fachbereich Kapitalmarkt der Deutschen Telekom AG und ist seit März 2003 als Co-Geschäftsführer der niederländischen Finanzierungsgesellschaft Deutsche Telekom International Finance B.V. tätig. Nach dem Studium der Wirtschaftswissenschaften an der Universität Siegen war Stephan Wiemann als Betreuer mittelständischer Firmenkunden bei der Sparkasse Bonn tätig.

Dr. Thomas Wittig – BMW AG

Diplom-Kaufmann, Jahrgang 1960, arbeitet seit 1989 in der BMW Group. Nach verschiedenen Funktionen im Rechnungswesen und Controlling übernahm er von 2001 bis 2002 als CFO der BMW US Holding in New Jersey die Leitung Finanzen und Verwaltung der Region Amerika. Im Jahr 2003 wechselte er als Leiter Vertriebsplanung zurück in die Zentrale. Seit 2005 ist er als Leiter Konzernberichtswesen verantwortlich für die externe Rechnungslegung, Steuern und Zölle der BMW Group.

Hans Zehnder – KPMG

Wirtschaftsprüfer, Steuerberater, Diplom-Kaufmann, Jahrgang 1952, ist seit 1980 für KPMG tätig. Im Jahre 1993 übernahm er die Leitung des Prüfungsbereichs Industrie & Handel in Frankfurt am Main, mit den Schwerpunkten der Jahres- und Konzern-Abschlussprüfung nach HGB, IFRS und US-GAAP. Im Juli 2000 wurde er in den Vorstand berufen und übt seit Mai 2005 die Funktion des CFO bei KPMG aus. Er ist Mitglied des Hochschulrats der Justus-Liebig-Universität Gießen und Lehrbeauftragter an der Johann Wolfgang Goethe-Universität Frankfurt am Main.

Einleitung

Dieses Praxishandbuch zum Finanz- und Treasury-Management in deutschen Unternehmen verfolgt die Zielsetzung, die wesentlichen Themenbereiche und Aufgabenstellungen innerhalb des Finanzmanagements aus Praktikersicht darzustellen. Hiermit soll eine derzeit bestehende Lücke in der Fachliteratur geschlossen werden. Im Rahmen des Handbuchs werden einerseits Standardthemen sowie andererseits neuere Trends und Entwicklungen im Finanzmanagement der Unternehmen aufgegriffen.

Die von Finanzmanagern deutscher Großkonzerne verfassten Beiträge arbeiten die jeweiligen Themengebiete fundiert auf und legen hierbei Wert auf eine anwendungsorientierte Darstellung.

Die Herausgeber wünschen dem Handbuch, dass es sich als ein „Standardwerk“ in der Praxis des deutschen Finanzmanagements etabliert und dem interessierten Leser den Zugang zu der nicht immer einfach verständlichen Materie des Finanz- und Treasury-Managements erleichtert.

Treasury in der Retrospektive: Reflexion wichtiger Entwicklungen

Innerhalb der letzten Jahre haben sich für das Treasury in deutschen Unternehmen zahlreiche und wesentliche Veränderungen ergeben. So ist eine deutliche Fokussierung auf eine *Effizienzsteigerung hinsichtlich der Prozessabläufe* im Treasury zu beobachten. Nahezu alle deutschen Großkonzerne und darüber hinaus auch viele kleinere Unternehmen haben mit der Einführung von Treasury-Management-Systemen, dem automatisierten Einbezug von Drittserviceanbietern und in Teilen auch mit der Nutzung von SWIFT und/oder webbasierten Anbindungen von Tochtergesellschaften ihre Prozesse im Finanzbereich deutlich effizienter und schneller gestalten können. Damit ist zwangsläufig eine Veränderung der Tätigkeiten im Treasury verbunden: Frühere zeitintensive Tätigkeiten zur Sammlung und Aufbereitung von Daten zur Steuerung der Unternehmensliquidität oder der Beurteilung der Finanzrisiken im Konzern sind sukzessive analytischen, wertschaffenden Tätigkeiten gewichen.

Neben eher an Effizienz orientierten Gesichtspunkten haben auch neue *gesetzliche Anforderungen* zu veränderten Ansprüchen an das Treasury geführt. Beispielhaft seien hier die Anforderungen der Internationalen Rechnungslegungsvorschriften (IFRS) an den Einsatz von Finanzinstrumenten und strukturierter Finanzprodukte genannt, die unmittelbar die ökonomische Finanzrisikosteuerung der Unternehmen beeinflussen. Der Treasurer kommt heute, z. B.

bei der Designation von Sicherungsbeziehungen im Rahmen des Hedge Accounting, nicht mehr ohne entsprechende Kenntnisse dieser Rechnungslegungsvorschriften aus.

Weiterhin haben die neuen Anforderungen des Sarbanes-Oxley-Act (SOA 404) für an der New York Stock Exchange (NYSE) gelistete Unternehmen und die im Zusammenhang mit Corporate Governance stehenden Erfordernisse zum weiteren Auf- und Ausbau interner Kontrollen innerhalb des Treasury geführt.

Unternehmensnachrichten an den Finanzmärkten schlagen sich in der Regel in Kursauf- oder -abschlägen bzw. Ratingveränderungen nieder. Insofern kommt dem Treasurer eine wichtige Rolle zu, die notwendigen *Finanzmarktinformationen* zur Liquidität und Finanzierung sowie zu den Finanzrisiken vollständig, richtig und schnell dem Unternehmen und den externen Interessengruppen zur Verfügung zu stellen. Im Hinblick auf die *Finanzierungsstrategie* haben die meisten Unternehmen in den letzten Jahren – nicht zuletzt auch vor dem Hintergrund von Basel II – eine Diversifizierung vorgenommen und sich verstärkt am Kapitalmarkt Finanzmittel beschafft. In diesem Zusammenhang sind sicherlich auch Asset-Backed-Securities-Programme, Private Placements oder in jüngster Zeit Hybridanleihen zu nennen.

Im Bereich des *Cash Managements* haben die meisten Unternehmen aufgrund gestiegener technischer Möglichkeiten in den letzten Jahren eine Ausweitung der Cash-Konzentration sowie eine weitergehende Automatisierung im Zahlungsverkehr und im konzerninternen Netting vorgenommen und hierdurch eine deutliche Senkung von Transaktionskosten erzielt. So wurden die Eurozone und einige wesentliche Fremdwährungen umfassende Cash-Pooling-Strukturen und Inhouse-Bank-Konzepte einschließlich automatisiertem Inter Company Netting sowie Payment Factories etabliert.

Das *Asset und Pension Management* von Unternehmen unterliegt seit geraumer Zeit deutlichen Veränderungen. Gründe hierfür sind sicherlich unter anderem die geänderte Bewertung der Pensionsverpflichtungen gemäß IFRS im Vergleich zu HGB sowie die Neubewertung von Pensionsverpflichtungen im Rahmen der Rating-Bestimmung durch Standard & Poor's. Als wesentliche Maßnahmen im Asset und Pension Management sind die Auslagerung von Kapitalanlagen in Contractual Trust Arrangements (CTA) sowie die Beauftragung von Kapitalanlagegesellschaften zur reinen Abwicklung bzw. dem fondsübergreifenden Reporting (Master-KAG) anzusehen. Das Asset Management im engeren Sinne wurde durch die Etablierung von Overlay-Strukturen, in denen ein Advisor bzw. Overlay Manager die strategische Asset Allokation für Sub-Advisor oder Kapitalanlagegesellschaften zur Steuerung der Fonds vorgibt, professionalisiert.

Mit zunehmendem Druck der Finanzinvestoren auf Unternehmen und der damit oftmals verbundenen Forderung nach höherer Eigenkapitalrendite bzw. höherem Return on Capital Employed (ROCE) ergibt sich für die Konzerne immer mehr die Notwendigkeit, ihre erwirtschafteten Erträge bzw. die liquiden Mittel renditesteigernd in neue Unternehmen zu investieren. Insofern war in den letzten zwei Jahren gleichsam eine deutliche Ausweitung und Beschleunigung im Bereich der *Mergers & Acquisitions* zu beobachten. Dies stellt natürlich auch das Treasury vor die Herausforderung, den Finanzbereich des neuen Teilkonzerns mittels eines oftmals weltweit operierenden Treasury-Spezialistenteams in sehr kurzer Zeit zu integrieren.

Treasury im Wandel: Perspektiven und Herausforderungen

Die Veränderung der Geschäftsberichte deutscher Konzerne zeigt deutlich die immer stärker im Vordergrund stehende *liquiditätsorientierte Unternehmenssteuerung*. Während entsprechende liquiditätsorientierte Kennzahlen auf Top-Management-Ebene zumindest in Teilen etabliert wurden, ist in den meisten Unternehmen hieraus keine umfassende, die Interdependenzen zwischen Finanzierung, Risikomanagement, Asset und Pension Management sowie Working Capital Management berücksichtigende Steuerung der Unternehmensliquidität abgeleitet worden. Die Zusammenführung von Rechnungswesen-, Controlling- und Treasury-Daten in ein integriertes Steuerungskonzept (Cockpit-Funktion) wird hierbei eine wesentliche Rolle spielen.

Die Überwachung der Einhaltung von Cash-Performance-Vorgaben könnte innerhalb des Treasury angesiedelt sein, da hier – im Gegensatz zu anderen Funktionsbereichen wie Controlling oder Rechnungswesen – traditionell schon immer eine stärkere Fokussierung auf die Liquidität erfolgt ist. Dies bedeutet, dass sich das Aufgabenspektrum des Treasury in den Unternehmen weiterhin verändern wird. Neben der Liquiditätssteuerung und dem Risikomanagement kommen die Analyse und Steuerung der gesamten Finanzprozesse im Unternehmen (Financial Supply Chain Management) und damit auch die Überwachung der primären finanziellen Wertschöpfungsprozesse hinzu. Insofern wird der seit längerer Zeit zu beobachtende Trend bei den Unternehmen hin zu wertschaffenden Tätigkeiten innerhalb des Treasury fortgesetzt.

Die Einführung eines *einheitlichen Zahlungsverkehrsraums* innerhalb der Europäischen Union (Single Euro Payments Area, SEPA) und die Definition der SEPA-Zahlungsinstrumente werden erstmalig einen europäischen Standard zur Folge haben. Hieraus ergibt sich für das Treasury die Chance, eine Reduzierung der Schnittstellenanzahl und der abzubildenden Zahlungsverkehrsformate zu erreichen. Da mit der Einführung von SEPA alle Zahlungen innerhalb der Europäischen Union de facto zu Inlandszahlungen werden, geht hiermit tendenziell auch eine Reduktion von Transaktions- und Sachkosten einher.

Im Zuge der derzeit stark voranschreitenden *Automatisierung der kompletten Financial Supply Chain* wird eine stärkere Einbindung der Treasury-Prozesse in den gesamten ERP-Prozess erfolgen können, so dass eine stärkere Integration des Treasury mit anderen Funktionsbereichen ermöglicht wird. Dies wird die vorstehend beschriebene Ausweitung der Aufgaben des Treasury systemseitig unterstützen.

Die *Integration von Treasury mit anderen Funktionsbereichen* erfolgt derzeit aber auch aus anderen Gründen. An dieser Stelle sei beispielhaft auf die Integration von Treasury und Einkauf/Beschaffung verwiesen. Aufgrund der stark gestiegenen Rohstoff- und Energiepreise ergibt sich für viele Unternehmen, die in den letzten Jahren im Bereich der Sicherung physischer Grundgeschäfte keine Maßnahmen ergriffen haben, die Notwendigkeit, ein Commodity Management zur Sicherung von Rohstoff- und Energiepreisrisiken aufzubauen. Während die Kompetenz hinsichtlich der physischen Grundgeschäfte und der Funktionsweise dieser Märkte innerhalb der Beschaffungsabteilungen angesiedelt ist, verfügt das Treasury über die Kenntnisse von Sicherungsstrategien und -instrumenten. Hieraus wird sich ebenfalls eine Ausweitung der Aufgaben des Treasury ergeben: Mitbestimmung bei der Festlegung der Sicherungsstrategie im Commodity-Bereich, Durchführung von Sicherungsmaßnahmen und Abwicklung neuer Commodity-Derivate.

Als weiteres Beispiel der Integration des Treasury mit anderen Funktionsbereichen mag die bereits bei einigen Konzernen zu beobachtende enge Zusammenarbeit zwischen dem Vertrieb und der Treasury-Abteilung dienen. Neben komplexen Methoden zur Kreditrisikosteuerung in Bezug auf das unternehmensweite Forderungsportfolio stellt die Verwendung von Kreditderivaten wie Credit Default Swaps oder Credit Default Options neue Herausforderungen für das Treasury dar.

Die zunehmende Regelungsdichte in Bezug auf den Finanzbereich von Unternehmen sowie die damit einhergehenden erhöhten Berichterstattungspflichten gemäß IFRS 7 und die neueren Anhangpflichten nach HGB werden zu einer zunehmenden Automatisierung der Berichterstellung innerhalb des Treasury führen. Insbesondere kleinere und nach IFRS bilanzierende Unternehmen werden unter anderem vor dem Hintergrund dieser Pflicht zur Offenlegung der unternehmensweiten Liquiditäts- und Währungsrisikopositionen vor nicht unbeachtlichen technischen und organisatorischen Herausforderungen im Finanzbereich stehen.

Das Buch untergliedert sich in die folgenden Themenbereiche:

- Liquiditätssteuerung und Cash Management
- Finanzierung
- Umgang mit Kapital- und Bankenmarkt
- Asset und Pension Management
- Risikomanagement
- Treasury Accounting
- Treasury IT

Kapitel 1: Liquiditätssteuerung und Cash Management

Der Beitrag von *Karlheinz Hornung* – MAN AG – zur Cash-Flow-orientierten Unternehmenssteuerung geht zunächst auf wesentliche Kennzahlen der wertorientierten Unternehmenssteuerung sowie die Grundlagen der Kapitalflussrechnung ein. Hierauf aufbauend werden Cash-Flow-basierte Konzepte der Wertorientierung und Maßnahmen zur Optimierung der Planung und Steuerung des Cash Flow erörtert.

Marcus Ceglarek und *Hans Zehnder* – KPMG – stellen in ihrem Beitrag ein Instrumentarium zur konzernweiten Liquiditätssteuerung dar und zeigen in diesem Zusammenhang die wesentlichen Rahmenbedingungen sowie die kritischen Erfolgsfaktoren für eine effiziente Liquiditätssteuerung auf. Im Rahmen einer effektiven Liquiditätssteuerung kommt der Bestimmung einer strategischen Liquiditätsreserve eine zentrale Rolle zu. *Axel Tillmann* – Deutsche Lufthansa AG – verdeutlicht die Gründe für eine Liquiditätsreserve und zeigt auf, anhand welcher Parameter diese systematisch abgeleitet und strukturiert werden kann. Der zweite Teil seines Beitrages beschäftigt sich mit der Etablierung von Anlagegrundsätzen und der Optimierung des Renditerisikos der strategischen Liquiditätsreserve.

Neben der eher strategisch sowie mittel- und langfristig ausgerichteten Liquiditätssteuerung sind im Tagesgeschäft des Treasury das kurzfristig orientierte Cash Management und damit die Abwicklung des Zahlungsverkehrs von wesentlicher Bedeutung. *Dr. Werner Brandt* und *Andreas Knopf* – SAP AG – diskutieren in diesem Zusammenhang die Auswirkungen von SEPA auf den europäischen Zahlungsverkehrsraum und stellen die Implikationen für ein Industrie-Treasury dar. Weiterhin erörtern sie die erforderlichen vorbereitenden Maßnahmen zur Umsetzung von SEPA und verdeutlichen die hieraus resultierenden Auswirkungen auf die IT und die Financial Supply Chain. *Thomas Grad* und *Heinz-Joachim Kastning* – METRO AG – setzen sich kritisch mit den Auswirkungen von SEPA auf Bargeldzahlungen und Kreditkartenabwicklung in Handelskonzernen auseinander. Neben den Gebührenstrukturen der Kreditkartenorganisationen und der Situation im europäischen Kartenmarkt zeigen die Autoren den aktuellen Rechtsstand hinsichtlich verschiedener Verfahren bei den europäischen Wettbewerbsbehörden und der EU-Kommission auf.

Der Beitrag von *Robert Pflug* – EnBW AG – behandelt den Aufbau einer Cash-Pooling-Struktur und geht hierbei im ersten Teil auf die verschiedenen Ausgestaltungsformen des Cash Pooling ein. Im zweiten Teil werden die Erfolgsfaktoren bei der Etablierung von Cash Pools sowie die zu beachtenden rechtlichen und steuerlichen Rahmenbedingungen aufgezeigt. Im Zusammenhang mit der Abwicklung des internen und externen Zahlungsverkehrs sind in den letzten Jahren neben innovativen Cash-Pool-Strukturen immer wieder vor allem die Begriffe Payment Factory und Inhouse Bank in Erscheinung getreten. *Detlef Konter* und *Frank Wagner* – Robert Bosch GmbH – beschreiben zunächst zwei mögliche Konzepte zur Ausgestaltung einer Payment Factory und stellen die wesentlichen Entscheidungsfaktoren hinsichtlich der Ausgestaltung sowie der Umsetzung dar. Die Autoren analysieren neben technischen Aspekten, wie der Übertragung der Zahlungsdateien an die Payment Factory, auch die sich durch SEPA ergebenden Änderungen. *Olaf Klinger* und *Joerg Hornstein* – Merck KGaA – befassen sich mit dem Konzept der Inhouse Bank und gehen hierbei neben der Darstellung einer systemtechnischen Lösung auf die Aufgaben und den Prozessablauf einer Inhouse Bank ein. Der Beitrag greift auch die Thematik der im Konzern festzulegenden Regelungen in Bezug auf den internen und externen Zahlungsverkehr auf und beleuchtet darüber hinaus die Schnittstelle zwischen Cash Management und Finanzrisikomanagement.

Während die vorstehenden Beiträge im Wesentlichen eine Darstellung von Instrumentarien zur Vermeidung von Liquiditätsengpässen enthalten, beschäftigt sich *Dieter Dehlke* – GEA Group AG – mit der Situation einer Liquiditätskrise. Am Anfang seiner Überlegungen stehen die Indikatoren einer Unternehmens- bzw. in der Folge auch Liquiditätskrise sowie Maßnahmen, die vor dem Eintritt in eine Krise getroffen werden können. Im Folgenden schildert der Autor anschaulich die erforderlichen Schritte innerhalb solcher Krisensituationen und gibt anhand seiner Erfahrungen praktische Hinweise.

Im Zusammenhang mit dem Liquiditätsmanagement sind die Steuerung der Kapitalbindung und damit das Working Capital Management von wesentlicher Bedeutung. *Peter Mißler* – Deutsche Post AG – stellt die Etablierung eines auf Nachhaltigkeit ausgerichteten Working Capital Managements dar. Im Rahmen der konzeptionellen Ausgestaltung des Working Capital Managements werden die wesentlichen Kernelemente aufgezeigt und Maßnahmen zur Optimierung der Prozessketten in den Bereichen Order-to-Cash und Purchase-to-Pay verdeutlicht.

Kapitel 2: Finanzierung

Thomas Empelmann – ThyssenKrupp AG – stellt im Rahmen seines Beitrages einen Ansatz zur Bestimmung der Kapitalstruktur vor und geht insbesondere auf die Determinanten Rating und gewichtete Kapitalkosten ein. Hierbei geht er, vor dem Hintergrund einer Beibehaltung der finanziellen Unabhängigkeit von Kreditgebern, auf die Veränderungen der Kapitalstruktur bzw. die Diversifizierung der Finanzierungsquellen innerhalb der letzten Jahre ein und zeigt die relevanten Gründe auf.

Gerhard Mischke, Stephan Wiemann und *Jörg Esser* – Deutsche Telekom AG – beschäftigen sich mit der Inanspruchnahme des Bankenmarktes und gehen zunächst der Fragestellung nach, welche wesentlichen Aspekte im Rahmen der Bankenpolitik zu beachten sind. Im zweiten Teil ihres Beitrages analysieren sie kritisch die Vor- und Nachteile von syndizierten Krediten im Vergleich zu bilateralen Krediten. Der Beitrag von *Henrik Hänche* und *Nico Hammesfahr* – Dr. Ing. h.c. F. Porsche AG – stellt einen Erfahrungsbericht hinsichtlich der Platzierung eines US Private Placement dar. Neben einem Vergleich zur alternativen Finanzierung mittels eines Eurobonds beschreiben die Autoren den Finanzierungsprozess von der Mandatierung bis hin zum Closing. Die Finanzierung mittels ABS-Programmen wird von *Boris Jendruschewitz* und *Dr. Philip Nölling* – Otto (GmbH & Co KG) – dargestellt. Die Autoren erläutern zunächst die Funktionsweise, typische ABS-Strukturen sowie Gründe für eine ABS-Finanzierung. Im Anschluss werden der Strukturierungsprozess sowie die Fragestellung des Bilanzausweises betrachtet.

Von *Peter Adolph* und *Silvan Stimming* – KION Group GmbH (vormals Gabelstaplersparte der Linde AG) und CeDo GmbH – wird das Thema Leasing als Sonderform der Finanzierung aufgegriffen. Der Beitrag untersucht die Anforderungen an die Umsatzrealisierung und die bilanziellen Auswirkungen des Leasinggeschäfts mit Restwertgarantie nach IFRS.

Kapitel 3: Umgang mit Kapital- und Bankenmarkt

Peter Holder und *Dr. Sabine Brummel* – Wincor Nixdorf AG – stellen die wesentlichen Elemente einer erfolgreichen Finanzmarktkommunikation vor. Der Beitrag geht auf Ziele, Zielgruppen und Inhalte der Finanzmarktkommunikation ein. Ferner werden die Themenbereiche der kapitalmarktorientierten Planung, der veränderten Transparenzanforderungen aufgrund eines IPO sowie des Erwartungsmanagements hinsichtlich des Kapitalmarktes aufgegriffen. Der Praxisbericht von *Luis Rauch* – Dyckerhoff AG – zum Thema Ratingverhandlungen befasst sich zunächst mit der Frage nach der Zielsetzung eines Ratings, der Auswahl eines Rating Advisors sowie den mit der Einführung eines Ratings verbundenen Kosten. Der Autor stellt den Verlauf eines Ratingprozesses vor und beleuchtet wichtige Aspekte der Ratingsteuerung nach Erhalt eines Erst-Ratings. *François-Xavier Gérard* und *Alexander Foltin* – Infineon Technologies AG – beschreiben einen Ansatz zur Analyse der Bankenprofitabilität, um auf dieser Basis eine gezielte Steuerung der Bankbeziehungen vornehmen zu können. Das Modell greift auf den RAROC-Ansatz sowie die Kapitalhinterlegungsvorschriften gemäß Basel II zurück und untersucht die Auswirkungen von z. B. Finanzierungs- und Sicherungsentscheidungen auf die Ergebnisbeiträge des Kredit- und Provisionsgeschäfts der Banken.

Kapitel 4: Asset und Pension Management

Albrecht Möhle – Volkswagen AG – schildert die Steuerung des Asset Managements innerhalb eines Industriekonzerns und analysiert hierbei im Zusammenhang mit Pensionsverpflichtungen die unterschiedlichen Implikationen von Leistungszusagen (Defined Benefit) und Beitragszusagen (Defined Contribution). Nach einer Darstellung der organisatorischen und rechtlichen Ausgestaltung des Pension Trust beschreibt der Autor die historische Entwicklung vom Mischfonds hin zur Overlay-Struktur sowie den etablierten Investment- und Risikomanagementprozess. *Dr. Lothar Steinebach* und *Dr. Joachim Jäckle* – Henkel KGaA – behandeln das Management von Pensionsverpflichtungen und deren Finanzierung mittels Hybridanleihen. Neben einer Betrachtung der Risikostruktur von Pensionsverpflichtungen und der unterschiedlichen Bilanzierung nach HGB und IFRS werden die Vor- und Nachteile einer externen Finanzierung der Pensionsrückstellungen im Vergleich zur Innenfinanzierung diskutiert. Der Beitrag erläutert darüber hinaus im Zusammenhang mit der Finanzierung von Pensionsrückstellungen mittels Hybridanleihen deren Ausgestaltung und behandelt Ratingaspekte sowie das Modell eines CTA als Finanzierungsvehikel.

Kapitel 5: Risikomanagement

Peter Ganz – TUI AG – betrachtet im Rahmen seines Übersichtsbeitrages zum finanzwirtschaftlichen Risikomanagement zunächst die in diesem Zusammenhang relevanten gesetzlichen Rahmenbedingungen sowie die Anforderungen des Kapitalmarktes. Im Anschluss spricht der Autor das Management der verschiedenen Marktrisiken, des Bonitäts- sowie des Liquiditätsrisikos an und verdeutlicht den Risikomanagementprozess anhand des Managements der Währungsrisiken.

Dr. Peter Seethaler, Steffen Haß und *Dr. Marko Brunner* – KPMG – greifen in ihrem Beitrag die Thematik der Aggregation von Währungsrisiken zu einer konzernweiten Risikoposition auf und stellen hierbei zunächst unterschiedliche Risikokonzepte sowie relevante Aspekte der funktionalen Währung und des Risikohorizonts dar. Auf der Basis von Fallbeispielen werden zwei alternative Verfahren zur Exposure-Ermittlung erörtert und deren praktische Eignung diskutiert. *Peter Jakobsmeier* und *Dirk Baltzer* – Celanese AG – zeigen Möglichkeiten zur Automatisierung im Währungsmanagement über eine Inhouse Bank auf und sprechen organisatorische und insbesondere technische Voraussetzungen hierfür an. Anhand von konkreten Fallbeispielen veranschaulichen sie den Prozess der automatischen Kurssicherung vom Andienen der internen Kurssicherungsgeschäfte bis hin zur Weitergabe der Währungsrisiken an Banken und analysieren die buchhalterische Abbildung der Kurssicherungsgeschäfte.

Christian Held, David Freidl und *Florian Khuen* – Bayer AG – beschreiben zunächst die Bestimmung einer Liquiditätsreserve sowie Vorteile von gruppeninternen Finanzierungen, um hierauf basierend ausgewählte Fragestellungen zum Zinsmanagement in Industrieunternehmen erörtern zu können. Die Autoren stellen einen Ansatz zur Zinsrisikosteuerung vor, mit dessen Hilfe simultan das Cash-Flow-orientierte Zinsrisiko sowie das als Opportunitätskosten zu interpretierende Marktwertrisiko optimiert werden können. Das abzuleitende zinsrisikominimale Portfolio verfolgt somit die Zielsetzung der Minimierung des Zinsrisikos und der Minimierung des Zinsaufwands.

Dr. Hans Bünting – RWE AG – befasst sich mit dem Commodity-Risikomanagement in Industrieunternehmen und geht hierbei zu Beginn auf Marktpreis- und Kreditrisiken sowie deren Exposure-Ermittlung und -Messung ein. Neben den verschiedenen Arten des Hedging von Commodity-Risiken behandelt er auch organisatorische Aspekte des Commodity-Risikomanagements.

Dr. Christoph Waidacher und *Marc Dönges* – E.ON AG – beschäftigen sich mit den Grundlagen des Kreditrisikomanagements und stellen die Definition des Kreditrisikobegriffes sowie die hiermit verbundenen Problembereiche dar. Darüber hinaus betrachten sie gesetzliche Anforderungen und organisatorische Grundlagen sowie Instrumente zur Vermeidung und Minderung von Kreditrisiken. Die Autoren beleuchten ebenso Aspekte des Berichtswesens sowie der erforderlichen IT-Systeme im Kreditrisikomanagement und untersuchen bestehende Interdependenzen zwischen Kreditrisiken und anderen finanzwirtschaftlichen Risiken. Der Beitrag von *Dr. Peter Rathgeb* und *Bernd Walter* – Siemens Financial Services GmbH – behandelt die Risikoabbildung innerhalb des Kreditrisikomanagementprozesses und erläutert im Rahmen der Schätzung schuldner- und transaktionsbezogener Daten die Anforderungen an eine Ratingvergabe sowie eingesetzte Ratingverfahren. Im Kontext der Kreditrisikomodellierung werden die IT-Architektur zur Risikomodellierung, das Modell für die Geschäftsbewertung sowie das Portfoliorisikomodell beschrieben.

Neben der im Rahmen der vorstehenden Beiträge dargestellten Identifikation, Aggregation, Messung und Steuerung von unternehmensinhärenten finanzwirtschaftlichen Risiken kommt auch der Limitüberwachung und der zeitnahen aussagekräftigen Berichterstattung an das Top Management eine wesentliche Bedeutung zu. *Andreas Drabert, Claas Carsten Kohl* und *Guillaume de Clerck* – European Aeronautic Defence and Space Company EADS NV – schildern ihre Erfahrungen im Hinblick auf die Konzeption und Etablierung eines Treasury-Berichtswesens und zeigen hierbei die damit verbundenen Zielsetzungen auf. Weiterhin stellen die Autoren die Berichtsstruktur sowie die wesentlichen Inhalte dar und erläutern den zur Berichtserstellung erforderlichen organisatorischen und technischen Prozess.

Kapitel 6: Treasury Accounting

Im Zusammenhang mit Sicherungsstrategien und deren Auswirkungen auf die Gewinn- und Verlustrechnung hat in den letzten Jahren die Bedeutung von Fragestellungen zum Accounting, insbesondere zum Hedge Accounting nach IFRS, auch für das Treasury stark zugenommen. *Dr. Tina Gusinde* und *Dr. Thomas Wittig* – BMW AG – erörtern die Grundlagen des Hedge Accounting und gehen hierbei auf die Voraussetzungen für die Anwendung von Hedge Accounting ein. Neben einer generellen bilanziellen Darstellung erläutern sie anhand von konkreten Praxisfällen die Designation von Sicherungszusammenhängen als

Cash Flow Hedge oder als Fair Value Hedge und diskutieren in diesem Zusammenhang die damit verbundenen Problembereiche.

Kapitel 7: Treasury IT

Im Zusammenhang mit der Einführung von Treasury-Management-Systemen hat sich in den letzten Jahren insbesondere für Großkonzerne, die über eine Vielzahl von Derivate- und Wertpapiertransaktionen sowie Zahlungsaufträgen verfügen, die Fragestellung ergeben, mit welcher technischen Infrastruktur die Abwicklungsprozesse in Bezug auf Finanztransaktionen effizienter und weniger fehleranfällig zu gestalten sind.

Thomas Seibel, André Scipio und *Christoph Waldvogel* – RWE AG – stellen in ihrem Beitrag den Auswahlprozess sowie die Implementierungsphase zur Einführung eines Treasury-Management-Systems dar und geben darüber hinaus anhand ihrer Projekterfahrung praktische Hinweise. Neben der Darstellung der Systemeinführung gehen die Autoren auch auf eine sich an die Implementierungsphase anschließende Prozessautomatisierung ein und zeigen Automatisierungsmöglichkeiten in Bezug auf die Abwicklungsprozesse auf.

Andreas Drabert und *Michael Marquard* – European Aeronautic Defence and Space Company EADS NV – analysieren die Aufbau- und Ausbaumöglichkeiten einer SWIFT-Infrastruktur und stellen neben einer kurzen Einführung in SWIFT die Gründe für eine Einführung dar. Die Autoren geben darüber hinaus einen Einblick in die Hauptanwendungsgebiete von SWIFT und stellen den Projektverlauf zur Einführung von SWIFT sowie ihre praktischen Projekterfahrungen vor.

Frankfurt am Main, im Januar 2007

Dr. Peter Seethaler   Albrecht Markus Steitz

Kapitel 1: Liquiditätssteuerung und Cash Management

Cash-Flow-orientierte Unternehmenssteuerung

Karlheinz Hornung – MAN AG

1. Einleitung

Im Kontext der Unternehmenssteuerung ist die Wahrung der Interessen der Stakeholder von zentraler Bedeutung. Die Stakeholder eines Unternehmens sind unter anderem Eigenkapitalgeber, Fremdkapitalgeber, Management, Arbeitnehmer, Lieferanten, Kunden, Arbeitnehmer und Staat. Zur Erfüllung deren Interessen orientieren sich viele Unternehmen an der Steigerung des Unternehmenswertes.[1]

Auch aus einem unternehmensexternen Blickwinkel wird die Steigerung des Unternehmenswertes immer wichtiger. Die Entwicklungen auf dem Kapitalmarkt, die den Druck auf die Unternehmensführung erhöhen, sind z. B. der globale Wettbewerb um Kapital, globale Anlagemöglichkeiten, der erhöhte Performancedruck von Fondsmanagern und eine steigende Übernahmegefährdung.

Zur Berechnung des Unternehmenswertes stehen verschiedene wertorientierte Kennzahlensysteme zur Verfügung. Hierbei kann zwischen absoluten und relativen Kennzahlen unterschieden werden. Die absoluten Kennzahlen werden genutzt, um den Unternehmenswert in Geldeinheiten zu bestimmen.[2] Die relativen Kennzahlen hingegen dienen der Berechnung einer Rendite, die im Falle eines Wertzuwachses die Kapitalkosten übersteigen sollte. Ein weiteres Merkmal der Kennzahlen, auf das im weiteren Verlauf genauer eingegangen wird, ist die Differenzierung zwischen ergebnis- und Cash-Flow-orientierten Kennzahlen.

Das Ziel des vorliegenden Beitrags besteht darin, die Themengebiete der Cash-Flow-orientierten Unternehmenssteuerung zu vertiefen. Nach einer Gegenüberstellung der Vorteile der Cash-Flow-basierten gegenüber den ergebnisorientierten Kennzahlen werden die Hintergründe der Cash-Flow-Rechnung aufgezeigt. Zudem werden die Bereiche, in denen die Cash-Flow-orientierten Kennzahlen eingesetzt werden, dargestellt: die wertorientierte Unternehmenssteuerung durch das Management, die Planung und die Sicherung der Liquidität sowie die Sicherung eines Ratings durch die Überwachung und die Steuerung Cash-Flow-basierter Ratingkennzahlen.

1 Vgl. *Wolf* (2003), S. 21.

2 Vgl. *Fischer/Rödl* (2005), S. 24.

2. Kennzahlen der wertorientierten Unternehmenssteuerung

2.1 Ergebnis- und Cash-Flow-orientierte Kennzahlen

Ein grundlegendes Unterscheidungsmerkmal der ergebnis- und Cash-Flow-orientierten Kennzahlen ist die Basis, auf der die Kennzahlen aufsetzen. Die ergebnisorientierten Kennzahlen basieren auf der Gewinn- und Verlustrechnung eines Unternehmens. Ein Beispiel der ergebnisorientierten Kennzahlen ist die Kenngröße EBIT (Earnings Before Interest and Taxes). Die Cash-Flow-orientierten Kennzahlen hingegen basieren auf der Kapitalflussrechnung. Beispiele hierfür sind der operative Cash Flow und der Free Cash Flow.

Problematisch an den ergebnisorientierten Kennzahlen ist deren Beeinflussbarkeit durch bilanzpolitische Wahlrechte. Diese Wahlrechte erschweren eine objektive Betrachtung und können sowohl die historische Sichtweise als auch die zukünftigen Prognosen verzerren. Diese Wahlrechte können im Rahmen eines externen Benchmarkings zu falschen Schlussfolgerungen führen. Zudem sind Positionen wie Abschreibungen und Rückstellungen im bilanziellen Ergebnis enthalten, die durch die Bilanzpolitik des Unternehmens stark beeinflusst werden können.[3]

Ein weiterer Vorteil Cash-Flow-orientierter Kennzahlen ist deren Eignung zur Sicherstellung der Liquidität. Darüber hinaus werden diese im Rahmen eines externen Ratings verwendet. Die Cash-Flow-Kennzahlen sind Teil der Cash-Flow-Analyse, die von Ratingagenturen als entscheidendes Kriterium des Ratingprozesses gesehen wird.[4] Daher eignen sich Cash-Flow-orientierte Kennzahlen auch zur Steuerung und Planung eines Ratings.

---

3 Vgl. *Arbeitskreis „Wertorientierte Führung in mittelständischen Unternehmen“* (2006), S. 2070.

4 Vgl. *Standards & Poor's* (2006), S. 30.

3. Grundlagen der Cash-Flow-Rechnung

3.1 Ermittlung der Kapitalflussrechnung

Die Basis der Cash-Flow-Rechnung ist die Kapitalflussrechnung des Unternehmens. Zur Berechnung der Kapitalflussrechnung stehen zwei Methoden zur Verfügung, die originäre (direkte) oder die derivative (indirekte) Methode.

Bei der originären Methode müssen Ein- und Auszahlungen unmittelbar auf den Zahlungskonten in der Finanzbuchhaltung erfasst werden.

Bei der derivativen Methode geht man von den Zahlenwerten des Rechnungswesens (erstellter Jahresabschluss) aus. So können z. B. die Umsatzeinzahlungen – ausgehend von den Umsatzerlösen der Gewinn- und Verlustrechnung – ermittelt werden, indem diese um Bestandsänderungen der Forderungen korrigiert werden.[5] Allerdings weist die derivative Methode die Schwäche auf, dass das Ergebnis durch bilanzielle Maßnahmen, wie z. B. die Neubewertung von Vermögensgegenständen, oder durch Wechselkurseffekte verfälscht werden kann.

Dennoch können auch bei Ermittlung der Kapitalflussrechnung nach der derivativen Methode die sich nicht monetär auswirkenden bilanzpolitischen Maßnahmen eliminiert werden.

3.2 Darstellung der Kapitalflussrechnung

Nach der derivativen Methode werden die Cash Flows in der Kapitalflussrechnung in folgende Positionen untergliedert:

- Cash Flow aus der Geschäftstätigkeit
- Cash Flow aus Investitionstätigkeit
- Cash Flow aus der Finanzierungstätigkeit

---

5 Vgl. *Coenenberg* (2000), S. 698.

Die Kapitalflussrechnung stellt sich wie folgt dar:

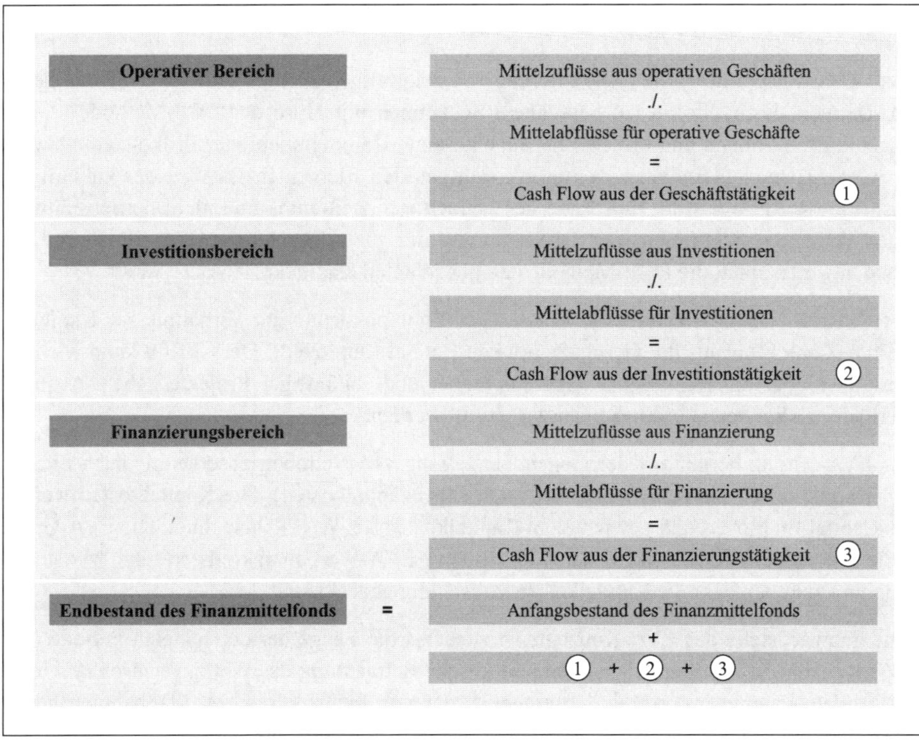

Abbildung 1: *Kapitalflussrechnung*

4. Cash-Flow-basierte Konzepte der Wertorientierung

Die Unterschiede zwischen der Ergebnis- und der Cash-Flow-Orientierung lassen sich auch auf die Konzepte der wertorientierten Unternehmenssteuerung übertragen. Beispiele für Cash-Flow-basierte Konzepte sind DCF (Discounted Cash Flows) und CFROI (Cash Flow Return on Investment). Das EVA-Konzept (Economic Value Added) dagegen basiert auf ergebnisorientierten Kennzahlen.

4.1 Konzepte der Wertorientierung

Das DCF-Konzept nutzt die Diskontierung von zukünftigen Zahlungsströmen, um den heutigen Barwert dieser Ströme zu berechnen. So können mit Hilfe der DCF-Methode sowohl einzelne Investitionen und Projekte als auch gesamte Unternehmen oder Teilkonzerne bewertet werden. Der Unternehmenswert setzt sich aus den Elementen Barwert der zukünftigen Cash Flows, Residualwert zum Ende des betrachteten Zeitraums und nicht betriebsnotwendiges Vermögen zusammen. Zur Diskontierung der zukünftigen Free Cash Flows und des Residualwertes nutzt die DCF-Methode den gewichteten Kapitalkostensatz „WACC".[6]

Der CFROI-Ansatz berechnet die Rendite des Zahlungsstroms im Verhältnis zur Kapitalintensität (Cash Flow aus der Geschäftstätigkeit/Capital Employed). Der CFROI kann wichtige Auskünfte über die Rentabilität abgeschlossener und zukünftiger Projekte geben. Absolute Wertbeiträge können allerdings nicht dargestellt werden.

Der EVA-Ansatz beruht auf der Gegenüberstellung von Nettobetriebsergebnis nach Steuern und Kapitalkosten (sowohl Fremd- als auch Eigenkapitalkosten). Die Kapitalkosten werden aus Capital Employed und gewichtetem Kapitalkostensatz WACC berechnet. Die EVA-Größe stellt eine einperiodische Größe dar. Ein positiver EVA-Wert charakterisiert eine Wertsteigerung und zeigt an, dass die Kapitalkosten vollständig gedeckt sind.

Eine Schwachstelle des EVA-Konzepts ist zunächst die Länge der betrachteten Periode. Das EVA-Konzept ist eine kurzfristige, einperiodische Betrachtung des Wertzuwachses. Auch der verwendete Parameter Nettobetriebsergebnis, der von bilanzpolitischen Maßnahmen beeinflusst werden kann, stellt eine Schwachstelle des EVA-Konzepts dar. Zudem fundiert das EVA-Konzept auf der Kapitalrentabilität des Unternehmens. Aufgrund dieser Orientierung an der Kapitalrentabilität eignet sich das EVA-Konzept eher für eine Analyse aus Investorensicht. Für eine Unternehmenssteuerung mit dem Ziel der Steigerung des Unternehmenswertes ist das EVA-Konzept weniger geeignet.

Ein Vorteil der DCF-Methode im Rahmen der Steigerung des Unternehmenswertes ist die hieraus mögliche Ableitung des Börsenkurses. Ein weiterer Vorteil der Cash-Flow-orientierten Kennzahlen ist die geringere Anfälligkeit für die bilanzpolitischen Maßnahmen.

Auf Grund der genannten Vor- und Nachteile sind die dargestellten Cash-Flow-orientierten Konzepte der Wertorientierung den ergebnisorientierten Konzepten im Rahmen der Unternehmenssteuerung mit dem Ziel der Steigerung des Unternehmenswertes vorzuziehen.

---

6 Vgl. *Rappaport* (1999), S. 44 sowie *AK „Wertorientierte Führung in mittelständischen Unternehmen"* (2006), S. 2070.

4.2 Einfache Cash-Flow-Kennzahlen

Die „einfachen“ Cash-Flow-Kennzahlen ergeben sich aus der oben stehenden Kapitalflussrechnung (siehe Abschnitt 3.2).

Der Cash Flow aus der operativen Geschäftstätigkeit (1) stellt die Selbstfinanzierungskraft des Unternehmens aus dem operativen Geschäft dar.[7] Er berücksichtigt nur die Kosten und Erträge, die mit dem laufenden Geschäft zusammenhängen.

Der Cash Flow aus der Investitionstätigkeit (2) stellt Ausgaben für und Einnahmen aus Investitionen, wie z. B. Finanzinvestitionen, Kauf und Verkauf von Unternehmen oder Investitionen in Anlagevermögen dar.

Der Cash Flow aus der Finanzierungstätigkeit (3) misst die Zahlungsströme zwischen dem Unternehmen einerseits und dessen Eigen- und Fremdkapitalgebern andererseits. Einnahmen entstehen z. B. aus Kapitalerhöhungen und der Ausgabe von Schuldverschreibungen, Ausgaben entstehen z. B. aus der Aufnahme von Fremdkapital oder dem Rückkauf von Aktien.

4.3 Free Cash Flow

Im Rahmen der Unternehmensbewertung wird zudem der FCF (Free Cash Flow) verwendet. Der FCF ist ein Parameter der DCF-Methode. Nach dieser Methode werden zukünftige FCF mit dem gewichteten Kapitalkostensatz WACC diskontiert und ergeben den Unternehmenswert. Der FCF berechnet sich wie folgt:

Free Cash Flow

=

Cash Flow aus laufender Geschäftstätigkeit

+

Cash Flow aus Investitionstätigkeit

Abbildung 2: *Definition des Free Cash Flow*

7 Vgl. *Rieg/Rieg* (2001), S. 181.

Der FCF wird auch als „frei verfügbarer Cash Flow“ bezeichnet. Je nach Berechnung stellt der FCF Folgendes dar: Sind die Fremdkapitalkosten nicht im Cash Flow aus laufender Geschäftstätigkeit als Ausgaben berücksichtigt, berechnet der FCF den Betrag, der zur Zahlung der Fremd- und Eigenkapitalgeber zur Verfügung steht. Sind die Fremdkapitalzinsen im Cash Flow der laufenden Geschäftstätigkeit enthalten, zeigt der FCF an, welcher Geldbetrag für die Auszahlung gegenüber den Eigenkapitalgebern vorhanden ist.

5. Planung und Steuerung des Cash Flow

Analog zu einer Unternehmenssteuerung, die auf einer Cash-Flow-basierten Wertorientierung fundiert, muss die Liquiditätssicherung auf einer Planung und Steuerung des Cash Flow basieren.

Mangelnde Liquidität bzw. nicht zeitgerechte Bereitstellung der erforderlichen Liquidität ist ein häufiger Grund für Insolvenzen. Die Cash-Flow-orientierten Kennzahlen sind insbesondere für die Sicherstellung der zur Führung des Unternehmens existenziellen Liquidität geeignet.

Genau wie bei der Ergebnisentwicklung innerhalb des Geschäftsjahres gibt es auch im Hinblick auf die Liquidität Zeiträume mit starker und schwacher Cash-Generierung. Eine solche Volatilität muss geplant und in Einklang mit den vorhandenen Kreditlinien gebracht werden bzw. die Geldanlage muss bei Überschussliquidität entsprechend terminiert werden.

Zur Planung des Cash Flow stehen die originäre (direkte) und die derivative (indirekte) Methode zur Verfügung (vergleiche Abschnitt 3.1).

Die direkte Ermittlung mit Hilfe der Finanzplanung stellt im Rahmen der Cash-Flow-Planung aus verschiedenen Gründen das zu bevorzugende Instrument dar; ein Beispiel ist die Genauigkeit der Liquiditätsplanung, welche – im Gegensatz zur indirekten Methode – eine detaillierte Analyse der einzelnen Nettopositionen der Finanzplanung zu Grunde legt.

Zudem weisen die Planungszyklen der Liquiditätsplanung in der Regel eine höhere Frequenz als die der Bilanz- und GuV-Planung auf. Die Liquiditätsplanung der MAN AG beinhaltet mehrere Elemente: eine monatliche Ist-Darstellung sowie eine monatliche rollierende 3-Monatsplanung. Zudem wird im Rahmen der quartalsweisen Forecasts eine Vorschau für das aktuelle Geschäftsjahr erstellt. Die Liquiditätsplanung für die Geschäftsjahre t_{+1}, t_{+2} und t_{+3} findet im Kontext der Unternehmensplanung statt. Im Rahmen der Liquiditätsplanung ist die direkte Methode zur Ermittlung der Liquidität vorzuziehen, da die für die indirekte Methode verwendeten Elemente Kapitalflussrechnung und Gewinn- und Verlustrechnung nur quartalsweise erhoben werden.

Nach der direkten Methode stellt sich die Herleitung der Liquidität wie folgt dar:

Liquidität zum Ende der Periode

=

Liquidität zu Beginn der Periode

+

Einzahlungen

-

Auszahlungen

Abbildung 3: *Direkte Methode der Liquiditätsplanung*

Die Liquiditätsplanung stellt darüber hinaus ein geeignetes Frühwarnsystem dar, das eventuelle Engpässe in der Liquidität anzeigt. Solche Engpässe werden als frühzeitige Anzeichen für wirtschaftliche Schwierigkeiten angesehen und erfordern eine Analyse der zu Grunde liegenden Ursachen und zukünftigen Folgen der Liquiditätsengpässe.

Selbst bei Unternehmen mit an sich erfolgreichem Geschäftsmodell kann es bei mangelhafter Liquiditätsplanung zu möglicherweise existenzbedrohenden Liquiditätsengpässen kommen, da eine starke Marktnachfrage auch zu einer Erhöhung des Working Capitals führen kann sowie gegebenenfalls Investitionen wie auch die Einstellung von neuen Mitarbeitern erfordert.

5.1 Hintergründe von Planungsungenauigkeiten

Die Grundlage für eine effektive Liquiditätssteuerung eines Unternehmens stellt eine möglichst exakte Liquiditätsplanung dar. Die betriebliche Erfahrung zeigt, dass in Unternehmen, unabhängig von ihrer Größe, der Liquiditätsbedarf meist zu optimistisch geplant wird.

Bei konzernabhängigen Unternehmen mit zentraler Liquiditätssteuerung, bei denen es genügt, Geld über das Konzernverrechnungskonto bei der Muttergesellschaft anzufordern, ist die Planungsgenauigkeit sehr oft unterentwickelt bzw. nicht vorhanden. Dies wird häufig auch durch die mangelnde Cash-Flow-orientierte Sichtweise des Managements verstärkt.

Im Zusammenhang mit der Ursachenforschung im Hinblick auf die beobachteten Planungsungenauigkeiten werden oftmals die Argumente angeführt, dass eine Planung und Steuerung der Liquidität aus unterschiedlichen Gründen nicht möglich sei. Anziehendes Geschäft, nicht vorhersehbare Auszahlungen, ausbleibende Kundenanzahlungen und schleppendes Zahlungsverhalten von Kunden sind nur einige Beispiele, die genannt werden.

5.2 Maßnahmen zur Verbesserung der Planungsgenauigkeit

Herausragendes Mittel zur Herbeiführung einer höheren Plangenauigkeit ist ein verstärkter Management-Fokus, der die berichtende Ebene zur Kommentierung der Planabweichungen zwingt und die Gründe der Planabweichungen offen legt.

Des Weiteren liegt die Tatsache, dass Planungsungenauigkeiten beobachtet werden können auch daran, dass auf operativer Ebene die falschen Anreize gesetzt werden. Zwar ist es zwischenzeitlich weit verbreitet, die Provision von Handelsvertretern erst nach unwiderruflichem Zahlungseingang auszubezahlen. Leider ist dies bei eigenen Vertriebsmitarbeitern noch nicht flächendeckend der Fall. Dies würde den Anreizdruck der Vertriebsmitarbeiter erhöhen, Außenstände einzutreiben und für einen „periodengerechten", wie in der Planung abgebildeten, Mittelzufluss sorgen.

Ferner kann man bei vielen, auch leitenden Vertriebsmitarbeitern beobachten, dass sie zwar der Meldepflicht zur erforderlichen Bildung von Rückstellungen zum jeweiligen Stichtag pflichtbewusst nachkommen, dann aber den Vorgang als erledigt betrachten. In diesem Zusammenhang wird oftmals unterstellt, dass sich in der Folge die Finanzabteilung um die ausstehenden Einzahlungen kümmert. Auch in diesen Fällen können positive oder negative Anreizsysteme Abhilfe schaffen.

5.3 Schaffung einer Sensitivität für Liquiditätserfordernisse

Bei vielen privaten mittelständischen Unternehmen wird deutlich, dass knappe Liquidität zu einer guten Liquiditätssteuerung führt. Gleiches gilt für Unternehmen mit einer hohen Verschuldung. Insbesondere bei Unternehmen, die von Private-Equity-Unternehmen unter Einsatz von wenig Eigenkapital, aber mit hohem „Leverage" erworben werden, ist zu beobachten, dass im Reporting umgehend eine starke Cash-Flow-Orientierung eintritt. Dies erfolgt deshalb, weil Private-Equity-Unternehmen den Wert ihres investierten Eigenkapitals nur dadurch steigern können, dass die erworbenen Unternehmen die ihnen aufgebürdete Verschuldung bedienen können. Dies kann jedoch nur überwacht und gesteuert werden, wenn die

Kapitalflussrechnung und die Liquiditätssituation einer Unternehmung im Mittelpunkt stehen.

5.4 Liquiditätssteuernde Maßnahmen

Bei der Steuerung der Liquidität kann sich das Management kurzfristiger Maßnahmen bedienen, die möglicherweise zur Hebung von vorhandenen Potenzialen führen. Beispiele für solche Maßnahmen sind die gezielte Schonung bzw. Generierung von Liquidität, wie vorsichtige Investitionspolitik, die Reduzierung von Vorräten sowie gezieltes Forderungs- und Verbindlichkeits-Management. Diese internen Maßnahmen führen in der Regel zu positiven Ergebnissen, ohne dass das Geschäftsmodell geändert werden müsste.

Die Erfahrung von Unternehmen im Besitz von Private-Equity-Unternehmen zeigt, dass zwischen 20 % und 30 % des Working Capital innerhalb von ein bis eineinhalb Jahren reduziert werden kann. Um solche Ergebnisse zu erreichen, ist es jedoch organisatorisch erforderlich, eine straff geführte Projektgruppe, möglichst mit unmittelbarer Berichtslinie zum CFO, einzurichten und mit entsprechenden Rechten auszustatten.

Neben den schon angesprochenen Maßnahmen können alternative Finanzierungsquellen erschlossen werden, die eher als langfristige Maßnahmen zu betrachten sind. Beispiele hierfür sind das Factoring sowie die Nutzung von Miet- und Leasingmöglichkeiten, die als Finanzierungsmittel dienen und das Unternehmen mit Liquidität ausstatten bzw. finanzielle Ressourcen schonen.

6. Cash-Flow-basierte Ratingkennzahlen

Cash-Flow-basierte Kennzahlen werden von Ratingagenturen genutzt, um im Rahmen der quantitativen Unternehmensanalyse die wirtschaftliche Fähigkeit, zukünftigen Zins- und Tilgungsverpflichtungen fristgerecht nachzukommen, zu untersuchen. Innerhalb der quantitativen Analyse wird neben der Kapital- und Finanzstruktur, der Ertragskraft und der Rentabilität auch der Cash Flow analysiert.

In diesem Kontext werden zum Beispiel die folgenden Größen verwendet: Free Cash Flow, FFO (Funds From Operations) und FoCF (Free Operating Cash Flow).[8]

Jahresüberschuss

+

Abschreibungen

+

latente Steuern

+

sonstige nicht zahlungswirksame Posten

=

FFO

-

Investitionsaufwendungen

+

Abnahme (./. Zunahme) Umlaufvermögen

=

FoCF

Die Cash-Flow-basierten Ratingkennzahlen sind:

- FCF/Gesamtverschuldung
- (FoCF + Zinsen)/Zinsen

Anmerkung:
Gesamtverschuldung ist die Summe von lang- und kurzfristigen Verbindlichkeiten, kurzfristigen Anleihen und sonstigen kurzfristigen Kreditbeanspruchungen.

Abbildung 4: *Bestimmung von FFO und FoCF*

Die Kennzahlen stellen die Fähigkeit des Unternehmens dar, mit den generierten Mitteln die Gesamtverschuldung bzw. Zinsen zu decken.

Für Großunternehmen, deren Kreditwürdigkeit durch Ratingagenturen bewertet wird, und solche, die am Kapitalmarkt notiert sind, ist die Ermittlung von Cash-Flow-basierten Kennzahlen auf Basis der Unternehmensplanung erforderlich, um im Falle eines Ratings die Auswirkung auf die für das Unternehmen und dessen Industrie einschlägige Rating-Covenants abschätzen und gegebenenfalls durch eine Überarbeitung der Planung beeinflussen zu kön-

8 Vgl. *Standards & Poor's* (2006), S. 43.

nen. In diesem Zusammenhang kann mit der Erhebung, Planung und Steuerung der Cash-Flow-Kennzahlen Einfluss auf die quantitative Bewertung innerhalb des Ratingprozesses genommen werden.

7. Zusammenfassung

Zusammenfassend ist zu konstatieren, dass die Cash-Flow-orientierten Kennzahlen aufgrund ihrer Aussagekraft den ergebnisorientierten Kennzahlen im Hinblick auf eine Cash-Flow-orientierte Unternehmungssteuerung vorzuziehen sind.

Bereits bei der Berechnung der Kenngrößen stellen die bilanzpolitischen Wahlrechte einen deutlichen Nachteil für die ergebnisorientierten Kennzahlen dar. Die Wahlrechte können Prognosen und externe Benchmark-Vergleiche verfälschen. Ferner ist die Berücksichtigung der Cash Flows bei der DCF-Methode im Rahmen der Berechnung des Unternehmenswertes ein Vorteil der Cash-Flow-Kennzahlen gegenüber den ergebnisorientierten Kennzahlen.

Im Rahmen der Liquiditätsplanung und -sicherung zeigt die Cash-Flow-Orientierung ebenfalls Vorteile gegenüber einer Ergebnisorientierung auf. So ist eine Cash-Flow-basierte Liquiditätsplanung weniger aufwendig als eine ergebnisbasierte. Weiterhin ist eine Cash-Flow-basierte monatliche Liquiditätsplanung weniger aufwendig als eine monatliche Planung auf Basis der Bilanz sowie der Gewinn- und Verlustrechnung.

Zudem verwenden Ratingagenturen Cash-Flow-basierte Kennzahlen als Teil der quantitativen Unternehmensbewertung innerhalb des Ratingprozesses. Die Cash-Flow-Kennzahlen werden zur Analyse der Verschuldungsfähigkeit und der Fähigkeit zur Tilgung der Zinslast verwendet. Aus Unternehmenssicht können so verschiedene Szenarien der strategischen und finanziellen Planung analysiert und der Einfluss auf die Kapitalkosten berechnet werden. Auch unter dem Gesichtspunkt der zusätzlichen Aufnahme von Fremdkapital zu günstigen Konditionen (aufgrund eines positiven Ratings) kann mit Hilfe der Planung der Ratingkennzahlen der gewichtete Kapitalkostensatz WACC prognostiziert werden.

Daher erfüllen die Cash-Flow-orientierten Kennzahlen als Instrumente der Unternehmenssteuerung alle Kriterien des modernen Managements. Wichtig ist, die dafür erforderlichen Planungsinstrumente zu installieren bzw. zu schaffen.

Literatur

Arbeitskreis „Wertorientierte Führung in mittelständischen Unternehmen", in: Bilanzrecht und Betriebswirtschaft (BB), 61. JG., Heft 38, 2006, S. 2066 - 2076.

Coenenberg, A. (2000): Jahresabschluss und Jahresabschlussanalyse: Betriebswirtschaftliche, handelsrechtliche, steuerrechtliche und internationale Grundlagen, 17. Auflage, Landsberg am Lech 2000.

Fischer, T./Rödl, K. (2005): Value added reporting, in: Controlling, Heft 1, Januar 2005, S. 23 - 32.

Rappaport, A. (1999): Shareholder Value – Ein Handbuch für Manager und Investoren, 2. Auflage, Stuttgart 1999.

Rieg, R./Rieg, S. (2001): Cash Flow-orientierte Unternehmenssteuerung, in: Bilanzbuchhaltung und Controlling (BC) Heft 08/2001.

Standard & Poor's (Hrsg., 2006): Corporate Ratings Criteria 2006, Standard & Poor's Rating Services, 2006. http://corporatecriteria.standardandpoors.com, Stand: 29.09.2006.

Wolf, K. (2003): Risikomanagement im Kontext der wertorientierten Unternehmensführung, Wiesbaden 2003.

Konzernweites Liquiditätsmanagement

Marcus Ceglarek/Hans Zehnder – KPMG

1. Aufgaben eines konzernweiten Liquiditätsmanagements

Die primäre Aufgabe eines konzernweiten Liquiditätsmanagements besteht darin, die jederzeitige Zahlungsfähigkeit des Konzerns sicherzustellen. Wesentlich ist hierbei, dass diese Aufgabe nicht erst dann in den Mittelpunkt des Interesses rückt, wenn sich die Liquiditätssituation des Konzerns bereits signifikant verschlechtert hat. Denn nach dem Eintritt der Krisensituation ist es oftmals schwierig oder schlimmstenfalls unmöglich, die erforderlichen liquiditätssichernden Maßnahmen zu ergreifen. Unternehmen, die über ein effektives Liquiditätsmanagement verfügen, sorgen daher für etwaige künftige Liquiditätsengpässe vor, indem sie eine entsprechende Liquiditätsreserve aufbauen.

Ein effektives Liquiditätsmanagement trägt dazu bei, die Wahrscheinlichkeit einer künftigen Zahlungsunfähigkeit durch eine adäquate Steuerung der Liquidität zu senken. Banken und Ratingagenturen sind deshalb in den letzten Jahren verstärkt dazu übergegangen, die Liquiditätssteuerung explizit als Bewertungskriterium in ihre internen Bonitätsbeurteilungen beziehungsweise externen Ratings einfließen zu lassen. Die Qualität des Liquiditätsmanagements beeinflusst somit über die Bonitätsbeurteilung indirekt die Finanzierungskonditionen, die sich gegenüber Banken oder am Kapitalmarkt durchsetzen lassen.

Die Vorratshaltung von Liquidität in Form einer Liquiditätsreserve ist jedoch auch mit Kosten verbunden, die sich beispielsweise in den Bereitstellungsprovisionen von Kreditfazilitäten oder der im Vergleich zu den Finanzierungskonditionen relativ niedrigen Verzinsung kurzfristiger Geldanlagen niederschlagen. Die zweite Aufgabe eines konzernweiten Liquiditätsmanagements besteht deshalb darin, die Kosten der Liquiditätsvorratshaltung zu minimieren.

Dieser Beitrag gibt einen Überblick über die Rahmenbedingungen und die wesentlichen Bestandteile eines konzernweiten Liquiditätsmanagements unter Berücksichtigung der in der Praxis typischerweise auftretenden Schwachstellen.

2. Rahmenbedingungen für ein konzernweites Liquiditätsmanagement

2.1 Definition von Verantwortlichkeiten

Die Grundlage für ein effektives konzernweites Liquiditätsmanagement bildet die Definition der Aufgaben und Verantwortlichkeiten der einzelnen Konzerneinheiten innerhalb des Liquiditätsmanagementprozesses. In diesem Zusammenhang gilt es insbesondere der Fragestellung nachzugehen, welche Tochtergesellschaften in welchem Maß ihre Liquidität eigenständig steuern dürfen. Die Entscheidung darüber, welchen Zentralisierungsgrad ein Konzern im Liquiditätsmanagement anstreben kann, hängt von einer Vielzahl von Faktoren ab. Wesentlichen Einfluss darauf haben beispielsweise die Konzern- und Bankkontenstruktur, die Ausgestaltung des operativen Geschäfts, aber auch rechtliche oder steuergesetzliche Gegebenheiten, die einer Zentralisierung entgegenstehen können.

Der Trend zur Zentralisierung des Liquiditätsmanagements wird durch die vielfältigen Möglichkeiten zur automatisierten Konzentration der Liquidität im Rahmen von Cash Pools sowie durch die Entwicklung moderner Inhouse Bank- und Payment-Factory-Konzepte unterstützt. Die Bestrebung, eine zentrale Liquiditätssteuerung zu etablieren, führt in den meisten Fällen zu einer Kompetenzdiskussion im Konzern. Daher ist es ratsam, sowohl den Finanzvorstand als auch die betroffenen Personen frühzeitig in die Konzeption des Liquiditätsmanagements und die Umsetzung der Konzepte einzubinden.

Nach Klärung aller konzeptionellen Fragestellungen sollten die Aufgaben und Verantwortlichkeiten gemeinsam mit den strategischen Vorgaben und Rahmenbedingungen für das Liquiditätsmanagement innerhalb einer Richtlinie verankert werden. Die Regelungen der Richtlinie sind von allen Konzerngesellschaften gleichermaßen als verbindlich zu betrachten und nachweislich einzuhalten.

Im Rahmen eines zentralen Liquiditätsmanagements beschränken sich die Verantwortlichkeiten der Tochtergesellschaften oftmals auf die Analyse und Meldung ihrer Liquiditätsposition sowie des künftigen Liquiditätsbedarfs. Insbesondere ist es die Aufgabe der Tochtergesellschaften sicherzustellen, dass ihr geplanter Liquiditätsbedarf bis zum jeweiligen Horizont der Liquiditätsplanung durch verbindlich zugesagte, interne oder externe Kreditlinien und liquidierbare Finanzaktiva gedeckt ist. Die Deckung ihres Finanzmittelbedarfs erfolgt in der Regel über den Cash Pool bzw. über Gesellschafterdarlehen. Im Falle eines Liquiditätsüberschusses stellen die Tochtergesellschaften ihre Liquidität dem Konzern-Treasury zur Verfügung. Eigenständige Maßnahmen zur Sicherung und Verwendung der Liquidität werden zumeist nur innerhalb des fest vorgegebenen Handlungsrahmens in Abstimmung mit dem Konzern-Treasury durch die Finanzabteilungen der Tochtergesellschaften umgesetzt.

Das Konzern-Treasury agiert im Verhältnis zu den Tochtergesellschaften in der Regel als Service Center und übernimmt sowohl Beratungs-, Koordinierungs- als auch Ausübungsfunktionen. Als Service Center ist das Konzern-Treasury verpflichtet, Finanzgeschäfte für die Tochtergesellschaften zu marktüblichen Konditionen anzubieten, zu vermitteln oder zu tätigen. Ferner obliegt dem Konzern-Treasury die Analyse der konzernweiten Liquiditätsposition, die Ausarbeitung von Vorschlägen zur Sicherung und Verwendung der Konzernliquidität sowie deren Umsetzung.

Ungeachtet der organisatorischen Ausgestaltung des Liquiditätsmanagements ist sicherzustellen, dass die implementierten Prozesse eine Aggregation sämtlicher liquiditätsrelevanter Informationen auf Konzernebene erlauben. Die Möglichkeit einer zeitnahen Erhebung der aggregierten Daten ist insbesondere bei einer Ratingvergabe oder Finanzierungsverhandlungen ein kritischer Erfolgsfaktor.

2.2 Bankenpolitik

Eine effiziente Liquiditätssteuerung setzt das koordinierte Auftreten des Konzerns gegenüber dem Banken- und Kapitalmarkt voraus. Aus diesem Grunde sollte der Aufbau neuer und die Beendigung bestehender Bankverbindungen zentral koordiniert werden.

Konzerne verfügen häufig über einen Pool internationaler Großbanken als Kernbanken. Bei der Auswahl der Kernbanken wird neben der Verfügbarkeit von Dienstleistungen sowie deren Konditionen oftmals die Präsenz in den jeweiligen Märkten als Auswahlkriterium herangezogen. Darüber hinaus werden von den Banken eine vollständige Versorgung mit weiterverarbeitbaren Kontoinformationen sowie die Bereitstellung der technischen Voraussetzungen für die Abwicklung des bankübergreifenden Zahlungsverkehrs unter Berücksichtigung der nationalen wie internationalen Standards (DTA, DTAZV, SWIFT und künftig SEPA) vorausgesetzt.

Tendenziell gehen mit der Reduzierung der Anzahl der Kernbanken Konditionsvorteile, resultierend aus der Konzentration von Geschäftsvolumen auf eine kleinere Bankenanzahl, sowie Transparenzgewinne einher. Darüber hinaus wird die Pflege der einzelnen Bankbeziehungen erleichtert. Im Gegensatz dazu steigt die Abhängigkeit von einzelnen Banken, was unter Umständen im Krisenfall zu eingeschränkten Finanzierungsmöglichkeiten führen kann. Die Ableitung der optimalen Anzahl der Kernbanken sowie der damit einhergehenden Bankkontenstruktur kann letztlich nur vor dem Hintergrund der spezifischen Gegebenheiten im eigenen Unternehmen unter Berücksichtigung unternehmenspolitischer Zielsetzungen erfolgen.

Tochtergesellschaften unterhalten oftmals lokale Bankverbindungen zur Abwicklung des dezentralen Zahlungsverkehrs. Sofern dies der Fall ist, sollten Regelungen hinsichtlich der Mindestbonität der Banken sowie der Einbindung dieser Konten in das konzernweite Liquiditätsmanagement getroffen werden. Daneben empfiehlt es sich, vor dem Hintergrund einer effizienten Steuerung der Liquidität, die Anzahl der dezentral gehaltenen Bankverbindungen zu limitieren und regelmäßig zu überprüfen.

Für ein effizientes Liquiditätsmanagement ist neben der optimalen Gestaltung der Bankkontenstruktur sowie des Aufbaus adäquater Cash-Pooling-Systeme zur Konzentration der konzernweiten Liquidität die Ausgestaltung des Zahlungsverkehrs von entscheidender Bedeutung. So lassen sich häufig Effizienzgewinne durch die Neuausrichtung des konzernweiten internen (Inhouse Bank) und externen Zahlungsverkehrs (Payment Factory) realisieren. Dies erfordert jedoch in der Regel die Anpassung der internen Prozesse sowie den Einsatz geeigneter Systemlösungen. Die Investitionen in die Infrastruktur sind ebenso wie der Aufwand für die Reorganisation den erwarteten Wertsteigerungen entgegenzustellen.

Im Zusammenhang mit der Konditionengestaltung lassen sich insbesondere bei mittelständischen Unternehmen „Quick-Wins" durch die Koppelung der Kontoverzinsung an Referenzzinssätze realisieren. Während dies für Haben-Salden inzwischen zum Standard zählt, wird eine variable Verzinsung der Soll-Salden auf Basis eines Referenzzinsatzes von vielen Banken noch nicht aktiv angeboten. Entsprechend erfordert dies häufig einen längeren Verhandlungsweg, da die Banken gezwungen sind, ihre Kreditmarge transparent zu machen, was trotz der Entwicklungen im Zusammenhang mit Basel II nicht unbedingt im Interesse einiger Kreditinstitute liegt. Die Umstellung der Verzinsung resultiert häufig in einer sofortigen Verbesserung des Zinsergebnisses sowie einer Steigerung der Transparenz über die Gestaltung von Bankmargen, was mitunter sehr hilfreich für künftige Verhandlungsgespräche ist.

Die Entscheidung, welcher Referenzzins heranzuziehen ist, ist hierbei fast von untergeordneter Bedeutung. Neben den etablierten Größen LIBOR oder EURIBOR und deren Tagesgeldindikatoren LIBOR ON (Overnight) und EONIA (EURO Overnight Index Average) finden auch laufzeitgewichtete Zinssätze Anwendung, die unterstellen, dass ein Bodensatz des Kontensaldos mittelfristig aufgenommen/angelegt ist.

Die mit den Banken getroffenen Vereinbarungen werden in einem so genannten „Service (Level) Agreement" festgehalten. Je nach Umfang der Zusammenarbeit erscheint es sinnvoll, ein Service Level als Maß für die zu erbringende Dienstleistung zu vereinbaren, dessen Verfehlung zu entsprechenden Konsequenzen und Sanktionierungen führt.

2.3 IT-Infrastruktur

Die Liquiditätssteuerung im Konzern ist seit Mitte der achtziger Jahre zunächst in den großen Konzernen in den Blickpunkt gelangt. Im Zuge der Verbreitung von Möglichkeiten zur Verarbeitung von Kontoinformationen durch die IT-Systeme der Unternehmen und die damit verbundene Verkürzung der Informationslaufzeiten wurde die Möglichkeit geschaffen, auch schneller über die Liquidität verfügen zu können.

Dieser Umstand beflügelte die Entwicklung von Zahlungsverkehrssystemen, welche die beleglose Beauftragung der Kreditinstitute und eine effizientere Durchführung der Zahlungsaufträge ermöglichten sowie zu Kostenreduzierungen führten. Die Möglichkeit zur lückenlosen Verfolgung und Dokumentation der Prozesskette der Zahlung diente als erfreulicher Nebeneffekt zur leichteren Identifikation technischer oder menschlicher Fehler und zur Reduzierung von Haftungsfragen.

Im Zuge der voranschreitenden Globalisierung wurden global operierende Konzerne geschaffen oder ausgebaut. Damit verbunden sind sowohl nationale, länderübergreifende als auch globale Zahlungsströme. Diese Zahlungsströme müssen in verschiedenen Währungen, Zeitzonen und unter Beachtung sehr unterschiedlicher rechtlicher und steuerlicher Rahmenbedingungen abgewickelt werden. Von wenigen Ausnahmen abgesehen (SWIFT) sind die technischen Möglichkeiten hierbei alles andere als homogen. Der Siegeszug von Standardsoftware für PC und Großrechnersysteme hat die Schaffung von global einsetzbaren IT-Systemen und Anwendungen ermöglicht. Dennoch ist festzustellen, dass neben der Klärung komplexer betriebswirtschaftlicher Fragestellungen der Erfolg einer im Konzern etablierten Liquiditätssteuerung zu wesentlichen Teilen noch immer von der technischen Umsetzung abhängig ist.

Nach der erfolgreichen Euro-Einführung wird es in den Jahren bis 2010 erneut nachhaltige Veränderungen durch SEPA (Single Euro Payments Area) geben, die neben der Vereinheitlichung bei grenzüberschreitenden Zahlungen Auswirkungen auf die bisherigen nationalen Zahlungsformate hat. Es besteht die Hoffnung, dass die Veränderungen sich positiv auf die Möglichkeiten der konzernweiten Liquiditätssteuerung auswirken.

Ein konzernweit effizientes Liquiditätsmanagement erfordert neben den organisatorischen Regelungen die Gewährleistung eines konzernweit standardisierten, zeitnahen und sicheren Datenaustausches, der nach Möglichkeit weitestgehend automatisch erfolgen sollte. Vor diesem Hintergrund sind konzernweit standardisierte Datenkommunikationswege sowie Datenerfassungstools im Sinne von den Arbeitsprozess unterstützenden Softwaresystemen in die IT-Infrastruktur zu integrieren. Neben einer konzernweit einheitlichen ERP-System-Struktur kommt dabei insbesondere Systemen zur Kommunikation von Bank- und Kontoinformationsdaten, Zahlungsverkehrs-, Cash- und Risikomanagement-Systemen sowie Buchhaltungssystemen eine hohe Bedeutung zu.

IT-Systeme, die eine derartige Unterstützung im Bereich des Liquiditätsmanagements ermöglichen, sind in unterschiedlichster Ausprägung hinsichtlich Funktionalität und Kostenstruktur am Markt verfügbar. Allerdings stehen den Vorteilen eines integrierten Systems die hohen Kosten der Implementierung gegenüber, was eine sorgfältige Kosten-Nutzen-Analyse im Vorfeld sowie daran anschließend einen strukturierten Softwareauswahlprozess impliziert.

3. Bestandteile eines effizienten Liquiditätsmanagements

Ein effizientes Liquiditätsmanagement umfasst sämtliche Maßnahmen zur Identifizierung, Steuerung und Kontrolle der konzernweiten Liquiditätsrisiken. Der in Abbildung 1 dargestellte Regelkreis des Liquiditätsmanagements beginnt mit der auf dem Finanzstatus und der Liquiditätsplanung basierenden Ermittlung des Liquiditätsstatus. Unterschreitet dieser die zuvor festgelegte Liquiditätsreserve, sind im Rahmen der Liquiditätssteuerung vordefinierte Maßnahmen zur Verbesserung der Liquiditätssituation zu ergreifen. Die durchgeführten Maßnahmen spiegeln sich im Finanzstatus wider, womit sich der Regelkreis schließt.

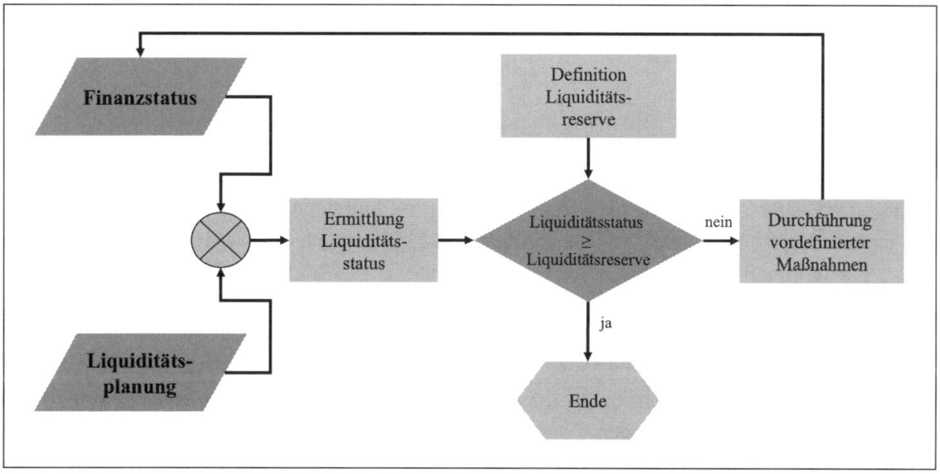

Abbildung 1: *Liquiditätsmanagement als Regelkreis*

In den folgenden Abschnitten werden die einzelnen Bestandteile des Regelkreises des Liquiditätsmanagements näher beleuchtet.

3.1 Finanzstatus

Das Liquiditätsmanagement setzt auf der tagesaktuellen, valutarischen Betrachtung des Finanzstatus auf. Der Finanzstatus ergibt sich aus der Summe der liquiden Mittel, der frei verfügbaren Kreditlinien sowie den erwarteten Ein- und Auszahlungen des Betrachtungstages. Die Ermittlung des Finanzstatus wird mindestens einmal täglich mit dem morgendlichen

Abruf der Banksalden und Buchungsposten vorgenommen. Einige Kreditinstitute bieten die Möglichkeit, Kontoinformationen mehrmals täglich abzurufen und den Finanzstatus somit bei Bedarf – beispielsweise kurz vor der entsprechenden Cut-off-Zeit für die Kontodisposition – zu aktualisieren.

Während die erwarteten Auszahlungen größtenteils dem Treasury bekannt sind, stellt die Prognose der erwarteten Zahlungseingänge die Unternehmen oftmals vor große Herausforderungen. Vor diesem Hintergrund greifen Unternehmen – sofern dies auf Kundenseite durchsetzbar ist – verstärkt auf Kreditkartenzahlungen und Lastschriftverfahren zurück. Im Falle von Barzahlungen und Überweisungen sollten Analysen des Zahlungsverhaltens der Debitoren eingesetzt werden, um die Güte der Dispositionsentscheidung nachhaltig zu verbessern.

Die Erhebung des Finanzstatus auf Konzernebene ist heutzutage vor dem Hintergrund leistungsfähiger Electronic-Banking-Systeme und zumindest regional standardisierter Kontoauszugsformate in der Regel unproblematisch. In multinational oder global operierenden Konzernen existiert jedoch oftmals eine Vielzahl von Bankverbindungen, die unterschiedliche technische Anbindungen erfordern oder im Extremfall gar nicht auf elektronischem Wege angebunden werden können. Die tägliche Ermittlung des konzernweiten Finanzstatus stellt dann bereits aus technischer Sicht eine erhebliche Herausforderung dar.

In dezentral aufgestellten Konzernen kommt erschwerend hinzu, dass die erforderliche Transparenz über die bestehenden externen Bankverbindungen auf erhebliche Widerstände bei einigen Konzerneinheiten stoßen kann. Vor der Umsetzung einer automatisierten Ermittlung eines konzernweiten Finanzstatus müssen daher im Rahmen der Bankenpolitik die entsprechenden organisatorischen und technischen Voraussetzungen geschaffen werden. Selbst dann ist es zumindest in größeren Konzernen oftmals mit zu hohen Kosten verbunden, sämtliche Bankkonten in den Finanzstatus einzubinden. Um in diesem Fall sicherzustellen, dass der tägliche Finanzstatus hinreichend genau der Höhe der tatsächlich verfügbaren Mittel entspricht, sollten die betroffenen Konzerneinheiten die Salden der nicht in den Finanzstatus eingebundenen Konten regelmäßig dem Konzern-Treasury melden. Viele Treasury-Management-Systeme bieten mittlerweile entsprechende Funktionalitäten in ihren Front Ends an.

Oftmals werden den Konzerngesellschaften Regelungen hinsichtlich der maximal zulässigen Liquidität auf Konten, welche nicht an ein Cash Pooling angeschlossen sind, vorgegeben. Deren Einhaltung kann ebenfalls auf Basis der Meldungen der Konzerngesellschaften überprüft werden. Im Rahmen der Aggregation der Liquiditätsmeldungen sollte klar zwischen frei verfügbarer Liquidität und liquiden Mitteln, die steuerlichen oder devisenrechtlichen Restriktionen unterliegen, differenziert werden, um die Aussagekraft des konzernweiten Liquiditätsstatus zu erhöhen.

3.2 Liquiditätsplanung

Ausgehend vom Finanzstatus gilt es im Rahmen der Liquiditätsplanung, die künftige Entwicklung der Liquidität auf Basis der erwarteten Ein- und Auszahlungen zu planen. Die Zusammenführung des konzernweiten Finanzstatus mit der Liquiditätsplanung führt schließlich zum Liquiditätsstatus, mit dessen Hilfe die frühzeitige Identifizierung von Über- bzw. Unterdeckungen innerhalb des Planungshorizonts erfolgen kann.

In der Praxis wird der Planungsprozess häufig nach der Zweistrom-Methode „Bottom-up/Top-down" aufgebaut. Hierbei gibt die Geschäftsleitung Rahmenbedingungen, Prämissen sowie quantitative und qualitative Zielvorgaben vor, die den planenden Funktionsbereichen als Grundlagen für die zu erstellenden Einzelpläne dienen. Die Planung selbst erfolgt durch die Konzerngesellschaften zumeist monatlich rollierend unter Zugrundelegung eines konstanten Planungshorizonts von mindestens zwölf Monaten.

Im Gegensatz zur langfristigen Finanzplanung basiert die Liquiditätsplanung zumeist unmittelbar auf prognostizierten Ein- und Auszahlungen und nicht auf aus Planbilanzen indirekt abgeleiteten Zahlungsströmen. Im Hinblick auf die geplanten Ein- und Auszahlungen sollte eine Kategorisierung in sichere und unsichere Plangrößen erfolgen. Unsichere Zahlungen werden in der Regel mit ihrem Erwartungswert in der Planung angesetzt; die Berücksichtigung der Unsicherheit kann entweder im Rahmen von Szenarioanalysen (siehe Abschnitt 3.4) oder auf Basis stochastischer Modelle (Cash Flow at Risk) erfolgen. Um eine Verknüpfung zwischen Liquiditätsplanung und Fremdwährungsplanung herstellen zu können und damit einhergehend den Planungsaufwand für die Konzerngesellschaften zu verringern, sollten die Zahlungsströme in den originären Währungen erfasst werden.

Das Konzern-Treasury ist in aller Regel für die Plausibilisierung und Aggregation der Liquiditätsplanungen der Einzelgesellschaften verantwortlich. Zum Zwecke der Umrechnung der Einzelplanungen in die funktionale Währung des Konzerns werden aktuelle Terminkurse, Budgetkurse oder aber Wechselkursprognosen herangezogen. Als Ergebnis des Planungsprozesses ermittelt das Konzern-Treasury die künftige Liquiditätsentwicklung des Konzerns.

Damit die Planungen ein hohes Maß an Zuverlässigkeit erlangen, sind im Rahmen ihrer Erstellung zwingend sämtliche relevanten Funktionsbereiche im Konzern einzubeziehen. Darüber hinaus sollte in regelmäßigen Abständen sowohl auf Konzernebene als auch auf Ebene der Einzelgesellschaften ein Vergleich der geplanten mit den realisierten Zahlungsein- und Zahlungsausgängen durchgeführt werden (Plan-Ist-Vergleich). Wesentliche, von definierten Toleranzwerten abweichende Werte sind dabei von den jeweiligen Funktionsbereichen bzw. Tochtergesellschaften zu verantworten und zu erläutern. Um die Ursachen für eventuelle Abweichungen möglichst genau identifizieren zu können, sollte der Plan-Ist-Vergleich einen möglichst hohen Detaillierungsgrad aufweisen. Dies ist jedoch oftmals mit einem sehr hohen Aufwand verbunden, weil hierzu eine Vielzahl von Informationen auf Kontenebene aus den

Buchhaltungssystemen abgegriffen und den einzelnen Positionen der Liquiditätsplanung zugeordnet werden müssen.

Da eine Planabweichung stets mit einer suboptimalen Steuerung der Liquidität einhergeht und daher zu einem höher als erforderlichen Zinsaufwand bzw. zu Opportunitätskosten führt, kann im Extremfall, bei Überschreitung einer vorgegebenen Bandbreite tolerierbarer Abweichungen, die Zahlung von Strafzinsen vereinbart werden. Die Bandbreiten sollten im Zeitablauf zunehmen, um dem Umstand Rechnung zu tragen, dass sich die Planbarkeit von Liquiditätspositionen naturgemäß mit zunehmendem Zeithorizont verschlechtert. Die Durchführung der Liquiditätsplanung ist letzten Endes ein kontinuierlicher Lernprozess: Neu gewonnene Erkenntnisse bilden die Grundlage für die folgenden Planungsperioden.

Sehr häufig findet man heute in Konzernen noch eine Budgetplanung, die vom Controlling gesteuert wird, sowie eine von der Treasury-Abteilung etablierte Finanzplanung. Dies hängt vielfach damit zusammen, dass die Blickrichtung der Treasury-Abteilungen auf die Cash-Wirksamkeit ausgerichtet ist und sich somit grundlegend von der Budgetplanung unterscheidet. Nur selten gelingt eine einfache Überleitungsrechnung, die vom Ergebnis der Budgetplanung die Liquiditätsplanung ableitet. Prominentes Beispiel für einen grundsätzlichen Unterschied ist die Vorsteuer/Umsatzsteuer, die in der Budgetplanung keine Bedeutung hat, in der Finanzplanung jedoch eine wichtige Position darstellt. Zu berücksichtigen ist auch, ob eine mögliche Saisonalität des operativen Geschäftes ausreichend im Budgetplan abgebildet ist und somit eine vernünftige Grundlage für die Finanzplanung gegeben ist.

IT-Systeme, die eine integrierte Budget- und Unternehmensplanung ermöglichen, sind seit wenigen Jahren am Markt verfügbar. Aufgrund der Komplexität dieser Systeme und den mit der Einführung verbundenen Implementierungskosten sind diese jedoch bislang wenig verbreitet.

3.3 Liquiditätssteuerung

3.3.1 Kurzfristige Liquiditätssteuerung und Cash Management

Die wesentliche Aufgabe der kurzfristigen Liquiditätssteuerung besteht darin, die verfügbaren liquiden Mittel auf Basis der kurzfristigen Liquiditätsplanung auf Kontenebene nach Möglichkeit taggenau zu steuern, um kurzzeitige Über- oder Unterdeckungen zu vermeiden. Als Instrumente kommen hierfür im Wesentlichen die Kontendisposition, Anlagen und Aufnahmen auf dem Geldmarkt sowie die Ausnutzung bereits etablierter Kreditlinien in Frage.

Die zweite Aufgabe der kurzfristigen Liquiditätssteuerung ist die möglichst effiziente Anlage und Aufnahme der liquiden Mittel. In der Regel setzt dies voraus, dass die verfügbare Liquidität zunächst gesellschafts- und länderübergreifend im Rahmen eines Cash Pooling konzentriert und erst im zweiten Schritt am Geldmarkt angelegt oder aufgenommen wird. Die Konzentration der liquiden Mittel hat zum einen den Vorteil, dass die gleichzeitige Aufnahme und Anlage von Mitteln zu dem vergleichsweise hohen Sollzinssatz beziehungsweise dem niedrigen Habenzinssatz vermieden wird. Zum anderen lassen sich durch die Konzentration der liquiden Mittel in der Regel Größenvorteile in Form von besseren Konditionen erzielen.

Im Rahmen des Cash Pooling ist zu berücksichtigen, dass die zwischenzeitlich entstandene kritischere Betrachtung der rechtlichen und steuerrechtlichen Möglichkeiten sich nicht auf die eigentliche technische Umsetzung des zumeist als Cash Concentration bezeichneten Verfahrens bezieht, sondern grundsätzlich auf die finanziellen Verflechtungen innerhalb des Konzerns abzielt. Hierbei spielt insbesondere die Gewährung von konzerninternen Darlehen eine Rolle, welcher durch § 30 GmbHG in Verbindung mit einem BGH-Urteil vom 24. November 2003 enge Grenzen gesetzt sind. In einem anderen BGH-Urteil aus dem Januar 2006 ist auch die Einbindung von Mitteln aus einer Kapitalerhöhung in das Cash Concentration thematisiert. Eine verlässliche Rechtsgrundlage für ein konzernweites Cash Pooling wird voraussichtlich erst mit dem für das Jahr 2007 erwarteten „Gesetz zur Modernisierung des GmbH-Rechts und zur Bekämpfung von Missbräuchen" (MoMiG) geschaffen, welches derzeit im Referentenentwurf vorliegt und explizit die Rahmenbedingungen für konzerninterne Kreditgewährungen regelt.

3.3.2 Working Capital Management

In der Regel werden in vielen Konzernen die Optimierungsbemühungen im Bereich des Cash Managements weniger Auswirkungen auf das Zinsergebnis haben als die Optimierung der in den Unternehmensprozessen gebundenen Liquidität im Rahmen des Working Capital Managements. Das Working Capital Management verfolgt das Ziel, die Durchlaufzeit des im Umlaufvermögen gebundenen Kapitals so gering wie möglich zu halten. Hierbei wird versucht, die kostenintensive Zeitspanne zwischen Zahlungsausgang und Zahlungseingang im unternehmerischen Prozess zu minimieren.

Insbesondere das Debitorenmanagement hat einen großen Stellenwert bei der Steuerung der Liquidität. Ungeachtet der Debitorenrisiken, die an dieser Stelle nicht näher betrachtet werden, sind die Debitoren die zentrale Größe zur kurzfristigen Steuerung von Geldeingängen. Ein Konzern sollte tagesaktuell Aussagen über Höhe und Fälligkeitszeitpunkte von offenen Posten treffen können. Eine Clusterung hinsichtlich des bisherigen Zahlungsverhaltens der Kunden ermöglicht eine verbesserte Prognose der tatsächlich zu erwartenden Zahlungseingänge. Die Auswertungsmöglichkeiten sollten so ausgerichtet sein, dass die größten Positionen auch einzeln beobachtet werden können und eine sehr kurzfristige Abstimmung zwischen dem Finanzbereich und einem Rechnungsaussteller ermöglicht wird, um im Falle von Liquiditätsengpässen die Zahlungseingänge außerhalb der Mahnverfahren zu beschleunigen.

Im Hinblick auf den Zahlungsausgang stellt ein monatlich standardisierter Zahllauf in vielen Konzernen heutzutage die Regel dar. Auch hierdurch erfolgt eine Verbesserung des Working Capital, da hiermit in der Regel die Zahlungsziele verlängert werden.

Ein effizientes Working Capital Management setzt jedoch weitaus früher in der Prozesskette an. Bereits bei der Definition der in einem Geschäftsbereich/Teilkonzern oder auch für einen Einzelkunden geltenden Zahlungsbedingungen müssen die Liquiditätswirkungen bedacht werden. So ist es besonders wichtig, dass es zu einem Abgleich mit den tatsächlich in Anspruch genommenen Zahlungsbedingungen kommt, damit die Vertriebsverantwortlichen diese Information bei den Folgeverhandlungen im Rahmen der Konditionsverhandlung berücksichtigen können. Ein Konzern sollte prüfen, ob sich die Notwendigkeit für „Strafzinsen" in der Deckungsbeitragsrechnung einer Vertriebseinheit ergibt, wenn das Management der Zahlungsbedingungen und Außenstände dazu führt, dass Ergebnisse aus dem operativen Geschäft zu Lasten des Finanzergebnisses erwirtschaftet werden.

3.4 Liquiditätscontrolling

Um Liquiditätsengpässe zu vermeiden, die zu einem starken Anstieg der Finanzierungskosten führen oder im Extremfall sogar den Bestand des Unternehmens gefährden können, ist es notwendig, eine Liquiditätsreserve zu definieren, deren Unterschreitung zur Initiierung geeigneter Maßnahmen zur Verbesserung der Liquiditätssituation führt. Die Zielsetzung einer solchen Liquiditätsreserve kann von Unternehmen zu Unternehmen stark variieren. In manchen Konzernen wird eine Liquiditätsreserve vorgehalten, um bei sich bietenden Chancen im M&A-Bereich schnell handlungsfähig zu sein, ohne hierbei maßgeblich von Banken oder Kapitalmärkten abzuhängen. Bei anderen Konzernen zielt die Liquiditätsreserve eher darauf ab, die aus dem operativen Geschäft resultierenden Risiken auffangen zu können. Diese Risiken sind zum überwiegenden Teil branchen- und unternehmensspezifisch.

Um die Höhe der Liquiditätsreserve zu bestimmen, greift man in der Praxis häufig auf Szenarioanalysen zurück, in denen die wesentlichen Unsicherheitsfaktoren berücksichtigt und im Rahmen von Szenarien variiert werden, um deren Auswirkungen auf die künftige Liquiditätssituation quantifizieren zu können. Die Einflussfaktoren, die im Rahmen solcher Szenarioanalysen berücksichtigt werden, sind in der Regel stark branchen- und unternehmensspezifisch. Beispiele für mögliche Einflussfaktoren sind:

- Produkthaftungsrisiken, die z. B. zu Produktrückrufen führen
- Imagekrise
- Anstieg der Rohstoffpreise
- Plötzlicher Absatzeinbruch
- Störungen in der Logistik
- Verzögerungen bei Markteinführungen
- Produktionsausfall

- Politische Krisen
- Streiks
- Epidemien
- Störungen im Refinanzierungsprozess

Im Rahmen der Szenarioanalyse sind die Auswirkungen der relevanten Einflussfaktoren auf die Liquiditätssituation des Unternehmens zu prognostizieren. Die Liquiditätsreserve ist dann so festzulegen, dass der Fortbestand des Unternehmens in allen maßgeblichen Szenarien gewährleistet ist. In diesem Zusammenhang muss auch beachtet werden, dass typischerweise ein Teil der Kredite – und damit auch ein Teil der Liquiditätsreserve – nicht unbedingt zur Verfügung steht, sondern seitens der Kreditgeber entweder diskretionär oder beim Eintritt bestimmter, vertraglich spezifizierter Ereignisse gekündigt werden kann. Die Konsequenzen können von einem signifikanten Anstieg der (Re-)Finanzierungskosten bis hin zu einem kompletten Wegfall der betroffenen Kredite reichen. Letzteres wird übrigens auch von den Ratingagenturen im Rahmen der von diesen durchgeführten Liquiditätsanalysen unterstellt.

Insbesondere bei mündlich zugesagten oder explizit nur bis auf weiteres gewährten Kreditlinien (Uncommitted Lines) ist im Gegensatz zu fest zugesagten Kreditfazilitäten (Committed Lines) davon auszugehen, dass diese bei einer signifikanten Verschlechterung der Liquiditätssituation komplett wegfallen oder unter Inkaufnahme wesentlich schlechterer Konditionen neu verhandelt werden müssen. Zumindest bei Worst-Case-Szenarien sollten daher nur fest zugesagte Kreditfazilitäten berücksichtigt werden.

Auch fest zugesagte Kreditlinien enthalten oftmals Regelungen, die dem Kreditgeber die Kündigung des Kreditvertrages unter bestimmten Umständen erlauben. Hierzu zählen neben Financial Covenants, welche die Einhaltung bestimmter finanzwirtschaftlicher Kennzahlen seitens des Kreditnehmers verlangen, auch so genannte „Material Adverse Change"-Klauseln (MAC-Klauseln), die es dem Kreditgeber gestatten, bei einer signifikanten Verschlechterung der wirtschaftlichen Lage des Unternehmens den Kredit zu kündigen. Die Auswirkungen eventuell vorhandener Financial Covenants und MAC-Klauseln auf die verfügbare Liquiditätsreserve sind daher innerhalb der jeweiligen Szenarien explizit zu berücksichtigen.

Darüber hinaus ist bei der Bestimmung der Liquiditätsreserve zu beachten, dass der Marktwert der nicht in Form von Barmitteln oder sehr kurzfristigen Geldanlagen gehaltenen liquiden Mittel Risiken unterliegt. Im Rahmen einer konservativen Schätzung sollten diese Risiken durch entsprechende Abschläge vom aktuellen Marktwert der jeweiligen Anlagen berücksichtigt werden.

4. Ausblick

Auch wenn in der Praxis das konzernweite Liquiditätsmanagement kein neues Thema ist, so ist doch festzustellen, dass vielfach noch Handlungsbedarf besteht und Potenziale nicht ausgeschöpft sind. Neben sich verändernden rechtlichen Rahmenbedingungen auf nationaler und supranationaler Ebene sind auch die technischen Entwicklungen sicherlich noch nicht an ihrem Endpunkt angelangt. So ist es erstaunlich, dass zwar die Möglichkeit besteht, länderübergreifend die Liquidität von verschiedenen Kreditinstituten auf ein zentral geführtes Konto in einer Währung zu verdichten, es jedoch bisher nicht gelingt, innerhalb von Deutschland ein bankenübergreifendes System zur Durchführung eines Cash Pooling einzurichten.

Es besteht die Hoffnung, dass die europäischen Bestrebungen zur Harmonisierung und Vereinfachung des Zahlungsverkehrs eine Verbesserung der Grundlagen für eine effiziente Liquiditätssteuerung nach sich ziehen werden. Aus dem Stand der Diskussionen über die Einführung von SEPA entspringt jedoch die Sorge, dass aufgrund nationaler Befindlichkeiten und jahrzehntelang gewachsener Rahmenbedingungen der IT-Landschaft in Banken der „Große Wurf“ ohne weitere gesetzliche Vorgaben nicht gelingen kann. Hinzu kommt, dass sich technische Standards, wie z. B. EDIFACT, bisher nicht am Markt durchsetzen konnten, was mitunter auf die damit verbundene Komplexität und die hohen Kosten der Einführung zurückzuführen ist. Gleichwohl lassen die Fortschritte in der Informationstechnologie und Datenkommunikation darauf hoffen, dass hier in der nahen Zukunft noch deutliche Verbesserungen zu erwarten sind.

Bei fast allen Großkonzernen, aber zunehmend auch im Mittelstand, wird in jüngerer Zeit den Liquiditätswirkungen von Pensionsrückstellungen eine größere Aufmerksamkeit gewidmet. Die Notwendigkeit, sich hiermit zu befassen, wurde durch die in den letzten Jahren zu beobachtenden Änderungen bei der Bewertung durch Ratingagenturen verstärkt. Durch eine Ausgliederung von Pensionsverpflichtungen, z. B. in ein CTA (Contractual Trust Arrangement), lassen sich sowohl die langfristige Liquiditätssituation als auch die Bilanzstruktur des Konzerns verbessern. Kurzfristig führt die Ausgliederung allerdings typischerweise zu einer Belastung der Liquiditätssituation, da die hierfür erforderlichen Mittel (einmalig) aufgebracht werden müssen. Unternehmen, die Ihre Pensionsverpflichtungen gedeckt haben, verfügen über Vorteile in der Bonitätsbeurteilung und können somit von besseren Kreditmargen und geringeren Spreads am Kapitalmarkt profitieren.

Liquiditätsvorratshaltung und zinsoptimierte Anlage der Liquidität

Axel Tillmann – Deutsche Lufthansa AG

1. Gründe für eine strategische Liquiditätsreserve

Die Sicherstellung der jederzeitigen Zahlungsfähigkeit ist seit jeher eine der zentralen Aufgaben des Treasury. In der Regel wird die erforderliche Liquidität anhand einer rollierenden Zwölf-Monats-Liquiditätsplanung oder – falls der Betrachtungszeitraum länger sein sollte – über die Finanzplanung ermittelt. Eine Gegenüberstellung mit der bestehenden Liquidität und gegebenenfalls den zur Verfügung stehenden Kreditlinien zeigt den eventuell zusätzlichen Liquiditätsbedarf auf. Sind die Kreditlinien fest zugesagt, wenden Unternehmen häufig keine weiteren Anstrengungen an festzustellen, ob diese fest zugesagten Kreditlinien unter bestimmten Szenarien überhaupt in Anspruch genommen werden können. Probleme können bei Eintritt eines Szenarios z. B. dadurch entstehen, dass die Laufzeit der Kreditzusagen begrenzt ist, jedoch von einer „problemlosen" Prolongation ausgegangen wird, oder weil die Einhaltung bestimmter Kennzahlen (Covenants) nicht mehr gewährleistet werden kann.

Die Realität zeigt uns jedoch, dass es Szenarien gibt, die weit über übliche Risikobetrachtungen wie signifikante Umsatzrückgänge oder Rohstoffpreissteigerungen hinausgehen. Die Rede ist hier von singulären Events, die dazu führen können, dass der Geschäftsbetrieb derart drastisch eingeschränkt wird, dass innerhalb eines sehr kurzen Zeitraums den fixen Auszahlungsverpflichtungen deutlich reduzierte Einnahmen gegenüberstehen.

Viele Luftfahrtgesellschaften haben diese Erfahrung im direkten Zusammenhang mit den Ereignissen des 11. September 2001 gemacht. Damals kamen im Wesentlichen zwei Faktoren zusammen: Zunächst das singuläre Event der Anschläge und der Stopp des Luftverkehrs innerhalb der USA sowie von und nach den USA. Nachdem der Flugbetrieb wieder aufgenommen werden konnte, kam es zu einem massiven Einbruch im internationalen Luftverkehrsaufkommen und damit zu einem deutlichen Umsatzrückgang auch bei der Deutschen Lufthansa. Einem wenig flexiblen Ausgabenblock standen somit weniger Einnahmen gegenüber. Unternehmen, die in einer solchen Situation ohne Reserven sind, kommen hierdurch sehr schnell an ihre finanziellen Grenzen, zumal eine Mittelbeschaffung am Kapitalmarkt in solchen Situationen eher schwierig ist. Die Beispiele einiger großer internationaler Fluggesellschaften, die entweder Gläubigerschutz beantragen oder in die Insolvenz gehen mussten, zeigen die Bedeutung einer Liquiditätsreserve.

Ein singuläres Event wie 9/11 ist jedoch nicht der einzig denkbare Fall, in dem sich eine Liquiditätsvorratshaltung auszahlt. Auch andere Branchen können aufgrund bestimmter Szenarien Risiken ausgesetzt sein, die nicht oder nicht vollständig durch Versicherungen abgedeckt sind. Beispielhaft seien hier die Tourismus-Branche und die Folgen der Atemwegserkrankung SARS genannt. Weitere Beispiele hierzu wären eine weltweite Erdölkrise mit entsprechenden Auswirkungen auf die Automobilbranche oder eine Naturkatastrophe, welche einen massiven konjunkturellen Abschwung für Teile der Weltwirtschaft zur Folge haben kann.

Im Zuge derartiger Szenarien können sich Unternehmen nicht auf bestehende Kreditlinien, ein Commercial-Paper-Programm oder die kurzfristige Liquidierbarkeit von Umlaufvermögen verlassen. Auch Equity-Instrumente stehen in einem solchen Umfeld nur bedingt – und womöglich nicht schnell genug – zur Verfügung. Eine umfassende Sicherheit bietet daher nur eine physische Vorratshaltung der Liquidität.

Nun beschäftigt sich die betriebswirtschaftliche Literatur vornehmlich mit der Optimierung der Liquiditätssituation dahingehend, dass Unternehmen, die Nettoschuldner sind, ihren Zinshaushalt durch die Vermeidung von Geldanlage bei gleichzeitiger Verschuldung optimieren sollen. Auch Banken stellen bei ihrer Kreditbeurteilung auf Kennzahlen ab, die Ist-Daten widerspiegeln und primär auf das finanzielle Gleichgewicht abzielen. Gleichwohl betrachten Banken darüber hinaus das Branchen- und individuelle Risiko eines Unternehmens. Was jedoch einzig den Unternehmen überlassen bleibt, ist die Antwort auf die Frage: Wie hoch ist der Liquiditätsbedarf im Fall des Eintritts eines Worst-Case-Szenarios? Die Wahrscheinlichkeit des Eintritts ist hierbei unerheblich, da das Unternehmen bei Eintritt des Risikos dessen vollständige Abdeckung sicherstellen muss.

Die Kosten der Liquiditätsvorratshaltung sind demnach ein Teil der Risikoprämie, die das Unternehmen im Rahmen des Geschäftsmodells kalkulieren muss. Bei gegebener strategischer Liquiditätsreserve kommt daher der Optimierung der Anlagerendite eine besondere Bedeutung zu, um dadurch den Soll-Haben-Spread zu minimieren.

2. Bestimmung der strategischen Liquiditätsreserve

2.1 Der konzeptionelle Rahmen zur strategischen Liquiditätsreserve

Der Entscheidung für eine strategische Liquiditätsreserve folgt die Bestimmung ihrer Höhe. Bei ihrer Festlegung betrachten wir drei Dimensionen:

1. Puffer für den operativen Betrieb
2. Laufende Zahlungsverpflichtungen
3. Bonitätsanforderungen

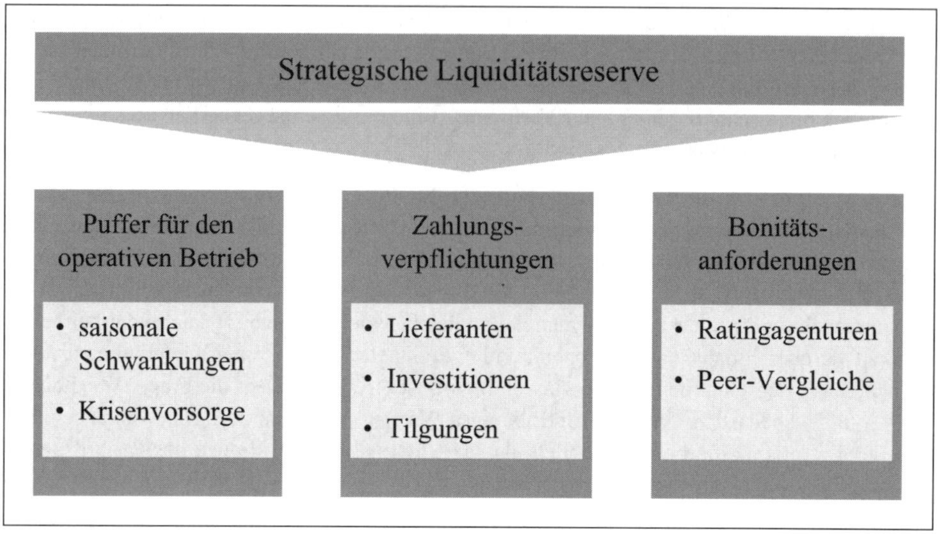

Abbildung 1: *Festlegung der strategischen Liquiditätsreserve*

Puffer für den operativen Betrieb

Cash-Flow-Schwankungen im operativen Geschäft treten in nahezu allen Unternehmen auf. Saisonale Schwankungen führen in bestimmten Monaten zu einem geringeren Cash Flow, was jedoch in anderen Monaten wieder kompensiert wird. Diese Schwankungen können zusätzlichen Einflussfaktoren wie z. B. Wetter, Urlaubszeiten oder Feiertagen unterliegen. In der Regel verfügen Unternehmen über entsprechende historische Daten, um die Schwankungen auch für die Zukunft zu antizipieren. Im Rahmen der Liquiditätsplanung sollte die operative Planung, wenn diese nur auf Jahresbasis erstellt wird, mittels der Saisonkurve angepasst werden, um ein möglichst genaues Bild des Liquiditätsverlaufs zu erhalten.

Die Krisenvorsorge ist derjenige Teilbetrag der Soll-Liquidität, den das Unternehmen bei Eintritt eines Risikoszenarios für einen bestimmten kurzfristigen Zeitraum benötigen würde, und stellt gleichzeitig die Liquidität dar, welche als kurzfristige Barreserve vorgehalten wird. In diesem Zusammenhang kommt der Festlegung des Worst-Case-Szenarios eine wesentliche Bedeutung zu. Im Rahmen dieser Überlegungen sollte auch die Unternehmensführung eingebunden werden. Sie muss festlegen, auf welche Risikoszenarien sich das Unternehmen einstellen soll. Im Rahmen dieser Überlegungen besteht die Gefahr, das Undenkbare nicht in Betracht zu ziehen und somit nur die üblichen operativen Risiken zu erfassen. Den Überlegungen zu den Risikoszenarien sollte auch nicht zeitgleich die mögliche Auswirkung auf die Höhe der strategischen Liquidität gegenübergestellt werden. Deren tatsächliche Kosten lassen sich erst nach Ermittlung des Zinsertrags aus der Anlage der Liquiditätsreserve ermitteln. Es ist durchaus zu empfehlen, mögliche Risikoszenarien mit Branchen- oder Risikoexperten ergebnisoffen zu diskutieren.

Laufende Zahlungsverpflichtungen

Die laufenden Zahlungsverpflichtungen stellen eine Basisgröße für die Liquiditätsreserve dar und sind ein integraler Teil der Liquiditätsplanung der Unternehmen. Hierzu gehören neben Lieferantenverbindlichkeiten auch die fälligen Zins- und Tilgungsleistungen aus bestehenden Kreditaufnahmen. Daneben gilt es auch, die Auszahlungen aus Investitionsvorhaben mit zu berücksichtigen, die gerade für Luftverkehrsgesellschaften aufgrund langfristiger Flottenplanungen für einige Jahre feststehen. Für viele Unternehmen stellt die Einschätzung der Höhe dieser Position im Rahmen der Liquiditätsplanung allerdings eine große Herausforderung dar, da die unterjährigen Änderungen nur unzureichend an das Treasury kommuniziert werden. Dies ist solange kein Problem, wie auch hier aufgrund der Planungsunschärfe eine Liquiditätsvorratshaltung betrieben wird. Betrachtet man jedoch ein mögliches Klumpenrisiko, so wird schnell deutlich, dass eine Planungsungenauigkeit im Bereich der Investitionen, bei gleichzeitigem Eintritt eines Risikoszenarios, zu einem gegenüber der Planung nicht nur erhöhten, sondern gegebenenfalls auch nicht mehr zu deckenden Liquiditätsbedarf führen kann.

Bonitätsanforderungen

Unabhängig von der eigenen Einschätzung über den zukünftigen Liquiditätsbedarf gibt es mit Banken, Ratingagenturen und Aktienanalysten eine Reihe von Institutionen, die bei ihrer Beurteilung des Unternehmens die verfügbare Liquidität als Beurteilungsmerkmal heranziehen. Je nach Ausgestaltung der bestehenden Kreditvereinbarungen sind gegebenenfalls bestimmte Kennzahlen einzuhalten, so dass hieraus einige Nebenbedingungen entstehen können. Insofern ist es von Bedeutung, die Auswirkungen der Liquiditätssituation im Allgemeinen und die der Liquiditätsvorratshaltung im Besonderen zu berücksichtigen.

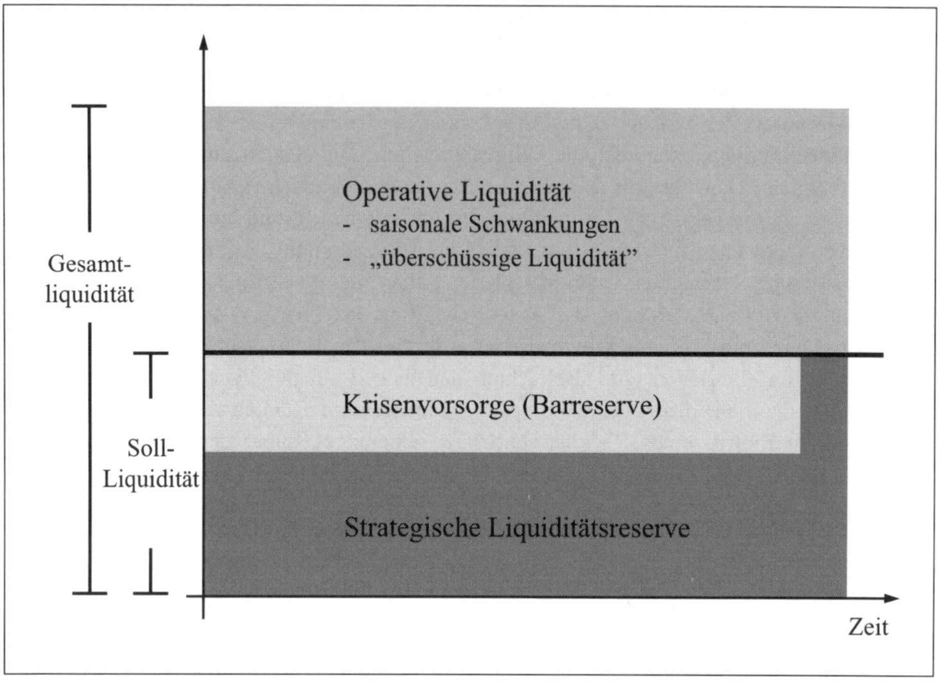

Abbildung 2: *Zusammensetzung der Gesamtliquidität*

2.2 Umsetzung der Planung für die strategische Liquiditätsreserve

Grundlage für die Umsetzung der Planung hinsichtlich einer strategischen Liquiditätsreserve ist neben einer monatlichen, rollierenden Liquiditätsplanung mit einem Horizont von zwölf Monaten insbesondere die langfristige Finanzplanung.

Im Rahmen der rollierenden Liquiditätsplanung ist es zur Ermittlung der Soll-Liquidität erforderlich, fixe und variable Einzahlungen und Auszahlungen getrennt auszuweisen. Die fixen Bestandteile des Cash Flow sind im Rahmen der Risikobetrachtung von Bedeutung. Bei Eintritt eines Risikos sind die fixen Auszahlungen – z. B. resultierend aus Leasingraten, Mieten, Zins- und Tilgungsleistungen, bereits vertraglich vereinbarten Investitionsvorhaben (z. B. Flugzeuglieferungen, welche nicht mehr storniert werden können) sowie aus Löhnen, Gehältern und Sozialversicherungsbeiträgen – nur schwer zu reduzieren. Demgegenüber reduzieren sich die variablen Einzahlungen bei Eintritt des Risikos.

In großen Organisationseinheiten und komplexen Konzernstrukturen ist es demnach von Bedeutung, die Liquiditätsplanung auf der Ebene zu erstellen, auf der die Cash Flows anfallen. Geschieht dies nicht und wird womöglich der Liquiditätsbedarf anhand von historischen Daten ermittelt, kann es zu einer Planungsunschärfe kommen, die im Risikofall zu einem dramatischen Ergebnis führen kann. Den Organisationseinheiten (häufig rechtlich selbstständige Einheiten) muss daher die Planungssystematik eindeutig vorgegeben und klar kommuniziert werden. Gleichzeitig ist darauf zu achten, dass die Konsolidierung der Daten nur in einem einstufigen Prozess vorgenommen wird, das heißt die Meldung direkt an das Group Treasury erfolgt. Somit wird vermieden, dass z. B. im Rahmen von Zwischenkonsolidierungen „manuelle Anpassungen“ vorgenommen werden, welche in Summe wiederum zu einer Planungsunschärfe führen können. Daneben ist die einstufige Planung Voraussetzung für Plan-Ist-Vergleiche.

Erst wenn eine hinreichend detaillierte Liquiditäts-/Finanzplanung vorliegt, kann mittels Szenariorechnungen und unter der Berücksichtigung möglicher Klumpenrisiken begonnen werden, die erforderliche Soll-Liquidität sowie die Krisenreserve zu ermitteln. Im Rahmen der Szenariorechnungen sind nicht nur die Auswirkungen auf die Ein- und Auszahlungen zu ermitteln, sondern auch deren Auswirkungen auf Bilanzkennzahlen und damit auf gegebenenfalls bestehende Covenants von Kreditvereinbarungen sowie dem Kapitalmarkt kommunizierte Kennzahlenziele. Des Weiteren ist zu untersuchen, welche Konsequenzen sich aus den Reaktionen von Banken ergeben könnten.

Hilfreich kann hierbei die Methodik des Liquidity Risk Assessment von Moody’s sein. Es beinhaltet unter anderem folgende Prämissen hinsichtlich des Zwölf-Monats-Horizonts:

- Kein Zugang zu den Kapitalmärkten
- Keinerlei neue Kreditlinien
- Wegfall aller Uncommited Facilities (Banklinien)
- Keine Prolongation fälliger Verbindlichkeiten

Die so ermittelte strategische Liquiditätsreserve muss vollständig oder teilweise physisch vorgehalten werden. Die hiermit verbundenen Kosten (Differenz zwischen Soll- und Habenzinssatz) sind unter Beachtung bestimmter Prämissen zu minimieren.

3. Anlagesteuerung der strategischen Liquiditätsreserve

Bei der Betrachtung der Liquidität muss unterschieden werden zwischen der operativen Liquidität und der strategischen Liquidität (Soll-Liquidität; siehe Abbildung 1). Erstere entsteht durch Überschüsse aus den operativen Zahlungseingängen und dient zur Zahlung der laufenden Verbindlichkeiten. Sie unterliegt daher im Jahresverlauf mehr oder weniger starken Schwankungen, je nach Art und Verlauf des operativen Geschäfts. Die Anlage eines eventuellen Überschusses erfolgt operativ kurzfristig. Die strategische Liquiditätsreserve dagegen dient der Aufrechterhaltung der jederzeitigen Zahlungsfähigkeit eines Unternehmens. Diese Soll-Liquidität ist vollständig oder in Teilen physisch vorzuhalten. Die physische Vorratshaltung (Barreserve) ist insbesondere für die Krisenreserve erforderlich. Sie wäre gegebenenfalls zunächst einmal mit Kosten (Differenz zwischen Zinssatz der Kreditaufnahme beziehungsweise dem Opportunitätskostensatz des Unternehmens und dem (kurzfristigeren) Anlagezins der Barreserve) belastet. Selbst wenn keine Barreserve vorgehalten wird und die strategische Liquiditätsreserve nicht vollständig physisch zur Verfügung steht, können gegebenenfalls Kosten in Form von Bereitstellungsprovisionen für fest zugesagte Kreditlinien entstehen.

Für die weitere Betrachtung gehen wir davon aus, dass die gesamte Soll-Liquidität physisch als Barreserve vorgehalten wird.

Die Optimierung des Zinssatzes der Mittelaufnahme soll hier nicht weiter betrachtet werden. Sie ist Gegenstand des Zinsmanagements auf der Aufnahmeseite. In diesem Zusammenhang sind oftmals Fragestellungen hinsichtlich der Kapitalstruktur, der Art der Finanzierungsinstrumente, der zukünftigen Flexibilität des Unternehmens in Finanzierungsfragen, des Risikos, des Einflusses auf das Nachsteuerergebnis und die Auswirkungen auf die Kontrolle des Unternehmens relevant.

Ziel der Anlagesteuerung der strategischen Liquiditätsreserve ist demnach die Optimierung der Rendite des Liquiditätsbestandes unter Berücksichtigung der entsprechend den Risikoszenarien erforderlichen Verfügbarkeit der Liquidität. Aus diesem Grund müssen Rahmenbedingungen definiert werden, die eine Grundlage für aus risikopolitischen Gesichtspunkten vertretbare Anlageentscheidungen bilden.

3.1 Festlegung der Anlagegrundsätze

Im Einklang mit der Risikopolitik müssen diese Rahmenbedingungen durch allgemeine Anlagegrundsätze für die strategische Liquiditätsreserve konkretisiert werden. Dabei ist zwischen Grundsätzen für die strategische Liquiditätsreserve und die Krisenreserve zu unterscheiden. Da die Krisenreserve jederzeit in voller Höhe verfügbar sein soll, gelten für sie erheblich strengere Vorschriften als für den übrigen Liquiditätsbestand. Geldmarktnahe Fonds sollten hier die höchste Risikoklasse bilden, während für die strategische Liquiditätsreserve insgesamt sogar eine Anlage in langfristig orientierte Fonds- oder Indexprodukte sowie eine Direktanlage in zinstragende Wertpapiere erfolgen kann. Wichtig ist, dass in den allgemeinen Anlagegrundsätzen ein Zeitraum festgelegt wird, z. B. ein Monat, in dem die strategische Liquidität durchschnittlich verfügbar sein soll. Dieser orientiert sich an der Liquiditätsplanung für das entsprechende Risikoszenario.

Üblicherweise ist in diesen Grundsätzen weiterhin festgelegt, dass entweder nur in Wertpapiere mit einer Mindestbonität investiert werden darf oder aber eine Kapitalgarantie eingeräumt werden muss. Dies sichert durch die Verminderung des Adressenausfallrisikos die Beständigkeit der erwarteten Zahlungsströme beziehungsweise die Rückzahlung des Nominalbetrages bei Fälligkeit. Zusätzlich müssen die Anlagen grundsätzlich währungsbesichert sein. Die hohe Volatilität der Devisenmärkte würde sich sonst direkt in der Volatilität der Anlage niederschlagen. In diesem Zusammenhang sei darauf hingewiesen, dass die Soll-Liquidität unter Umständen auch in Fremdwährung benötigt wird. Mögliche Währungsrisiken, die im Krisenfall zu einer Reduzierung der Liquidität in der benötigten Fremdwährung führen, wären dann zu berücksichtigen.

Für die Anlage in börsengehandelte Wertpapiere sollte in den Anlagegrundsätzen ein Mindestemissionsvolumen festgelegt werden. Der Handel mit OTC-Produkten sollte nur bei regelmäßiger Preisfestsetzung und gesicherter Liquidität des Produkts genehmigt werden, da ansonsten gerade in Stressszenarien, für welche die strategische Liquiditätsreserve vorgehalten wird, Kursverluste beziehungsweise Adressenausfälle in diesen Produkten mit der Notwendigkeit der Beanspruchung der Liquiditätsreserve eines Unternehmens zusammenfallen. In einem solchen Extremszenario würde dem Unternehmen genau dann ein Teil der Liquiditätsreserve verloren gehen, wenn sie gebraucht wird.

Für Fondsprodukte sind die Anlagegrundsätze produktspezifisch je nach Risikopolitik festzulegen, da sie in Abhängigkeit des Anlageschwerpunkts der Fonds in die unterschiedlichsten Asset-Klassen eingeordnet werden müssen.

3.2 Asset-Allokation

Um den Zins-Spread so gering wie möglich zu gestalten, muss eine optimale Asset-Allokation auf Basis der allgemeinen Anlagegrundsätze gefunden werden.

Für die möglichen Anlageklassen wird eine historische Datenbank eingerichtet, in der die erwarteten Renditen, die Varianzen und Kovarianzen der Assets vorgehalten werden. Daraus kann eine Varianz-Kovarianz-Matrix erstellt werden, die als Grundlage für die Portfoliooptimierung genutzt wird. Basierend auf der Theorie nach Markowitz zur Portfolioselektion kann abhängig von dem gewünschten Value at Risk (VaR), der in der Risikostrategie festgelegt wurde, das renditeoptimale Portfolio bestimmt werden. Es handelt sich hierbei um einen einfachen und praktikablen Ansatz, der allerdings nicht ohne die Annahme normalverteilter stetiger Renditen aller eingesetzter Assets auskommt.

Alternativ zu dieser Methode kann das optimale Portfolio auch mit Hilfe einer Monte Carlo-Simulation festgelegt werden. Die Datenbank der historischen Daten wird dazu im Gegensatz zur Varianz-Kovarianz-Methode nicht unter Verwendung der Normalverteilungsannahme in Erwartungswert und Standardabweichung abstrahiert, sondern in ihrer Gesamtheit als Basis für Renditeszenarien betrachtet. Diese Szenarien werden tausendfach mit Zufallszahlen durchgerechnet (daher Monte Carlo), und für jedes einzelne wird ein Portfoliowert ermittelt. Daraus erhält man eine simulierte Verteilungsfunktion des zukünftigen Portfoliowertes, dessen α-Quantil dem VaR des Portfolios bei gegebener Sicherheitswahrscheinlichkeit α entspricht. Führt man diese Simulation für unterschiedliche Portfolios durch, kann unter Berücksichtigung der allgemeinen Anlagegrundsätze iterativ ein optimales Liquiditätsportfolio bestimmt werden. Dieses Vorgehen kommt ohne Verteilungsannahme aus, ist allerdings sehr rechenintensiv. Ausgewählt wird schließlich dasjenige Portfolio, welches bei vorgegebenem VaR die höchste Renditeerwartung besitzt. Um das Risiko möglichst gering zu halten, bietet es sich an, einen geringen VaR zu wählen, z. B. 1 % der strategischen Liquiditätsreserve.

Geldmarktfonds bilden durch ihre geringe Volatilität die Basis jedes Liquiditätsportfolios. Wegen ihrer geringen Rendite, derzeit zwischen 2 % und 2,5 %, kommen Geldmarktfonds allerdings für ein optimiertes Portfolio nicht als alleiniges Investitionsobjekt in Frage. Geldmarktnahe Fonds bilden die erste Stufe der Diversifikation. Allerdings sollte jedes Unternehmen die Beimischung weiterer Anlageklassen prüfen, die bei etwas höherer Volatilität die Gesamtrendite des Liquiditätsportfolios steigern. Die Portfoliotheorie nach Markowitz zeigt, dass Assets mit einer negativen Korrelation als Beimischung zum Portfolio besonders geeignet sind, aber auch, dass sich sogar bei einer positiven Korrelation der volatilitätsreduzierende Effekt einstellen kann. Unter den genannten Anlagegrundsätzen ist eine negative Korrelation allerdings sehr unwahrscheinlich. Folglich sollten Assets hinzugefügt werden, die eine möglichst niedrige Korrelation aufweisen, das heißt die in der historischen Datenbank eine geringe Kovarianz mit Geldmarktfonds aufweisen. Durch die Beimischung solcher Assets lässt sich bei gleich bleibender Gesamtvolatilität die Portfoliorendite erhöhen, also auch das Ziel erreichen, den Zins-Spread zu reduzieren. Es sei an dieser Stelle noch darauf hingewiesen, dass der VaR eines Portfolios direkt von der Portfoliovolatilität abhängt. Deshalb kann durch die beschriebene Anlageoptimierung die Portfoliorendite nicht nur bei gleicher Volatilität, sondern auch bei gleich bleibendem VaR erhöht werden.

Abbildung 3 zeigt beispielhaft Rendite und VaR unterschiedlich zusammengesetzter Portfolios der strategischen Liquiditätsreserve. Diese wurden auf der Grundlage realer Daten mit der Monte Carlo-Methode simuliert und in der Grafik der Abbildung 3 aufgetragen.

Das Portfolio 1 besteht ausschließlich aus Geldmarktfonds und geldmarktnahen Fonds. Für die Portfolios 2 - 5 wurden unterschiedliche Anlageklassen zugrunde gelegt und jeweils für die Optimierung verwendet. Man stellt fest, dass sich die Portfoliorendite wie erwartet erhöht, je weiter die Restriktionen für die Portfolios gefasst sind. Man sieht aber auch, dass sich das Risiko, das hier durch den VaR ausgedrückt wird, insgesamt nicht erhöht. Bei identischer Verlustobergrenze von EUR 20 Mio. kann die Rendite von ca. 2,4 % auf bis zu 3,4 % gesteigert werden.

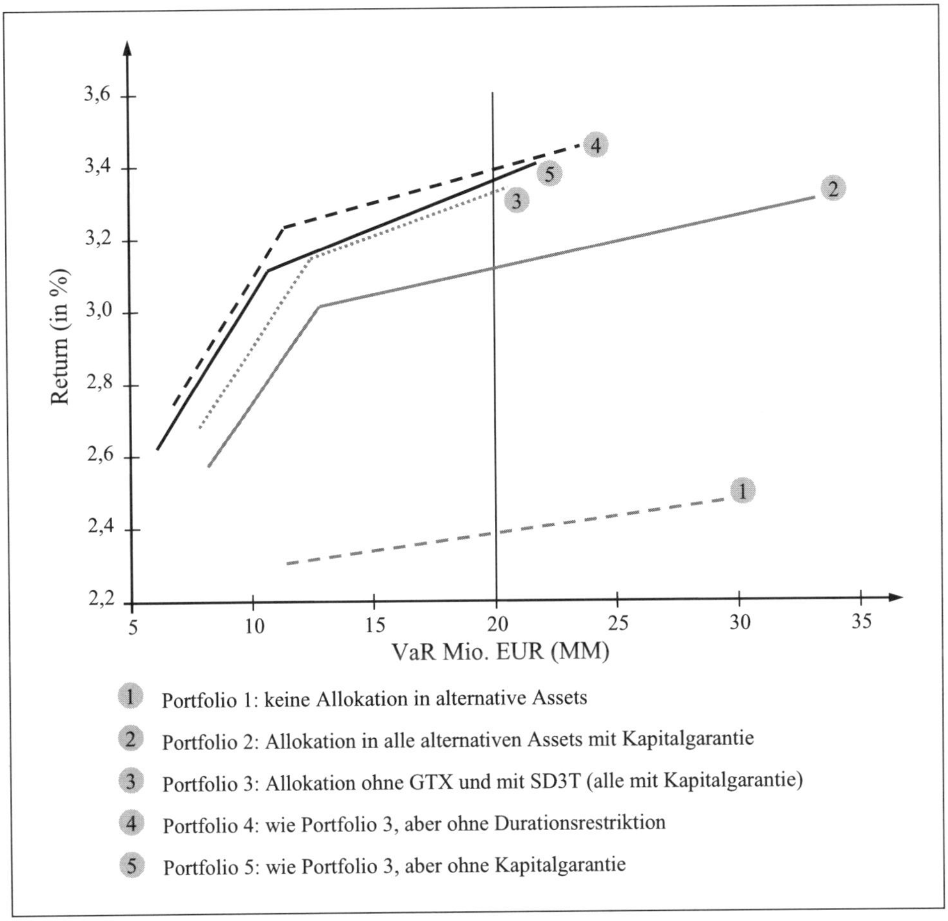

Abbildung 3: *Rendite und VaR unterschiedlicher Portfolios*

Angenommen, ein großes mittelständisches Unternehmen hat seine strategische Liquiditätsreserve auf EUR 300 Mio. festgelegt, dann kann durch diese vorgeschlagene Portfoliooptimierung mit einem jährlichen Mehrertrag in Höhe von EUR 3 Mio. aus der Anlage der Liquiditätsreserve gerechnet werden, ohne dabei das Risiko zu erhöhen.

Abbildung 4 zeigt beispielhaft eine Asset-Allokation, aufgeteilt nach Duration. Den größten Block stellen die Geldmarktfonds und geldmarktnahen Fonds mit 50 % der Soll-Liquidität. Ein Teil der Geldmarktfonds kann bedarfsweise zur Steueroptimierung genutzt werden.

Die andere Hälfte der strategischen Liquiditätsreserve bilden Assets mit höherer Duration. Trotz der höheren Volatilität dieser Produkte liegt der VaR dieses Portfolios auf demselben Niveau wie eine alleinige Anlage in geldmarktnahe Fonds.

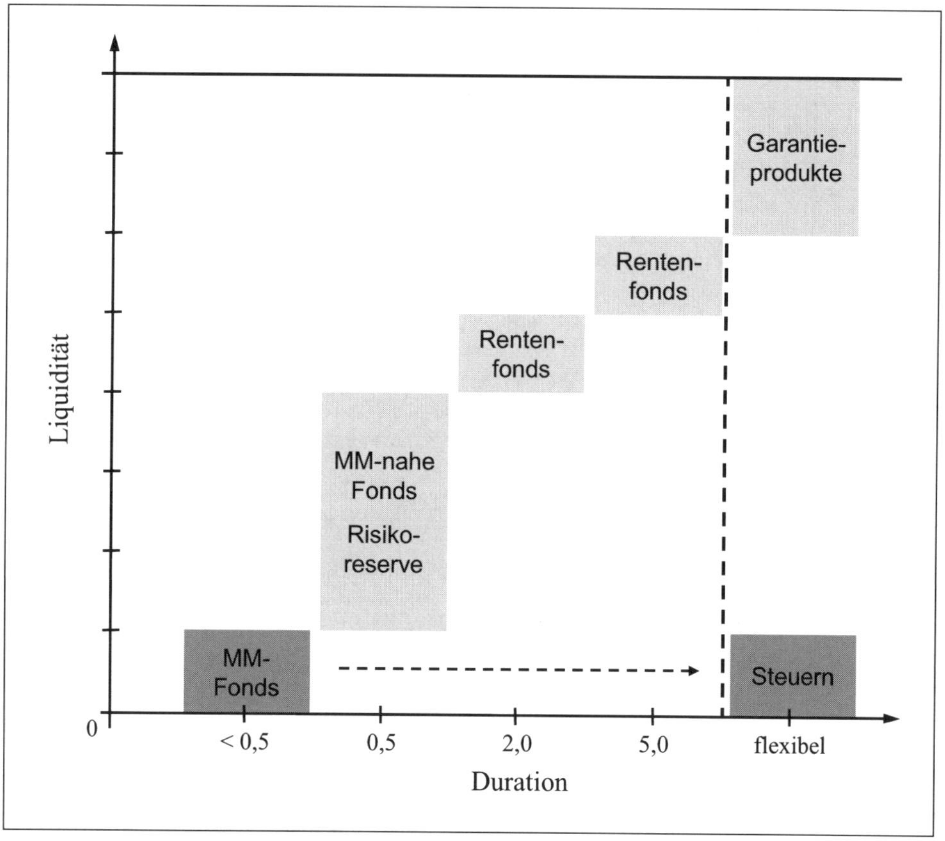

Abbildung 4: *Beispielhafte Asset-Allokation*

Wenn man weiterhin berücksichtigt, dass die strategische Liquiditätsreserve im Gegensatz zur Krisenreserve nicht dazu dient, einen kurzfristigen Zahlungsengpass aufgrund eines Extremszenarios auszugleichen, sondern für ein länger andauerndes Krisenszenario gedacht ist, wird deutlich, dass die Optimierung der Liquiditätsrendite nahezu risikoneutral möglich ist. In einem Krisenszenario wird die strategische Liquidität in der Regel über einen mittelfristigen Zeitraum hinweg aufgezehrt, so dass nach Eintritt der Krise noch ausreichende Zeit vorhanden bleibt, bis die volatileren Rentenfonds in Anspruch genommen werden müssen.

Hat man nun die optimale Asset-Allokation für das Portfolio der strategischen Liquiditätsreserve unter Berücksichtigung aller allgemeinen Anlagegrundsätze aufgestellt, muss das Soll-Portfolio in ein tatsächliches Anlageportfolio umgesetzt werden. Ein Beispiel für ein optimiertes Anlageportfolio zeigt Abbildung 5.

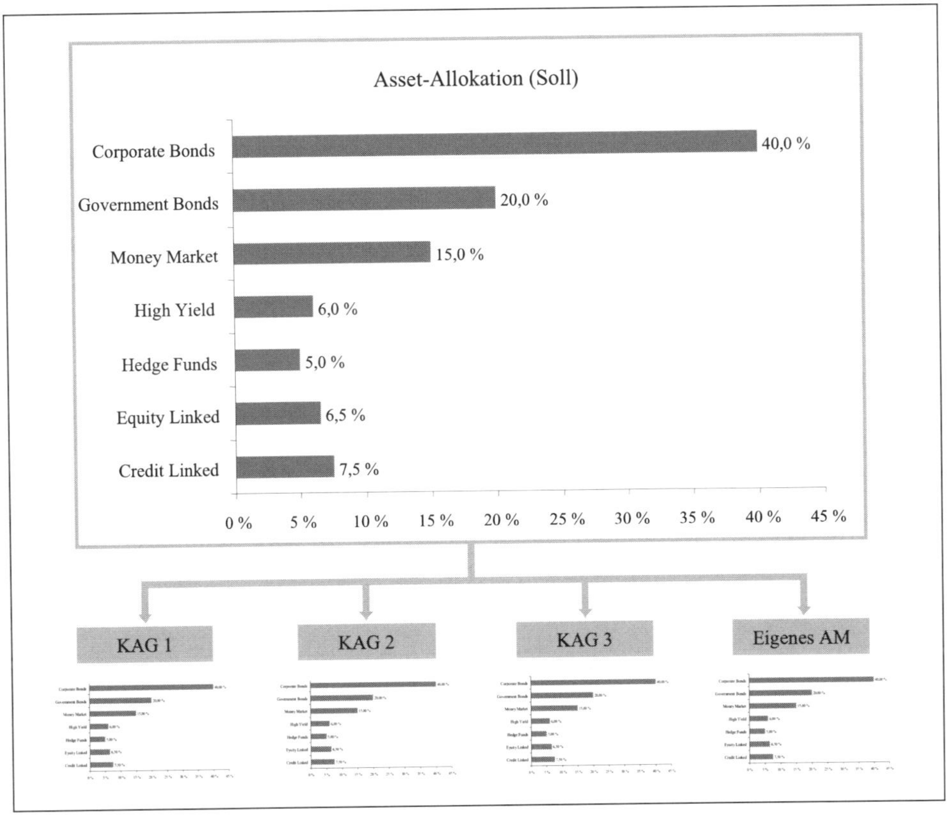

Abbildung 5: *Asset-Allokation (Soll)*

Hierbei wird die Asset-Allokation verschiedenen Kapitalanlagegesellschaften vorgegeben, die neben der Portfoliozusammensetzung auch alle anderen vorgegebenen Anlagegrundsätze einhalten müssen. Das Anlageportfolio kann natürlich auch über eine Master-KAG-Struktur abgebildet werden, was in der Regel zu einer einfacheren Administrierung des Gesamtportfolios führt. Als Benchmark empfiehlt sich – neben den Anlageklassen-spezifischen Indizes – oftmals das eigene Asset Management. Die eigenständige Steuerung eines Teilportfolios stellt zudem sicher, dass die Expertise auf dem Gebiet des Asset Managements auf- und ausgebaut wird.

3.3 Einrichtung eines Anlagecontrollings

Die Einhaltung der allgemeinen Anlagegrundsätze muss durch ein hinreichendes Risiko-Controlling-System gewährleistet werden. In den Richtlinien muss die grundsätzliche Behandlung der Soll-Liquidität ebenso verankert sein, wie ein integriertes Berichtswesen. Das Berichtswesen hat insbesondere Aussagen zu treffen bezüglich:

- Kontrahentenlimite und Rating
- Durationslimite
- Fälligkeitsstruktur
- Performance
- Value at Risk
- Asset-Allokation

4. Fazit

Jedes Unternehmen ist Risiken ausgesetzt, auf die es keinen Einfluss hat. Tritt ein solches Risiko ein, muss das Unternehmen jedoch in der Lage sein, mit einer Krisen- sowie einer strategischen Liquiditätsreserve den Geschäftsbetrieb kurz- und mittelfristig aufrechtzuerhalten. Das Unternehmen „kauft" sich in einer solchen Phase Zeit, die benötigt wird, um das Geschäft den neuen Rahmenbedingungen anzupassen, und eröffnet sich die Möglichkeit, gegebenenfalls neue Finanzierungen zu finden. Dass eine physische Vorratshaltung von Liquidität mit Kosten verbunden ist, sollte ein Unternehmen jedoch nicht davon abhalten, dies umzusetzen, wenn es denkbare (und undenkbare) Szenarien gibt, die zu einem Krisenfall führen können. Durch eine strategische Asset-Allokation kann bei gegebener Risikoeinstellung (für die Krisenreserve wird die Risikoneigung naturgemäß sehr gering sein) der Soll-Haben-Spread deutlich reduziert werden. Demnach stünde dann auch weniger die Frage nach der Höhe der strategischen Liquiditätsreserve im Vordergrund, sondern die Fragen nach ihrer optimalen Anlage, was zu der Überlegung führt, die strategische Liquiditätsreserve im Zweifelsfall etwas großzügiger zu bemessen.

SEPA – Der neue europäische Zahlungsverkehr

Werner Brandt/Andreas Knopf – SAP AG

1. SEPA – Der einheitliche europäische Zahlungsverkehrsraum für Euro-Zahlungen

„The Eurosystem has a vision for the Single Euro Payments Area (SEPA): a euro area in which all payments are domestic, where the current differentiation between national and cross-border payments no longer exists. [...] It also aims to develop common instruments, standards, procedures and infrastructures in order to foster substantial economies of scale.“[1]

1.1 Status quo des Zahlungsverkehrs im Euroraum

Die nationalen Zahlungsverkehrssysteme der Länder der Eurozone, die zukünftig durch SEPA abgelöst werden sollen, haben sich größtenteils unabhängig voneinander entwickelt und sich jeweils an die spezifischen nationalen Bedürfnisse und Gewohnheiten angepasst. Der Zahlungsverkehrsmarkt in Europa ist daher stark fragmentiert. Jedes der Systeme hat seine eigenen Standards, erfordert seine eigenen Zugangssysteme, um Zahlungen zu beauftragen, hat seine eigenen Rechtsvorschriften, bevorzugten Zahlungsinstrumente sowie Regelungen.[2]

Nach den Erkenntnissen einer von der Europäischen Kommission in Auftrag gegebenen Studie[3] werden jährlich in der EU 231 Mrd. Zahlungen mit einem Gegenwert von EUR 52 Bio. ausgeführt. Die geschätzten Gesamtkosten der Zahlungen für die europäische Volkswirtschaft betragen bis zu 3 % des Bruttosozialprodukts des europäischen Wirtschaftsraums. Durch fehlende länderübergreifende Standards und Regeln ist nach den Erkenntnissen der Studie kein Wettbewerb zwischen den verschiedenen Zahlungsverkehrssystemen möglich.

Der Effizienzgrad der nationalen Zahlungsdienste in verschiedenen Märkten lässt sich anhand der dort anfallenden Kosten messen. Eine Capgemini-Studie aus dem Jahr 2005 zeigt ausgeprägte Unterschiede (siehe Abbildung 1). So kostet die Teilnahme am Zahlungsverkehr in Italien im Mittel EUR 113 pro Jahr, wobei ein durchschnittlicher niederländischer Nutzer lediglich EUR 25 jährlich aufwenden muss.[4] Noch nicht eingerechnet sind in dieser Betrachtung die Opportunitätskosten in Form entgangener Zinserträge, die durch eine unterschiedliche Wertstellung entstehen. Während der Betrag aus einer Überweisung dem Empfänger in

---

[1] *Europäische Zentralbank* (2006), S. 2.

[2] Vgl. *LogicalCMG* (2005), S. 4.

[3] Vgl. *Europäische Kommission* (2005A), S. 5.

[4] Die Studie bezieht sich auf Privatkunden; vgl. *Capgemini/ING/EFMA* (2005), S. 5 ff.

einigen EU-Staaten gleichtägig gutgeschrieben wird, erfolgt die Gutschrift in anderen Mitgliedstaaten erst mit einer Verzögerung von einigen Tagen.[5]

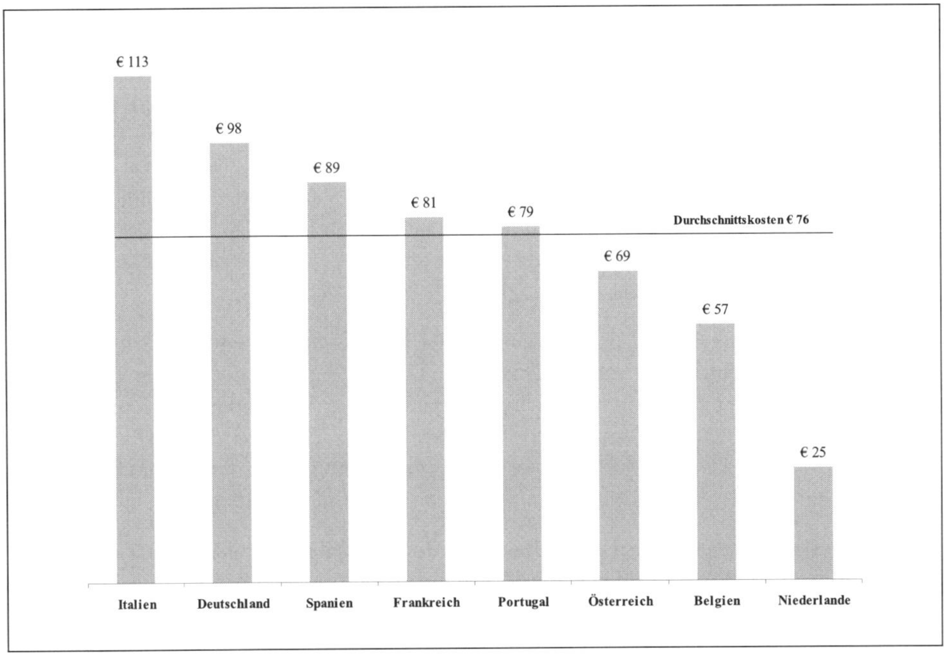

Abbildung 1: *Durchschnittliche jährliche Kosten für Basis-Bankdienstleistungen in ausgewählten Ländern der Eurozone im Jahr 2005*
Quelle: Capgemini/ING/EFMA (2005)

Die Bearbeitung von nationalen Zahlungen erfolgt derzeit zum großen Teil über zentrale Clearing-Anbieter (*Automated Clearing Houses, ACHs*). Die Unterschiede bei diesen Anbietern hinsichtlich der angewandten Technologie, der Prozesse, Services und der Kommunikation[6] sowie die verschiedenen lokalen Zahlungsgewohnheiten[7] führen zu den aufgezeigten Abweichungen. Die Koexistenz der verschiedenen Systeme führt zu höheren Kosten sowohl für die Anbieter als auch für die Nutzer.[8]

Grenzüberschreitende Massenzahlungen gestalten sich häufig sehr ineffektiv, da diese Transaktionen traditionell auf Basis von bilateralen Beziehungen zwischen Banken („*Correspondent Banking*") durchgeführt werden.[9] Bei diesem System ergeben sich in vielen Fällen durch

---

5 Vgl. *Europäische Kommission* (2005A), S. 6.

6 Vgl. *Capgemini/ABN AMRO/EFMA* (2005), S. 9.

7 So sind nach den Erkenntnissen von *Capgemini/ING/EFMA* (2005) die nationalen Zahlungsgewohnheiten im Wesentlichen von rechtlichen Regelungen, Preisanreizen und langjährigen Gepflogenheiten bestimmt.

8 Vgl. *Europäische Kommission* (2005A), S. 5.

9 Vgl. *Lammert/Pammer* (2006), S. 12.

die verschiedenen bei der Abwicklung einer Zahlung eingebundenen Parteien Reibungsverluste, die beim Zahlungsempfänger zu höherem Aufwand führen. Die Abwicklung von Einzelzahlungen mit signifikant höheren Euro-Beträgen erfolgt dagegen schon heute zunehmend über zentrale Zahlungssysteme,[10] die eine gleichtägige Gutschrift der Zahlungen innerhalb Europas ermöglichen.

Darüber hinaus ergeben sich noch zusätzliche Problemstellungen. In jedem Land, in dem eine Teilnahme am nationalen Zahlungsverkehr erfolgen soll, muss derzeit ein eigenes Bankkonto unterhalten werden. Die für nationale Zahlungen unterschiedlichen Datenformate und die verschiedenen Bankkommunikationssysteme[11] machen eine automatisierte Zahlungsverwaltung durch ein zentrales Konto für den Euroraum beim Cash Management im Rahmen einer Zentralisierung der Zahlungsausgangsverwaltung (*Payment Factory*) oder bei der Abwicklung von Standardprozessen nahezu unmöglich.[12]

Zusätzlicher Aufwand entsteht derzeit auch bei der Zuordnung von eingehenden Zahlungen in der Debitorenbuchhaltung von Unternehmen. Das ist darauf zurückzuführen, dass bei internationalen Zahlungen zwischengeschaltete Banken den Verwendungszweck häufig für die Weiterleitung eigener Informationen verändern[13] oder Gebühren vom Überweisungsbetrag abziehen, und so ein verminderter Betrag beim Empfänger gutgeschrieben wird.[14] Beides behindert eine automatisierte Verarbeitung beim Zahlungsempfänger.

Die aktuellen Ineffizienzen für Unternehmen im Bereich der paneuropäischen Zahlungsverwaltung können wie folgt zusammengefasst werden:

- Vielzahl von Zahlungssystemen mit eigenen Gewohnheiten,
- fehlende länderübergreifende Standards für Zahlungen,
- uneinheitliche Weitergabe der Referenzen,
- möglicher Gebührenabzug vom Überweisungsbetrag,
- Notwendigkeit verschiedener Bank-Kommunikationssysteme.

1.2 Chance für Europa

Eine Harmonisierung der Zahlungsformate in Europa und die Verwendung einheitlicher Zahlungsinstrumente durch SEPA soll die oben aufgezeigten Schwierigkeiten beseitigen.

---

10 Wie TARGET2, EURO1 oder STEP1.

11 U. a. Multicash (Deutschland), Etebac (Frankreich), Isabel (Belgien), CBI (Italien).

12 Vgl. *Capgemini/ABN AMRO/EFMA* (2005), S. 9.

13 Vgl. *Lehner* (2004), S. 12.

14 Vgl. *Europäisches Verbraucherzentrum Kiel* (2005), S. 4 f.

Durch die Effizienzsteigerung in Folge der Vereinheitlichung erwarten Experten deutliche Vorteile für die Volkswirtschaften der involvierten Länder. So geht die Europäische Kommission allein durch die Bereitstellung von „EU-weit verfügbaren, standardisierten, schnellen und wirtschaftlicheren ‚End-to-End' automatisierten Zahlungen“[15] von Einsparpotenzialen in Höhe von bis zu EUR 50 Mrd. pro Jahr für Unternehmen aus. Dazu soll die innerhalb des Euroraumes zurzeit noch übliche Unterscheidung zwischen nationalen und grenzüberschreitenden Zahlungen aufgehoben werden. Ziel ist es, dass Zahlungen zwischen allen europäischen Ländern, Banken und Konten in einem Format unter einem Rechtsrahmen mit für den Nutzer bekannten und festen Regeln sowie Kosten ausgeführt werden können.[16]

Im Gegenzug sehen sich die Banken jedoch mit einer schlechteren Ertragssituation im Zahlungsverkehr konfrontiert. Nach einer Studie von Capgemini und ABN AMRO[17] müssen sie im schlimmsten Fall ihre Prozesskosten um 50 % senken, nur um die aktuelle Profitabilität zu halten. Die Studie geht im Wesentlichen davon aus, dass die Transaktionsgebühren im Zahlungsverkehr bis 2010 auf das Niveau der preiswertesten Länder für das jeweilige Zahlungsinstrument konvergieren und dass Banken maximal einen Tag Float[18] für eine Zahlungstransaktion einbehalten. Um die neuen Standards zu verarbeiten und damit SEPA-kompatibel agieren zu können, sind hohe Investitionen in die Infrastruktur erforderlich. Zugleich sind Einbußen in Höhe von bis zu 60 % der 2010 zu erwartenden Umsätze aus dem Zahlungsverkehr möglich. Durch die potenzielle Zulassung neuer Anbieter im Zahlungsverkehrssektor durch die EU, wie z. B. Telefonnetzbetreiber oder Firmen aus anderen Sektoren, entstehen neue Konkurrenz und verschärfter Wettbewerb auf einem der Kernaktivitätsfelder der Banken.

Durch den Wegfall der lokalen Zahlungsgrenzen wird zudem die Notwendigkeit zur Innovation auf Seiten der Zahlungsdienstleister verstärkt. Dies könnte zu einer Entwicklung neuer Produkte und Dienstleistungen im Bereich des Zahlungsverkehrs führen. Für Banken als Hauptanbieter dieser Dienstleistungen eröffnen sich aber auch neue Möglichkeiten. Diese können nun ihre Zahlungsverkehrsprodukte mehr als 300 Millionen Konsumenten und 15 Millionen Firmen in der gesamten Eurozone anbieten und damit ihr Kundenpotenzial von der zumeist nationalen Ebene aus deutlich erweitern.[19] Einsparungsmöglichkeiten für die Banken ergeben sich langfristig durch den Wegfall der Wartung der verschiedenen nationalen Systeme.

---

15 Vgl. *Europäische Kommission* (2005A), S. 10.

16 Vgl. *European Payments Council* (2002), S. 5.

17 Vgl. *ebenda*, S. 4 und S. 13 ff.

18 Als Float wird der valutarische Unterschied zwischen der Belastung des Zahlungspflichtigen bis zur Gutschrift des Zahlungsbegünstigten bezeichnet.

19 Vgl. *Capgemini/ABN AMRO/IFMA* (2005), S. 23 f.

1.3 Die SEPA-Initiativen der Europäischen Union, der Europäischen Zentralbank und des European Payments Council

Auf dem Weg zur Europäischen Währungsunion, deren Schaffung unter anderem im Vertrag von Maastricht vereinbart ist, wurde 1999 mit der Einführung des Euro als gesetzliches Zahlungsmittel in elf Ländern der Eurozone die vorerst letzte Stufe erreicht. Ein erhoffter Effekt war zu diesem Zeitpunkt die Entwicklung eines einheitlichen Systems für bargeldlose Zahlungen. Im Jahr 2000 trafen sich die Regierungschefs der EU-Länder in Lissabon und legten in der „Lissabon-Agenda“ fest, dass die EU bis zum Jahr 2010 zum „wettbewerbsfähigsten Markt“ der Welt entwickelt werden soll.[20] Als wichtiges Teilziel wurde dabei ebenfalls die Schaffung eines einheitlichen Zahlungsmarktes definiert.

Als nach Ansicht der Europäischen Kommission in 2003 hierbei noch keine annehmbaren Fortschritte sichtbar waren,[21] wurde die EU-Verordnung 2560/2001 in Kraft gesetzt, die Zahlungsdienstleistern eine Anpassung der Preise für grenzüberschreitende Euro-Zahlungen auf das Niveau nationaler Überweisungsgebühren vorschreibt. Als Folge dieser Verordnung dürfen Banken für grenzüberschreitende Überweisungen, die mit International Bank Account Number (IBAN[22]) und Bank Identifier Code (BIC[23]) versehen sind und einen festgelegten Euro-Betrag[24] nicht überschreiten, keine höheren Gebühren verlangen als für nationale Überweisungen. Ebenso wurden Gebühren für Bargeldabhebungen und Kartenzahlungen im europäischen Ausland harmonisiert. Als wichtigen Punkt sieht die Verordnung auch die Förderung der Standardisierung im europäischen Zahlungsverkehr vor. Vor allem die Nutzung von IBAN und BIC soll forciert werden. Die Verwendung einer europaweit eindeutigen Identifikation von Banken und Bankkonten und eine technische Restrukturierung der Infrastruktur sollen die Entwicklung des einheitlichen Zahlungsverkehrsmarktes begünstigen.

Als Reaktion auf die Verordnung 2560/2001 schlossen sich die Banken[25] 2002 zum European Payments Council (EPC) zusammen, um Verluste aus dem Zahlungsverkehrsgeschäft infolge der Gebührenharmonisierung abzuwenden.[26] Ziel des EPC als gemeinsames Entscheidungsgremium der Banken ist die Entwicklung der Grundlagen für den einheitlichen Euro-

---

20 Vgl. *Europäischer Rat* (2000).

21 Vgl. *Europäische Kommission* (2001), Absatz (1).

22 International Bank Account Number; sie besteht aus der Länderkennung, einer Prüfziffer, der Banken-Identifikations-Nummer und der Kontonummer. Weitere Informationen unter: http://www.ecbs.org/iban/iban.htm.

23 Bank Identifier Code, auch SWIFT-Code, ermöglicht die weltweit eindeutige Identifizierung einer Bank im SWIFT-Netzwerk. Weitere Informationen unter: http://www.swift.com/biconline.

24 Seit 01.01.2006: 50.000 EUR.

25 Initial 42 Banken, drei europäische Kreditverbände und die Euro Banking Association.

26 Vgl. *Deutsche Bank Research* (2005), S. 3.

Zahlungsverkehrsraum auf freiwilliger Basis,[27] um daraus resultierend eine Senkung der Kosten im Zahlungsverkehr über die Nutzung von Skaleneffekten und die Modernisierung der Systeme zu erreichen. Dies erfordert die Entwicklung und Implementierung einheitlicher Zahlungsformate mit festgelegten Standards.[28] Die für deren Prozessierung benötigte technische Infrastruktur soll von der Euro Banking Association (EBA) geschaffen werden,[29] die das derzeit einzige europaweite vollautomatische Clearingsystem für Massenzahlungen STEP2[30] betreibt. Unterstützung erfährt das EPC bei seiner Arbeit von der Europäischen Zentralbank, deren satzungsgemäße Aufgabe es ist, das reibungslose Funktionieren der Euro-Zahlungssysteme zu gewährleisten.[31]

Die Europäische Kommission erarbeitete parallel zu den Anstrengungen des EPC und der EZB einen Vorschlag für die Einführung einer Richtlinie über einheitliche rechtliche Rahmenbedingungen für den EU-Zahlungsverkehr, die als „Der Neue Rechtsrahmen" (NLF, New Legal Framework) bezeichnet wird. Wichtige Punkte dieser geplanten Richtlinie sind die Schaffung von Rechtssicherheit für alle am Zahlungsverkehr Beteiligten, die Erhaltung oder Verbesserung von Sicherheitsstandards und die Schaffung gleicher Wettbewerbsbedingungen für alle Anbieter von Zahlungsdienstleistungen.[32] Der neue Rechtsrahmen soll nicht nur für Zahlungen in Euro im Euroraum gelten, wie es bei der SEPA-Initiative angestrebt wird, sondern für alle Zahlungen innerhalb der gesamten EU.

Ein Hauptanliegen der Europäischen Kommission ist die Aufhebung der bestehenden Zutrittsbeschränkungen zu den nationalen Zahlungsverkehrsmärkten, um so eine Konsolidierung auf diesem Gebiet einzuleiten.[33] Wie die im Februar 2006 unterzeichnete Absichtserklärung über einen Zusammenschluss von Interpay Nederland B.V. als drittgrößtem Zahlungsverkehrsdienstleister Europas und dem Transaktionsinstitut für Zahlungsverkehrsdienstleistungen AG (Deutschland) sowie weitere Partnerschaften belegen, ist bereits eine beginnende Konsolidierung am Markt erkennbar.[34]

---

27 Vgl. *European Payments Council* (2002), S. 3.

28 So werden die SEPA-Interbankzahlungen nur noch über das XML-Format übermittelt. Für die Übermittlung der Daten zwischen Kunde und Bank wird die Verwendung der XML-Schemata empfohlen. Vgl. *European Payments Council* (2006), S. 7 ff.

29 Vgl. *Deutsche Bank Research* (2005), S. 3.

30 Weitere Informationen über STEP2 sind unter http://www.abe.org zu finden.

31 Vgl. *Europäische Zentralbank* (2004), Artikel 3.

32 Vgl. *Europäische Kommission* (2005B), S. 12 ff.

33 Vgl. *ebenda*, S. 2.

34 Vgl. *Interpay* (2006).

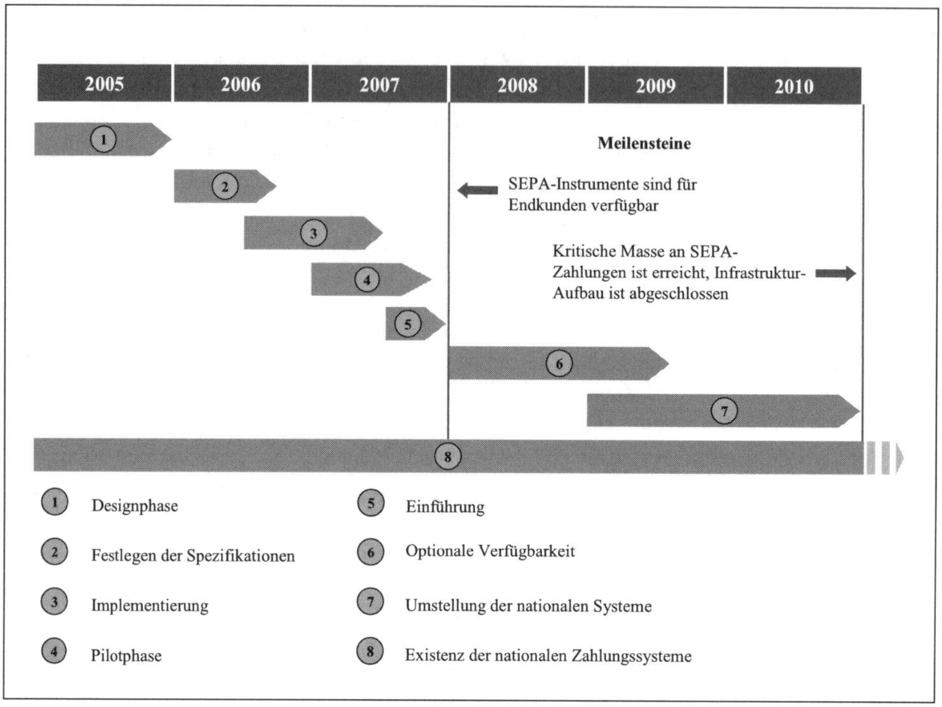

Abbildung 2: *Zeitplan des SEPA-Projektes*
Quelle: European Payments Council (2004)

Insbesondere mit Blick auf den Zeitplan (siehe Abbildung 2) ist das SEPA-Projekt ambitioniert. Demzufolge sollen bereits ab 2008 alte nationale und die neuen SEPA-Zahlungsinstrumente auf nationaler Ebene parallel verarbeitet werden können und die neuen Zahlungsmittel den Endnutzern in den einzelnen Euro-Ländern zur Verfügung stehen.[35] Nach dem aktuellen Stand sollen die Regelungen von SEPA und des NLF für alle Länder der EU anwendbar sein. Zu Beginn werden 2008 nur die Länder der Euro-Zone – derzeit zwölf – teilnehmen. Es ist absehbar, dass 2007 mit Estland, Litauen und Slowenien drei weitere Staaten dem Euro beitreten und 2008 Zypern, Lettland und Malta folgen werden.[36]

Während dieser Entwicklung ist ein enger Dialog mit den Anwendern der neuen Lösungen notwendig. Daher finden sowohl seitens der EZB als auch der EU und des EPC mittlerweile Konsultationen mit Interessenvertretern von Verbrauchern und Unternehmen[37] statt. Im Ent-

---

35 Vgl. *Europäische Zentralbank* (2006), S. 3.

36 Vgl. *EUROMONEY/ABN AMRO* (2006), S. 9.

37 So werden die Interessen von Unternehmen der Eurozone unter anderem durch den Europäischen Verband der Corporate Treasurer (EACT, http://www.eact-group.com), dem aus Deutschland der Verband Deutscher Treasurer (VDT, http://www.vdtev.de) sowie die Gesellschaft für Finanzwirtschaft in der Unternehmensführung e.V. (GEFIU, http://www.gefiu.org) angehören, vertreten.

wicklungsprozess sind aus Deutschland z. B. der Bundesverband der Deutschen Industrie (BDI) und der Zentrale Kreditausschuss (ZKA) sowie weitere Banken- und Industrieverbände vertreten.

Aufgrund der Dimension des Projektes und der möglichen Auswirkungen sind die Interessenlagen breit gestreut. Die Industrie und die Kreditinstitute sind sich darin einig, das Projekt schnellstmöglich umzusetzen. Allerdings weisen die Erwartungen an die Ergebnisse deutliche Unterschiede auf. Das Thema „Ausführungszeiten bei Überweisungen" macht erste Differenzen deutlich. Während zum Beispiel der BDI in einer Stellungnahme zu SEPA[38] eine „Abwicklung von Zahlungen in allen Währungen der EU mit gleichtägiger Wertstellung" verlangt, nennt der ZKA in einer Stellungnahme zum NLF[39] sogar die dort vorgesehene Ausführungsfrist von einem Tag „völlig überzogen und unrealistisch oder nur zu höheren Kosten umsetzbar".[40]

1.4 Die SEPA-Zahlungsinstrumente und Eckpunkte

Zu den SEPA-Zahlungsinstrumenten, deren Ausgestaltung einer der Kernpunkte des SEPA-Projektes ist, werden die drei aktuell in Europa meistgebräuchlichen Zahlungsmittel Überweisungen, Lastschriften sowie Kartenzahlungen gehören.

- Überweisungen

In dem vom EPC im März 2006 veröffentlichten Regelwerk für Überweisungen werden Regeln für nicht zeitkritische Überweisungen im Massenzahlungsverkehr festgelegt. So ist vorgesehen, dass die maximale Ausführungszeit drei Bankarbeitstage ab dem Tag der Akzeptanz des Überweisungsauftrags nicht überschreiten soll. Weitere wichtige Regelungen für SEPA-Überweisungen sind die zwingende Verwendung von IBAN und BIC, Gebührenteilung sowie die Weiterleitung eines Verwendungszweckes mit bis zu 140 Zeichen, der unverändert zum Zahlungsempfänger übermittelt werden muss. Die EZB fordert vom EPC weiterhin die Entwicklung eines separaten Abwicklungsschemas für beschleunigte zeitkritische Zahlungstransaktionen („Same-Day Settlement"), das von den Banken dann optional angeboten werden soll.[41]

---

38 Vgl. *BDI* (2005), S. 5.

39 *ZKA* (2006), S. 2.

40 Die gegenwärtigen Kontroversen können der Wirtschaftspresse anhand folgender Schlagzeilen entnommen werden: „EZB fordert klare Zielsetzung zu Zahlungsverkehrsraum", Börsen-Zeitung vom 16.11.2005, S. 4; „EU dringt auf schnellere Überweisungen", Handelsblatt vom 02./03./04.12.2005, S. 27; „VÖB lehnt EU-Pläne zum Zahlungsverkehr ab", Börsen-Zeitung vom 14.01.2006, S. 3; „Brüssel provoziert Banken bei Zahlungsverkehr", Financial Times Deutschland vom 13.02.2006, S. 18; „EZB erhöht den Druck auf die Banken", Handelsblatt vom 24./25./26.02.2006, S. 22.

41 Vgl. *Europäische Zentralbank* (2006), S. 13.

- Lastschriften

Bei Lastschriften wird neben der Frage der technischen Abwicklung zur Durchleitung der Mandatsinformationen vor allem die Vereinheitlichung der rechtlichen Regelungen diskutiert. Diese soll mittels des NLF erreicht werden. Lastschriften sollen ebenfalls im gesamten Euroraum verfügbar sein und möglichst leicht und sicher durchgeführt werden können. Die Berechtigung zum Einzug wird nach dem aktuellen Stand der Diskussion direkt an den Empfänger gegeben, der daraufhin den Einzug über seine Bank initiiert. Einzel-, Erst- und Folgelastschriften werden unterschiedliche Zeitzyklen bzw. Vorlaufzeiten zur Ausführung haben.[42] Die Rückruffrist soll für den Zahler sechs Kalenderwochen ab Abbuchungsdatum betragen. Noch offen ist die Definition eines separaten B2B-Lastschriften-Schemas mit auf die veränderten Bedürfnisse von gewerblichen Nutzern zugeschnittenen Regeln (z. B. verkürzte Rückruf- und Ausführungsfristen) und eine Lösung für elektronische Unterschriften bei Einzugsermächtigungen.[43]

- Kartenzahlungen

Das dritte SEPA-Zahlungsinstrument sind Kartenzahlungen. Zum Ende des Jahres 2010 sollen alle Kartensysteme dem EMV-Standard[44] für Chipkarten entsprechen, der eine hohe Sicherheit – z. B. durch automatisierte Prüfung der Echtheit der vorgelegten Karte – und Interoperabilität verspricht und unter anderem die PIN-Eingabe bei Nutzung der Karte beinhaltet. Eine große Herausforderung ist hier der Transfer des meist sehr guten Preis-Leistungs-Verhältnisses bei nationalen Transaktionen auf die europäische Ebene.[45]

Die Eckpunkte von SEPA können wie folgt zusammengefasst werden:

- SEPA-Start in 2008, Übergangsfrist bis 2010
- Beschränkung auf den Euro als Zahlungswährung
- Verwendung der SEPA-Zahlungsinstrumente
- Zwingende Angabe von IBAN und BIC
- Zahlung des Betrages ohne Gebührenabzug unter Weiterleitung aller Referenzen
- Regulatorischer Rahmen des NLF
- Verwendung der XML-Schemata im Interbank-Zahlungsverkehr
- Empfehlung zur Nutzung der XML-Schemata für den Kunde/Bank-Datenaustausch

---

42 So ist vorgesehen, dass Erst- sowie Einzellastschriften mindestens fünf Arbeitstage vor Fälligkeit bei der Bank des Bezogenen vorliegen müssen. Jede Folgelastschrift benötigt nur noch eine zweitägige Vorlaufzeit.

43 Vgl. *Europäische Zentralbank* (2006), S. 15.

44 EMV = „Eurocard, Mastercard, Visa"; von diesen Gesellschaften gemeinsam entwickelter weltweit einheitlicher Standard für Chipkarten; für weitere Informationen siehe http://www.emvco.com.

45 Vgl. *Europäische Zentralbank* (2006), S. 16 ff.

2. SEPA-Implikationen für das Corporate Treasury

2.1 Vorbereitende Maßnahmen am Beispiel der SAP AG

Die Ausgestaltung der Rahmenbedingungen und Instrumente des SEPA-Projektes sowie des NLF stehen noch nicht endgültig fest, dennoch sind erste Regeln bereits in Kraft getreten. Seit 2006 müssen bei Überweisungen ins europäische Ausland IBAN und BIC mitgeteilt werden, da ausführende Banken berechtigt sind, auf Zahlungen ohne diese Angaben höhere Gebühren zu erheben und sie ab 2007 sogar zurückzuweisen.[46]

Jedes Unternehmen der Eurozone muss daher die eigenen Ausgangsrechnungen mit IBAN und BIC versehen, um dem Zahlungspflichtigen die vollständige Erfassung der Daten zu ermöglichen. Sämtliche Kontoverbindungen, die im Unternehmen bekannt sind, seien es die Lieferanten-, die Kunden- oder eigenen Bankdaten, müssen neben der lokalen Kontonummer und dem lokalen Bankcode auch IBAN und BIC enthalten. Die Ergänzung der Daten ist auch für nationale Geschäftspartner notwendig, da die derzeit nur für grenzüberschreitende Zahlungen vorgeschriebene Angabe der internationalen Kontoidentifikation spätestens mit der Ablösung der nationalen Zahlungsinstrumente durch SEPA-Instrumente übermittelt werden muss.

Die Vorbereitung der SAP auf SEPA erfolgt einerseits als Teilnehmer am Zahlungsverkehr, andererseits auch als Lieferant von Standardsoftware für Banken und Unternehmen.

- Vorbereitung als Teilnehmer am Zahlungsverkehr

Das Treasury der SAP koordiniert aktuell ein weltweites Projekt, in dem bei allen Geschäftspartnern die fehlende IBAN angefragt und in den Stammdaten ergänzt wird. Zusätzlich verlangt die globale Einkaufsorganisation von den Lieferanten die IBAN als Bestandteil der Zahlungsdetails.

Im Treasury-Bereich der SAP werden bestehende „Request-for-Transfer-Verträge"[47] daraufhin geprüft, ob die Angabe einer IBAN an Stelle der Kontonummer durch eine der beteiligten Banken zur Ablehnung führt. Die zwischen dem Treasury und den Banken vereinbarten „Standard Settlement Instructions"[48] zur Abwicklung von Geldanlagen oder Währungsge-

46 Vgl. *European Payments Council* (2005), S. 2.

47 Auftrag an eine zwischengeschaltete Bank, eine Zahlungsinstruktion an eine kontoführende Bank zur Zahlungsausführung weiterzuleiten. Übermittlung erfolgt meist im SWIFT MT101-Format.

48 Bezeichnet ein Verfahren, bei dem die Kontoverbindungen pro Währung für das Settlement von Geldanlagen und Währungsgeschäften im Vorhinein festgelegt sind und bei Einzelgeschäftsabschluss daher keine Zahlungsinstruktionen mehr mitgeteilt werden.

schäften werden ebenfalls überarbeitet. Zusätzlich wird geprüft, ob die Hausbanken nationale Zahlungen unter Angabe der IBAN statt Kontonummer bereits vor der SEPA-Einführung verarbeiten können. Viele Banken sind heute schon dazu in der Lage, indem sie die nationale Kontonummer sowie Bankleitzahl aus der IBAN extrahieren, bevor die Zahlung ausgeführt wird.

Alle derzeitigen Cash-Management-Projekte werden daraufhin untersucht, ob die zukünftig mit SEPA angebotenen Möglichkeiten Neuüberlegungen notwendig machen. So wurde bei einem SAP-Workshop zu SEPA die Frage aufgeworfen, ob eine geplante Einführung von nationalen Lastschriften in Italien noch weiterverfolgt werden soll.

Bei den erwähnten Maßnahmen werden die weltweiten Konzerngesellschaften aktiv einbezogen und frühzeitig über aktuelle Entwicklungen informiert. Unter anderem wird dadurch vermieden, dass den Tochtergesellschaften erhöhte Transaktionsgebühren von Seiten der Banken belastet werden. Beispielsweise wurde SAP Korea zu Beginn 2006 durch eine lokale Bank fälschlicherweise mit erhöhten Transaktionsgebühren für internationale Zahlungen nach Deutschland belastet. Die Ursache war eine fehlerhafte Interpretation der IBAN- und BIC-Anforderung.

Eine weitere vorbereitende Maßnahme – nicht nur auf SEPA – ist generell in der operativen sowie technischen Ausrichtung der SAP-Treasury-Abteilung zu sehen. Der Fokus liegt grundsätzlich auf der stetigen Verbesserung der Effizienz der gesamten Treasury-Prozesse unter Nutzung aller systemtechnischen Möglichkeiten. Dies beginnt beim Zahlungsprozess bei der Prüfung der Integrität der globalen Bankdaten und endet beim automatisierten Abgleich der ausgeführten Zahlungen auf dem Bankkonto durch das SAP-System. Die SAP-Treasury-Abteilung hat sowohl die Expertise in der betriebswirtschaftlichen Umsetzung von Prozessen als auch in der technischen Realisierbarkeit und Abbildungsmöglichkeit in den eingesetzten Systemen. So kann in der Vorbereitung auf SEPA schnell, flexibel und technisch fundiert auf notwendige Veränderungen reagiert werden.

- Vorbereitung als Lieferant von Standardsoftware für Unternehmen und Banken

Das SAP-Treasury nutzt den regen Erfahrungsaustausch mit anderen Unternehmen und agiert so als wichtiger Feedbackgeber für die Standardentwicklung. Die interne Abstimmung der verschiedenen Abteilungen wie Produktmanagement, Treasury, Standardentwicklung und Vertrieb, der regelmäßige Erfahrungsaustausch sowie das Organisieren gemeinsamer Workshops garantieren einen optimalen Wissenstransfer zwischen allen Beteiligten. Weiterhin sind Vertreter der SAP-Entwicklungsabteilung in den verschiedenen Standardisierungsgremien[49] vertreten, um an neuen Standards frühzeitig mitzuarbeiten. ERP-Systeme von Unternehmen müssen in der Lage sein, die neuen SEPA-Zahlungsformate zu erstellen und zu verarbeiten. SAP nutzt daher intern die eigenen Systeme, um alle Prozesse integriert abzubilden sowie Rückmeldung an die Standardentwicklung geben zu können.

---

49 SAP arbeitet im SEPA-Umfeld der Standardisierung mit SWIFT zusammen.

Darüber hinaus macht es Sinn, die technische Bankanbindung und die internen Abläufe in der Zahlungseingangs- und Zahlungsausgangsverwaltung zu optimieren. Hier lassen sich insbesondere bei multinationalen Konzernen große Vorteile aus dem SEPA-Projekt erzielen. Voraussetzung dafür ist jedoch die Bereitschaft, vor der Einführung der SEPA-Instrumente, also voraussichtlich in 2007, das Budget für die erforderlichen Investitionen bereitzustellen und eine Änderung der relevanten Prozesse vorzubereiten.[50]

2.2 IT-Anforderungen an Banken und Unternehmen

Bei der Schaffung von Standards für SEPA-Zahlungen fällt SWIFT[51] auch zukünftig eine tragende Rolle zu.[52] Vorteile können sich hier besonders für Unternehmen mit der Möglichkeit zur Erhöhung des Automatisierungsgrades bei der Verarbeitung von Zahlungen ergeben. Diese werden dann in einem festen Format mit Standards für die Angabe der Kontonummer und des Verwendungszweckes sowie mit vordefinierten Fehlercodes bei der Rückgabe oder Ablehnung von Buchungen durch die Bank übermittelt. Die einheitliche Verfügbarkeit der SEPA-Zahlungsinstrumente in allen teilnehmenden Ländern erhöht die Flexibilität und die Qualität für die Endnutzer der Zahlungsdienste und kann zu Preissenkungen führen.[53]

- IT-Anforderungen an die Unternehmen

Bisher scheiterte die Einführung eines Systems zur Durchführung aller europäischen Zahlungen oft an den nationalen Divergenzen auf der Formatebene. Mit SEPA wird es erstmalig ein europaweites einheitliches Datenformat geben, durch das Zahlungsaufträge von Banken ausgeführt werden können. Für Unternehmen legt diese Harmonisierung nahe, ebenfalls die elektronische Anbindung zu den beteiligten Banken zu standardisieren.[54] Durch SWIFT ist es Banken und angeschlossenen Firmen mittlerweile möglich, ohne eine weitere bankenspezifische Software elektronisch miteinander zu kommunizieren, Zahlungen zu beauftragen und Kontoinformationen zu erhalten. Eine zentrale SWIFT-Anbindung garantiert eine standardisierte Erreichbarkeit, so dass die Flexibilität von Unternehmen erhöht wird. Mehrere existierende Systeme können dann ggf. durch eine einzelne Anbindung ersetzt werden. Dies führt zu Kostenersparnissen, da für jedes System Ausfallsicherheit, Know-how, Hardware sowie eine Sicherstellung der Einhaltung aller rechtlichen Vorschriften gewährleistet werden müssen.

---

50 Vgl. *EUROMONEY/ABN AMRO* (2006), S. 4.

51 Society for Worldwide Interbank Financial Telecommunication.

52 So entwickelt SWIFT auf Basis des UNIFI (ISO 20022)-Standards die neuen XML-Mitteilungen für die Übermittlung von SEPA-Transaktionsinformationen. Siehe hierzu http://www.iso20022.org.

53 Vgl. *Capgemini/ABN AMRO/IFMA* (2005), S. 23 f.

54 Als eine mögliche Barriere zur Realisierung „intelligenter" Geschäftskonzepte sehen *Kagermann/Österle* (2006), S. 29, die fehlende m:n-Fähigkeit in der elektronischen Zusammenarbeit von Unternehmen. Durch die Vielzahl der heterogenen Systeme kann oft nicht die „gleiche Sprache" gesprochen werden.

Unternehmen ist es zukünftig auf SAP-NetWeaver-Basis möglich, die Bankkommunikation automatisiert abzuwickeln und Informationen somit direkt aus den SAP-Systemen an die Banken zu versenden und alle notwendigen Bankinformationen beinahe in Echtzeit unternehmensintern verfügbar zu haben. Ein wesentlicher Vorteil dieser integrierten Bankanbindung aus dem ERP-System besteht für das Unternehmen neben der technischen Kommunikation in der Möglichkeit, den Lebenszyklus einer Zahlungsanweisung von der internen Buchung über die Freigabe zur Übermittlung an die Bank bis zur Buchung auf dem Bankkonto zu verfolgen. Die mit SEPA erstmalig festgelegten und standardisierten Rückmeldungen bzw. Ablehnungsgründe für eine Zahlungsanweisung ermöglichen eine weitere Automatisierung der unternehmensinternen Folgeprozesse und erlauben eine zeitnahe individualisierte Ausnahmebehandlung. Der Datenaustausch kann direkt mit den angeschlossenen Banken oder indirekt über SWIFT erfolgen (siehe Abbildung 3).

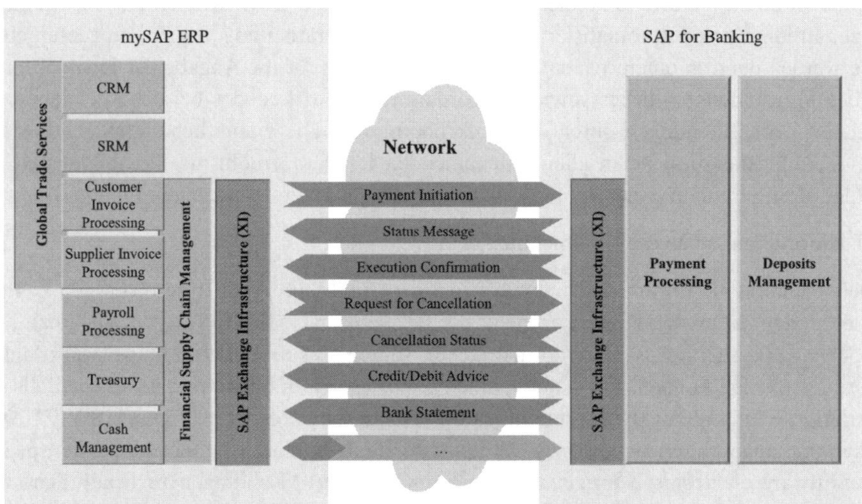

Abbildung 3: *Bankintegration durch SAP-Systeme*

■ IT-Anforderungen an die Banken

Mit SEPA werden sich die System-Anforderungen auf Bankenseite stark verändern. Die Banken müssen in ihre Infrastruktur investieren, um den technischen Anforderungen von SEPA (XML-Standards, automatische Verarbeitung der neuen Formate) gerecht zu werden, und zum Erhalt der Wettbewerbsfähigkeit müssen die internen Prozesskosten weiter gesenkt werden. Je nach Zahlungsverkehrsprodukt und Land haben die Banken derzeit individuell verschiedene Systeme im Einsatz. SEPA-Zahlungen könnten oft nur durch Systeme, die aktuell grenzüberschreitende Zahlungen prozessieren, abgewickelt werden. Diese Systeme sind derzeit jedoch nicht für das Massengeschäft ausgelegt. Die bestehenden Massenzahlungssysteme für Inlandszahlungen sind meist ältere Anwendungen und können die SEPA-

Anforderungen nur ungenügend abdecken. Nach aktuellen Schätzungen wenden Banken ein Drittel ihrer operativen Kosten für die Durchführung von Zahlungen auf; diese tragen jedoch nur zu 9 % zum Vorsteuergewinn bei.[55] Aus diesem Grund ist es für viele Banken sinnvoll, eine neue konsolidierte und flexible IT-Infrastruktur[56] aufzubauen, die sie bei der Einführung neuer Prozesse, Services und Geschäftsmodelle unterstützt. Hier kann mit modernen Systemen eine deutliche Verbesserung erzielt werden.[57]

2.3 Auswirkungen auf die Financial Supply Chain

Als Financial Supply Chain Management wird eine mit dem traditionellen Supply Chain Management vergleichbare, integrierte Betrachtung der Finanzprozesse innerhalb und zwischen Unternehmen bezeichnet. Der Gesamtprozess der Financial Supply Chain lässt sich in die Teilprozesse „Financial Trade Enablement", die Vorbereitung der eigentlichen Leistungserbringung, und das „Financial Trade Settlement", die Abwicklung der Leistung, aufteilen. Bei einer Betrachtung der Financial Supply Chain aus Sicht des Verkäufers spricht man von einem „Order-to-Cash Cycle" und aus Sicht des Käufers von einem „Purchase-to-Pay Cycle".[58]

Die größten Vorteile aus SEPA für Unternehmen ergeben sich durch eine durchgängige Optimierung aller Prozesse in der Financial Supply Chain. Die Bereiche, in denen explizit durch SEPA Verbesserungen erzielt werden können, sind die Zahlungs- und Rechnungsbearbeitung – demzufolge alle Bestandteile des Financial Trade Settlement – sowie der Bereich der Qualifizierung (siehe Abbildung 4).

---

55 Vgl. *De Ploey/Denecker* (2006), S. 1.

56 So sehen *Kagermann/Österle* (2006), S. 23 ff., die „Flexibilisierung der Informationsarchitektur" als Mittelpunkt und Treiber für die Geschwindigkeit von Innovationen sowie für die Anpassung bestehender Geschäftsmodelle.

57 Vgl. *De Ploey/Denecker* (2006), S. 1.

58 Vgl. *Brandt* (2004), S. 120 ff.

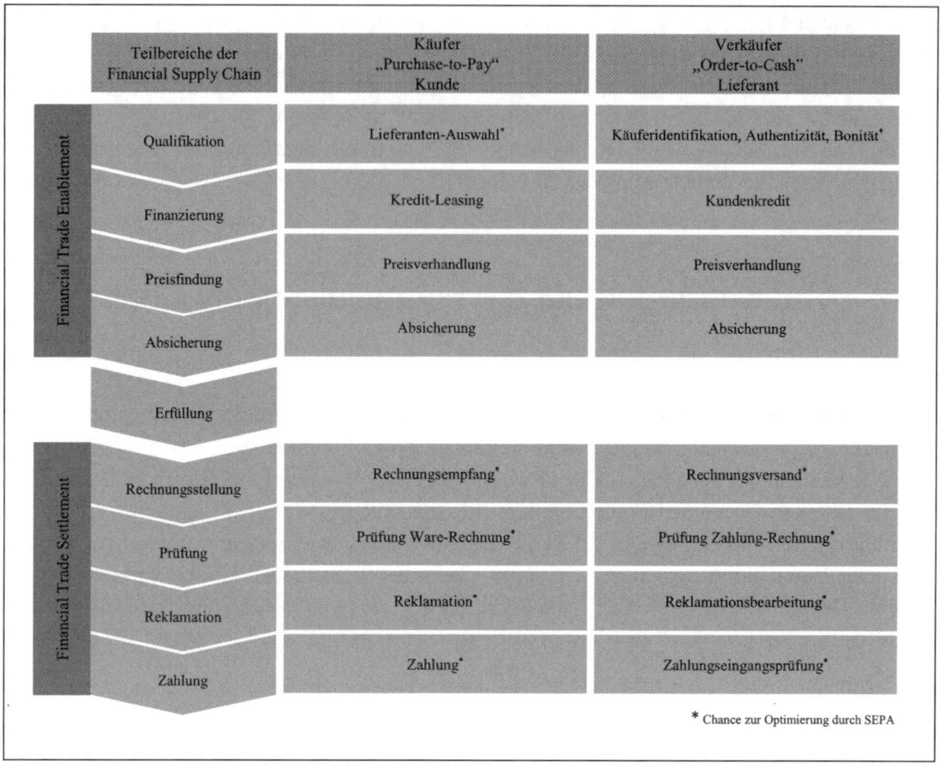

Abbildung 4: *Auswirkungen von SEPA auf die Teilbereiche der Financial Supply Chain*
Quelle: In Anlehnung an Brandt (2004)

Bei einer Optimierung der Abläufe im Zahlungsverkehr wird in der Regel zuerst der Bereich der Zahlung betrachtet. Durch eine gesammelte Bezahlung von Rechnungen pro Lieferant in einer Überweisungstransaktion werden z. B. Transaktionskosten gespart. Das führt jedoch häufig zu Problemen bei der Zuordnung von Zahlungen auf der Empfängerseite, falls keine oder nur wenige[59] Informationen mitgeliefert werden können, die mitgelieferten Referenzinformationen teilweise fehlen oder von Bankseite für eigene Zwecke verändert werden.[60] Auch der Abzug von Gebühren vom Überweisungsbetrag kann eine automatisierte Bearbeitung dieser Zahlungseingänge verhindern. Durch einen notwendigen manuellen Abgleich entstehen hohe Kosten. So ermittelte eine amerikanische Studie[61] für jede manuelle Zuordnung einen durchschnittlichen Zeitaufwand von 30 Minuten und Kosten von USD 35. Durch Rückfragen entstehen neben dem Zahlungsempfänger auch dem Auftraggeber der Zahlung

59 Die Zahlungsverkehrs- oder Clearingsysteme erlauben nur die Weitergabe einer begrenzten Anzahl an Zeichen. Die mögliche Länge variiert derzeit pro Land und Clearingsystem.

60 Vgl. *gtnews.com/ABN AMRO* (2006). Hier werden unzureichende Angaben als größtes Hindernis in der Bearbeitung von Zahlungseingängen bezeichnet.

61 Vgl. *Association for Financial Professionals* (2005), S. 1.

zusätzliche Kosten, die häufig die Transaktionskostenersparnis durch Sammelzahlungen übersteigen.

Wie im obigen Abschnitt über SEPA-Instrumente beschrieben, garantieren diese zukünftig neben der Weiterleitung des unveränderlichen Verwendungszweckes von bis zu 140 Zeichen und einer Gutschrift des vollen Betrages ohne Gebührenabzug auch die Angabe zusätzlicher Informationen zur Identifikation des Absenders und einer zugrunde liegenden Rechnung. Durch eine separate Rechnungsreferenznummer und Absenderidentifikation wird eine automatische Zuordnung ermöglicht oder zumindest deutlich erleichtert. Dadurch gewinnt die Anwendung von EBPP (Electronic Bill Presentment and Payment)[62] an Attraktivität. Durch eine vollständig automatisierte Rechnungsbearbeitung lassen sich nach einer von der EU in Auftrag gegebenen Studie bis zu 90 % der anfallenden Kosten gegenüber einer manuellen Abwicklung einsparen.[63]

Ein gutes Beispiel für den Erfolg von elektronischen Zahlungen in Verbindung mit elektronischer Rechnungsstellung sind die nordischen Länder Europas (Finnland, Norwegen und Schweden). Hier stieg der Automatisierungsgrad bei der Bearbeitung von Zahlungen bis 2004 auf über 90 % des gesamten Volumens. In Dänemark liegt diese Quote immer noch bei über 80 %.[64] Auch EBPP ist hier sehr weit verbreitet. So konnten bei 1,2 Mrd. B2C- (Business to Customer) und 1 Mrd. B2B- (Business to Business) Rechnungen pro Jahr durch Automatisierung Einsparungen in Höhe von EUR 15 Mrd. realisiert werden. In Europa liegt die Gesamtzahl der Rechnungen im Jahr bei ca. 20 Mrd., womit das Einsparpotenzial durch eine stärkere Verbreitung von EBPP deutlich wird.[65]

Kosten sowie Risiken im Bereich der Zahlungsverwaltung entstehen dem Unternehmen auch durch Fehlzahlungen. Bei Überweisungen mit fehlerhaften Angaben kann es derzeit bis zur Rückbuchung auf das eigene Konto zu deutlichen Verzögerungen kommen. Zudem ist aus der Rückgabemitteilung der Bank derzeit oft nicht der Grund für die Rückbuchung der Gelder ersichtlich. Dies führt zu höherem Aufwand bei der Klärung des Geschäftsvorfalles und kann zusätzlich durch die lange Bearbeitungszeit die Lieferantenbeziehung negativ beeinflussen. Mit SEPA ist die Maximalzeit für die Rückbuchung von nicht zuordenbaren Zahlungen festgelegt.[66] Die fehlerhaften Zahlungsaufträge werden inhaltlich unverändert zurückgeleitet und mit einem Fehlercode versehen, mittels dessen eine vordefinierte Verfahrensweise automatisiert eingeleitet werden kann. Der Auftraggeber ist so wesentlich schneller über eine fehlge-

---

62 Beim EBPP werden die Rechnungen digitalisiert und an den Rechnungsempfänger übermittelt. Diese können automatisiert in die ERP-Systeme übernommen werden. Zu weiteren Ausführungen vgl. *Brandt* (2004), S. 123.

63 Vgl. *Europäische Kommission* (2005A), S. 15.

64 Vgl. *Leinonen* (2005), S. 8.

65 Vgl. *Europäische Kommission* (2005A), S. 18.

66 Bei Abweisung des Zahlungsauftrages durch die ausführende Bank auf einen Tag, bei Ablehnung der Gutschrift der empfangenden Bank auf drei Tage. Beispiele für eine Zahlungsabweisung „Rejection" sind die Angaben von falschen BIC Codes oder eine fehlende Deckung des Auftraggeberkontos. Mögliche Gründe für eine Ablehnung der Gutschrift „Return" sind u. a. die Angabe einer falschen Kontoidentifikation oder die eines bereits erloschenen Kontos.

schlagene Zahlung informiert. Die Verwendung der IBAN erhöht zudem die Sicherheit bei der Durchführung von Zahlungen, da über die in ihr enthaltene Prüfziffer ein zusätzlicher Abgleich erfolgen kann, durch den Eingabefehler vermieden und auch Manipulationen aufgedeckt werden können.

Eine schnellere Zuordnung von Zahlungen ermöglicht eine genauere Ermittlung von Kennzahlen, wie die der Außenstandsdauer von Forderungen und der exakten Höhe von Forderungen an einen Kunden. Ebenso verhindert eine zeitgerechte Verbuchung das fälschliche Mahnen eines vermeintlich säumigen Kunden und verhindert so Störungen in der Kundenbeziehung. Durch SEPA lassen sich in einem weiteren Bereich der Financial Supply Chain Prozesse optimieren. Vor Abschluss eines Geschäfts wird der Lieferant in der Regel die Kreditwürdigkeit des Käufers prüfen und ihn so qualifizieren. Die Bonität des Kunden wird unter anderem anhand der Zahlungsgeschwindigkeit sowie der noch ausstehenden Forderungen gemessen. Kommt es hier durch Unstimmigkeiten in der Zuordnung von eingehenden Zahlungen aus den oben angegebenen Gründen zu Verzögerungen, so kann dies dazu führen, dass ein Geschäft durch interne Kreditlimitüberschreitungen nicht abgeschlossen wird und auf diese Weise möglicher Umsatz und Gewinn nicht realisiert werden. Die durch SEPA ermöglichte schnellere und genauere Zuordnung der eingehenden Zahlungen schafft eine größere Transparenz und damit ein effizienteres Management der internen Kunden-Kreditlimite.

3. Zusammenfassung und Ausblick

Mit SEPA werden alle Euro-Zahlungen innerhalb Europas de facto zu Inlandszahlungen. Die Ausgestaltung und Definition der SEPA-Zahlungsinstrumente schafft erstmalig einen gemeinsamen europäischen Standard und bietet den Unternehmen so die Möglichkeit, einen weiteren Schritt auf dem Weg zu einer vollautomatischen integrierten Bearbeitung von Prozessen der Financial Supply Chain zu vollziehen. Voraussetzungen dafür sind die richtige Vorbereitung und die Bereitschaft, Prozesse und Systeme in der eigenen Organisation auf die neuen Anforderungen auszurichten.

Im Zuge der durch SEPA getriebenen Vereinfachungen werden sich neben dem europäischen Auslandszahlungsverkehr insbesondere auch für den Inlandszahlungsverkehr Veränderungen ergeben. Die bisherigen nationalen Zahlungsinstrumente sollen mittelfristig durch SEPA-Zahlungsinstrumente abgelöst werden.

Die mit SEPA zwingend vorgeschriebene Verwendung einer durch Prüfziffer verifizierbaren standardisierten IBAN[67] statt einer Kontonummer erhöht sowohl die Effizienz in den Unternehmen als auch in den Banken und reduziert das Risiko von Fehlzahlungen. Durch die eindeutige Erkennbarkeit der IBAN wird in den Shared Service Centern oder lokalen Buchhaltungsabteilungen bei der Rechnungserfassung kein Expertenwissen mehr notwendig sein, um eine korrekte europäische Bankverbindung auf einer Rechnung zu erkennen.

SEPA wird voraussichtlich eine Konsolidierung im Zahlungsverkehrsmarkt beschleunigen. Die Preise für Basisdienstleistungen werden sich stärker harmonisieren, und die Banken werden sich noch mehr als bisher durch verschiedene kundenbezogene Services und neue Geschäftsmodelle differenzieren. Unternehmen bietet sich die Möglichkeit, viele Bereiche des Cash Managements, Treasury und der Buchhaltung noch weiter in Payment Factorys und Shared Service Centern zu zentralisieren.

Europäische Banken haben es unter großen Anstrengungen geschafft, sich im EPC als gemeinsames Beratungs- und Entscheidungsgremium zusammenzuschließen. Den Unternehmen fehlt bisher ein vergleichbares paneuropäisches Gremium. Vielleicht gelingt es Organisationen wie der European Association of Corporate Treasurers (EACT), diese Rolle zu übernehmen, die Anforderungen und Ideen der Unternehmen untereinander und gegenüber den Banken zu kanalisieren und in aktiver Zusammenarbeit mit dem EPC die weiteren notwendigen Schritte abzustimmen. Wenn es hierüber gelingt, die Wünsche der Unternehmen nach automatisierbaren Prozessen, das Serviceangebot der Banken und die technischen Möglichkeiten der verschiedenen Softwareanbieter zu koordinieren, kann für die Unternehmen die Financial Supply Chain noch besser mit der Physical Supply Chain synchronisiert werden.

Die skizzierten Geschäftspraktiken in den nordischen Ländern ermöglichen einen Ausblick auf mögliche Weiterentwicklungen. So könnten portable oder bankunabhängige Kontonummern den Zahlungsvorgang sowie die Rechnungsübermittlung zwischen Kunde und Lieferant vereinfachen. Hier zahlt ein Kunde teilweise nicht auf eine festgelegte Kontonummer des Begünstigten bei einer Bank, sondern auf eine Nummer beim Clearing Provider. Dieser leitet dann alle eingehenden Beträge an das vom Unternehmen hinterlegte Bankkonto weiter. Nach hier vertretener Auffassung könnte dieses Konzept die Unterstützung durch die EZB erhalten, die bereits heute darauf hinweist, dass die Identifikation der Kundenkonten und Banken über die geforderte Angabe von IBAN und BIC langfristig für die Nutzer der Zahlungssysteme zu vereinfachen ist.[68]

Banken tragen nach wie vor eine hohe Verantwortung als integraler Bestandteil der Financial Supply Chain. Neue Serviceangebote könnten es ermöglichen, dass bereits die ausführende Bank dem Geschäftspartner sowie dessen Bank frühzeitig eine Vorab-Benachrichtigung über den zu erwarteten Betrag, Referenzen und Wertstellung übermittelt. Die Empfängerbank

---

67 *Kagermann/Österle* (2006), S. 31, sehen unter anderem die Standardisierung als „Grundlage jeder Zusammenarbeit" für das Business Networking, um die nächste Innovationswelle für die Geschäftsmodelle zu ermöglichen. „Standards wie die IBAN [...] ermöglichen, dass sich beliebige IT-Applikationen miteinander unterhalten können."

68 Vgl. *Europäische Zentralbank* (2006), S. 22.

könnte dem Begünstigten den Betrag bei Bedarf diskontiert zur Verfügung stellen. Banken schaffen so einen unmittelbaren Mehrwert für die Treasury-Abteilungen der Unternehmen, die dadurch mehr Transparenz sowie Flexibilität beim Liquiditätsmanagement und bei der Optimierung des Working Capital erhalten.

Ein einheitlicher Zahlungsverkehrsmarkt zur Unterstützung des Ziels, die EU bis zum Jahr 2010 zum wettbewerbsfähigsten Markt der Welt[69] zu entwickeln, scheint durch SEPA Realität zu werden. Es ist wünschenswert, dass global agierende Banken und Unternehmen die zu erwartenden positiven Erfahrungen mit SEPA dazu nutzen, um in anderen Regionen ähnliche Veränderungen anzustoßen. So könnten vergleichbare Standards geschaffen werden, die es Unternehmen und Banken gemeinsam ermöglichen, effizientere Prozesse zu etablieren.

Literatur

Association for financial professionals, online (2005): AFP Wire Transfer Survey: Receipt of Remittance Information, http://www.afponline.org/pub/pdf/2005WireTransfer_Suvey.pdf, Oktober 2005, (Stand: 25.04.2006).

BDI, online (2005): Schaffung eines einheitlichen Euro-Zahlungsverkehrsraums (SEPA), Stellungnahme vom 22.09.2005, http://www.bdi-online.de/download/rk_baSTellung nahmeSEPA.DOC, 2005, (Stand: 25.04.2006).

Brandt, W. (2004): Financial Supply Chain Management, in: Gerke/Siegert (Hrsg.): Aktuelle Herausforderungen des Finanzmanagements. Dokumentation des 57. Deutschen Betriebswirtschafter-Tags 2003, Stuttgart 2004, S. 113 - 131.

Capgemini/ABN AMRO/EFMA, online (2005): World Payments Report 2005, 2005, http://www.de.capgemini.com/m/de/tl/World_Payments_Report_2005.pdf, 2005, (Stand: 25.04.2006).

Capgemini/ING/EFMA, online (2005): World Retail Banking Report 2005, 2005, http://www.de.capgemini.com/m/de/tl/World_Retail_Banking_Report_2005.pdf, 2005, (Stand: 25.04.2006).

De Ploey, W./Denecker, O., online, (2006): How Europe's Banks should prepare for payments reform in: The McKinsey Quarterly, Web Exclusive, http://www.mckinseyquarterly.com/articleabstract_visitor.aspx?ar=1744&L2=10, Februar 2006, (Stand: 25.04.2006).

Deutsche Bank Research, online (2005): Zahlungsverkehr EU-weit: Die Grundlagen müssen stimmen, Deutsche Bank Research, http://www.dbresearch.com/PROD/DBR_INTER NET_ENPROD/PROD0000000000191792. pdf, 20.10.2005, (Stand: 25.04.2006).

69 Vgl. *Europäischer Rat* (2000).

Europäische Kommission, online (2001): Verordnung (EG) Nr. 2560/2001 des Europäischen Parlaments und des Rates vom 19. Dezember 2001 über grenzüberschreitende Zahlungen in Euro, http://europa.eu.int/eur-lex/pri/de/oj/dat/2001/l 344/l_34420011228de00130016.pdf, 19.12.2001, (Stand: 25.04.2006).

Europäische Kommission, online (2005A): Annex to the proposal for a Directive of the European Parliament and of the Council on Payment Services in the Internal Market; Impact Assessment, Dokumenten-Nr. SEK 2005/1535, http://www.europa.eu.int/comm/internal_market/payments/docs/framework/sec_2005_1535_en.pdf, 01.12.2005, (Stand: 25.04.2006).

Europäische Kommission, online (2005B): Vorschlag für eine Richtlinie des Europäischen Parlaments und des Rates über Zahlungsdienste im Binnenmarkt und zur Änderung der Richtlinien 97/7 EG, 2000/12/EG und 2002/65/EG, Dokumenten-Nr. 2005/0245/COD, http://europa.eu.int/eur-lex/lex/LexUriServ/site/de/com/2005/com2005_0603de01.pdf, 01.12.2005, (Stand: 25.04.2006).

EUROMONEY/ABN AMRO, online (2006): The 2006 guide to Single Euro Payments Area, London, http://www.transactionbanking.abnamro.com/pdf/sepa/2006_guide_to_sepa.pdf, April 2006, (Stand: 25.04.2006).

European Payment Council, online (2002): Euroland: Our Single Payment Area!, White Paper, http://www.europeanpaymentscouncil.org/documents/SEPA-%20Whitepaper Summary. pdf, May 2002, (Stand: 25.04.2006).

European Payment Council, online (2004): EPC ROADMAP 2004-2010, http://www.europeanpaymentscouncil.org/documents/Roadmap%20public%20version%204th%20April.pdf, (Stand: 25.04.2006).

European Payment Council, online (2005): Interim measures and Resolution in relation to cross-border Electronic Credit Transfers in euro within EU/EEA (approved by the EPC Plenary on June 2005), http://www.europeanpaymentscouncil.org/documents/EPC092.pdf (Stand: 25.04.2006).

European Payment Council, online (2006): How to make the „Single Euro Payments Ares" a reality, EPC encourages public authorities to create the right environment for success, http://www.europeanpaymentscouncil.org/documents/EPC059_06%20how%20to%20make%20SEPA%20a%20reality%201_0.pdf, 31.03.2006, (Stand: 25.04.2006).

Europäischer Rat online, (2000): Presidency Conclusions; Lisbon European Council 23 and 24 March 2000, http://ue.eu.int/ueDocs/cms_Data/docs/pressData/en/ec/00100-r1.en0.htm (Stand: 25.04.2006).

Europäisches Verbraucherzentrum Kiel, online (2005): Auswertung der Verbraucheranfragen im Bereich Zahlungsverkehr, http://www.europaeischesverbraucherzentrum.de/mediabig/575A.pdf, 25.06.2005, (Stand: 25.04.2006).

Europäische Zentralbank, online (2004): Institutionelle Vorschriften. Satzung des ESZB und der EZB, Geschäftsordnungen 2004, http://www.ecb.int/pub/pdf/other/ecbinstitutional provisions2004deen.pdf (Stand: 25.04.2006).

Europäische Zentralbank, online (2006): Towards a Single Euro Payments Area – Objectives and Deadlines (4th Progress Report), http://www.ecb.int/pub/pdf/other/singleeuro paymentsarea200602en.pdf, 17.02.2006, (Stand: 25.04.2006).

GTNEWS.COM/ABN AMRO, online (2006): What Can XML Do for Your Business?, http://www.gtnews.com/feature/116.cfm, 07.03.2006, (Stand: 25.04.2006).

Interpay, online (2006): Interpay and Transaktionsinstitut sign Memorandum of Understanding, http://www.interpay.nl/eng/About_Interpay/The_Media/Press_releases/Interpay_and_Transaktionsinstitut.asp, 15.02.2006, (Stand: 25.04.2006).

Kagermann, H./Österle, H. (2006): Geschäftsmodelle 2010, Wie CEOs Unternehmen transformieren, F.A.Z.-Institut für Management-, Markt- und Medieninformationen, Frankfurt am Main 2006.

Lammer, T./Pammer, M. (2006): Zahlungsverkehr im Umbruch, Beitrag in TreasuryLog 2/2006 Schwabe, Ley & Greiner (Hrsg.), Wien 2006, S. 12 - 15.

Lehner, U. (2004), Neue Wege im Finanz-Management, Beitrag in Gerke/Siegert (Hrsg.): Aktuelle Herausforderungen des Finanzmanagements. Dokumentation des 57. Deutschen Betriebswirtschafter-Tags 2003, Stuttgart 2004, S. 3 - 16.

Leinonen, H, online (2005): Reaching for Bank-to-Customer STP in SEPA, Memorandum, http://www.bof.fi/fin/3_rahoitusmarkkinat/3.4_Maksujarjestelmat/3.4.3_Kehittaminen/3.4.3.5_Maksutavat2010/docs/stp.pdf, 26.10.2005, (Stand: 25.04.2006).

LOGICACMG, online (2005): SEPA; the forgotten Customer; White Paper, http://www.logic acmg.com/pSecured/admin/countries/_app/assets/forgotten_customer_sept05-10252005.pdf, September 2005, (Stand: 25.04.2006).

ZKA, online (2006): Zum Vorschlag zur Richtlinie für Zahlungsdienstleistungen im EU-Binnenmarkt, http://www.zentraler-kreditausschuss.de/upload/1139307427.NLF-ZKA-Stellungnahme.pdf, 06.02.2006, (Stand: 25.04.2006)

Europa als Herausforderung im Zahlungsverkehr – Bargeldzahlung und Kreditkartenabwicklung im Handel

Thomas Grad/Heinz-Joachim Kastning – METRO AG

1. Die Einführung des Euro-Bargeldes

Die Einführung des *Euro-Bargeldes* zum 01.01.2002 mit Euro-Banknoten und -Münzen stellte außergewöhnliche organisatorische und logistische Anforderungen an ein Handelsunternehmen. Eine Vielzahl von Kassenterminals musste in den Vertriebslinien der METRO Group innerhalb des EU-Raums mit der neuen Euro-Währung ausgestattet und versorgt werden. Gleichzeitig schulterte der Handel die notwendige Aufklärungsarbeit gegenüber den Verbrauchern. Maßnahmen wie die doppelte Preisauszeichnung an der Ware oder der Ausweis auf dem Kassenbon – eingebunden in eine entsprechende Marketingstrategie – seien beispielhaft genannt.

Die gemeinsame Euro-Währung ist ein erster Schritt in Richtung eines einheitlichen Zahlungsverkehrsraums zur Vollendung eines gemeinsamen Binnenmarkts im Zahlungsverkehr. Zu den Zahlungsinstrumenten gehören neben Bargeld ein europäisches Lastschriftverfahren, grenzüberschreitende Überweisungen, kartengestützte Zahlungen sowie Zahlungsdienstleistungen (z. B. zentrale Clearingstellen).

Einige wichtige *Initiativen des Europäischen Parlaments* sind mit der Verordnung über grenzüberschreitende Zahlungen in Euro (Dezember 2001) sowie mit der Preisverordnung für grenzüberschreitende Überweisungen (Juli 2003) bereits realisiert worden.

2. Der Weg zu einem einheitlichen europäischen Zahlungsverkehrsraum

Mit den Beschlüssen des *Europäischen Rats* von *Lissabon* im Frühjahr 2000 stellte sich die EU den neuen Anforderungen und Aufgaben eines globalisierten Wettbewerbs mit vernetzten Märkten. Zielsetzung ist die Verwirklichung des Binnenmarktes durch entsprechende Wirtschaftsreformen, verbunden mit einer signifikanten Verbesserung des Wettbewerbs und einer Marktöffnung in Schlüsselsektoren. In nur einer Dekade soll sich die Union zu einem der wettbewerbsfähigsten und dynamischsten Wirtschaftsräume der Welt entwickeln.

Auf Basis der Lissabon-Vorgaben wurde ein Aktionsplan mit hoher Priorität für Finanzdienstleistungen verfasst. Den äußeren Rechtsrahmen für den Zahlungsverkehr im Binnenmarkt bildet ein Positionspapier der Kommission (*New Legal Framework for Payments in the Internal Market, NLF*).

Die EU-Richtlinie enthält die wesentlichen Prinzipien für den Zahlungsverkehr im Binnenmarkt, deren wichtigste Anliegen Sicherheit, Effizienz, Schnelligkeit, einheitliche Standards sowie *äußerst günstige Gebührenstrukturen im Zahlungsverkehr* sind. Weiterhin muss ein ungehinderter Markteintritt mit einem offenen Zugang zu allen technischen Infrastrukturen und Systemen für alle Anbieter und Marktteilnehmer unter gleichen Bedingungen gewährleistet sein. Die Kommission geht bei einer Konsolidierung der erheblich fragmentierten nationalen Märkte von deutlichen *Rationalisierungseffekten beim Zahlungsverkehr* aus.

Der neue Rechtsrahmen befasst sich mit allen Instrumenten des Massenzahlungsverkehrs, wobei in einem einheitlichen Zahlungsverkehrsraum grenzüberschreitende Zahlungen und Inlandszahlungen – mit Ausnahme von Transaktionen aus Drittländern – gleich behandelt werden.

Nicht erfasst werden Schecks, Geldmarktinstrumente, Zahlkarten mit speziellem Verwendungszweck, wie z. B. die im Handel sehr verbreiteten Kundenkarten (Private Label Cards, PLC).

Die europäischen Kreditinstitute haben mit der Gründung des *European Payments Council* (*EPC*) ein zentrales Organ zur Festlegung der Ziele und Regelwerke für die Realisierung eines einheitlichen Euro-Zahlungsverkehrs, der so genannten *„Single European Payments Area"* (*SEPA*) geschaffen. Aufgabe des EPC ist – in einem selbstregulierenden Prozess – die Erarbeitung von Empfehlungen zur Implementierung eines einheitlichen unbaren Zahlungsverkehrs im Binnenmarkt in enger Abstimmung mit der *Europäischen Zentralbank* (*EZB*). In verschiedenen Teilprojekten werden Regularien für europaweit einheitliche Verfahren zur Abwicklung von Lastschriften, Überweisungen und Kartenzahlungen erarbeitet. Das Rahmenwerk für Kartenzahlungen (*SEPA Cards Framework, SCF*) ist von besonderer Relevanz für ein international agierendes Handelsunternehmen wie die METRO AG. Vertriebslinien der METRO Group akzeptieren in vielen Ländern in erheblichem Umfang Karten als Zahlungsmittel.

Es ist offensichtlich, dass zentral initiierte, regulierende Eingriffe in effiziente nationale Systeme besonderen Anforderungen genügen müssen. Eine Anzahl von Abwicklungssystemen für inländische und grenzüberschreitende Debit- und Kreditkartenzahlungen, wie das deutsche EC-Kartensystem, Maestro, Visa, MasterCard und American Express, sind am Markt erfolgreich etabliert, um nur die Wichtigsten zu nennen. Das SEPA Card Framework bildet konsequenterweise nur ein Regelwerk (General Principles). Unter diesen Rahmenbedingungen wird es den Marktkräften überlassen, unter fairen Wettbewerbsbedingungen so genannte „SEPA Compliant Systeme" zu implementieren.

Es ist vorgesehen, dass ab Januar 2008 die Banken, als wesentliche Emittenten, SEPA-Compliant-Karten emittieren und die vorhandenen Karten bis Ende 2010 vom Markt nehmen. Zielsetzung ist, dass die Karteninhaber innerhalb des definierten SEPA-Raums ihre Karten überall einsetzen können, sowohl am Geldausgabeautomaten als auch an Handelsterminals sowie im Fernabsatz. Dazu müssen die Autorisierungs-, Processing- und Clearingsysteme angepasst werden. Voraussetzung für die SEPA-Infrastruktur sind standardisierte Schnittstellen (Interfaces) mit einem offenen Zugang für alle Marktteilnehmer.

Der Zeitplan sieht eine stufenweise Einführung beginnend ab 2008 vor; ab 2010 soll der Zahlungsverkehr obligatorisch nach einheitlichen EU-Regeln abgewickelt werden. Dabei werden die SEPA-Regionen unterschiedlich definiert. Es ist davon auszugehen, dass in der ersten Phase die Euro-Währungsländer und zu einem späteren Zeitpunkt neben den 25 EU-Staaten auch vier weitere Staaten der Europäischen Freihandelszone (EFTA), Island, Norwegen, Schweiz und Liechtenstein, einbezogen werden.

3. Die Bedeutung von SEPA für die METRO Group

Der geplante *einheitliche Euro-Zahlungsverkehrsraum* erfordert eine adäquate Strategie für die Vertriebslinien der METRO Group im bargeldlosen Zahlungsverkehr, insbesondere bei den kartengestützten Zahlungen. Die METRO Group ist mit ihren Retail Brands METRO/ Makro Cash & Carry, Real, Extra, Media Markt, Saturn und Kaufhof in vielen Ländern der SEPA-Region vertreten. Sie repräsentieren 92 % des gesamten Umsatzvolumens der Gruppe. Die Vorbereitung auf den neuen Binnenmarkt ist daher für die METRO Group von essenzieller Bedeutung.

Der bargeldlose Zahlungsverkehr im stationären Handel nimmt stetig zu; dabei steht der Einsatz von Zahlkarten im Vordergrund. Betrug der *Bargeldanteil* im Jahre 2000 noch durchschnittlich 70 %, reduzierte sich dieser Anteil in 2005 auf durchschnittlich weniger als 60 % vom Gesamtumsatz der METRO Group im EU-Raum. Für die überwiegende Zahl der Konsumenten gehört die Nutzung von Zahlkarten in verschiedenen Varianten und Ausprägungen im In- und Ausland zum Alltag; die nationalen Zahlungsgewohnheiten haben sich wie selbstverständlich auch im Ausland durchgesetzt. Der *Anteil grenzüberschreitender Kartenzahlungen* bewegt sich in Abhängigkeit von der Kartenart, des Brands und regionaler Differenzierungen zwischen *5 %* bis *20 %* des Kartenumsatzes der METRO Group.

Die Akzeptanz von Kundenkarten, Clubkarten, Debit- und Kreditkarten in den METRO Vertriebslinien ist sehr unterschiedlich und länderspezifisch zum Teil historisch gewachsen. Während in Deutschland das Debitkartensystem mit der Euroscheckkarte dominiert, liegen in anderen Ländern die Kreditkarten in der Gunst der METRO-Kunden vorn.

In der zu betrachtenden EU-Region werden von dem gesamten kartenbasierten Umsatz *etwa 17 % Kreditkarten* und *83 % Debitkarten* an den METRO-Terminals abgewickelt. Die Kostenanteile der Kreditkarten verhalten sich jedoch überproportional zum Kartenvolumen, d. h., ein unverhältnismäßig hoher Anteil der Gebühren des bargeldlosen Zahlungsverkehrs entfällt auf die Kreditkarten. Andere Zahlungsmittel, wie z. B. der Scheck, sind von untergeordneter Bedeutung. Die *Entscheidung für die Akzeptanz von Debit- oder Kreditkarten* wird unter Marketingaspekten, unter Berücksichtigung der Wettbewerbssituation sowie nach Wirtschaftlichkeitskriterien getroffen und spiegelt die länderspezifische Marktsituation wider. Auf Grund der dominanten Position der Euroscheckkarten im deutschen Markt ist die Annahme dieser Karten als Zahlungsmittel nahezu unverzichtbar; dagegen zwingt die Wettbewerbssituation z. B. die METRO-Vertriebslinien in Spanien trotz hoher Gebühren zur Akzeptanz von Kreditkarten.

4. Gebührenstrukturen und Pricing der Kreditkartenorganisationen

Für die weitere Betrachtung ist die *Funktionsweise der Kreditkartensysteme* von Bedeutung. Bei der Abwicklung von MasterCard- und Visa-Transaktionen kommen besondere Regelwerke der Kartenorganisationen zum Tragen. Banken oder spezialisierte Finanzdienstleister erwerben entsprechende Lizenzen der Kartenorganisationen und sind damit berechtigt, Karten des jeweiligen Brands zu emittieren (Issuer). Darüber hinaus können die Institute eine Lizenz zur Akquisition von Händlern erwerben (Acquirer). Der Acquirer ist für die Einleitung der Autorisierung und Abwicklung der Transaktionen, Weiterleitung der Daten an den Issuer und Ausgleich der Zahlungen an den Händler (Merchant) verantwortlich. Dieses so genannte Vier-Parteiensystem bildet die Grundlage für das Verrechnungssystem (siehe Abbildung 1):

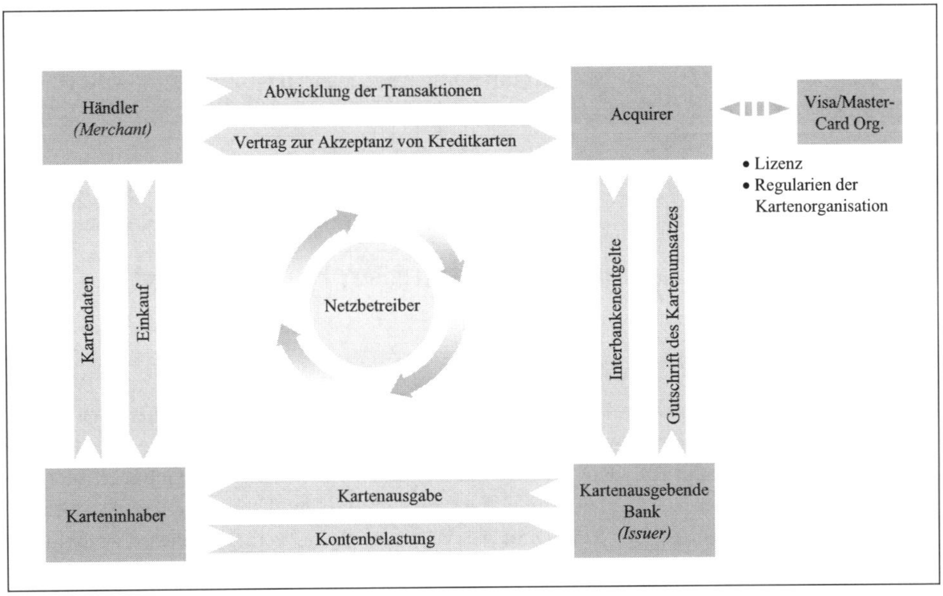

Abbildung 1: *Das Vier-Parteiensystem*

Zwischen dem Acquirer und dem Merchant wird ein Händlervertrag über die Akzeptanz von Kreditkarten abgeschlossen. Auf die Kartenumsätze muss der Händler eine so genannte *Merchant Service Charge* (*MSC*) entrichten. Wesentlicher Bestandteil der MSC ist das Interbankenentgelt, die so genannte *Interchange Fee* (*ICF*). Diese Gebühr wird branchenbezogen von der Kartenorganisation festgelegt und ist nicht verhandelbar.

Die Höhe des Interbankenentgeltes hängt von der Kartenart und der Form der Abwicklung (z. B. Online-Autorisierung) ab. Überwiegend wird die ICF durch multilaterale Absprachen der Mitglieder von MasterCard/Visa vereinbart und ist für die Beteiligten verbindlich. Diese so genannte *Multilateral Interchange Fee* (*MIF*) bezieht sich als Prozentwert auf den Kartenumsatz und ist an den *Issuer* in voller Höhe abzuführen. Weiter ist zu unterscheiden zwischen *nationalen* (*Domestic MIF*) und *grenzüberschreitenden Transaktionen* (*Cross Border MIF*). Die MIF beträgt ca. 85 % bis über 90 % der Merchant Service Charge; der Verhandlungsspielraum des Merchants mit dem Acquirer ist entsprechend gering.

Zur *Bewertung dieser Gebührenstruktur* ist zu hinterfragen, auf welcher Kalkulationsgrundlage die MIF festgelegt wird und welches die maßgeblichen *Kostenkomponenten* sind. Für grenzüberschreitende Kartenzahlungen hat die Visa-Organisation die Kostenfaktoren wie folgt veröffentlicht: Für die Zahlungsgarantie werden 50 % der Gesamtkosten angesetzt, für das verlängerte Zahlungsziel, das der Issuer dem Karteninhaber – im Gegensatz zur Debitkarte – gewährt, 25 % und für Verwaltung/Processing ebenfalls 25 %.

Weitere für den Handel relevante Regularien betreffen das Verbot, die Kosten einer Kartenzahlung dem Karteninhaber weiter zu belasten (*Non Discrimination Rule, NDR*) sowie alle Karten eines Brands – unabhängig vom Emittenten – als Zahlungsmittel zu akzeptieren (*Honour All Cards Rule, HACR*). MasterCard Europe hat allerdings durch eine abweichende NDR-Regelung für die EU-Mitgliedsstaaten die Gebührenüberwälzung zugelassen.

5. Die Situation im europäischen Kartenmarkt

Im Folgenden sollen in *ausgewählten EU-Ländern* die sehr unterschiedlichen Auswirkungen der Gebührenpolitik der Kreditwirtschaft und der Kartenorganisationen mit den daraus resultierenden Belastungen der METRO-Vertriebslinien dargestellt werden. Die Gebührensätze für Debit- und Kreditkarten werden nachstehend als gewichtete Durchschnittswerte unterschiedlicher Interbankenentgelte (Flat Rates und Ad Valorem) sowie verschiedener Abwicklungsarten für inländische und grenzüberschreitende Transaktionen ausgewiesen.

Die nachfolgende Darstellung zeigt die Wertigkeit des Debitkartenumsatzes in Prozent vom Gesamtumsatz sowie die durchschnittlichen Gebührensätze (MSC) von Debitkarten (siehe Abbildung 2):

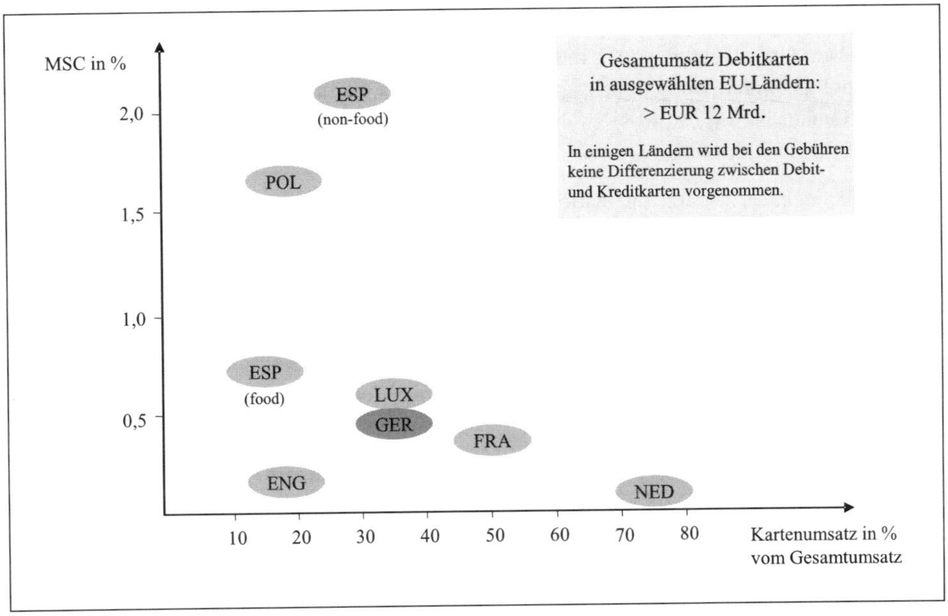

Abbildung 2: *Umsatzanteile und Gebührenbelastungen von Debitkarten in ausgewählten EU-Ländern (2005)*

Es ist offensichtlich, dass bei einem *Debitkartenumsatz in 2005* von mehr als EUR 12 Mrd. in den ausgewählten Ländern die Verteilung der Gebühren innerhalb einer großen Bandbreite variiert. Die Festlegung der Disagiosätze erfolgt – bei vergleichbaren technischen und organisatorischen Rahmenbedingungen – nicht auf Basis objektiver, nachvollziehbarer Kriterien, sondern unter dem Gesichtspunkt nationaler Interessengruppierungen.

In einigen Ländern (Polen, Spanien) wird *keine Differenzierung zwischen Debit- und Kreditkarten* vorgenommen; die Gebühren sind identisch. Dies ist umso weniger verständlich, da eine Kostenkomponente, das Zahlungsziel für den Karteninhaber, bei Debitkarten entfällt und das Risiko auf Grund der direkten Belastung der Umsätze geringer sein muss.

Bei nahezu gleichen Umsatzanteilen betragen in Polen die Debitkartengebühren das Achtfache dessen, was ein Händler in England zu entrichten hat. Deutsche Unternehmen der METRO Group müssen bei einem vielfachen Debitkartenumsatz Gebühren in gleicher Höhe abführen wie ein Händler in Luxemburg mit einem Debitkartenumsatz von nur EUR 15 Mio. Eine entsprechende Gebührenpolitik sowie fehlender Wettbewerb führen offensichtlich dazu, dass volumenabhängige Skaleneffekte in einigen Ländern nicht an den Handel weitergegeben werden.

Die *Kreditkartengebühren* auf Basis der festgelegten, nicht verhandelbaren MIF zeigen in den genannten Ländern ähnliche Ausschläge wie im Debitkartenmarkt und sind kaum transparent. Bei Akzeptanz der marktführenden Kartenbrands liegt der Fokus in den meisten Ländern –

auf Grund der sehr viel höheren Gebührensätze – auf einer Reduzierung der Kreditkartengebühren. Der Umsatzanteil von Kreditkarten, die in den METRO-Vertriebslinien als Zahlungsmittel akzeptiert werden, beträgt nur ca. 17 % des Gesamtkartenumsatzes, der Aufwand für die Händler ist mit ca. 40 % an den Gesamtkosten jedoch überproportional hoch im Vergleich zu den Debitkarten.

Der nahe liegende Ansatz, die nationalen Märkte mit einem bzw. nur wenigen Acquirern zentral mit entsprechenden Rationalisierungseffekten von einem Land aus abzuwickeln, ist unter den gegebenen Bedingungen wenig effizient. Die Regularien der Kartenorganisationen Visa/MasterCard erlauben zwar das so genannte *Cross Border Acquiring,* die nationalen Mitglieder erschweren jedoch den Systemzugang durch technisch-organisatorische Maßnahmen. Darüber hinaus sind die wirtschaftlichen Effekte ohne Bedeutung, da auch bei diesem Verfahren die jeweiligen inländischen Gebührensätze (Domestic MIF) gelten.

Die MSC weist bei vergleichbaren Umsätzen eine Bandbreite von unter 0,5 % (Frankreich) bis über 2,0 % (Spanien) aus; die Ausführungen zu den Debitkarten gelten hier gleichermaßen. Durch eine Sonder-MIF für Handelsunternehmen mit einem hohen Food-Anteil ermäßigt sich die MSC erheblich und gilt für das gesamte Sortiment. Die Unterschiede bei den Gebühren sind nicht nachvollziehbar und mit der Zielsetzung und Idee von SEPA nur schwer vereinbar (siehe Abbildung 3):

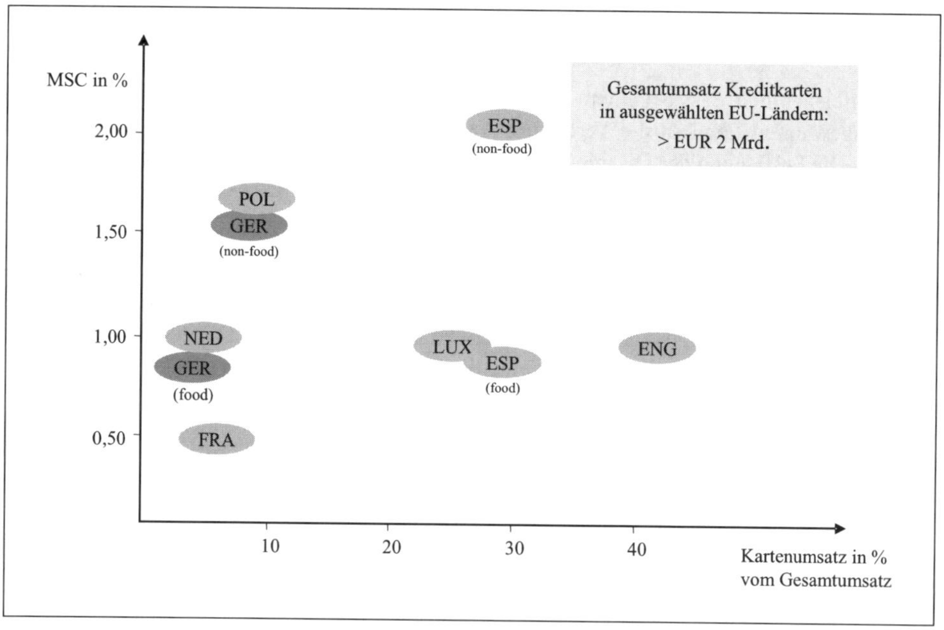

Abbildung 3: *Umsatzanteile und Merchant Service Charge (MSC) von Kreditkarten in ausgewählten EU-Ländern*

Die *Unterschiede zwischen nationalen (Domestic MIF) und grenzüberschreitenden Sätzen (Cross Border MIF)* sind für die dominierenden Kreditkarten Visa und MasterCard in einigen Ländern beträchtlich; die Domestic MIF beträgt zum Teil mehr als das Doppelte einer MIF für grenzüberschreitende Transaktionen. Für den Issuer, als Empfänger der MIF-Transferzahlungen, macht es kaum einen Unterschied, ob die ausgegebenen Karten im Inland oder im EU-Raum eingesetzt werden. Eine solche Differenzierung ist kaum zu rechtfertigen, da für die Kartensysteme bereits weitestgehend eine europäische Interoperabilität bei der Autorisierung und Abwicklung von Kartentransaktionen besteht.

Die weiteren Kostenkomponenten wie Zahlungsziel für den Karteninhaber und Zahlungsgarantie für den Acquirer bzw. Händler sind kritisch zu analysieren. Das Zahlungsziel, das das kartenemittierende Institut dem Karteninhaber einräumt, ist ein Marketinginstrument der Kartenorganisationen und begründet keine regionale Differenzierung. Die Zahlungsgarantie für den Acquirer bzw. Händler hat ebenfalls keinen räumlichen Bezug. Eher könnte das Gegenteil angenommen werden; es ist davon auszugehen, dass nationale Kartenverfügungen weniger risikobehaftet sind. *Nationale und grenzüberschreitende Transaktionen müssen daher gleichbehandelt werden, um mit SEPA in Einklang zu stehen.*

Eine weitere Restriktion für ein europaweit tätiges Handelsunternehmen wie die METRO Group stellt die *operative Umsetzung der Kartenaktivitäten auf nationaler Basis* dar. Verhandlungen mit einer Vielzahl von Vertragspartnern wie Netzbetreiber, Acquirer, Banken, Clearingstellen sind wenig effizient und schließen Synergien nahezu aus. Weiterhin sind sehr unterschiedliche Technologien bei der Abwicklung nationaler Kartenprodukte, bei der Point-of-Sale-Infrastruktur und bei den Terminals zu berücksichtigen.

Aus Gründen der Betrugsprävention und -reduzierung werden von den Kartenorganisationen der Übergang vom Magnetstreifen zum Chip sowie die *Einführung eines neuen Sicherheitsstandards (EMV)* gefordert. Die vom Handel unterstützten Maßnahmen mit umfangreichen Investitionen in Terminals und die Point-of-Sale-Infrastruktur konnten aber nicht einheitlich implementiert werden und unterliegen nationalen Vorgaben und Restriktionen. Während die Vertriebslinien der METRO Group in England und Luxemburg bereits entsprechende Technologien erfolgreich einsetzen, wird dies in Deutschland durch nationale Anforderungen bei der Implementierung verzögert.

Unter diesen Voraussetzungen wird sich die *Umsetzung eines METRO Masterplans für SEPA schwierig* gestalten. Die unterschiedlichen Gebühren, die der Händler national an Banken und Kartenorganisationen zu entrichten hat, sowie die technisch-organisatorischen Rahmenbedingungen sind für eine zügige Verbreitung unbarer Zahlungsmittel wenig hilfreich und stehen mit der beabsichtigten Zielsetzung eines einheitlichen bargeldlosen Zahlungsverkehrs im EU-Binnenmarkt noch nicht in Einklang.

6. Verfahren bei der EU-Kommission und bei nationalen Wettbewerbsbehörden

Die *kollektive Festsetzung von Interbankenentgelten* von Visa und MasterCard ist bereits Gegenstand verschiedener Verfahren bei den europäischen Wettbewerbsbehörden sowie bei der EU-Kommission. Die Anmeldung eines Interbankenentgeltes durch den Zentralen Kreditausschuss (ZKA) zur Abwicklung von Euroscheckkarten-Transaktionen ist beim Bundeskartellamt bereits gescheitert (März 2001).

Ein Verfahren, eingereicht durch den Europäischen Dachverband der internationalen Handelsverbände *EuroCommerce* bei der *EU-Kommission* gegen die von der Visa-Organisation festgelegten grenzüberschreitenden MIF-Sätze, wurde mit richtungsweisenden Auflagen für Visa abgeschlossen (2001/2002). Die Cross Border MIF wird für Kreditkarten-Transaktionen bis 2007 auf 0,7 % vom Umsatz begrenzt, das Interbankenentgelt muss kostenbasiert und transparent sein. Dieses Ergebnis ist von Bedeutung, da zukünftig alle Zahlungen in einem einheitlichen Raum nur noch Domestic Payments sind und damit auch eine Angleichung der Gebühren erfolgen muss. Derzeit ist ein entsprechendes Verfahren gegen MasterCard bei der EU-Kommission anhängig.

In einer Entscheidung des *Office of Fair Trading* (OFT) gegen die von MasterCard UK festgesetzten Regularien bezüglich der Domestic MIF wurde eine unzulässige Wettbewerbsverfälschung und ein Verstoß gegen die entsprechenden EG-Gesetze festgestellt (September 2005). Ein Verfahren gegen die nationalen MIF-Regeln von Visa wurde eingeleitet. Ein erstes Positionspapier des OFT stellt klar, dass die Gebührenfestsetzung nicht mit den einschlägigen Vorschriften vereinbar sei.

Die Entscheidung der *spanischen Wettbewerbsbehörde* (Tribunal de Defensa de la Competencia) endete im Dezember 2005 mit einer Einigung zwischen den Beschwerdeführern und den Kartenorganisationen. Bereits seit Februar 2006 werden die Interbankenentgelte für Debit- und Kreditkarten deutlich gesenkt und bis 2008 weiter stufenweise auf ein niedrigeres Niveau geführt. Dabei ist erstmals eine Differenzierung von Debit- und Kreditkarten mit einer unterschiedlichen Gebührenstruktur vorgenommen worden. Es ist anzumerken, dass dieses Verfahren durch die METRO-Vertriebslinien über den spanischen Handelsverband maßgeblich begleitet wurde.

Es erscheint nur konsequent, *die sehr hohen nationalen Interbankenentgelte von Visa- und MasterCard-Transaktionen im Rahmen eines Verfahrens beim Bundeskartellamt auf ihre Berechtigung und Höhe prüfen* zu lassen. Die METRO AG hat daher frühzeitig die Initiative zur Einleitung eines Verfahrens ergriffen. Die Beschwerdeschrift wurde im Januar 2006 durch den Hauptverband des Deutschen Einzelhandels (HDE), unterstützt von weiteren Verbänden (Textilverband BTE, Bundesarbeitsgemeinschaft der Mittel- und Großbetriebe BAG sowie dem Hotelverband IHA), beim Bundeskartellamt eingereicht.

7. Die Positionierung der METRO Group im neuen Binnenmarkt

Der geplante, einheitliche europäische Zahlungsverkehrsraum mit *standardisierten, effizienten und wirtschaftlichen Systemen* bietet durchaus Chancen für ein international operierendes Handelsunternehmen wie die METRO Group. Eine der wesentlichen Voraussetzungen für den Handel ist eine hinreichende *Investitionssicherheit* bei der Implementierung neuer Technologien. Dies betrifft die Point-of-Sale-Infrastruktur, Terminals sowie standardisierte Schnittstellen zu den Systemen der Banken, Acquirer und Netzbetreiber bei der Abwicklung des kartengestützten Zahlungsverkehrs.

Die zukünftig einzusetzenden Techniken in einem europäischen Zahlungsraum müssen zumindest die zum Teil hohe *Abwicklungsperformance* nationaler Systeme – wie z. B. das deutsche Euroscheckkarten-Verfahren – gewährleisten. Für bewährte *nationale Systeme* sollten eine *SEPA-Kompatibilität* vorgesehen, zumindest aber angemessene Übergangszeiten eingeplant werden. Aus Sicht des Handels haben die *Systemstabilität, Sicherheit und Benutzerfreundlichkeit* höchste Priorität. Die Verbraucher erwarten ein zuverlässiges, bequemes und kostengünstiges Zahlungssystem mit einem breiten Anwendungsspektrum.

Den erforderlichen Investitionen sollten *kostensenkende Rationalisierungseffekte* durch Angleichung unterschiedlicher Bedingungen und Absenkung der Gebühren für Kartenzahlungen gegenüberstehen. In diesem Zusammenhang steht die Forderung nach einer *transparenten* und *kostenbasierten Gebührenstruktur*.

Es wird zu prüfen sein, ob und inwieweit die Bündelung von Dienstleistungen, eine Zentralisierung des Verwaltungsaufwands sowie ein größerer paneuropäischer Wettbewerb zu einer *höheren Effizienz des Zahlungsverkehrs* mit niedrigeren Transaktionskosten führen werden. Ein Ansatz wären multilaterale Vereinbarungen mit Acquirern, Netzbetreibern und Clearingstellen, aber auch auf der Beschaffungsseite der Einsatz von Software und Point-of-Sale-Terminals. Eine Bewertung hierzu kann jedoch erst nach Vorliegen detaillierter Informationen vorgenommen werden.

Die Zielsetzung des geplanten, einheitlichen europäischen Zahlungsverkehrsraums mit standardisierten Verfahren und einer SEPA-Compliant-Technologie sowie der erklärten Absicht, *günstigere Gebührenstrukturen* zu schaffen, ist zu begrüßen und muss *als Herausforderung, aber auch als Chance für den Handel* verstanden werden. Der Handel als Akzeptanzstelle von Zahlungskarten und als Kommunikationsstelle gegenüber den Verbrauchern spielt dabei eine wichtige Rolle und sollte frühzeitig in den Entscheidungsprozess eingebunden werden.

Aufbau einer Cash-Pooling-Struktur

Robert Pflug – EnBW AG

1. Einleitung

Neben der Leitung des Konzerns stellt die EnBW AG für den EnBW Konzern zentrale Dienstleistungen bereit, unter anderem in den Bereichen Finanzen, Controlling sowie allgemeine Unternehmensdienstleistungen. Das operative Geschäft des EnBW Konzerns ist in Tochtergesellschaften gebündelt, deren Geschäftstätigkeit die EnBW AG durch einen strategischen Planungs- und Steuerungsprozess steuert und unterstützt.

Die im Jahre 1998 eingeführten Entflechtungsvorschriften (so genanntes „Unbundling") zur Trennung der Funktionen Stromerzeugung, -übertragung, -verteilung und -handel hätten für jeden Bereich ein separates Cash Management zur Folge gehabt. Der zeitlich unterschiedliche Liquiditätsbedarf der einzelnen Unternehmensteile hätte nicht mehr intern ausgeglichen werden können, was eine Ineffizienz hinsichtlich des Liquiditätsmanagements bedeutet hätte. Der Prozess des Unbundlings war daher für das Konzern-Treasury ein Auslöser, um eine Cash-Pooling-Struktur als Instrument zur Zentralisierung des Liquiditätsmanagements einzurichten.

2. Zielsetzung des Cash Pooling als Bestandteil des Cash-Management-Prozesses

Die originäre Ursache für die Etablierung von Cash-Pooling-Strukturen ist unter anderem im Zinsspread zwischen Tagesgeldaufnahmen und -anlagen zu sehen. Wenngleich hochliquide Kapitalmärkte mit geldmarktnahen Produkten die Spreads in den vergangenen Jahren deutlich reduziert haben, verbleiben als Spread-Treiber im Allgemeinen der Bonitätsunterschied zwischen Anleger und Kreditnehmer sowie Margenerfordernisse.

Wird ein Konzernkredit unter diesen Voraussetzungen nicht zurückgeführt, obgleich frei verfügbare Guthaben vorhanden sind, impliziert dies direkte Kostenbelastungen in Form von zu zahlenden Sollzinsen bei geringen Zinserträgen aus Guthaben. Diese unmittelbare Beeinträchtigung des Finanzergebnisses und die mittelbare Beeinflussung wesentlicher Kennzahlen der Unternehmenssteuerung (Betriebsergebnis, operativer Cash Flow) sind auf eine Ineffizienz der Ablauforganisation des Finanzbereichs bzw. auf eine ineffektive Financial Value Chain zurückzuführen.

Unter Cash Pooling, einem Instrument zur Beseitigung solcher Ineffizienzen, wird grundsätzlich die Konzentration von Buchgeldbeständen mehrerer Konten eines oder mehrerer Unternehmen verstanden, unabhängig von der Motivlage, der weiteren Verwendung der Mittel sowie der technischen Abbildung. Hinsichtlich des letztgenannten ist festzustellen, dass trotz zahlreicher Angebote der Kreditinstitute bezüglich vollautomatischer Überträge in vielen kleinen und mittelständischen Unternehmen noch mittels manuell ermittelter und angestoßener Kontoüberträge eine Cash-Konzentration erfolgt, das Geld also bedarfsweise von einem Konto auf ein anderes gebucht wird.

Die tägliche Bündelung der liquiden Mittel führt zu einer verbesserten Transparenz der Liquiditätsposition eines Konzerns über Ländergrenzen, Zeitzonen und Legaleinheiten hinweg. Damit wird Cash Pooling gleichzeitig zu einem Bestandteil der Konzernfinanzierung, weil die effiziente Allokation verfügbarer Mittel über Investitions- und Finanzierungspläne hinaus unmittelbar über kurzfristiges Funding gesteuert werden kann.

Cash Pooling – als idealerweise vollautomatisiertes Verfahren – hat eine große Bedeutung im Cash-Management-Prozess, der nach gängiger Lehre wie nachstehend dargestellt definiert ist:

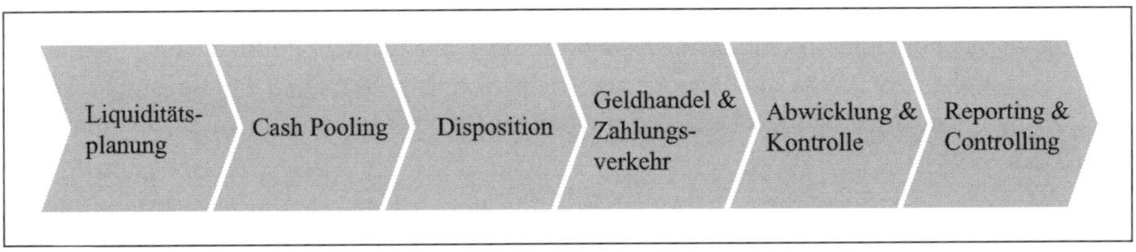

Abbildung 1: *Cash-Management-Prozess*

Die Abbildung stellt das Cash Pooling als operativen Teilschritt im Cash-Management-Prozess und als Grundlage für die Disposition, den aktiven Zahlungsverkehr und sämtliche Geldhandelsaktivitäten dar. Die ordnungsgemäße Durchführung des Cash Pooling ist somit entscheidend für die Zahlungsfähigkeit aller angeschlossenen Einheiten und die optimale Geldanlage- und Geldaufnahmesteuerung des Konzerns.

3. Formen des Cash Pooling

3.1 Target Balancing

Aus Prozesssicht beinhaltet Cash Pooling die Feststellung der Salden der in den Pool eingebundenen Konten, die Ermittlung von Ausgleichsbeträgen im Rahmen frei verfügbarer Guthaben sowie die vollständige Umsetzung der Umbuchungen. Üblicherweise handelt es sich um die Tagesabschlusssalden; es gibt allerdings auch Finanzdienstleister, die die Buchungen des Cash Pooling untertägig durchführen.

Zentrales Element des Cash Pooling sind die (Cash-Pool-)Hauptkonten (auch als Zielkonten oder Master Accounts bezeichnet), zu deren Gunsten oder Lasten Guthaben auf den Cash-Pool-Konten (auch als Abräumkonten oder Nebenkonten bezeichnet) umgebucht werden.

Für die Cash-Pool-Konten ist grundsätzlich oder pro Einzelfall ein Zielsaldo zu definieren, der nach Vornahme der Umbuchungen erreicht werden soll; man spricht daher auch vom Target Balancing. Da als Transaktionsziel, im Einklang mit den vorstehend genannten übergeordneten Zielen des Unternehmensverbundes, üblicherweise ein „Null-Saldo“ beschrieben wird, ist das Zero Balancing zum Standard geworden; technisch kann jeder Betrag als Zielsaldo definiert werden.

Ein von Null abweichender Zielsaldo kann erforderlich sein, um einen Rahmen für Barverfügungen bereitzuhalten, da Bankprozesse im Bargeldgeschäft hier mitunter einen reibungslosen Ablauf beeinträchtigen. Ein Mindestsaldo kann auch dann vorteilhaft sein, wenn der Finanzdienstleister rückwirkende Valutierungen im Rahmen des Cash Pooling nicht korrigiert, Zahlungsprozesse im Geschäftsmodell aber häufig oder regelmäßig zu Rückvalutierungen führen.

Das folgende Beispiel erläutert eine Cash-Pooling-Transaktion, die durch den Finanzdienstleister zum Ende seiner Buchungsprozesse automatisch auf Basis der Konzernvorgaben vorgenommen wird; es kommt im Rahmen dieses Prozesses zu einer physischen Bewegung der Geldbeträge.

Beispiel 1

Cash Pool besteht aus	Hauptkonto A-bc der Gesellschaft A
und	Cash-Pool-Konto AE-fg der Tochtergesellschaft AE
Beide Konten werden bei der B-Bank geführt	
Saldo AE-fg	EUR 25.000 Haben
Saldo A-bc	EUR 40.000 Soll
Zinssatz Sollsaldo	7,5 %
Zinssatz Habensaldo	2,0 %

Cash-Pooling-Transaktion:

Valutataggleiche Umbuchung EUR 25.000 zu Gunsten A-bc und zu Lasten AE-fg

Zinsersparnis	entspricht 5,5 % (Sollzinssatz abzüglich Habenzinssatz) für einen Tag auf EUR 25.000 vermiedene Kreditaufnahme

Abbildung 1 verdeutlicht nochmals die in Beispiel 1 ausgewiesene Zinsersparnis bei Etablierung eines Cash Pool.

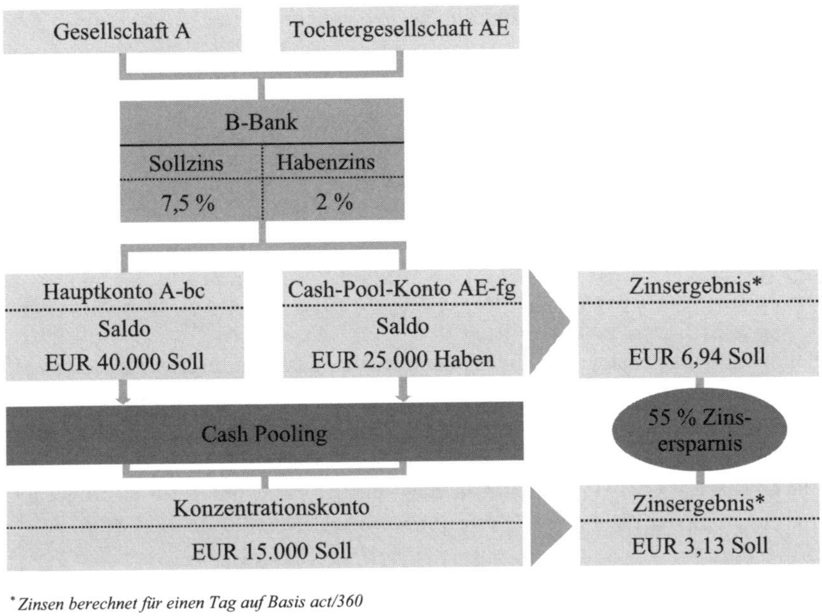

Abbildung 2: *Cash-Pooling-Struktur*

Durch die Cash-Pooling-Transaktion werden die Geldmittel auf dem währungsspezifischen Hauptkonto, gegebenenfalls je Bank, konzentriert. Innerhalb des Cash-Pooling-Prozesses ist zu beachten, dass bei eventuellen Rück- oder Vorvalutierungen die entsprechenden Cash-Pooling-Transaktionen des betreffenden Tages korrigiert werden sollten. Dies bieten jedoch nicht alle Finanzdienstleister an und ist bei der Vorgabe des Target-Betrags zu berücksichtigen. Die Vereinbarung mit dem Finanzdienstleister kann außerdem dergestalt eingeschränkt werden, dass Sollsalden bei Tochterunternehmen nicht automatisch zu Lasten des Hauptkontos ausgeglichen werden (reine Guthabenzusammenführung).

3.2 Trigger Balancing

Die Höhe der Übertragsbeträge von einem Cash-Pool-Konto auf ein anderes Konto (Cash Sweeps) können im automatisierten Cash Pooling dahingehend vordefiniert werden, dass sie eine Mindesthöhe erreichen müssen. Der physische Übertrag der Liquidität ist also an ein Trigger Event, das Erreichen der Mindesthöhe, gebunden.

Bei einem manuellen Cash Pooling ist eine Mindestbetragsvorgabe unbedingt geboten, um nicht auf Grund anfallender Transaktions- und insbesondere interner Prozesskosten die Vorteile aus der Liquiditätskonzentration wieder zu verlieren oder sogar zu überkompensieren.

3.3 Notional Pooling

Das Notional Pooling (auch als fiktives oder unechtes Cash Pooling bezeichnet) ist ein transferfreies Äquivalent zum Target Balancing. In dieser Ausprägungsform werden die täglichen Valutasalden aller in den Cash Pool einbezogenen Konten fiktiv saldiert (Saldenkompensation); der aggregierte Saldo stellt die Grundlage für die Zinsrechnung des Finanzdienstleisters dar. Ein physischer Cash-Transfer findet nicht statt; gleichwohl wird das angestrebte Ziel einer Verringerung der Zinsbelastung erreicht, wie nachstehendes Beispiel zeigt.

Beispiel 2

Cash Pool besteht aus	Hauptkonto A-bc der Gesellschaft A
und	Cash-Pool-Konto AE-fg der Tochtergesellschaft AE
Beide Konten werden bei der B-Bank geführt	
Saldo AE-fg	EUR 25.000 Haben
Saldo A-bc	EUR 40.000 Soll
Zinssatz Sollsaldo	7,5 %
Zinssatz Habensaldo	2,0 %
Cash-Pooling-Transaktion:	
Keine Umbuchung	
Saldo für Zinsrechnung	EUR 15.000 Soll

Zinsersparnis	entspricht 5,5 % für einen Tag auf um EUR 25.000 reduziertem Gesamtsaldo

Benötigt die Muttergesellschaft die Liquidität der Tochtergesellschaften nicht oder sind die Salden der Konten eher gering und damit die Transaktionskosten unverhältnismäßig hoch, so ist das Notional Pooling zweckmäßiger.

Hinsichtlich der Steuerung des Finanzergebnisses ist diese Vorgehensweise mit dem Zero Balancing grundsätzlich vergleichbar, wenn nicht die volumenbedingte Preisdifferenzierung eine andere Vorgehensweise attraktiver macht.

3.4 Cash-Pooling-Stufen

Man spricht bei einem direkten Liquiditätsfluss zwischen Cash-Pool-Konto und endgültigem Zielkonto von einem einstufigen Cash Pooling. In vielen Fällen werden auch Konten von – aus Sicht der Muttergesellschaft – Enkel- oder Urenkelgesellschaften in einen Cash Pool einbezogen, an dessen Spitze ein Hauptkonto der Muttergesellschaft steht. Die Zahlungsströme nehmen aus Vereinfachungsgründen nicht den Weg durch die gesamte vertikale Konzernstruktur, sondern die Kontobeziehung besteht direkt zwischen dem Hauptkonto und z. B. dem Konto der Urenkelgesellschaft.

Cash Flow und Liquidität sind zu einem wichtigen Instrument der Unternehmenssteuerung und -bewertung geworden; die Zunahme an kapitalmarktorientierten Unternehmenstransaktionen wird deren Bedeutung weiter erhöhen. Vor diesem Hintergrund sind die Ermittlung des Liquiditätsergebnisses von operativen Einheiten und Konzernbereichen sowie die Kenntnis des Liquiditätsstatus regelmäßig im Fokus des Konzerncontrollings und natürlich auf Grund betriebswirtschaftlicher Notwendigkeit und über Anreizsysteme auch im Fokus der Führungskräfte von Unternehmensbereichen und operativen Einheiten. Um den dortigen Transparenz- und Kontrollinteressen nachzukommen und die Zahlungsströme direkt mitverfolgen zu können, wird häufig ein mehrstufiges Cash-Pooling-Verfahren organisiert.

Oft verfügen Tochtergesellschaften auch über weitere Unterkonten. Im Energiesektor haben sich im Zuge der Liberalisierung und der Verbreitung der erneuerbaren Energien neue Geschäftsfelder gebildet, die im Rechnungswesen zu einem hohen Grade automatisiert abgebildet werden müssen. Die Tochtergesellschaften eröffnen aus diesem Grund weitere Unterkonten derselben Währung, die über ein mehrstufiges Cash Pooling eingebunden werden. Die Cash-Pool-Struktur wird vorzugsweise innerhalb einer Bank bzw. einer Bankengruppe implementiert.

Prozessual wird die Liquidität, die in den grafisch abgebildeten Konten im mittleren Strang von den Unterkonten 1, 2 und 3 auf Hauptkonto TG 2 gebündelt wird, direkt auf das Zielkonto der Holding weitergeleitet – das Hauptkonto der TG 2 ist also gleichzeitig Cash-Pool-Konto und Hauptkonto.

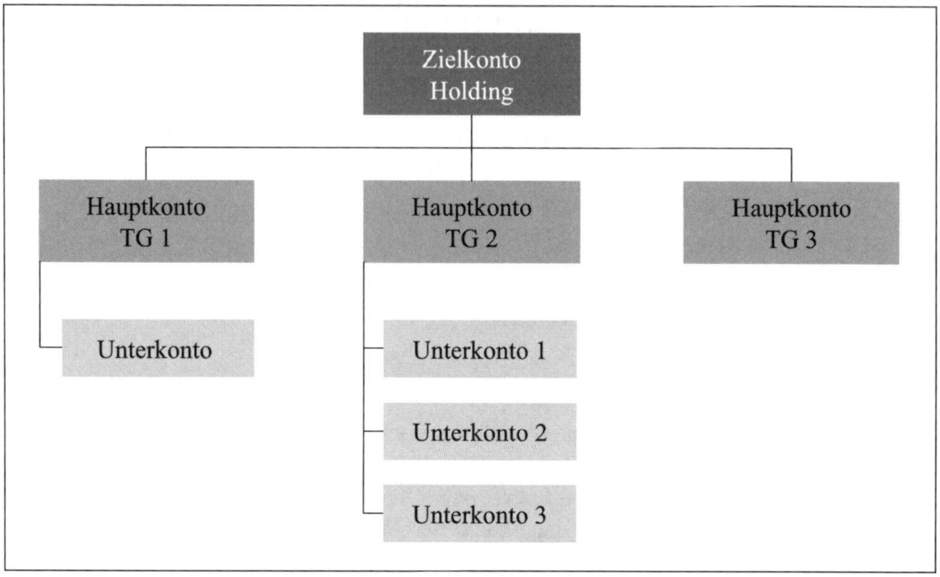

Abbildung 3: *Mehrstufiges Cash Pooling*

4. Sonderformen des Cash Pooling

4.1 Cash Pooling in Overlay-Struktur

Bei komlexen internationalen Konzernstrukturen und gewachsenen Bankbeziehungen kann für das Cross Border Cash Pooling (Cash-Pooling-Transaktionen über Landesgrenzen hinweg) der Aufbau einer Overlay-Struktur vorteilhaft sein. Hierbei handelt es sich um ein mehrstufiges Verfahren, bei dem in einem Land bei einer lokalen Bank ein Cash Pool für die Gesellschaften dieses Landes eingerichtet wird. Kontoinhaber dieses Hauptkontos kann eine operative Landesgesellschaft, eine Zwischenholding-Gesellschaft in diesem Land oder auch die Konzernobergesellschaft als Non-Resident sein.

Vom Hauptkonto dieses lokalen Cash Pool wird der ausmachende Saldo gegen ein Hauptkonto einer internationalen Cash-Pool-Bank ausgeglichen, dessen Inhaber die Konzernobergesellschaft oder eine spezielle Finanzierungsgesellschaft ist.

Abbildung 4 veranschaulicht den Prozess des regionalen Vorpooling und der Zusammenführung der Liquidität mittels der Overlay-Bank.

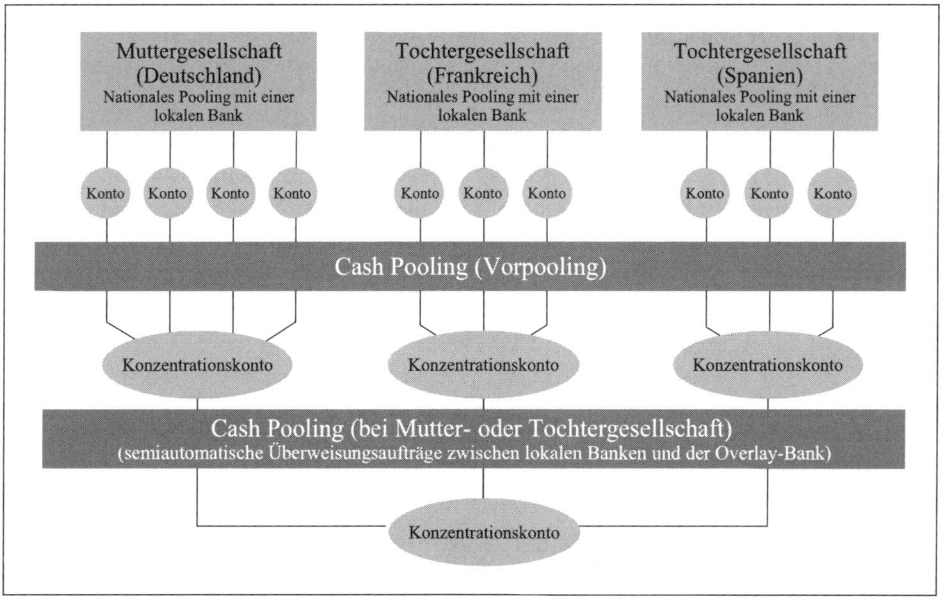

Abbildung 4: *Cash Pooling in Overlay-Struktur*

4.2 Multi Currency Cash Pooling

Sämtliche bisherigen Cash-Pooling-Varianten haben Transaktionen oder Verrechnungen innerhalb nur einer Währung beinhaltet. Folglich wäre für jede zahlungsrelevante Währung in einem Konzern also ein gesonderter Cash Pool einzurichten.

Bei nur sporadisch auftretenden Fremdwährungstransaktionen kann es für eine Unternehmensgruppe vorteilhaft sein, einen Multi Currency Cash Pool einzurichten. In einem mehrstufigen Cash-Pooling-Prozess werden die Beträge je Währung auf je einem Konto in dieser Währung konzentriert. Anschließend werden die ausmachenden Beträge gegen ein Hauptkonto weiterverrechnet, wobei die Währung vom Finanzdienstleister automatisch in die Hauptkontowährung konvertiert wird. Somit werden auch Währungsrisiken eliminiert.

4.3 Innovationen

Der Markt bietet mittlerweile weitergehende Kombinationsmöglichkeiten der vorstehenden Lösungsvarianten an; beispielsweise virtuelle Multi-Currency-Overlay-Strukturen. Dies kann für international tätige Konzerne relevant sein, die über gewachsene Bankverbindungen und Kontostrukturen in verschiedenen Ländern und Währungen verfügen und gleichzeitig Interesse an der Erhaltung dieser Strukturen sowie an einem einfachen Liquiditätsreporting haben.

Zunächst wird je Land und je Währung ein Cash Pool eingerichtet. Die internationale Cash-Pool-Bank (CPB) eröffnet Nostro-Konten und schließt besondere Cash-Pool-Vereinbarungen mit allen nationalen Cash-Pool-Banken ab. Die aus lokalem Cash-Pooling resultierenden Beträge werden ohne Zeitverlust virtuell diesen Nostro-Konten zugerechnet bzw. belastet. Auf Wunsch und je nach Zulässigkeit werden die Beträge zuvor noch in eine Zielwährung wie beispielsweise die jeweilige Landeswährung konvertiert. Die Konzernobergesellschaft bekommt auf ihrem Hauptkonto bei der CPB eine virtuelle Gutschrift bzw. Belastung aus der Buchung auf dem Nostro-Konto der CPB. Werden durch die Konzernobergesellschaft nun Geldanlagen oder -aufnahmen getätigt, werden diese idealerweise direkt mit dieser CPB abgeschlossen. Dazu sind außer dem Geldhandelsgeschäft keine weiteren Transaktionen nötig. Gleiches gilt für die Abwicklung des lokalen oder internationalen Zahlungsverkehrs, der komplett über die CPB bzw. die lokalen Finanzdienstleister gesteuert werden kann.

Mittelabflüsse zu Lasten der CPB auf Grund von Geldanlagen bei anderen Finanzdienstleistern müssen gesondert beauftragt werden; die CPB führt die notwendige Sammlung der Gelder gemäß Auftrag dann selbständig durch und stellt den gewünschten Betrag bereit.

Die Konzernobergesellschaft hat durch die virtuellen Konten stets Transparenz über die Liquidität in jeder relevanten Währung. Bei dieser innovativen, aber rechtlich wie technisch anspruchsvollen Lösung ist zu beachten, dass einerseits die Transaktionskosten über dem Durchschnitt liegen werden und zum anderen eine gewisse Abhängigkeit zur CPB in Kauf genommen werden muss.

5. Erfolgsfaktoren bei der Einführung von Cash Pools

5.1 Vor- und Nachteile der Durchführungsvarianten

5.1.1 Target Balancing

Mit dem valutarischen Ausgleich der Cash-Pool-Konten und der Übertragung der Liquidität auf das Hauptkonto werden die wesentlichen Ziele des Cash Managements, die Liquiditätskonzentration auf einem Konto sowie die Optimierung des Zinsergebnisses erreicht.

Die effiziente Bündelung der Liquidität führt zu einer Verbesserung der Verhandlungsposition bei Geldmarktgeschäften im Vergleich zu Einzelgeschäften auf Ebene der Tochtergesellschaften. Die Bündelung von Geldanlagen bzw. -aufnahmen führt zu größeren Geschäftsvolumina und tendenziell besseren Zinssätzen sowie intern zu geringeren Prozesskosten.

Zudem sollte die Treasury-Abteilung im Zuge der Einführung des Cash Pooling die Bankverbindungen restrukturieren und insbesondere die Notwendigkeit spezieller Nebenbankverbindungen überprüfen. Alle am Cash Pool beteiligten Konten werden in der Regel bei einer bzw. wenigen Banken unterhalten. Dies führt zu einer Konzentration der Bankbeziehungen, kann jedoch zu Schwierigkeiten bei länderübergreifenden Cash Pools führen, wenn der Umfang und die Qualität des Services der Cash-Pool-Bank nicht in allen relevanten Ländern ausreichend sind.

Die Treasury-Abteilung erlangt eine bessere Kontrolle über die Geldbewegungen der im Cash Pool angeschlossenen Gesellschaften sowie einen verbesserten Informationsstand für Planung, Kontrolle, Tagesdispositionen und Sicherung der Liquidität.

Ein weiterer Vorteil besteht darin, dass die von Banken an Tochtergesellschaften gewährten Kreditlinien entfallen können und durch konzerninterne Limite ersetzt werden. Diese bieten die Möglichkeit eines sehr effektiven Liquiditätscontrollings der Töchter; Abweichungen von der Finanzierungsplanung werden unmittelbar und schnell transparent.

In Bezug auf den effizienten Einsatz von Personalressourcen ergibt sich die Verbesserung, dass Anlage- und Finanzierungsspezialisten nur noch in der Obergesellschaft vorgehalten werden müssen; gegebenenfalls können sie die Tochtergesellschaften in Finanzierungsfragen intern beraten.

Allerdings sollte die Treasury-Abteilung bei Etablierung eines Cash Pools über ein effektives Liquiditätsmanagement verfügen, da gegebenenfalls durch das Hauptkonto jede Fehldisposition auf Ebene der Tochtergesellschaften zu Lasten der Muttergesellschaft ausgeglichen wird. Folglich muss die Treasury-Abteilung von den Tochtergesellschaften fortlaufend tagesgenaue Planzahlen für die kommenden Monate erhalten und ein striktes Kreditcontrolling vornehmen. Die teilnehmenden Gesellschaften sollten ab einer zu definierenden Größenordnung alle Ein- und Ausgänge täglich melden. Ebenso sind Meldungen über größere Ein- und Ausgänge für die Folgetage und Wochen an das zentrale Treasury zu melden.

Die Einbindung einer Tochtergesellschaft in einen Cash Pool entbindet diese jedoch nicht von der Verantwortung, den Liquiditätsbedarf bzw. -überschuss nach wie vor exakt und detailliert zu planen und zu melden. Die Verantwortung für die Zahlungsfähigkeit einer Tochtergesellschaft verbleibt stets bei den gesetzlichen Vertretern einer Legaleinheit.

5.1.2 Notional Pooling

Ein Vorteil des Notional Pooling besteht zunächst darin, dass die angebundene Gesellschaft die Hoheit über ihr eigenes Konto und die dortigen Cash-Bestände behält. Lokale Führungskräfte können als vollwertige Gesprächspartner Beziehungen zu Banken pflegen und durch lokale Preisdifferenzierung mitunter sogar Vorteile in der Transaktionsabwicklung schaffen.

Zudem entfallen die Prozesskosten für die Verwaltung konzerninterner Darlehen. Die Bankgebühren für die Durchführung des Notional Pooling sind geringer als beim Target Balancing.

Als möglicher Nachteil kann angeführt werden, dass gegebenenfalls für am Notional Pooling beteiligte Gesellschaften eine gesonderte, externe Kreditlinie mit den Banken vereinbart wird, so dass auch die Einzelabschlüsse zur Bonitätsprüfung vorgelegt werden müssen. Dies ist auf Grund rechtlicher Vorgaben möglicherweise auch dann der Fall, wenn bereits eine Sicherheit durch die Ober- oder Finanzierungsgesellschaft des Konzerns gegeben wurde.

Notwendig wird ein Notional Pooling in Ländern, bei denen ein physischer Liquiditätstransfer oder eine konzerninterne Darlehensbeziehung zu rechtlichen oder steuerlichen Problemen wie z. B. in Großbritannien führen kann.

Die neuen Rechnungslegungsvorschriften gemäß IFRS verlangen von den beteiligten Gesellschaften einen Ausgleich von Aktiv- und Passivposten. Dies sieht das Notional Pooling im ersten Schritt nicht vor. Daher müssen die Gesellschaften einen Weg finden, mindestens einmal pro Quartal einen Cash-Transfer vorzunehmen.

5.2 Organisatorische Voraussetzungen

5.2.1 Interne Struktur

Eine Vielzahl funktionaler Einheiten eines Konzerns werden durch das Cash Pooling tangiert: Geschäftsleitung, Treasury, Finanzbuchhaltung, Steuer- und Rechtsabteilung, Informationsverarbeitung, dezentrale Planer und Disponenten sowie Beteiligungscontrolling und Innenrevision. Je umfangreicher die Cash-Pooling-Struktur ist, desto komplexer werden die Prozesse und desto wichtiger sind die regelmäßige Abstimmung der beteiligten Stellen und der Informationsfluss.

Eine zentrale Rolle nimmt hierbei das Treasury ein. Es soll eine Ordnungsfunktion als Finanzleitstelle gegenüber den am Cash Pool teilnehmenden Gesellschaften ausüben, um das Ziel einer optimalen Mittelverwendung erreichen zu können. Das Treasury muss in der Lage sein, die Daten der Töchter zu konsolidieren und zu einem Gesamtliquiditätsplan des Konzerns zusammen zu führen. Dazu muss das Treasury über ein Cash-Management-System verfügen, das in der Lage ist, die Cash-Pooling-Struktur exakt abzubilden.

Nach jeder Tagesdisposition muss das Cash-Management-System einen aggregierten Tagesfinanzstatus erstellen sowie einen Status über die Liquiditätsentwicklung der Cash-Pooling-Teilnehmer über die Folgetage und -wochen ermitteln können.

Für die am Cash Pool teilnehmenden Gesellschaften wird die bilanzielle Cash-Position mit dem Finanzdienstleister nach Durchführung der Target-Balancing-Buchung durch eine Forderung oder Verbindlichkeit gegen die Muttergesellschaft getauscht; für die Muttergesellschaft kommt es zur Bilanzverlängerung oder -verkürzung. Auf Grund dieser bilanziellen Implikationen ist es erforderlich, dass im Cash-Management-System Verrechnungskonten für die Cash-Pooling-Teilnehmer geführt werden, auf die sämtliche Cash-Pooling-Transfers gebucht werden. Mit Hilfe dieser Verrechnungskonten kann auch jederzeit die Ausnutzung der internen Kreditlinien der Cash-Pool-Teilnehmer überprüft werden.

5.2.2 Cash-Pool-Vertrag

Der im Rahmen des Target Balancing laufend stattfindende Zahlungsverkehr zwischen Mutter- und Tochtergesellschaften wird über interne Forderungs- bzw. Darlehensbeziehungen auf Verrechnungskonten abgebildet, die marktgerecht verzinst werden. Es empfiehlt sich, die Marktgerechtheit für interne Kredite auch um eine bonitätsabhängige Komponente zu verfeinern, sofern die dafür notwendigen Bonitätsprüfungen effizient abgewickelt werden können.

Grundlage für die Teilnahme an einem Cash-Pool-Verfahren als Angebot eines oder mehrerer Finanzdienstleister sowie für die konzerninterne Behandlung der Transaktionen kann ein separater interner Cash-Pool-Vertrag oder eine weitergehende Service-Vereinbarung sein, in dem die Muttergesellschaft, die auch die vorgenannten Verrechnungskonten administriert, die Dienstleistungen gegenüber den eigenständigen Tochtergesellschaften darstellt. Nachstehend sind die Eckpunkte eines Cash-Pool-Vertrages aufgeführt:

- Vertragsparteien
- Angebotspflicht für Liquidität
- Angebot interner Bankdienstleistungen mit Umfang und Service-Level

- Interne Kreditinanspruchnahmen
- Zinsen und Entgelte für die Verrechnungskonten
- Sonstige Kosten
- Laufzeit und Kündigung

Dieser vertragliche Rahmen soll Rechtssicherheit herstellen sowie Zuständigkeiten und das erwartbare Serviceangebot klar definieren.

5.2.3 Tochtergesellschaften als interne Kunden

Die Führung von Verrechnungskonten und die Priorität konzerninterner Mittelanlagen und -aufnahmen, wie durch Target Balancing in Verbindung mit einem entsprechend ausgestalteten Cash-Pool-Vertrag realisiert, bedeutet faktisch die Implementierung einer Inhouse-Bank-Funktion, wahrgenommen durch das zentrale Treasury. Kunden sind die angeschlossenen Tochtergesellschaften im Konzern. Dieser strategische Ansatz, heute in vielen Unternehmen bereits realisiert, muss in seiner operativen Ausprägung zum Akzeptanzerhalt permanent einem Drittvergleich der Inhouse-Bankleistungen mit den Services externer Finanzdienstleister standhalten.

Dazu ist es neben einem banküblichen Serviceumfang mit

- Kontoführung,
- Real-Time-Online-Kontoinformationen,
- Kontoauszügen,
- detaillierter Zinsabrechnung und -abgrenzung,
- festen Ansprechpartnern,
- Saldenbestätigungsprozess zur Prüfungsunterstützung und
- Erreichbarkeit über Telefon und E-Mail mit
- Servicezeiten gemäß der konzernrelevanten Zeitzonen,

wichtig, dass auch weitergehende Interessen für die teilnehmenden operativen Einheiten berücksichtigt werden. Hier ist zuvorderst zu nennen, dass externe Finanzdienstleister eine Beratungsleistung wahrnehmen können, die von Konzerninteresse geleitet sein wird und nicht vom Interesse an Geschäftsabschlüssen. Damit ist die Inhouse Bank auch ein Instrument für Knowledge Management in Bezug auf Finanzierungsfragen und kann als Drehscheibe für Informationen über konzerninterne Best Practices fungieren.

Als essentieller Aspekt ist zudem die Partizipation der internen Kunden an besseren Geldanlage- und -aufnahmezinssätzen der Inhouse Bank zu nennen. Wenn die Inhouse Bank – im Rahmen steuerlicher Spielräume – tendenziell bessere Zinssätze bietet, als durch die Einzel-gesellschaft am externen Markt erzielbar sind, so ist dieses „Benefit Sharing" unmittelbar akzeptanzfördernd.

5.3 Financial Services Provider

Die Auswahl der Finanzdienstleister bzw. -gruppen ist ein wichtiger Baustein zum Aufbau einer effizienten Cash-Pool-Struktur. Bei der Auswahl sollte darauf geachtet werden, dass die Transfers valutaneutral ausgeführt werden können und der Cash-Pooling-Ablauf einen maximalen Automatisierungsgrad aufweist. Darüber hinaus sollte die Bank für eine einheitliche gute Qualität der Informationen für alle Cash-Pool-Teilnehmer sorgen.

Wird darüber nachgedacht, auf Basis eines Cash Pools später Funktionalitäten einer Payment Factory einzuführen, so ist dies bei der Auswahl des Finanzdienstleisters bereits zu berücksichtigen. Hier ist insbesondere dessen Fähigkeit relevant, Zahlungsinformationen und -aufträge nach internationalen Standardformaten erstellen, verteilen und verarbeiten zu können.

6. Rechtliche und steuerliche Rahmenbedingungen

Vor dem Start eines Cash Pools wird das Dreiecksverhältnis von Cash-Pool-Führer (in der Regel die Holding), Cash-Pool-Teilnehmer und Finanzdienstleister vertraglich geregelt. Die derzeit aus Sicht des Autors wichtigsten zu regelnden Teilaspekte im Rahmen der Implementierung eines Cash Pools sind nachfolgend skizziert.

Zunächst müssen die vom Bundesgerichtshof fortentwickelten Grundsätze zur Kapitalerhaltung und im Falle einer Kapitalmaßnahme auch die gesetzlichen Regelungen zur Kapitalaufbringung bei der vertraglichen Ausgestaltung zwischen dem Cash-Pool-Führer und den Cash-Pool-Gesellschaften beachtet werden. Konten einer Kapitalgesellschaft, auf denen Einzahlungen auf das Grund- bzw. Stammkapital der Cash-Pool-Gesellschaft vorgenommen werden, sind nicht in den Cash Pool einzubeziehen; das Geld muss der Geschäftsführung frei zur Verfügung stehen. Darüber hinaus sind die von der Rechtsprechung entwickelten Grundsätze zum „Verbot eines existenzvernichtenden Eingriffs" bei der Vertragsausgestaltung zu beachten; Liquiditätsabflüsse mit unternehmensgefährdender Wirkung sind zu vermeiden.

Der Gesetzgeber beabsichtigt in einem für 2007 geplanten Gesetz zur Modernisierung der GmbH Erleichterungen für die Einrichtung von Cash Pools; hier bleibt die endgültige Ausgestaltung abzuwarten und zu hoffen, dass in diesem wichtigen Bereich der Konzernfinanzierung wieder Rechtssicherheit hergestellt wird.

Der Cash Pool sollte transparent sein, so dass eine regelmäßige Berichterstattung und Einsichtsrechte für alle Cash-Pool-Gesellschaften gegeben sind. Für alle Cash-Pool-Gesellschaften sollten Kreditlimite und Konditionen festgelegt und regelmäßig angepasst werden. Die Konditionen sollten so gestaltet sein, dass sämtliche Transaktionen im Cash Pool zu marktüblichen Konditionen erfolgen, wie sie auch unter unabhängigen Dritten vereinbart würden. Schließlich sollten vor Einführung eines Cash Pools die rechtlichen Rahmenbedingungen für jede einzelne Cash-Pool-Gesellschaft geprüft werden.

Bei länderübergreifenden Cash Pools können Cash-Transfers je nach Auslegung der lokalen Steuerbehörden eine Quellensteuerzahlung auf interne Darlehenszinsen auslösen. Darüber hinaus verlangen viele Länder die Einhaltung von Eigenkapitalregeln (Thin Capitalization Rules analog dem Körperschaftsteuergesetz). Hierdurch soll verhindert werden, dass Tochtergesellschaften sich ausschließlich über interne Darlehen finanzieren und die Zinsen dabei als Zinsaufwand steuerlich geltend machen. Diese Regeln können über das Kreditlimitcontrolling berücksichtigt werden.

7. Fazit und Ausblick

Die optimale Zusammenführung und Allokation der in einem Konzern vorhandenen Liquidität ist als wichtiger Werttreiber erkannt und akzeptiert. Die Vorteile des Cash Pooling liegen auf der Hand: Die Kosten des Konzerns für teuere Fremdkredite werden minimiert und die Liquiditätspotenziale konzernweit optimal ausgeschöpft. Gerade in Zeiten der schwierigen Finanzmittelbeschaffung bei Banken oder am Kapitalmarkt wird das Cash Pooling in Verbindung mit einer optimierten Finanzplanung und Liquiditätssteuerung zu einer zentralen Aufgabe des Treasury. Eine zentralisierte Strukturierung und Prozesskoordination ist vor dem Hintergrund der aufgezeigten Komplexitätstreiber wie Internationalität, steuerliche und rechtliche Restriktionen, Einbindung verschiedener Finanzdienstleister sowie bilanzielle und gesellschaftsrechtliche Besonderheiten der Konzerninnenfinanzierung unverzichtbar.

Die Einführung des Euro als einheitliche Währung hat das Cash Management schon stark vereinfacht. Ein positiver Effekt in diese Richtung, wenn auch nicht so umfassend ausgeprägt, kann von SEPA erwartet werden. Zukünftig ist damit zu rechnen, dass besonders Konzerne mit internationalen internen Lieferungs- und Leistungsbeziehungen die Financial Supply Chain – mit Instrumenten wie Cash Pooling und zugehörigen Verrechnungskonten – noch stärker integriert ausgestalten werden, indem Inhouse-Bank-Funktionen und Netting, gegebenenfalls mit externen Partnern, abgewickelt werden.

Die Payment Factory

Detlef Konter/Frank Wagner – Robert Bosch GmbH

1. Modeerscheinung oder zentraler Baustein für ein effizientes Devisen- und Liquiditätsmanagement

Das Thema Payment Factory ist in den vergangenen Jahren zunehmend Gegenstand von Vorträgen und Diskussionen geworden und hat damit eine Art Renaissance erfahren. Die Grundidee ist nicht neu, und für global agierende Unternehmen ist die Auseinandersetzung mit diesem Thema, vor allem unter dem zunehmenden Kostendruck, schon seit längerer Zeit selbstverständlich geworden.

Wenn es jedoch gilt, den Begriff der Payment Factory zu präzisieren oder gar in der Literatur entsprechende Definitionen zu finden, stößt man schnell an Grenzen. Eine klare Begriffsabgrenzung existiert nicht; die wörtliche Übersetzung als „Zahlungsfabrik oder Fabrik zur Zahlungsabwicklung“ beschreibt zwar plastisch den eigentlichen Sinn, erlaubt jedoch wenig Rückschlüsse auf die konkrete Art und Weise der Abwicklung. Letztlich verbirgt sich hinter diesem Begriff nichts anderes als der Ansatz, durch neue innovative Konzepte die Kosten und Risiken im Zahlungsverkehr zu reduzieren sowie die Effizienz der in diesem Bereich eingesetzten Ressourcen zu steigern.

Wenn ein Konzern mit seinen Tochtergesellschaften weltweit aktiv ist und die Strategie einer international ausgerichteten Einkaufspolitik verfolgt, muss er sich zwangsläufig die Frage stellen, wie die daraus erwachsenden Kosten des Zahlungsverkehrs reduziert werden können. Neben der Reduktion von Transaktionskosten gehören dazu aber auch Fragestellungen, die die Abwicklung des Währungsmanagements oder die Reduzierung bzw. Minimierung von Bankkonten (insbesondere Fremdwährungskonten) in den jeweiligen Konzerngesellschaften betreffen. Auch auf die Frage nach der Sicherheit bei der Zahlungsverkehrsabwicklung ist in diesem Zusammenhang ein besonderes Augenmerk zu legen.

Bei der Beantwortung der vorstehenden Fragestellungen ergeben sich nun verschiedene Lösungsansätze, die aufgrund der spezifischen Anforderungen und Gegebenheiten im Konzern letztlich immer nur individuelle Lösungen sein werden. Im Kern lassen sich diese auf zwei grundsätzliche Konzepte reduzieren.

Das erste Konzept „Inlands- statt Auslandszahlung“ basiert auf der Annahme, dass Inlandszahlungen von den Kreditinstituten wesentlich günstiger als grenzüberschreitende Auslandsüberweisungen angeboten werden. Dazu werden alle Zahlungen der Teilnehmer zunächst einmal in der konzerneigenen Payment Factory gesammelt und, je nach Empfängerland, in das jeweilige Inlandszahlungsformat konvertiert und anschließend in das lokale Clearing überführt. Zur Standardisierung bedienen sich einige Unternehmen auch des internationalen Nachrichtentyps SWIFT MT101, der jedoch im Empfängerland wieder durch ein Kreditinstitut kostenpflichtig in das nationale Format konvertiert werden muss.

Das zweite Konzept „Volumenbündelung“ basiert ebenfalls auf der Idee, die Zahlungen zunächst in einer Payment Factory zu aggregieren. Hierbei werden jedoch, im Unterschied zum ersten Konzept, nur wenige ausgewählte Zahlungsformate erzeugt (im Regelfall die jeweiligen lokalen Formate des Landes der Payment Factory). Der entscheidende Vorteil gegenüber der herkömmlichen Abwicklung liegt in der Volumenbündelung. Durch die Zahlungsausführung über ein lokales Kreditinstitut mit einem weltweiten Netzwerk können die Kosten pro Transaktion signifikant gesenkt werden. Ob die Ausführung der aus Sicht der Konzerngesellschaften nationalen Zahlungen über die lokalen Electronic-Banking-Systeme oder zentral durch die Payment Factory vorteilhaft ist, hängt letztlich von den Gebühren für die so genannten „Domestic Payments“ ab.

2. Die Konzepte

Welches Konzept letztlich verfolgt wird, muss jedes Unternehmen unter Berücksichtigung der Strukturen sowie der vorhandenen Ressourcen selbst bestimmen. Beiden Konzepten ist gemein, dass zunächst einmal die weltweit entstehenden Zahlungsaufträge der Konzerngesellschaften gesammelt und üblicherweise mittels einer speziell darauf ausgerichteten Software, unabhängig vom späteren Zahlungsformat, gespeichert werden.

Die hauptsächliche Schwierigkeit beim Konzept „Inlands- statt Auslandszahlung“ besteht darin, dass sich die Dateiformate von Land zu Land und in manchen Ländern sogar von Bank zu Bank unterscheiden. Auch die unterschiedlichen Legitimationsverfahren sowie die verschiedenen Übertragungswege bedingen einen hohen Entwicklungs- und Pflegeaufwand und verhindern einen einfachen sowie konzernweit einheitlichen Prozess. Der Entwicklungs- und Pflegeaufwand für die unterschiedlichen Formate wird zwar in einigen Fällen durch die Softwareanbieter abgedeckt, letztlich müssen die mit dieser Komplexität einhergehenden Kosten aber auch an den Kunden weitergegeben werden. Auch bei den mit der Payment Factory betrauten Mitarbeitern bedingt diese Formatvielfalt eine höhere Komplexität und letztlich einen höheren Zeitbedarf, da es in der Praxis unabdingbar ist, dass die erzeugten Formate von den Mitarbeitern verstanden und beherrscht werden. Nur so ist gewährleistet, dass Fehler zeitnah aufgedeckt und korrigiert werden. Sofern nur wenige Länder mit ähnlich aufgebauten Zahlungsverkehrs- und Legitimationsstandards zu bedienen sind, stellt diese Alternative eine sehr interessante Lösung dar. Die Transaktionskosten des grenzüberschreitenden Zahlungsverkehrs können auf das Niveau von lokalen Zahlungen, das sich in vielen Ländern bei wenigen Cent bewegt, gesenkt werden.

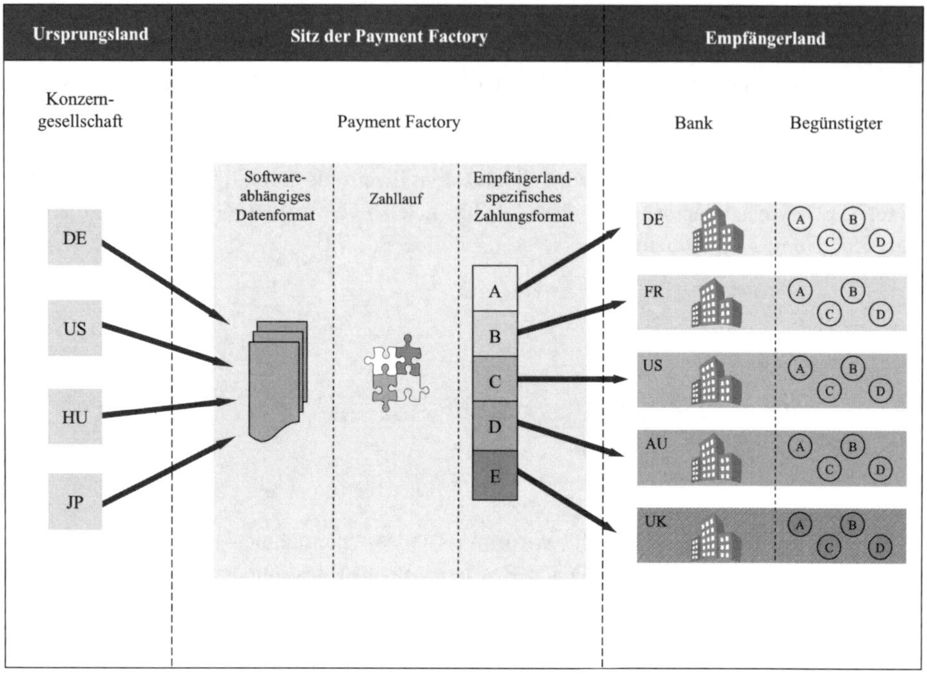

Abbildung 1: *Konzept „Inlands- und Auslandszahlungen“*

Das Konzept „Volumenbündelung“ bietet sich eher für Konzerne an, die sich aufgrund einer weltweiten Lieferantenstruktur und den sich daraus ergebenden Zahlungsverflechtungen nicht auf wenige Länder bzw. Zahlungsformate begrenzen können. Sämtliche weltweit anfallenden Cross-Border-Zahlungen werden zentral gebündelt und in einer vom späteren Zahlungsformat unabhängigen Form innerhalb der Payment Factory Software gespeichert. Anschließend erfolgt die Beauftragung eines oder mehrerer Kreditinstitute im, vom Sitz des Kreditinstitutes abhängigen, lokalen Zahlungsformat (im Falle von Deutschland die Standardformate DTAUS und DTAZV). Die reinen Transaktionskosten können zwar hierdurch nicht in dem Maße wie bei der Umwandlung in nationale Zahlungen gesenkt werden, durch die Volumenbündelung und unter Berücksichtigung des höheren Entwicklungs- und Pflegeaufwands des Konzepts „Inlands- statt Auslandszahlung“ unterscheiden sich letztlich die resultierenden Gesamtkosten jedoch nicht mehr signifikant (volumenabhängig). Diese Variante begünstigt auch die Einbindung neuer Länder/Konzerngesellschaften, da keine neuen Dateiformate implementiert oder zumindest getestet werden müssen. Das zusätzliche Volumen führt in der Regel zu geringeren Stückkosten für alle Teilnehmer und ist Motivation für einen schnellen Rollout.

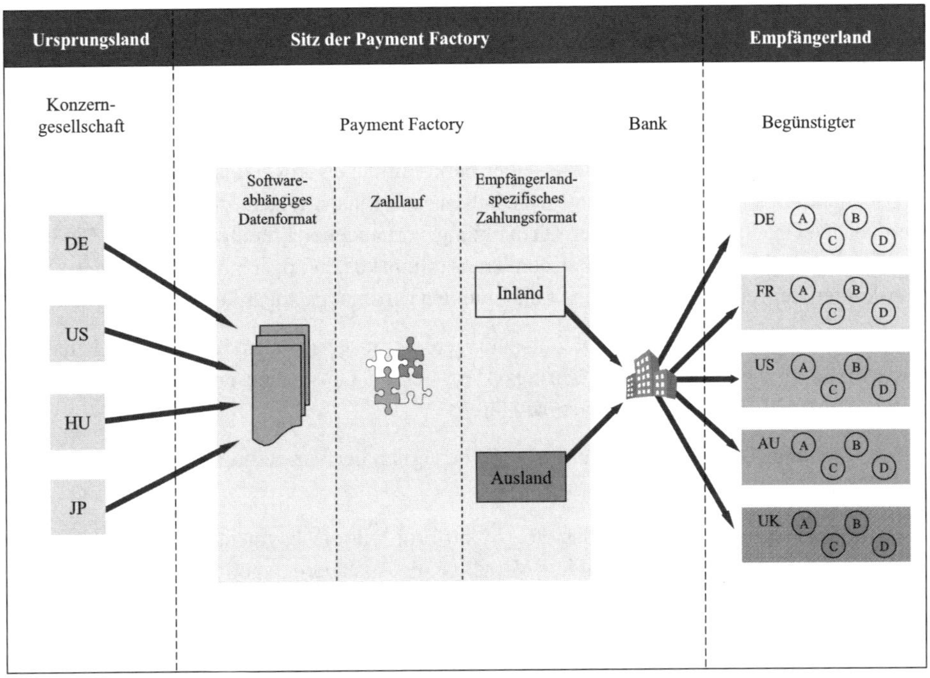

Abbildung 2: *Konzept „Volumenbündlung"*

3. Entscheidungsfaktoren bei der Konzept-bestimmung

Die Entscheidung für eines dieser Konzepte hängt im Wesentlichen von der Art der Einbindung der Payment Factory in das Devisen- und Liquiditätsmanagement des Konzerns ab. Unabhängig davon, für welches Konzept (oder auch eine Mischform) man sich letztlich entscheidet, im Vorfeld der Entscheidung für ein Konzept müssen folgende Fragen beantwortet werden:

- Über welche Konten erfolgen die Zahlungen?
- Sind diese Konten zentral in einem Land geführt oder sollen weltweit verteilte Konten (ggf. verschiedener Konzerngesellschaften) hierfür herangezogen werden?
- Existiert bereits ein konzerninternes System aus Clearingkonten?

Sofern das Devisenmanagement einer zentralen Ausrichtung unterliegt, ist es sinnvoll, bereits bestehende zentrale Währungskonten, auf denen unter Umständen auch Kundenzahlungen in unterschiedlichen Währungen eingehen, zur Regulierung der Lieferantenzahlungen einzusetzen.

Der Vorteil beider Konzepte gegenüber einer herkömmlichen Abwicklung ist der Wegfall des Devisenhandlings bei den Konzerngesellschaften. Die Einsparungen, die sich aufgrund einer zentralen Devisenbeschaffung (oder der Nutzung vorhandener Fremdwährungsliquidität) ergeben, können die Einsparungen bei den Transaktionskosten sogar noch übersteigen, Währungskonten der regionalen Einheiten können unter Umständen sogar komplett entfallen.

Neben der am Devisen- und Liquiditätsmanagement ausgerichteten Struktur spielt das zur Abwicklung notwendige interne Clearingsystem bei der Umsetzung eine wesentliche Rolle. Hierbei sind wichtige Fragestellungen zu klären:

- Sind die konzerninternen Regelungen z. B. bezüglich der Verzinsung bekannt und auch für alle Teilnehmer transparent?
- Kann das Clearingsystem auf derselben Plattform wie die Payment Factory operativ betrieben werden oder bedingen andere Vorgänge die Auslagerung auf ein weiteres System?

4. Die Konzeptumsetzung

Ist die strategische Entscheidung für die Umsetzung eines Konzepts erfolgt, steht die Softwareauswahl an. Hierbei ist neben der Fragestellung, inwieweit die Software in die IT-Strategie des Unternehmens passt, auch die Flexibilität des Anbieters sowie der Software selbst von wesentlicher Bedeutung. Eine Standardlösung, die zu 100 % die Anforderungen des Unternehmens abdeckt, wird es wohl in den wenigsten Fällen geben. Die beschriebenen Konzepte bedingen unterschiedliche Anforderungen an die Software. Viele Anbieter werben mit der Anzahl der erzeugbaren Zahlungsformate. Dies ist sicherlich ein wesentlicher Aspekt, sofern man sich für den Weg der Konvertierung in Inlandsformate entschieden hat. Falls man einen anderen Weg verfolgt, ist dieser Punkt jedoch von untergeordneter Bedeutung. Leider wird die Diskussion oftmals viel zu sehr auf diesen Sachverhalt reduziert.

Das Thema Flexibilität gewinnt dadurch noch an Bedeutung, dass die eigentlich einheitlichen Vorgaben zur Befüllung von Zahlungsformaten zum Teil von Banken unterschiedlich interpretiert werden. Diese Unterschiede müssen letztlich durch die Payment Factory Software abgefangen werden. Die Erhöhung der Betragsgrenze für EU-Standardüberweisungen zum 01.01.2006, in Verbindung mit der unveränderten Betragsgrenze für Meldungen gemäß der AWV-Verordnung, ist hierfür ein gutes Beispiel.

Die Systemanbieter werben im Regefall mit einer voll integrierten Lösung. Dazu gehört neben der obligatorischen Schnittstelle zum Buchhaltungs- oder Liquiditätsplanungssystem auch eine integrierte Electronic-Banking-Komponente, die den Versand der Zahlungsdateien ohne Systemwechsel ermöglicht. Die allgemein geltenden Grundsätze zur Systemsicherheit (z. B. Vier-Augen-Prinzip, Verschlüsselung) müssen gewährleistet sein.

Im Zuge der Umsetzung muss auch die Rolle der Payment Factory innerhalb des Workflow klar definiert werden. Hierzu ist insbesondere eine Antwort darauf zu finden, ob die Payment Factory (als Teil der Inhouse Bank) oder das ausführende Kreditinstitut führend bei der Belastung der Teilnehmer im internen Clearingsystem ist. Mit anderen Worten: Erfolgt die Belastung bereits mit der Verarbeitung in der Payment Factory (Bruttoprinzip) oder erst nach Ausführungsbestätigung des Kreditinstituts durch den Bankauszug (Nettoprinzip)? Im letzteren Fall erfolgt die interne Belastung unter Berücksichtigung nicht ausgeführter Zahlungen (z. B. aufgrund fehlerhafter Stammdaten im Vorsystem). Daraus ergibt sich jedoch eine zeitliche Diskrepanz, da es je nach Ausführungstermin, -art und -valuta der Zahlungen zur Anzeige in unterschiedlichen Bankauszügen kommen kann. Die teilnehmenden Konzerngesellschaften stehen anschließend vor der Herausforderung, diese Vermischung von Zahlungen aus mehreren Zahlläufen in den täglich bereitgestellten Clearingauszügen aufzulösen. Verzögerte Informationsbereitstellung auf den Clearingkonten durch eine vorgeschaltete Bankauszugsbearbeitung in der Payment Factory führt insbesondere am Monatsende zu Schwierigkeiten. Die direkte Belastung der Clearingkonten nach Verarbeitung in der Payment Factory (Bruttoprinzip) beseitigt zwar diesen Schwachpunkt, bedingt aber vermehrt die Gutschrift nicht ausgeführter Zahlungen (Rückläufer).

Ein weiterer Aspekt ist die Systemverfügbarkeit. Hier werden insbesondere bei einem weltweiten Einsatz sehr hohe Anforderungen gestellt. Für alle Gesellschaften muss, unabhängig von der Zeitzone, jederzeit eine Zugriffsmöglichkeit auf die Payment Factory sichergestellt sein. Die Zeiten für die Wartungsfenster werden dadurch sehr gering, was beim Aufbau der IT-Infrastruktur unbedingt Berücksichtigung finden sollte.

Beim Rollout der Payment Factory wird es in einigen Fällen zu einer Diskussion mit den teilnehmenden Gesellschaften kommen, da diese in Einzelfällen nicht oder nur gegen Widerstände bereit sind, die Souveränität auf diesem sensiblen Gebiet aufzugeben. Erschwert wird dies noch dadurch, dass in einzelnen Ländern die angebotenen Gebührenmodelle im Zahlungsverkehr für einzelne Zahlungsarten „subventioniert“ werden und letztlich durch höhere Gebühren in anderen Bereichen mit abgedeckt werden müssen. Hier kann und muss man letztlich mit den aus Konzernsicht geltenden Vorteilen wie Volumeneffekt, einheitlicher Abwicklung oder auch geringeren Margen bei Devisentransaktionen argumentieren und die zentrale Lösung durchsetzen.

5. Übertragung der Zahlungsdateien an die Payment Factory

Ein bislang noch nicht näher betrachteter Aspekt ist die Anlieferung der Zahlungsdateien in der Payment Factory durch die Teilnehmer. Auch an dieser Stelle stellt sich, wie auf der Seite der ausgehenden Zahlungen, zunächst einmal das Problem der Formatvielfalt. Standardmäßig werden in den lokalen ERP-Systemen vielfach nur lokale Zahlungsformate und gegebenenfalls zusätzlich SWIFT-Formate angeboten. Eine Annahme unterschiedlicher Formate durch die Payment Factory würde die Komplexität, analog zur Ausgangsseite, wesentlich erhöhen. Einen wichtigen Schritt in Richtung Komplexitätsreduzierung stellt die Verwendung eines einheitlichen konzerninternen Zahlungsformats dar. Hier kann man sich entweder auf ein bereits bestehendes internationales Standardformat (z. B. SWIFT MT101) beziehen oder man definiert ein an den speziellen Bedürfnissen ausgerichtetes Dateiformat (z. B. im XML-Format). Die Nutzung eines internationalen Standardformats erleichtert die Implementierung in den lokalen ERP-Systemen, da dies dann ggf. von den ERP-Anbietern auch gewartet wird.

Neben dem eigentlichen Zahlungsdateiformat sind jedoch auch weitere Aspekte zu berücksichtigen. Dies ist einerseits die gesicherte Übertragung vom lokalen ERP-System zur Payment Factory sowie andererseits die Kontrolle und Autorisierung der übertragenen Zahlungen durch die Teilnehmer innerhalb der Payment Factory. Die Kontrolle und Autorisierung der Zahlungen (unter Berücksichtigung des Vier-Augen-Prinzips) durch die Teilnehmer ist ein ganz wesentlicher Aspekt, da die Zahlungen durch die Payment Factory selbst nur auf „formale“ Fehler (z. B. fehlende oder fehlerhafte Stammdaten) geprüft werden können. Eine inhaltliche Prüfung kann sinnvollerweise nur durch die auslösende Gesellschaft erfolgen. Die Payment Factory muss hier, neben den eigentlichen Zahlungen selbst, geeignete Prüfkriterien wie Kontrollsummen, Anzahl der Datensätze oder auch Währungssummen zum Abgleich mit den durch das Vorsystem bereitgestellten Informationen anbieten.

6. Direkte SWIFT-Anbindung

Im Zusammenhang mit dem Aufbau einer konzerneigenen Payment Factory stellt sich auch die Frage, ob man sich durch Einbindung in eine so genannte SWIFT MA-CUG (Member Admininstrated Closed User Group) einen direkten Zugang zum weltweiten SWIFT-Netzwerk verschafft. Die SWIFT-Organisation bietet diese Möglichkeit, neben dem bisherigen klassischen SWIFT-Anschluss, verstärkt auch für Industrieunternehmen an. Diese Alternative ist insbesondere für Unternehmen interessant, die die Zahlungen der Payment Factory über in verschiedenen Ländern vorhandene Konten (dezentral) abwickeln möchten und sich durch den direkten Zugang zum SWIFT-Netzwerk Kosten- und Abwicklungsvorteile versprechen. Der Aufwand für den Aufbau der notwendigen Infrastruktur im Unternehmen ist jedoch nicht unerheblich und derzeit sicher nur für einen bestimmten Kreis von Unternehmen interessant.

Die Abwicklung durch einen Provider, der die erforderliche Infrastruktur bereitstellt und die Abwicklung für mehrere Kunden betreut, kann zur Reduzierung der Fixkosten beitragen. Diese Entwicklung hat aber gerade erst begonnen, und es wird von der Akzeptanz der Unternehmen abhängen, ob hier eine Fixkostendegression erzielt werden kann.

7. Änderungen durch SEPA

Durch die Einführung von SEPA (= Single Euro Payments Area) ab dem Jahr 2008 werden neue Basisverfahren für Überweisungen und Lastschriften mit neuen Datenformaten im Euro-Zahlungsverkehr von den Banken bereitgestellt werden. Die Migration nationaler Formate soll ab dem Jahr 2010 beginnen (der genaue Zeitplan ist noch offen). Dies wird auch Konsequenzen für die Zahlungsabwicklung innerhalb der Payment Factory mit sich bringen. Durch Einführung eines einheitlichen Formats in den SEPA-Teilnehmerländern werden langfristig die unterschiedlichen lokalen Zahlungsformate durch SEPA-Formate ersetzt, was insbesondere bei einer Verfolgung des Konzepts „Inlands- statt Auslandszahlung“ zu einer gewissen Komplexitätsreduzierung führen wird. Ob sich dadurch die Kostenvorteile der Payment Factory bezogen auf die Transaktionskosten verringern werden, bleibt abzuwarten. Insbesondere im Vergleich zu dem sehr effizienten und kostengünstigen Verfahren bei Massenzahlungen in Deutschland muss dieser neue SEPA-Standard nicht unbedingt zu einer Kostenreduktion führen. Es wird vielmehr zu einer Kostenangleichung innerhalb der teilnehmenden Länder kommen.

Die Einführung von SEPA wird sicher dazu führen, die Payment-Factory-Konzepte zu überdenken. Die beschriebenen umfassenden Vorteile der Payment Factory gegenüber einer klassischen Regulierung der Zahlungsverpflichtungen werden dadurch aber nicht wesentlich gemindert, da sich der Vorteil einer Payment Factory nicht allein auf die Reduktion von Transaktionskosten beschränkt.

8. Konzernnetting

Die bisherige Betrachtung hat sich ausschließlich auf die Regulierung von externen Zahlungsverpflichtungen beschränkt. Konsequenterweise muss natürlich auch über die Abwicklung von konzerninternen Zahlungen im Rahmen der Payment Factory nachgedacht werden. Sofern im Unternehmen bereits ein „Netting-System" etabliert ist, stellt sich die Frage, inwieweit dieses in die Payment Factory integriert werden kann und soll. Das „Netting-System" hat die Aufgabe, die zwischen Konzerngesellschaften bestehenden Forderungen und Verbindlichkeiten effizient und kostengünstig auszugleichen. Dies geschieht im Regelfall durch Verrechnung von Forderungen und Verbindlichkeiten sowie den Ausgleich der daraus resultierenden Nettopositionen. Zum Ausgleich dieser „Spitzenbeträge" bedient man sich, sofern dem keine landesrechtlichen Bestimmungen entgegenstehen, wie im Fall der Payment Factory eines konzerninternen Systems aus Clearingkonten. Es bietet sich daher an, diese beiden Abwicklungen auf einer Plattform zu integrieren. Der Unterschied zwischen den externen und internen Zahlungen liegt lediglich darin, dass bei internen Zahlungen zunächst eine Verrechnung sämtlicher Forderungen und Verbindlichkeiten je Konzerngesellschaft erfolgt und im Anschluss daran die Buchung auf den Inhouse-Clearingkonten vorgenommen wird (kann auch direkt auf dem Clearingkonto erfolgen). Im Idealfall müssen die teilnehmenden Gesellschaften bei der Anlieferung zwischen konzerninternen und -externen Zahlungen nicht mehr unterscheiden. Die Payment Factory erkennt die Konzernzahlungen anhand des Empfängers und filtert diese heraus. Ist eine Auszahlung der Nettoposition gewünscht (in manchen Ländern auch obligatorisch), so kann dies auf demselben Übertragungsweg und in denselben Zahlungsformaten wie die Abwicklung der externen Zahlungen erfolgen. Die Aufnahme der konzerninternen Zahlungen stellt daher eine sinnvolle Erweiterung der klassischen Payment Factory dar. Es ist dabei unerheblich, ob der Ausgleich der konzerninternen Positionen via Clearing oder via Banktransfer abgewickelt wird.

9. Konsequenzen und Schlussfolgerung

Aufbau und Betrieb einer Payment Factory müssen eng mit dem Devisen- und Liquiditätsmanagement verflochten sein. Dies zeigt sich unter anderem dadurch, dass die Zentralisierung des Zahlungsverkehrs auch zu einer Verschiebung der Währungspositionen innerhalb des Konzerns führen kann. Sofern neben den ausgehenden Zahlungen auch die eingehenden Zahlungen der Gesellschaften bei der Payment Factory konzentriert sind, verbleibt das Delta (Nettoposition je Währung) innerhalb der Payment Factory und kann dort effizient in das Währungsmanagement eingebunden werden. Zahlungseingänge lassen sich aber, auch aufgrund gesetzlicher Bestimmungen, nicht immer im gewünschten Maße zentralisieren. Im Ergebnis bedeutet dies, dass bei Gesellschaften mit Fremdwährungseingängen die Verlagerung der ausgehenden Zahlungen zur Payment Factory zu einer Reduktion des ursprünglichen Natural Hedge und damit zu einer Erhöhung der jeweiligen lokalen Währungsposition führen kann. Sofern diese Positionen nicht in einen entsprechenden Cash Pool eingebracht werden können und damit dem zentralen Währungsmanagement nicht zur Verfügung stehen, müssen diese Devisenpositionen am Markt in die Landeswährung getauscht werden oder die Risikoposition z. B. über interne Sicherungsgeschäfte an die zentrale Treasury-Abteilung transferiert werden. Diese Effekte müssen bei der Einbindung der Payment Factory in das Devisen- und Liquiditätsmanagement Berücksichtigung finden.

Ein weiterer Aspekt dieser engen Verknüpfung ist die Absicherung gegen Währungsrisiken. Da die durch die Payment Factory ausgeführten Zahlungen im Regelfall zum Spotkurs in die jeweilige Landeswährung der teilnehmenden Gesellschaft umgerechnet werden, verbleibt das Währungsrisiko lokal. Dies bedeutet, dass eine Gesellschaft, obwohl sie keine Währungspositionen im Land führt, dennoch Wechselkursrisiken ausgesetzt ist. Ob nun die Absicherung dieser Risiken dezentral oder zentral erfolgt, muss in einem konzernweiten Konzept zum Währungsmanagement festgelegt werden und ist nicht Bestandteil der Payment Factory im engeren Sinne.

Ungeachtet der angeführten Punkte ergeben sich aus dem Einsatz der Payment Factory aber auch noch weitere Effekte, die bei der Konzeption und Umsetzung nicht immer im Fokus stehen, im praktischen Betrieb aber sehr hilfreich sind. So wird beispielsweise die Transparenz beim Thema Währungsströme erhöht, da dem zentralen Devisenmanagement diese Information tagesaktuell zur Verfügung steht. Dies kann für den Abgleich von Plan- mit Ist-Positionen sehr interessant sein.

Da die Stammdatenqualität in den Vorsystemen einen nicht unerheblichen Einfluss auf die Höhe der Transaktionskosten hat, kann die Payment Factory durch gezielte Steuerung der internen Verrechnungspreise für diese so genannten Repair-Posten helfen, die Datenqualität im Konzern zu erhöhen.

Der Einsatz einer Payment Factory ist damit sicherlich nicht nur eine Modeerscheinung, sondern bietet, insbesondere für international agierende Konzerne, ein innovatives Instrument, mit welchem die Kosten im Zahlungsverkehr reduziert und das Devisenmanagement einfacher und effizienter zentral gesteuert werden können.

Die Inhouse Bank in einem global operierenden Industrieunternehmen

Olaf Klinger/Joerg Hornstein – Merck KGaA

1. Einleitung

Die Welt wächst zusammen. Dies gilt mit voranschreitender Globalisierung für alle international tätigen Unternehmen. Für Treasury-Verantwortliche stellt sich damit zunehmend die Aufgabe, unterstützt durch die fortschreitende technologische Entwicklung, die Finanzströme im Unternehmen effizient zu steuern und die finanzwirtschaftlichen Risiken global zu kontrollieren und zu begrenzen. Die Idealvorstellung eines jeden Treasurers ist dabei der jederzeitige Überblick über alle Finanzpositionen auf allen weltweit bestehenden Konten und – noch entscheidender – der möglichst weite und genaue Blick in die Zukunft.

Die Merck KGaA als ein weltweit tätiges Pharma- und Chemieunternehmen gehört zu den Unternehmen, die sich dieser Herausforderung im internationalen Wettbewerb stellen müssen. Die Merck-Gruppe ist bei einem Umsatz von annähernd EUR 6 Mrd. mit 168 konsolidierten Gesellschaften global vertreten.

Der im Jahr 2003 definierte Anspruch an den Finanzbereich war die Realisierung eines weitgehend zentralisierten Treasury mit globaler Verantwortung. Die Struktur der Merck-Gruppe mit einer Vielzahl von Einzelgesellschaften unterschiedlicher Größe, in weit über 50 Ländern, erforderte dabei eine effiziente Lösung unter Nutzung der technologischen Machbarkeit bei begrenzter Ressourcenverfügbarkeit.

Die Lösung lag im Aufbau einer Inhouse Bank unter Führung der Merck KGaA, die der Struktur der Gruppe angemessen Rechnung trägt.

Die Umsetzung des Konzeptes erfolgte in weniger als zwei Jahren und ist durch folgende Erfolgsmerkmale gekennzeichnet:

- Weltweite Anbindung aller Merck-Gesellschaften
- Einbindung aller bestehenden Bankkonten
- Abschaffung der konzerninternen Zahlungsziele
- Einführung eines ausstellergetriebenen konzerninternen Zahlungsverkehrs
- Vermeidung von Differenzen in der Schuldenkonsolidierung
- Optimierung der internen Zusammenarbeit und deutliche Prozessverbesserungen
- Outsourcing der systemtechnischen Unterstützung

2. Das Konzept der Inhouse Bank

2.1 Ziele und Grundsätze

Die Struktur und das Aufgabengebiet einer Inhouse Bank werden von jedem Unternehmen unterschiedlich definiert. Nach dem Verständnis der beiden Autoren umfasst eine Inhouse Bank sowohl die Organisationsform als auch das Regelwerk an standardisierten Prozessen, die eine zentrale Steuerung und Kontrolle aller finanzwirtschaftlichen Risiken eines Konzerns ermöglichen.[1]

Ausgangspunkt für den Aufbau einer Inhouse Bank bei Merck war ein dezentral ausgerichteter Finanzbereich mit globalen Finanzierungsaktivitäten für die Gruppe, aber lokalem Liquiditäts- und Risikomanagement der einzelnen Merck-Gesellschaften.

Als Zielsetzung des Projekts wurde die Zentralisierung des Liquiditäts- und Finanzrisikomanagements für die Merck-Gruppe definiert. Bei der Umsetzung erfolgte eine Konzentration auf die folgenden Bausteine:

- Konsolidierung der lokalen Treasury-Management-Aktivitäten auf einer zentralen System-Plattform
- Zentrale Abwicklung des konzerninternen Zahlungsverkehrs über interne Verrechnungskonten
- Aufbau eines internationalen Cash Poolings pro Währung
- Effiziente Abwicklung des grenzüberschreitenden Zahlungsverkehrs an Dritte
- Standardisierung von Formaten, Schnittstellen und Prozessen

Innerhalb der Merck-Gruppe übernimmt die Merck KGaA die Rolle der Inhouse Bank. Diese agiert als einziger Kontrahent für die Tochtergesellschaften und fungiert als Schaltstelle zwischen den Finanzmärkten und den Konzerneinheiten.

---

1 Vgl. *Hornstein/Schmeiser* (2006).

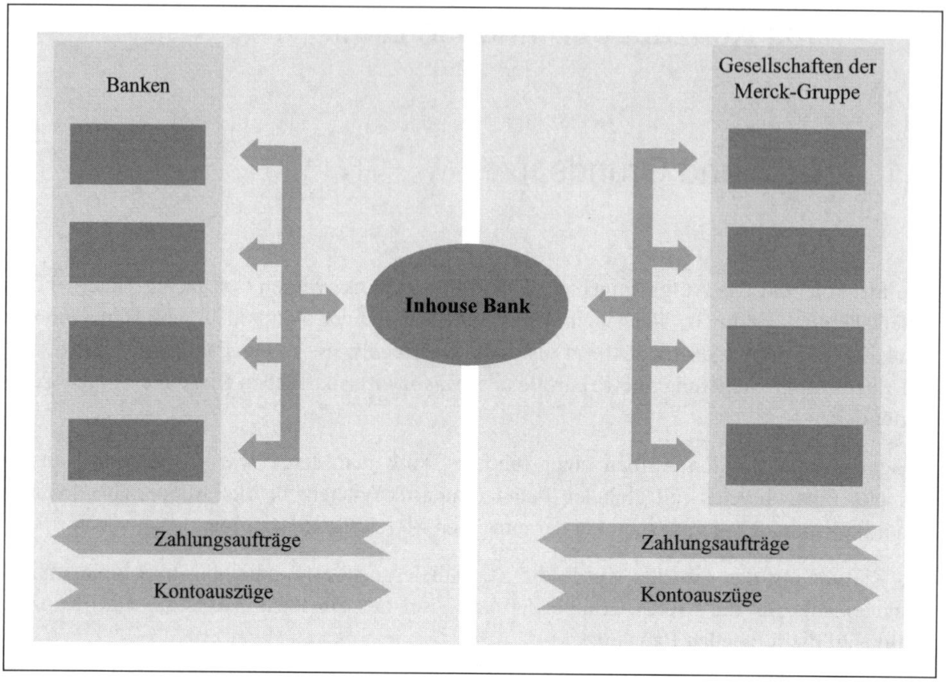

Abbildung 1: *Die Inhouse Bank als Schaltstelle im Konzern*

2.2 Interne Verrechnungskonten

Alle Werteflüsse zwischen den internen und externen Partnern werden über interne Verrechnungskonten abgebildet.

Diese Verrechnungskonten führen die Tochtergesellschaften mit der Merck KGaA in jeder Währung, in der die Tochtergesellschaften operatives Geschäft unterhalten. Alle Konzern- und Kontenbeziehungen für Verrechnungen werden über die Inhouse Bank sternförmig gestaltet. Bisherige Kontenbeziehungen, welche die Gesellschaften untereinander geführt hatten, wurden abgeschafft. Die Inhouse Bank ist somit der alleinige Partner für alle Verrechnungs- und Zahlungsvorgänge im Konzern. Diese Struktur schließt gegenseitige Abstimmungen der Konzerngesellschaften aus. Die Tochtergesellschaften können damit aufwendige interne Kontrollen reduzieren, da gegenseitige Forderungen und Verbindlichkeiten ausschließlich über die Verrechnungskonten mit der Inhouse Bank geführt werden.

Die laufenden Verrechnungskonten zeichnen sich durch valutagenaue Verzinsung, monatliche Bereitstellung von Zinsstaffeln und elektronische Kontoauszugsbereitstellung aus und besitzen darüber hinaus die gleichen Eigenschaften wie ein laufendes Bankkonto.

Neben laufenden Verrechnungskonten kann jede einzelne Gesellschaft separate Kredit- und Anlageverrechnungskonten mit der Merck KGaA unterhalten. Dabei unterscheiden sich beide Kontoarten lediglich durch die Fristigkeit und die Verzinsung. Die Zielsetzung ist, das aktive Management der laufenden sowie der Kredit- und Anlagenverrechnungskonten durch die Tochtergesellschaft über eine unterschiedliche Verzinsung zu erreichen.

Die Buchung und Abstimmung der internen Verrechnungskonten geschieht ausschließlich auf Basis der internen Kontoauszüge. Grundsatz für alle teilnehmenden Konzerneinheiten ist dabei, dass die Verrechnungskonten „Leitkontencharakter" besitzen, d. h., jeder Kontoinhaber ist verpflichtet, die Kontoauszüge unverzüglich zu buchen. Die Berücksichtigung dieser laufenden Verrechnungskonten als eigene Aktiv- und Passivpositionen in der Konzernbilanz ermöglicht darüber hinaus eine jederzeitige Überprüfung der konzerninternen Buchungspflicht.

Alle konzerninternen Finanzgeschäfte zwischen der Inhouse Bank und den Tochtergesellschaften werden über die laufenden Verrechnungskonten abgewickelt. Darlehen werden über die internen Konten bereitgestellt und bei Fälligkeit dem internen Transaktionskonto belastet. Fremdwährungsgeschäfte (Kasse oder Termin) werden am Valutatag dem jeweiligen Währungsverrechnungskonto gutgeschrieben oder belastet und über den elektronischen Kontoauszug bei der Tochtergesellschaft gebucht.

Die Transparenz über die einzelnen Transaktionen und die tägliche Bereitstellung von elektronischen Kontoauszügen sorgt für einen jederzeitigen Informationsgleichstand bei der Inhouse Bank und dem Kontoinhaber (Tochtergesellschaft).

2.3 Systemtechnische Lösung

Als systemtechnische Lösung wurde finavigate ausgewählt, ein bankenunabhängiges, von Siemens konzipiertes Inhouse-Banken-System für die Erfassung und Steuerung der weltweiten Konzernliquidität. Merck hat damit die langjährige Erfahrung von Siemens im internationalen Cash Management genutzt und ein System eingeführt, das sich im Siemens-Konzern bewährt hat. Siemens fungiert als „Application Service Provider" für diese Internet-basierte Softwarelösung. Merck hat sich damit für ein Outsourcing seiner Treasury-Soft- und Hardware entschieden.

3. Die Aufgaben der Inhouse Bank

3.1 Steuerung des internen Geldkreislaufs

3.1.1 Ausgangssituation und Zielsetzungen

In der Vergangenheit wurde der konzerninterne Zahlungsverkehr in der Merck-Gruppe von den Tochtergesellschaften individuell und zum Großteil über externe Banken abgewickelt. Vereinzelt gab es Netting-Vereinbarungen zwischen Gesellschaften, die jedoch einen hohen manuellen Abstimmungsaufwand erforderten. Darüber hinaus bestanden gravierende Nachteile bei der Abarbeitung und Zuordnung der Geschäftsvorfälle. Oft wurde als Mittel der internen Auseinandersetzung die Nichteinhaltung der konzerninternen Buchungspflicht gewählt, mit den entsprechend negativen Auswirkungen auf die Schuldenkonsolidierung im Rahmen der Erstellung des Gruppenabschlusses. Insgesamt führten diese Probleme zu einer oftmals unangemessenen Zahlungsmoral in der Gruppe.

Aufbauend auf einer sternförmigen Struktur von Verrechnungskonten eröffnete sich nun die Möglichkeit der internen Abwicklung des gesamten konzerninternen Zahlungsverkehrs (Intercompany Clearing) mit der Zielsetzung, jegliche Konsolidierungsdifferenzen im Konzern zu vermeiden.

3.1.2 Prozessablauf

Sämtliche gruppeninternen Zahlungsvorgänge (Rechnungen und Gutschriften) werden zentral über die Verrechnungskonten abgewickelt. Es gilt das Prinzip des Lastschriftverfahrens, bei dem der Aussteller der Rechnung den Empfänger der Rechnung über dessen Verrechnungskonto mit der Inhouse Bank belastet. Der Aussteller der Rechnung erhält eine Gutschrift und der Empfänger der Rechnung erhält eine Belastung auf seinem Verrechnungskonto mit der Inhouse Bank. Im Anschluss an den Lastschrifteinzug werden alle Einzeltransaktionen über finavigate dem Aussteller und dem Empfänger über die elektronischen Kontoauszüge zur Verfügung gestellt.

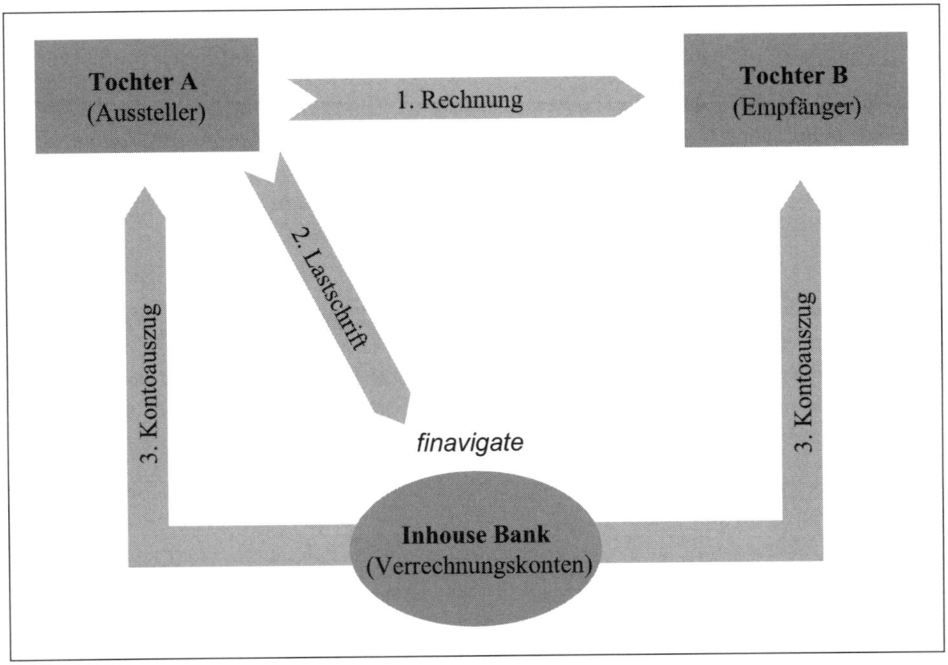

Abbildung 2: *Prozessablauf Intercompany Clearing*

3.1.3 Regelungen im konzerninternen Zahlungsverkehr

Bisherige Netting-Prozesse in der Gruppe wurden durch die Einführung des Intercompany Clearings abgeschafft. Verrechnungen von Forderungen mit Verbindlichkeiten zwischen Merck-Gesellschaften sind nicht mehr erlaubt. Die Forderungen werden durch den Aussteller der Rechnung an finavigate übermittelt und per Lastschrift eingezogen. Darüber hinaus wurde entschieden, dass mit dem Start des konzerninternen Zahlungsverkehrs Zahlungsziele zwischen den verbundenen Unternehmen der Merck-Gruppe entfallen. Skonti und ähnliche Abzüge sind seitdem für konzerninterne Verrechnungen ebenfalls nicht mehr zulässig.

Korrekturen an ausgestellten und eingezogenen Rechnungen dürfen nur vom Aussteller durch eine Gutschrift vorgenommen werden.

Ausschließlich die auf dem laufenden Verrechnungskonto gebuchten Transaktionen besitzen Gültigkeit, und der interne Kontoauszug des Verrechnungskontos stellt die Buchungsgrundlage für den Aussteller und den Empfänger dar. Die Abschaffung der konzerninternen Rechnungsprüfung verpflichtet den Empfänger der Ware, die Rechnung und den Kontoauszug unverzüglich und ohne Abzug zu buchen. Waren- oder leistungsbezogene Unstimmigkeiten bei Aussteller und Empfänger werden durch den Einzug der Vorgänge nicht ursächlich beseitigt. Die Klärung erfolgt jetzt jedoch nach der Buchung des Kontoauszugs und der Rechnung mit den entsprechend positiven Auswirkungen auf die Schuldenkonsolidierung.

Eine vereinfachte Saldenabstimmung wird erreicht, da die Inhouse Bank die Rolle der jeweiligen kontrahierenden Gesellschaft übernimmt. Aus der ursprünglichen Lieferverbindlichkeit zwischen Tochtergesellschaft A und B entsteht eine „Finanzverbindlichkeit“ der Tochter B gegenüber der Inhouse Bank und eine „Finanzforderung“ der Tochter A an die Inhouse Bank. Jede der Tochtergesellschaften besitzt somit nur einen Abstimmungspartner.

Weiterhin erfolgt die sachliche Klärung zwischen dem Rechnungsaussteller und -empfänger der Rechnung unabhängig vom Saldenausgleich, konzentriert sich aber seit der Einführung des Intercompany Clearing auf wesentliche Differenzen im konzerninternen Liefer- und Leistungsverkehr. Darüber hinaus sorgt die Rückvalutierung von Gutschriften – auf den Zeitpunkt der ursprünglichen Lastschrift – dafür, dass auf Seiten des Rechnungsempfängers kein Zinsverlust entsteht.

Ein wichtiger Faktor für die Überzeugung der Tochtergesellschaften war, dass die definierten Regelungen auch für die Merck KGaA gelten, die zwar die Rolle der Inhouse Bank in der Merck-Gruppe übernimmt, aber gleichzeitig eine regulär teilnehmende Gesellschaft am konzerninternen Zahlungsverkehr darstellt.

Die nahezu auf null reduzierten Konsolidierungsdifferenzen sind ebenso ein sichtbares Zeichen für die zügige Abwicklung von internen Liefer- und Leistungsbeziehungen. Altlasten aus nicht geklärten Vorgängen der Vergangenheit sind vollständig beseitigt. Die Zusammenarbeit zwischen den Mitarbeitern des Finanzbereichs in den verschiedenen Gesellschaften der Merck-Gruppe hat sich spürbar intensiviert und verbessert.

3.1.4 Länder mit Zahlungsverkehrsrestriktionen

In Ländern mit Devisenbeschränkungen besteht meist eine Geldtransferpflicht, die

- einerseits die Ausfuhr von Geld aus einem Land und/oder
- andererseits die Einfuhr von Geld in ein Land

in eine oder beide Richtungen genehmigungspflichtig macht oder zwingend vorschreibt. In diesen Ländern bleibt der Kern des ausstellergetriebenen Lastschriftverkehrs über finavigate erhalten, wird aber auf Seiten des Rechnungssausstellers und -empfängers wie folgt erweitert:

Empfängerseitig wird die Waren- und Zollrechnung bei den Behörden eingereicht und daraufhin die Zolleinfuhr-Bestätigung durch die Behörden ausgestellt. Anschließend gleicht der Rechnungsempfänger den Saldo auf den internen Verrechnungskonten per Überweisungsauftrag von dem lokalen Bankkonto an die Bankverbindung der Inhouse Bank aus. Dort wird das Geld dem internen Verrechnungskonto gutgeschrieben.

Sollte der Rechnungsaussteller seinen Sitz in einem Land mit Zahlungsverkehrsrestriktionen haben, fordert er die gutgeschriebenen Beträge, die auf seinem Verrechnungskonto eingegangen sind, von der Inhouse Bank per Überweisungsauftrag an.

3.2 Steuerung des externen Geldkreislaufs

3.2.1 Ausgangssituation und Zielsetzungen

Tochtergesellschaften der Merck-Gruppe verfügten in der Vergangenheit über ein hohes Maß an flüssigen Mitteln, die lokal bei externen Banken angelegt wurden. Auch wenn die Finanzierung dieser Gesellschaften weitestgehend über die Zentrale gesteuert wurde, so entschieden die Tochtergesellschaften in der Vergangenheit selbst, wo sie überschüssige Gelder anlegten oder kurzfristig aufnahmen. Eine Kontrolle des Verschuldungsgrades der Merck-Gruppe oder eine gezielte Steuerung der konzernweiten flüssigen Mittel war nicht möglich.

Neben der zentralen Steuerung des internen Zahlungsverkehrs besteht eine weitere Zielsetzung in der Zentralisierung der weltweiten Liquidität der Merck-Gruppe auf zentralen Bankkonten der Merck KGaA im Land der jeweiligen Währung. Währungskonvertierungen mit externen Partnern sollen vermieden werden.

3.2.2 Prozessablauf

In einem ersten Schritt werden die Bankkontensalden der Tochtergesellschaften innerhalb des gleichen Bankkonzerns täglich auf einem Zielkonto der Merck KGaA zusammengeführt (Cash Pooling). Die Tochtergesellschaften der Merck-Gruppe unterhalten zu diesem Zweck ihre Konten ausschließlich bei Banken, bei denen diese in bestehende Cash Pools integriert werden können.

Alle Geldbewegungen zwischen dem Cash-Pool-Träger (Merck KGaA) und dem Cash-Pool-Teilnehmer (Tochtergesellschaft) spiegeln sich als Buchungen auf den internen Verrechnungskonten wider. Das Bankkonto der Tochtergesellschaft weist somit am Ende des Tages einen Saldo von null aus. Alle zugeführten oder abgezogenen Gelder werden dem internen Verrechnungskonto der Gesellschaft belastet oder gutgeschrieben. Innerhalb der Merck-Gruppe existiert für die Gesellschaften somit Liquidität im Idealfall ausschließlich auf internen Verrechnungskonten.

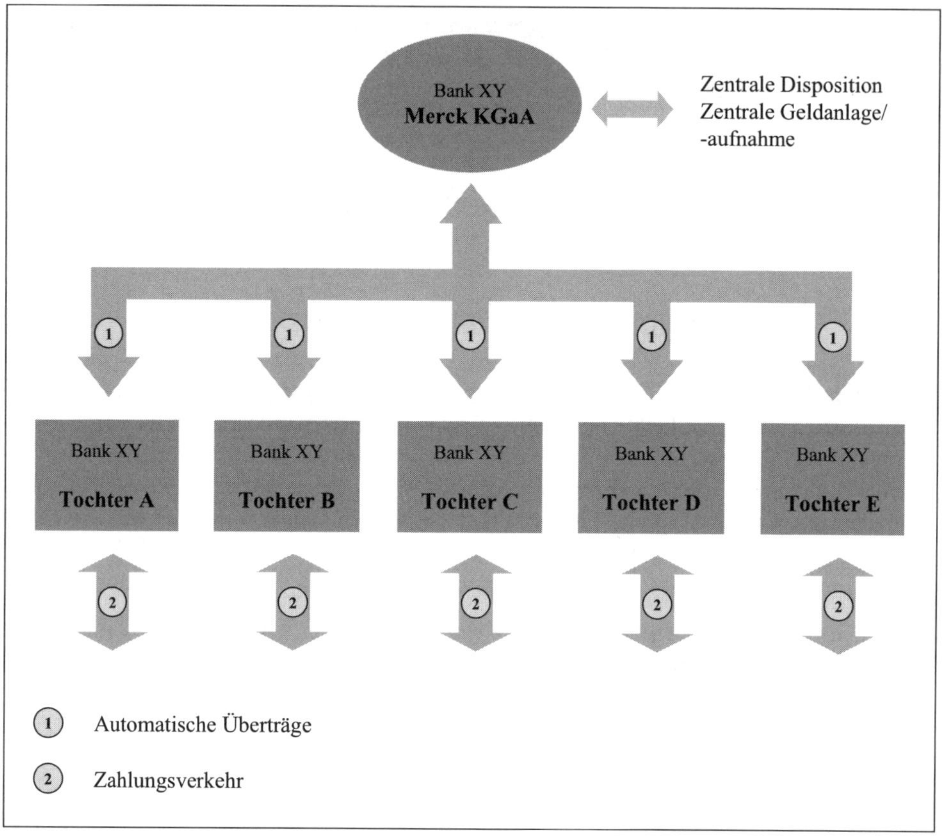

Abbildung 3: *Prozessablauf Cash Pooling*

In einem zweiten Schritt kann die Zusammenführung der Kontensalden bei verschiedenen Banken auf einem endgültigen Zielkonto (Nostro-Konto) der Merck KGaA im jeweiligen Land der Währung erfolgen („Clearing"). Diese Clearing-Überträge werden durch die Inhouse Bank initiiert und basieren auf dem valutarischen Anfangssaldo der lokalen Zielkonten (valutarischer Endsaldo des Vortrages) plus der Nettoposition aus allen avisierten Mittelzuflüssen oder -abflüssen des Tages.

Die auf den Konten der Merck KGaA konzentrierte Liquidität wird durch die Inhouse Bank angelegt. Negativsalden werden durch die Aufnahme von Geldern aus für die einzelnen Währungen vereinbarten Kreditlinien ausgeglichen.

Als Ergebnis des Cash Pooling auf Konten der Inhouse Bank ergibt sich ein jederzeit vollständiger Überblick über die Liquidität in den jeweiligen Währungen. Bestehende Währungspositionen können aktiv gemanagt werden.

3.2.3 Payment Factory

Für den lokalen Zahlungsverkehr an Dritte bleiben die Tochtergesellschaften weiterhin selbst verantwortlich, sind aber angewiesen, diese Zahlungsaufträge über das in den Cash Pool integrierte Konto abzuwickeln.

Alle grenzüberschreitenden Zahlungen von Tochtergesellschaften werden dagegen zukünftig entweder manuell oder über eine Zahlungsdatei in finavigate übernommen, anhand von im System hinterlegten Prüfalgorithmen auf Vollständigkeit und Richtigkeit überprüft und danach auf Basis festgelegter Kriterien gegen Konten der Inhouse Bank im Land des Zahlungsempfängers ausgeführt. Aus internationalen Zahlungen werden nationale Zahlungen. Die Belastung des Gegenwertes erfolgt auf dem Verrechnungskonto der Auftrag gebenden Tochtergesellschaft. Sobald die Zahlung in fremder Währung durch die Tochtergesellschaft erfasst wird, fließt der Betrag in die Exposure-Betrachtung der Inhouse Bank mit ein. Die Anschaffung von Währungsbeträgen wird auf das notwendige Maß reduziert. Bankgebühren in Verbindung mit grenzüberschreitenden Zahlungen werden vermieden und auf lokale Überweisungskosten reduziert.

3.2.4 Regelungen im externen Zahlungsverkehr

Die Eröffnung von Bankkonten, die aufgrund besonderer Zahlungsverkehrsmethoden in den einzelnen Ländern bei lokalen Banken unterhalten werden, bedarf der Zustimmung der Inhouse Bank. In einem solchen Fall müssen die Salden dieser Bankkonten täglich manuell auf das in den Cash Pool integrierte Bankkonto der Gesellschaft übertragen werden.

Alle wertmäßig bedeutenden ein- und ausgehenden Zahlungen an Dritte, ob lokal oder grenzüberschreitend, sind unter Angabe des betreffenden Kontos und der Valuta an die Inhouse Bank rechtzeitig zu avisieren. Alle Zahlungsaufträge in Fremdwährung, alle grenzüberschreitenden Zahlungsaufträge sowie alle Intercompany-Zahlungsaufträge werden an das Inhouse-Banken-System finavigate übermittelt.

Die Tochtergesellschaften sind angewiesen, alle existierenden Bankkonten elektronisch in finavigate zu integrieren, d. h., die kontoführende Bank muss in der Lage sein, elektronische Kontoauszüge in einem internationalen Standardformat (SWIFT MT940) einer Empfängerbank in Deutschland zur Verfügung zu stellen. Darüber hinaus erfasst die Tochtergesellschaft die Stammdaten ihrer Bankkonten in finavigate und bestätigt durch Unterschrift des CFO die Vollständigkeit der eingegebenen Konten. Bei der Eingabe der Stammdaten werden die Daten anhand einer zentralen Bankstammdatentabelle in finavigate plausibilisiert.

Die rechtlichen und steuerlichen Rahmenbedingungen in einzelnen Ländern stellen die größte Herausforderung bei der Einführung von Cash-Pooling-Strukturen dar. Sie bedürfen jeweils einer Einzelbetrachtung und sind ein zeitintensiver Faktor für die Einführung derartiger Strukturen.

4. Finanzrisikomangement

4.1 Identifizierung des Exposure

Die systemtechnische Einbindung aller existierenden Bankkonten, die Erfassung aller Finanzgeschäfte mit internen und externen Partnern und die Abbildung aller internen Zahlungsvorgänge auf Verrechnungskonten verschafft der Inhouse Bank zu jedem Zeitpunkt einen weltweiten Überblick der aktuellen Liquiditätspositionen der Merck-Gruppe nach Währungen.

4.2 Messung des Exposure

Innerhalb der Merck-Gruppe besteht für die Tochtergesellschaften Andienungspflicht bei der Inhouse Bank für die Absicherung von zukünftigen Währungspositionen. Sämtliche Sicherungsgeschäfte mit Tochtergesellschaften und Banken sind in finavigate hinterlegt. Darüber hinaus werden auf einer täglichen Basis alle offenen Posten der deutschen Merck-Gesellschaften (Forderungen und Verbindlichkeiten gegenüber Dritten) vollautomatisch von SAP an finavigate übertragen und fließen als Bestandteil in die aktuelle Exposure-Ermittlung ein.

Das Exposure der Inhouse Bank ist fortlaufend aktuell im System abgebildet und erlaubt eine jederzeitige Kontrolle und Steuerung der Währungspositionen. Über das geschlossene System aller in Cash Pools eingebundenen Bankkonten, die Abwicklung des internen Zahlungsverkehrs über Verrechnungskonten, die zentrale Kreditaufnahme und Geldanlage bei der Inhouse Bank und den Kontrahierungszwang für Fremdwährungssicherungsgeschäfte werden Liquiditäts- und Währungsrisiken der Merck-Gruppe transparent dargestellt und können optimal gesteuert werden.

4.3 Risikomanagementstrategie

Die Zins- und Währungsstrategie der Inhouse Bank wird von einem Ausschuss unter Leitung des CFO quartalsweise festgelegt. Auf Basis einer rollierenden Zwölf-Monats-Vorschau der wichtigsten Währungspositionen werden in Abhängigkeit von der prognostizierten Währungsentwicklung Sicherungsentscheidungen getroffen, die auf einen bestimmten Prozentsatz der erwarteten Umsätze abstellen. Die Inhouse Bank selbst ermittelt ihr Risiko auf Basis eines Value-at-Risk-Ansatzes. Unter Berücksichtigung definierter Limite kann die Inhouse Bank eigene Währungspositionen halten. Bei Überschreitung des Maximalrisikos oder bei Gewährung von internen Geldanlagen und Kreditaufnahmen in Fremdwährung erfolgt im Allgemeinen eine Glattstellung durch Gegengeschäfte mit Banken.

Bei konzerninternen Zahlungen nimmt die Inhouse Bank stets die Gegenposition für die beteiligten Tochtergesellschaften ein. Sind bei derartigen Transaktionen zwei Tochtergesellschaften mit unterschiedlichen Landeswährungen beteiligt, kommt es regelmäßig zu Währungskonvertierungen von Tochtergesellschaften. In der Vergangenheit wurden diese mit lokalen Banken getätigt. Zwischenzeitlich erfolgen die Währungskonvertierungen der Einzelgesellschaften durch Kontrahierung mit der Inhouse Bank. Die konvertierten Beträge fließen in das Exposure der Inhouse Bank ein und werden bei Bedarf auf Makroebene abgesichert. Damit verbundene Kosteneinsparungen liegen auf der Hand.

5. Herausforderungen

5.1 Outsourcing

Merck stand vor der Entscheidung, eine Treasury Management Software am Markt zu kaufen und an die eigenen Anforderungen anzupassen oder sich einen erfahrenen Partner zu suchen, der als Dienstleister eine funktionsfähige Lösung bereitstellt und weiterentwickelt. Siemens konnte als weltweit tätiges Industrieunternehmen die notwendige Erfahrung und Kontinuität nachweisen, um die Outsourcing-Entscheidung in einem durchaus sensiblen Bereich angemessen erscheinen zu lassen. Heute arbeitet Merck auf den Servern von Siemens. Die Weiterentwicklung der Softwareanwendung liegt in der Verantwortung von Siemens und erfolgt in Abstimmung mit Merck.

Trotz der Größe der Merck-Gruppe wäre der eigene Betrieb einer weltweit einsetzbaren Treasury Management Software wirtschaftlich nicht durchführbar. Erst die Zusammenarbeit mit einem erfahrenen global operierenden Industriepartner hat die kosteneffiziente Realisierung eines zentralisierten Treasury-Ansatzes in kürzester Zeit ermöglicht.

5.2 Aufgabenverteilung zwischen Gesellschaft und Inhouse Bank

Für die Tochtergesellschaften von Merck ist die Inhouse Bank zur Hauptbankverbindung geworden. Die traditionellen lokalen Bankverbindungen werden auf ein notwendiges Minimum reduziert. Als wesentliche Aufgabe verbleibt den Tochtergesellschaften die Abwicklung des lokalen Zahlungsverkehrs vor Ort. Für die Merck-Gruppe sind durch die Inhouse Bank die Voraussetzungen für eine weltweit gültige Liquiditäts- und Kreditlinienversorgung auf Basis einer definierten Bankenstrategie geschaffen worden.

Die Zentralisierung des Treasury-Bereichs ist für Tochtergesellschaften mit einem Einschnitt in die finanzielle Selbständigkeit und Verantwortung verbunden. Dagegen stehen die Vorteile einer jederzeitigen Liquiditätsversorgung und Kosteneinsparungen durch eine effiziente Abwicklung von internen und externen Zahlungsvorgängen. Unterstützt wird die Akzeptanz für die Zentralisierung durch eine überzeugende Treasury-Management-Lösung, die für die Tochtergesellschaften zu einer spürbaren Verbesserung ihrer eigenen Prozesse geführt hat.

6. Schlussfolgerungen

Transparenz ist für Treasury-Bereiche von global operierenden Industrieunternehmen ein hohes Gut. Die Kenntnis der weltweiten Liquiditätspositionen stellt die Grundlage für das übergeordnete Ziel einer jederzeitigen Liquiditätssicherung dar. Liquiditätsreserven können optimal genutzt und die finanziellen Risiken besser gesteuert und minimiert werden.

Die Einführung einer Inhouse Bank hat bei Merck die Schaffung einer Schaltstelle zwischen Tochtergesellschaften und Finanzmärkten ermöglicht, die zu erheblichen Kosteneinsparungen geführt hat. Kreditlinien werden weitgehend von der Merck KGaA als Inhouse Bank vorgehalten und erlauben eine effiziente Steuerung der Bankverbindungen. Die Durchführung des Zahlungsverkehrs erfolgt zunehmend optimiert.

Interne Prozesse sind gravierend vereinfacht und die Zusammenarbeit zwischen den Merck-Gesellschaften hat sich spürbar verbessert. Insgesamt hat der Aufbau der Inhouse Bank einen erheblichen Beitrag zur Wertsteigerung bei Merck geleistet. Wichtige Grundlage für die erfolgreiche Einführung war die Etablierung von Regelungen, die in Richtlinien verankert wurden.

Für die effiziente Organisation von Treasury-Bereichen in international tätigen Industrieunternehmen gibt es keinen universell gültigen Ansatz. In Abhängigkeit von dem Geschäftsmodell, der Internationalität und dem Zentralisierungsgrad muss jedes Unternehmen den für sich optimalen Weg individuell definieren.

Der beschriebene Aufbau einer Inhouse Bank bei Merck zeigt einen zukunftweisenden Ansatz für eine kosteneffiziente und schnelle Zentralisierung eines Treasury-Bereichs in einem international tätigen Industrieunternehmen, der den Möglichkeiten einer Zusammenarbeit in einer globalisierten und vernetzten Welt Rechnung trägt.

Literatur

Hornstein, J./Schmeiser, W. (2006): Corporate Treasury – Bausteine einer erfolgeichen Inhouse Bank, in: Schwabe, Ley & Greiner mbH (Hrsg.), TreasuryLog, 2/2006, Wien 2006.

Krisenmanagement im Treasury

Dieter Dehlke – GEA Group Aktiengesellschaft

1. Indikatoren einer Unternehmenskrise
2. Maßnahmen vor Eintritt der Krise
3. Maßnahmen nach Eintritt der Krise
4. Wege aus der Krise
5. Erfahrungen/Ratschläge

1. Indikatoren einer Unternehmenskrise

„...Krise kann ein produktiver Zustand sein. Man muss ihr nur den Beigeschmack der Katastrophe nehmen...“

Max Frisch (1911-1991), Schweizer Schriftsteller, 1958 Georg-Büchner-Preis.

In Deutschland melden jährlich fast 40.000 Unternehmen Insolvenz an und mehr als zehnmal so viele Unternehmen werden mangels Ertragskraft still liquidiert. Angesichts der rund drei Millionen steuerpflichtigen Unternehmen verlässt somit Jahr für Jahr jedes 7. Unternehmen in Deutschland wieder den Markt.

Obwohl die meisten Marktaustritte in aller Stille verlaufen und nur einige wenige Pleiten wie Holzmann, Kirch und Babcock Borsig von einem breiten Publikum wahrgenommen werden, sind die Schäden für den Standort und die Volkswirtschaft enorm, denn durch Insolvenzen wird nicht nur der Arbeitsmarkt stark belastet, sondern durch Uneinbringlichkeit und Abschreibungsbedarf der offenen Forderungen bei den Zulieferern besteht immer auch das Risiko von Folgeinsolvenzen.

Ursache dafür, dass ein Unternehmen in eine Krise gerät, die zum Marktaustritt durch Insolvenz oder stille Liquidation führen kann, sind zumeist Fehlentscheidungen, die nicht rechtzeitig durch geeignete strategische und taktische Gegenmaßnahmen vom Management korrigiert wurden.

Eine strategische Entscheidung des Managements kann erst im Zeitablauf als gut oder als falsch bewertet und damit als Fehlentscheidung bezeichnet werden. Je schneller daher das Management des Unternehmens die Auswirkungen seiner Entscheidungen und Maßnahmen beurteilen kann, desto eher können Fehlentwicklungen mit Tendenz zur Krise wirkungsvoll bekämpft und das Auftreten von solvenzbedrohenden Tatbeständen vermieden werden.

Die überwiegende Anzahl der Insolvenzanmeldungen wird mit dem Tatbestand der Zahlungsunfähigkeit und nicht der Überschuldung begründet. Somit ist im Unternehmen der Treasurer als Verantwortlicher für die Kasse die zentrale Figur für die frühzeitige Wahrnehmung einer Krise sowie deren Abwehr oder Überwindung.

Die Hauptaufgabe des Treasurers ist die Sicherstellung der jederzeitigen Zahlungsfähigkeit. Dabei ist er in Verbindung mit seiner Finanzabteilung zugleich Frühwarn- als auch Abwehrsystem.

Um als effizientes Frühwarnsystem zuverlässig funktionieren zu können, sollte der Treasurer über geeignete Instrumente verfügen, die ihm gestatten, einen permanenten Vergleich des jeweils aktuellen Kassenbestandes mit den im Rahmen der Bilanzplanung aufgestellten Liquiditäts-Budgetwerten („Statusreport“) anzustellen und eine auf Monatsbasis rollierende mittelfristige Finanzplanung, die regelmäßig die aktuellsten Erkenntnisse über Auftragsabwicklungen, Auftragshereinnahmen, M&A- sowie Investitions- und Verkaufsabsichten berücksichtigt („Vorausschau"), auszuwerten.

Diese beiden Finanzerhebungen des Treasurers sollten mindestens einmal im Monat im Zusammenhang zueinander, aber auch im Zusammenhang mit den Zahlen des Controllings analysiert werden. Während dabei der Statusreport im Wesentlichen einen aktuellen Ist-Stand mit Planwerten der Vergangenheit („Plan/Ist-Vergleich") vergleicht, ist die Vorausschau eine echte Planung im Sinne einer gedanklichen Vorwegnahme der zukünftigen Finanzströme. Beide Instrumente des Treasurers liefern dem Vorstand oder der Geschäftsführung ein vollständiges Bild der finanziellen Situation und geben eine Tendenz der Liquiditätsentwicklung an.

Bei der Vorausschau können auch Prämissen im Sinne von unterschiedlichen Szenarien (Best Case, Realistic Case, Worst Case) und entsprechende Maßnahmen (Kapitalmarkttransaktionen, Kreditaufnahmen) sowie Gegenmaßnahmen in Krisensituationen (z. B. Verlängerung von Zahlungszielen, beschleunigte Hereinnahme von Anzahlungen, Verlagerung von Investitionen in die Zukunft) berücksichtigt werden.

In einer Krise können beide als Finanz-Barometer der Solvenz des Unternehmens betrachtet werden und liefern Erkenntnisse und Einschätzungen über den möglichen zukünftigen Verlauf der Liquiditätsstände in Monatsintervallen. Die Entwicklung dieser Stände kann eine aufkommende Krise und damit die Konsequenz aus Fehlentscheidungen signalisieren, wenn:

- beim Statusreport die Ist-Liquidität die Planwerte über längere Zeiträume und immer stärker unterschreitet und
- bei der Vorausschau die prognostizierten Liquiditätsstände permanent und bei jeder neuen Planung stärker die Budgetwerte und die im Vormonat prognostizierten Stände unterschreiten.

Dabei ist zu bemerken, dass die Erkenntnisse sowohl statisch aus regelmäßigen Plan/Ist-Vergleichen als auch dynamisch aus regelmäßigen Plan/Plan-Vergleichen gezogen werden können.

Eine einzelne Budget-Unterschreitung beim Statusreport und eine vereinzelt auftretende Unterdeckung im Rahmen der Vorausschau sind sicher noch kein Anzeichen für eine Krise.

Vielmehr bedeutet die Verantwortung für die Aufrechterhaltung der jederzeitigen Zahlungsfähigkeit für den Treasurer, solche Beobachtungen stets zum Anlass zu nehmen, zunächst die Bestimmungsgründe für die Unterschreitung oder die Unterdeckung zu analysieren, dann die Planannahmen auf Aktualität (gegebenenfalls gab es nur Verschiebungen von Zahlungseingängen) zu überprüfen, anschließend sich erneut zu vergewissern, dass die zu Grunde liegende mehrjährige Geschäftsplanung (3 - 7 Jahre), die Ausgangspunkt und Basis für die Bilanz- und Cash-Flow-Planung (1 - 3 Jahre) war, solide durchfinanziert ist.

Die Elemente einer solchen Finanzierungseinschätzung bestehen immer aus Annahmen über:

- die Innenfinanzierung, und dabei speziell über den Cash Flow, den das Unternehmen mit seinen Aktivwerten generiert,
- genaue Zeitpunkte von wesentlichen Einzahlungen und
- die zur Ergänzung notwendige Außenfinanzierung, also die geplanten, aber auch die zusätzlich möglichen Fremd- sowie Eigenkapitalmaßnahmen.

Folgende Erklärungen können Indikator für eine möglicherweise beginnende Krise sein:

- Zahlungseingänge aus einem oder mehreren Aufträgen oder von einem oder mehreren Abnehmern verzögern sich und werden unsicherer.
- Cash Flows aus einer Tochtergesellschaft oder einer Division bleiben aus und werden in permanenten Planänderungen zum Schlechteren dokumentiert.
- Tochtergesellschaften, Divisionen melden Ergebnisrückgänge.
- Gesellschaften verlagern ihre Liquiditätspositionen auf Konten außerhalb des Clearingverbundes.
- Der finanzielle Spielraum in Form von freien Linien verengt sich stetig.

Folgende Erklärungen sind sichere Indikatoren für eine bereits entstandene Krise:

- Die Eigenkapitalquote sinkt seit mehreren Perioden und bewegt sich gegen oder ist bereits unterhalb von 15 %.
- Das aktuelle Verhältnis von Cash Flow zur Bilanzsumme (Kapitalrückfluss) ist schlechter als 6 % p. a.
- Die Umsatzrendite sinkt unter 1 % p. a.
- Die Kreditlinien sind um mehr als 85 % ausgenutzt.
- Der dynamische Verschuldungsgrad, der die Nettoschuldenposition ins Verhältnis zum Cash Flow setzt, wird größer als 4.
- Warenkreditversicherer sprechen keine weiteren Deckungszusagen für Lieferanten aus.
- Vorlieferanten verlangen Sicherheiten oder Vorkasse.
- Banken erklären, dass die Konditionen für Kredite erhöht werden.
- Banken erklären, dass Linien nicht verlängert werden oder nur noch gegen stärkere Besicherung.
- Banken erklären Kreditlinienverlängerungen nur unter dem Vorbehalt, dass alle anderen Kreditgeber ebenfalls dic Zusagen verlängern.

2. Maßnahmen vor Eintritt der Krise

Die Kommunikation des Unternehmens zu seinen Kunden, Lieferanten, Banken, Investoren und Aktionären sollte so ausgerichtet sein, dass sich langfristig das „Financial Standing", also die Kombination von Ansehen und Bonität, das ein Unternehmen am Markt und bei seinen Geschäftspartnern hat, verbessert.

Der Treasurer hat bei der Ausgestaltung der Kommunikation eine wichtige Rolle. Zum einen liefert er die Informationen über die jeweilige finanzielle Situation im Rahmen der Gesamtkommunikation von Öffentlichkeitsabteilung und Investor Relations; zum anderen ist er direkt verantwortlich für die Finanzkommunikation zum Kreditmarkt.

Bei seiner Finanzkommunikation ist der Treasurer abhängig von der Ausgestaltung und Wirkung der Gesamtkommunikation, denn zum einen muss seine Finanzkommunikation schlüssig sein mit der Gesamtkommunikation und zum anderen hat die Gesamtkommunikation über die potenzielle Veränderung des Financial Standing unmittelbar Auswirkungen auf die Möglichkeiten des Treasurers zur Kapitalbeschaffung. Dabei beeinflusst das Financial Standing alle Beziehungen, die der Treasurer am Markt unterhält.

Der Gradmesser für das Financial Standing beim Kunden ist die eigene Fähigkeit, günstige oder weniger günstige Zahlungsbedingungen in Verbindung mit geringen oder hohen Besicherungsnotwendigkeiten durchzusetzen. Dabei ist das Verhalten des Kunden, auch gegebenenfalls durch die Deckungszusagen von Warenkreditversicherungen, die ihrerseits die Bonität des Unternehmens einschätzen, bedingt. Die Einschätzung der Bonität fließt in die maximalen Deckungsvolumina und den Preis dafür ein.

Bei Banken wird das Financial Standing unmittelbar durch den Preis für Dienstleistungen im Rahmen der Kreditvergabe/-einräumung zum Ausdruck gebracht. Außerdem lässt die absolute Höhe der bereitgestellten Kreditlinien ebenfalls Rückschlüsse über die Bonitätseinstufung zu. Banken basieren ihre Kreditwürdigkeitseinstufung (internes Bankrating) auf den gesetzlich erforderlichen Kreditanalysen von Bilanz und Gewinn- und Verlustrechnung der letzten drei Geschäftsjahre, lassen bei ihrem Urteil aber auch die prognostizierten Zukunftsaussichten einfließen. Dabei ist der persönliche und fachliche Eindruck, den das Management bei der Präsentation der Geschäftsplanung hinterlässt, eine weitere Komponente der Bewertung.

Insbesondere bei Finanzierungen durch die Emission von Schuldverschreibungen am Kapitalmarkt ist das Financial Standing von großer Bedeutung. Hier verlassen sich die Investoren entweder ganz auf die Beurteilungskraft der am Markt bekannten Ratingagenturen (externes Kapitalmarktrating) oder auch auf Analysen von Kreditanalysten der am Markt führenden Banken. Bei Private Placements treten institutionelle Anleger auch in direkte Risikogespräche mit Vertretern des Managements ein.

Jede der vorgenannten Gruppen wird im Rahmen der Finanzkommunikation vom Treasurer individuell angesprochen. Die dabei mitgeteilten Informationen sind sowohl bezüglich der konkreten Inhalte als auch vom Detaillierungsgrad sehr unterschiedlich. Außerdem ist die Häufigkeit der Kommunikation ebenfalls ein Unterscheidungsmerkmal.

Zu den Banken bestehen sicherlich die engsten und häufigsten Kontakte mit dem höchsten Detaillierungsgrad an Informationen. Dagegen ist bei Investoren, die sich eventuell nur ein Mal in 20 Jahren in geringem Volumen an der Emission einer Schuldverschreibung beteiligen, die Kommunikation beschränkt auf Kenntnisnahmen von Informationen in öffentlich zugänglichen Publikationen wie Anzeigen und Mitteilungen über Jahresabschlüsse.

Allerdings gilt bei allen Gruppen im Rahmen der auf sie individuell zugeschnittenen Finanzkommunikation die Regel, dass ein gutes Financial Standing nur in finanzwirtschaftliche günstige Bedingungen umgesetzt werden kann, wenn zwischen den Parteien großes Vertrauen herrscht.

Ein wesentliches Prinzip im Umgang speziell mit seinen engsten Partnern sollte sein, Probleme, Risiken, deren Bestimmungsgründe und die eingeleiteten Maßnahmen zur Beseitigung proaktiv zu erläutern. Dabei sind die wesentlichen Grundsätze der Finanzkommunikation, neben der Vermittlung und Erläuterung der reinen Information, der Aufbau und der Erhalt des Vertrauens bei den Finanzpartnern.

Aufbau von Vertrauen am Markt in finanziell sicheren Zeiten durch proaktive Kommunikation ist mindestens so wichtig wie das Vorsorgen für schwierige Zeiten durch eine Notfallplanung und strategische Liquiditätsreserven. Dabei hilft es, bei seinen Partnern ein Verständnis für die im Unternehmen bestehenden Risikokontrollmechanismen, Krisenreaktionspotenziale und das Risiko-Controlling insgesamt zu erzeugen.

Als strategische Liquiditätsreserve sind bestimmte sowohl kurz- als auch langfristige Aktiva anzusehen. Es empfiehlt sich in diesem Zusammenhang, in guten Zeiten die bestehenden Möglichkeiten der Monetisierung von Forderungen weiterhin sporadisch zu nutzen, um diese Finanzierungsformen quasi „gangbar" zu halten. Zu ihnen gehören insbesondere Factoring, Forfaitierung oder Asset-Backed-Securities-Strukturen, aber auch die verstärkte Sicht auf die Innenfinanzierungskraft des Unternehmens (unter anderem Working Capital Management).

Diese Finanzierungsformen sind in guten Zeiten teurer und darüber hinaus mit einem höheren administrativen Aufwand verbunden als die einfach gehaltenen Kreditziehungen, häufig bieten diese Formen aber in Krisenzeiten, wenn die Kreditlinien nicht mehr ausreichen, ein signifikantes Reaktionspotenzial. Dann sind sie oftmals die einzigen noch möglichen und fungiblen Finanzierungs- und Liquiditätsquellen und ihre Kosten sind in der Krise häufig geringer, da für den Erwerber einer verkauften Forderung oder einen Finanzier einer zur Besicherung abgetreten Forderung nicht das allgemeine (und in der Krise gestiegene) Unternehmensrisiko, sondern nur noch das Risiko der Forderung gegen einen Dritten mit vermutlich besserem Financial Standing für die Finanztransaktion die relevante Beurteilungsgröße ist.

Darüber hinaus sollte der Treasurer ein gutes Gefühl für die Veräußerbarkeit von langfristigen Aktiva, inklusive der Beteiligungen, entwickeln. Dieses Gefühl sollte sowohl realisierbare Zeitpunkte einer Veräußerung als auch realisierbare Verkaufspreise beinhalten. Innerhalb der

Bestimmung der strategischen Liquiditätsreserve ist dies die größte Herausforderung. Sollten nicht bereits seitens der M&A-Abteilung Verkaufsbemühungen bezüglich einzelner Beteiligungen angelaufen sein und gegebenenfalls Absichtserklärungen inklusive eines Preisangebotes von konkreten Interessenten vorliegen, wird hier häufig „ins Blaue geschossen". Auch die der Bilanz zugrunde liegenden Buchwerte sind nur ein grober Anhaltspunkt. Der Treasurer muss sich bewusst sein, dass eine Veräußerung angesichts einer bevorstehenden oder bereits eingetretenen Krise, vor dem Hintergrund der geringeren Alternativen, immer mit großen Abschlägen verbunden ist, die teilweise 50 % und mehr betragen.

In guten Zeiten, noch bevor Krisen „in Sicht" sind, sollte der Treasurer in die Finanzkommunikation mit seinen Partnern, speziell mit den Banken, vor dem Hintergrund der Vertrauensbildung einen Großteil seiner Zeit „investieren". Er schafft dem Unternehmen damit Partner, die es im Vertrauen auf Managementfähigkeiten, auf Reserven, auf Risiko-Controllinginstrumente und auf die operative Unternehmensleistung auch im Krisenfall weiterhin unterstützen. Partner, die kein Vertrauen haben, werden bei Auftreten des geringsten Problems ihre Kreditlinien kündigen und versuchen, ihre Engagements kurzfristig zu beenden, wodurch die Krise unmittelbar verstärkt und von anderen Partnern ebenfalls ungünstig aufgenommen wird.

Daher bilden ein gutes Financial Standing und das Vertrauen zahlreicher Marktteilnehmer in das Unternehmen für den Fall einer Krise ein effektives Schutzpotenzial, denn es verlängert angesichts einer sich verschlechternden finanziellen Situation des Unternehmens die Zeitdauer, bis Kreditgeber ihre Engagements verteuern oder sogar ganz beenden wollen. Dadurch werden die Krisenreaktionsspielräume des Treasurers signifikant erhöht.

3. Maßnahmen nach Eintritt der Krise

Nach Eintritt einer Krise verschlechtert sich automatisch das Financial Standing mit der Folge, dass die Beziehung zum Unternehmen für seine Partner per se ein höheres Risiko darstellt.

Ein höheres Risiko kommt zum Ausdruck in schlechteren internen und externen Ratings, führt damit automatisch zur Forderung nach höheren Sicherheiten und Preisen für Kredite sowie zu ungünstigeren Zahlungsbedingungen, gegebenenfalls verlieren an der Börse notierte Schuldverschreibungen und Aktien im Kurs, womit sich die Begebungsmöglichkeiten für Fremd- und Eigenkapital verschlechtern.

Das Ausmaß der Krise und deren Entwicklung beeinflussen die Höhe des Risikos und damit die konkrete Ausprägung der Folgeeffekte. Diesem gestiegenen Risiko kann, basierend auf vor der Krise geschaffenem Vertrauen bei Finanzpartnern und unmittelbar eingeleiteten Maßnahmen, wirkungsvoll entgegengetreten werden.

Nach Erkenntnis über die Bestimmungsgründe für den Eintritt der Krise müssen zunächst das volle Ausmaß der Krise analysiert und entsprechende Gegenmaßnahmen beschlossen werden. Diese Gegenmaßnahmen umfassen neben der Reaktion auf die operativen Krisengründe auch bereits Maßnahmen, die positive Auswirkungen auf die Liquiditätssituation des Unternehmens haben. In erster Linie sind dabei im Fokus: Kostenreduzierung, Verlagerung der Ausgaben in die Zukunft und noch wesentlicher, Verbesserung der Working-Capital-Relationen. Hierbei werden Gespräche mit den Zulieferern mit dem Ziel geführt, Zahlungszielverlängerungen zu erreichen. Es werden verstärkt Anstrengungen unternommen, bei den Kunden die Forderungen schneller zu realisieren und die Lagerhaltung im Unternehmen zu reduzieren.

Nach einer Aktualisierung der Annahmen über den Fortgang des operativen Geschäftes bedingen diese Erkenntnisse die Aufstellung von neuen Finanzplänen und dabei insbesondere einer neuen Vorausschau.

Den innerhalb der Vorausschau auf den neuesten Stand gebrachten Cash Flows müssen flankierend die Finanzierungseffekte aus vorhandenen Linien gegenübergestellt werden. Dabei muss antizipiert werden, welche Kreditgeber gegebenenfalls zukünftig nicht mehr zur Verfügung stehen und welche Zulieferer und Kunden ihre Zahlungsbedingungen neu verhandeln wollen. Im Rahmen einer Worst-Case-Betrachtung sollten auch bereits jetzt zur Stabilisierung der Krise die möglichen Liquiditätseffekte aus einer Monetisierung von sowohl kurz- als auch langfristigen Aktiva realistisch eingeschätzt werden.

Dieses krisenspezifische Finanzierungskonzept wird im Rahmen der Finanzkommunikation vom Treasurer zunächst seinen engsten Partnern, dabei insbesondere den Banken, mit dem Ziel vorgestellt, von möglichst vielen Partnern Zustimmung und Unterstützung für die Umsetzung zu erhalten. Im Rahmen dieser Gespräche ist zu erwarten, dass Finanzierungsverträge, Konditionen und auch Besicherungskonzepte geändert werden.

Wahrscheinlich ist in dieser Phase die Bildung eines Restrukturierungs-Konsortiums. Dabei werden die Kreditgeber mit den bislang größten Finanzierungsbeträgen ihre Finanzverträge miteinander verknüpfen und gegebenenfalls ihre Finanzierungszusagen unter konsortiale Zustimmungsvorbehalte stellen. Die Verknüpfung der Finanzverträge kann so weit gehen, dass zur Rettung des Unternehmens neben den bislang bestehenden bilateralen Engagements der einzelnen Banken auch ein Konsortialkredit von der gesamten Bankengruppe zur Verfügung gestellt wird. Üblich ist bei einem solchen „Restrukturierungskredit" neben der Verabredung von weit reichenden Rechten zur Einflussnahme und Kontrolle des operativen Geschäftes eine wesentliche Erhöhung der Berichtspflichten an die konsortiale Bankengruppe. Außerdem werden üblicherweise Poolsicherheiten für das Konsortium bestellt, an denen die Konsortialmitglieder in der Höhe ihres relativen Engagements beteiligt werden.

Die Einbeziehung der Eigentümer des Unternehmens in das Restrukturierungskonzept ist auch möglich und notwendig. Höchstwahrscheinlich ist die Forderung der Kreditgeber nach Sanierungsbeiträgen der Großaktionäre, z. B. in Form einer Kapitalerhöhung oder der Bereitstellung von Gesellschafter- und Nachrangdarlehen.

Ein weiterer Baustein eines solchen Konzeptes könnte die Veräußerung von Unternehmensteilen und Beteiligungen an einzelne Banken des Restrukturierungs-Konsortiums und/oder an die Gesellschafter sein. Alle aus diesen Maßnahmen resultierenden Liquiditätseffekte wirken unmittelbar stabilisierend für das Unternehmen und erhöhen das Vertrauen der Finanzierungspartner auf eine erfolgreiche Bewältigung der Krise; damit erhöht sich die Wahrscheinlichkeit, dass alle wichtigen Finanzierungspartner den Restrukturierungsplan unterstützen.

Es empfiehlt sich, bei der Konzepterstellung einen auf derartige Situationen spezialisierten Berater in das Unternehmen zu holen. Häufig wird dieses Vorgehen auch von den Banken gefordert. Der Berater erhält häufig einen weitaus tieferen Einblick als die Banken in die operativen Strukturen und das Geschäft des Unternehmens und kann basierend auf seiner Kenntnis von ähnlich gelagerten Problemen zum einen nützliche Unterstützung leisten, zum anderen erhält ein mit einem erfahrenen Berater erstelltes Restrukturierungskonzept ein höheres Maß an Glaubwürdigkeit und erzeugt somit erneut Vertrauen.

Im Anschluss an die Festlegung des Rettungsplanes, inklusive Krisenreaktion, Anpassung des operativen Geschäftes sowie Vereinbarung der neuen Kredit- und Besicherungsstruktur, sollte dieser Plan im Rahmen der Finanzkommunikation offiziell am Kredit- und Kapitalmarkt, insbesondere bei den Meinungsmultiplikatoren wie Ratingagenturen und Kreditanalysten von Banken, vermittelt werden.

Zielsetzung dabei ist, das Vertrauen des Marktes in das Konzept zu gewinnen und das Financial Standing des Unternehmens auf einem für Kunden, Lieferanten und Warenkreditversicherungen befriedigenden Niveau zu erhalten.

Dem Markt müssen nunmehr im Rahmen der Finanzkommunikation vom Treasurer die Gründe erläutert werden, die zur Krise führten, und vor dem Hintergrund der mittels seiner Partner eingeleiteten Maßnahmen muss zuversichtlich dafür geworben werden, dass innerhalb einer überschaubaren Periode die alte finanzielle Stärke wieder erreicht wird. Sollte dies nicht gelingen, werden Kunden und Lieferanten durch Veränderungen der Zahlungsbedingungen die Krise weiter verstärken. Dann kommen auf die Finanzierungspartner im Restrukturierungs-Konsortium weitere Belastungen zu.

4. Wege aus der Krise

Es gibt nur zwei Wege aus der Krise: den nicht erfolgreichen Weg, der zur Schließung oder Anmeldung der Insolvenz führt, und den erfolgreichen Weg, der Sanierung und Wiedererlangung des alten Financial Standing bedeutet.

Schließung und Insolvenz führen beide zur Abwicklung des Unternehmens. Bei der eigenverantwortlichen Schließung werden die Aktiva veräußert und mit der dabei erzielten Liquidität die Passiva zurückgeführt. Nach Insolvenz wird die Unternehmung quasi fremdverantwortlich abgewickelt, was im Kern gleich abläuft. Beide Alternativen bedeuten das Ende für das Unternehmen.

Ein erfolgreicher Weg aus der Krise führt im Wesentlichen nur über ein erfolgreich umgesetztes Restrukturierungsprogramm. Dabei ist die operative Seite des Unternehmens federführend und verantwortlich für die Umsetzung der Sanierung, während der Treasurer im Rahmen des von ihm mitgestalteten Finanzkonzeptes sicherstellen muss, dass die Partner der Restrukturierung permanent informiert sind über den aktuellen Status der Entwicklung und somit ihre im Rahmen des gemeinsamen Restrukturierungskonzeptes gegebenen Zusagen aufrechterhalten.

Der Treasurer sieht sich dabei mindestens zwei konkurrierenden Gruppen gegenüber. Zum einen gibt es die ihn unterstützende Gruppe, die im Vertrauen auf Sanierung weitgehend passiv agiert, ihn weiterhin im Rahmen der Verträge mit Krediten versorgt und das Geschäft „normal" ablaufen lässt. Zum anderen gibt es die Gruppe von Banken, die nur notgedrungen am Restrukturierungskonzept mitwirkt und aus seiner Sicht kontraproduktiv ist.

Diese Bankengruppe glaubt im Kern nicht an die Sanierung und sieht in ihrer Teilnahme am Restrukturierungskonzept nur eine Möglichkeit, ihr Engagement weitgehend kontrolliert zu reduzieren. Im Zeitpunkt der gemeinsamen Erstellung des Restrukturierungskonzeptes waren die Engagements dieser Banken vermutlich so hoch, dass sie nur vom drohenden Insolvenzszenario und dem dann unmittelbar anstehenden Abschreibungsbedarf „motiviert" wurden, am Restrukturierungs-Konsortium teilzunehmen.

Sie werden das Unternehmen nicht mehr von einem Kundenbetreuer überwachen und wie in der Vergangenheit konstruktiv operativ unterstützen. Die Banken haben auf Abwicklung spezialisierte so genannte Work-out-Groups. Die Mitarbeiter dieser Teams zeichnen sich nicht als besonders faire Verhandlungspartner aus.

Der Treasurer wird sich der Situation ausgesetzt sehen, dass in konsortialen Bankenrunden alle Teilnehmer ihre Zusagen regelmäßig nur unter dem Vorbehalt geben, dass die Konsortialmitglieder allen Prolongationen ausnahmslos zustimmen. Im Falle von Linienreduktionen streben alle Banken mindestens an, entsprechend ihrer konsortialen Quote daran zu partizipieren.

Die Work-out-Groups suchen für sich selbst außerhalb der konsortialen Bankenrunden Verbesserungspotenzial in bilateralen Gesprächen. Dort wird versucht, Kreditlinien, die im Rahmen des Restrukturierungskonzeptes bislang unberücksichtigt blieben, in das Liniengefüge der konsortialen Restrukturierung einzugliedern, was gleichbedeutend ist mit einer schleichenden Linienreduktion. Außerdem wird, basierend auf vorgetäuschten Argumenten, das Ziehen von Kredit aus den konsortialen Linien mit dem Ziel verhindert, Sonderkredite zu besonders hohen Konditionen zuzulassen. Nach einiger Zeit werden diese Sonderkredite in die konsortialen Linien eingegliedert, allerdings unter Beibehaltung der hohen Konditionen.

Je länger die Krise anhält und je mehr vom ursprünglichen Plan der Restrukturierung abgewichen wird, desto schwieriger wird die Lage des Treasurers, diese vorgenannte Entwicklung zu kontrollieren und selbst zu agieren. Die Anzahl der Banken, die Work-out-Groups zu ihm senden, wird immer größer; damit werden die Handlungsmöglichkeiten immer kleiner und die Krise wird von den eigenen Partnern noch verschärft.

Je eher wieder positive Cash Flows generiert und je mehr Kredite zurückgeführt werden, desto geringer wird die Gefahr, dass die Finanzpartner sich zurückziehen wollen. Die erfolgreiche Umsetzung eines gemeinsam beschlossenen Restrukturierungsplanes wird die Partner „zusammenschweißen“ und das Vertrauen zueinander stärken.

Nach einer überstandenen Krise können die Engagements der Kreditgeber wieder wachsen und der Treasurer kann erneut Zukunftsinvestitionen mit den Banken, die ihn während der Krise unterstützt haben, finanzieren.

5. Erfahrungen/Ratschläge

Die wichtigste Erkenntnis bei der Bewältigung einer Krise ist für den Treasurer, dass sich alle Beteiligten innerhalb und außerhalb des Unternehmens nach geänderten Zielsetzungen mehr oder weniger irrational verhalten.

Wird in „Schönwetter-Perioden“ der Treasurer einerseits von Finanzpartnern geradezu hofiert und andererseits von Management und Mitarbeitern als „Geldzähler“ missachtet, werden in der Krise und insbesondere „kurz vor der Katastrophe“ Ton und Umgang miteinander deutlich rauer. Der Druck auf den Treasurer, der die in dieser Phase knappste Ressource, die Liquidität, kurzfristig wieder beschaffen und langfristig sicherstellen muss, nimmt permanent spürbar zu.

Es stehen für die Finanzpartner nicht nur ein kleines Zusatzgeschäft, eine marginale Kreditlinienerhöhung oder für das Management und die Mitarbeiter ein Auftrag von vielen „auf dem

Spiel", sondern das Gesamtkreditengagement sowie die Existenz des Unternehmens und damit die eigene müssen gerettet werden.

Intern herrschen Nervosität und Anspannung vor, die vornehmlich bei Mitarbeitern der Finanzabteilung durch Existenzängste, Furcht vor Verlust der beruflichen Basis, deren Privilegien und Handlungsfreiheiten stark genährt werden und die Zusammenarbeit mit Kollegen anderer Fachbereiche sowie das Verhältnis zur Geschäftsführung und zu Beteiligungsunternehmen stark belasten. Neben wenigen, die die Sanierungsbemühungen konstruktiv unterstützen, gibt es leider viele, deren Aktionen außerordentlich kontraproduktiv wirken.

Um den drohenden Verlust an Einlagen im Falle einer Insolvenz zu minimieren, gibt es in Beteiligungsunternehmen Finanzverantwortliche, die ganz massiv die Reduzierung oder Absicherung der Einlagen im Führungsunternehmen betreiben, mit Kunden die Verlängerung von Zahlungszielen vereinbaren oder Lieferanten weit vor Fälligkeit Verbindlichkeiten gezielt zurückzahlen.

Es kann sogar geschehen, dass Geschäftsführer in Beteiligungs- und Führungsgesellschaften ihre betrieblichen Versorgungsansprüche aus egoistischen Motiven heraus absichern lassen durch den kurzfristigen Abschluss kapitalgedeckter Lebensversicherungen und dorthin in aller Eile die Überweisung des im Unternehmen gebildeten Deckungsstocks veranlassen.

Die Zusammenarbeit der beteiligten Fachabteilungen bei der Analyse der Bestimmungsgründe für die Krise und Suche nach einem zielführenden Weg aus derselben wird häufig genug auch stark belastet durch gegenseitige Schuldzuweisungen und mangelnde Offenheit.

Die Notwendigkeit zur absoluten Transparenz bei der Erstellung eines realistischen Finanzplanes führt nicht selten zur erheblichen Erweiterung des Abschreibungsbedarfes mit einer daraus resultierenden Eigenkapitallücke – ein wahres Dilemma für die Entscheidungsfindung durch die Geschäftsführung, die im Falle der Akzeptanz einer solchen vom Treasurer vorgelegten Vorausschau der Liquiditätsentwicklung eine überaus kritische Situation bezüglich des Eigenkapitals herbeiführen würde. Diese entsteht dadurch, dass die realistischen (und damit höchst negativen) Annahmen des Treasurers zu Cash Flows und Ergebnissen einiger Aufträge, zu den Gewinnaussichten von Beteiligungsunternehmen sowie zu den erzielbaren Verkaufserlösen von langfristigen Aktiva die Grundprämisse des Going Concern außer Kraft setzen. Dies geschieht, wenn die Annahmen des Treasurers zu so hohen Abschreibungsnotwendigkeiten führen, dass signifikante Teile des Grundkapitals aufgezehrt werden. Damit wäre gegebenenfalls die Liquiditätskrise bewältigt, das Risiko einer Insolvenz wegen Überschuldung jedoch stark gewachsen. Im Rahmen einer Bewertung ohne Going Concern entsteht die Bilanz unter der Annahme der unmittelbaren Auflösung des Unternehmens, was weitere Abschreibungsbedarfe und einen weiteren Verzehr des Eigenkapitals bedingt.

Der Treasurer wird in solchen Situationen einen schweren Stand haben. Die Geschäftsführung wird möglicherweise dazu neigen, den Treasurer der „Schwarzmalerei" zu bezichtigen und den vorgelegten Best Case der Vorausschau zum Realistic Case zu deklarieren sowie anzuweisen, die Annahmen über mögliche Veräußerungserlöse künstlich zu erhöhen. In dieser Situation empfiehlt es sich für den Treasurer, das Reporting diesen Gegebenheiten zwar anzupassen, aber klar seine Einschätzung und seine Annahmen von den geänderten Plänen abzugrenzen und zu dokumentieren.

Der Treasurcr wird insbesondere seine externen Finanzpartner und Banken von „einer ganz anderen Seite“ kennen lernen. War er vor der Krise im Rahmen der Marketingmaßnahmen seiner Finanzpartner möglicherweise häufig im Fokus von angenehmen Kundenveranstaltungen, hatte er häufig Kontakt zu Vorständen und Bereichsleitern von Banken, sind seine Kontakte in diesen schwierigen Zeiten völlig reziprok dazu. Unangemeldete Sicherheitsprüfungen, permanentes und sich häufig im Umfang und Detaillierungsgrad steigerndes Reporting sowie fortwährende Rückfragen und Überleitungsrechnungen zu längst nicht mehr aktuellen Reports der Vergangenheit sind an der Tagesordnung. Es besteht die Notwendigkeit, abweichend von der in Finanzkreisen häufig angewendeten Praxis „das gesprochene Wort zählt“, jedes Detail von Verabredungen und Umsetzungen des Tagesgeschäftes schriftlich zu fixieren.

Insgesamt ist eine solche Krisenzeit eine echte Prüfung und Herausforderung für jeden Treasurer. Der Hinweis sei gestattet, dass auch der Treasurer für die Zeit „nach der Katastrophe“ durch Insolvenz oder Schließung vorbeugen muss. Der wichtigste Ratschlag dafür ist, sich nicht in ein Geflecht der Verschleierung von Bestimmungsgründen der Krise und in die Gestaltung eines unrealistischen Restrukturierungsplanes hineinziehen zu lassen.

Jederzeitige persönliche Integrität und das Primat der ausnahmslosen Anwendung von Wahrheit, Klarheit und Realismus lassen eine Krise für den Treasurer zu einem produktiven Zustand werden.

Einführung eines Working Capital Managements

Peter Mißler – Deutsche Post AG

1. Einleitung

Die ökonomischen Bedingungen und das regulatorische Umfeld für international agierende Unternehmen haben sich in den letzten Jahren gravierend geändert. Die Integration weiterer Länder in die Europäische Union geht einher mit zunehmendem Wettbewerb und der Verlagerung von Produktions- und Vertriebskapazitäten. Hinzu kommen länder- und branchenabhängige Konjunkturschwankungen, höhere Volatilität der Wechselkurse, Verteuerung der Rohstoffpreise sowie eine Flut neuer Regelungen, die Einfluss auf das Kosten- und Risikoprofil der Unternehmen und damit auf deren Refinanzierungsstruktur haben.

Zusammen mit neuen gesetzlichen Vorschriften für Kreditinstitute, wie das Basel II-Abkommen, beeinflusst diese Entwicklung auch die Konditionen für externe Unternehmensfinanzierungen. Der Kapital- und Bankenmarkt reagiert darauf mit entsprechenden Zins- und Renditeforderungen, mitunter auch mit einer Reduktion der Kreditlinien.

Ob es sich um die Durchführung von Akquisitionen, die Finanzierung weiteren Wachstums, die Abwendung drohender Insolvenztatbestände oder um die Sicherung der unternehmerischen Existenz handelt, all diese Faktoren erfordern neue oder zumindest neu durchdachte Ansätze im Finanzmanagement der Unternehmen. Professionelles Finanzmanagement, das sowohl zur Vermeidung von Liquiditätsengpässen wie auch zur Renditesteigerung beitragen kann und finanzielle Risiken gezielt steuert, wird zunehmend zum unternehmerischen Erfolgsfaktor.

Bei der Erschließung von Finanzierungsalternativen wendet sich das Interesse der Unternehmen verstärkt der Finanzierung aus eigener Kraft zu. Bestrebungen gehen dahin, die Bindungsdauer des Arbeitskapitals (Working Capital) im Unternehmen, verstanden als Umlaufvermögen unter Abzug der kurzfristigen Verbindlichkeiten, zu optimieren. Das Working Capital Management umfasst dieses Bestreben. Die Attraktivität des Working Capital Managements beruht auf seiner Doppelwirkung:

Eine Verringerung der Kapitalbindung setzt Liquidität frei und wirkt sich so unmittelbar auf die Finanzlage der Unternehmen aus. Gleichzeitig erhöht sich auch die Kapitalrentabilität, Bilanzstrukturen werden optimiert und Unternehmenskennzahlen verbessert. Working Capital Management eröffnet so Wege für weitere Außenfinanzierungsformen, beispielsweise über Kapitalmarktemissionen von Eigen- und Fremdkapitaltiteln, Private-Equity- oder Mezzanine-Finanzierungen, also Finanzierungsformen über Kapitalgeber, die ihren Blick verstärkt auf Bilanzstrukturen und Unternehmenskennzahlen richten. Working Capital Management ist damit ein Baustein zur wertorientierten Unternehmensführung.

Innenfinanzierung durch Verkürzung der Kapitalbindung in Unternehmen ist als Prinzip keineswegs neu. Unternehmensziele, die sich auf das Working Capital beziehen, wurden bisher jedoch stets als nachrangig gegenüber Größen wie Umsatz und Rentabilität angesehen. Weiter reichende Lösungsansätze zur aktiven Steuerung und Überwachung des kurzfristig gebundenen Kapitals sind jedoch erst bei wenigen Unternehmen zu finden. Zum Teil nicht zu vernachlässigende Potenziale zur Erhöhung der Liquidität und damit zur Verbesserung der Unternehmensfinanzierung bleiben vielfach ungenutzt.

Die Entwicklung neuartiger Informations- und Abwicklungstechniken im IT-Bereich hat die Möglichkeiten zur Realisierung von Innenfinanzierungszielen in den letzten Jahren wesentlich verbessert. Ungenutzte Potenziale im Working Capital können so durch eine zunehmende Automatisierung und Integration der Finanzprozesse im Unternehmen nachhaltig freigelegt werden.

Als Working Capital ist das betriebliche Umlaufvermögen zu verstehen. Es geht vor allem um Forderungen und Verbindlichkeiten aus Lieferungen und Leistungen sowie Lagervorräte. Weitere wichtige Bestandteile sind unter anderem geleistete oder erhaltene Anzahlungen. Eine Verbesserung des Working Capital hinsichtlich Innenfinanzierungskraft, Bilanzstruktur und Ergebnissteigerung baut auf einer Optimierung der folgenden drei Prozessketten auf:

- *Order-to-Cash* (*Forderungen aus Lieferungen und Leistungen*): Marketing-/Vertriebsstrategie, Sales Management, Risikomanagement, Auftragsannahme/-bearbeitung, Rechnungsstellung, Zahlungseingangsbearbeitung, Kreditüberwachung, Cash Management, Customer Service und Vertragsmanagement.
- *Purchase-to-Pay* (*Verbindlichkeiten aus Lieferungen und Leistungen*): Einkaufsstrategie, Disposition, Wareneingang, Lieferantenauswahl, Lieferantenbewertung, Vertragsmanagement, Rechnungsbearbeitung, Zahlungsabwicklung, Cash Management, Reklamationsbearbeitung, Qualitätskontrolle und Budgetierung.
- *Forecast-to-Fulfill* (*betriebsnotwendige Vorräte*): Supply-Chain-Strategie, Produktportfolio-Management, Produktionsplanung, Roh- und Betriebsstoffplanung, Distribution, Forecasting, Produktion, Warehousing, Reklamationsbearbeitung, Qualitätskontrolle.

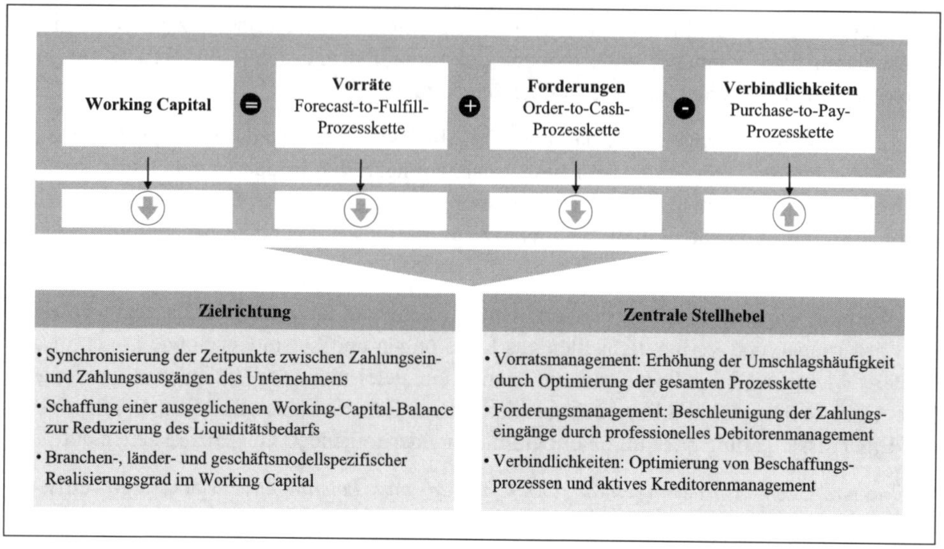

Abbildung 1: *Drei Prozessketten im Fokus des Working Capital Managements*

2. Working Capital Management bei der Deutschen Post AG

Im Rahmen eines Programms zur Optimierung der Bilanzstruktur hat die Deutsche Post im Jahr 2003 ein Projekt zur Verbesserung des Working Capital gestartet. Wesentliches Ziel war es, eine Reduzierung der Nettoverschuldung, also der verzinslichen Verbindlichkeiten abzüglich der frei verfügbaren liquiden Mittel, zu erzielen. Dabei sollte die Schaffung zusätzlicher liquider Mittel nicht nur zu einem Abbau der Finanzschulden, sondern auch zu einer Erhöhung des strategischen „Manövrierspielraums" hinsichtlich möglicher Akquisitionen und der Fähigkeit zur Investition in neue Produkte und Dienstleistungen führen.

Das Bilanzoptimierungsprogramm wie auch das Working-Capital-Projekt wurden im Rahmen des ökonomischen Gewinnkonzepts verfolgt, das einen Eckpfeiler des wertorientierten Managementansatzes bildete. Eine ganzheitliche und integrierte Optimierung der monetären Prozessketten Order-to-Cash (forderungsbezogene Prozesskette) und Purchase-to-Pay (verbindlichkeitsbezogene Prozesskette) bildete damit den instrumentellen Ansatzpunkt. Die Optimierung der vorratsbezogenen Prozesskette Forecast-to-Fulfill wurde aus Wesentlichkeitsgesichtpunkten nicht mit dem gleichen Fokus verfolgt und wird im Folgenden nicht weiter behandelt.

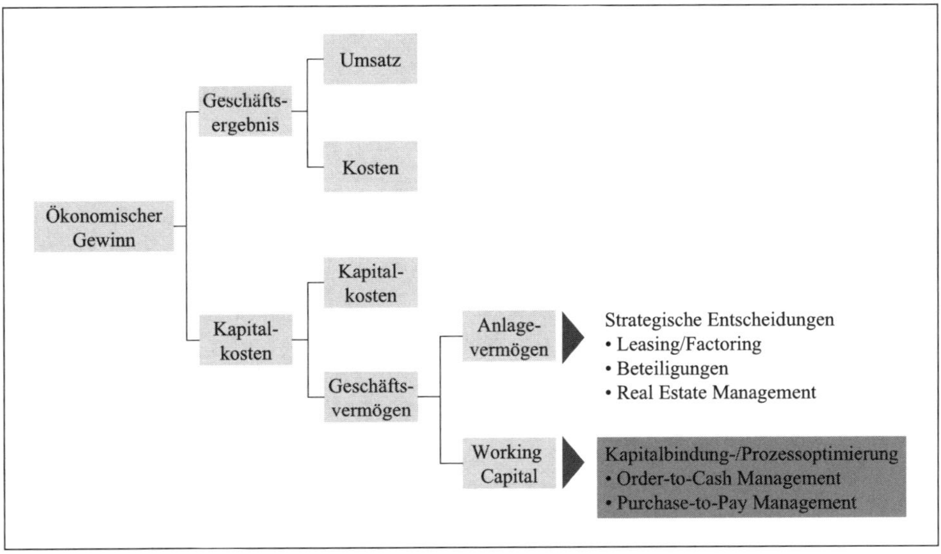

Abbildung 2: *Optimierung des ökonomischen Gewinns durch Bilanz- und Working-Capital-Optimierung*

3. Working-Capital-Projektansatz

Der Projektansatz für das Working-Capital-Programm wurde in zwei wesentliche Projektphasen unterteilt. Die erste Projektphase, „Quick-Win-Phase" genannt, zielte auf eine Bestandsanalyse sowie eine Umsetzung von Sofortmaßnahmen zur Hebung erster Optimierungspotenziale (so genannte „Low Hanging Fruits") ab. Die zweite „Sustainability Phase" etablierte Managementstrukturen zur weiteren nachhaltigen Planung, Steuerung und Optimierung des Working Capitals. Beide Phasen hatten als Ziel, die Durchlaufzeiten von Forderungen zu reduzieren und von Verbindlichkeiten auszuweiten.

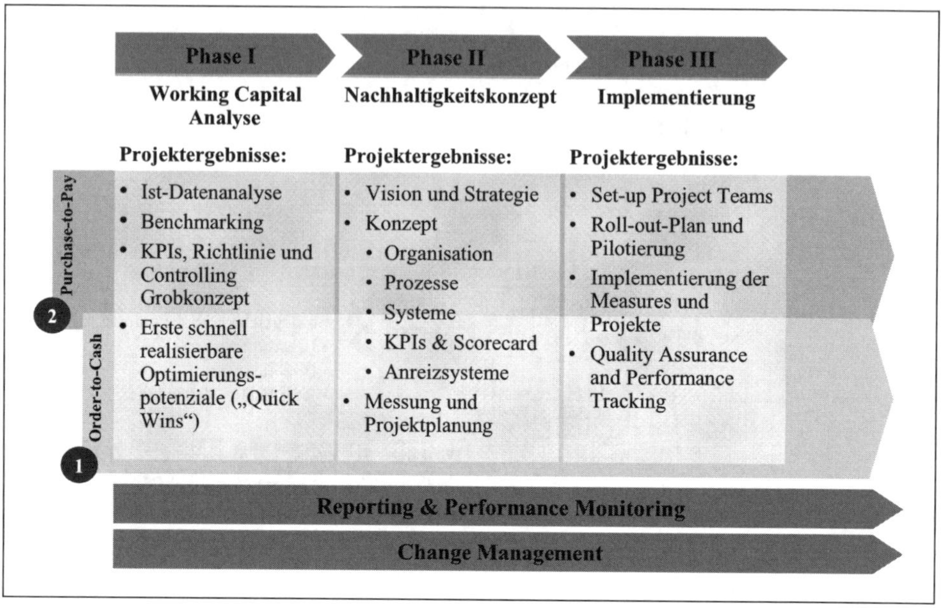

Abbildung 3: *Projektphasen des Working-Capital-Projekts*

Die dritte Projektphase befasste sich mit der Implementierung des entwickelten Working-Capital-Management-Konzeptes und beinhaltete einen sukzessiven Roll-out in die Regionen und Länder des Deutsche Post Konzerns.

3.1 Die „Quick-Win"-Projektphase

Die erste Projektphase fokussierte sich auf Forderungen und Verbindlichkeiten aus Lieferungen und Leistungen gegenüber Dritten in Europa (ohne Osteuropa) und hinsichtlich der drei Unternehmensbereiche Mail, Express und Logistik. Diese Phase erstreckte sich über einen fünfmonatigen Zeitraum, währenddessen durch kurzfristige Projekterfolge ein Bewusstsein für das Working Capital als wichtiges Wertschöpfungsthema im Konzern geschaffen wurde.

In einem ersten Schritt wurde eine Projektzentrale eingerichtet, die sich als Koordinationszentrum für die verschiedenen lokalen (auf Länder- bzw. Regionen- und Tochtergesellschaftsebene) Optimierungsaktivitäten verstand. Dazu wurden ein regelmäßiges Reporting sowie ein zentrales Datenanalyse-Team etabliert, das die wesentlichen Forderungs- und Verbindlichkeitsdaten aus den lokalen Einheiten entgegennahm, strukturierte und nach den identifizierten Potenzialen auswertete.

Neben der Projektzentrale wurden Projektteams eingerichtet. Mit lokalen Geschäftseinheiten, Ländern bzw. Regionen wurde Kontakt aufgenommen, um im ersten Schritt die wesentlichen Daten zur Potenzialanalyse anzufordern und im zweiten Schritt lokale Workshops zu organisieren mit dem Ziel, Optimierungspotenziale durch adäquate Maßnahmen zu heben. Zu den Ländern, Regionen und Tochtergesellschaften kamen die regionalen Shared Service Center jeweils für Deutschland und das übrige Europa hinzu. Die durchgeführten Datenanalysen ermöglichten eine Konzentration auf die wesentlichen Geschäftseinheiten mit Optimierungspotenzial. Daraufhin erfolgte ein externes Benchmarking mit Kennzahlen wie unter anderem Days Sales Outstanding (DSO – Außenstandstage für Forderungen), Best Possible Days Sales Outstanding (BPDSO – Durchschnittliche Forderungszahlungsziele), Days Payable Outstanding (DPO – Verbindlichkeitstage) und Age Trial Balances (ATB - Altersstrukturanalysen).

Insgesamt wurden vier Projektteams etabliert; für die nordische Region, für die südliche Region, für Deutschland und für ein regionales Shared Service Center. Diese Projektteams identifizierten zusammen mit den Geschäftseinheiten Reduzierungspotenziale hinsichtlich des Forderungsverzugs sowie der Ausweitung der Durchlaufzeiten bei Verbindlichkeiten.

Für jedes Land in diesen Regionen wurde ein Zielpotenzial für die Forderungen und Verbindlichkeiten aus Lieferungen und Leistungen auf Basis eines dreistufigen quantitativen Modells bestimmt. In Abbildung 4 soll dies anhand eines Beispiels für Forderungen dargestellt werden:

1. Das Bruttopotenzial stellten die Forderungen aus Lieferungen und Leistungen dar, die sich im Verzug befanden.
2. Das Nettopotenzial wurde als Bruttopotenzial abzüglich struktureller Probleme wie Fakturierungsqualität, Versand- und andere Qualitätsprobleme berechnet. Diese wurden als nur mittelfristig lösbare Themen verstanden und daher aus der kurzfristigen Potenzialanalyse ausgeschlossen.
3. Das Zielpotenzial wurde errechnet als Nettopotenzial multipliziert mit einem Inkassofaktor. Dieser Faktor spiegelte die jeweilige Inkassowahrscheinlichkeit per Land und per Altersklasse auf Basis von Best-Practice-Erfahrungswerten wider.

Rekursiv ergab sich nach Berechnung somit eine DSO-Reduzierung von insgesamt 2,5 Tagen und eine DPO-Ausweitung von fünf Tagen. Diese Zielpotenziale wurden daraufhin auf die im Projekt beteiligten Geschäftseinheiten verteilt und als Zielwerte nach einem lokalen Abstimmungsprozess vorgegeben.

Ein wesentlicher Schritt dieser ersten Projektphase bestand in der Durchführung von Optimierungsworkshops. Diese hatten zum Ziel, basierend auf Best-Practice-Prozesskatalogen, mit den Geschäftsbereichen gemeinsam Verbesserungsmaßnahmen zu identifizieren. Nach den Workshops erfolgte die Implementierung durch lokal formierte Projektteams auf Basis von Umsetzungsplänen. Wichtiger Bestandteil der Workshops war es zudem, Optimierungsziele für die folgenden drei Monate zu vereinbaren, zu denen sich das lokale Management verpflichtete.

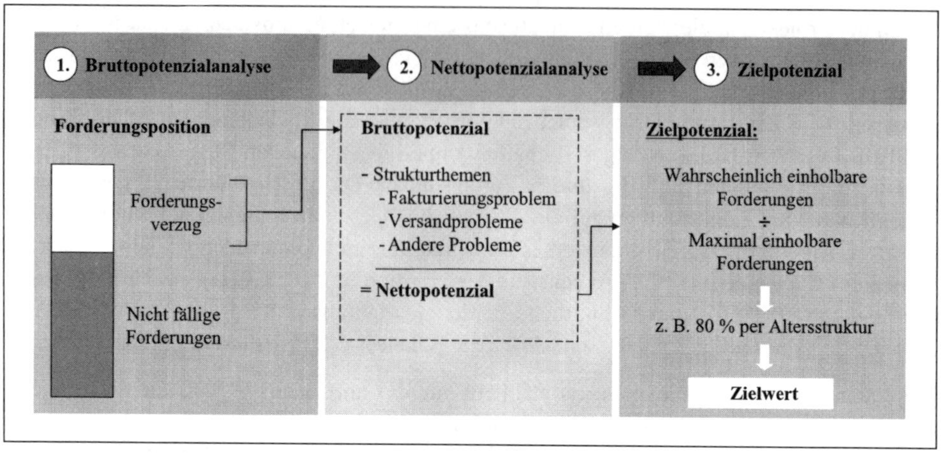

Abbildung 4: *Potenzialanalyse und Festlegung von Zielwerten*

Die wesentlichen „Quick-Win"-Maßnahmenkategorien waren:

- Etablierung eines regelmäßigen operativen Verzugs- und Verbindlichkeitscontrollings
- Abstellen von Medienbrüchen
  - zwischen Kredit-/Forderungsmanagement und Vertrieb
  - zwischen Kreditorenbuchhaltung und Einkauf sowie Einrichtung von funktionsübergreifenden und regelmäßig tagenden Working-Capital-Gremien
- Etablierung von Anreizen zur Verzugsreduzierung und Verbindlichkeitsausweitung
- Regelmäßige Ergebniskontrolle durch die Projektzentrale sowie Berichterstattung an das Senior Management des Konzerns

Im Nachgang zu den Workshops wurde eine Ergebnisverfolgung sowohl für einzelne Maßnahmen als auch im Hinblick auf das zu erreichende Potenzialziel durch die Projektzentrale etabliert. Weiterhin fungierte die Projektzentrale als fachliche „Anlaufstelle" für die Geschäftsbereiche. Eine telefonische „Hotline" erwies sich als hilfreich, um im Rahmen der Implementierung der „Quick-Win"-Maßnahmen identifizierte Schwierigkeiten an die Projektzentrale rechtzeitig zu kommunizieren und eine Klärung aktiv zu unterstützen.

3.2 Die „Sustainability“ (Nachhaltigkeit)-Projektphase

Ziel der nachfolgenden „Sustainability“-Projektphase war es, die optimierten Forderungs- und Verbindlichkeitsdurchlaufzeiten durch Controlling-Strukturen nachhaltig beizubehalten sowie mittelfristig weiter zu verbessern. Im ersten Schritt wurde darum ein globales Working-Capital-Konzept entwickelt, das in der dritten Projektphase konzernweit für die Unternehmensbereiche Mail, Express und Logistik eingeführt wurde.

Das entwickelte Konzept basierte auf der Erkenntnis, dass eine nachhaltige Optimierung des Working Capital nur durch die institutionalisierte Struktur eines Controllings erfolgreich sein kann. Dementsprechend wurden in der Konzeptionsentwicklung die folgenden Aspekte berücksichtigt:

- *Organisation und Prozesse:* Die Organisationsstruktur sowie die Vergabe von Verantwortlichkeiten und Kompetenzen sind wichtige Erfolgsfaktoren für das Working Capital Management und seine Teilprozessketten. Eine Abstimmung zwischen lokalen und zentralen Aufgabenstellungen sowie die Festlegung von adäquaten Standardanforderungen an Forderungs- und Verbindlichkeitsmanagement-Prozesse haben im Hinblick auf Effizienz, Qualität, Kontrolle und Effektivität zu erfolgen.
- *Human Resources:* Es wurde erkannt, dass Personal, das dem Working Capital Management fest zugeordnet und qualifiziert ist, einen nachhaltigen Erfolgsfaktor darstellt. Entsprechend galt es, Stellenbeschreibungen zu entwickeln und geeignete Personen zu identifizieren.
- *System-Infrastruktur:* Geeignete Systeme und der damit verbundene Informationsfluss sind ein weiterer wesentlicher Erfolgsbestandteil. Es wurde ein entsprechendes Berichtswesen definiert und systemtechnisch umgesetzt. Existierende Systeme wurden vor dem Hintergrund notwendiger Anpassungen und neuer Spezialsysteme beleuchtet.
- *Rahmenwerke und Richtlinien:* Um zu gewährleisten, dass konzernweit einheitliche Qualitäts- und betriebliche Mindeststandards eingehalten werden, ist ein Working-Capital-Rahmenwerk mit weiteren prozesskettenspezifischen Richtlinien (Order-to-Cash und Purchase-to-Pay) entwickelt worden.

Im Folgenden werden die weitere konzeptionelle Ausgestaltung und anschließende Einführung des Working-Capital-Konzepts vorgestellt.

4. Konzeptionelle Ausgestaltung und Einführung eines übergreifenden Working Capital Managements

Die Ergebnisse und Erkenntnisse der ersten Projektphase zeigten, dass es erforderlich ist, ein funktions- und geschäftsbereichsübergreifendes Working Capital Management zu etablieren. Wie bereits dargestellt, betrifft dies die Prozessketten Order-to-Cash und Purchase-to-Pay sowie darüber hinausgehende Aspekte, die in den bestehenden Steuerungsregelkreis des Unternehmens einzubeziehen waren.

4.1 Organisatorische Ausgestaltung

Nach einer fundierten Analyse verschiedener, in der Praxis bewährter, Ausgestaltungsalternativen eines Working Capital Managements wurde eine zentrale Working-Capital-Funktion konzipiert und implementiert, die zunächst dem Zentralbereich Corporate Accounting & Reporting zugeordnet wurde. Weiterhin wurde ein funktions- und geschäftsbereichsübergreifendes Gremium (Working Capital Community) institutionalisiert, das sich im Wesentlichen aus den verschiedenen Funktionen Vertrieb, Finanzen, Einkauf, Operations und den einzelnen Geschäftssegmenten zusammensetzte.

Die zentrale Mission wurde dabei wie folgt zusammenfassend definiert:

> „Das Working Capital Management hat zur Aufgabe, das Working Capital Investment des Deutschen Post Konzerns und die damit verbundenen inhärenten Risiken auf ein Minimum zu reduzieren sowie die vorgegebenen Geschäftsziele und verfolgten Unternehmensstrategien aktiv zu unterstützen."

Die konkreten Aufgaben der mit fünf Mitarbeitern ausgestatteten zentralen Working-Capital-Funktion beinhalten Folgendes:

- Bereitstellung und Durchführung eines standardisierten und konzernweiten Working-Capital-Berichtswesens
- Maßnahmenableitung durch eine regelmäßige Plan/Ist-Performance-Analyse auf Konzernebene sowie auf tieferen organisatorischen Ebenen
- Risikoanalysen und Genehmigung von Kreditrisikolimiten eines festgelegten Forderungsniveaus sowie für besonders risikobehaftete Kunden (so genannte „Watch List"-Kunden)

- Mitsprache bei der Genehmigung von nicht konformen Standardzahlungskonditionen bei Lieferanten und Kunden sowie Koordination mit dem Key Account Management (Vertrieb) und dem zentralen Einkauf (für Rahmenverträge)
- Koordination und Verantwortung für den Working-Capital-Planungsprozess, inklusive der zu setzenden Planvorgaben und Anreize
- Koordination und fachliche Linienfunktion in lokalen Einheiten (Tochtergesellschaften, regionale Shared Service Center etc.)
- Vorsitz, Planung und Vorbereitung der jeweiligen Working Capital Community Meetings

Eine etablierte funktions- und geschäftsbereichübergreifende Working Capital Community hatte im Wesentlichen die Aufgabe, die Working-Capital-Ziele auf Empfehlung der Working-Capital-Funktion festzulegen und den jeweiligen Funktionen und Geschäftsbereichen zuzuordnen. Zusätzlich wurden Fehlentwicklungen diskutiert sowie daraus ableitbare Gegenmaßnahmen festgelegt. Andere Aufgaben der Working Capital Community waren die Festlegung und Änderung der Working-Capital-Richtlinien und Strategien.

4.2 Working-Capital-Berichtswesen und Kennzahlen

Ein weiterer wesentlicher Bestandteil eines nachhaltig erfolgreichen Working Capital Management besteht in der Etablierung eines einheitlichen Berichtswesens. Deshalb galt es, einen zentralen Working-Capital-Report zu entwickeln, der sich aus der Konsolidierung von Länder- und regionalen Reports zusammensetzte. Der zentrale Report umfasste die wesentlichen strategischen Kennzahlen; die Länder- und Regional-Reports beinhalteten noch zusätzliche operative Kennzahlen. Hierdurch werden eine Ursachenanalyse bis auf Länder- und Tochtergesellschaftsebene ermöglicht.

Die Working-Capital-Reports und die damit verbundenen Kennzahlen wurden gleichzeitig mit der Einführung eines konzernweiten Konsolidierungs- und Managementinformationssystems implementiert. Die folgenden wichtigsten Kennzahlen auf Konzernebene umfassen:

1. Working-Capital-Kennzahlen
   - Days Working Capital
   - Cash Conversion Rate
2. Order-to-Cash-Kennzahlen
   - Days Sales Outstanding (DSO – Außenstandstage)
   - Best Possible Days Sales Outstanding (BPDSO – Zahlungsziele)
   - Average Days Delinquent (ADD – Verzugstage)
   - Verzug größer 90 Tage

- Total Bad Debt Write-Offs (Forderungsausbuchungen)
- Bad Debt Provisions (Rückstellungen auf Forderungen)
- Automatch Rate (Anteil automatisch ausgezifferter Eingangszahlungen)

3. Purchase-to-Pay-Kennzahlen

- Days Payable Outstanding (DPO – Verbindlichkeitstage)
- Best Possible Days Payable Outstanding (BPDPO – Zahlungsziele)
- Average Days Delinquent (ADD – Verzugstage)
- Automatch Rate (Anteil automatisch gebuchter Rechnungen)

Ein wichtiger Aspekt des Berichtswesens ist die Abbildung von „Cause and Effect Chains" (Ursachen-Effekt-Ketten). Die Festlegung von Werttreiberbäumen machte diese bis auf lokale Ebene operationalisierbar. Damit verbunden erfolgte die Zuordnung zielgerichteter Anreize auf Funktionen und Geschäftsbereiche.

Der Working-Capital-Planungsprozess beinhaltet sowohl Planung wie auch Controlling der genannten Kennzahlen. Der Prozess wurde in den bestehenden Unternehmensplanungsablauf integriert und durch die neu etablierte Working-Capital-Funktion begleitet. Ergänzend zu den bereits etablierten Unternehmenskennzahlen und Zielen wurden jetzt Working-Capital-Kennzahlen ermittelt.

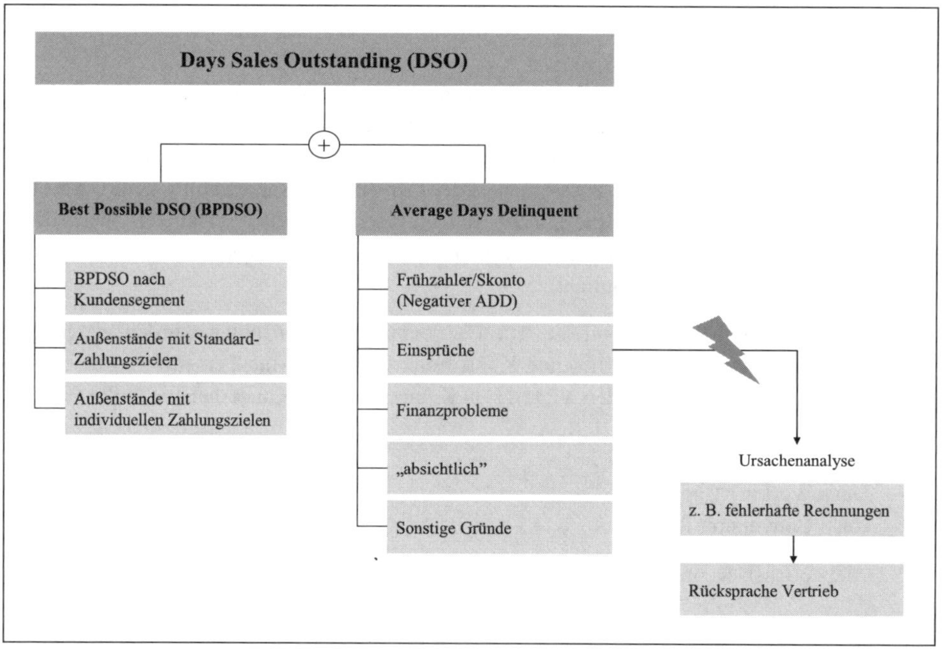

Abbildung 5: *Beispiel eines implementierten DSO-Werttreiberbaums zur Ursachen-Effekt-Analyse*

4.3 Working-Capital-Steuerung

Auf Basis der Unterstützung durch die Working-Capital-Funktion ist die Working Capital Community für die Festlegung sowohl einer konzernweiten als auch einer geschäftssegmentspezifischen Working-Capital-Strategie verantwortlich. Durch die in der Working Capital Community vertretenen Funktionen und Geschäftsbereiche wird die Strategie verantwortet und festgelegt. Sie basiert auf einer Einschätzung des Geschäftsumfeldes und berücksichtigt die verfolgte Unternehmensstrategie.

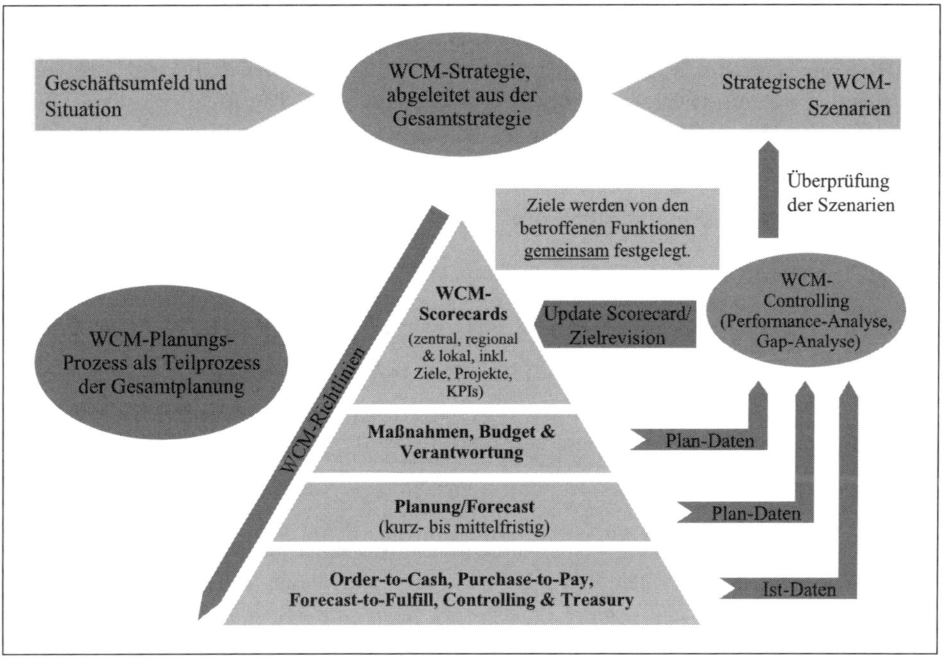

Abbildung 6: *Working-Capital-Steuerung*

Die Strategie konkretisiert sich in so genannten „Scorecards“, die sich aus den Working-Capital-Kennzahlen zusammensetzen und mit Anreizen für hierarchische Organisationseinheiten verbunden werden. Um die Zielvorgaben zu erfüllen, ist es für Funktionen und Geschäftseinheiten notwendig, Maßnahmen und Projekte zu ergreifen, die gegebenenfalls von der Working-Capital-Funktion koordiniert werden. Ein regelmäßiges Controlling durch die Working-Capital-Funktion dient der Performance- und Abweichungsanalyse, die im Sinne eines Regelkreises zur Überprüfung der Scorecards führt.

4.4 Working-Capital-Richtlinien

Die neu etablierte Working-Capital-Funktion und „Working Capital Community“ sowie die neuen Working-Capital-Management-Prozesse erforderten eine adäquate Regelung, die durch die Festlegung von drei Richtlinien verwirklicht wurde. Ein übergreifendes Working-Capital-Rahmenwerk als erste Richtlinie definierte die verfolgten Working-Capital-Ziele und Kompetenzen für die Unternehmenseinheiten. Des Weiteren wurden der Steuerungsprozess, die wesentlichen Kennzahlen und Berichte festgelegt.

In den beiden anderen Richtlinien wurden die Best-Practice-Standards für die Prozessketten Order-to-Cash und Purchase-to-Pay etabliert. Die Order-to-Cash-Richtlinie befasst sich mit Zielen, Kompetenzen und spezifischen Standards für die Bereiche Kredit- und Inkassomanagement sowie der Debitorenbuchführung. Die Purchase-to-Pay-Richtlinie setzte Ziele, Kompetenzen und spezifische Standards für die Bereiche Einkaufsmanagement und Kreditorenbuchhaltung sowie Zahlungsverkehr fest.

5. Ausgestaltung der Order-to-Cash- und Purchase-to-Pay-Prozessketten zur nachhaltigen Optimierung

Zur Sicherung einer nachhaltigen Optimierung der Prozessketten Order-to-Cash und Purchase-to-Pay im Hinblick auf operationale Effizienz und Optimierung der Kapitalbindungsziele war es wichtig, interne und externe Prozesse im Sinne eines Straight Through Processing (durchgängige Prozessabläufe) zu integrieren sowie Kompetenzen eindeutig zuzuordnen.

Folgende Voraussetzungen galt es hierfür zu schaffen:

- Etablierung eines funktionsübergreifenden Ansatzes zur Optimierung der ganzheitlichen Prozessketten
- Weitest mögliche konzernweite Standardisierung und Automatisierung der Prozessketten
- Integration und Koordination mit den wichtigsten internen und externen Prozessbeteiligten

5.1 Optimierung der Order-to-Cash-Prozesskette

Der Order-to-Cash-Prozess wurde analog des „Best Practice" in zwei Subprozesse unterteilt:

- Geschäftsanbahnung bis zur Fakturierung
- Abwicklung der fakturierten Geschäftsvorfälle

Im Rahmen der Geschäftsanbahnung hatte der Vertrieb auch die finanzwirtschaftliche Optimierung der Kundenbeziehung in sein Zielsystem zu übernehmen. Dies umfasste im Rahmen der Geschäftsanbahnung vor allem das aktive Management der Zahlungsbedingungen, z. B. über zu definierende Standardzahlungsziele und eine festgelegte Regelung für die Vergabe von Sonderkonditionen. Wesentliche Rollen spielten neben regionalen Zahlungsmodalitäten auch die Verhandlungspositionen der Geschäftseinheiten. Hinzu kamen systematische Kreditrisikobewertungen der Kunden und die jeweiligen festgelegten Risikostrategien hinsichtlich der Konditionsfestlegung und notwendiger Sicherheiten.

Um ein einheitliches „Best-Practice"-Vorgehen sicherzustellen, wurde im Rahmen der Order-to-Cash-Richtlinie eine konzernweite Kreditpolitik festgelegt, die für spezifische Kunden- und Risikosegmente Kreditstrategien zuordnete. Dabei musste genügend Spielraum für lokale Gegebenheiten verbleiben, um eine spezifische Ausgestaltung der Kreditpolitik zu ermöglichen. Kompetenzen auf lokaler, regionaler sowie zentraler Ebene wurden anhand von Limitvergaberegelungen sowie zwischen Vertrieb und Kreditmanagement anhand von Konditionsfestlegungsregelungen bestimmt.

Bei der Abwicklung fakturierter Geschäftsvorfälle beginnt die Aufgabe des Debitorenmanagements mit dem Monitoring der offenen Rechnungen, z. B. durch Analyse von Altersstrukturtabellen und adäquater Kennzahlen. Der Inkasso-Prozess sollte dabei vor Fälligkeit starten, und nachfolgende Mahnstufen sollten keine übermäßigen Zeitintervalle enthalten. Es wurden maximale Zeitintervalle zwischen Mahnstufen und Best-Practice-Inkasso-Strategien festgelegt. Die generelle Rolle des Inkasso-Managements und des Vertriebs wurden definiert; zudem wurden Eskalationsstufen und deren etwaige Konsequenzen grob fixiert.

Einer der Hauptgründe für Zahlungsverzug und relativ hohe Prozesskosten lag in den so genannten Rechnungseinsprüchen (auch „Disputes" genannt). Bezogen auf die Kapitalbindung durch Forderungen spielen die Klärungsdurchlaufzeit und die Anzahl von Einsprüchen eine wesentliche Rolle. Dabei gibt es vielfältige Ursachen für Rechnungseinsprüche. Der Einsatz von Workflow Software reduzierte und quantifizierte Klärungsdurchlaufzeiten, statistische Auswertungen ermöglichten Ursachenanalysen (im Sinne eines Qualitätsmanagements). In Summe wurde eine Reduzierung von Einsprüchen erreicht.

Im Rahmen der prozessualen Abwicklung von Zahlungseingängen und der damit verbundenen Verbuchung im Debitorennebenbuch wurde insbesondere durch die Verwendung moderner Technologie ein erhöhter Automatisierungsgrad erzielt. Dies erfolgte insbesondere durch die Systemintegration zwischen den Banksystemen und dem Debitorennebenbuch.

5.2 Optimierung der Purchase-to-Pay-Prozesskette

Ähnlich wie der Order-to-Cash-Prozess lässt sich der Purchase-to-Pay-Prozess in zwei Subprozesse unterteilen:

- Geschäftsanbahnung bis zum Rechnungseingang
- Rechnungsabwicklung bis zur Zahlungsausführung

Spiegelbildlich zum Order-to-Cash-Prozess war entscheidend, dass die finanzwirtschaftliche Optimierung der Lieferantenbeziehung auch vom Einkauf in das Zielsystem übernommen wird. Während der Geschäftsanbahnung beinhaltet dies ein aktives Management der Zahlungsbedingungen (z. B. über Standardzahlungsziele und die weitgehende Vermeidung von kurzfristig fälligen Rechnungen). Days Payable Outstanding (DPO) treten als ergänzende Nebenbedingung zu den üblichen Einsparungszielen hinzu. Sie sind in der Einkaufsrichtlinie mit aufgenommen. Auf Konzernebene wurde ein DPO-Ziel definiert, das anschließend auf die Einkaufsorganisation, auf die Einkaufsarten und auf die Einkaufseinheiten abgeleitet wurde.

Zusätzlich wurden aus Prozessoptimierungssicht die Erhöhung des Anteils der Rechnungen mit Bestellbezug, die Nutzung der elektronischen Rechnungsstellung durch den Lieferanten und die Einführung von Procurement Cards für kleinere Einkäufe vorangetrieben. Diese Maßnahmen und mittelfristige Optimierungspotenziale haben sowohl den Aufwand der Finanzabteilung als auch des Einkaufs reduziert.

Bei der Optimierung des DPO spielte neben regionalen Zahlungsmodalitäten die Verhandlungsposition des Deutsche Post Konzerns als Nachfrager eine wesentliche Rolle. Um ein entsprechend fokussiertes und differenziertes Vorgehen zu ermöglichen, wurde eine Segmentierung der Lieferantenbasis durchgeführt. So konnten Zahlungskonditionen und Zahlungsverhalten aktiv gesteuert werden. Auf dieser Basis wurden erhebliche Optimierungen hinsichtlich DPO-Ausweitungen erzielt. Schließlich wurden bei der Lieferantenauswahl und -bewertung Zahlungsbedingungen und aus Sicht der Finanzabteilung wichtige Punkte der Rechnungsqualität mit einbezogen.

Die Rechnungsabwicklung beginnt mit dem Rechnungseingang, der im Rahmen der Purchase-to-Pay-Richtlinie zentral zu erfolgen hat. Als Best Practice wurden die Verwendung von elektronischen Rechnungen sowie OCR (Optical Character Recognition – Texterkennungsverfahren) positioniert. So ist es möglich, Rechnungsdaten direkt in das Buchhaltungssystem einzulesen und gegebenenfalls automatisch bis zur Zahlungsfreigabe zu verarbeiten. Hinsichtlich OCR ist eine hohe Erkennungsrate von Bedeutung, die wiederum von einer hohen Rechnungsqualität seitens des Lieferanten abhängt. Eine aktive Kommunikation vom Einkauf zum Lieferanten im Hinblick auf die Rechnungsqualität ist auch hier von großer Wichtigkeit.

Das digitale Erfassen (Scanning) von Rechnungsbelegen wurde aus Gründen der effizienten Archivierung, der Verwendung von OCR und eines effizienten Versachlichungsprozesses/

Genehmigungsprozesses durch die Verwendung eines elektronischen Workflow-Systems als Standard definiert. Hinsichtlich der Optimierung des Buchungsprozesses wurde ein Mindestanteil von Transaktionen mit Bestellbezug festgelegt. Rechnungen mit Bestellbezug können überwiegend vollautomatisch auf Basis eines Abgleichs zwischen Rechnung, Bestellung und Wareneingang verbucht werden.

Sich ergebende Preis- oder Mengen-Differenzen oberhalb definierter Grenzen sind durch den Bedarfsträger oder den Einkauf zu klären. Der damit verbundene notwendige Informationsfluss sollte über einen systemunterstützten Workflow erfolgen. Dies führt zur Reduzierung von Klärungsdurchlaufzeiten und Prozesskosten.

Eine weitere Möglichkeit zur Senkung von Transaktionskosten und zur Erhöhung der Transparenz der Ausgaben im Konzern stellt die Implementierung einer Payment Factory dar: Die Konzerngesellschaften senden ihre Zahlanweisungen über eine zentrale Zahlstelle an eine externe Bank. Diese Zahlungsanweisungen enthalten je Posten zusätzliche Informationen, wie z. B. Kreditoren-ID, Rechnungsdatum und Fälligkeitsdatum. Dies erlaubt vielfältige Analysen. Die Transparenz über das Einkaufs- und Zahlungsverhalten im Konzern wird deutlich erhöht und Verbesserungspotenziale werden identifiziert.

6. Zusammenfassung

Die Fokussierung auf das Working Capital ist ein wesentlicher Bestandteil eines wertorientierten Managementansatzes. Das aktive Working Capital Management führt zu entscheidenden Unternehmenswertsteigerungen. Es sind grundsätzliche organisatorische Strukturen zu schaffen, die eine Nachhaltigkeit dieser Wertbeiträge sichern und kontinuierlich optimieren.

Die signifikanten Werthebel bestehen in der Steigerung der Innenfinanzierungskraft durch Reduzierung der Kapitalbindung, Optimierung der Bilanzrelationen (insbesondere Nettoverschuldung und Eigenkapitalquote) und Ergebnisverbesserung (durch Kosteneinsparungen und geringere Risikovorsorge).

Die Deutsche Post AG konnte durch das Working-Capital-Projekt wesentliche Bestandteile des Potenzials heben und Managementstrukturen schaffen, die eine nachhaltige Working-Capital-Steuerung ermöglichen. Wesentliche Eckpfeiler dieses Nachhaltigkeitsansatzes sind:

- Etablierung einer Working-Capital-Funktion und einer „Working Capital Community“
- Implementierung von Kompetenzordnungen und Best-Practice-Mindeststandards durch adäquate Richtlinien
- Festlegung konzernweiter Kennzahlen und eines Berichtswesens

- Einführung von Planungs- und Steuerungsregelkreisen, inklusive eines funktionsübergreifenden Anreizsystems auf verschiedenen Organisationsebenen
- Intelligente Nutzung von Technologien mit einem hohen Produktivitätshebel

Für Unternehmen lohnt es sich, die Herausforderung der Steuerung des Working Capital anzunehmen. Investoren, andere Kapitalgeber und weitere Interessengruppen verstehen dies als wesentlichen Bestandteil des Geschäftsmodells und drängen auf ein aktives Management.

Kapitel 2:
Finanzierung

Steuerung der Finanzierung im internationalen Konzern

Thomas Empelmann – ThyssenKrupp AG

1. Notwendigkeit der wertorientierten Unternehmensführung

Der zunehmende Wettbewerb im Rahmen der Globalisierung und die fortschreitende Internationalisierung der Kapitalmärkte verbunden mit den gestiegenen Anforderungen im Zuge der Corporate-Governance-Diskussion führen zu einer erhöhten Komplexität des wirtschaftlichen Umfeldes und zu erhöhten Anforderungen an eine transparente, strukturierte Unternehmensführung sowie zu einer Verschärfung des Wettbewerbs um Kapital. Als effektives Instrument zur Komplexitätsreduzierung hat sich die wertorientierte Unternehmensführung durchgesetzt. Ihr Ziel ist die Schaffung von Wertbeiträgen im Unternehmen, um Kapitalgeber sowie die weiteren Stakeholder des Unternehmens langfristig zufrieden zu stellen und zu binden. Kapitalgeber sind Anteilseigner, institutionelle Investoren, Banken sowie ehemalige Beschäftigte mit ihren Pensionsansprüchen. Weitere Anspruchsgruppen sind im Wesentlichen die Lieferanten, die Kunden und die aktiven Mitarbeiter.[1] Erfolgreiches Wertmanagement führt darüber hinaus zu einer positiven Beurteilung des Unternehmens durch Analysten und Ratingagenturen.

Am Beispiel von ThyssenKrupp sollen im Folgenden die wesentlichen Punkte der Finanzsteuerung in einem international operierenden Konzern dargestellt werden.

2. Strukturierte Finanzierung im ThyssenKrupp Konzern

Der ThyssenKrupp Konzern entstand 1999 durch die Fusion der Thyssen AG mit der Fried. Krupp AG Hoesch-Krupp. Führungsgesellschaft ist die ThyssenKrupp AG.

Bei dem im ThyssenKrupp Konzern praktizierten Führungsmodell ist die operative Steuerung grundsätzlich dezentral angesiedelt und liegt somit bei den eigenverantwortlich handelnden operativen Einheiten. Die finanzielle Steuerung des Konzerns ist eine Zentralaufgabe und erfolgt weitestgehend durch die ThyssenKrupp AG. Diese Vorgehensweise im Rahmen der Finanzierung des Konzerns resultiert unter anderem daraus, dass der Konzern als finanzwirtschaftliche Einheit angesehen wird (§ 19 KWG).

---

1 Vgl. *Franke/Hax* (2004), S. 1 f.

Bei der Kreditvergabe legen die Banken die Bonität des Konzerns zu Grunde. Das von den Banken auf Basis der Vorschriften über die Höchstgrenzen für die Kreditvergabe ermittelte Kreditlimit bezieht sich entsprechend auf den Gesamtkonzern, da gemäß KWG die Gesamtheit aller Konzerngesellschaften als ein Kreditnehmer zu betrachten ist. Aber auch bei der Steuerung der Kreditaufnahme an internationalen Plätzen – also außerhalb des Geltungsbereichs des deutschen Kreditwesengesetzes – sind rechtliche und/oder bankinterne Grenzen zu beachten. Somit ist es nur konsequent, dass das Kreditgeschäft im ThyssenKrupp Konzern nicht den einzelnen Konzerngesellschaften überlassen, sondern zentral durch die Führungsgesellschaft gesteuert wird.

Aus der zentralen Finanzierungsaufgabe der ThyssenKrupp AG resultiert die Verpflichtung, die Liquidität der Konzerngesellschaften sicherzustellen. Hierzu werden insbesondere finanzielle Mittel im Rahmen des Konzernfinanzverkehrs, Eigenkapital, Patronatserklärungen sowie Bürgschaften zur Verfügung gestellt.

Aufgrund des Kapitalbedarfs ist ThyssenKrupp Wettbewerber am Geld- und Kapitalmarkt. Das unternehmerische Handeln folgt einer konzernweiten Anwendung des wertorientierten Managementsystems. Wertmanagement im ThyssenKrupp Konzern zielt auf die konsequente Wertsteigerung durch effiziente Ressourcennutzung und profitables Wachstum. Dazu werden konzern- und segmentbezogene wertorientierte Ziele definiert, die darauf abzielen, nicht nur die Kapitalkosten zu decken, sondern darüber hinaus positive Wertbeiträge zu erwirtschaften. Im Rahmen dieser wertorientierten Ziele sind die finanziellen Ziele des ThyssenKrupp Konzerns definiert.

2.1 Kapitalstruktur

Die Kapitalausstattung mit Eigen- und Fremdkapital ist eines der zentralen Finanzierungsthemen. Dabei ist ein Teil der Finanzierung bilanziell abgebildet, ein anderer Teil wird Off Balance geführt. Blieben früher die Off-Balance-Finanzierungen von den Kreditgebern teilweise unbeachtet, so sind sie heute ebenso in den Fokus der Kreditwürdigkeitsprüfung wie die On-Balance-Finanzierungen geraten. Je nachdem, welcher Standpunkt in den Unternehmen vertreten wird, werden die Off-Balance-Finanzierungen in der Kapitalstruktur berücksichtigt oder nicht.

Bei ThyssenKrupp werden die Off-Balance-Finanzierungen nicht in der Kapitalstruktur erfasst. Allerdings werden sie im Rahmen von internen Obergrenzen (Zielgrößen) gesteuert. Beispielsweise sind die Forderungsverkäufe nach IAS 39 derzeit auf ein Volumen von EUR 1 Mrd. begrenzt.

Die Zielkapitalstruktur bei ThyssenKrupp, an der sich die Finanzierung ausrichtet, umfasst die Komponenten:

- Eigenkapital
- Finanzverbindlichkeiten
- Pensionsrückstellungen

Die Anteile der Komponenten am Gesamtkapital orientieren sich – wie im Folgenden dargelegt – insbesondere an den Ratingansprüchen seitens ThyssenKrupp und an der Höhe der gewichteten Kapitalkosten (WACC).

2.1.1 Ratingansprüche

ThyssenKrupp verfügt derzeit über Ratings durch Standard & Poor's (S&P), Moody's und Fitch. Der Anspruch von ThyssenKrupp ist, bei allen Ratingagenturen im Investment-Grade-Bereich geratet zu sein, um einen uneingeschränkten Zugang zu den internationalen Geld- und Kapitalmärkten zu gewährleisten. Für ein wachstumsorientiertes Unternehmen wie ThyssenKrupp ist die Ratingkategorie optimal, die den größten Finanzierungsspielraum unter Beibehaltung des Investment-Grade-Status zulässt. Dieser Finanzierungsspielraum[2] wird – legt man den in den nachfolgenden Abbildungen von S&P dargelegten Zusammenhang von Business Risk und Financial Risk zu Grunde – bei einem Rating von BBB- erreicht.[3]

Exkurs: Grundlagen zur Bestimmung des Ratings durch S&P auf Basis des Business Risk und Financial Risk.

Das Business Risk und das Financial Risk unterteilt S&P in folgende Kategorien:

Business Risk

- Country Risk
- Industry Characteristics
- Company Position
- Product Portfolio/Marketing
- Technology
- Cost Efficiency
- Strategic and Operational Management Competence
- Profitability/Peer Group Comparisons

---

2 Die Ausnutzung des Finanzierungsspielraums wird bereits deutlich vor einer Finanzierungsentscheidung im Rahmen der Finanzplanung – auch unter Diskussion der Höhe der geplanten Investitionen – berücksichtigt. Siehe hierzu auch Abschnitt 2.3.

3 Vgl. hierzu und zu den folgenden Ausführungen *Standard & Poor's* (2006), S. 19 ff.

Financial Risk

- Accounting
- Corporate Governance/Risk Tolerance/Financial Policies
- Cash Flow Adequacy
- Capital Structure/Asset Protection
- Liquidity/Short-Term Factors

Zur Ermittlung des Business Risk eines Unternehmens wird die Umwelt, in die das Unternehmen eingebettet ist, analysiert. Der Grad der operativen Risiken wird anhand der Dynamik des Geschäfts des zu analysierenden Unternehmens eingeschätzt. Zukunftsaussichten, Wettbewerbssituation und technologische Stellung haben ebenso Einfluss auf das Business Risk eines Unternehmens wie die Beurteilung der Kompetenz des Managements in strategischer und operationaler Hinsicht sowie die Feststellung der Profitabilität des Unternehmens im Vergleich zur Peer Group. Neben weiteren Faktoren spielen aber auch Diversifizierung und Unternehmensgröße bei der Festlegung des Business Risk eine bedeutende Rolle. Während S&P ebenso wie die Ratingagentur Fitch den Einfluss der Unternehmensgröße auf das Rating unbestimmt lässt, macht Moody's die Auswirkung der Unternehmensgröße – gemessen am Umsatz – durch entsprechende Zuordnung zu einer Ratingkategorie transparenter.[4]

Grundsätzlich ergibt sich bei S&P das Rating eines Unternehmens aus dem Business Risk und dem Financial Risk (siehe Abbildung 1). Das Business Risk ist jedoch in der Regel nicht durch operative Finanzierungsvorgänge beeinflussbar und begrenzt somit das erzielbare Rating. Folglich bestimmt das Business Risk eines Unternehmens das Financial Risk, das für eine bestimmte Ratingkategorie erforderlich ist. Unternehmensindividuelle Abweichungen von den in Abbildung 2 definierten Ratios – bezogen auf die jeweilige Einstufung – zur Erreichung eines bestimmten Ratings sind daher möglich.

Business Risk/Financial Risk					
Business Risk Profile / Financial Risk Profile	Minimal	Modest	Intermediate	Aggressive	Highly Leveraged
Excellent	AAA	AA	A	BBB	BB
Strong	AA	A	A-	BBB-	BB-
Satisfactory	A	BBB+	BBB	BB+	B+
Weak	BBB	BBB-	BB+	BB-	B
Vulnerable	BB	B+	B+	B	B-

Abbildung 1: *Bestandteile eines Unternehmensratings*

4 Vgl. *Moody's Investors Service* (2005), S. 5 f.

Das Financial Risk wird insbesondere durch finanzielle Kennziffern gemessen und dabei im Wesentlichen durch die Kennzahlen „Funds from Operations/Debt“ und „Total Debt/Capital“ determiniert.

Financial Risk Indicative Ratios*)		
	Cash Flow (Funds from Operations/Debt) in %	Debt Leverage (Total Debt/Capital) in %
Minimal	Over 60	Below 25
Modest	45-60	25-35
Intermediate	30-45	35-35
Aggressive	15-30	45-55
Highly leveraged	Below 15	Over 55

*) Fully adjusted historically demonstrated, and expected to consistently continue

Abbildung 2: *Kennziffern des Financial Risk*

Den Zusammenhang von Business Risk und Financial Risk macht sich ThyssenKrupp bei der Bestimmung der Kapitalstruktur zunutze. Zur Verdeutlichung dieses Prozesses anhand eines Beispiels wird der in den Abbildungen 1 und 2 von S&P publizierte (nicht ThyssenKrupp-spezifische) Zusammenhang von Business Risk und Financial Risk für ein Rating von BBB- zugrunde gelegt. Dieser zeigt bei einem Rating von BBB-, dass bei einem Business Risk Profile von „strong“ ein gewisser Anteil

- des Cash Flows (Funds from Operations) an der Gesamtverschuldung (Total Debt) nicht unterschritten (15 % - 30 %)
- der Gesamtverschuldung (Total Debt) am Gesamtkapital (Capital) nicht überschritten (45 % - 55 %)

werden darf.

Der Cash Flow entspricht dabei im Wesentlichen dem Ergebnis vor Steuern abzüglich Cash-wirksamer Steuern zuzüglich Abschreibungen.

Die Gesamtverschuldung nach S&P setzt sich wie folgt zusammen:

	Netto-Finanzverbindlichkeiten
+	Forderungsverkäufe nach IAS 39
+	Barwerte der Operating Lease-Verpflichtungen
+	Finanzgarantien nach IAS 39/IFRS 4
+	Pensionsverpflichtungen
	Gesamtverschuldung

Das Gesamtkapital ergibt sich aus der Summe von Gesamtverschuldung und Eigenkapital (einschließlich der Ausgleichsposten für Anteile anderer Gesellschafter).

Aus einer im Rahmen des wertorientierten Managements – wie bei ThyssenKrupp – definierten Nebenzielgröße „Operating Cash Flow" können die „Funds from Operations" abgeleitet werden und somit aus dem angestrebten Verhältnis „Funds from Operations/Debt" das ratingbezogene Gesamtverschuldungsziel bestimmt werden.

Unter Berücksichtigung der Zielgrößen der Off-Balance-Finanzierungen (Forderungsverkäufe nach IAS 39, Barwerte der Operating Lease-Verpflichtungen, Finanzgarantien nach IAS 39/IFRS 4) sowie der mittelfristigen Vorgaben für die Pensionsverpflichtungen ergibt sich das ratingbezogene Ziel für die Netto-Finanzverbindlichkeiten, das durch den Ansatz der notwendigen Operating Cash Position (Mindestbedarf an liquiden Mitteln für die operative Tätigkeit) zum Ziel für Brutto-Finanzverbindlichkeiten führt.

Aus dem angestrebten Verhältnis „Total Debt/Capital" lässt sich bei ermittelter Zielgröße für die Gesamtverschuldung das erforderliche Eigenkapital rechnerisch leicht bestimmen. Eine Plausibilitätsprüfung unter Zugrundelegung der Daten aus der Operating-Cash-Flow-Zielgröße und der Dividendenpolitik ist jedoch unerlässlich.

Somit lässt sich die Zielkapitalstruktur unter Ratinggesichtspunkten bei einem wertorientiert gesteuerten Unternehmen rational bestimmen. Als „Nebenprodukt" fällt zusätzlich die Gearing-Zielgröße (Netto-Finanzverbindlichkeiten/Eigenkapital) an.

2.1.2 Gewichtete Kapitalkosten

In einem wertorientiert gesteuerten Unternehmen wie ThyssenKrupp spielt die Höhe der gewichteten Kapitalkosten im Rahmen der Performancemessung und zur Beurteilung der Wirtschaftlichkeit von Investitionsprojekten eine bedeutende Rolle. Damit eine möglichst hohe Kontinuität im Zeitvergleich erreicht wird, sind die gewichteten Kapitalkosten mittelfristig konstant zu halten. Dies erfordert für die Ermittlung der gewichteten Kapitalkosten – im Rahmen der jährlichen Überprüfung – die Verwendung geglätteter Größen als Durchschnittswerte eines mittelfristigen Zeitraums. Die ermittelten Kapitalkosten werden auf halbe bzw. volle Prozentpunkte auf- oder abgerundet.

Niedrige, gewichtete Kapitalkosten sind Ziel jeder Unternehmensführung. Da die Eigenkapitalkosten aufgrund des Anspruchs der Eigenkapitalgeber auf eine Risikoprämie und der steuerlichen Abzugsfähigkeit von Fremdkapitalzinsen die Kosten der Fremdfinanzierung übersteigen, ist ein Unternehmen bestrebt, den relativen Anteil des Eigenkapitals am Gesamtkapital in bestimmten Grenzen zu halten. Somit kommt der Festlegung der Kapitalstruktur zur Bestimmung der Höhe der Kapitalkosten als Benchmark, im Rahmen eines wertorientiert gesteuerten Unternehmens, eine wesentliche Bedeutung zu.

Der Theorie des optimalen Verschuldungsgrades[5] folgend, werden für ThyssenKrupp bei einem Rating von BBB auch die optimalen gewichteten Kapitalkosten erreicht. Generell gibt es zwei gegenläufige Effekte, die auf die Höhe der gewichteten Kapitalkosten wirken. Zum einen sinken die gewichteten Kapitalkosten, wenn man das „teurere" Eigenkapital durch „billigeres" Fremdkapital substituiert. Zum anderen steigen die Risikoaufschläge und damit die gewichteten Kapitalkosten, die sowohl die Eigenkapitalgeber als auch die Fremdkapitalgeber bei steigendem Verschuldungsgrad fordern. Diese Effekte gleichen sich im Minimum der Kapitalkosten bei einem BBB-Rating aus.

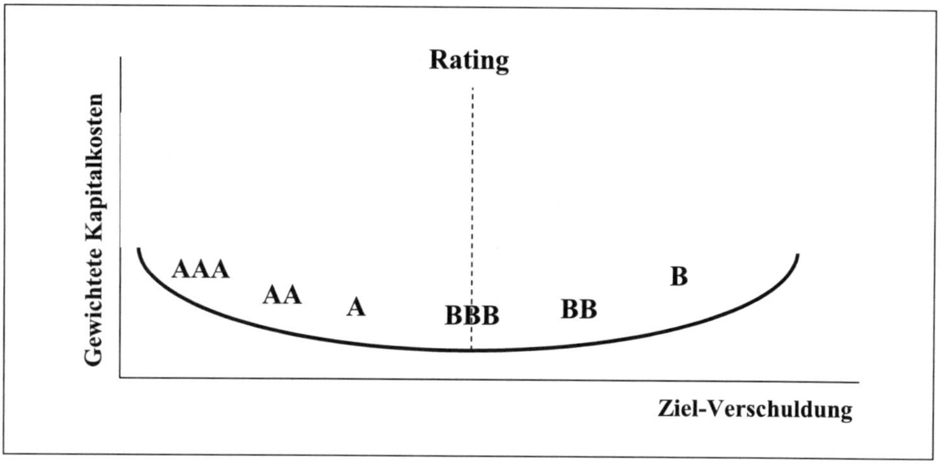

Abbildung 3: *Optimaler Verschuldungsgrad*
Quelle: Abbildung modifiziert entnommen aus UBS Investment Bank (2005), S. 13

Die Ratingeinstufung bestimmt über den Spread (Risikoaufschlag) die Fremdkapitalkosten einer Unternehmung. Die Spread-Differenz zwischen AAA-gerateten Unternehmen und BBB-gerateten Unternehmen ist im Verhältnis zum Kostenunterschied zwischen Eigenkapital und Fremdkapital weniger gravierend. Es ist daher leicht einzusehen, dass durch eine Erhöhung des Verschuldungsgrades bei unverändertem Gesamtkapital die gewichteten Kapitalkosten reduziert werden können. Hierbei ist neben der steuerlichen Abzugsfähigkeit von Fremdkapitalzinsen zu berücksichtigen, dass in der Praxis bei der Ermittlung der Eigenkapitalkosten, die größtenteils nach dem Capital Asset Pricing Model erfolgt, die Marktrisikoprämie überwiegend mit 4 % bis 5 % Prozent angesetzt wird,[6] wobei der Adjusted-Beta-Faktor nahe 1[7] liegt.

---

5 Vgl. *Drobetz/Pensa/Wöhle* (2004), S. 253 - 284; *Barclay/Smith* (2005), S. 8 - 18.

6 Vgl. *Roland Berger Strategy Consultants* (2006).

7 Vgl. hierzu *Bodie/Kane/Marcus* (2004), S. 331.

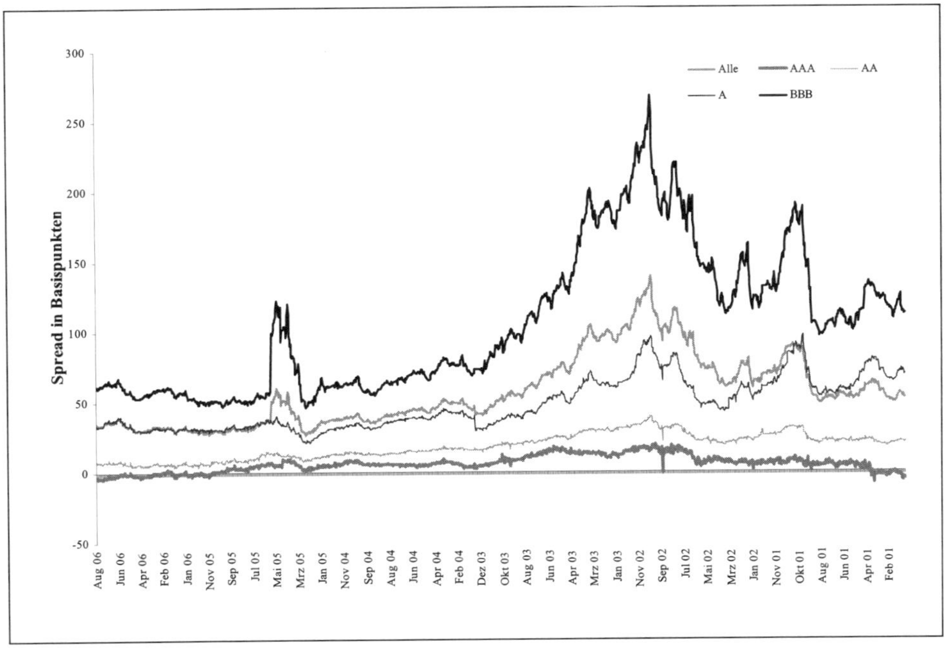

Abbildung 4: *Zeitliche Spread-Entwicklung pro Rating-Klasse*
Quelle: Commerzbank

2.1.3 Zielkonflikt zwischen Ratinganspruch und Höhe der gewichteten Kapitalkosten

Es ist offensichtlich, dass Bestrebungen zur Verbesserung der Ratingsituation durch relative Verbesserung des Eigenkapitalanteils somit im Zielkonflikt mit einer gewünschten Senkung der gewichteten Kapitalkosten stehen. Somit führt in der Regel letztlich die Abwägung von Ratingansprüchen und gewünschten gewichteten Kapitalkosten zur Festlegung der Zielkapitalstruktur eines wertorientiert gesteuerten Unternehmens.

2.2 Finanzierungsquellen

Die ThyssenKrupp AG hat als Führungsgesellschaft die Aufgabe übernommen, die Liquidität konzernweit sicherzustellen. Dazu gehört die Erschließung ausreichender, sicherer, zweckmäßiger und kostengünstiger Finanzierungsquellen sowie vorteilhafter Kapitalanlagemöglichkeiten. Ein wichtiges Ziel ist dabei die Wahrung der finanziellen Unabhängigkeit von einzelnen Kreditgebern.

Die Bündelung des Finanzbedarfs bzw. -überschusses des Gesamtkonzerns bei der ThyssenKrupp AG ist die Basis für eine kostengünstige Finanzierung des Konzerns. Sie erlaubt auf Konzernebene eine Reduzierung des Fremdfinanzierungsvolumens, da Liquiditätsüberschüsse einzelner Konzerngesellschaften zur Deckung des Finanzbedarfs anderer Konzerngesellschaften eingesetzt werden können, sowie eine Optimierung der Geld- und Kapitalanlagen erfolgt. Außerdem können durch die Vorhaltung von Liquiditätspuffern – im Wesentlichen auf Konzernebene – die benötigten Kreditlinien reduziert werden.

Durch das Auftreten der ThyssenKrupp AG an den nationalen und internationalen Geld- und Kapitalmärkten mit der konzernweiten Nachfrage nach Kapital bzw. Angebot von Kapital ergibt sich eine gewichtige Verhandlungsposition gegenüber Kreditinstituten und anderen Marktteilnehmern mit positiven Auswirkungen auf die Konditionen.

Zur Deckung des Finanzbedarfs der ausländischen Konzerngesellschaften werden selektiv auch deren lokale Kreditmärkte in Anspruch genommen. Ferner wird die Möglichkeit genutzt, mit eigenen ausländischen Finanzierungsgesellschaften an internationalen Kapitalmärkten Präsenz zu zeigen. Bei der Inanspruchnahme ausländischer Finanzmärkte sind steuerliche Rahmenbedingungen zu beachten.

Durch den Auftritt des Konzerns als finanzwirtschaftliche Einheit an den Geld- und Kapitalmärkten kann sichergestellt werden, dass eine einheitliche Bankenpolitik verfolgt wird, die auch die Basis für die konzernweite Anwendung gleicher Konditionen darstellt.

Durch die Zentralisierung der Finanzierung sind die notwendigen Informationen vorhanden, um Abhängigkeiten von einzelnen Kreditgebern gegensteuern zu können. Ein wesentliches Ziel bleibt die Wahrung der finanziellen Unabhängigkeit des Konzerns. In diesem Zusammenhang werden grundsätzlich dingliche Sicherheiten für die Fremdkapitalbeschaffung, die die unternehmerische Verfügungsgewalt einengen, nicht geleistet. Ausnahmen bilden einige grundpfandrechtlich gesicherte Spezialkredite. Kreditverträge werden meist mit Negative-Pledge- und Pari-Passu-Klauseln abgeschlossen.

2.2.1 Eigenkapital

Finanzielle Ressourcen sind knapp; dies gilt insbesondere für wachstumsorientierte Unternehmen. Eine absolute Erhöhung des Eigenkapitals ist unter Wachstumsaspekten deshalb besonders erwünscht, weil nicht nur das zusätzliche Eigenkapital für die Wachstumsfinanzierung eingesetzt, sondern auch – unter Beachtung des Ratingziels – zusätzliches Fremdkapital zur Finanzierung von Investitionen aufgenommen werden kann.

Neben Barkapitalerhöhungen resultieren Erhöhungen des Eigenkapitals insbesondere aus Gewinnthesaurierungen. Der Einsatz des neuen Finanzierungsinstruments „Corporate Hybrid

Debt" kann wegen der teilweisen Anrechnung der aufgenommenen Mittel als Eigenkapital zu einer Verbesserung der Ratingsituation führen.

Aufgrund der Nachrangigkeit, der langen Laufzeiten und Kuponmechanismen liegt die Kreditqualität – damit das Emissionsrating – eines Corporate Hybrids jedoch um zwei bis drei Stufen unter dem Senior-Rating mit entsprechend höheren Zinskosten.[8]

Corporate Hybrids könnten daher insbesondere für die Gesellschaften interessant sein, die knapp an der Grenze zu einer gewünschten Ratingkategorie stehen und die bereit sind, zur Vermeidung eines Downgrades oder zur Erreichung eines Upgrades die höheren Zinsen zu tragen. Dabei ist ferner zu berücksichtigen, dass sich durch Methodenänderung während der Laufzeit des Hybrids die Eigenkapitalanrechnung verändern kann.

2.2.2 Fremdkapital

Vor dem Hintergrund der sich abzeichnenden Tendenz der Kreditrationierung auf der Bankenseite wurde in den späten 90er Jahren eine gewisse Abhängigkeit von dem heimischen Kredit- und Kapitalmarkt offenbar. Dies erforderte eine Internationalisierung sowie eine Diversifizierung der Finanzierungsquellen. Der Zugang zu den internationalen Geld- und Kapitalmärkten ist jedoch untrennbar mit einem Kreditrating verknüpft. Im Jahr 2001 beauftragte ThyssenKrupp S&P sowie Moody's mit der Erstellung eines Ratings. Von beiden Ratingagenturen wurde ThyssenKrupp in den Investment-Grade-Bereich eingestuft.

Rating Trigger, die den Kreditgebern ein Kündigungsrecht bei Unterschreitung einer bestimmten Ratingkategorie einräumen, werden allerdings in den Kreditverträgen von ThyssenKrupp nicht akzeptiert. Im Falle von unerwünschten Ratingänderungen kann somit Financial Distress vermieden werden. Dies zeigte sich Anfang 2003 nach der Herabstufung von ThyssenKrupp durch S&P in den Non-Investment-Grade-Bereich, die ohne Auswirkung auf das Finanzierungspotenzial blieb.

Die Ratingaktion erfolgte unerwartet aufgrund des Methodenwechsels von S&P, wonach die Pensionsrückstellungen wie Finanzverbindlichkeiten behandelt werden. Es folgte in der Fachwelt eine ausführliche Debatte über die Finanzierung von Pensionsrückstellungen, die hier nicht vertieft werden soll. Es bleibt jedoch festzuhalten: Auch ThyssenKrupp betrachtet Pensionsrückstellungen als Fremdkapital. Sie sind jedoch ein langfristiger Finanzierungsbaustein und dienen der Diversifizierung der langfristigen Finanzierung des Konzerns zu günstigen Konditionen. Sie stellen im Prinzip eine nicht kündbare Finanzierung dar, haben keine Prolongationsrisiken und sind unabhängig von möglichen Turbulenzen am Kapitalmarkt. Sie werfen keine Kapitalanlagerisiken auf, die bei fondsfinanzierten Pensionsverpflichtungen bestehen. Die Benachteiligung für Unternehmen, die ihre Pensionsverpflichtungen intern finanzieren, ergibt sich im internationalen Vergleich daraus, dass die Kapitalanlagerisiken im Ratingverfahren unbeachtet bleiben. „Ratingverfahren müssen die unterschiedlichen Risiko-

---

8 Vgl. *Hampl/Sarges/Niethammer* (2006), S. 16.

dimensionen von Pensionsfonds und Pensionsrückstellungen explizit berücksichtigen."[9] Um einen internationalen Vergleich von Unternehmen auf eine korrekte Basis zu stellen, wäre es somit sinnvoller, Pensionsfonds und Pensionsverpflichtungen brutto in der Bilanz zu berücksichtigen. Daher ist unserer Ansicht nach der von Moody's und Fitch verwendete Ansatz der Berücksichtigung von Equity Credits ein pragmatischer Weg.

Da Ratings eine wichtige Benchmark für Kreditgeber und Investoren darstellen, wurde 2003 die Ratingagentur Fitch gebeten, ebenfalls ein Rating zu erstellen. Fitch stufte ThyssenKrupp in den Investment-Grade-Bereich ein, wodurch der Rating-Split sich aus zwei Investment-Grade-Einstufungen und einer Non-Investment-Grade-Bewertung darstellte. Inzwischen wird ThyssenKrupp wieder bei allen drei Agenturen im Investment-Grade-Bereich bewertet.

Die Auswirkungen der Ratingaktionen auf die Spreads der ThyssenKrupp-Anleihen zeigt die folgende Grafik:

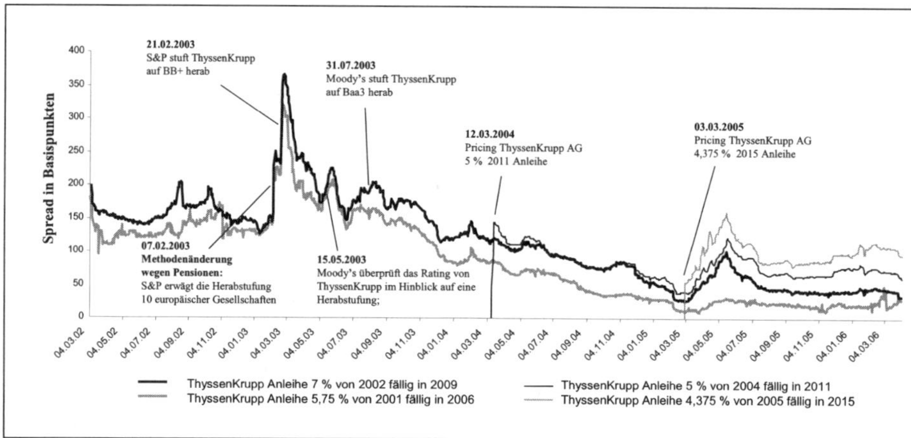

Abbildung 5: *Rating-Situation und Marktbeurteilung*

Wie ersichtlich ist, werden die Kapitalmärkte durch Ratingaktionen erheblich beeinflusst. Somit haben Ratings zumindest teilweise eine gutachterliche Funktion. In der jüngsten Vergangenheit haben sich jedoch Insolvenzen von gerateten Unternehmen nicht immer rechtzeitig im Rating widergespiegelt, so dass die Qualität der Arbeit der Ratingagenturen breit in der Öffentlichkeit diskutiert wurde.

Aufgrund der uneingeschränkten Inanspruchnahmemöglichkeit der internationalen Geld- und Kapitalmärkte stehen ThyssenKrupp alle gängigen Finanzierungsinstrumente zur Verfügung. Betätigungsfeld des Finanzmanagements ist vornehmlich die Außenfinanzierung.

---

9 Vgl. *Gerke/Pellens* (2003).

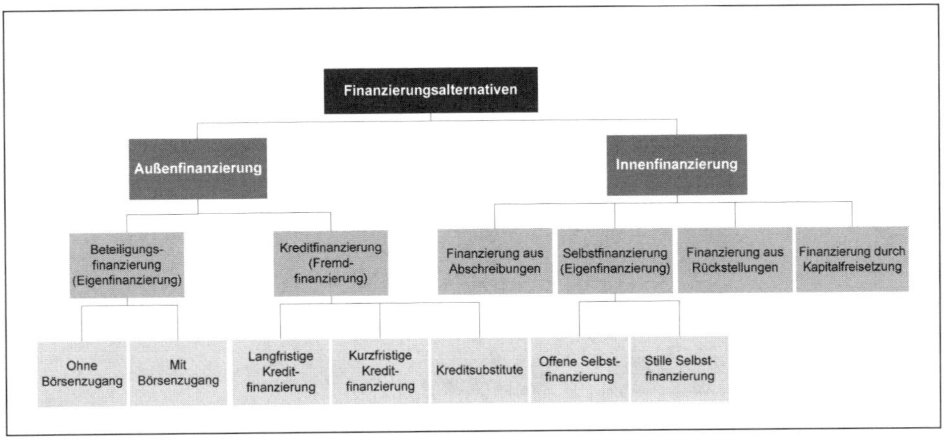

Abbildung 6: *Formen der Finanzierung*
Quelle: Perridon/Steiner (2004), S. 362

Die Auswahl der Finanzierungsinstrumente erfolgt im Wesentlichen zur Optimierung von Fälligkeitsstruktur und Finanzierungskosten unter Aufrechterhaltung der jederzeitigen Zahlungsfähigkeit. Finanzierungsinstrumente werden in verschiedenen Währungen – überwiegend in Euro und US-Dollar – mit unterschiedlichen Laufzeiten auf variabler und fixer Zinsbasis eingesetzt.

Zur kontrollierten Diversifizierung der Finanzierungsquellen werden Zielvorgaben für die einzelnen Finanzierungsinstrumente definiert.

Seit den Erstratings 2001 wurde der Anteil der Bankkredite deutlich zurückgefahren und damit die Abhängigkeit vom Bankensektor reduziert. Die Reduzierung ging mit der bereits beschriebenen Tendenz der Kreditrationierung der Banken einher. Die Steuerung der finanziellen Unabhängigkeit von einzelnen Banken basiert auf bankenbezogenen Zielvorgaben hinsichtlich der Verteilung des Kreditvolumens. Unter dem Finanzierungsrisikoaspekt ist von großer Bedeutung, dass ein ausreichendes Volumen an freien, fest zugesagten Kreditlinien als „Auffangnetz" vorhanden ist. Im Rahmen der konzernweit abgestimmten Bankenpolitik wird darauf geachtet, dass margenträchtige Geschäfte vorrangig den Banken zugeteilt werden, die ThyssenKrupp mit Kreditlinien zur Verfügung stehen, wobei allerdings Wirtschaftlichkeitskriterien nicht außer Acht gelassen werden.

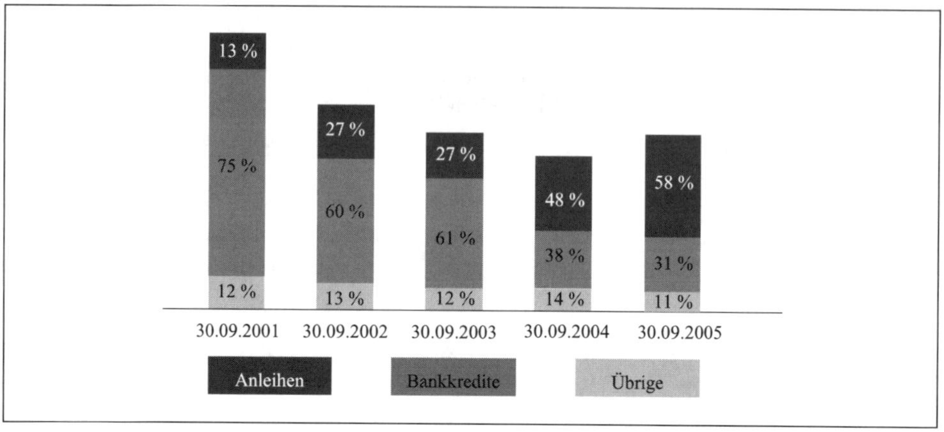

Abbildung 7: *Finanzierungsstruktur im Zeitablauf*

In diesem Zusammenhang sei erwähnt, dass ThyssenKrupp die Geschäftsbeziehungen zu Banken im Rahmen des Projekts „Strategisches Bankenmanagement" auf den Prüfstand gestellt hat. Ziel war – auf Basis eines entwickelten Kriteriensets – die Schaffung von Transparenz hinsichtlich der Leistungsfähigkeit und des Produktportfolios der Banken sowie die Feststellung der strategischen Bedeutung der einzelnen Banken für ThyssenKrupp.

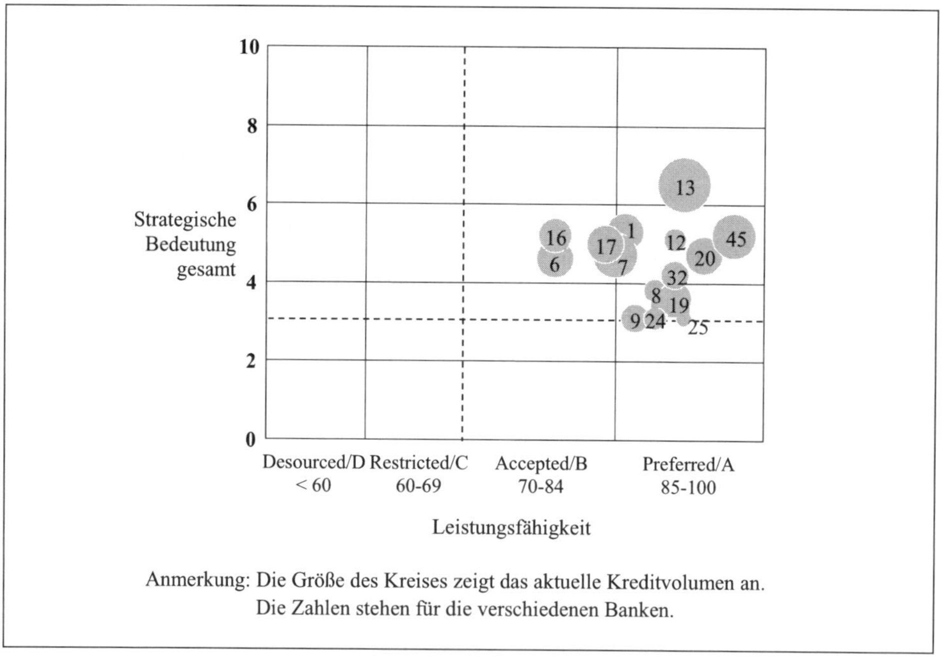

Abbildung 8: *Leistungsbewertung der Banken*

Auf dieser Basis erfolgten eine ThyssenKrupp-weite Bewertung und Klassifizierung der Banken, die Entwicklung von produktgruppenbezogenen Bankenstrategien sowie die Definition von Standards zur Kommunikation an die Banken und zur Optimierung der Zusammenarbeit.

2.3 Finanzplanung

Die Beibehaltung der finanziellen Unabhängigkeit von den Kreditgebern resultiert aus einer ausreichenden Diversifizierung der Finanzierungsquellen. Durch zeitliche Abstimmung von Finanzbedarf und Liquiditätsbeschaffung erfolgt die Aufrechterhaltung der jederzeitigen Zahlungsfähigkeit.[10]

Die Sicherung der kurzfristigen Liquidität geschieht im Rahmen der täglichen Finanzdisposition aus Bankguthaben und ggf. nicht genutzten Kreditlinien.

Die Finanzplanungen bilden die Basis für die fristenkongruente kurz- bis mittelfristige Steuerung der Finanzierungsmittel zur Aufrechterhaltung der Liquidität des Konzerns. Dabei orientiert sich die fristenkongruente Steuerung der Finanzierungsmittel an der Höhe und Dauer des Finanzbedarfs bzw. -überschusses und erfolgt durch Aufnahme/Rückführung von Finanzierungsmitteln bzw. Geldanlagen.

Bei ThyssenKrupp bestehen neben einer monatlich rollierenden Liquiditätsplanung, die sich auf konzernweit geplante Zahlungsströme der nächsten fünf Planmonate bezieht, mindestens einmal jährlich überarbeitete Finanzplanungen, die aus ein- und mehrjährigen Planabschlüssen (Plan-Bilanzen, Plan-GuV) abgeleitet werden. Die Liquiditätsplanung und die ein- und mehrjährigen Finanzplanungen werden Bottom-up generiert, auf Konzernebene konsolidiert und plausibilisiert.

Die Liquiditätsplanung und auch der einjährige Finanzplan dienen kurzfristigen Finanzierungsentscheidungen unter Berücksichtigung der aus dem mehrjährigen Finanzplan abgeleiteten längerfristigen Rahmenbedingungen.

Der mehrjährige Finanzplan gilt zudem als Basis für die Bestimmung des mittelfristigen Finanzierungsspielraums.

---

10 Vgl. *Franke/Hax* (2004), S. 16.

Abbildung 9: *Verwendung des Finanzierungsspielraums*

Ein Teil des Finanzierungsspielraums wird durch die Abwicklung des operativen Geschäfts gebunden. Soweit Investitionen aus strategischer und wirtschaftlicher Sicht sinnvoll sind, steht noch vorhandener Finanzierungsspielraum für die Wachstumsfinanzierung zur Verfügung. Als Alternative zum Wachstum, z. B. bei Mangel an rentablen Investitionsmöglichkeiten, können freie Finanzierungsspielräume für ein Funding von Pensionen oder für Aktienrückkäufe genutzt werden.

Die Festlegung des Volumens für Wachstumsinvestitionen, die eine geforderte Mindestrendite erwirtschaften müssen, basiert auf finanziellen Zielgrößen, die sich an unserem Ratinganspruch orientieren. Insbesondere wenn es um die Durchführung von größeren strategischen Sachinvestitionen oder Akquisitionen geht, kann ein Konflikt von Wachstums- und Ratingziel auftreten. Große Themen – wegen Knappheit der finanziellen Ressourcen – sind in diesem Zusammenhang die Portfoliooptimierung (Investitionen in Kernaktivitäten und Trennung von Randaktivitäten) sowie die Optimierung des Net Working Capital. In Gesamtverantwortlichkeit beschließt der Konzernvorstand in den Planungs- und Strategiegesprächen auf Basis der mittelfristigen Bilanz-, Ergebnis-, Finanz- und Investitionsplanungen über die Lenkung der Finanzmittel, die über das Wachstum der Segmente national und international entscheidet. Mit der kontrollierten Lenkung der knappen finanziellen Ressourcen soll gewährleistet werden, dass die Mittel dort eingesetzt werden, wo sie aus strategischer und wirtschaftlicher Sicht des Konzerns die sinnvollste Verwendung finden. Die Bereitstellung von finanziellen Mitteln für die Durchführung von Investitionen ist daher eng mit der Konzernstrategie und den erwarteten Renditen der Projekte verknüpft.

Da Planungen immer mit Unsicherheiten behaftet sind, können auch mit Akribie erstellte Finanzpläne keine Garantie dafür sein, dass zu jedem Zeitpunkt die Zahlungsfähigkeit erfüllt sein wird. Daher werden zur Vermeidung von Financial Distress langfristig fest zugesagte, freie Kreditlinien vorgehalten.

2.4 Konzernfinanzierung

Die Bündelung des Finanzbedarfs bzw. -überschusses des Gesamtkonzerns – damit die Konzernfinanzierung – erfolgt in Europa auf Basis voll automatischer Cash-Management-Systeme der ThyssenKrupp AG. Darüber hinaus werden automatische Cash-Management-Systeme in den USA, Kanada und Mexiko betrieben. Hierzu werden von der ThyssenKrupp AG Konzerngesellschaften als Cash-Pool-Führer festgelegt, die zum Ausgleich der Finanzierungssalden Konzernfinanzierungsmittel von der ThyssenKrupp AG anfordern bzw. Liquidität an die ThyssenKrupp AG abführen. Durch die Konzernfinanzierung ergibt sich bei ThyssenKrupp eine erhebliche Bilanzverkürzung, da insbesondere die Anzahlungen des Anlagen- und Schiffbaus zur Konzernfinanzierung eingesetzt werden können. In ihren Bereich fällt auch die finanzielle Ausstattung der Konzerngesellschaften mit Eigenkapital und langfristigen Gesellschafterdarlehen.

Der konzerninterne Finanzausgleich leistet einen wesentlichen Beitrag zur Optimierung des Zinsergebnisses. Aus der Konzentration der Finanzierungsaufgabe bei der ThyssenKrupp AG resultieren außerdem Kostendegressionseffekte, die sich in den Verwaltungskosten und in den Konditionen widerspiegeln. Bei den Kreditlinien z. B. ergibt sich nicht nur eine geringere Anzahl im Konzern, sondern auch ceteris paribus eine Reduzierung des Gesamtvolumens. Die Verwaltungskosten und Konditionen können deshalb reduziert werden, da im Wesentlichen auf der Ebene der ThyssenKrupp AG und nur mit wenigen Bankpartnern Kreditverträge mit hohen Einzelvolumina abgeschlossen werden. Gegenüber den Banken ergibt sich für die ThyssenKrupp AG aufgrund des Konzernvolumens eine bessere Verhandlungsposition.

In Ausnahmefällen werden Barkredite für Konzerngesellschaften beschafft, die teilweise durch Bürgschaften oder Patronatserklärungen der ThyssenKrupp AG unterlegt sind. Im Rahmen von Projekt- und Auftragsfinanzierungen steht die ThyssenKrupp AG den Konzerngesellschaften mit Avalkrediten sowie Finanzierungshilfen überwiegend in Form von Patronatserklärungen zur Verfügung.

Konzerninterne Lieferungen und Leistungen werden über konzerninterne Finanzkonten abgerechnet. Entsprechend reduzieren sich der Zahlungsverkehr, der mit Banken abgewickelt wird, und die mit dem Zahlungsverkehr verbundenen Kosten.

3. Ausblick

Die Globalisierung und die fortschreitende Internationalisierung der Kapitalmärkte bedeuten eine ständige Herausforderung an das Finanzmanagement internationaler Unternehmen. Für die Zukunft erwarten wir eine Fortsetzung der Konsolidierung auf der Bankenseite speziell in Deutschland, mit der Folge einer weiteren bankenseitigen Reduzierung des Kreditangebots und einer Verschärfung des Wettbewerbs um Kapital. Die Bedeutung der internationalen Geld- und Kapitalmärkte wird weiter zunehmen, damit ebenso die Bedeutung der Ratingagenturen, die auch in Zukunft einen wesentlichen Faktor im Wettbewerb um Kapital darstellen werden. Die Unternehmen müssen diese und auch andere Entwicklungen – z. B. steuerrechtliche und administrative Reglementierungen des Kapitalverkehrs – im Rahmen der Unternehmensführung berücksichtigen, um im Wettbewerb um die knappe Ressource Kapital bestehen zu können.

Literatur

Barclay, M. J./Smith, C. W. (2005): The Capital Structure Puzzle: The Evidence Revisited, in: Journal of Applied Corporate Finance, Vol. 17, No. 1, Winter 2005, S. 8 - 18.

Bodie, Z./Kane, A./Marcus, A. J. (2004): Investments, 6. Auflage, New York 2004.

Drobetz, W./Pensa, P./Wöhle, C. B. (2006): Kapitalstrukturpolitik in Theorie und Praxis: Ergebnisse einer Fragebogenuntersuchung, in: Zeitschrift für Betriebswirtschaft, Nr. 3, März 2006, S. 253 - 284.

Franke, G./Hax H. (2004): Finanzwirtschaft des Unternehmens und Kapitalmarkt, 5. Auflage, Berlin 2004.

Gerke, W./Pellens, B., online (2003): Pensionsrückstellungen, Pensionsfonds und das Rating von Unternehmen – eine kritische Analyse, http://www.prof-gerke.de/_Forschung/_Gutachten/_gutachten.html, Bochum 2003, (Stand 07.09.2006).

Hampl, C./Sarges, O./Niethammer, H. (2006): Corporate Hybrid Debt – Ein neues Finanzierungsinstrument etabliert sich, in: Die Bank, April 2006, S. 16 - 19.

Moody's Investors Service (2005): Global Steel Industry, 2005.

Perridon, L./Steiner, M. (2004): Finanzwirtschaft der Unternehmung, 13. Auflage, München 2004.

Roland Berger Strategy Consultants (2006): Kapitalkosten als strategisches Entscheidungskriterium, Studie, Januar 2006.

Standard & Poor's (2006): Corporate Ratings Criteria 2006.

UBS Investment Bank (2005): Strategic Decapitalisation: Does Excess Cash Matter?

„Syndizierter Kredit“ versus „Bilateraler Kredit“ im Rahmen der Darstellung der Liquiditätsreserve

Gerhard Mischke/Stephan Wiemann/Jörg Esser –

Deutsche Telekom AG

1. Finanzierungspolitik – Liquiditätsreserve

1.1 Einleitung

Die zentrale Finanzsteuerung in einem Unternehmen (zumeist die Abteilung „Treasury") verfolgt als ein *Hauptziel die Aufrechterhaltung der jederzeitigen Zahlungsfähigkeit* des Unternehmens, und dies unabhängig von temporären Kapitalmarktschwankungen. Um hierbei die notwendige finanzielle Flexibilität sicherzustellen, hält das Unternehmen eine Liquiditätsreserve vor.

Für die Zwecke dieses Beitrages werden die Begriffe „Kredit" und „Linie" synonym verwandt.

1.2 Liquiditätsreserve

Die Liquiditätsreserve kann sich aus einer Barreserve (kurzfristige Geldanlage bei Banken), sofort verfügbaren Wertpapieren, bilateralen und/oder unausgenutzten Kreditlinien zusammensetzen. Diese stehen sofort zur Verfügung und dienen zur Abdeckung unvorhergesehener Cash Outs, kurzfristiger Spitzen bzw. von Liquiditätsengpässen. Die Höhe der Liquiditätsreserve richtet sich nach unternehmensspezifischen Maßstäben, wie z. B. dem Free Cash Flow, Fälligkeiten aufgenommener Anleihen, dem Verschuldungsgrad oder saisonalen Schwankungen des operativen Geschäfts. Hieraus können sich für das Unternehmen Grundsätze für die Höhe der Liquiditätsreserve ergeben, z. B. ein prozentualer Anteil an der Nettoverschuldung.

Das Vorhalten einer Barreserve und die Anlage in Wertpapiere sind hauptsächlich für vollkommen schuldenfreie Unternehmen sinnvoll, bei verschuldeten Unternehmen führt dies zu so genannten „cost of carry" (Sollzins > Habenzins). Daher verfolgen verschuldete Unternehmen zumeist hinsichtlich der Höhe der Barmittel bzw. der Anlage in Wertpapieren das Ziel einer „schwarzen Null" und greifen zur Darstellung ihrer Liquiditätsreserve primär auf von Banken bereitgestellte bilaterale und/oder syndizierte unausgenutzte Kreditlinien zurück, sofern diese in ausreichendem Maße vom Bankenmarkt zur Verfügung gestellt werden.

1.3 Inanspruchnahme des Bankenmarktes

Grundsätzlich nehmen Unternehmen den Bankenmarkt für unterschiedliche Finanzierungsformen in Anspruch, wie z. B.

- Strukturierung und Arrangierung von Liquiditätsreserven (unter anderem Refinanzierung und Bündelung bestehender bilateraler und/oder syndizierter Kredite),
- Akquisitionsfinanzierung als Überbrückungskredit mit einer späteren Refinanzierung.

Kleinere Unternehmen greifen meistens für die Darstellung der Liquiditätsreserve auf eine von einer Bank oder mehreren Banken bereitgestellte Betriebsmittellinie (Kontokorrentkredit) zurück. Bei größeren Volumina werden zwecks Risikostreuung mehrere Banken mit der Bereitstellung der Liquiditätsreserve beauftragt. Die Strukturierung der Liquiditätsreserve und der Akquisitionsfinanzierung übernehmen zumeist so genannte Kernbanken (Hausbanken/Relationship-Banken), also dem Unternehmen nahe stehende Banken, mit denen eine vielfältige Geschäftsbeziehung besteht.

1.4 Bankenpolitik

1.4.1 Relationship-Ansatz

Üblicherweise zeichnet es die Treasurypolitik von Unternehmen aus, eine *Abhängigkeit von einer oder mehreren Banken zu vermeiden;* gleichzeitig soll die *Gesamtzahl der Bankbeziehungen übersichtlich bleiben.* Daher wird eine Kernbankengruppe definiert, mit der eine intensivere Geschäftsbeziehung gepflegt wird. Grundlage für die Geschäftsbeziehung ist die Bereitstellung von Kreditlinien seitens der Banken. Banken wiederum stellen zunehmend Kreditlinien nur in der Erwartung bereit, entsprechendes Anschlussgeschäft zu erhalten. Erst durch das provisionsträchtige Anschlussgeschäft wird für viele Banken eine Linienbereitstellung profitabel. Dies ist insbesondere bei aggressiv verhandelten Konditionen der Kreditlinie der Fall.

Die Intensität der Geschäftsbeziehung spiegelt die Höhe der bereitgestellten Kreditlinien und die Expertise der Relationship-Banken wider. *Banken, die ein höheres Kreditvolumen bereitgestellt haben, erwarten eine größere Kontrahierung von Anschlussgeschäft.*

Die Wechselbeziehung zwischen der Kreditlinienbereitstellung auf der einen Seite und der Verteilung von Anschlussgeschäft auf der anderen Seite wird als Relationship-getriebene Linienbereitstellung bzw. als „Relationship Deal“ verstanden.

1.4.2 Gleichbehandlungsgrundsatz

Grundsätzlich ist bei einem Relationship Deal auf die *Gleichbehandlung der Banken* bei der Konditionengestaltung, der Dokumentation und insbesondere der Geschäftsverteilung zu achten. Die Gleichbehandlung der Banken ist allerdings abhängig von der gewählten Transaktionsstruktur. Bei einer Transaktionsstruktur, z. B. mit einem Bankensyndikat (Zusammenschluss mehrer Banken), teilt sich das Syndikat meistens in verschiedene Ebenen (Lead Arranger, Co Arranger etc.) auf. Die einzelnen Ebenen werden häufig als Relationship-Kategorie erster, zweiter und gegebenenfalls dritter Ordnung bezeichnet. Die unterschiedlichen Ebenen werden über die von den Banken bereitgestellten Kreditvolumina definiert. Wird eine Transaktion mit einem Bankensyndikat gewählt, muss die Gleichbehandlung zumindest innerhalb einer Relationship-Kategorie sichergestellt werden. Wird eine Transaktionsstruktur gewählt, in der alle Banken das gleiche Kreditvolumen bereitstellen, sollte den Banken Chancengleichheit für Anschlussgeschäfte zugesagt werden.

Unabhängig von der gewählten Transaktionsstruktur ist es aufgrund der verschiedenen Geschäftsmodelle der Banken regelmäßig schwierig, eine absolute Gleichbehandlung der Banken sicherzustellen. Eine absolute Gleichbehandlung über Zuteilung von Anschlussgeschäft widerspricht auch den Bemühungen, Wettbewerb unter den Banken zu intensivieren. Daher ist es üblich geworden, die Gleichbehandlung nicht mehr als gleiche Zuteilung zu verstehen, sondern Gleichbehandlung als gleiche Chance im Wettbewerb mit anderen Banken um auktioniertes, lukratives Folgegeschäft zu interpretieren. Damit erwirbt die Bank mit der Bereitstellung der Kreditlinien die Gelegenheit, sich chancengleich mit ihren Wettbewerbern um lukratives Folgegeschäft zu bemühen. Solche Mandate (z. B. Emissions- oder M&A-Mandate) sind dann folgerichtig im Zuge eines „Beauty Contest" zu vergeben.

1.4.3 Bankenkreis

Ein großes Kreditvolumen ist nur durch einen entsprechend großen Kreis von Relationship-Banken darstellbar. Der Bankenkreis sollte Banken mit unterschiedlichen Geschäftsmodellen umfassen, damit alle Bereiche des Investment und Corporate Banking umfasst werden. Damit wird die *bestmögliche Abdeckung allen relevanten Know-hows aus dem bestehenden Bankenkreis heraus erreicht.*

Eine entsprechende Anzahl von Banken stellt sicher, dass unter den Banken grundsätzlich Wettbewerb um die vom Unternehmen nachgefragten Produkte erzeugt wird. Hierdurch entstehen entsprechende Qualitäts- und Kostenvorteile für das Unternehmen.

Bei der Ansprache der Banken für eine Linienbereitstellung ist eine klare Kommunikation des Unternehmens im Hinblick auf die Verteilung des Anschlussgeschäfts erforderlich. Das Unternehmen muss sicherstellen, dass nur die Banken eine Chance auf Anschlussgeschäft erhalten, die auch eine Kreditlinie bereitstellen (Exklusivität des Bankenkreises). Falls die Aussagen zur Exklusivität des Bankenkreises nicht eindeutig sind, besteht die Gefahr, dass

Banken bei der Entscheidung über die Linienbereitstellung zögerlich reagieren bzw. eine Teilnahme ablehnen.

Während der gesamten Laufzeit des Relationship Deals sollte das Unternehmen sehr darauf achten, dass nur die Banken Geschäft erhalten, die eine entsprechende Kreditlinie bereitgestellt haben, auch wenn dem Bankenkreis nicht zugehörige Banken im Einzelfall bessere Konditionen für vom Unternehmen nachgefragte Produkte bieten. Anderenfalls erleidet das Management des Unternehmens einen Vertrauensschaden in der Banking Community. Dieser Vertrauensschaden kann in einer finanziell angespannten Lage verheerend sein und zeigt sich spätestens, wenn die Prolongation der Relationship-Linie ansteht.

2. Syndizierter Kredit

Von einem syndizierten Kredit spricht man, wenn die Kreditvergabe an einen einzelnen Kreditnehmer (sowie gegebenenfalls an dessen Tochtergesellschaften) durch mehrere Banken (= Syndikat) auf Basis einer gemeinsamen Vertragsdokumentation erfolgt.

Oft übernehmen einige wenige Banken (Lead Arranger) die Führung des Syndikats, während eine zweite Bankengruppe als Co Lead Arranger fungiert.

Zwischen den Lead Arrangern und dem Unternehmen werden Konditionen, Tranchierung und die Dokumentation verhandelt. Da der Kreditvertrag internationalen Standards genügen muss, schalten meist beide Parteien jeweils eine internationale Anwaltskanzlei zur Beratung ein.

Die Kreditlinie kann in mehreren unterschiedlichen Tranchen strukturiert werden, wobei die am längsten laufende Tranche die Fälligkeit des Gesamtkredits darstellt. Häufig findet man eine 364-Tages-Tranche, die entsprechend jährlich zur – für die Banken freiwilligen – Prolongation ansteht (Revolving Credit Facility). Ziehungen können in unterschiedlichen Währungen und unterschiedlichen Höhen erfolgen. Der bis zur Fälligkeit gezogene syndizierte Kredit wird als „Term Loan“ bezeichnet, wird aber im Folgenden nicht berücksichtigt, da er eine mittel- oder langfristige Finanzierung darstellt und nicht als Liquiditätsreserve dient.

Bei einem Relationship Deal übernimmt de facto der Emittent die Vermarktung des Kredits. Dies kann von den Lead Arrangern nicht geleistet werden, da Banken vom Unternehmen das entsprechende Relationship Commitment erwarten. So kann der Emittent auch sicherstellen, dass das unterschiedliche Bankenspektrum abgedeckt wird und nur Banken mit einem entsprechenden Standing eingebunden werden.

Unter Umständen geben Banken bzw. das Bankenkonsortium ex ante eine Finanzierungszusage (echtes „Underwriting“) für das angestrebte Volumen ab. Damit übernimmt das Konsortium das Platzierungsrisiko, das es sich entsprechend vergüten lassen wird.

Zur administrativen Abwicklung wird ein „Agent“ (z. B. einer der Lead Arranger) beauftragt. Hauptsächlich lenkt dieser die Geld- und Informationsströme zwischen den Banken und dem Kreditnehmer.

Die Kosten eines syndizierten Kredits bestehen aus folgenden Komponenten:

- Upfront Fees (Abschlussgebühr)
- Zinssätze bzw. Margen auf Referenzzinssätze (z. B. Euribor) bei in Anspruch genommenen Mitteln und Bereitstellungsprovisionen bei nicht in Anspruch genommenen Mitteln
- Utilization Fee (zusätzlicher Renditeaufschlag ab einem bestimmten Auslastungsgrad)
- Term Out Fee (Gebühr für die Ausübung einer Option, die den gezogenen Teil einer Tranche um eine weitere Periode (in der Regel 364 Tage) verlängert)
- Gebühr für eine vom Emittenten erwünschte Finanzierungszusage (sofern ein echtes Underwriting vereinbart worden ist)
- Agent Fee (jährliche Gebühr für die administrative Tätigkeit des Agenten)

3. Bilateraler Kredit

Als Alternative zum syndizierten Kredit können Unternehmen zur Darstellung der Liquiditätsreserve auch bilaterale Kredite im Rahmen eines Relationship Deals mit einzelnen Banken abschließen.

Da in erster Linie Einzelverhandlungen mit den Banken zu führen sind, arrangiert das Unternehmen die Transaktion selbst.

Das Volumen, die Konditionen und die Laufzeit sowie eine Standarddokumentation sollten vorab vom Unternehmen mit einigen wenigen Kernbanken, die unterschiedliche Bankenarten (Investmentbank, internationale Geschäftsbank) abdecken, sondiert werden, um die bilateralen Verhandlungen mit einer größeren Anzahl von Banken entsprechend effizient zu gestalten. Unterstützend zur Erstellung der Standarddokumentation empfiehlt sich die Einbindung einer externen, spezialisierten Anwaltskanzlei. Dies erhöht deutlich die Akzeptanz der Standarddokumentation bei den angesprochenen Banken.

Das Volumen der Einzelfazilitäten ist grundsätzlich vom gewünschten Gesamtvolumen und der Anzahl der partizipierenden Banken abhängig. Wenn ein hohes Volumen erreicht und gleichzeitig die Anzahl der Banken überschaubar gehalten werden soll, müssen Banken entsprechend hohe Einzelvolumina bereitstellen.

Die Laufzeit der einzelnen Kredite sollte grundsätzlich für alle Banken gleich sein. Es kann eine Endlos-Struktur (so genannte „Evergreen-Struktur“) erzeugt werden, wenn z. B. die Kredite jeweils bei einer Restlaufzeit von zwei Jahren jährlich um ein weiteres Jahr, abhängig von der Zustimmung der Banken, verlängert werden. Falls eine Bank die Kreditverlängerung ablehnt, läuft der Kredit dennoch zwei weitere Jahre. Dadurch ergibt sich für das Unternehmen ein zeitlicher Vorteil für die Suche einer Ersatz-Bank.

Um das Marktrisiko der Platzierung großer Kreditvolumina zu einem fixen Zeitpunkt in einem eventuell negativen Marktumfeld zu reduzieren, können durch unterschiedliche Anfangslaufzeiten die Fälligkeiten der individuellen, bilateralen Kredite über das Jahr gestreut werden.

Die Kosten eines bilateralen Kredits setzen sich aus Zinssätzen bzw. Margen auf Referenzzinssätze (z. B. Euribor) bei der Inanspruchnahme und der Bereitstellungsprovision bei Nicht-Inanspruchnahme zusammen.

4. Syndizierter Kredit versus bilateraler Kredit

4.1 Vorteile für das Unternehmen

- Über Syndizierungen kann für Unternehmen, die bisher mit einem kleinen Kreis von Kernbanken zusammengearbeitet haben, schneller eine deutliche Vergrößerung des Bankenkreises erreicht werden. Damit sind gegebenenfalls größere Kreditvolumina darstellbar als beim Aufbau zusätzlicher bilateraler Linien.
- Da die Platzierung eines syndizierten Kredits von einem Bankenkonsortium übernommen wird und für die spätere Abwicklung ein Agent beauftragt wird, entsteht für den Emittenten ein eher geringer Administrationsaufwand.
- Falls der syndizierte Kredit gezogen wird, können Ziehungen einfach und schnell abgewickelt werden. Der Agent übernimmt die Aufgabe sicherzustellen, dass alle Banken an der Ziehung im gleichen Ausmaß beteiligt sind.

- Ein Hauptvorteil der bilateralen Struktur gegenüber einem syndizierten Kredit besteht darin, dass aufgrund der bilateralen, revolvierenden Struktur mit verteilten Fälligkeiten die Platzierung großer Kreditvolumina zu einem fixen Zeitpunkt und in einem eventuell negativen Marktumfeld vermieden wird.
- Bei einem bilateralen Kredit ist die Kostenstruktur transparent auf eine „All-In"-Preisgestaltung abgestellt. Der bilaterale Kredit sollte günstiger als der syndizierte Kredit sein, da zusätzliche Kostenbestandteile wie Upfront Fees, Utilization Fees und die Agent Fee wegfallen.

4.2 Nachteile für das Unternehmen

- Sofern zwischen Unternehmen und Bank die Geschäftsbeziehung gelöst werden soll, kann dies im Falle einer Syndikatsstruktur nicht ohne Rückwirkung auf die anderen Geschäftsbeziehungen vollzogen werden. Die Trennung der Geschäftsbeziehung wird auch von der Finanzwelt deutlich stärker wahrgenommen, da sie im Rahmen einer Transaktion wie etwa der Prolongation einer einzelnen Tranche stattfindet. Mit dieser Wahrnehmung ist auch die Gefahr von Fehlinterpretationen verbunden.
- Das Unternehmen steht im Rahmen der Verhandlungen für einen syndizierten Kredit einem Bankenkonsortium gegenüber. Die hieraus resultierende schlechtere Verhandlungsposition kann in einer restriktiveren Dokumentation und schlechteren Kondition resultieren.
- Falls Ziehungen bei einem syndizierten Kredit vorgenommen werden, sind diese wegen des jeweils beteiligten großen Bankenkreises quasi öffentlich. So werden auch sehr kleine Inanspruchnahmen von einer großen Bankengruppe/Bankenlandschaft wahrgenommen.

4.3 Vorteile/Nachteile für die Banken

- Der syndizierte Kredit kann aufgrund der Fungibilität im Sekundärmarkt von den Banken zur Risikoreduktion weiterverkauft werden. Dies erhöht die Bereitschaft der Banken, in die Kreditbeziehung einzutreten, und ist somit auch aus Schuldnersicht vorteilhaft. Der Credit-Default-Swap-Markt steht den Banken allerdings nur für ausgewählte Unternehmensadressen zur Absicherung des Ausfallrisikos zur Verfügung. Der Schuldner sollte in jedem Fall eine Zustimmungspflicht für die Abtretung des Exposures durchsetzen; andernfalls könnten Finanzierungszusagen auf Kreditgeber mangelhafter Bonität übertragen werden.

- Banken profitieren beim syndizierten Kredit zusätzlich von einer differenzierten Gebührenstruktur; z. B. werden, anders als bei einem bilateralen Kredit, oftmals Upfront Fees, Benutzungsgebühren für höhere Inanspruchnahme und die Agent Fee fällig. Allerdings besteht die Hoffnung, dass professionelle Gläubiger sich nicht allzu sehr verwirren lassen.
- Das platzierte Volumen als Lead Arranger spiegelt sich im Falle eines syndizierten Kredits wider in so genannten League Tables, die den Banken zu Anschlussgeschäften bei anderen Kunden verhelfen sollen.

5. Fazit

Die Liquiditätsreserve für ein Unternehmen kann sowohl mit einem syndizierten Kredit als auch mit einer Reihe von bilateralen Einzelfazilitäten dargestellt werden. Syndizierte Kredite weisen die Vorteile auf, dass hierdurch schneller eine markante Erweiterung des Bankenkreises erreicht wird und durch die Fungibilität des syndizierten Kredits für das Risikomanagement der Banken eine Eintrittsbarriere bei der Kreditvergabeentscheidung fällt.

Die gängige Auffassung, dass große Kreditvolumina für Unternehmen nur mit syndizierten Krediten dargestellt werden sollten, ist allerdings inkorrekt; vielmehr kann sich insbesondere für wirtschaftlich starke und im europäischen/internationalen Kreditmarkt gut eingeführte Unternehmen die Darstellung der Liquiditätsvorsorge durch bilaterale Linien lohnen. So hat die Deutsche Telekom im Jahr 2005 bilaterale Kreditlinien mit einem Volumen von EUR 16,8 Mrd. dargestellt. Diese Transaktion diente dem Ersatz einer syndizierten Kreditlinie aus dem Jahr 2000 von zuletzt EUR 14 Mrd. Über revolvierend gestreute Fälligkeiten vermeiden die Unternehmen die Prolongation von sehr großen Tranchen in einem eventuell negativen Marktumfeld. Des Weiteren kann die bessere Verhandlungsposition des Unternehmens in einer qualitativ besseren Dokumentation und günstigeren Konditionen resultieren.

US Private Placement – Ein Erfahrungsbericht

Henrik Hänche/Nico Hammesfahr – Dr. Ing. h.c. F. Porsche AG

1. Das Unternehmen Dr. Ing. h.c. F. Porsche AG

Porsche verfolgt eine klare Wachstumsstrategie. Neue Regionalbüros erschließen Länder mit hohem Wachstumspotenzial, während bereits etablierte Märkte intensiv betreut werden. Porsche will weiter wachsen. Allerdings nicht so stark wie möglich, sondern eher so stark wie nötig, um die Unabhängigkeit des Unternehmens zu gewährleisten. Porsche kann als unabhängiges und selbstständiges Unternehmen nur dann langfristig überleben, wenn Abläufe und Prozesse optimiert sind und Verbesserungspotenziale konsequent genutzt werden.

Der Erfolg des Unternehmens hat dazu geführt, dass sich aus dem Markenzeichen Porsche der Mythos Porsche entwickelt hat. Es hat sich eine Unternehmenskultur entwickelt, die sich von den Mitarbeitern über die Fahrzeuge auf den Kunden überträgt. Die Marke verkörpert den Inbegriff sportlichen Fahrens und Denkens, das Herantasten an die Grenzen und die neue Definition von Limiten.

1.1 Die Organisation des Unternehmens

Die Porsche Gruppe bestand im Geschäftsjahr 2004/2005 aus 80 vollkonsolidierten Gesellschaften. Die operativen Gesellschaften sind auf ihr jeweiliges Aufgabengebiet fokussiert und nehmen nur solche administrativen Aufgaben wahr, die zur Aufrechterhaltung des Geschäftsbetriebs notwendig sind. Aufgaben über das Tagesgeschäft hinaus werden von der Porsche AG oder Service-Gesellschaften erbracht.

Der Konzern ist zentral organisiert und auf die Porsche AG ausgerichtet. In Zentralbereichen werden auch strategische Entscheidungen vorbereitet, die nach Genehmigung der Gremien in enger Kooperation mit involvierten Tochtergesellschaften umgesetzt werden.

1.2 Finanzmanagement

Bis zum Ende der 80er Jahre des vorigen Jahrhunderts war Porsche ein sehr erfolgreiches Unternehmen. Eine verfehlte Modellpolitik, eine nicht mehr zeitgerechte Produktion, der erste Golfkrieg und der schwache US-Dollar-Kurs führten zu einer existenzbedrohenden Krise. Das neue Management richtete das Unternehmen völlig neu aus. Im Rahmen der Restrukturierung wurde das Finanzmanagement zentralisiert, so dass alle wesentlichen Entscheidungen in der Porsche AG gefällt werden.

Die Krise zu Beginn der 90er Jahre hat das Finanzmanagement nachhaltig geprägt. Um die Unabhängigkeit des Unternehmens zu gewährleisten, werden – soweit möglich und ökonomisch sinnvoll – alle Finanzrisiken weitestgehend ausgeschaltet oder reduziert. Darüber hinaus wird ein konservatives Finanzprofil, das sich in entsprechenden Kennzahlen des Jahresabschlusses widerspiegelt, angestrebt. Die Porsche AG ist nicht öffentlich geratet. Die Solidität der Kennzahlen, die erfolgreich umgesetzte Unternehmensstrategie und der Nachweis der Nachhaltigkeit des Erfolges über mittlerweile mehr als ein Jahrzehnt haben im Kapitalmarkt Vertrauen geschaffen, so dass auf ein Rating verzichtet werden kann. Eine Verschlechterung der Konditionen ist damit nicht verbunden.

Von besonderer Bedeutung ist der Zugriff auf eine Liquiditätsreserve. Im Gegensatz zu anderen Unternehmen hat die Porsche AG keine festen Kreditlinien mit Banken vereinbart und syndizierte Kreditlinien sind ebenfalls nicht vorhanden. Die Erfahrung zeigt, dass in einer angespannten Situation eines Unternehmens der Zugriff auf diese Kreditfazilitäten nicht immer möglich ist. Außerdem sind diese Zusagen nicht langfristig und die zugrunde liegenden Verträge beinhalten häufig Vertragsbestandteile, wie z. B. Financial Covenants, die für die Porsche AG nicht akzeptabel sind. Aus diesem Grunde ist die Porsche AG bestrebt, einen hohen Anteil liquider Mittel in der Bilanz auszuweisen. Die nicht für das operative Geschäft benötigte Liquidität wird am Geld- oder Kapitalmarkt angelegt. Die strategische Liquiditätsreserve als der Teil der Liquidität, welcher der langfristigen Sicherung der Unabhängigkeit dient und für die Finanzierung des Tagesgeschäfts nicht zur Verfügung steht, wird von professionellen Asset Managern gemäß den Vorgaben der Porsche AG investiert. Porsche ist selten auf dem Kapitalmarkt präsent und hat in der Vergangenheit Anleihen nur zum Zweck der Stärkung der Liquiditätsreserve emittiert.

Es ist das Ziel der Porsche AG, die Kapitalquellen sowohl geografisch als auch im Hinblick auf die Kapitalgeber zu diversifizieren. Porsche ist primär an langen Laufzeiten von Anleihen interessiert.

Ende des Jahres 2003 befanden sich die wichtigsten Volkswirtschaften der Welt in einer Niedrigzinsphase. Das Management von Porsche hielt es in diesem Kontext für angemessen, die Liquiditätsreserve langfristig aufzustocken.

2. Das US Private Placement von Porsche

Erreicht wurde das Ziel einer langfristigen Liquiditätsreserve durch eine Privatplatzierung in den USA Anfang des Jahres 2004. Emittent war die Porsche Financial Services Inc., die Finanzdienstleistungseinheit in den USA. Die Anleihe wurde von der Dr. Ing. h.c. F. Porsche AG, Stuttgart, und der Porsche International Financing plc, Dublin, der Finanzgesellschaft des Porsche Konzerns, garantiert. Insgesamt wurde ein Volumen von USD 625 Mio. platziert. Dieses Volumen verteilt sich auf vier Tranchen unterschiedlicher Laufzeiten. USD 200 Mio. stehen dem Porsche Konzern für sieben Jahre, USD 150 Mio. für zehn Jahre, USD 75 Mio. für zwölf Jahre sowie USD 200 Mio. für 15 Jahre zur Verfügung.

Im Folgenden werden einzelne Schritte von der Entscheidung über den Aufbau einer Liquiditätsreserve bis zum Geldfluss näher beleuchtet und die dabei von Porsche gesammelten Erfahrungen wiedergegeben.

2.1 Private Placement versus Eurobond

Obwohl Porsche am Ende des Jahres 2003 eine Netto-Liquiditätsposition von mehr als EUR 2,5 Mrd. hatte, sollte das günstige Zinsumfeld für den weiteren Aufbau der strategischen Liquiditätsreserve genutzt werden. Das Hauptziel dieses Finanzierungsvorhabens bestand darin, sich eine langfristige und kostengünstige Liquiditätsvorsorge zu sichern. Ein Rating als Voraussetzung für die langfristige Kapitalaufnahme kam nicht in Betracht. Als alternative Kapitalmärkte wurden der Eurobond-Markt und der US-amerikanische Markt für Privatplatzierungen in Erwägung gezogen.

Der Eurobond-Markt hatte sich für Porsche in der Vergangenheit mehrfach bewährt. Die Laufzeiten der von Porsche auf dem Eurobond-Markt begebenen Anleihen betrugen in der Vergangenheit maximal sieben Jahre. Unsere Absicht war es jedoch, ein deutlich längeres Laufzeitenspektrum zu erreichen. Gespräche mit Banken ergaben, dass längere Laufzeiten und entsprechende Volumina ohne Rating auf dem Eurobond-Markt nicht möglich sind. Auf dem Markt für US Private Placements (USPP) sind Laufzeiten von bis zu 30 Jahren ohne externes Rating darstellbar. Auf dem Eurobond-Markt sind in der Regel nur Laufzeiten bis zu maximal sieben Jahren ohne Rating möglich. Anleihen ohne Rating sind für den Emittenten meist deutlich teurer.

Auch in der Struktur und der geforderten Dokumentation ist der USPP-Markt deutlich flexibler. Den standardisierten Laufzeiten im Eurobond-Bereich stehen flexible Strukturen beim Private Placement gegenüber. Je nach Wunsch des Emittenten bzw. der Investoren können sehr flexibel verschiedene Tranchen mit unterschiedlichen Laufzeiten maßgeschneidert werden. Die Dokumentation eines Eurobonds beruht auf einem etablierten Standard (Stand Alone oder Euro Medium Term Note), von dem nur in Ausnahmefällen abgewichen wird. Zwar basiert auch das USPP auf einem Standardvertragsentwurf, dem so genannten Model Note Agreement, jedoch sind individuelle Anpassungen an die Bedürfnisse des Emittenten problemlos möglich.

Porsche akzeptiert keine Financial Covenants. Auch diesbezüglich zeigen sich eindeutig Vorteile einer Privatplatzierung. Unabhängig von der Laufzeit verzichten Investoren bei

Emittenten guter Bonität auf Financial Covenants, während diese für lange Laufzeiten im Eurobond-Bereich häufig erforderlich sind.

An dieser Stelle sei noch erwähnt, dass mit Hilfe des USPP der Zugang zum amerikanischen Kapitalmarkt ohne Berücksichtigung der Securities Exchange Commission (SEC) Erfordernisse möglich ist. Administrativ wahrscheinlich sehr anspruchsvolle Reporting-Erfordernisse kommen nicht zum Ansatz.

In der folgenden Abbildung werden nochmals die Anforderungen von Porsche den beiden Finanzierungsalternativen tabellarisch gegenübergestellt:

Anforderungen von Porsche	USPP	Eurobond
Langfristige Kapitalaufnahme ohne Rating	ja	nein
Kostengünstige Kapitalaufnahme ohne Rating	ja	nein
Flexible rechtliche Dokumentation unter Berücksichtigung der Solidität von Porsche	ja	nein
Verzicht auf Financial Covenants	ja	nein

Abbildung 1: *Private Placement versus Eurobond*

2.2 Auswahl der Banken

Ein intensiver Prozess führte zur Auswahl der beteiligten Banken. Porsche wurde, wie sicherlich viele andere Unternehmen auch, immer wieder auf die Möglichkeiten des US-Privatplatzierungsmarktes angesprochen. Nach den ersten Transaktionen mit deutschen Unternehmen entwickelte das Marketing der Banken für diesen speziellen Markt eine sehr große Eigendynamik. Banken, die bisher nie den Kontakt zu Porsche gesucht hatten, priesen ihre Fähigkeiten auf diesem Kapitalmarkt an. Der hohe Rang auf einem League Table sollte ihre führende Position und die Kenntnis des Marktes untermauern.

Die Bankpräsentationen waren von sehr unterschiedlicher Qualität. Während einige Gesprächspartner nur ihre Marketingstandards präsentierten und jegliche Kenntnis des Hauses Porsche und der speziellen Finanzierungsstrategie vermissen ließen, waren andere Häuser vorzüglich präpariert. Sie kannten nicht nur ihren Kunden, sondern überzeugten auch durch detaillierte Kenntnisse der potenziellen Investoren. Porsche hat sich intensiv mit der Dokumentation auseinander gesetzt. Wir wussten genau, welche Forderungen der Investoren nicht akzeptabel sein würden. Diejenigen Banken, die wie Porsche der Überzeugung waren, dass unsere aggressiven Bedingungen von den Investoren akzeptiert werden würden, kamen in die engere Auswahl.

Kostengesichtspunkte, die Erfahrungen mit der Bank in der Vergangenheit sowie die Rolle der Bank, die sie in der Zukunft für den Konzern haben könnte, spielten bei der Auswahl ebenfalls eine Rolle.

Für Porsche stand fest, dass wir mit zwei Arranger-Banken eine Emission begeben wollten. So wird ein System von „Checks and Balances" erreicht und der Emittent ist nicht nur mit einer Bankmeinung konfrontiert. Es wird sichergestellt, dass das, was vor der Transaktion mit den Banken vereinbart wurde, bei der Umsetzung der Transaktion auch realisiert wird. Es ist darauf zu achten, dass sich die Banken hinsichtlich ihrer Vermarktungsstrategie und Investorenansprache komplementär verhalten.

2.3 Beteiligte und ihre Aufgaben

An einem USPP wirkt eine Reihe von Personengruppen mit, die unterschiedliche Interessen vertreten. Das sind im Wesentlichen der Emittent und Garant, die arrangierenden Banken, die Gruppe der Investoren und die Anwälte auf Emittenten- und Investorenseite.

Wesentliche Aufgabe für die Porsche Financial Services Inc. als Emittent und die Porsche AG als Garant war es, gemeinsam mit den Arranger-Banken das so genannte Private-Placement-Memorandum (PPM) zusammenzustellen. Das Private-Placement-Memorandum ist die Visitenkarte des Unternehmens und bietet den Investoren die grundlegenden Informationen, mit deren Hilfe letztendlich die Investitionsentscheidungen getroffen werden. Im Vergleich zu einem herkömmlichen Börsenzulassungsprospekt ist das Private-Placement-Memorandum detaillierter. Neben den obligatorischen Finanzzahlen gehen insbesondere auch Informationen über die Strategie und Philosophie des Unternehmens ein. Erläuterungen zu Produktionsprozessen und Produkten werden ebenso gegeben wie die ausführliche Darstellung der Entwicklungsgeschichte und der Gesellschafterstruktur. Eine umfassende, transparente und fokussierte Darstellung des Emittenten und des Garanten beschleunigt den späteren Due-Diligence-Prozess der Investoren.

Banken, die mit dem Arrangieren einer solchen Transaktion beauftragt werden, sollten die Interessen des Emittenten vertreten. Gleichzeitig vermitteln sie den Zugang zu den Investoren und müssen am Ende des Tages ein ausgewogenes Verhältnis zwischen Emittenten- und Investorenbedürfnissen schaffen. Dies ist zwingende Voraussetzung für eine erfolgreiche Transaktion. Sind alle wichtigen Eckdaten der Transaktion festgelegt, wird von den Banken ein Term Sheet erstellt. Es reflektiert die strukturellen Wünsche des Emittenten und skizziert ihre Rechte und Pflichten. Die Banken geben ihren Input, welche Strukturen erfahrungsgemäß von den Investoren akzeptiert und welche möglicherweise abgelehnt werden. Das Term Sheet ist die Grundlage für das so genannte Note and Guarantee Agreement, d. h. die rechtliche Dokumentation. Außerdem ist das Term Sheet Bestandteil des Private-Placement-Memorandums.

Basierend auf dem Term Sheet hat der Emittent eine erfahrene Kanzlei beauftragt, das Note and Guarantee Agreement (den Vertrag zwischen Emittent/Garantiegeber und Investoren) zu entwerfen. In weiten Teilen ist das Note and Guarantee Agreement standardisiert, individuelle Anpassungen sind jedoch problemlos möglich. Wir hielten es für wichtig, dass unser Anwalt, der Emittentenanwalt, für den Vertragsentwurf verantwortlich ist. Er vertritt unsere Interessen und formuliert den Vertragsentwurf im Sinne des Emittenten. Der Vertragsentwurf wurde einem von den Banken ausgewählten Investorenanwalt zur Durchsicht und Kommentierung zugeleitet. Aufgabe des Investorenanwalts ist es, die rechtliche Stellung der Investoren zu stärken und z. B. Financial Covenants durchzusetzen. Da der Anwalt des Emittenten den Vertrag entworfen hatte, blieb es im Wesentlichen uns überlassen, auf die Wünsche einzugehen. Hätte der Investorenanwalt den Vertrag entworfen, hätten wir auf das Streichen von Vertragsinhalten bestehen und somit eine schwächere Ausgangsbasis in Kauf nehmen müssen. Diese Vorgehensweise hat sich auch im Hinblick auf den Zeitbedarf und somit auf die Kosten bewährt.

Es ist empfehlenswert, den Entwurf des Note and Guarantee Agreements mit bestehenden Kapitalmarktverträgen abzugleichen. Auf Grund der Komplexität der Verträge kann es zu Konflikten mit anderen Verträgen kommen, die es zu vermeiden gilt.

Institutionelle Investoren, wie z. B Versicherungsgesellschaften, sind die Käufer der Anleihen. Es dominieren die „buy and hold“-Strategie und der Wunsch nach stetigen Zinserträgen. Basierend auf dem Private-Placement-Memorandum, Roadshow-Präsentationen und einer Investoren-Due-Diligence analysieren sie den Emittenten und platzieren ihre Orders.

2.4 Zeitplan

Nach Einschätzung der Banken ist die Umsetzung eines USPPs, d. h. der Zeitraum von der Mandatierung der Banken bis hin zum Tag des Geldflusses, ohne weiteres innerhalb von zwei bis drei Monaten zu bewerkstelligen. Diese relativ ambitionierte Zeitspanne setzt jedoch eine absolute Fokussierung aller Beteiligten auf das Projekt voraus. Die Realität – so auch bei Porsche – sieht jedoch meistens anders aus. Dennoch konnte das Projekt innerhalb von vier Monaten erfolgreich durchgeführt werden.

Nach einem intensiven Auswahlprozess wurde Mitte November 2003 das Mandat formal an die Banken Merrill Lynch und ABN AMRO vergeben. Alle wichtigen Transaktionsparameter wurden in einem Term Sheet festgehalten. Die Verantwortlichkeiten zwischen den beiden Banken wurden klar und eindeutig festgelegt, wobei der Schwerpunkt von Merrill Lynch auf der Dokumentationsseite, insbesondere in der Erstellung des Private-Placement-Memorandums, lag. Die Zuständigkeit von ABN AMRO lag im Wesentlichen in der Vorbereitung der Roadshow und der dafür notwendigen sonstigen Marketingunterlagen, wie z. B. der Roadshow-Präsentation. Der Emittentenanwalt begann nach Mandatierung im November, das

Note and Guarantee Agreement zu entwerfen. Im Dezember 2003 wurden die Dokumente aufeinander abgestimmt, und Anfang Januar 2004 lagen die endgültigen Versionen vor.

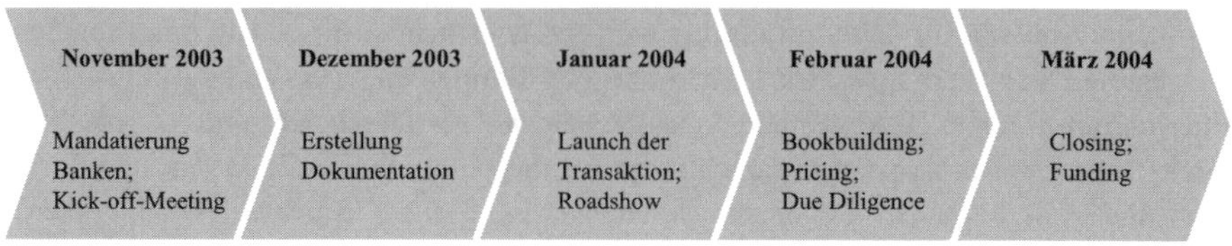

Abbildung 2: *Zeitplan*

Am 14. Januar 2004 wurde die Transaktion in den Markt gebracht und der Pre-Marketing-Prozess gestartet. Das Private-Placement-Memorandum und das Note and Guarantee Agreement wurden an potenzielle Investoren in den USA und UK verteilt. Die folgenden zwei Wochen wurden von den Investoren intensiv genutzt, um sich mit den Details der Transaktion und des Emittenten zu befassen. Die relativ überschaubare Anzahl an potenziellen USPP-Investoren erlaubt den Banken, einen engen und intensiven Kontakt zu diesen zu unterhalten. Diese Konstellation beinhaltet aus der Sicht des Emittenten den Vorteil, dass im Vorfeld aufkommende Investorenfragen durch die Banken gebündelt an den Emittenten weitergegeben werden können und somit eine Beantwortung vor der Roadshow möglich war.

Die rechtliche Dokumentation wurde im Februar finalisiert, so dass die Verträge am 9. März 2004 von allen Parteien unterschrieben wurden und der Emittent die Emissionserlöse verbuchen konnte.

2.5 Marketing

Wesentliches Marketinginstrument ist das Private-Placement-Memorandum. Es muss das Interesse der potenziellen Investoren an dem Emittenten wecken. Der Emittent muss sich bewusst sein, dass der Analyst des Investors täglich Memoranden erhält, die zu investierenden Mittel jedoch begrenzt sind. Folglich sollte das Memorandum in Aufmachung, Sprache und Inhalt exzellent sein. Bei der Auswahl der Arranger-Banken ist es daher hilfreich, wenn die Banken den Nachweis über sehr gute Private-Placement-Memoranden erbringen können.

Die Roadshow transportiert die im Private-Placement-Memorandum enthaltenen Informationen in komprimierter und persönlicher Form zu den Investoren.

Eine umfangreiche Liste möglicher Fragen dient der Vorbereitung auf die Fragen- und Antwort-Session jeder Roadshow-Präsentation.

Eine zweitägige Roadshow (28. bis 29. Januar 2004) führte das Team von Porsche und den Banken in die Städte New York, Hartford, Minneapolis und Chicago. Die Delegation von Porsche wurde vom Vorstand Finanzen und Betriebswirtschaft angeführt. Weitere Teilnehmer waren der Leiter Investor Relations sowie der Group Treasurer.

Plenarpräsentationen, One on Ones und Telefonkonferenzen wechselten sich ab, und das Interesse der Investoren war außergewöhnlich groß. Während der Roadshow wurden alle Fragen der Investoren ausführlich beantwortet.

2.6 Festsetzung von Preis und Volumen

Während der Roadshow startete der offizielle Bookbuildingprozess; eine erste offizielle Aussage zu den Laufzeiten und eine „Spread Guidance" wurden kommuniziert. Die letzte Möglichkeit für die Investoren, Angebote abzugeben, war der 3. Februar 2004. Diese relativ kurze Zeitspanne zwischen Roadshow und endgültiger Orderabgabe war nur dadurch möglich, dass alle Fragen der Investoren vor oder während der Roadshow beantwortet wurden. Am 4. Februar 2004 erfolgte die finale Festsetzung von Volumen, Laufzeiten, Spreads und Zinskupons. Außerdem wurde die endgültige Allokation auf die Investoren vorgenommen.

Das überaus positive Feedback der Investoren und die enorme Nachfrage haben zu einer deutlichen Reduzierung der Risikoaufschläge und einer Volumenausweitung geführt. Das im Private-Placement-Memorandum angegebene Volumen in Höhe von USD 300 Mio. wurde trotz aggressivem Preis und aggressivem Note and Guarantee Agreement mehrfach überzeichnet. Das Orderbuch lag bei deutlich über einer Milliarde US-Dollar. Letztlich wurde das ursprüngliche Volumen von USD 300 Mio. auf USD 625 Mio. aufgestockt.

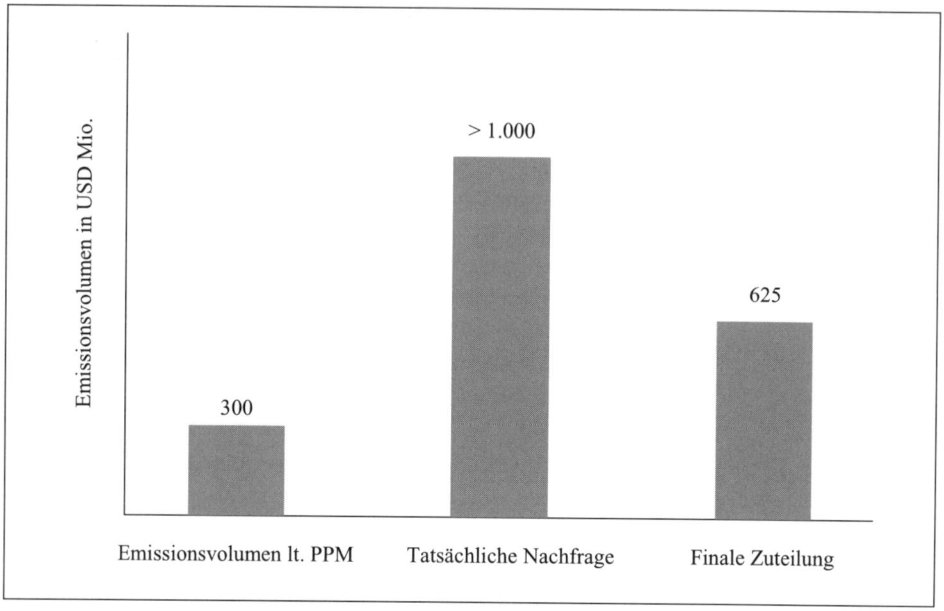

Abbildung 3: *Emissionsvolumen*

Durch die Spreadeinengung, die sich im Laufe der Vermarktungsphase ergab, wurden folgende endgültige Risikoaufschläge bei der Emission erzielt:

Laufzeit	Spread
7 Jahre	US Treasuries + 80 Basispunkte
10 Jahre	US Treasuries + 85 Basispunkte
12 Jahre	US Treasuries + 100 Basispunkte
15 Jahre	US Treasuries + 120 Basispunkte

Abbildung 4: *Emissionsspread*

Die finale Allokation inklusive der Kupons sah wie folgt aus:

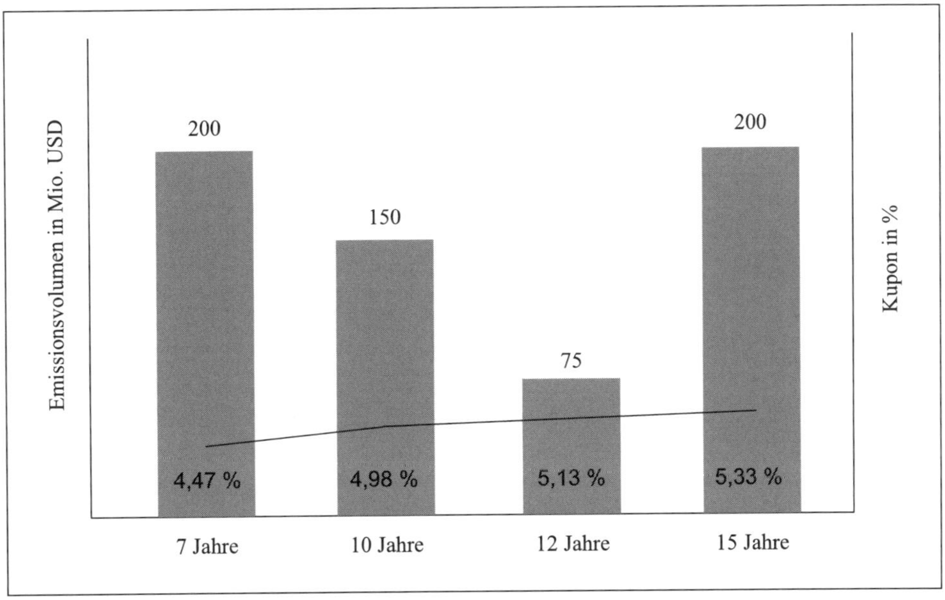

Abbildung 5: *Finale Allokation und Kupon*

Aufgrund der Tatsache, dass bereits frühzeitig Orders in Höhe des gewünschten Volumens und zu Konditionen innerhalb des anfänglichen „price talk" vorlagen, hatte Porsche – nicht zuletzt auch bonitätsbedingt – die Möglichkeit, Investorenangebote abzulehnen, die entweder zu teuer waren oder Änderungen am Note and Guarantee Agreement forderten.

Weiterhin hatte Porsche während der Roadshow immer wieder ausdrücklich darauf hingewiesen, dass das Unternehmen sehr an längeren Laufzeiten interessiert ist. Investoren, die entsprechende Orders platziert hatten, wurden daraufhin bei der Zuteilung mit einem größeren Volumen bedacht.

Das Porsche Private Placement war eine Benchmark-Transaktion und zum damaligen Zeitpunkt die bislang größte Emission eines deutschen Konzerns. Sie war eine von überhaupt nur drei Transaktionen seit 1997, die dieses aggressive Pricing erreichen konnten, und die einzige Emission, die dieses ohne jegliche Financial Covenants erreicht hat.

2.7 Investor Due Diligence

Die abschließende Due Diligence mit den Investoren fand am 10. und 11. Februar 2004 im Porsche Werk in Leipzig statt. Die Investoren hatten die Möglichkeit, noch offene Fragen zu stellen. Solange die Verträge noch nicht unterzeichnet und die Anleiheerlöse noch nicht geflossen waren, konnte jeder Investor von seinen Investitionsabsichten zurücktreten.

Die Investoren sind in der Regel Versicherungsgesellschaften. Sie sind typische „buy and hold"-Investoren und wünschen sich langfristig sichere Zinserträge. Im Vergleich zu Investoren öffentlicher Anleihen suchen die USPP-Investoren einen intensiven Kontakt zum Emittenten und den Arranger-Banken während der Vermarktungsphase. Die Fragen, die gestellt werden, sind sehr detailliert und lassen auf eine äußerst intensive Analyse seitens der Investoren schließen. Es wird versucht, das Geschäft des Emittenten und dessen Abbildung in Bilanz und Gewinn- und Verlustrechnung ausführlich zu verstehen. Die Unternehmensstrategie wird sehr eingehend hinterfragt. Diese Vorgehensweise auf Seiten der Investoren ist auch deshalb erforderlich, weil kein externes Rating des Emittenten notwendig ist. Die Inhouse-Analysen der Investoren nehmen ein Rating vorweg, das obligatorisch nach der Emission von der National Association of Insurance Commissioners (NAIC), einer Behörde, die Versicherungsgesellschaften reguliert, vergeben wird. Porsche hat hier das beste Rating (NAIC-1) erhalten.

Offiziell wurde die Due Diligence mit einer Werksbesichtigung eröffnet. Es wurden das Kundenzentrum und die Produktionsstätten des Porsche Cayenne und des Carrera GT besichtigt. Im Anschluss hatten die Investoren die Möglichkeit, den Cayenne auf der werkseigenen Geländeteststrecke ausgiebig zu testen sowie weitere Produkte des Hauses Porsche auf der Einfahr- und Prüfstrecke, die die Zulassung für professionellen Motorsport besitzt, kennen zu lernen. Es war eine ausgezeichnete Gelegenheit, den Investoren das „Porsche Feeling" zu vermitteln.

Am Morgen des nächsten Tages wurden den Investoren in Form von Präsentationen weitere Einblicke in die Finanzwelt von Porsche gewährt. Erneut stand der Vorstand Finanzen und Betriebswirtschaft der Porsche AG für die Beantwortung von Fragen zur Verfügung. Die ausführliche Beantwortung der Fragen durch das Top-Management wurde von den Investoren honoriert und ausdrücklich geschätzt. Unsere offene Kommunikation mit dem Kapitalmarkt hat sich ausgezahlt.

3. Zusammenfassung

Die Privatplatzierung von Porsche war sehr erfolgreich. Das Ziel, kostengünstig langfristiges Kapital aufzunehmen und die Investorenbasis zu verbreitern, wurde erreicht. Ein ausführliches, aber fokussiertes Private-Placement-Memorandum und eine sehr gut vorbereitete und durchgeführte Roadshow waren Eckpunkte des Erfolgs. Der offene Dialog mit den Investoren schaffte Vertrauen und Verständnis für die Unternehmensstrategie des kleinsten unabhängigen Automobilunternehmens der Welt. Unsere Bemühungen wurden von den Investoren honoriert.

Porsche ist in vielerlei Hinsicht ein Ausnahmeunternehmen. Der seit über einer Dekade andauernde wirtschaftliche Erfolg, der auf technologischer Kompetenz und emotionalen Produkten beruht, sein starkes Managementteam, sein Bekanntheitsgrad und Markenimage sind Assets, die entsprechende Auswirkungen auf die Stellung des Unternehmens auf dem Kapitalmarkt haben. Berücksichtigt man zusätzlich, dass Porsche sehr selten den Kapitalmarkt beansprucht, lassen sich Konditionen erzielen, die andere Emittenten nicht immer erreichen können.

Wir sind weiterhin in Kontakt mit unseren Private-Placement-Investoren. Sie erhalten die gleichen Informationen, die wir auch unseren Aktionären zukommen lassen. Darüber hinaus werden wir von den Investoren kontaktiert, wenn diese weiterführende Fragen haben.

Unternehmensfinanzierung mittels ABS-Programmen

Boris Jendruschewitz/Philip Nölling – Otto (GmbH & Co KG)

1. Einleitung

Seit Mitte der 90er Jahre stellen Asset Backed Securities (ABS) eine zunehmend wichtige Alternative in der Unternehmensfinanzierung dar. Die ursprünglich in den 70er Jahren in den USA als Mortgage Backed Securities begründete Finanzierungsform entwickelte sich ab der zweiten Hälfte der 90er Jahre zu einem heute schon fast als Standardprodukt zu bezeichnenden Finanzierungsinstrument. Als ABS werden Finanzierungen bezeichnet, denen die Unterlegung mit Vermögenswerten, in der Regel Forderungen, gemein ist. Diese Assets werden verbrieft und umfassen mittlerweile alle Aktiva-Klassen, die einen zukünftigen Cash Flow versprechen.[1]

Ein Blick auf die Entwicklung der ABS-Emissionen mit deutschen Forderungen zeigt einen rapiden Anstieg in den letzten fünf Jahren von rund EUR 3 Mrd. neu verbriefter Forderungen im Jahr 2001 auf über EUR 15 Mrd. Neuverbriefungen im Jahr 2005.

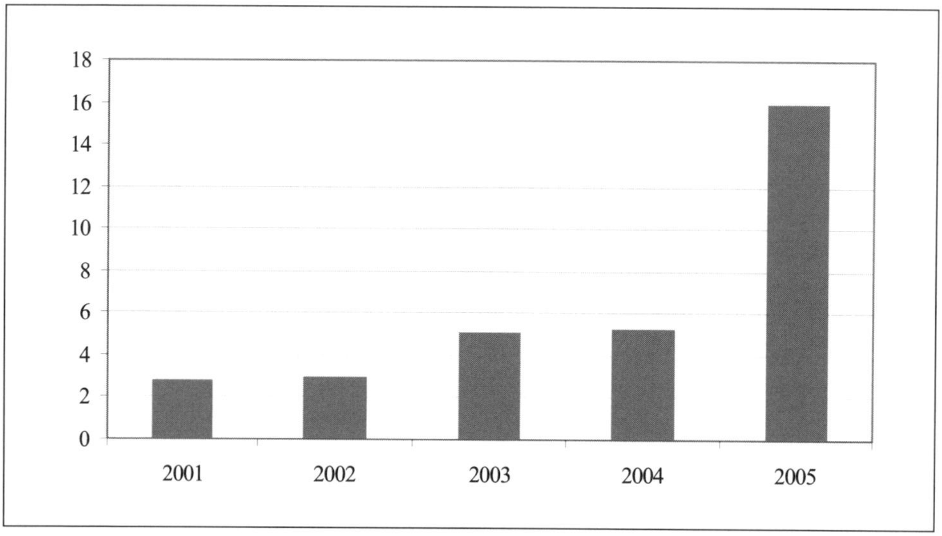

Abbildung 1: *ABS-Emissionen mit deutschen Forderungen in Mrd. EUR*
Quelle: Moody's Investor Service (2006), S. 2

Folgende Gründe sind hierfür mitverantwortlich:

- Die Schaffung und Weiterentwicklung eines gültigen Rechtsrahmens hat Verbriefungen erleichtert bzw. auch aus Rechnungslegungssicht eine stärkere Klarheit bezüglich der bilanziellen Behandlung der ABS-Programme ermöglicht. Nicht zuletzt der politische Wille,

1 Vgl. *Jergitsch* (2004), S. 1138 f.

Verbriefungen weiter zu fördern, welche besonders in der „True Sale Initiative“ 13 in Deutschland tätiger Banken[2] zum Ausdruck kam, hat diese Finanzierungsform stark gefördert.

- Die Entwicklung neuer, leistungsfähiger IT- und Softwaresysteme hat die Verwaltung und Analyse von Forderungsportfolien deutlich erleichtert bzw. erst ermöglicht.
- Das Angebot kleinerer ABS-Programme, die bereits ab einem Volumen von EUR 15 Mio. und sogar darunter angeboten werden, ist zunehmend gestiegen.[3] Damit sind ABS-Finanzierungen heutzutage nicht mehr nur für Großunternehmen, sondern auch für viele mittelständische Unternehmen eine attraktive Finanzierungsoption, die an Bedeutung wohl weiter zunehmen wird.[4]
- Viele Unternehmen und Banken haben sich zunehmend auf ihre Bilanzstruktur fokussiert, was eine verstärkte Ausgliederung von Forderungsportfolien zur Folge hatte.
- In den vergangenen Jahren war in Deutschland eine sehr restriktive Kreditvergabe des Bankensektors zu beobachten, die alternative Finanzierungsformen wie ABS-Finanzierungen für Unternehmen attraktiver werden ließ.[5]

Der vorliegende Beitrag beleuchtet das Thema ABS-Finanzierung aus Unternehmenssicht. Dabei werden zunächst die Funktionsweise und die Grundstruktur typischer ABS-Programme im Unternehmenssektor erläutert, bevor auf ausgewählte, häufig auftretende Strukturierungsfragen eingegangen wird. Hierbei wird der Versuch unternommen, die teilweise komplexen Fragestellungen bei der Umsetzung einer Transaktion anschaulich darzustellen. Schwerpunkte werden auf solche Themen gelegt, die auf Grund der Erfahrung der Autoren aus fünf neu aufgelegten bzw. umstrukturierten ABS-Programmen eine besondere Bedeutung haben. Auf eine umfassende Beschreibung der vielen existierenden Sonderformen von ABS-Programmen wird hingegen verzichtet.

2. Die Funktionsweise einer ABS-Transaktion sowie grundlegende Strukturierungsfragen

Vereinfacht dargestellt, handelt es sich bei einer ABS-Transaktion um eine Unternehmensfinanzierung, die durch Forderungen abgesichert ist.

---

2 Vgl. *True Sale International GmbH* (2005), S. 2.

3 Vgl. *Menzel* (2005), S. 16.

4 Vgl. auch *Richter/Retting/Englisch (Ernst & Young)* (2005), S. 41.

5 Vgl. *Nölling/Nölling* (2003), S. 609 ff.

Dabei erfolgt die Finanzierung über eine eigens eingerichtete Zweckgesellschaft, an die die Forderungen verkauft werden und die sich durch die Ausgabe von Wertpapieren refinanziert.

Ein zentrales Merkmal der ABS-Finanzierung ist, dass die Refinanzierung über den Kapitalmarkt und nicht über den Bankenmarkt erfolgt. Daher existieren bei der Strukturierung einer ABS-Finanzierung einige Besonderheiten, die bei Bankenfinanzierungen nicht auftreten.

Käufer der Wertpapiere sind in der Regel institutionelle Anleger, die ihre Mittel in Anlageformen mit sehr niedrigem Risikoprofil investieren (müssen), wie z. B. Versicherungen oder Pensionsfonds. Diese Kreditgeber haben die Möglichkeit, in Kapitalmarktpapiere unterschiedlicher Laufzeiten zu investieren, die über ein exzellentes Rating wie „AAA" verfügen. Ein solches Rating wird dem Unternehmen durch die Unterlegung mit Forderungen ermöglicht. Abbildung 2 verdeutlicht die Grundstruktur einer ABS-Finanzierung.

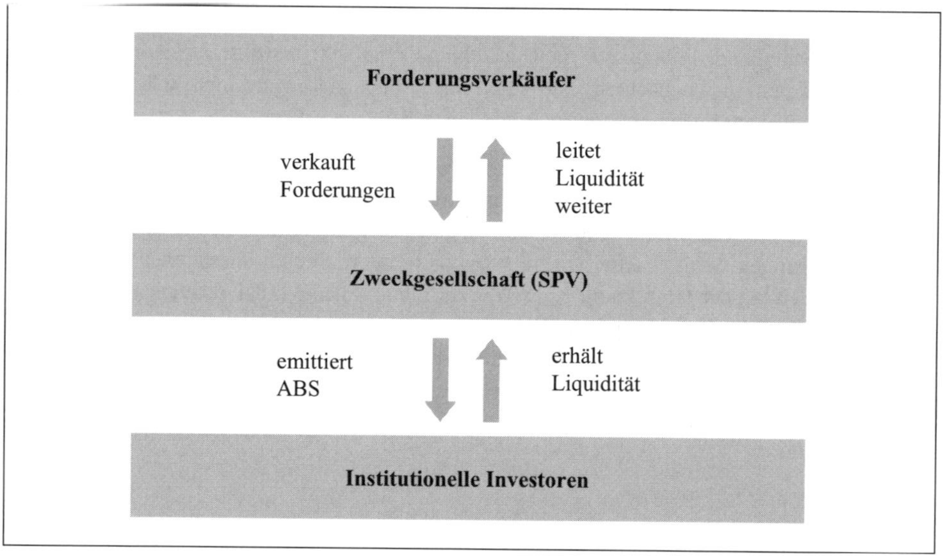

Abbildung 2: *Grundstruktur einer ABS-Finanzierung*

Ein ABS-Programm besteht folglich aus einem Portfolio werthaltiger Forderungen, gegen welche die Emission von Kapitalmarktpapieren mit erstklassigem Rating erfolgt. Aufgrund der sehr guten Bonität erhält der Kapitalmarkt-Investor eine am Interbankensatz orientierte Verzinsung.

Sollte nun das Unternehmen seinen Zahlungsverpflichtungen nicht mehr nachkommen können, werden die Cash Flows des Forderungsportfolios genutzt, um sowohl die Zins- als auch die Tilgungsverpflichtungen gegenüber dem Kreditgeber bedienen zu können.

Diese grundsätzlich einfache Konstruktion gewinnt im Zuge seiner Umsetzung deutlich an Komplexität. So sind folgende wesentlichen Punkte zu regeln:

- Wie ist der Wert bzw. die Werthaltigkeit des unterlegten Forderungsportfolios zu bestimmen bzw. zu garantieren?

  Da diese Portfolien im Krisenfall für die Bedienung der Kapitalmarktpapiere aufkommen müssen, wird bei jedem Programm eine Übersicherung vorgenommen, so dass das ABS-Forderungsvolumen höher als der erwartete Liquiditätszufluss des Forderungsportfolios ist.

- Wie können Investoren sicherstellen, dass krisenhafte Entwicklungen des Forderungsportfolios frühzeitig erkannt werden?

  Um zu gewährleisten, dass bei einer signifikanten Verschlechterung des Forderungsportfolios nicht zu spät reagiert wird und im Ernstfall die Qualität der als Sicherheit hinterlegten Forderungen nicht deutlich schlechter ist als angenommen, werden während der Laufzeit des ABS-Programms einige Portfoliokennzahlen zur Überwachung herangezogen. Durch zuvor definierte Schwellenwerte wird festgelegt, wann Handlungsbedarf für die ABS-Zweckgesellschaft entsteht.

- Welche bilanziellen und steuerlichen Gestaltungsspielräume können genutzt werden?

  Auf den ersten Blick ist vor allem die Möglichkeit reizvoll, die ABS-Finanzierung nicht in der Bilanz ausweisen zu müssen. Hiermit verbessern sich nicht nur die Bilanzrelationen, sondern es kommt gegebenenfalls auch zu Einsparungen bei der Gewerbesteuer (Dauerschuldthematik).

3. Typische Strukturen von ABS-Programmen in der Unternehmensfinanzierung

Von der zuvor beschriebenen Grundstruktur einer ABS-Finanzierung ist in der praktischen Umsetzung eine Vielzahl von abweichenden Modifikationen möglich, je nach Anforderungen und strukturellen Besonderheiten des Forderungsverkäufers.

Abbildung 3 zeigt eine ABS-Struktur bei Einschaltung einer Refinanzierungsgesellschaft. Das Unternehmen verkauft in einem speziell für die Transaktion entworfenen Kaufvertrag Forderungen an eine durch das Unternehmen neu zu gründende Gesellschaft.

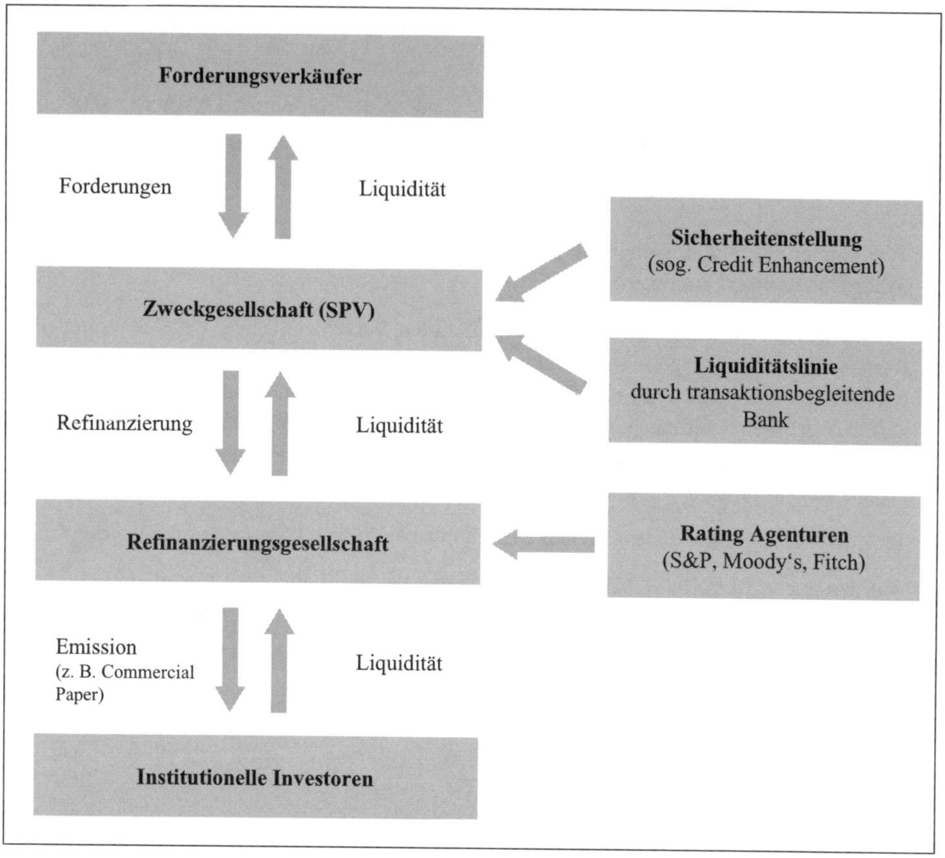

Abbildung 3: *ABS-Struktur bei Einschaltung einer Refinanzierungsgesellschaft*

Bei dieser *Zweckgesellschaft*, oder im englischen Sprachgebrauch „Special Purpose Vehicle" (SPV) genannt, handelt es sich meist um eine Gesellschaft mit einer minimalen Eigenkapitalausstattung und mit Sitz in einem Land, das ein vorteilhaftes Steuersystem (insbesondere keine Gewerbesteuerbelastung) und geeignete gesetzliche Rahmenbedingungen (insbesondere keine Bankenaufsicht für Zweckgesellschaften) aufweist.[6]

Bei ausreichend großem Volumen tritt die Zweckgesellschaft direkt am Kapitalmarkt auf, um die für den Ankauf von Forderungen notwendigen Mittel zu refinanzieren, entweder über kurz laufende Commercial Papers oder lang laufende Commercial Bonds.

Die Bonität der Zweckgesellschaft hängt dabei primär von der Qualität der angekauften Forderungen ab. Um das geforderte „AAA"-Rating zu erhalten, werden oftmals zusätzliche Sicherheiten gestellt, so genannte „Credit Enhancements". Alternativ besteht die Möglichkeit, dass die Zweckgesellschaft mehrere Wertpapiere emittiert, zwischen denen eine Rangfolge

6 Vgl. *True Sale International GmbH* (2005), S. 6.

(z. B. eine vorrangige „Senior"-Tranche und eine nachrangige „Junior"-Tranche) definiert ist. Die dem SPV aus dem Forderungsinkasso zufließende Liquidität wird dann entsprechend der Rangfolge (dem so genannten „Waterfall") zur Rückzahlung der Wertpapiere eingesetzt. Zunächst würde die vorrangige Tranche zurückgezahlt werden, so dass diese Wertpapiere über ein hervorragendes *Rating* (AAA bzw. A-1) verfügen. Die nachrangige Tranche würde erst nach vollständiger Rückzahlung der Senior-Tranche bedient und erhält demnach ein deutlich schlechteres Rating, welches von der konkreten Portfolioqualität abhängt.

Oftmals reichen die Forderungsvolumina einer Zweckgesellschaft für einen direkten Kapitalmarktauftritt nicht aus. In diesen Fällen werden die Forderungsvolumina mehrerer Zweckgesellschaften verschiedener Unternehmen zunächst bei einer *Refinanzierungsgesellschaft* gebündelt. Diese Gesellschaft tritt dann am Kapitalmarkt auf und leitet die aufgenommenen Gelder an die einzelnen Zweckgesellschaften weiter.

Um kurzfristige Liquiditätsschwankungen zu überbrücken und die jederzeitige Refinanzierung einer Zweckgesellschaft sicherzustellen, benötigt diese zudem noch eine *Liquiditätslinie* in Höhe des Programmvolumens, die meist von Banken zur Verfügung gestellt wird. Dabei übernimmt die Liquiditätslinie zwei Aufgaben zugleich: Zum einen dient sie den Kapitalmarktinvestoren als weitere Sicherheit, um im Falle einer Nichtbedienung der Zahlungsverpflichtungen durch das Unternehmen kurzfristig Rückzahlungen zu erhalten. Zum anderen wird sie für den Fall eingesetzt, dass aufgrund einer Krise am Kapitalmarkt die Begebung von Kapitalmarktpapieren nicht möglich ist. In einem solchen höchst seltenen Fall stellt sie die Liquidität des Unternehmens sicher.

4. Gründe für eine ABS-Finanzierung aus Unternehmenssicht

Die Gründe für Unternehmen, ein ABS-Programm zu nutzen, sind vielfältig und im Einzelfall sehr unterschiedlich. In der Regel sind folgende Gründe dominant:[7]

- Strategische Bedeutung im Finanzierungsmix
- Günstige Finanzierungskosten
- Verbesserung der Bilanzkennzahlen

7 Vgl. *FINANCE* (Hrsg. 2005).

Die *strategische Bedeutung* von ABS-Programmen besteht vor allem in der Möglichkeit, die Finanzierungsquellen zu diversifizieren. Insbesondere bei Unternehmen, die sich vorwiegend über Bankkredite finanzieren, kann hierdurch eine gewisse Unabhängigkeit von Banken erreicht werden. Mit Hilfe der ABS-Programme erhalten Unternehmen einen Zugang zum Kapitalmarkt, ohne dass hierfür ein eigenes Rating oder eine Roadshow erforderlich wäre. Für den Finanzierungsmix ist der langfristige Charakter der ABS-Finanzierung besonders attraktiv, die meist für eine Laufzeit von fünf Jahren abgeschlossen wird.

Die vermeintliche Bankenunabhängigkeit relativiert sich jedoch oftmals bei einer genaueren Analyse. Da die für die Programme erforderlichen Liquiditätslinien meist von den Hausbanken und oft nur mit einer Laufzeit von bis zu einem Jahr bereitgestellt werden, besteht hier weiterhin eine Bankenabhängigkeit und ein gewisser kurzfristiger Charakter des Programms. Daher gibt es aktuelle Bestrebungen, die kurzfristigen Liquiditätslinien durch längerfristige Konstrukte zu ersetzten, was allerdings zu steigenden Kosten führen dürfte.

Ein unbestrittener strategischer Vorteil besteht darin, dass sich das Finanzierungsvolumen einer ABS-Transaktion quasi automatisch dem jeweiligen Finanzierungsbedarf anpasst. Insbesondere bei saisonal stark schwankendem Geschäft führen in Zeiten eines hohen Finanzierungsbedarfs die gleichzeitig hohen Forderungsbestände zu einem hohen Finanzierungseffekt aus der ABS-Transaktion.

Zu den weiteren Vorzügen einer ABS-Transaktion zählen auch die *Finanzierungskosten*, die deutlich unter den Zinskosten für unbesicherte Kredite liegen (sollten). Allerdings ist bei der Kalkulation eine Vielzahl von Kostenkomponenten zu berücksichtigen. Die Verzinsung der Wertpapiere liegt – je nach Programm – sehr wenige Basispunkte unter oder über dem Interbankensatz. Hinzu kommen aber eine Reihe von laufenden Kosten und anfänglichen Fixkosten, die annualisiert betrachtet werden sollten.

	Einstandssatz/Funding Kosten (ca. EURIBOR)
+	Kosten der Liquiditätslinie (abhängig von der Bonität des Forderungsverkäufers)
+	Programmgebühr der Banken
=	Laufende Kosten
+	Annualisierte Einmalkosten für:
	• Strukturierungsgebühr der Banken
	• Rechtsberatungskosten der Banken
	• Honorar der Ratingagenturen
	• Gründungskosten SPV
	• Kosten eigener externer Berater (Rechtsanwälte und Steuerberater)
=	Gesamtkosten

==

Zusätzlich ist bei der Kostenkalkulation zu beachten, dass sowohl die Etablierung als auch die laufende Betreuung eines ABS-Programms deutlich aufwendiger ist als bei bilateralen Bankkrediten. Die hiermit verbundenen internen Kosten sollten in die Wirtschaftlichkeitsrechnung mit einfließen.

Bei der Kostenkalkulation sind außerdem steuerliche Effekte zu berücksichtigen. Wird die ABS-Finanzierung genutzt, um bestehende Dauerschulden zu verringern, kann dies zu einer Entlastung bei der Gewerbesteuer führen.

Beispiel

Beispiel zur Berechnung der Dauerschuldzinsen

Durchschnittliche Inanspruchnahme p. a.:		100 Mio. €
Durchschnittlicher Zinssatz p. a.:		3 %
Dauerschuldzinsen:		3 Mio. €
Hälftige Anrechnung in der Gewerbesteuer:		1,5 Mio. €
Steuermesszahl (Kapitalgesellschaft):		5 %
Hebesatz (z. B. Frankfurt):		490 %
Gewerbesteuerbelastung:	1,5 Mio € x 5 % x 490 %	367.500 €

Bezogen auf die Inanspruchnahme entspricht dies über 35 bp.

Voraussetzung für die Gewerbesteuerentlastung ist jedoch, dass die Forderungen und Verbindlichkeiten tatsächlich aus der Handels- und Steuerbilanz abgehen (Off-Balance-Darstellung). Hieran ist eine Reihe von Voraussetzungen geknüpft, so dass bei der Strukturierung die Unterstützung von Wirtschaftsprüfern und Steuerberatern erforderlich ist. Oft ist die Einhaltung der Voraussetzungen mit zusätzlichen Kosten verbunden, so dass eine Abwägung zwischen Zusatzkosten der Struktur und den entsprechenden Steuervorteilen gefunden werden muss.

Mit diesem Aspekt eng verbunden ist auch die Frage der *Verbesserung von Bilanzkennzahlen.* Gelingt ein Abgang der Verbindlichkeiten aus der Bilanz, führt dies zu einer Bilanzverkürzung und damit zu einer Verbesserung wesentlicher Finanzkennzahlen wie Eigenkapitalquote und dynamischer Verschuldungsgrad. Allerdings besteht die Verpflichtung, derartige ABS-Finanzierungen im Anhang zu erwähnen.

5. Umsetzung einer ABS-Transaktion

Die Strukturierungsphase einer ABS-Transaktion beginnt stets mit einer umfangreichen Analyse der zu verkaufenden Forderungen. Aus theoretischer Sicht sind alle Forderungen, die den Schuldner zu einer Geldzahlung verpflichten, für eine Verbriefung geeignet. Im idealtypischen Fall sind unter anderem jedoch folgende Kriterien erfüllt:

- Die Forderungsschuldner verfügen über eine zweifelsfreie Bonität.
- Die Forderungen sind frei von Einreden der Schuldner (beispielsweise Mängeleinreden) und vor allem von Einreden, die daraus entstehen könnten, dass die Gegenleistung nicht vollständig erbracht ist.

In der Praxis sind diese Kriterien jedoch nicht vollständig gegeben. Deshalb werden in ABS-Programmen für die Risiken, die sich abweichend von der idealtypischen Struktur ergeben, entsprechende Sicherheiten gebildet. Da derartige Sicherheiten für das verkaufende Unternehmen mit zusätzlichen Kosten verbunden sind (geringerer Liquiditätszufluss), sollte der Sicherungsbedarf möglichst gering ausfallen. Daher sollte auch der Verkäufer der Forderungen darauf achten, dass die Forderungsqualität nachweislich hoch ist.

Um den Nachweis über die Forderungsqualität zu erbringen, ist eine umfangreiche Datenhistorie erforderlich. Banken bzw. Ratingagenturen verlangen in der Regel eine monatliche Berichterstattung in Bezug auf die vergangenen drei bis fünf Jahre.[8] Nachstehend sind die wesentlichen Inhalte dargestellt:

- Gesamtvolumen des Forderungsportfolios
- Volumen der überfälligen Forderungen (in Fristigkeitsbändern)
- Volumen der ausgefallenen Forderungen
- Durchschnittliches Zahlungsziel
- Durchschnittlicher Zeitraum zwischen Fälligkeit und Zahlung
- Forderungsausbuchungen aufgrund von Einreden etc.
- Volumen des größten Forderungsschuldners

Neben diesen quantitativen Informationen ist es für Banken bzw. Ratingagenturen wichtig, auch qualitative Informationen über den gesamten Prozess des Forderungsmanagements zu erhalten, um die Daten richtig interpretieren zu können. Daher empfiehlt es sich, den gesamten Prozess des Forderungsmanagements schriftlich zu dokumentieren und diese Prozessbeschreibung den involvierten Parteien zur Verfügung zu stellen.

---

8 Vgl. *Pfaue* (2003), S. 189.

5.1 Credit Enhancements – Notwendige Besicherung oder unnötiger Liquiditätsverlust?

Um die Bedienung der am Kapitalmarkt begebenen Wertpapiere aus den Cash Flows der Forderungen sicherzustellen, sind zusätzliche Sicherheiten (Credit Enhancements) erforderlich. Dies liegt daran, dass diese Cash Flows regelmäßig geringer sein werden als der Nominalwert der Forderungen. Grundsätzlich sind hierbei zwei Ursachen entscheidend:

- Einige Forderungsschuldner sind nicht in der Lage, die Forderungen zu begleichen (Kreditrisiko).
- Andere Forderungen werden nicht bezahlt werden, da die Forderungen nicht entstanden sind oder aus anderen Gründen kein durchsetzbarer Zahlungsanspruch der Zweckgesellschaft gegen die Forderungsschuldner besteht (Verwässerungsrisiko).

Zu dem Verwässerungsrisiko zählen alle Gründe, die den Bestand der Forderung reduzieren (z. B. Mängel- oder sonstige Einreden, Rabatte etc.). Insbesondere bei Forderungen aus dem Fernabsatz von Waren ist zu beachten, dass im Falle der Rücksendung der Waren die Geldforderung erlischt. Zudem sind dem Verwässerungsrisiko auch die Sachverhalte zuzuordnen, die dazu führen, dass die Forderungen nicht rechtswirksam an die Zweckgesellschaft übertragen werden (können).

Um diesen Risiken zu begegnen und für die auszugebenden Wertpapiere trotzdem ein erstklassiges Rating zu erlangen, werden auf Ebene der Zweckgesellschaft in der Regel Credit Enhancements gebildet.

Diese können auf zwei Arten gebildet werden: Im Rahmen der ersten Möglichkeit werden bei der Kaufpreisberechnung entsprechende Abschläge (Discounts) vorgenommen, so dass der Kaufpreis unterhalb der nominellen Forderung liegt. Da nur der Kaufpreis durch die Ausgabe von Wertpapieren refinanziert wird, übersteigt damit das Nominal der Forderungen den Ausgabebetrag der Wertpapiere (Übersicherung/Overcollateralization). Die zusätzliche Sicherheit für die Wertpapiergläubiger besteht in diesem Fall in den zusätzlichen Forderungen, die im Ernstfall noch bei den Forderungsschuldnern eingetrieben werden müssen.

Gehen aus den Forderungen mehr Zahlungen ein, als dem Unternehmen als Kaufpreis zugeflossen sind, kann vereinbart werden, dass diese Überschüsse als „Bonifikation“ an das Unternehmen zurückfließen. Dabei sind jedoch die Auswirkungen auf die bilanzielle Darstellung zu beachten.

Die andere Möglichkeit der Besicherung besteht in *Barreserven*, bei denen die Übersicherung durch Festgeldkonten auf Ebene der Zweckgesellschaft besteht. Je nach Programm müssen die Festgelder direkt vom Forderungsverkäufer eingezahlt werden oder werden erst im Laufe der Zeit dadurch gebildet, dass Bonifikationsansprüche nicht an das Unternehmen ausgezahlt werden.

Grundsätzlich ist es auch denkbar, dass der Forderungsverkäufer oder ein verbundenes Unternehmen Garantien oder andere Zahlungszusagen für spezielle Sachverhalte zu Gunsten der Zweckgesellschaft abgibt. Hierbei ist vor allem aus bilanzieller Sicht genau zu bedenken, wie eine solche Zusage konkret ausgestaltet werden soll.

Als Absicherung für das Bonitätsrisiko kommen ferner auch Kreditversicherungen in Frage. Häufig haben Unternehmen für Teile der Forderungen eine Kreditversicherung abgeschlossen. Durch eine einfache Änderung der Police kann die Versicherung als Credit Enhancement in das ABS-Programm eingebunden werden.

Im Zuge der Strukturierungsverhandlung ist es sinnvoll, sich zu verdeutlichen, welche Interessen gegenüberstehen. Der Forderungsverkäufer hat das Ziel, die Reserven möglichst gering zu halten, um einen möglichst hohen Liquiditätszufluss zu erzielen. Die Ratingagenturen hingegen vertreten die Interessen der Wertpapierkäufer und versuchen, durch möglichst hohe Credit Enhancements die Ausfallwahrscheinlichkeit stark zu begrenzen. Auf Seiten der Banken sind oft mehrere Interessen gegeben: Die Kreditabteilung hat – wie die Ratingagentur – ein Interesse an möglichst hohen Sicherheiten, um z. B. eine Inanspruchnahme der Liquiditätslinie zu vermeiden. Die Strukturierungsabteilung der Bank hat – insbesondere im Falle von erfolgsabhängigen Gebührenstrukturen – in der Regel ein hohes Interesse an einem Geschäftsabschluss und vertritt daher eher die Kundeninteressen innerhalb der Bank. In diesem Spannungsfeld ist es deshalb die Aufgabe der Strukturierungsabteilung der Banken und des Treasurers des Unternehmens, einen fairen Interessenausgleich herzustellen.

5.2 Trigger – Ist ein möglichst großer Spielraum erstrebenswert?

Ähnlich wie bei den Sicherheiten sollen durch den Einsatz von kennzahlenbasierten Systemen die Investoren vor einer deutlichen Verschlechterung des Forderungsportfolios geschützt werden. Auf Grundlage des Portfolios werden Grenzwerte (Trigger) definiert, die nicht überschritten werden dürfen.

Werden diese Werte dennoch überschritten, kann es zum Schutz der Investoren zu einer Anpassung oder auch zu einer vorzeitigen Beendigung der ABS-Transaktion kommen. Insofern kann das Erreichen der Trigger auch als „Frühwarnsystem“ für das Forderungsportfolio bezeichnet werden, ähnlich den Financial Covenants für Unternehmenskennzahlen.

Die Trigger-Strukturen decken die oben dargestellten Risikobereiche einer ABS-Finanzierung ab. Nachstehend erfolgt eine Darstellung typischer Grenzwerte:

- Kennzahlen zum Ausfallrisiko, z. B. Rückstandsquote im Forderungsportfolio, Ausfälle pro Monat, Anteil Neukunden

- Kennzahlen zum Klumpenrisiko, z. B. Mindestanzahl der Schuldner im Portfolio, Maximalvolumen pro Einzelschuldner
- Kennzahlen zum Verwässerungsrisiko, z. B. Obergrenze für gewährte Rabatte, maximale Retourenquote

Wird ein Grenzwert überschritten, so sind verschiedene Konsequenzen denkbar:

- Bei einmaligen Verletzungen kann in Absprache mit der Bank und den Ratingagenturen auf die Einhaltung verzichtet werden. Es wird eine entsprechende Verzichtserklärung (Waiver) abgegeben.
- Bei strukturellen Änderungen, die eine dauerhafte Verletzung erwarten lassen, kann mit der Bank und den Ratingagenturen über eine Trigger-Anpassung verhandelt werden. Meist wird dann aber auch eine entsprechende (aus Unternehmenssicht negative) Anpassung des Credit Enhancement vorzunehmen sein.
- Sollten beide vorstehenden Optionen nicht akzeptabel sein, wird das Programm beendet, so dass eine alternative Finanzierungsquelle gefunden werden muss.

Aus Sicht des verkaufenden Unternehmens ist – bei isolierter Betrachtung – ein besonders großer Spielraum bei den Trigger-Werten wünschenswert. Allerdings werden Investoren für einen großen Spielraum bei den Triggern eine höhere Absicherung bei den Credit Enhancements fordern. Insofern ist eine sorgfältige Abwägung und intensive Verhandlung analog der Credit Enhancements sinnvoll.

5.3 Bilanzausweis: On-Balance- oder Off-Balance-Darstellung?

Unter gewissen Voraussetzungen ist es möglich, die ABS-Finanzierung nicht in der Bilanz auszuweisen (so genannte „Off-Balance-Darstellung"). Die wichtigste Voraussetzung hierfür ist, dass der Verkauf der Forderungen als „echter Verkauf" (so genanntes „True Sale") klassifiziert wird, so dass die Forderungen aus der Bilanz abgehen. In diesem Fall verkürzt sich die Bilanz, was in der Regel eine Verbesserung der Bilanzrelationen (z. B. Verschuldungsgrad) zur Folge hat. Da mit der Bilanzverkürzung meist auch eine Gewerbesteuerersparnis einhergeht, ist die „Off-Balance-Darstellung" für viele Unternehmen auf den ersten Blick sehr attraktiv.

Wann ein Bilanzabgang nach *HGB* erfolgt, ist gesetzlich nicht geregelt. Maßgeblich ist hier eine Stellungnahme des Instituts der Wirtschaftsprüfer (IDW) aus dem Jahr 2002.[9]

---

9 Vgl. *IDW RS HFA 8* (2003).

Darin ist geregelt, dass das rechtliche und das wirtschaftliche Eigentum der Forderungen auf den Erwerber übergehen müssen, um eine Off-Balance-Behandlung zu erreichen.

Dabei wirft vor allem die Beurteilung des wirtschaftlichen Eigentums in der Praxis regelmäßig Zweifelsfragen auf. Nur wenn der vereinbarte Kaufpreis für die Forderungen endgültig ist, das heißt nachträgliche Anpassungen des Kaufpreises, z. B. durch Rückzahlung der Übersicherung an den Forderungsverkäufer (Bonifikationen) ausgeschlossen sind, geht das wirtschaftliche Eigentum vollständig über, da sämtliche Chancen und Risiken auf den Forderungserwerber übertragen wurden. Aufgrund der damit verbundenen Übersicherung ist diese Gestaltung für Unternehmen meist wirtschaftlich nicht attraktiv.

Werden hingegen Bonifikationen vereinbart, muss der Wirtschaftsprüfer beurteilen, ob die vereinbarte Besicherung aus Sicht des Verkäufers angemessen ist.[10] Bei einer klassischen ABS-Struktur wird dies regelmäßig nicht der Fall sein, da das Credit Enhancement nicht aus der Sicht des Verkäufers, sondern aus der Sicht des Investors ausreichend hoch sein muss. Eine „Off-Balance-Darstellung“ wird demnach nur möglich, wenn Teile des Credit Enhancement von einer dritten Partei (z. B. einer Kreditversicherung) gestellt werden. Dies ist allerdings mit zusätzlichen Kosten verbunden.

Unter *IFRS* ist der Bilanzabgang noch komplexer geregelt. Für einen Abgang aus der Konzernbilanz muss zunächst die Frage beantwortet werden, ob die Zweckgesellschaft beim Veräußernden konsolidiert werden muss. Die Konsolidierung der Zweckgesellschaft ist vor allem deshalb eine entscheidende Fragestellung, da die Forderungen in dieser Gesellschaft in der Regel „On Balance“ sind. Für eine „Off-Balance“-Darstellung ist es somit erforderlich, dass die Zweckgesellschaft nicht konsolidiert werden muss. Die Beurteilung, ob eine Konsolidierung nötig ist, wird anhand von vier Kriterien vorgenommen:

a) Inwiefern ist die Geschäftstätigkeit der Gesellschaft auf die Bedürfnisse eines anderen Unternehmens (das heißt des Forderungsverkäufers) abgestimmt?

b) Verfügt die Gesellschaft über eine eigene Entscheidungsmacht?

c) Wer verfügt über die Mehrheit der Vorteile aus einer Zweckgesellschaft?

d) Wer hat die Mehrheit der Risiken aus einer Zweckgesellschaft?

Dabei ist die Gewichtung der Kriterien nicht festgelegt, sondern es erfolgt eine Beurteilung der vier Kriterien in ihrer Gesamtheit.[11]

Die „klassische“ Zweckgesellschaft ohne eigene Entscheidungsmacht (so genannter „Autopilot“) ist beim Verkäufer zu konsolidieren. In der Praxis wird die Konsolidierung dadurch verhindert, dass die Zweckgesellschaft (wenn auch eingeschränkte) Entscheidungskompetenzen erhält.

---

10 S. *ebenda*, Tz. 22 - 32.

11 Vgl. *SIC*, SIC 12.10.

Bei der Beurteilung des Bilanzabgangs ist ein mehrstufiges Prüfungsschema[12] zu durchlaufen, welches hier im Einzelnen nicht dargestellt werden kann. Die Kernaussage besteht darin, dass ein vollständiger Bilanzabgang nur möglich ist, wenn unter anderem sämtliche Chancen und Risiken auf eine andere Partei als den Verkäufer übergehen. Dies ist meist nicht der Fall. Daher sieht IFRS den so genannten „Continuing Involvement Approach" vor, bei dem nur der Teil der Forderungen bilanziert wird, der noch im Interessenbereich des Verkäufers liegt (das heißt in der Regel das Credit Enhancement).

Für ein „Continuing Involvement" gelten vor allem zwei Voraussetzungen:

a) Verpflichtung zur Weiterleitung der Cash Flows (Pass-Through-Kriterium): Die mit den Forderungen in Zusammenhang stehenden Zahlungen müssen sehr zeitnah an die Zweckgesellschaft weitergeleitet werden.[13]

b) Übergang der Chancen und Risiken: Hierfür ist entscheidend, dass die Mehrheit der Chancen und Risiken nicht mehr beim Forderungsveräußernden liegt. Bei einer klassischen ABS-Struktur wird dies regelmäßig nicht der Fall sein, da das Credit Enhancement den Übergang von Risiken auf die Investoren explizit vermeiden soll. In der Praxis hat sich hier – ähnlich wie beim HGB – die Lösung etabliert, von einer dritten Partei (z. B. einer Kreditversicherung) Sicherheiten stellen zu lassen.

Da diese Vorschriften sehr komplex sind, führt an einer intensiven Diskussion mit den Wirtschaftsprüfern kein Weg vorbei. Zudem unterliegen diese Vorschriften, auch in deren Auslegung[14], aktuell einem regen Wandel, was die dauerhafte Sicherung der „Off-Balance-Darstellung" fraglich erscheinen lässt. Viele Unternehmen haben sich daher entschieden, die ABS-Finanzierung in der Bilanz auszuweisen und auf die Vorteile des Bilanzabgangs zu verzichten.

6. Praktische Umsetzung und Ausblick

ABS-Finanzierungen stellen für viele Unternehmen, die über einen hinreichend großen und hinsichtlich der Bonität guten Forderungsbestand verfügen, eine interessante Finanzierungsalternative dar. Die Vorteile liegen in der Diversifikation der Finanzierungsquellen, den geringen Kosten und einer möglichen Verbesserung der Bilanzkennzahlen.

---

[12] Vgl. *IASB (2004)*, IAS 39.16.

[13] Vgl. *IASB (2004)*, IAS 39.19.

[14] Für die Auslegung von IFRS 39 hat das IDW in der Stellungnahme HFA 9 einen gewissen Rahmen vorgesehen. Innerhalb dieses Rahmens bleibt jedoch erheblicher Interpretationsspielraum. Vgl. *IDW RS HFA 9* (2005).

Bei der Strukturierung eines ABS-Programms ist eine Vielzahl von Parametern, die in diesem Artikel nur angerissen werden konnten, mit der strukturierenden Bank zu besprechen und erfolgreich zu verhandeln. Deshalb ist die Auswahl der Bank für den Erfolg der Transaktion von wesentlicher Bedeutung.

Welche Bank mit der Strukturierung einer ABS-Transaktion beauftragt wird, hängt in der Praxis von einer Vielzahl von Faktoren ab. Die Expertise einer Bank lässt sich im Vorfeld der Transaktion meist nur vage abschätzen. Entscheidend ist sicherlich die Erfahrung, die die jeweiligen Spezialistenteams aufbauen konnten. In diesem Zusammenhang werden meist so genannte „League Tables" präsentiert, die aufzeigen, in welchem Umfang in der Vergangenheit ABS-Transaktionen durchgeführt wurden. Die Auswahl, welche Transaktionen bei der Aufstellung dieser Listen berücksichtigt werden, ist aber von Bank zu Bank unterschiedlich. Deshalb ist es deutlich aufschlussreicher zu hinterfragen, inwiefern die entsprechende Bank bereits vergleichbare Transaktionen (mit gleichartigen Forderungen, im selben Rechtsraum, in der gleichen Branche etc.) durchgeführt hat. Weitere Fragestellung können beispielsweise auf die Struktur des ABS-Programms (Höhe der Liquiditätslinie, Ratingaufwand etc.), die Flexibilität der Strukturen oder die eingesetzten EDV-Systeme (Flexibilität der Schnittstellen, strategische Partnerschaften mit EDV-Anbietern[15]) abzielen.

Neben der fachlichen Expertise der Bank dürfte vor allem die sonstige Geschäftsbeziehung zu einer Bank im Vordergrund der Entscheidung stehen. Bietet eine Hausbank ausreichend Expertise in ABS-Produkten an, so hilft dies oft bei der Strukturierung, da auf Seiten der Bank ein gutes Grundverständnis für das Geschäftsmodell vorhanden ist. Im Sinne einer Diversifikation der Finanzierungsquellen kann es aber ebenso sinnvoll sein, gerade nicht mit seiner Hausbank, sondern einem anderen Institut zusammenzuarbeiten. Eine Entscheidung wird hier im Einzelfall zu treffen sein, wobei nicht zuletzt auch das interne Credit Rating des Unternehmens bei der jeweiligen Bank und – meist unmittelbar damit verbunden – die Kosten der Transaktion einen ausschlaggebenden Faktor darstellen.

Die Erfahrung aus einer Vielzahl von ABS-Projekten zeigt, dass jede Transaktion individuell verschieden ist, die Herausforderungen aber bei einem guten Projektmanagement beherrschbar sind. Trotz aller Komplexität und internem Aufwand überwiegen die Vorteile von ABS-Finanzierungen in der Regel deutlich.

---

15 Vgl. hierzu z. B. *Kullmann* (2004), S. 2 ff.

Literatur

FINANCE (Hrsg. 2005): „Asset Backed Securitisation – Finanzierungsalternative für den Mittelstand“, Frankfurt am Main 2005.

IASB – International Accounting Standard Board (2004): IAS – International Accounting Standard 39.16.

IASB – International Accounting Standard Board (2004): IAS – International Accounting Standard 39.19.

IDW RS HFA 8 (2003): „Zweifelsfragen der Bilanzierung von asset backed securities-Gestaltungen und ähnlichen Transaktionen“ vom 01.10.2002, zuletzt geändert am 09.12.2003.

IDW RS HFA 9 (2005): „Abgang von finanziellen Vermögenswerten nach IAS 39“ vom 10.07.2005.

Jergitsch, F. (2004): „Asset Backed Finance“ in: Guserl, R./Pernsteiner, H. (Hrsg.) Handbuch Finanzmanagement in der Praxis, November 2004.

Kullmann A. (2004): „Forderungsverbriefung als attraktives Finanzierungsprodukt“ in: Kredit & Rating Praxis, 01/2004.

Menzel, T. (2005): „Kleinere Hürden“ in: FINANCE Sonderbeilage „Moderne strukturierte Finanzierungen“, Oktober 2005.

Moody's Investor Service (2006): “2005 Review and 2006 Outlook EMEA ABS”, London/ Frankfurt am Main 25.01.2006.

Nölling, K./Nölling, P. (2003): Deutschlands Banken in der Krise – eine Analyse der Situation des Deutschen Bankensektors nach der Einführung des Euro, in: Hankel W./Schachtschneider K. A./Starbatty J.: Der Ökonom als Politiker. Festschrift zum 70. Geburtstag von Prof. Dr. Wilhelm Nölling“, Stuttgart 2003.

Richter, W./Retting, J./Englisch, P. (Ernst & Young) (2005): „Wege zum Wachstum“, Berlin/Essen 2005.

Pfaue, M. (2003): „Verbriefung von Forderungsportfolien – Asset Backed-Securties“ in: Wolf, B./Hill, M./Pfaue, M.: „Strukturierte Finanzierungen“, Stuttgart 2003.

SIC – Standards Interpretation Committee: SIC 12.10.

True Sale International GmbH (2005): „Die TSI stellt sich vor“, Frankfurt am Main 2005.

Der Verkauf mit Restwertgarantie als Instrument der Absatzfinanzierung im Lichte der IFRS

Peter Adolph/Silvan Stimming – KION Group GmbH

(vormals Gabelstaplersparte der Linde AG)/CeDo GmbH

1. Einleitung

In den letzten Jahren haben die Leasing- und Finanzierungsquoten ein starkes Wachstum erfahren.[1] Insbesondere die Hersteller verzeichnen eine immer größere Nachfrage nach Mietlösungen anstelle des klassischen Kaufs. Das liegt vor allem daran, dass Kunden nicht nur das Produkt erwerben möchten, sondern gleichzeitig die Finanzierung, die Wartung sowie die Absicherung bzw. die Versicherung wünschen. Inzwischen wird dies nicht mehr als eine Diversifizierung in einen fremden Tätigkeitsbereich, sondern als horizontale Erweiterung der eigenen Wertschöpfungskette betrachtet. Obwohl viele Hersteller dieses Geschäft zunehmend über eigene Finanzdienstleistungsgesellschaften (Captives) abwickeln, werden oftmals auch Leasing- und Bankenpartner eingeschaltet. Der Hersteller verkauft in diesem Fall seine Produkte an eine Leasinggesellschaft, die ihrerseits die Mietverträge im eigenen Namen oder im Namen des Herstellers (Vendor-Leasing) mit den Kunden abschließt.[2] Trotzdem bleibt die Bindung zwischen Hersteller und Kunden aufrecht erhalten, da mit dem Leasing in der Regel gleichzeitig Serviceverträge zwischen Hersteller und Endkunden (Leasingnehmer) geschlossen werden.

Mit dieser Konstruktion der „indirekten Vermietung" durch den Hersteller will dieser zunächst die klassischen nachteiligen Effekte des Absatzleasings vermeiden. Hierzu zählen beispielsweise hohe Administrations- und IT-Kosten, Fragen der Objektrefinanzierung sowie Beurteilung und Übernahme von Bonitäts- und Objektrisiken. Daneben rücken für den Hersteller aber auch die bilanziellen Auswirkungen des Leasinggeschäfts immer mehr in den Vordergrund: Aufgrund der relativ geringen Zinsmargen, der hohen Verschuldungsquote und der Periodisierung von Mieterlösen schlägt sich das Absatzleasing negativ auf Bilanzrelationen, Key Performance Indicators (z. B. Return on Capital Employed, Sales bzw. Return on Net Sales) und Rating nieder, sofern das Geschäft nicht auf Basis eigener Messgrößen vollständig separat gesteuert, berichtet und extern anerkannt wird. Kernvoraussetzung für die Vermeidung dieser negativen Konsequenzen ist dabei, dass der Hersteller den Umsatz aus dem Verkauf des Produkts an den Leasingpartner bilanziell sofort realisieren darf.

Damit der juristische Verkauf an eine Leasinggesellschaft auch wirtschaftlich, und damit umsatzwirksam, beim Hersteller dargestellt werden kann, ist zu gewährleisten, dass die maßgeblichen Chancen und Risiken, die mit dem Eigentum des verkauften Objektes verbunden sind, auf die Leasinggesellschaft übertragen werden. Für eine dahingehende Beurteilung ist

---

1 Vgl. *Städtler* (2006). Seit 1998 wird vom ifo Institut für Wirtschaftsforschung vierteljährlich der ifo Konjunkturtest an der Universität München durchgeführt. Gemessen an der Leasingquote, die das Verhältnis zwischen Leasinginvestitionen der Leasinggeber zu den gesamtwirtschaftlichen Investitionen (ohne Wohnbauten) ausdrückt, wird der volkswirtschaftliche Stellenwert von Leasing nochmals deutlich. Die Leasingquote ist von 17,9 % (2004) auf 19,2 % (2005) gestiegen, wobei die Mobilien-Leasingquote für 2005 (2004) sogar bei 24,6 % (24,1 %) lag.

2 Diese Konstruktion mittels einer externen Leasinggesellschaft steht im Folgenden im Vordergrund der Untersuchungen.

von besonderer Bedeutung, wer am Ende des Leasingvertrags über das gebrauchte Objekt verfügt bzw. wer etwaige Gewinne und Verluste aus dessen Verwertung trägt. Wenn also aus Herstellersicht die maßgeblichen Chancen und Risiken aus der Verwertung nicht übertragen werden können, verbleibt der Vermögenswert mangels sofortiger Umsatzrealisierung nach internationalen Bilanzierungsregeln grundsätzlich in seinen Büchern.

Die gleichgerichteten wirtschaftlichen Interessen der beiden Hauptakteure führen dabei zum Dilemma: Für die Leasinggesellschaft könnten sich Schwierigkeiten in der Abwicklung des Leasinggeschäfts ergeben, wenn diese über kein eigenes bzw. über kein adäquates Vertriebssystem verfügt, um Produkte, welche am Ende der Vertragslaufzeit vom Kunden zurückgegeben werden, weiter zu vermarkten. Dies ist insbesondere dann der Fall, wenn die verleasten Objekte aufgrund ihrer Beschaffenheit spezielle Markt- oder Produktkenntnisse erfordern.[3] Leasinggesellschaften werden folglich regelmäßig darauf angewiesen sein, dass der Hersteller eine gegebenenfalls notwendige Aufarbeitung und den Vertrieb des gebrauchten Objektes übernimmt. Dem Hersteller wird auf der anderen Seite bei konservativer Restwertpolitik daran gelegen sein, selbst die Verwertungschancen aus den Leasingrückläufern zu realisieren. Daneben hat er ein starkes Interesse, den Gebrauchtmarkt seiner Produkte zu kontrollieren, um einerseits aktiv Einfluss auf die Qualität und den Preis von Gebrauchtobjekten zu nehmen und andererseits den Neuproduktabsatz nicht zu gefährden. Beide Vertragsparteien verbindet demnach ein wirtschaftliches Interesse an einer Vereinbarung, wonach der Hersteller gegenüber der Leasinggesellschaft die Restwerte garantiert und beispielsweise die gebrauchten Objekte zum Vertragsende zu einem vorher festgelegten Preis abnimmt.[4] Dieser Preis entspricht in der Regel dem kalkulierten Restwert, der dem Leasingvertrag mit dem Kunden zugrunde liegt. Die Herausforderung für die Parteien besteht demnach in der Gratwanderung, einerseits den Verkauf umsatzwirksam darzustellen und andererseits die Chancen und Risiken aus der Verwertung soweit wie möglich beim Hersteller zu belassen.

Nach den International Financial Reporting Standards (IFRS) müssen die reinen vertraglichen Vereinbarungen nicht immer maßgebend für die Bilanzierung sein.[5] Vielmehr sind diese auf den wirtschaftlichen Gehalt einer Transaktion hin zu überprüfen.[6] So kann das juristische Eigentum an einem Vermögenswert durch einen Verkauf grundsätzlich auf den Erwerber übertragen werden. Wenn der Verkäufer jedoch die maßgeblichen Chancen und Risiken aus dem Eigentum der veräußerten Vermögensgegenstände zurückbehält, liegt ökonomisch be-

---

3 Vgl. *Henneberger/Kiene* (2003), S. 177.

4 Vgl. stellvertretend *Kühnlein* (2005), S. 36.

5 Gegenstand des vorliegenden Beitrags ist die Rechnungslegung nach IFRS. Im Handelsgesetzbuch (HGB) finden sich keine dezidierten Vorschriften, welche den Verkauf mit Restwertgarantie aufgreifen. Allerdings ist hier auch eine entsprechende Orientierung an den internationalen Rechnungslegungsvorschriften zu verzeichnen. Deshalb sei an dieser Stelle auf weiterführende Literatur zur Auslegung der Vorschriften im HGB nur verwiesen (vgl. *Hoffmann* (2006) sowie *Marx/Köhlmann* (2005)). Gleichwohl hat das IDW 2004 mit dem IDW ERS HFA 13 Einzelfragen zum Übergang des wirtschaftlichen Eigentums an Vermögensgegenständen und zur damit verbundenen Gewinnrealisierung in einem handelsrechtlichen Abschluss behandelt (vgl. *IDW* (2004)).

6 Vgl. IASB Framework § 35.

trachtet kein Verkaufsvorgang vor.[7] Im Falle des Verkaufs mit Restwertvereinbarungen des Herstellers ist demzufolge zu prüfen, ob wirtschaftlich überhaupt ein Verkaufsvorgang stattgefunden hat, da die Rücknahme des Objektes, insbesondere Rückgabedatum und -preis, bereits zum Zeitpunkt des Verkaufs vertraglich vereinbart worden sein können.

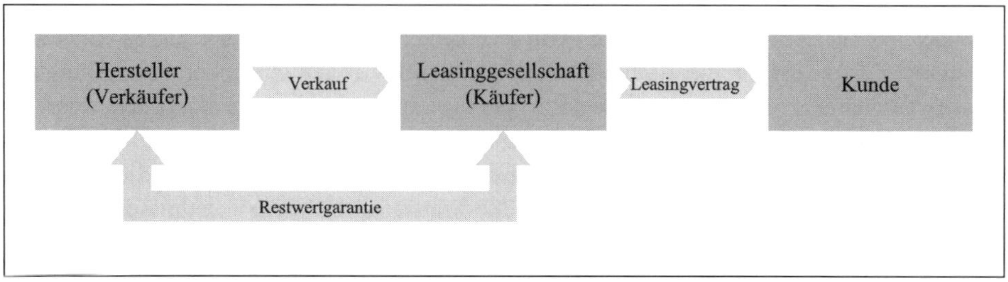

Abbildung 1: *Darstellung der Vertragsbeziehungen bei indirekter Vermietung*

Sofern der Verkauf eines Produkts nur mit gleichzeitiger Zusage des Rückkaufs zu vorher vereinbarten Konditionen erfolgt, ist der gesamte Vorgang als eine Transaktion zu werten.[8] Aus ökonomischer Sicht liegt kein Verkaufsvorgang vor, da die Rücknahme bereits vereinbart wurde. Vielmehr handelt es sich um eine Form der Absatzfinanzierung, in welcher die Leasinggesellschaft als Vertriebspartner des Herstellers die Aufgaben der Refinanzierung, der Vertragskalkulation, der Bonitätsprüfung etc. übernimmt. Aus Sicht des Herstellers könnte die Transaktion wirtschaftlich betrachtet auch einem Leasingverhältnis entsprechen: Ein Gegenstand wird über einen vordefinierten Zeitraum (Verkaufszeitpunkt bis Rückkaufzeitpunkt bzw. in der Regel Mietzeit des Kunden) gegen Entgelt (Kaufpreis abzüglich Rückkaufzusage) einer anderen Partei (Leasinggesellschaft) zur Verfügung gestellt. Es wurde demzufolge nicht das Objekt selbst verkauft, sondern nur das zeitlich befristete Nutzungsrecht an diesem Objekt eingeräumt.

In der Praxis ergeben sich daraus jedoch verschiedene Problemstellungen bei der Vertragsausgestaltung von Verkäufen mit Restwertvereinbarungen, die vor allem auf die scheinbar grenzenlose Kreativität der beteiligten Akteure zurückzuführen sind. Obwohl das beschriebene Szenario für viele Hersteller ein gängiges Absatzinstrumentarium darstellt, werden die für den Hersteller negativen bilanziellen Konsequenzen aus diesem Konstrukt in der Literatur nur rudimentär kommentiert. So hat sich hier nach Auffassung der Autoren eine uneinheitliche Bilanzierungspraxis herausbilden können. Deshalb sollen im vorliegenden Beitrag zunächst die Anforderungen an die Umsatzrealisierung konkretisiert und anschließend die negativen bilanziellen Folgen der Interpretation des Verkaufsgeschäfts mit Restwertgarantie als Operating Lease dargestellt werden.

---

7 Vgl. IAS 18.14 (a).

8 In Anlehnung an IAS 18.13 i. V. m. IASB Framework § 35. Vgl. auch *Lüdenbach/Hoffmann* (2006), S. 1039.

2. Gesetzliche Grundlagen

Nach den IFRS ist der Bilanzierende zunächst auf die sehr allgemein gehaltenen Ausführungen des IAS 18 angewiesen. Lediglich im Appendix (Ziffer 5) zu IAS 18 findet sich der Hinweis, dass in den Fällen des Verkaufs mit Rückkaufvereinbarung die Umsatzrealisierung davon abhängt, wer die Chancen und Risiken aus dem Restwert trägt. Eine Konkretisierung der Anforderungen sowie der besonderen bilanziellen Konsequenzen aus einer gebotenen Umsatzstornierung wird nicht vorgenommen. Gleichwohl sind aufgrund des engen wirtschaftlichen Zusammenhangs mit Leasingvereinbarungen für eine Auslegung des IAS 18 (insbesondere des Paragrafen 14 sowie der Beurteilung der sich anschließenden bilanziellen Behandlung) die Vorschriften des IAS 17 heranzuziehen.[9] So werden insbesondere in IAS 17.10-11 beispielhaft weitere Indikatoren für die Chancen und Risiken der Übertragung aufgelistet.[10]

Da die IFRS selbst den Sachverhalt des Verkaufsgeschäfts mit Restwertgarantie nicht explizit behandeln, wird hier bei der Auslegung der IFRS auf die gesonderten Regelungen der US-amerikanischen Generally Accepted Accounting Principles (US-GAAP) zurückgegriffen.[11] Letztere beinhalten im Wesentlichen zwei Verlautbarungen, die sich mit der Thematik der Umsatzrealisierung bei Verkäufen mit gleichzeitiger Restwertgarantie befassen.

Zunächst finden sich in den Paragrafen 20-22 des SFAS 13 Anweisungen, wie in derartigen Fällen vorzugehen ist. Der wirtschaftlich „gescheiterte" Verkaufsvorgang wird im Grunde als Refinanzierung verstanden, wenn ein Hersteller sein Produkt an eine Leasinggesellschaft verkauft, die ihrerseits einen Leasingvertrag mit dem Kunden des Herstellers eingeht bzw. beabsichtigt, einen solchen Leasingvertrag abzuschließen. In SFAS 13 wird folglich unterstellt, dass dem Verkauf mit Restwertgarantie grundsätzlich ein Leasingvertrag folgt.

Daneben ergänzt EITF 95-1 dahingehend, dass die Beschränkung auf Verkaufsgeschäfte, die eine anschließende Finanzierung (Leasingvertrag) nach sich ziehen, aufgehoben wird. Vielmehr wird gezielt nur auf die Vertragspartner Verkäufer (Hersteller) und Käufer sowie deren Vereinbarungen eingegangen. Die US-GAAP identifizieren dabei nicht nur den konkreten Sachverhalt der „indirekten Vermietung", sondern regeln auch dessen bilanzielle Behandlung.

---

9 Gleicher Ansicht für US-GAAP ist *Arthur Andersen* (2001), S. 164.

10 Zu Leasing allgemein nach IFRS vgl. *Adler/Düring/Schmaltz* (2005), Abschnitt 12, *Ernst & Young* (2004), S. 1247 ff., *Kümpel/Becker* (2006), *Lüdenbach/Hoffmann* (2006), S. 549 ff. oder *Pellens/Fülbier/Gassen* (2006), S. 591 ff.

11 Gemäß IAS 8.10 ff. sind bei einer Regelungslücke vorhandene Regelungen aus anderen Standards und Interpretationen heranzuziehen. Zu Leasing allgemein nach US-GAAP vgl. *Arthur Andersen* (2001) sowie *Reuter/Köhling* (2004), S. 131. Leasingtransaktionen sind nach US-GAAP auf der Grundlage von SFAS 13, Accounting for Leases, zu bilanzieren.

3. Anforderungen an die Umsatzrealisierung

In IAS 18.14 ff. wird die Umsatzrealisierung beim Verkauf von Gütern geregelt. Hierzu sind fünf Kriterien genannt, die kumulativ erfüllt sein müssen, um Erträge und Aufwendungen aus einem Geschäftsvorfall erfolgswirksam erfassen zu dürfen. Unsere weitere Diskussion vertieft ausschließlich das erste Kriterium. Hiernach gilt es zu beurteilen, ob mit dem Verkauf die Übertragung der maßgeblichen Chancen und Risiken aus dem Eigentum der Objekte erfolgt.[12] Sofern dies nicht der Fall ist, dürfen keine Umsätze realisiert werden.[13] Der Verkauf eines Gegenstands bei gleichzeitiger Vereinbarung einer Rückübertragung des gebrauchten Objektes nach Ablauf eines bestimmten Zeitraums wird zwar im Appendix (Ziffer 5) zu IAS 18 aufgeführt, allerdings finden sich keine konkreteren Hinweise als das Abstellen auf den allgemein gültigen Chancen-/Risikobegriff. Demnach gilt es im Weiteren zu klären, ob und mit welchen Restwertvereinbarungen die maßgeblichen Chancen und Risiken aus dem Eigentum auf den Käufer übertragen werden.

Da, wie eingangs erläutert, der Verkauf mit vertraglichen Restwertgarantien einem zeitlich begrenzten Nutzungsrecht gegen Entgelt (Leasing) gleicht, wird für die Beurteilung der Chancen- und Risikoübertragung IAS 17 zu Rate gezogen. Dieser Standard hat im Wesentlichen das Ziel, durch die Klassifizierung von Leasingverhältnissen eine sachgerechte Zuordnung der Leasingobjekte zu Leasinggeber oder Leasingnehmer sicherzustellen. Dabei steht der wirtschaftliche Gehalt der Leasingvereinbarung im Vordergrund und nicht der formaljuristische Vertrag. Mit den Klassifizierungsregeln wird konkret untersucht, in welchem Umfang Chancen und Risiken aus dem Eigentum des Leasingobjektes auf den Leasingnehmer übertragen werden (vergleiche IAS 17.7).[14] In IAS 17 findet somit analog zu IAS 18 das Chancen-/Risikokonzept Anwendung.

Nach IAS 17.8 führt die Übertragung „im Wesentlichen aller Chancen und Risiken" zu einem Finanzierungsleasing.[15] Das Objekt ist in diesem Fall wirtschaftlich dem Leasingnehmer zuzuordnen, was bei diesem zum bilanziellen Ansatz eines Vermögenswerts und einer Finanzverbindlichkeit führt. Der Leasinggeber hingegen weist beim Vorliegen eines Finanzierungsleasings eine Finanzforderung aus, und realisiert – wie im Falle des Herstellers üblich – mit der Einbuchung die entsprechenden Umsatzerlöse.[16]

---

12 Im Gegensatz zu den IFRS (vgl. IAS 17.11 (b) bzw. IAS 18.14 (a)), die nicht nur die Risiken, sondern auch Chancen aus einer Restwertgarantie betrachten, gehen die US-GAAP (vgl. SFAS 13.21 bzw. EITF 95-1) nur auf die Risikobetrachtung ein.

13 Vgl. IAS 18.16. In Paragraf 16 werden Beispiele aufgeführt, die zu der Interpretation herangezogen werden können, in welchen Fällen eine Übertragung der maßgeblichen Chancen und Risiken fehlschlägt.

14 Eine ausführliche Diskussion findet sich mit Bezug zu IAS 17 in *Kümpel/Becker* (2006).

15 Vgl. *Lüdenbach/Hoffmann* (2006), S. 565. Die Kriterien, die nach US-GAAP zu einem Finanzierungsleasing führen, sind in SFAS 13.7 aufgelistet. Sofern ein Operating Lease-Verhältnis im Sinne der Negativdefinition des IAS 17.8 vorliegt, weist der Leasinggeber das Leased Asset aus.

16 Vgl. IAS 17.42 ff.

Fraglich könnte zunächst sein, ob sich der Wortlaut des IAS 17 „im Wesentlichen aller" inhaltlich mit dem Wortlaut „maßgeblichen" (IAS 18) deckt. Da beide Standards auf die Zuordnung von Vermögenswerten abzielen sowie das Chancen-/Risikokonzept heranziehen, darf nach Auffassung der Autoren der unterschiedliche Wortlaut zu keiner abweichenden Beurteilung führen.

IAS 17.10-11 zählen beispielhaft Indikatoren auf, die einzeln oder in Kombination die Übertragung aller im Wesentlichen mit dem Eigentum verbundenen Chancen und Risiken vermuten lassen.[17] Bevor die Anwendbarkeit einzelner Indikatoren überprüft wird, soll zunächst ein Überblick über die gebräuchlichsten Restwertvereinbarungen gegeben werden:

Eine häufig anzutreffende Garantieform ist die Rückkaufverpflichtung des Herstellers nach Ablauf der Leasingvertragslaufzeit. Dabei wird der Rückkaufpreis zum Zeitpunkt des Verkaufs in aller Regel bereits fest vereinbart. Dieser entspricht üblicherweise dem kalkulierten Restwert, der dem anschließenden Mietvertrag zugrunde liegt. Der Restwert orientiert sich dabei erfahrungsgemäß an einer beiderseitig anerkannten Restwertmatrix, die nach Alter, Produkttyp und Einsatzbedingungen unterschiedliche Restwertverläufe festlegt.

Daneben können Restwertgarantien seitens des Herstellers das Verwertungsrisiko der Leasinggesellschaft am Vertragsende eliminieren oder zumindest reduzieren. Ein Restwert wird dabei insofern garantiert, als der Hersteller die Differenz ausgleicht, wenn der Marktwert des gebrauchten Objektes am Ende der Vertragslaufzeit unterhalb des kalkulierten Restwertes liegt. Die Ausgestaltung der Restwertgarantien kann vielfältiger Natur sein. So lassen sich Restwertgarantien unterscheiden, die über die gesamte Höhe des Restwertes abgegeben werden („volle" Restwertgarantien) und solche, die betragsmäßig begrenzt sind (Teil-Restwertgarantien). Die vollen Restwertgarantien kommen inhaltlich einer Rückkaufverpflichtung gleich, denn sowohl die volle Restwertgarantie als auch die Rückkaufverpflichtung ermöglichen dem Käufer (Leasinggesellschaft) letzten Endes eine Vollamortisation. Die Beurteilung von Teil-Restwertgarantien fällt dagegen in der Regel schwerer, da die Verteilung der Chancen und Risiken nicht immer direkt festzumachen ist, sondern gegebenenfalls auch Eintrittswahrscheinlichkeiten berücksichtigt werden müssen.

So können Teil-Restwertgarantien nicht nur dem Betrag nach begrenzt sein, sondern zusätzlich auch noch nach dem Eintrittsrang. Der Eintrittsrang gibt an, wer z. B. als erster die Verluste bis zu einem gewissen Betrag zu tragen hat (First-Loss-/Top-Slice-Garantie) und wer erst nachrangig einstehen muss (Second-Loss-/Bottom-Slice-Garantie). Weit verbreitet sind First-Loss-Garantien[18] des Herstellers, um die Leasinggesellschaften weitgehend schadlos zu halten. Der Hersteller gleicht dabei einen gegebenenfalls eingetretenen Restwertverlust vorrangig aus, allerdings ist die Verlustübernahme betraglich begrenzt auf beispielsweise maximal 10 % des Verkaufspreises. Bei Restwertschwankungen über 10 % des Verkaufspreises trägt dabei formal auch die Leasinggesellschaft Restwertrisiken. Da das Eintreten dieser Risiken aber nur auf die Fälle beschränkt ist, in der die Verluste über 10 % des ursprüngli-

---

17 Vgl. *Lüdenbach/Hoffmann* (2006), S. 562 f.

18 Vgl. *Findeisen* (2002), S. 67 oder *Kümpel/Becker* (2006), S. 50.

chen Verkaufserlöses liegen, ist die Eintrittswahrscheinlichkeit und damit das Risiko für die Leasinggesellschaft tendenziell gering. So wären bei einem kalkulierten Restwert von beispielsweise 20 % des Verkaufspreises für oben genannten Fall bereits Restwertschwankungen von bis zu 50 % allein durch den Hersteller abgedeckt, bevor die Leasinggesellschaft an Verlusten partizipiert.[19]

Daneben ist auch die Kombination einer Teil-Restwertgarantie sowohl mit einer First-Loss- als auch mit einer First-Profit-Beteiligung anzutreffen. Hier wird nicht nur der anteilige Restwert garantiert, sondern auch an einer möglichen Chance partizipiert, um einen ökonomischen Ausgleich für die Risikoübernahme zu schaffen. Die Behandlung des First-Profits entspricht grundsätzlich den First-Loss-Konstruktionen, allerdings mit „umgekehrtem Vorzeichen".

Noch vielschichtigere Formen der limitierten Gewinn- und Verlustpartizipation des Herstellers können über so genannte „Remarketing"-Vereinbarungen realisiert werden. Hierbei tragen der Hersteller und auch der Partner nicht vorrangig Chancen und Risiken aus einer Verwertung der Objekte am Vertragsende, sondern partizipieren daran mit einer festen Quote. Beispielsweise trägt der Hersteller nach dem Verkauf 50 % der Verluste aus einer Verwertung der Restwerte, wobei er im Gegenzug jedoch auch 50 % der eventuellen Gewinne erhält. Diese Vereinbarung zielt demzufolge nicht ausschließlich auf das Risikopotenzial der gebrauchten Objekte am Ende der Laufzeit ab, sondern bezieht auch die Chancen aus der Verwertung mit ein. Das Kalkulationsschema, nach dem Vermarktungsergebnisse bestimmt werden, stellt dabei meistens ein schwieriges Praxisdetail dar, da insbesondere die Kosten und Gebühren, welche für die mögliche Aufbereitung und anschließende Vermarktung anfallen, genau bestimmt und grundsätzlich jedem Produkt zugerechnet werden müssen.

Betrachtet man nun die beschriebenen Vereinbarungen im Lichte des IAS 17, sind vornehmlich zwei Indikatoren aus IAS 17.10-11 für die indirekte Vermietung einschlägig:

IAS 17.10 (d) prüft, ob mit den Miet-/Leasingzahlungen weitestgehend eine Vollamortisation erreicht wird. Entspricht der Barwert der Zahlungen des Leasingnehmers im Wesentlichen dem Zeitwert des Leasingobjektes zu Beginn des Vertrages, können im Umkehrschluss nur noch unwesentliche Chancen und Risiken aus der Restwertverwertung und damit dem Eigentum verbleiben. Übertragen auf die Situation des Herstellers gilt es zu prüfen, ob bei diesem mit der – wie immer gearteten – Restwertgarantie nur unwesentliche Chancen und Risiken verbleiben. Welche Werte allerdings nach IFRS als wesentlich bzw. unwesentlich eingestuft werden, ist unklar. Einen richtigen, allgemeingültigen Grenzwert gibt es folglich nicht.[20] Die in der Literatur überwiegend präferierte Orientierung an der 90 %-Grenze aus SFAS 13.7d erscheint aus Sicht der Autoren sehr dienlich, um nicht zuletzt auch die Praktikabilität und Vergleichbarkeit zu gewährleisten.[21] Die 90 %-Grenze bezieht sich zunächst auf den Barwert der Leasingzahlungen im Verhältnis zum Zeitwert des Leasinggegenstandes zu Vertragsbe-

---

19 Die Prozentangaben im Verhältnis zum Verkaufspreis beziehen sich jeweils auf den barwertigen Restwert. Zu Einzelheiten siehe unten.

20 Vgl. *Adler/Düring/Schmaltz* (2005), Abschnitt 12, Rn. 138 oder *Lüdenbach/Hoffmann* (2006), S. 569.

21 Vgl. *Arthur Andersen* (2001), S. 164 oder *Findeisen* (2002), S. 64.

ginn.[22] Da der Unterschiedsbetrag zur Vollamortisation (100 % des Zeitwertes) immer dem barwertigen Restwert gleicht, bedeutet das im Umkehrschluss, dass die Chancen und Risiken dann als übertragen gelten, wenn dieser barwertig 10 % und weniger des Zeitwertes zu Vertragsbeginn beträgt. Dies bedeutet für die indirekte Vermietung, dass Restwertgarantien bzw. Rückkaufverpflichtungen für Restwerte, deren Barwert über 10 % des Zeitwerts (in der Regel gleicht dieser dem Verkaufspreis an die Leasinggesellschaft) liegen, eine Umsatzrealisation verhindern. Auf der anderen Seite sind nach Meinung der Autoren abgezinste Restwerte von bis zu 10 % des Verkaufspreises unabhängig von der Restwert-Vereinbarung regelmäßig unschädlich.[23]

Dem Betrag nach begrenzte Restwertgarantien schließen entsprechend eine sofortige Umsatzrealisierung aus, wenn der anteilig garantierte Restwert die 10 %-Grenze übersteigt. Das gleiche gilt für Remarketing-Vereinbarungen: Bei beispielsweise einer 50:50-Verteilung (jeweils 50 % der Chancen und Risiken) werden Restwerte, die barwertig bis 20 % des Zeitwerts ausmachen, als unwesentlich eingestuft. Da das Risiko auf 50 % des möglichen Restwertverlustes begrenzt ist, trägt der Hersteller in dieser Konstellation im schlechtesten Fall immer noch höchstens barwertig 10 % des Verkaufspreises an Verlusten.

Bei Restwertgarantien, die eine Verteilung des Eintrittsranges zwischen Hersteller und Leasinggesellschaft beinhalten (z. B. First Loss, Second Loss), ist für die Beurteilung, wer die wesentlichen Chancen und Risiken trägt, zusätzlich die Eintrittswahrscheinlichkeit zu berücksichtigen. Denn im vorstehend beschriebenen Fall (bis zu 50 % Restwertschwankungen werden vom Hersteller getragen) ist offensichtlich, dass die Leasinggesellschaft in der Regel nicht mit einer Verlustzuweisung zu rechnen hat. Entscheidend ist demnach für die Beurteilung der Wesentlichkeit, wer am Ende wahrscheinlich bzw. faktisch an den Chancen und Risiken partizipiert. Wie genau die Berücksichtigung der Wahrscheinlichkeit vorzunehmen ist, wird in der Literatur nicht weiter diskutiert. Nach Meinung der Autoren kann von einer Übertragung ausgegangen werden, wenn der Käufer mehr als 50 % des wahrscheinlichen Risikos übernimmt.[24] Für eine Einschätzung der zukünftigen Eintrittswahrscheinlichkeiten ist in der Praxis insbesondere zu untersuchen, welchen Wertschwankungen die Marktwerte im Verhältnis zu den kalkulierten Restwerten in der Vergangenheit ausgesetzt waren. Der Verfügbarkeit von Daten zu Historie und Marktentwicklung kommt damit eine wichtige Rolle für Off-Balance-Lösungen von Herstellern zu.

---

22 Als Abzinsungszinssatz ist grundsätzlich der Innen-Kalkulationszinsfuß des Leasingvertrages zu verwenden (vgl. *Lüdenbach/Hoffmann* (2006), S. 572 ff. und die Ausführungen in IAS 17.4 zur Nettoinvestition).

23 Sofern allerdings ein Unternehmen die Wesentlichkeits-Grenze für die Leasingbilanzierung nach IFRS davon abweichend interpretiert (beispielsweise 95 % anstelle der hier präferierten 90 %-Grenze), müssen im Kontext des gewählten Prozentsatzes nach Meinung der Autoren auch die Chancen und Risiken aus Verkäufen beurteilt werden (entsprechend Restwerte barwertig über 5 %).Die vorgeschlagene Prozentgrenze ist allerdings immer im Kontext des in den IFRS verankerten Grundsatzes „Substance over Form“ zu interpretieren (vgl. IAS 17.10 Satz 1 und IASB Framework §35). Deshalb kann es im Einzelfall auch zu einer davon abweichenden, wirtschaftlichen Beurteilung kommen.

24 Siehe zu dieser Grenze weiter unten die Erläuterungen zu IAS 17.11 (b).

First-Loss- und First-Profit-Kombinationen sind analog zu den obigen Ausführungen zu behandeln. Allerdings muss hier die 50 %-Grenze des wahrscheinlichen Verlustes kumulativ auch für wahrscheinliche Gewinne erfüllt sein.

Ein weiteres Beurteilungskriterium zur Chancen-/Risikoverteilung ergibt sich aus IAS 17.11 (b). Dieser beinhaltet unter bestimmten Gegebenheiten die Vermutung, dass der Leasingnehmer unabhängig von seiner Amortisationsleistung die wirtschaftlichen Chancen und Risiken aus dem Leasingvertrag trägt, wenn ihm die Gewinne oder Verluste aus der Schwankung des beizulegenden Zeitwertes des Restwertes zufallen. Erfasst werden sollen hier die in Leasingverträgen gebräuchlichen Mehr- und Mindererlösbeteiligungen von Leasingnehmern. Im Prinzip handelt es sich bei den Beteiligungen um anteilige oder volle Restwertgarantien, wobei der Leasingnehmer nicht nur die Risiken aus der Verwertung übernimmt, sondern auch an Chancen partizipiert.

Übertragen auf die indirekte Vermietung des Herstellers gilt es zu untersuchen, ob der Leasinggesellschaft die Ergebnisse aus der Verwertung des Restwertes zustehen oder ob der Verkäufer trotz Übertragung des Eigentums an diesen weiterhin partizipiert bzw. in welchem Umfang er diese zurückbehält. Die Formulierung des IAS 17 lässt offen, in welchem Umfang der Käufer an der Verwertung partizipieren muss, damit eine Übertragung im Wesentlichen aller mit dem Eigentum verbundenen Chancen und Risiken stattfindet. In dem in Paragraf 11 (b) genannten Beispiel wird ein „Großteil" des Verkaufserlöses für ausreichend erachtet. Nach Meinung der Autoren muss deshalb der Leasingpartner zumindest die Mehrheit des Verwertungsergebnisses (> 50 %) für sich beanspruchen dürfen, damit von einer Übertragung der wesentlichen Chancen und Risiken gesprochen werden kann.[25]

Im Falle einer Remarketing-Vereinbarung zwischen Käufer und Verkäufer mit einer 50:50-Verteilungsregel von Gewinnen und Verlusten könnte es strittig sein, ob hier eine Übertragung stattgefunden hat. Auf der anderen Seite behält der Verkäufer nicht mehr die Mehrheit der Chancen und Risiken aus der Verwertung zurück. Insofern kann in diesem Fall nach Meinung der Autoren von einer Übertragung ausgegangen werden.

In der Praxis sind weitere Vertragsausgestaltungen von Restwertgarantien und Rücknahmeverpflichtungen zwischen Verkäufer und Käufer denkbar. In jedem Einzelfall ist aus diesem Grund zu prüfen, wer die maßgeblichen Chancen und Risiken trägt.

Nachdem nun die allgemeinen Regelungen der IFRS hinsichtlich der Umsatzrealisierung bei indirekter Vermietung konkretisiert wurden, soll nunmehr geklärt werden, welche bilanziellen Konsequenzen eine Erfüllung bzw. Nichterfüllung der Anforderungen nach sich zieht.

---

25 Im Ergebnis auch *Adler/Düring/Schmaltz* (2005), Abschnitt 12, Rn. 103, sowie *Kümpel/Becker* (2006), S. 67.

4. Bilanzielle Konsequenzen

Wurden die maßgeblichen Chancen und Risiken aus dem Verkaufsvorgang auf die Leasinggesellschaft übertragen, so wird – sofern die weiteren Kriterien des IAS 18.14 gegeben sind – dem Verkäufer die Erfassung der Umsatzerlöse nicht verwehrt.

Zu der bilanziellen Abbildung des Verkaufs mit Restwertgarantie, bei welchem die maßgeblichen Chancen und Risiken aus dem Eigentum zurückbehalten werden, beinhalten die IFRS keine einzelfallorientierten Regelungen. Grundsätzlich führt die erhaltene Gegenleistung für die Lieferung des Gegenstandes so lange nicht zur Umsatzrealisierung, bis die Kriterien des IAS 18.14 erfüllt werden.

Eine detaillierte Regelung ist dagegen in den US-GAAP zu finden.[26] Diese beurteilen die Konstruktion für den Fall, dass die Umsatzrealisierung scheitert, als Finanzierung und setzen diese einem Leasingverhältnis gleich. Weil die substanziellen Chancen und Risiken nicht auf den Käufer übertragen werden konnten, ist dieses Leasingverhältnis als Operating Lease zu klassifizieren und folglich dementsprechend zu bilanzieren.

Die bilanzielle Behandlung nach US-GAAP wird damit aufgrund der wirtschaftlichen Betrachtungsweise entschieden. Der Vermögenswert verbleibt in den Büchern des Verkäufers und wird, wie bei einem Operating Lease, über die Vertragslaufzeit auf den (garantierten) Restwert abgeschrieben. Die gesamte Kaufpreiszahlung des Käufers wird beim Verkäufer als Verbindlichkeit ausgewiesen. Auf diese Weise ergibt sich in der Bilanz das gleiche Bild als hätte der Verkäufer den Gegenstand selbst verleast und sich mittels Fremdkapital refinanziert. In der Gewinn- und Verlustrechnung erscheinen korrespondierend die Abschreibungen des Vermögenswertes. Darüber hinaus wird ein Zinstilgungsplan für die passivierte Finanzverbindlichkeit erstellt, wobei die fiktive Finanzrate über die Umsatzerlöse als Miet-/Leasingzahlung und der Zinsanteil im Finanzergebnis als Zinsaufwand erfasst werden. Auch diese Buchungen spiegeln den Sachverhalt des Leasinggebers im Falle eines Operating Leases exakt wider.

Die Bilanzierung eines Operating-Leasingverhältnisses entspricht in den hier zu beurteilenden Geschäftstransaktionen der wirtschaftlichen Betrachtungsweise und dem sollte daher nach Meinung der Autoren grundsätzlich auch in der IFRS-Rechnungslegung gefolgt werden. Eine derartige Interpretation steht im Einklang mit der Definition eines Leasingverhältnisses in IAS 17.4 und ist somit der konsequente Schluss daraus, dass sich aufgrund eines „Quasi-Leasingverhältnisses“ bereits die Beurteilung der Umsatzrealisierung an den Leasingkriterien orientiert hat. Gleichwohl unterscheidet sich die Darstellung der Passivseite signifikant von der oben dargestellten US-GAAP-Vorgehensweise.

---

26 Vgl. SFAS 13.22 und EITF 95-1.

Somit ist die Umbuchung des Vermögenswertes in die Sachanlagen bzw. das Mietvermögen prinzipiell sachgerecht. Entsprechend den Bilanzierungsvorschriften des IAS 16 würden die Abschreibungen auf den Vermögenswert über die Vertragslaufzeit erfolgen, bis dieser zum Ende der Vertragslaufzeit in der Höhe des garantieren Restwertes ausgewiesen wird. Auf der Passivseite wird indes eine Finanzverbindlichkeit nur in Höhe des garantieren Restwertes angesetzt. Dieser Teil der erhaltenen Gegenleistung ist nach dem Verkauf noch risikobehaftet und führt deswegen zu eventuellen Zahlungsabflüssen, so dass hier der Ausweis einer „echten“ Verbindlichkeit geboten ist. Die verbleibende Differenz zwischen der Restwertgarantie und der Summe der erhaltenen Gegenleistungen wird als „Mietvorauszahlung“ hingegen über die Laufzeit realisiert und hat von ihrer Rechtsnatur eher den Charakter eines passiven Rechnungsabgrenzungspostens. Die IFRS kennen zwar grundsätzlich keine Unterscheidung zwischen Verbindlichkeiten und Rechnungsabgrenzungsposten, ihnen ist jedoch der Rechnungsabgrenzungsposten nicht fremd. So wird beispielsweise gemäß IAS 17 bei Sale-Leaseback-Transaktionen unter bestimmten Voraussetzungen die Abgrenzung des Verkaufsgewinns verlangt.[27] Dies gilt insbesondere dann, wenn alle im Wesentlichen mit dem Eigentum verbundenen Chancen und Risiken letzten Endes mit dem Leaseback nicht auf den Käufer übertragen werden können (Finance Leaseback). Die Auflösung des Gewinns erfolgt in diesem Fall linear über die Vertragslaufzeit. Der Realisierung der Verkaufsmarge steht also grundsätzlich nichts entgegen; diese wird lediglich periodisiert und über den Zeitraum der Rückmietung verteilt.

Dieser Verteilungsgedanke des Leasinggeschäfts ist auf den Fall der indirekten Vermietung anzuwenden. Durch den Verkauf können nicht die maßgeblichen Chancen und Risiken auf den Käufer überwälzt werden, so dass der sofortigen Realisierung der Herstellermarge IAS 18 zunächst entgegensteht. Diese Marge ist aber – wie für einen Hersteller-Leasinggeber üblich – über die Vertragslaufzeit zu realisieren. Der passive Abgrenzungsposten wird linear aufgelöst, so dass sich im Kontext der Abschreibungen über die Laufzeit die Verkaufsmarge in der Gewinn- und Verlustrechnung niederschlägt. Am Ende der Vertragslaufzeit, wenn die Restwertgarantie des Herstellers zum Tragen kommt, werden der Vermögenswert und die Finanzverbindlichkeit jeweils in Höhe der Garantie ausgewiesen und ausgebucht.

5. Zusammenfassung

Da Leasing insbesondere für Unternehmen eine Möglichkeit zur Erhöhung ihrer Liquidität darstellt, wird es als ein alternatives Finanzierungsinstrument zunehmend in Anspruch genommen. Neben der Finanzierung erhält der (End-)Kunde auch eine entsprechende Wartung

27 Vgl. IAS 17.59.

sowie Absicherung bzw. Versicherung des genutzten Produkts durch den Hersteller. Für den Hersteller ist Leasing ein wertvolles Instrument der Absatzunterstützung. Häufig werden zur Abwicklung dieses Geschäfts Leasing- und Bankenpartner zwischen Hersteller und Endkunde geschaltet, um als Vertriebspartner des Herstellers die Aufgaben der Refinanzierung, Vertragskalkulation, Bonitätsprüfung etc. zu übernehmen. Hierbei wird der Verkauf des Produkts an die Leasinggesellschaft in beiderseitigem Interesse mit Restwertgarantien durch den Hersteller verbunden (indirekte Vermietung).

Obwohl der Leasingvertrag mit dem Endkunden in diesen Fällen über eine externe Leasinggesellschaft erfolgt, führt dies unter Umständen nicht dazu, dass der Hersteller den Umsatz aus dem Verkauf bilanziell sofort realisieren darf. Nach internationalen Bilanzierungsregeln kann ein juristischer Verkauf erst dann umsatzwirksam beim Verkäufer (Hersteller) erfasst werden, wenn die maßgeblichen Chancen und Risiken an dem Gegenstand auf den Käufer übertragen sind. Diese Bedingung steht jedoch gerade dann in Frage, wenn der Hersteller den Restwert garantiert oder eine Rücknahmeverpflichtung eingeht. Rein wirtschaftlich betrachtet ist der Verkauf mit Restwertgarantie dem Leasing (Nutzungsüberlassung auf Zeit gegen Entgelt) gleichgestellt und muss somit analog den hierfür geltenden Bilanzierungs-Standards beurteilt werden. Dies kann beim Hersteller zu negativen bilanziellen Konsequenzen führen.

Gemäß IAS 18.14 sind Erlöse aus dem Verkauf von Gütern insbesondere dann zu erfassen, wenn die maßgeblichen Chancen und Risiken aus dem Restwert auf den Käufer übergegangen sind. Deshalb gilt es zu klären, ob trotz den zwischen Hersteller und Leasinggesellschaft gebräuchlichen Restwertvereinbarungen die „maßgeblichen“ Chancen und Risiken aus dem Eigentum auf den Käufer übertragen werden.

In Anlehnung an die Vorschriften des IAS 17 gehen die Chancen und Risiken auf den Käufer insbesondere dann über, wenn[28]

(1) der Restwert barwertig 10 % und weniger des Verkaufspreises beträgt oder

(2) eine anteilige oder volle Restwertgarantie barwertig 10 % und weniger des Verkaufspreises und evtl. First-Loss-/First-Profit-Anteile höchstens 50 % des wahrscheinlichen Gesamtgewinns/-verlustes betragen oder

(3) bei Vermarktungsvereinbarungen anteilige Vermarktungsrisiken barwertig 10 % und weniger des Verkaufspreises und vereinbarte Profit-/Loss-Anteile höchstens 50 % des Gesamtgewinns/-verlustes betragen.

In diesen Fällen kann der Verkäufer (Hersteller) den vollen Umsatz realisieren. Der Vorgang wird als Verkauf im Sinne von IAS 18.14 klassifiziert, da die maßgeblichen Chancen und Risiken aus dem Eigentum auf den Käufer übertragen werden konnten.

Gehen die Chancen und Risiken *nicht* auf den Käufer über, wird der Vorgang nicht als Verkauf im Sinne von IAS 18.14, sondern als Finanzierung bilanziell erfasst. Eine sofortige

28 Jedoch ist zu berücksichtigen, dass diese Aufzählung nicht vollständig ist, da es in der Praxis zahlreiche Vertragsausgestaltungen gibt.

Erlösvereinnahmung beim Verkäufer ist nicht mehr möglich; vielmehr ist die Herstellermarge zu verteilen.

Gemäß US-GAAP wird eine – die Finanzierung repräsentierende – Verbindlichkeit ausgewiesen und die Umsatzbuchung erfolgt in Höhe einer fiktiven Finanzrate, die aus einem Tilgungs- und Zinsanteil besteht. Dies führt zum Ausweis eines erhöhten Umsatzes in Höhe der Bruttofinanzrate und zu einem Zinsaufwand im Finanzergebnis. Damit erscheinen die operativen Ertragskennzahlen (EBIT, EBITA etc.) in einem zu guten Bild. Unserer Ansicht nach reflektiert die lineare Auflösung eines passiven Rechnungsabgrenzungspostens den Sachverhalt unter wirtschaftlicher Betrachtungsweise zutreffender.

Die Lösungen zur Bilanzentlastung führen beim Hersteller zu komplizierten Vertragsgestaltungen mit den Leasingpartnern. Dies geht insbesondere zu Lasten der gewünschten Flexibilität des Kunden, da die risikoorientierten Interessen des Leasingpartners (Käufer) einfache und planmäßige Vertragsverläufe bevorzugen (so bestehen z. B. Schwierigkeiten bei vorzeitigen Vertragsbeendigungen, Vertragsverlängerungen und Vertragsmodifikationen). Eine Reduzierung des Komplexitätsgrades bei der Vertragsgestaltung ist vor allem vor dem Hintergrund der Vergleichbarkeit von Bilanzkennzahlen der Hersteller, die Leasing betreiben, wünschenswert. Das erscheint allerdings nur dann möglich, wenn diese Unternehmen ihre Leasingaktivitäten von den eigentlichen Verkaufsaktivitäten separiert berichten, nach eigenen Kennzahlen (z. B. Return on Equity) steuern und dies auch bei externen Adressaten Anerkennung findet.

Literatur

Adler, H./Düring, W./Schmaltz, K. (2005): Rechnungslegung nach Internationalen Standards – Kommentar, 4. Teillieferung, Stuttgart 2005.

Arthur Andersen (Hrsg., 2001): Accounting for Leases, Interpretation of FASB Statement No 13, Fourth edition, 2001.

Ernst & Young (Hrsg., 2004): International GAAP 2005, Generally Accepted Accounting Practice under International Financial Reporting Standards, 2004.

Findeisen, K.-D. (2002): Internationale Rechnungslegung im Leasing-Geschäft, in: Finanzierung Leasing Factoring (FLF), Heft 2, 2002, S. 62 - 67.

Henneberger, M./Kiene, S. (2003): Die Internationalisierung der Rechnungslegung, Auswirkungen auf die Restwert- und Refinanzierungspolitik von Leasing-Gesellschaften, in: Finanzierung Leasing Factoring (FLF), Heft 4, 2003, S. 175 - 179.

Hoffmann, W.-D. (2006): Umsatzrealisation bei strukturierten Geschäftsmodellen, in: Praxis der internationalen Rechnungslegung (PiR), Heft 3, 2006, S. 46 - 48.

IDW (2004): Entwurf IDW Stellungnahme zur Rechnungslegung: Einzelfragen zum Übergang des wirtschaftlichen Eigentums und zur Gewinnrealisierung nach HGB (IDW ERS HFA 13), in: Die Wirtschaftsprüfung (WPg), 57. Jg., Heft 17, 2004, S. 952 - 963.

Kühnlein, C. (2005): Zur Umstellung der Leasingbilanzierung auf IFRS: Sind die Institute vorbereitet?, in: Kreditwesen, Heft 6, 2005, S. 35 - 38.

Kümpel, T./Becker, M. (2006): Leasing nach IFRS, Beurteilung, Bilanzierung und Berichtspflichten, München 2006.

Lüdenbach, N./Hoffmann, W.-D. (Hrsg., 2006): Haufe IFRS – Kommentar, 4. Auflage, Freiburg 2006.

Marx, F. J./Köhlmann, S. (2005): Bilanzielle Abbildung von Rücknahmeverpflichtungen nach HGB und IFRS, in: Betriebs-Berater (BB), 60. Jg., Heft 37, 2005, S. 2007 - 2011.

Pellens, B./Fülbier, R. U./Gassen, J. (2006): Internationale Rechnungslegung. IFRS 1 bis 7, IAS 1 bis 41. IFRIC-Interpretationen, Standardentwürfe. Mit Beispielen, Aufgaben und Fallstudien, Stuttgart 2006.

Städtler, A. (2006): Besseres Investitionsklima stärkt das Leasing-Wachstum – Die Branche erzielte mehr als 50 Milliarden Euro Neugeschäft, in: Finanzierung Leasing Factoring (FLF), Heft 2, 2006, S. 60 - 70.

Reuter, A./Köhling, L. (2004): Bilanzneutrale Alternativen zur klassischen Unternehmensfinanzierung – Neue Hürden, neue Chancen?, in: Finanzierung Leasing Factoring (FLF), Heft 3, 2004, S. 130 - 134.

Kapitel 3:
Umgang mit Kapital- und Bankenmarkt

Erfolgreiche Finanzmarktkommunikation

Peter Holder/Sabine Brummel – Wincor Nixdorf AG

1. Ziele der Finanzmarktkommunikation

Die Finanzmarktkommunikation dient in erster Linie der Senkung der Kapitalkosten und der langfristigen Sicherstellung der Kapitalbeschaffungsmöglichkeiten. Sofern das Unternehmen börsennotiert ist, tritt als weiteres Ziel eine angemessene und stabile Börsenbewertung hinzu. Gemeinsame Basis für die Erreichung dieser Ziele ist das Vertrauen der Kapitalmarktteilnehmer in die Entwicklung des Unternehmens sowie in die kommunizierten Inhalte.

Senkung der Kapitalkosten

Da sich die Kapitalkosten naturgemäß am Risiko eines möglichen Ausfalls orientieren, dient die Finanzmarktkommunikation nicht zuletzt der Bewertung von vorhandenen Risiken. Sie besteht nicht in der Übermittlung von Bilanzen und Kennzahlen allein, sondern vor allem in der Erläuterung der Zusammenhänge und im Aufzeigen von Entwicklungstrends.

Langfristige Sicherstellung der Kapitalbeschaffungsmöglichkeiten

In der Regel wird ein Unternehmen nicht nur kurzfristig Interesse an einer Kapitalaufnahme haben, sondern auch für die Zukunft Kapitalbeschaffungsmöglichkeiten sichern wollen. Im Falle eines größeren Investitionsvorhabens oder auch in Krisensituationen muss kurzfristig Kapital beschafft werden können. Entsprechend empfiehlt sich für die Finanzmarktkommunikation ein langfristiger Zeithorizont sowohl für die Inhalte als auch für die Kommunikationsstrategie.

Angemessene und stabile Börsenbewertung

Unerwartete Entwicklungen werden seitens des Finanzmarktes generell als negativ angesehen. Selbst ein Übertreffen der Erwartungen scheint auf Schwächen in der Kommunikation oder gar auf ein mangelhaftes Controlling-System hinzuweisen. Eine stabile Börsenbewertung ist demnach häufig auch Ergebnis der Kommunikationspolitik des Unternehmens. Hierbei ist die Frage, was unter einer „angemessenen" Börsenbewertung zu verstehen ist, nicht leicht zu beantworten. Die Unter- oder Überbewertung eines börsennotierten Unternehmens hängt in der Regel von Erwartungen hinsichtlich der Zukunft ab und natürlich auch von der Einschätzung der Chancen und Risiken für das Unternehmen. Diese Erwartungen und Einschätzungen des Finanzmarkts kann das Unternehmen nur bedingt steuern. Wichtig ist hier vor allem eine zeitnahe Kommunikation von Tatsachen, die zu einer Änderung in den Erwartungen und Einschätzungen führen können (siehe auch die Abschnitte 7 und 8).

Weitere Ziele

Vielfach ist zu beobachten, dass Unternehmen ein zusätzliches Börsenlisting auch außerhalb ihrer Heimatmärkte an vielen internationalen Börsenplätzen anstreben, um damit die Aufmerksamkeit an den internationalen Kapitalmärkten zu verstärken. Dies kann unter Umständen mit wenig zusätzlichem Aufwand durch entsprechende Investor-Relations-Arbeit erreicht werden. Wincor Nixdorf unterhält Beziehungen – z. B. im Rahmen von Roadshows – zu den bestehenden und potenziellen Investoren an allen relevanten Finanzplätzen in Europa und in den USA.

Eine Verbreiterung der Investorenbasis sowie eine Ausweitung der Aktionäre unter möglichst vielen und unterschiedlichen Investorenklassen sollte ebenfalls zu den Zielen einer erfolgreichen Investor-Relations-Arbeit gehören. Dies geschieht durch eine breite internationale Präsenz sowie den Auftritt bei Investorenkonferenzen, die bestimmte Investorengruppen oftmals durch die Schwerpunktthemen (z. B. Capital Goods, IT-Branche, Asiengeschäft) gezielt ansprechen.

2. Zielgruppen der Finanzmarktkommunikation

Die Finanzmarktkommunikation von nicht börsennotierten Unternehmen richtet sich vornehmlich an Fixed-Income-Investoren (aktuelle und potenzielle Fremdkapitalgeber). Spätestens mit Aufnahme der Börsennotierung tritt als weitere Zielgruppe die der „Eigenkapital-Investoren“ (aktuelle und potenzielle Anteilseigner) hinzu. „Eigenkapital-Investoren“, z. B. in Form von „Private-Equity-Investoren“, können auch für nicht börsennotierte Unternehmen, z. B. im Rahmen von Buy-outs, Zielgruppe sein. Darüber hinaus richtet sich die Finanzmarktkommunikation an „Meinungsbildner“ wie Ratinganalysten und Sell-Side-Analysten.

Kreditanalysten und Ratinganalysten – Creditor Relations

Die Beurteilung der Bonität eines Unternehmens ist das Hauptaugenmerk von Kredit- und Ratinganalysten. Ziele der Analysen sind die Minimierung von Kreditrisiken sowie die Ermittlung der adäquaten Risikoprämie. Entscheidend ist nicht so sehr die Wertsteigerung des Unternehmens, sondern die Frage, ob das Unternehmen in der Lage sein wird, Zinsen und Tilgung zu bedienen.

Sell-Side-Analysten

Sell-Side-Analysten arbeiten für Banken bzw. Brokerhäuser und liefern Informationen und Empfehlungen an deren Kunden (private und institutionelle Investoren). Sell-Side Research enthält in der Regel eine fundamentale Analyse des Unternehmens z. B. hinsichtlich Business-Modell und Wettbewerbsvorteilen sowie der Bewertung im Vergleich zur Peer Group und zur Branche. Die Analyse des Unternehmens ist Basis für die von den Analysten vorgenommenen Ergebnisschätzungen, die dann in einer „Sell"-, „Hold"- oder „Buy"-Empfehlung an die Investoren resultieren. Eine hohe Anzahl an Sell-Side-Analysten steigert zugleich auch die Wahrnehmung durch Investoren und das den Investoren zur Verfügung stehende Spektrum an Analysen zu dem betreffenden Unternehmen.

Buy-Side-Analysten und Fondsmanager

Buy-Side-Analysten arbeiten für das Fondsmanagement und sind ebenso wie Sell-Side-Analysten meist auf bestimmte Unternehmen und Branchen fokussiert. Buy-Side-Analysten fungieren oftmals gegenüber dem Fondsmanagement als Berater.

Die unterschiedlichen Anlagestrategien von Fondsmanagern lassen sich (bei Vernachlässigung von Mischformen und Abwandlungen) im Wesentlichen auf drei Hauptstrategien reduzieren:

- *Value-Investoren* sind auf der Suche nach unterbewerteten Unternehmen. Eine Unterbewertung kann etwa durch Wechsel in der Investorenbasis oder durch eine schlechte Branchenperformance entstehen. Das heißt, eine Analyse der Fundamentaldaten ergibt im Grunde einen höheren Wert des Unternehmens. Value-Investoren profitieren von einer Kurserholung.
- *Growth-Investoren* achten insbesondere auf hohe bzw. überdurchschnittliche Wachstumsraten bei Umsatz und Ergebnis, die für die Zukunft prognostiziert werden können. Für kleinere Unternehmen werden dabei durchaus auch zweistellige Wachstumsraten erwartet. Growth-Investoren sind entsprechend weniger auf Dividendenzahlungen fokussiert; die Gewinne der Unternehmen, falls vorhanden, werden in der Regel reinvestiert. Sie suchen vor allem in stark wachsenden Branchen, insbesondere auch mit Bezug auf neue Technologien, nach Unternehmen mit einer interessanten „Wachstumsstory".
- *Income-Investoren* konzentrieren sich auf Unternehmen, die einen stetigen Dividendenfluss erwarten lassen. Derartige Unternehmen sind in der Regel in Branchen zu finden, für die kein sehr starkes Wachstum mehr zu erwarten ist. Statt ihre Gewinne zu reinvestieren, werden diese Unternehmen Dividenden ausschütten. Income-Investoren analysieren Unternehmen dahingehend, ob langfristig und mit hoher Sicherheit Dividenden gezahlt werden können.

Private-Equity-Investoren

Private-Equity-Investoren sind für nicht börsennotierte Unternehmen eine Quelle für Beteiligungskapital, um z. B. Buy-outs oder Wachstumsinvestitionen zu finanzieren. Leveraged Buy-outs – wie z. B. im Falle von Wincor Nixdorf die Abspaltung von Siemens und der Verkauf an KKR/Goldman Sachs – werden durch die Private-Equity-Investoren häufig über einen Börsengang wieder veräußert. Eine wichtige Rolle spielen bei diesen kreditfinanzierten Buy-outs die Banken.

Privatanleger

Der Börsengang von Wincor Nixdorf im Mai 2004 fand in einem Börsenumfeld statt, aus dem sich Privatanleger weitgehend zurückgezogen hatten. Auch zwei Jahre nach dem Börsengang sind noch schätzungsweise 90 % der Aktien in Händen von institutionellen Anlegern. Nichtsdestotrotz ist es wichtig, alle Zielgruppen anzusprechen und für alle Zielgruppen ansprechbar zu sein.

3. Inhalte der Finanzmarktkommunikation – Value Reporting

Value Reporting liefert Informationen über die Werttreiber eines Unternehmens. Entsprechend wird Value Reporting häufig synonym mit „wertorientierter Berichterstattung" verwendet. Der Begriff umschreibt eine Form der Informationspolitik, die freiwillig weit über die gesetzlich vorgeschriebenen Offenlegungspflichten hinausgeht. Es werden umfangreiche Informationen über das Unternehmen und sein Marktumfeld geliefert, die auch auf Werttreiber und Erfolgsfaktoren fokussieren. Obwohl die Zielgruppen der Finanzmarktkommunikation zum Teil durch unterschiedliche Ziele und Erwartungen hinsichtlich Risikoprofil und Renditen charakterisiert sind, ist ihr Informationsbedarf dennoch vergleichbar.

Unternehmenspräsentation

Um dem Finanzmarkt ein umfassendes Bild über ein Unternehmen zu vermitteln, ist die Kommunikation der „Financials" allein nicht ausreichend. Zusätzlich erforderlich ist die Kommunikation von Inhalten, die neben der quantitativen auch eine qualitative Analyse ermöglichen. Ohne ein fundamentales Verständnis des *Geschäftsmodells* und der langfristigen

Vision des Unternehmens können Entscheidungen des Managements nicht beurteilt werden. Das Produkt- und Dienstleistungsportfolio kann je nach Unternehmen durchaus sehr erläuterungsbedürftig sein. Umso wichtiger ist es, „Produkte zum Anfassen" vorzustellen und anschaulich zu präsentieren. Die Kernfrage lautet: Womit verdient das Unternehmen heute und in Zukunft sein Geld? Wincor Nixdorf lädt zu diesem Zweck einmal im Jahr Kreditbanken, Analysten und Investoren zu einem „Investors' Day" im Rahmen der Hausmesse Wincor World am Hauptsitz des Unternehmens in Paderborn ein. Ein solcher Tag eignet sich zudem, um in Vorträgen komplexere Zusammenhänge aus der Innovationstätigkeit des Unternehmens zu erläutern und natürlich um das Management des Unternehmens kennen zu lernen.

„Nur ein attraktiver Arbeitgeber hat die besten *Mitarbeiter*." (Geschäftsbericht 2004/05 der Wincor Nixdorf AG) – Fragen zur Unternehmenskultur, zu Beschäftigungsbedingungen, zur Fluktuation und zur Aufteilung der gegenwärtigen Mitarbeiter auf einzelne Unternehmensbereiche sowie Fragen nach Akquisitionsmöglichkeiten des Unternehmens bezüglich qualifiziertem Personal werden vom Geschäftsbericht in der Regel nicht vollständig abgedeckt. Hier gilt es ebenfalls, Stellung zu beziehen.

Ein starkes *Management* wird als das Rückgrat eines erfolgreichen Unternehmens angesehen. Vom Top-Management werden die strategischen Entscheidungen für die Zukunft des Unternehmens getroffen. Es besteht auch Informationsbedarf hinsichtlich der Organisation des Unternehmens und der Anzahl der Hierarchieebenen. Weiterhin ist darzulegen, durch wen und vor allem seit wann das Top-Management besetzt ist. Ständige Wechsel im Top-Management können ein Zeichen für einen beginnenden Restrukturierungsprozess sein mit der Folge, dass Investoren sich anderweitig nach Investitionsmöglichkeiten umsehen. Für das Unternehmen, die Kunden und nicht zuletzt auch für die Investoren ergibt sich hieraus ein hohes Maß an Kontinuität und Verlässlichkeit. Der direkte Kontakt zum Vorstandsvorsitzenden und zum Finanzvorstand, z. B. im Rahmen von Roadshows und Investorenkonferenzen oder im Rahmen des Wincor Nixdorf Investors' Day, wird seitens der Kapitalmarktteilnehmer sehr geschätzt.

Die *historische Entwicklung* des Unternehmens kann bereits wichtige Einblicke und auch Erklärungen für die Gegenwart liefern. Dabei sollte es nicht allein darum gehen, Erfolge aufzulisten, sondern organisatorische Einschnitte und auch Restrukturierungsphasen zu erläutern. Die historischen Wurzeln von Wincor Nixdorf liegen in der Nixdorf Computer AG begründet. Die Integration von Nixdorf Computer in Siemens sowie der spätere Carve-out haben das heutige Unternehmen stark geprägt. Es macht also durchaus Sinn, das Unternehmen aus dieser Perspektive heraus zu erläutern.

Kernkompetenzen des Unternehmens müssen deutlich herausgearbeitet werden. Die Bedeutung von Investitionen in Forschung und Entwicklung und daraus resultierende Innovationen sind ebenso erklärungsbedürftig wie die Technologien, die das Unternehmen einsetzt. Daraus ergibt sich auch die Frage nach Abhängigkeiten von Technologieträgern oder Auswirkungen von technologischen Umbrüchen.

Bei international tätigen *Unternehmen* eröffnen sich weitere Fragen:

- In welchen Ländern und Regionen tritt das Unternehmen auf?
- Welche regionalen Unterschiede haben Einfluss auf das Geschäft des Unternehmens?
- Ist das Unternehmen in Wachstumsregionen (z. B. in Osteuropa oder Asien) aktiv?
- Welche Märkte müssen als gesättigt angesehen werden?

Es können sich Hinweise für regionale Abhängigkeiten aus hohen Umsatzanteilen bestimmter Länder oder Regionen ergeben.

Unternehmen der *produzierenden Industrie* decken in der Regel nur einen Teil des Wertschöpfungsprozesses eines Produktes ab. Interessant ist in diesem Zusammenhang also auch die Frage nach der Position des Unternehmens auf dem Beschaffungsmarkt und nach anstehenden Standortentscheidungen.

Financials

Jahresabschlüsse, die unter Berücksichtigung internationaler Rechnungslegungsstandards erstellt wurden, decken bereits einen großen Teil des Informationsbedarfs der Kapitalmarktteilnehmer nach Finanzzahlen. Über die üblichen Zahlen des Jahresabschlusses und gegebenenfalls der Quartalsberichte hinaus sind für die fundamentale Analyse eines Unternehmens auch Zahlen zur Entwicklung der einzelnen Geschäftssegmente und zu Regionen relevant. Hier müssen Ursachen für negative Entwicklungen erläutert werden.

Im Zusammenhang mit der Erläuterung der Margen- und Kennzahlenentwicklung sollten natürlich auch die Definitionen der Kennzahlen klar kommuniziert werden. Ein Vergleich der gegenwärtigen Margen mit denen der Vergangenheit und der Mitbewerber kann Schwächen des Geschäftmodells aufdecken. Wincor Nixdorf kommuniziert z. B. auch Zahlen zum freien Cash Flow, ROCE oder Working Capital gemäß den am Kapitalmarkt üblichen Definitionen. Besonders erklärungsbedürftig waren bei Wincor Nixdorf zum Zeitpunkt des IPO die aus dem Carve-out resultierenden Abschreibungen, so dass neben dem Periodenergebnis auch das Ergebnis vor Carve-out-Effekten kommuniziert wird.

Für Unternehmen, die auch unterjährig Zahlen vorlegen, eröffnen sich zudem Fragen nach saisonalen Schwankungen im Geschäftsverlauf oder auch nach der Entwicklung des Auftragseingangs. Ferner sind die Absichten des Unternehmens zur Gewinnverwendung klar zu kommunizieren. Die Ausschüttungsstrategie ist nicht nur für Income-Investoren von Interesse.

Wincor Nixdorf beteiligt sich grundsätzlich nicht an Diskussionen zur Bewertung des Unternehmens. Trotzdem ist es natürlich unerlässlich, die Modelle der Analysten und deren Annahmen zu verstehen. Es ist sinnvoll, sich auf bestimmte Schlüsselkennzahlen, z. B. EBITA-Marge und Gross-Marge bezogen auf Segmente oder Hardware Shipments, zu konzentrieren, obwohl jeder Analyst eigene Schwerpunkte setzen und eventuell eigene Definitionen für

Kennzahlen anwenden wird. Wenn sich bestimmte Kennzahlen, wie z. B. der freie Cash Flow, für die Kapitalmarktteilnehmer als besonders wichtig und allgemeingebräuchlich erweisen, sollten diese Kennzahlen seitens des Unternehmens adaptiert werden, auch wenn Berichtsstandards dies nicht vorgeben.

Performance des Unternehmens

Der „Track Record" und damit verbunden das Aufzeigen von Trends in der Entwicklung wichtiger Größen über mehrere Jahre in der Vergangenheit, wie z. B. bei Umsatz, Ergebnis und Margen, bringt deutlich zum Ausdruck, wie zielstrebig ein Unternehmen im Erreichen von bestimmten Zielgrößen ist und wie es mit starken Veränderungen oder gar Krisen auf seinen Märkten umgeht. Bei Brüchen in der Entwicklung bestimmter Zahlen sind die Gründe dafür zu erläutern. Vertrauen erweckend ist hier eine proaktive Behandlung von Sachverhalten und deren Bewertung – auch im Falle von „unangenehmen" Themen.

Der kommunizierte Track Record von Wincor Nixdorf geht zurück bis zum Geschäftsjahr 1996/97, also noch bis weit vor die Zeit des Carve-out. Insbesondere die Entwicklung der allgemeinen Vertriebs- und Administrations-Kostenquote sowie der Bruttomarge wird seitens der Kapitalmarktteilnehmer auch unterjährig detailliert hinterfragt.

Unternehmensstrategie

Für die Einschätzung der zukünftigen Entwicklung eines Unternehmens sind Informationen zur Unternehmensstrategie unerlässlich. Die Erläuterung der Wachstumsstrategie und der kurz-, mittel- und langfristigen Ziele, die sich das Unternehmen gesetzt hat, stehen bei Wincor Nixdorf im Mittelpunkt. Interessant ist natürlich auch, welche Maßnahmen und Investitionen erforderlich sind, um die gesetzten Ziele zu erreichen.

Ferner eröffnen sich zur Unternehmensstrategie z. B. folgende Fragen:

- Weicht die Strategie vom bisherigen Fokus des Unternehmens ab?
- Ist der Eintritt in neue Märkte geplant?
- Welchen Einfluss hat dies auf die Chancen und Risiken des Unternehmens?
- Sind Akquisitionen geplant?
- Welche Ansätze verfolgt das Unternehmen zur Gewinnung neuer Kunden?

Diese oder ähnliche Fragen sollten mit möglichst konkreten Plänen und Zielen beantwortet werden.

Markt und Wettbewerb

Den Markt und wichtige Wettbewerber eines Unternehmens zu kennen, hilft nicht nur bei der Einschätzung von Risiken, sondern auch bei der Einschätzung von Chancen und Wettbewerbsvorteilen sowie bei der Suche nach Benchmarks. Darüber hinaus werden Kenntnisse über Marktstruktur und Wettbewerb seitens der Kapitalmarktteilnehmer vorausgesetzt. Wincor Nixdorf betreibt aus diesen Gründen eine regelmäßige detaillierte Peer-Group-Analyse. Die Wettbewerber von Wincor Nixdorf sind nicht in Deutschland, sondern vornehmlich in den USA zu finden. Die gleichen Unternehmen werden im Übrigen auch seitens der Analysten im Rahmen von Peer-Group-Vergleichen untersucht.

Um die Attraktivität der Branche beurteilen zu können, reicht eine Analyse der Peer Group allein nicht aus. Des Weiteren sind die Marktposition und die Entwicklung der Marktanteile, die Bedeutung von Economies of Scale sowie Kundenanforderungen und die Entwicklung der Kundenbasis von Interesse. Das Wachstum der relevanten Märkte und Einschätzungen des Managements zur zukünftigen Marktentwicklung, zu Wettbewerbsvorteilen im Vergleich zum Mitbewerb, zu Kostenvorteilen oder Schwächen des Unternehmens sowie zu Markteintrittsbarrieren sind ebenfalls wichtige Ansatzpunkte für die Beurteilung der Wachstumschancen des Unternehmens.

Bei Informationen zu Marktanteilen und Marktprognosen werden Daten von unabhängigen Marktforschern in der Regel als glaubwürdiger angesehen als grobe Schätzungen des Unternehmens. Es empfiehlt sich, entsprechende Quellen für die Kommunikation dieser Inhalte heranzuziehen.

Chancen und Wachstumstreiber

Insbesondere die Bewertung börsennotierter Unternehmen wird von der Einschätzung der Chancen, die sich dem Unternehmen in der Zukunft bieten, beeinflusst. Hier sind Trends und Wachstumstreiber, von denen das Unternehmen profitiert, von besonderem Interesse.

Die Fähigkeit des Unternehmens, von zukünftigen Trends zu profitieren, drückt sich bereits heute in den Innovationsaktivitäten des Unternehmens aus. Interessant ist ebenfalls die Frage, wie erfolgreich in der Vergangenheit Innovationen im Markt platziert werden konnten. Auch in diesem Zusammenhang vergleicht sich Wincor Nixdorf mit dem Mitbewerb, um z. B. die F&E-Aktivitäten und die Innovationsleistungen gegenüberzustellen.

Finanzielle Risiken

Damit Kreditgeber oder Investoren das Risiko für ihre eingesetzten Mittel abschätzen können, reicht es nicht, einen Katalog der Risiken zu erstellen. Wichtig ist, genau zu erläutern, worin das Risiko besteht, und dieses zu bewerten.

Finanzwirtschaftliche Risiken drücken sich z. B. in Preisänderungsrisiken (Zins- und Währungsrisiken), Liquiditätsrisiken (Welche Kreditlinien bestehen für welche Zeiträume? Wie ist der konzerninterne Finanzausgleich organisiert? Wie liquide sind Liquiditätsreserven?), Bonitätsrisiken (Kontrahentenrisiken) und Risiken aus Zahlungsstromschwankungen aus. Wichtig ist auch die Erläuterung der Instrumente, die der Sicherung dienen, sowie Informationen zum Sicherungsumfang, zu Fristigkeiten und zu Methoden der Risikoanalyse.

Seitens der Kapitalmarktteilnehmer wird erwartet, dass die bestehenden und zukünftigen Risiken im Unternehmen angemessen gesteuert werden. Die Prozesse für das Risikomanagement und vor allem für die Risikoüberwachung sind ebenso zu erläutern wie die etablierten Frühwarnsysteme.

Die Erfahrungen von Wincor Nixdorf zeigen, dass die nach internationalen Berichts-Standards vorgeschriebenen Angaben im Geschäftsbericht zu diesem Themenkreis in der Regel ausreichend sind. Bei international tätigen Unternehmen sollten jedoch auch pro-aktiv Informationen zum Devisenmanagement oder zum Währungsexposure zur Verfügung gestellt werden. Für Wincor Nixdorf ergeben sich Fragen zu diesem Themenkreis nicht zuletzt aus dem Umstand, dass alle Hauptwettbewerber in den USA ansässig sind und die Entwicklung des US-Dollars insofern in Wettbewerbsvorteilen bzw. -nachteilen resultieren kann.

Sonstige Risiken

Aus dem Geschäftsmodell können sich besondere Risiken wie z. B. die Abhängigkeiten von bestimmten Partnern für Vertrieb, Technologie oder Service, Beschaffungs- oder Qualitätsrisiken ergeben. Es können Abhängigkeiten von Großkunden, von Zulieferern oder von der Entwicklung bestimmter Regionen und Branchen bestehen oder langjährige Kundenbeziehungen können verloren gehen. Natürlich ist ebenfalls von Interesse, wie sich Preise und Kosten entwickeln und was die Ursachen des Preis- und Kostendrucks sind, welche rechtlichen oder besonderen Gewährleistungs- und Haftungsrisiken gesehen werden und welche steuerlichen Risiken bestehen. Des Weiteren können Personalrisiken bestehen und sich besondere Risiken aus den Pensionsverpflichtungen ergeben. Von besonderem Interesse ist natürlich, mit welchen Maßnahmen oder Programmen den jeweiligen Risiken entgegengewirkt wird.

Prognosen und Planungsprämissen

Prognosen zur Umsatz- und Ergebnisentwicklung sind ein wichtiges Instrument der Steuerung von Erwartungen (siehe auch Abschnitt 8). Prognosen sollten sich logisch aus der Strategie des Unternehmens ergeben. Die den Prognosen zugrunde liegenden Annahmen sind ebenfalls von Interesse. Kredit- und Ratinganalysten sowie Private-Equity-Investoren erwarten zudem die Vorlage mehrjähriger Businesspläne und deren Erläuterung.

Steuerungskonzepte

Die quantitativen und qualitativen Steuerungskonzepte, derer sich das Management bedient, sind für die Kapitalmarktteilnehmer ein wichtiger Indikator für die Qualität des Managements und die Effizienz des Controllings eines Unternehmens. Hieraus ergibt sich Informationsbedarf z. B. zu Steuerungsgrößen und Benchmarks, an denen sich das Unternehmen orientiert, und zu Kriterien für Investitionsentscheidungen. Die Gestaltung des Prozesses der Planung und Budgetierung im Unternehmen sowie die Organisation des Controllings sind ebenso zu kommunizieren wie Programme, die das Unternehmen installiert hat, um z. B. Kosten zu senken oder zukünftiges Wachstum zu sichern.

4. Kapitalmarktorientierte Planung

Wichtige Bestandteile einer wertorientierten Unternehmensführung sind die Identifizierung und das Management der Werttreiber sowie eine wertorientierte Planung. Ansatzpunkte für die Steigerung des Unternehmenswertes sind ein mit Blick auf die Kapitalrendite optimiertes Portfolio, die Senkung der Kapitalkosten (z. B. durch eine entsprechende Ausschüttungspolitik), die Erhöhung der Kapitalproduktivität (z. B. durch entsprechendes Vorratsmanagement) und die Steigerung der Rentabilität (z. B. durch Kostenmanagement). Aufgabe der Finanzmarktkommunikation ist insofern die Übermittlung der Ergebnisse und der Potenziale der wertorientierten Unternehmensführung.

Bezüglich der Verwendung des freien Cash Flow und des optimalen Verschuldungsgrades sieht sich das Unternehmen mit sehr unterschiedlichen Erwartungen von Seiten des Finanzmarkts konfrontiert. Eine optimierte Finanzierungsstruktur, eine kapitalmarktorientierte Ausschüttungspolitik und eine risikooptimierte Investitionspolitik lassen sich nur bedingt gleichzeitig umsetzen. Das Spektrum der Erwartungshaltungen von Seiten des Kapitalmarktes umfasst die Forderung nach einem niedrigen Verschuldungsgrad bis hin zur Leverage-Finanzierung, nach einer hohen Dividendenrendite bis hin zur Bevorzugung von Aktienrückkäufen oder nach einer Investition in neue Geschäftsfelder und/oder Reinvestitionen mit entsprechenden Renditeerwartungen.

5. Veränderte Transparenzanforderungen durch Börsennotierung/IPO

Die Umwandlung in eine Aktiengesellschaft und der Gang an die Börse verändern deutlich die Publizitätsanforderungen, denen sich ein Unternehmen gegenübergestellt sieht. Die fristgerechte Publikation von Geschäfts- und Quartalsberichten, Ad-hoc-Mitteilungen und Directors Dealings sind nur ein Auszug aus den Veröffentlichungspflichten, die eine börsennotierte Gesellschaft aufgrund von wertpapierrechtlichen Vorschriften zu beachten hat. Gleichzeitig erleichtern die hohen Standards in den Pflichtveröffentlichungen einer börsennotierten Gesellschaft die Finanzmarktkommunikation, da durch diese ein großer Teil des Informationsbedarfs der Finanzmarktteilnehmer bereits abgedeckt wird.

Die Informationstiefe eines Geschäftsberichts nach internationalen Bilanzierungsstandards erhöht z. B. die Transparenzanforderungen hinsichtlich der Währungs- und Zinsgeschäfte oder der Pensionsverpflichtungen. Von börsennotierten Gesellschaften wird erwartet, dass sie möglichst zügig nach Abschluss eines Berichtszeitraums die entsprechenden Berichtswerke publizieren. Diese zeitnahe Veröffentlichung der Berichte wird im Übrigen auch als Ergebnis funktionierender Accounting- und Controlling-Prozesse angesehen.

Des Weiteren steigt das Vertrauen der Finanzmarktteilnehmer mit der erhöhten Transparenz und mit der Coverage des Unternehmens durch Sell-Side- und Buy-Side-Analysten. Das Unternehmen wird als börsennotierte Aktiengesellschaft sehr viel mehr von Analysten fortlaufend beobachtet. Die gesteigerte Aufmerksamkeit erhöht gleichzeitig die Visibilität am gesamten Kapitalmarkt. Der Zugang zu neuen Kapitalquellen zur Finanzierung von weiterem Wachstum wird erleichtert.

Die gestiegenen Transparenzerfordernisse gehen einher mit einem erhöhten Arbeitsaufwand in den Bereichen Accounting/Controlling, Investor Relations, Unternehmenskommunikation und in der Rechtsabteilung des Unternehmens.

6. Organisation und Instrumente der Finanzmarktkommunikation

Bei nicht-börsennotierten Unternehmen wird die Kommunikation mit den Kapitalmarktteilnehmern in der Regel vom Treasury aus betrieben. Spätestens mit dem Gang an die Börse und den damit einhergehenden veränderten Transparenzanforderungen sowie durch die Erweiterung der Zielgruppen um Sell-Side- und Buy-Side-Analysten bzw. Fondsmanager wird die Funktion „Investor Relations" zwingend notwendig. Bei Wincor Nixdorf ist diese Funktion ebenso wie das Treasury der Finanzabteilung und damit dem CFO zugeordnet.

Der regelmäßige Kontakt zu den Zielgruppen der Finanzmarktkommunikation ist für die Vermittlung der Inhalte und für die Steuerung der Erwartungen wesentlich. Die Instrumente lassen sich aufteilen in „passive" und „aktive" Instrumente.

Zu den *passiven Instrumenten* zählen z. B. Homepage, Quartals- und Geschäftsberichte. Hier findet kein direkter Austausch in Form einer zweiseitigen Kommunikation statt. Informationen werden stattdessen zum Abruf zur Verfügung gestellt.

Die *aktiven Instrumente* – wie z. B. One-on-Ones im Rahmen von Roadshows, Investoren- oder Analystenkonferenzen (telefonisch oder als Präsenzveranstaltung) sowie Firmenbesuche mit Gesprächen und Betriebsbesichtigungen – eröffnen hingegen die Möglichkeit zum direkten Gespräch, zur Beantwortung von Fragen und zur detaillierten Erläuterung der Unternehmensstrategie. Im Rahmen dieser Aktivitäten ergeben sich für Wincor Nixdorf pro Jahr mehrere hundert Kontakte zu Kapitalmarktteilnehmern. Viele dieser Kontakte werden auch vom Vorstand wahrgenommen. Dabei ist das Mittel der Investorenkonferenz sehr effizient, da sehr viele Kontakte in relativ kurzer Zeit wahrgenommen werden können. Durch eine Roadshow kann andererseits mehr Aufmerksamkeit der Gesprächspartner erzeugt werden, da hierbei das Unternehmen die Investoren in ihren eigenen Büros und Niederlassungen aufsucht.

Die passiven Instrumente sollten als Ergänzung der aktiven Instrumente betrachtet werden. Ein noch so gut gestalteter Geschäftsbericht, der eine Fülle an Informationen zu den „Financials", zur Strategie und zu Produkten bietet, kann das persönliche Gespräch nicht ersetzen. In One-on-Ones können sich Investoren oder Analysten ein Bild vom Management machen, bei der Betriebsbesichtigung werden Produkte greifbar, und in Konferenzen können Erläuterungen zur Strategie gegeben werden.

Die Erfolgsmessung von Kommunikationsleistungen gestaltet sich naturgemäß schwierig. Deshalb ist es besonders wichtig, *Feedbacks* der Gesprächspartner (z. B. nach Roadshows) einzuholen. Ein weiteres Instrument für Feedbacks sind Perception Studies, in denen gezielt die Meinung von Investoren und Analysten zur Investor-Relations-Qualität eingeholt wird. Hierbei kann zudem abgefragt werden, was von den kommunizierten Inhalten positiv aufgenommen oder verstanden worden ist. Solche Perception Studies können ohne großen personellen oder finanziellen Aufwand über Online-Fragebögen durchgeführt werden, die zudem durch die Anbindung an Statistikprogramme eine automatische Auswertung ermöglichen.

Die Beobachtung von Investor Relation Rankings (z. B. Thomson Extel Survey, Capital Investor Relations Preis etc.) und Rankings zur Corporate Governance des Unternehmens ermöglicht darüber hinaus den Vergleich mit der Kommunikationsleistung anderer Unternehmen. Trotz Messproblemen, wie fraglicher Kausalität und fehlender Methoden für die Wertbeitragsmessung der Kommunikationsleistung, geben derartige Feedbacks wichtige Hinweise zu Stärken und Schwächen in der Finanzmarktkommunikation.

7. Grundsätze der Finanzmarktkommunikation

Die folgenden Grundsätze sollten in der Finanzmarktkommunikation als maßgebend betrachtet werden:

Aktualität und kontinuierliche Information

Relevante Informationen sollten regelmäßig kommuniziert bzw. publiziert werden. Dies betrifft nicht nur die passiven, sondern auch die aktiven Instrumente. Ein regelmäßiger Kontakt zu den Kapitalmarktteilnehmern fördert zudem das dem Unternehmen entgegengebrachte Vertrauen und erhöht die Visibilität des Unternehmens am Kapitalmarkt. Abgesehen von den gesetzlichen Erfordernissen der Ad-hoc-Publizität ist für ein effizientes Funktionieren des Kapitalmarktes das aktuelle Informieren der relevanten Öffentlichkeit über Änderungen in den bislang kommunizierten Inhalten erforderlich. Dieser Grundsatz gilt unabhängig davon, ob es sich dabei um positive oder negative Neuigkeiten handelt. Informationserfordernisse ergeben sich darüber hinaus gegenüber den Kreditgebern aus der Einhaltung der Covenants.

Klarheit und Vergleichbarkeit (Nachvollziehbarkeit)

Für die Nachvollziehbarkeit und damit die Klarheit und Vergleichbarkeit von kommunizierten Inhalten ist es erforderlich, Begriffe und Kennzahlen eindeutig zu definieren und z. B. die Prämissen für Zukunftseinschätzungen zu erläutern.

In der Finanzmarktkommunikation ist ebenso wie bei allen anderen Formen der Kommunikation mit der Öffentlichkeit oder mit Teil-Öffentlichkeiten eine „One Voice Policy“ unabdingbar. Eine entsprechend hohe Bedeutung kommt der engen Abstimmung mit dem Management des Unternehmens und mit anderen Abteilungen, wie z. B. der PR-Abteilung oder dem Marketing, zu.

Corporate Governance

Der Corporate-Governance-Kodex beinhaltet wesentliche Vorschriften zur Leistung und Überwachung des Unternehmens (Unternehmensführung) und umfasst international und national anerkannte Standards guter und verantwortungsvoller Unternehmensführung. Neben der Innenwirkung in Bezug auf eine erhöhte Effizienz und Kontrolle besteht die Außenwirkung in einer transparenten und zukunftsorientierten Informationspolitik, bei der beide Wirkungsrichtungen darauf abzielen, den Unternehmenswert zu steigern.

8. Managing Expectations – Die Steuerung von Erwartungen des Kapitalmarktes

Wie bereits in Abschnitt 1 erwähnt wurde, sind weder negative noch positive Überraschungen im Kapitalmarkt erwünscht. Eine entsprechend hohe Bedeutung kommt dem Erwartungsmanagement im Kapitalmarkt zu. Zu hohe Erwartungen setzen das Unternehmen unter Erfolgsdruck und eröffnen das Risiko von gegebenenfalls stark negativen Reaktionen. Zu niedrige Erwartungen können zwar seitens des Unternehmens entsprechend leicht übertroffen werden, bedeuten aber gleichzeitig, dass das Unternehmen nicht angemessen bewertet wird, was z. B. in einer zu niedrigen Börsenbewertung oder in ungünstigen Kreditkonditionen seinen Ausdruck findet.

Wie kann nun das Management der Erwartungen der Kapitalmarktteilnehmer erfolgen? Für börsennotierte Unternehmen steht zunächst einmal die Coverage durch Sell-Side-Analysten im Fokus. Je mehr Analysten das Unternehmen beobachten und Einschätzungen abgeben, desto breiter gefächert sind die Erwartungen, die sich im Kapitalmarkt bilden. Natürlich hat ein Unternehmen in der Regel keinen Einfluss auf die Entscheidungen über die Coverage-Aufnahme; eine klare und übersichtliche Kommunikation von Inhalten und die Gesprächsbereitschaft von Investor-Relation-Mitarbeitern und Vorstand kann sich jedoch als fördernd erweisen. Ein in der Kommunikation sehr zurückhaltendes Unternehmen baut unnötige Hürden für eine breite Coverage auf. Wincor Nixdorf wird derzeit von knapp 20 Sell-Side-Analysten bewertet. Unmittelbar nach dem Börsengang waren es acht.

Die Beobachtung der durchschnittlichen Schätzungen (Consensus) seitens des Unternehmens gibt Aufschluss über Erwartungen hinsichtlich zukünftiger Umsatz- und Ergebnisentwicklungen. Auch für Analysten ist der Consensus ein wichtiges Instrument. Es kann durchaus in der Absicht des Analysten liegen, mit den eigenen Schätzungen unter oder über den Consensus-Schätzungen zu bleiben.

Erwartungen beziehen sich aber nicht allein auf die „Financials", sondern auch auf die Umsetzung der Strategie des Unternehmens oder auf Marktchancen. Bestimmte relevante und möglicherweise auch schon angekündigte Vorhaben, wie beispielsweise die Markteinführung eines neuen Produkts, die nicht umgesetzt werden (sei es auch aus plausiblen Gründen), führen ebenso zu negativen Reaktionen der Kapitalmarktteilnehmer wie die Verfehlung der eigenen Ergebnisprognosen.

9. Schlussfolgerungen

Für die erfolgreiche Nutzung des Kapitalmarkts zur Konzernfinanzierung ist für börsennotierte ebenso wie für nicht-börsennotierte Unternehmen eine offene, zeitnahe und regelmäßige Kommunikation entscheidungsrelevanter Informationen an die Marktteilnehmer von großer Bedeutung. Für Kreditentscheidungen müssen sich Banken ein umfassendes Bild vom Unternehmen machen können. Im Vordergrund steht hierbei das Ziel, die Bonität zu beurteilen. Eine verständliche und umfassende Kommunikation der Risiken, die sich aus dem Geschäftsumfeld des Unternehmens oder aus der Finanzstruktur ergeben, ist hierfür Voraussetzung. Ein vergleichbarer Informationsbedarf ergibt sich auch für die Investmententscheidung eines Fondsmanagers oder die Anlageempfehlung eines Sell-Side-Analysten, die sich neben den Risiken insbesondere auch für die Chancen eines Unternehmens interessieren. Eine mangelhafte Transparenz durch eine unzureichende Informationsversorgung der Finanzmarktteilnehmer führt in der Regel zu Bewertungsabschlägen bezüglich des Börsenwerts bzw. Risikoaufschlägen bezüglich der Zinskosten am Kapitalmarkt.

Die Finanzmarktkommunikation muss in Zeiten des „Value Reporting“ als entscheidender Wettbewerbsfaktor am Kapitalmarkt angesehen werden. Mit zunehmender Informationstiefe auf Seiten der Kapitalmarktteilnehmer erwächst die Chance, das Vertrauen in das Unternehmen zu stärken. Wichtig für die Beurteilung von Geschäftsrisiken sind Informationen zu Markt und Wettbewerb, zu Unternehmenszielen sowie zur Strategie und zu Finanzzahlen. Das Entscheidende einer erfolgreichen Finanzmarktkommunikation besteht darin, diese Informationen überzeugend, konsistent und in einer verständlichen Art und Weise durch das Unternehmen zu vermitteln.

Praxisbericht: Ratingverhandlungen

Luis Rauch – Dyckerhoff AG

1. Einleitung

Wie so viele Begriffe im Treasury-Bereich stammt auch der Begriff „Rating“ aus dem Angelsächsischen und hat dort eine sehr lange Tradition, die teilweise mit der Beurteilung von Eisenbahnanleihen Anfang des 20. Jahrhunderts begonnen hat. In Europa begann der Einzug des Ratings mit der zunehmenden Verbriefung und Desintermediation von Finanzprodukten. In den letzten Jahren ist das Thema Rating in Deutschland sehr eng mit dem Schlagwort „Basel II“ gekoppelt und betrifft nunmehr nicht nur große, sondern auch mittlere und kleine Unternehmen.

Das Rating weist generell zwei Dimensionen auf: Auf der einen Seite bezeichnet es das Verfahren, mit dem die Bonität eines Unternehmens unter Berücksichtigung diverser unternehmensbezogener sowie exogener Faktoren beurteilt wird. Auf der anderen Seite wird darunter die Einstufung im Rahmen einer Beurteilungsskala verstanden.

Grundsätzlich gibt es Ratings in zwei unterschiedlichen Ausprägungen: Zum einen spricht man von externem Rating, wenn die Bonitätseinstufung durch eine unabhängige Ratingagentur durchgeführt wird. Zum anderen spricht man von bankinternem Rating, falls das Rating durch die Banken vorgenommen wird.

Der vorliegende Beitrag beleuchtet das Thema Rating aus Sicht der Unternehmenspraxis und soll sowohl im Hinblick auf die Vergabe eines externen als auch eines bankinternen Rating wichtige Erkenntnisse vermitteln.

2. Externes Rating

Unter einem externen Rating ist die Bonitätseinstufung durch eine unabhängige, auf die Einstufung der Bonität spezialisierte Firma zu verstehen. Die international bekanntesten Ratingagenturen sind Moody’s Investors Service, Standard & Poor’s (S & P) und Fitch Ratings. Die beiden erstgenannten Agenturen haben sich in den letzten Jahren verstärkt um Industriekunden in Deutschland bemüht. Moody’s hat mittlerweile 67 deutsche Industrieunternehmen[1], Standard & Poor’s 68 deutsche Industrieunternehmen[2] geratet. Aus der vorgenannten Grundgesamtheit verfügen jedoch nur 47 Industrieunternehmen über Ratings von beiden Ratinga-

1 Vgl. *Moody’s Investors Service* (2006).

2 Siehe *Standard & Poor’s* (2006).

genturen. Im Vergleich hierzu waren es im Jahre 2002 nur 34 Industrieunternehmen, die ein Rating von beiden Agenturen aufwiesen.

Das externe Rating wird in der Regel auf Anforderung des Unternehmens ermittelt. Erst in der Folge entscheidet das Unternehmen, ob das Ratingergebnis veröffentlicht wird oder nicht. In Ausnahmefällen kann es zu einem so genannten „unsolicited" Rating kommen, das Moody's bei Unternehmen praktiziert, die am Kapitalmarkt aktiv sind, ohne ein Rating zu verwenden.

2.1 Rating oder Nicht-Rating

„Rating oder Nicht-Rating?" – diese Fragestellung steht am Anfang des Ratingprozesses und hat weit reichende strategische Implikationen. Aus diesem Grund muss diese Entscheidung vom Gesamtunternehmen mitgetragen werden. Am Anfang des Prozesses muss die Finanzabteilung unternehmensintern Aufklärungs- und Überzeugungsarbeit leisten.

2.1.1 Verfolgte Ziele

Im Mittelpunkt des Entscheidungsprozesses für ein Rating steht die Notwendigkeit des Unternehmens, aktiv am Geld- und Kapitalmarkt teilzunehmen. Wer im Zuge der Diversifikation der Finanzierungsquellen eine Anleihe am Kapitalmarkt platzieren möchte, kommt in der Regel an einem externen Rating nicht vorbei. In der Anfangsphase des Commercial-Paper-Marktes war es durchaus möglich, nur durch so genannte „Name Recognition" zu günstigen Konditionen Commercial Papers zu platzieren. Heutzutage erzwingen die Anlagerichtlinien der institutionellen Investoren das Vorliegen von mindestens einem Rating. Der Zugang zum US-Geld- und Kapitalmarkt ist ohne externes Rating nicht mehr möglich. Selbst bei dem so genannten US-PP (US Private Placement) werden NAIC-Ratings (National Association of Insurance Commissioners) vergeben.

2.1.2 Rating Advisor

Mit der Vorbereitung der Entscheidung, ob ein Rating durchgeführt werden soll, ist gleichzeitig die Frage zu beantworten, ob man eine Ratingberatung benötigt oder nicht. Mit der Verbreitung des Ratings nehmen auch die verfügbaren Beratungsalternativen zu. In der Anfangsphase fanden sich nur einzelne Investmentbanken, die hinreichend Erfahrung im Umgang mit den Ratingagenturen hatten.

Mittlerweile finden sich folgende Institutionen bzw. Berufsgruppen als Rating Advisor im Markt:

- Banken (Investmentbanken und Universalbanken)
- Wirtschaftsprüfer und Steuerberater
- Unabhängige Ratingberater

Nach wie vor spielen die Banken – insbesondere bei großen Unternehmen – die bedeutendste Rolle; hingegen sind es bei mittleren und kleineren Unternehmen Wirtschaftsprüfer und Steuerberater, die diese Unternehmen besonders gut kennen und aus einem bestehenden Vertrauensverhältnis diese Beratung leisten.

Bei der Durchführung eines externen Rating empfiehlt sich der Einsatz eines Rating Advisors, der die Rolle eines kritischen Sparring-Partners übernimmt. In der Regel sind es ehemalige Mitarbeiter der Ratingagenturen, die diese Beratungsaufgaben übernehmen; sie sind daher in der Lage, wertvolle Hinweise in der Vorbereitung der umfangreichen Dokumentation einzubringen. Dies erspart sowohl bei der internen Datensammlung als auch in der späteren Zusammenarbeit mit den Analysten der Agenturen wertvolle Zeit.

Neben der Optimierung des Prozessablaufs besteht eine zentrale Funktion darin, die unternehmensinternen Erwartungen und die Erwartungen der Ratingagenturen zu steuern. Die Zielsetzung sollte hierbei sein, ein nicht zu optimistisches bzw. zu pessimistisches Rating anzustreben, damit keine kurzfristigen Anpassungen beim nächsten Ratingreview erforderlich sind.

Die Rating-Advisory-Kosten werden, falls bei derselben Bank eine Emission geplant ist, meistens zum Teil oder auch ganz bei den Emissionsgebühren angerechnet. Nachdem das Erst-Rating durchgeführt worden ist, stellt sich die Frage, ob auch für die Folgegespräche der Ratingberater eingeschaltet werden sollte. Durch die gewonnene Erfahrung kann auf die kontinuierliche Begleitung durch den Berater jedoch in der Regel verzichtet werden.

Bei der Durchführung der bankinternen Ratinggespräche ist die Einschaltung eines Ratingberaters nicht zwingend erforderlich. Hier werden die mittleren und kleinen Unternehmen eher ihren Wirtschaftsprüfer oder Steuerberater mit hinzuziehen.

2.1.3 Kosten

Das externe Rating ist mit erheblichen Kosten verbunden und wird daher nur in Verbindung mit Finanzierungstransaktionen, die kapitalmarktfähig sind, d. h. in einer Größenordnung von ca. EUR 200 Mio. liegen, sinnvoll sein.

Die Kosten der Ratingagenturen sind unterschiedlich strukturiert und liegen im Minimum zwischen EUR 50.000 und EUR 100.000 pro Jahr. Grundsätzlich sind sie so strukturiert, dass eine feste laufende Grundgebühr fällig ist, zu der eine variable Vergütung für die jeweilige Emission oder Commercial-Paper-Programm-Ausnutzung hinzukommt.

2.2 Ratingprozess

Der Ratingprozess kann schematisch – wie in Abbildung 1 dargestellt – in die folgenden drei Phasen unterteilt werden:

- Vorbereitungsphase
- Umsetzungsphase
- Ergebnisphase

Die Dauer für die Durchführung eines Rating sollte mit drei bis fünf Monaten veranschlagt werden, wobei die Vorbereitungsphase die zeit- und arbeitsintensivste ist.

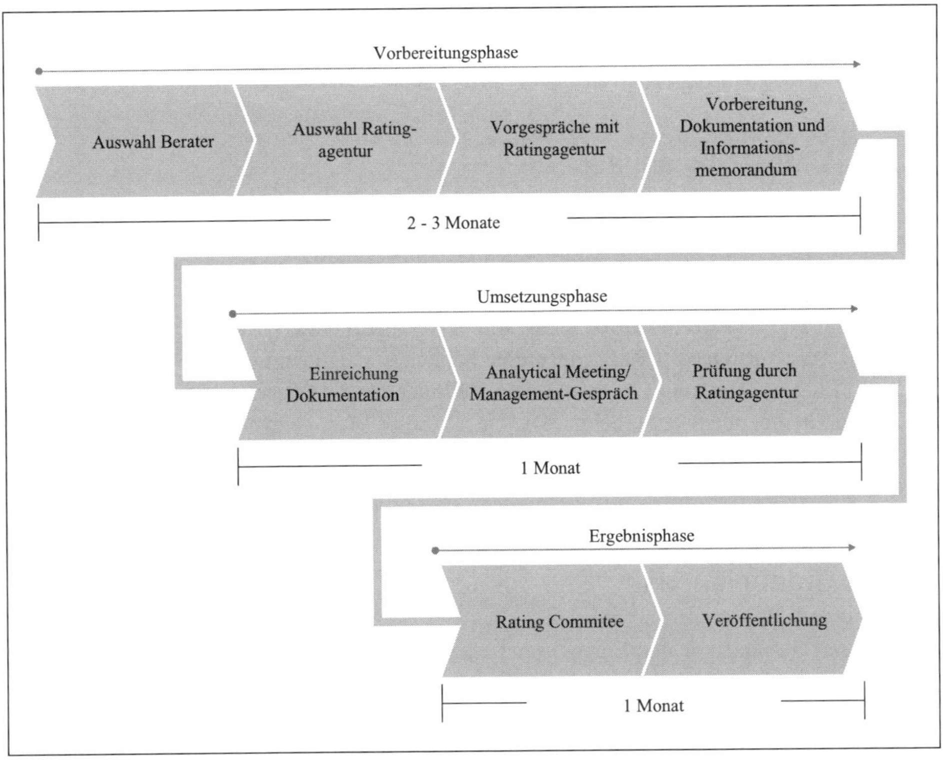

Abbildung 1: *Schematische Darstellung des Ratingprozesses*

2.2.1 Vorbereitungsphase

In der Vorbereitungsphase wird neben der Bildung des internen Projektteams die Auswahl eines eventuellen Ratingberaters getroffen, der auch in der Entscheidungsphase zur Auswahl der entsprechenden Ratingagentur mit einbezogen wird. Je nach Umfang der anstehenden Transaktionen wird man ein oder zwei Ratingagenturen auswählen. Nach getroffener Auswahl werden Vorgespräche mit den Ratingagenturen geführt, um die Inhalte und Zeitpläne abzustimmen. Im Anschluss an die Vorgespräche fängt der sehr arbeits- und zeitintensive Teilprozess der Vorbereitung der Dokumentation und des Informationsmemorandums an. Die Herausforderung besteht hierbei darin, die an vielen Stellen im Unternehmen vorhandenen Informationen in einer kompakten und gut übersichtlichen Darstellung aufzubereiten, die vergangenheitsbezogene Daten mit den zukünftigen Planungen vereinbart. In der Regel müssen die einzelnen Unternehmensbereiche mit den wichtigsten Märkten und die Wettbewerbspositionen in diesen einzelnen Märkten dargestellt werden. Zentral ist die Darstellung der Unternehmensstrategie, der Finanzierungspolitik sowie der Planzahlen einschließlich der entsprechenden Finanzkennzahlen.

2.2.2 Umsetzungsphase

Nach der Fertigstellung der Dokumentation wird diese an die Ratingagentur weitergegeben, die sich damit auf das entscheidende Management-Gespräch vorbereitet. Für das Management-Gespräch ist es außerordentlich wichtig, dass die verschiedenen Unternehmensbereiche präsent sind und ihre Vertreter, möglichst mit dem Ratingberater, darauf vorbereitet werden. Die Fragen der Vertreter der Ratingagenturen bei den Management-Gesprächen zielen darauf ab, einen Eindruck über die Einflussfaktoren der operativen Tätigkeit auf den Cash Flow des jeweiligen Unternehmens zu erhalten. Die Dauer dieser Management-Gespräche kann bis zu einem Tag betragen. Im Anschluss daran analysiert die Ratingagentur das gesamte Informationsmaterial und bereitet ihre interne Auswertung vor.

2.2.3 Ergebnisphase

Das zentrale Ereignis in der Ergebnisphase ist die Durchführung des Rating Committee. Bevor der so genannte Lead Analyst vor dem Rating Committee vorträgt, sind in der Regel viele Rückfragen zur Vertiefung der Analyse zu beantworten. Die Ratingentscheidung wird nicht von einer einzelnen Person getroffen, sondern im Rahmen des Rating Committee, das meistens international besetzt ist. Nachdem das Rating Committee die Entscheidung getroffen hat, kann das Unternehmen festlegen, ob dieses Ergebnis veröffentlicht werden soll oder nicht. Bei einem gut vorbereiteten Ratingprozess sollten sich die Erwartungen des Unternehmens mit den Ergebnissen des Rating Committee im Wesentlichen decken.

In Abbildung 2 sind die verschiedenen Ratingstufen der bekanntesten Ratingagenturen gegenübergestellt. Zwischenstufen in der jeweiligen Ratingskala werden in der Regel mit „+“, „flat“ und „-“ gekennzeichnet. Von besonderer Bedeutung ist die Unterscheidung zwischen Investment Grade, d. h. mindestens „Baa-“ bzw. „BBB-“, und Speculative Grade, da hier die Zinsmargen drastisch ansteigen.

Moody's	Standard & Poor's	Fitch IBCA	Grade
Aaa	AAA	AAA	Investment Grade
Aa	AA	AA	
A	A	A	
Baa	BBB	BBB	
Ba	BB	BB	Speculative Grade
B	B	B	
Caa	CCC	CCC	
Ca	CC	CC	
C	C	C	
	D	DDD	Default
	SD	DD	
		D	

Abbildung 2: *Vergleich der Ratingstufen bei den bekanntesten Ratingagenturen*
Quelle: Verband Deutscher Treasurer (VDT) (2000), S. 43

2.3 Exkurs: Hybrid Capital

Seit 2003 hat sich das Volumen an Hybrid-Capital-Transaktionen kontinuierlich erhöht. Unter Hybrid Capital versteht man Emissionen, die bei den Ratingagenturen zu einer Anerkennung des Eigenkapitalcharakters in einem bestimmten Umfang führen, obwohl die Instrumente als Anleihen emittiert werden. Ursprünglich wurden diese Instrumente vermehrt von Banken eingesetzt, zwischenzeitlich werden sie auch von Industrieunternehmen verstärkt genutzt. Moody's publizierte bereits 1999 ein so genanntes Tool Kit für die Beurteilung von Hybrid-

Anleihen.[3] Diese Methodik wurde von Moody's weiter verfeinert, so dass verschiedene Kriterien angesetzt werden, um die Anleihen in so genannte „Baskets" zu unterteilen, die von Basket A mit 0 % Eigenkapital bis Basket E mit 100 % Eigenkapital reichen.

Basket	A	B	C	D	E
Eigenkapitalanteil in %	0	25	50	75	100

Abbildung 3: *Beurteilung von Hybridanleihen – Baskets und Eigenkapitalanteil*

Die Kriterien, die für die Einstufung in ein bestimmtes Basket angesetzt werden, lassen sich in drei Gruppen unterteilen:

- Laufzeit

Grundsätzlich gilt: Je länger die Laufzeit, desto höheren Eigenkapitalcharakter erlangt die Transaktion. Hier sind 60 bis 100 Jahre und sogar so genannte Perpetuals (ewige Laufzeit) zu finden.

- Aussetzen von Zahlungen

Der Emittent setzt die Zinszahlung bei Erreichen von bestimmten Bedingungen, wie z. B. dem Ausfall von Dividendenzahlungen und Ähnlichem, freiwillig oder zwangsweise aus. Je weniger Freiheitsgrade das Unternehmen bei der Gestaltung dieser Bedingungen in Anspruch nimmt, desto höher fällt die Anerkennung als Eigenkapital aus.

- Verlustbeteiligung

Grundsätzlich sind hybride Produkte nachrangig. Je höher die Verlustbeteiligung („Loss Absorption"), desto höher ist auch der Eigenkapitalanteil, der anerkannt wird.

S&P verfolgt einen ähnlichen Ansatz, wobei hier der Eigenkapitalcharakter in drei Hauptkategorien unterschieden wird: „Low", „Intermediate" und „High".

Reine nachrangige Darlehen, mit einer festen Fälligkeit und eventuellen Call- und Put-Bedingungen verbunden, werden in der Regel von den Ratingagenturen zu 100 % als Fremdkapital eingestuft.

Insgesamt kann festgestellt werden, dass alle Ratingagenturen Hybrid-Anleihen, je nach Gestaltungsvarianten, mindestens zwei bis drei Stufen („Notches") niedriger einstufen als das allgemeine Unternehmensrating.

3 Vgl. *Moody's Investors Service* (1999).

2.4 Ratingsteuerung

Mit der Erteilung des Erst-Rating ist das Thema Rating nicht als beendet anzusehen; vielmehr wird hiermit eine langfristige Zusammenarbeit begründet. Eine zentrale Rolle in der Zusammenarbeit spielen die Jahresgespräche, die idealerweise nach dem Vorliegen der Unternehmensplanzahlen stattfinden. Die Besprechung der Quartalsergebnisse erfolgt, sofern nichts Außergewöhnliches vorliegt, meistens telefonisch. Einschneidende Ereignisse, insbesondere im M&A-Bereich, sollten vertraulich im Vorfeld mit der Agentur besprochen werden, bevor man diese Information an die Öffentlichkeit weitergibt.

In der Zusammenarbeit mit den Ratingagenturen ergab sich eine Reihe von Brennpunkten, die keineswegs an Aktualität verloren haben und daher hier kurz skizziert werden sollen.

2.4.1 Structural Subordination

Von „Structural Subordination“ sprechen die Ratingagenturen dann, wenn der Emittent einen Teil der Verschuldungsinstrumente direkt aus den Tochtergesellschaften heraus emittiert, die das operative Geschäft betreiben und damit auch die Vermögenswerte besitzen. Ratingagenturen bevorzugen es, wenn die Emittenten die Verschuldung möglichst zentral auf der obersten Ebene der Unternehmensgruppe bündeln. Je nach Bonitätseinstufung werden unterschiedliche Prozentsätze einer Structural Subordination toleriert. Tendenziell gilt, dass je niedriger das Rating eines Unternehmens ist, desto weniger sollte der Anteil an Verschuldungsinstrumenten bei den Tochtergesellschaften liegen. Werden diese Prozentsätze der Structural Subordination überschritten, kann es zu einem divergierenden Rating der Gruppe und der einzelnen Instrumente kommen. Abwenden kann man dies durch die Einrichtung so genannter Upstream- oder Downstream-Garantien, die eine Angleichung der Ansprüche der Fremdkapitalgeber gegenüber der Unternehmensgruppe bewirken.

2.4.2 Pensionsrückstellungen

In sämtlichen Ratingbewertungen Ende der 90er Jahre bis einschließlich 2002 wurden die Einstufungen im Rating ohne explizite Behandlung der Pensionsrückstellung als Fremdkapital vorgenommen. Am 07.02.2003 setzte Standard & Poor’s zehn namhafte europäische Firmen, unter anderem Deutsche Post AG, Linde AG und ThyssenKrupp AG als deutsche Unternehmen, unter Credit Watch, um anschließend das Rating zu senken.[4] Seitdem werden die nicht finanzierten Pensionsverpflichtungen voll als Fremdkapital angerechnet und bei der Ermittlung der Finanzkennzahlen belastend berücksichtigt.

---

4 Vgl. *Standard & Poor’s* (2003).

2.4.3 Rating Triggers

Mit Zunahme von Akquisitionsfinanzierungen und sonstigen unvorhergesehenen Ereignissen am Kapitalmarkt haben die Investoren, um sich besser abzusichern, zusätzliche Bedingungen in die Verträge aufgenommen, die verstärkt Ereignisse im Zusammenhang mit Ratingveränderungen in Beziehung setzen. Diese werden als Rating Triggers bezeichnet. Die Ratingagenturen sehen es als Einengung der finanziellen Flexibilität von Unternehmen an, wenn das Unternehmen Rating Triggers akzeptiert, die bei einer Verschlechterung des Ratings zu einer Kündigung der emittierten Anleihe führen können. Eher unproblematisch sind hingegen so genannte Rating Grids, die die Zinsgestaltung zwischen Emittent und Investor an bestimmte Ratingniveaus koppeln.

2.4.4 Fallen Angels

Vermehrte Akquisitionsfinanzierungen, eine in den letzten Jahren – insbesondere in Deutschland – schwache Konjunktur sowie die in einigen Bereichen verschärfte Wettbewerbssituation führten bei einigen Unternehmen zu einer Verschlechterung des Rating. Mitunter wurden Unternehmen von beispielsweise einem BBB, d. h. Investment-Grade-Bereich, auf unter BBB-, d. h. Non-Investment-Bereich bzw. Junk-Bereich, heruntergestuft. Diese Unternehmen werden als „Fallen Angels“ bezeichnet. In den letzten Jahren beobachtet man vermehrt, dass die Ratingagenturen die Ratings der Unternehmen sehr zügig nach unten anpassen, aber sie nach erfolgter Restrukturierung nur zögerlich wieder anheben.

3. Bankinternes Rating

Für die Beurteilung der Bonität von Kunden im Zuge der Kreditvergabe hatte jede Bank bislang ihre eigene Vorgehensweise. Erst durch die neuen Beschlüsse des Baseler Ausschusses für Bankenaufsicht, die die Gestaltung der Eigenkapitalunterlegung betreffen und in der Öffentlichkeit mit dem Begriff „Basel II“ kolportiert werden, rückte das Thema Rating bei der Risikogewichtung im Bankensektor in den Mittelpunkt.

3.1 Rating und Basel II

Mit Basel II werden sowohl qualitative als auch quantitative Mindestanforderungen an die Kreditrisikosteuerung von Banken mittels spezifizierter regulatorischer Eigenkapitalanforderungen gestellt. In der ursprünglichen Diskussion wollte man nur externe Ratings hierfür zulassen; im Zuge der Diskussion wurden auch bankinterne Ratingverfahren, die aufsichtsrechtliche Vorgaben erfüllen müssen, erlaubt.

Nach Basel II wird die Eigenkapitalunterlegung für Kredite an Unternehmen in Bezug auf die Ratingeinstufung wie folgt differenziert:

Rating	Bisherige Richtgröße	Gewichtung	Neue Eigenkapital-unterlegung
AAA bis AA-	8,0 %	20 %	1,6 %
A+ bis A-	8,0 %	50 %	4,0 %
BBB+ bis B-	8,0 %	100 %	8,0 %
B- bis C	8,0 %	150 %	12,0 %

Abbildung 4: *Eigenkapitalunterlegung in Bezug auf die Ratingeinstufung*
Quelle: IHK (2005), S. 1

Für kleinere und mittlere Unternehmen wird nach Größen und Risiko-Ausfallwahrscheinlichkeiten die Eigenkapitalunterlegung berechnet.

3.2 Einfluss auf die Kreditkonditionen

Die Einführung von Basel II wurde sehr oft als Vorwand benutzt, um die Kreditkonditionen zu erhöhen, wobei dies bei einer Gewichtung von unverändert 100 % und Richtgröße der Eigenkapitalunterlegung von 8 % im Vergleich zu früheren Jahren zu keinen größeren Anpassungen hätte führen müssen.

Ferner hat die Verwendung von statistischen Verfahren für die Ermittlung der Ausfallwahrscheinlichkeiten, verbunden mit der Kalkulation der Eigenkapitalunterlegung, zu einer Spreizung der Konditionen geführt. Je schlechter die Bonität des Unternehmens ist, desto höher steigen die Margen für die Kreditvergabe. Neben den vorgenannten Faktoren fließen neben reinen Finanzkennzahlen auch qualitative Einschätzungen hinsichtlich des Unternehmens, des Wettbewerbsumfelds sowie Sonderfaktoren in das Rating-Modell der Banken ein.

Nicht zu unterschätzen ist auch der Einfluss des externen Rating, da bei Vorliegen von unterschiedlichen Einschätzungen das bankinterne Rating in Richtung des in der Regel niedrigeren externen Rating mit Abschlägen versehen wird.

3.3 Transparenz

Viele Banken haben ihr bankinternes Ratingverfahren ihren Kunden vorgestellt und für Verständnis geworben. Dies wurde allerdings nicht von allen Banken flächendeckend durchgeführt. Dabei ist auch festzustellen, dass die bankinternen Verfahren bankenspezifisch und somit nicht vergleichbar sind. In diesem Bereich kann von Unternehmensseite eindeutig mehr Vergleichbarkeit und Transparenz gefordert werden.

4. Schlussbetrachtung

Dem Thema Rating kann sich derzeit und auch künftig kein Unternehmen vollständig entziehen. Es verbleibt lediglich die Wahl, ob man sich für ein externes Rating entscheidet oder ob man es bei dem bankinternen Rating belässt. Große Unternehmen, die am Kapitalmarkt aktiv sind, kommen nicht um ein externes Rating umhin. Sowohl das externe als auch das bankinterne Rating müssen entsprechend gesteuert werden und begründen eine langfristige Zusammenarbeit, die auch zusätzliche Anforderungen für das Unternehmen kreiert. Nur eine erfolgreiche Steuerung des Ratings führt zu optimalen Ergebnissen bei der Steuerung der Refinanzierungskosten.

Literatur

Achleitner, A.-K./Everling, O. (2004): Handbuch Ratingpraxis, Wiesbaden 2004.

Becker, A. (Hrsg., 2005): Praktiker Handbuch Basel II, Kreditrisiko, operationelles Risiko, Überwachung, Offenlegung, Stuttgart 2005.

Dresdner Bank (2002): Rating: Ein bewährtes Verfahren gewinnt neue Bedeutung, 2002.

Everling, O. (1991): Credit Rating durch internationale Agenturen – Eine Untersuchung zu den Komponenten und instrumentalen Funktionen des Rating, Wiesbaden 1991.

IHK (2005): Merkblatt: Basel II/Rating, Stand Mai 2005.

Moody's Investors Service (2006): Basis Ratings, 29. Mai 2006.

Moody's Investors Service (1999): Rating Methodology Moody's Tool Kit: A Framework for Assessing Hybrid Securities, Dezember 1999.

Standard & Poor's (2006): Ratingliste: Unternehmen in Deutschland mit einem Rating von Standard & Poor's, Stand 04. April 2006.

Standard & Poor's (2003): Review of Euro Corporate Post-Retirement Liabilities Leads to 10 Credit Watch Negative Listings, 07.02.2003.

Verband Deutscher Treasurer (VDT) (2000): Leitfaden, Rating im Unternehmen, 2000.

Verband Deutscher Treasurer (VDT) (2004): Internes Bankenrating, 2004.

Bankprofitabilität aus Firmenkunden-sicht – Einsatz zur Steuerung von Bankbeziehungen

François-Xavier Gérard/Alexander Foltin –

Infineon Technologies AG

1. Motivation und Zielsetzung

Eine breite Palette verfügbarer Produkte, weltweite Präsenz, durchgängige Servicequalität, dauerhaftes Kreditengagement – all dies sind Anforderungen, die global operierende Konzerne an ihre Bankpartner stellen. Aus deren Sicht wiederum ist die Rentabilität der Kundenverbindung Grundlage für die Nachhaltigkeit der Geschäftsbeziehung. Dabei stehen sich risikobehaftetes Kreditgeschäft einerseits und risikoloses Provisionsgeschäft andererseits gegenüber: Während es an Angeboten zu Letzterem in der Regel nicht mangelt, stößt die Bereitschaft von Banken zur Vergabe von Krediten schneller an Grenzen.

Angesichts dessen entspricht es mittlerweile dem Standard, dass Großunternehmen auf Konzernebene so genannte Kernbanken definieren, die aufgrund ihrer Kreditbereitschaft bevorzugt bei der Vergabe von provisionsorientierten Geschäften behandelt werden. Häufig entstehen hierbei Gruppen von Banken mit abgestufter Intensität der Geschäftsbeziehung. Diese Praxis ist so verbreitet, dass die Teilnahme an einem Konsortialkredit häufig bei Kredit- wie bei Investmentbanken de facto als Eintrittskarte für das Bankgeschäft des betreffenden Kunden gesehen wird und entsprechend von damit einhergehenden Erwartungshaltungen begleitet wird.

Wie aber können Kernbankbeziehungen so gesteuert werden, dass zuverlässiges Engagement bei bestmöglicher Servicegüte gewährleistet ist? Hierzu bedarf es eines aktiven faktenbasierten Bankbeziehungsmanagements, das auf einem breiten Instrumentarium qualitativer und quantitativer Analysen basiert. Dabei ist das Prinzip des Gebens und Nehmens für beide Seiten, d. h. für Bank und Firmenkunde, gleichermaßen transparent: Aus Sicht des Kunden, bei dem in der Regel die zentrale Treasury-Abteilung die Bankenpolitik verantwortet, kommt es auf durchgängig hohen weltweiten Service und Kreditunterstützung durch den gesamten Geschäftszyklus hinweg an; aus Bankenperspektive muss sich die Kundenbeziehung, gemessen an ihrem Risiko, rechnen. Diese unterschiedlichen Zielvorstellungen begleiten den gesamten Dialog mit Banken, der typischerweise im strategischen Jahresgespräch mit dem Finanzvorstand kulminiert. Damit fundiert über das Stärken-Schwächen-Profil eines Bankpartners, seine faire Behandlung relativ zu anderen und die künftige Zusammenarbeit gesprochen werden kann, ist es für den Firmenkunden vorteilhaft, sich in die Situation seines Gegenübers versetzen zu können. Hierzu gehört nach moderner Lesart mehr als die bloße Statistik über getätigte Geschäfte und die Einschätzung der operativen Leistung der Bank; vielmehr sorgt die Kenntnis über banktypische Erfolgsparameter für Augenhöhe innerhalb der Diskussion und damit für die Basis einer beiderseitig ertragreichen Zusammenarbeit.

2. Instrumentarium zur Steuerung von Bankbeziehungen

Für eine umfassende Steuerung von Bankbeziehungen ist eine ganzheitliche Betrachtung von qualitativen und quantitativen Aspekten erforderlich. Hierbei besteht insbesondere in international agierenden Konzernen zunächst die Herausforderung, Transparenz über die gesamte globale Geschäftsbeziehung mit einer Bank zu erzielen. Meist gibt es ein weit verzweigtes Netzwerk von Tochtergesellschaften, die alle – wenn auch in unterschiedlicher Intensität – Bankgeschäfte betreiben.

Das Gegengewicht dazu bildet die Treasury-Abteilung der Zentrale, die einheitliche Richtlinien für Finanzgeschäfte innerhalb des Konzerns und die Auswahl der Bankpartner konzernweit stringent vorgibt und beispielsweise Cash Pooling, Geldanlage und Kreditaufnahme strukturiert und umsetzt. Ungeachtet dessen ist für die Servicequalität einer Bank, neben den Erfahrungen der Zentralabteilungen, vor allem auch die Leistung im operativen Tagesgeschäft ausschlaggebend, die wiederum am besten aus Sicht der Tochtergesellschaft beurteilt werden kann. Dazu empfiehlt sich eine jährliche interne Zufriedenheitsumfrage unter allen Zentralabteilungen und Töchtern mit direktem Bankenkontakt, bei der es inhaltlich um Aspekte wie Verständnis der Kundenbedürfnisse, Qualität der persönlichen Beziehung, Fähigkeit zur Durchführung komplexer Transaktionen, Flexibilität, Problemlösungsfähigkeit etc. geht, die allesamt auf einer numerischen Skala beurteilt werden und mit deren Hilfe das qualitative Stärken-Schwächen-Profil einer Bank skizziert werden kann.

Komplementär zu solchen qualitativen Einschätzungen sind quantitative Fakten, aus denen die Höhe zugesagter und ausgereichter Kredite sowie die vereinnahmten Provisionen pro Bank hervorgehen. Zwischen Kreditengagement und dem so genannten „Share of Wallet“, d. h. dem Anteil am insgesamt zur Verfügung stehenden Budget für Bankgebühren des Firmenkunden, wird ein gewisser Gleichklang angestrebt, der eine beiderseitig als fair empfundene Partnerschaft begründet. Davor steht jedoch zunächst einmal die Hürde der vollständigen Erfassung sämtlicher weltweit mit einer Bank/einer Bankengruppe getätigten Geschäfte, die sich je nach Zentralisierungsgrad als unterschiedlich hoch erweisen kann. Auch für Banken selbst bedeutet es mitunter eine Herausforderung, eine globale Firmenkundenbeziehung gesamthaft abzubilden.

Dieser Problematik lässt sich nur mit einer strukturierten und systemseitig unterstützten Erfassung sämtlicher Bankgeschäfte begegnen. Auch hier helfen das Prinzip der Fokussierung auf Kernbanken sowie ein zentraler Treasury-Ansatz, die es ermöglichen, Kreditengagements von Banken und den Anteil einzelner Institute am Provisionsbudget für sämtliche Bankprodukte (von der Kontoführung über eben diese Kredite bis hin zu Kapitalmarkttransaktionen), ausgehend von Daten des gesamten Konzerns, gegenüberzustellen. Diese Gegenüberstellung ermöglicht einen relativen Vergleich der Banken und ihrer Position zueinander und ist in Abbildung 1 schematisch abgebildet:

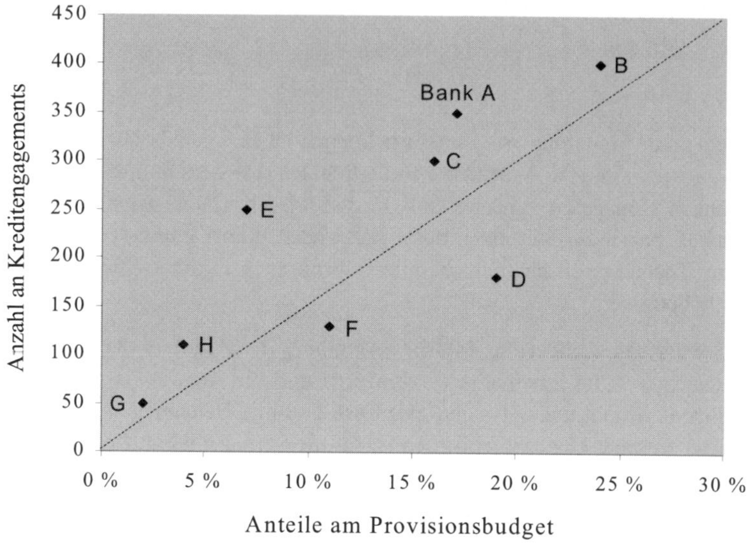

Abbildung 1: *Matrix Kreditengagement versus Anteil am Provisionsbudget*

Diese Matrix stellt gewissermaßen das Verhältnis aus Risiko und Ertrag aus der Geschäftsbeziehung zu einem Unternehmen für jede einzelne Bank dar. Bankbeziehungen, die entlang der Diagonalen liegen, weisen ein vergleichsweise ausgewogenes Verhältnis zwischen Kreditbereitschaft und Share of Wallet auf. Solche hingegen, die oberhalb davon liegen, sind möglicherweise gefährdet, da dem Risiko nur ein verhältnismäßig kleiner Ertrag gegenübersteht. Wird eine nachhaltige Partnerschaft angestrebt, muss ggf. daran gedacht werden, diese Kreditgeber stärker bei der Vergabe anderer Geschäfte einzubeziehen, sofern Servicequalität, Produktangebot und Preisniveau stimmen. Hier zeigt sich bereits, dass keines der Instrumente zur Banksteuerung isoliert betrachtet werden kann. Dies gilt auch für das Verhältnis zu jenen Instituten, die sich in der vorstehenden Matrix unterhalb der Diagonalen befinden und bei einem relativ geringen Kreditengagement einen überproportionalen Anteil am Provisionsgeschäft aufweisen.

Die Kombination einer Zufriedenheitsumfrage mit einer Kredit-Provisions-Matrix[1] erlaubt also bereits differenzierte Aussagen zur aktuellen Einordnung und künftig beabsichtigten

---

1 Der Treasury Leadership Roundtable des Corporate Executive Board teilt die gezeigte Kredit-Provisions-Matrix in Quadranten auf, die im Uhrzeigersinn links unten beginnend mit „Builders“, „Sleepers“, „Stakeholders“ und „Dealmakers“ bezeichnet werden. Daneben wird argumentiert, dass anstelle der Hauptdiagonale eine sich abflachende Kurve besser das optimale Verhältnis aus Risiko und Ertrag widerspiegelt, da die Kreditvergabebereitschaft von Banken ab einem gewissen Niveau nur noch unterproportional steige. Vgl. *Corporate Executive Board* (2005).

Entwicklung der Bankbeziehungen eines Konzerns. Allerdings stellen diese Instrumente rein auf die Kundensicht ab und treffen keine Aussage über den Erfolg der Geschäftsbeziehung aus Kreditgeberperspektive. Wie bei jeder anderen Lieferantenbeziehung ist es jedoch auch bei Bankpartnerschaften von Vorteil, sich in die Position des Gegenübers hineinversetzen zu können, seine Erfolgsparameter zu kennen und das Ergebnis abschätzen zu können, das jener aus der Geschäftsbeziehung herauszieht. Erst mit Kenntnis der relevanten Stellschrauben und ihrer Wirkung ist es möglich, ein für das Unternehmen optimales Netz von Bankbeziehungen aufzubauen und zu pflegen, in dem die einzelnen Institute ein rationales Preisniveau und nachhaltige Unterstützung bieten. Die zumindest näherungsweise Ermittlung der Rentabilität der Geschäftskundenbeziehung für eine Bank bereichert folglich den Dialog mit dieser um eine neue Dimension. Nachfolgend werden Struktur und Inhalt eines dafür geeigneten Rentabilitätsmodells mit banktypischen Parametern, wie eingesetztes Kapital, Risikokosten oder Produktmargen, als weiteres Instrument zur Banksteuerung vorgestellt.

3. Modell zur Ermittlung der Bankrentabilität

Im Kern der Ermittlung der Bankrentabilität steht die Erkenntnis, dass der Erfolg der gesamten Kundenbeziehung als Summe aus risikobehaftetem Engagement und risikofreiem Geschäft betrachtet werden muss; die Kundenbeziehung soll sich für die Bank rechnen, wobei „sich rechnen“ bedeutet, dass eine angestrebte Zielrendite auf das eingesetzte (Eigen-)Kapital erzielt wird, und zwar unter Berücksichtigung des eingegangenen Risikos. Dementsprechend ist das Grundprinzip der Rentabilitätsmessung methodisch vergleichsweise simpel; die Schwierigkeit besteht vielmehr in der Ermittlung der Eingangsgrößen und deren Gewichtung. Hierin unterscheiden sich auch die von den Banken selbst verwendeten Modelle von Institut zu Institut teilweise erheblich.

Bevor im nachfolgenden Abschnitt auf die Rendite-Risiko-Steuerung von Banken eingegangen wird, ist daher an dieser Stelle eine Vorbemerkung angebracht: Für ein Unternehmen kann es nicht darum gehen, die Ergebnisse bankinterner Modelle exakt zu replizieren bzw. die aufgrund verschiedener Geschäftsmodelle unterschiedlichen Zielrenditen einzelner Banken zu berücksichtigen. Die von Industrie- und Handelskonzernen ermittelte Renditezahl wird sich von derjenigen der Controllingabteilung einer Bank unterscheiden, da an manchen Stellen Näherungswerte und Abschätzungen sowie methodische Kürzungen unvermeidlich sind. Dies tut dem eigentlichen Ziel des Firmenkunden, mit seinem Bankpartner in dessen Sprache die Erfolgsparameter der Geschäftsbeziehung zu deklinieren und daraus Hinweise für deren künftige Steuerung zu erhalten, keinerlei Abbruch. Insofern ist das nachfolgend dargestellte Modell methodisch stringent, robust und simulationsfähig, ohne notwendigerweise mathematisch präzise das „richtige“ Bankergebnis zu liefern.

3.1 Der RAROC-Ansatz

Bankgeschäfte sind per se risikobehaftet: Am offenkundigsten wird dies durch die Ausfallrisiken im Kreditgeschäft. Weitere wesentliche Risikokategorien sind Marktrisiken, insbesondere aus dem Handelsgeschäft, sowie ganz allgemein operative Risiken aus dem Bankbetrieb. Zur Abfederung dieser Risiken muss eine Bank haftendes Kapital einsetzen, so wie es auch aufsichtsrechtlich z. B. in den Basel II-Richtlinien[2] vorgeschrieben ist. Auf dieses Kapital soll eine angemessene Rendite erwirtschaftet werden. Dieser Zusammenhang wird in dem so genannten RAROC-Ansatz reflektiert, der sich in der Praxis als Standard durchgesetzt hat. Ihm zufolge wird der „Risk Adjusted Return on Capital" dem Prinzip nach wie folgt berechnet:

$$RAROC = \frac{Erträge - Betriebskosten - Risikokosten - Steuern}{Eingesetztes\ Kapital}$$

Dieser Quotient bildet auch die Grundlage des nachfolgenden Modells zur Bestimmung der Rentabilität der Geschäftsbeziehungen zu einzelnen Kernbanken aus deren Sicht. Ausgangspunkt ist dabei das Kreditgeschäft, das, wie eingangs erwähnt, in der Regel die Grundlage der Geschäftsbeziehung darstellt.

3.1.1 Eingesetztes Kapital: regulatorisch versus ökonomisch

Die Bestimmung des eingesetzten Kapitals kann auf zwei Wegen erfolgen: an regulatorischen Vorgaben orientiert oder ökonomisch durch Bestimmung des Ausfallrisikos und seiner Wahrscheinlichkeit. Der erste Weg ist für Unternehmen einfacher und transparenter anzuwenden, führt aber üblicherweise zu anderen Werten als die von Banken tatsächlich zur Erfolgsmessung genutzte zweitgenannte Methode. Aufgrund ihrer Verwandtschaft bieten aber beide Wege hinreichende Verständigungsmöglichkeiten.

Bestimmung des regulatorischen Kapitals nach Basel II

Die Solvabilitätsvorschriften von Basel II sehen einen risikoorientierten Ansatz zur Unterlegung von Kreditgeschäften mit haftendem Kapital vor, der sich an internen Steuerungsprinzipien von Banken anlehnt. Im Kern müssen die risikogewichteten Aktiva mit 8 % haftendem Kapital unterlegt werden. Dabei wird in Kernkapital (so genanntes Tier 1) und Ergänzungskapital (so genanntes Tier 2, bestehend unter anderem aus Genussrechtsverbindlichkeiten, langfristigen nachrangigen Verbindlichkeiten, Rückstellungen und Reserven für Forderungs-

---

2 Vgl. *Bank for International Settlements* (2005).

ausfälle) unterschieden.[3] Für die Zielrendite der Bank ist das Kernkapital maßgeblich, da es dem bilanziellen Eigenkapital und damit dem Verzinsungsanspruch der Bankaktionäre am nächsten kommt. Das Kernkapital muss mindestens die Hälfte des haftenden Kapitals ausmachen, also 4 %. In der Realität wird allerdings kaum ein Kreditinstitut exakt am vorgegebenen Limit arbeiten, weshalb sich für Zwecke der Modellrechnung ein Aufschlag empfiehlt. So kann man z. B. von 6 % zu unterlegendem und damit aus Bankensicht zu verzinsendem Eigenkapital ausgehen.

Dieser Prozentsatz ist auf die gewichteten Risikoaktiva anzuwenden, zu deren Ermittlung die Basel II-Richtlinien einen Standardansatz mit pauschalen Gewichtungsfaktoren oder alternativ eine auf internen Ratings beruhende Methodik erlauben. Aus Firmenkundensicht ist aus Gründen der Nachvollziehbarkeit in der Regel nur der Standardansatz sinnvoll anwendbar, demzufolge Forderungen an Wirtschaftsunternehmen in Abhängigkeit vom Kapitalmarktrating des Unternehmens wie folgt risikogewichtet werden:

Rating	AAA bis AA-	A+ bis A-	BBB+ bis BB-	unterhalb BB-	ohne Rating
Risikogewicht	20 %	50 %	100 %	150 %	100 %

Abbildung 2: *Standard-Risikogewichte nach Basel II*

Kreditforderungen, die besichert sind, können ein niedrigeres Risikogewicht in Abhängigkeit von der Art des Sicherungsinstruments erhalten; hierauf soll jedoch an dieser Stelle nicht näher eingegangen werden. Wesentlicher für die Praxis dürfte die Frage nach der Behandlung von außerbilanziellen Positionen sein, d. h. zugesagte, aber nicht Anspruch genommene Kreditlinien oder Garantien. Diese werden mit Hilfe von Umrechnungsfaktoren in Kreditrisikoäquivalente überführt. Für Zusagen mit einer Ursprungslaufzeit von bis zu einem Jahr bzw. über einem Jahr beträgt dieser Faktor 20 % bzw. 50 %. Kann die Zusage jederzeit von der Bank vorbehaltlos gekündigt werden, wie es z. B. für die Mehrzahl der Intraday- und Overnight-Linien im Cash Management der Fall sein dürfte, beträgt der Umrechnungsfaktor 0 %. Einen Sonderfall stellen Handelslinien für Wertpapier- oder Fremdwährungsgeschäfte dar, die Banken intern vorhalten: Während Basel II hier einstweilen von einer expliziten Eigenkapitalanforderung zur Abdeckung des Kontrahentenrisikos absieht, werden Banken im Normalfall für Risiken im Umfang eines Bruchteils der Nominalbeträge (z. B. 10 % als Ausgangsprämisse) Kapital vorhalten und in ihre Erfolgsrechnung einbeziehen.

Ein Rechenbeispiel soll die bisher dargestellte Ermittlung des regulatorischen Kapitals für Kreditrisiken verdeutlichen: Eine Bank habe im Rahmen eines Konsortialkredits mit fünf Jahren Laufzeit eine verbindliche Kreditzusage von EUR 50 Mio. an ein Unternehmen mit einem Rating von A- gegeben. Eine Inanspruchnahme sei nicht erfolgt.

3 Für deutsche Kreditinstitute regelt der § 10 KWG die Definition der Eigenmittel nach Basel II.

Lösung:

Nominalbetrag EUR 50 Mio. x Umrechnungsfaktor (50 %) x Risikogewicht (50 %) x geschätzte Eigenkapitalquote (6 %) = EUR 750.000.

Zusätzlich zum Kreditrisiko verlangt Basel II auch die Absicherung von operationellem Risiko, das aus dem allgemeinen Bankbetrieb infolge des Versagens von Menschen, Verfahren und Systemen oder aus externen Ereignissen heraus entsteht, mit haftendem Kapital.[4] Auch hierfür gibt es einfache (Basisindikatoransatz, Standardansatz) und fortgeschrittene Ansätze (Advanced Measurement Approach). Der Standardansatz unterteilt die Tätigkeiten einer Bank in acht Geschäftsfelder, von denen jedes einen spezifischen Risikofaktor erhält, mit dem der Bruttoertrag (definiert als Nettozinsertrag zuzüglich zinsunabhängiger Erträge) aus dem Geschäftsfeld multipliziert wird. Der resultierende Wert stellt die Eigenkapitalanforderung dar. Die Faktoren sind über die Geschäftsfelder zwischen 12 % und 18 % gespreizt, für das Basis-Firmenkundengeschäft beträgt der Faktor 15 %.

Anwendung auf das oben begonnene Beispiel: Für die Arrangierung des Konsortialkredites sei ein Provisionsertrag von 0,5 % erzielt worden. Daneben fiel eine Bereitstellungsmarge von 0,2 % für ein Jahr an.

Lösung:

Nominalbetrag EUR 50 Mio. x (0,5 % + 0, 2 %) x 15 % = EUR 52.500.

Das gesamte regulatorisch gebundene Eigenkapital beträgt also

EUR 750.000 (Kreditrisiko) + EUR 52.500 (operationelles Risiko) = EUR 802.500.

Bestimmung des ökonomischen Kapitals

Das ökonomische Kapital bezeichnet in diesem Zusammenhang das aufgrund wertorientierter Verfahren (z. B. Value-at-Risk-Ansatz) ermittelte Risikokapital, das aus Bankensicht erforderlich ist, um das aus der Kundenbeziehung resultierende Ausfallrisiko abzudecken. Hier kommen teilweise recht komplexe Rechenmodelle zum Einsatz, in deren Zentrum die Multiplikation der folgenden drei Größen steht:

- Höhe des gefährdeten Engagements bei Ausfall (auch hier werden unwiderrufliche Kreditzusagen mittels Umrechnungsfaktoren berücksichtigt, die bei manchen Banken intern bei 100 % liegen)
- Verlustquote bei gegebenem Ausfall (nach Liquidierung der Sicherheiten)
- Ausfallwahrscheinlichkeit über die Laufzeit des Engagements (in der Regel aus internen Ratingsystemen abgeleitet)

---

4 Die dritte Risikoart nach Basel II, das Marktrisiko, ist hier nicht von Relevanz, da es nicht einer einzelnen Kundenbeziehung zugeordnet werden kann.

Die Volatilitäten dieser Parameter treiben das ökonomische Kapital. Für einen Firmenkunden ist jedoch diese Art der Herleitung des gebundenen Kapitals um einiges komplizierter als die Anwendung pauschaler Faktoren für das regulatorische Kapital, ohne dabei einen wirklich nennenswerten Erkenntnisgewinn mit sich zu bringen.

3.1.2 Ergebnisbeitrag des Kreditgeschäfts

Nach der Bestimmung des Nenners geht es im Folgenden um den Zähler der RAROC-Formel, zunächst für das Kreditgeschäft.

Erträge

Der Ertrag des Kreditgeschäfts setzt sich aus mehreren Komponenten zusammen: fortlaufende wie einmalige. Bei den Ersteren sind Bereitstellungsgebühren für zugesagte Kreditlinien bzw. die Zinsmarge für in Anspruch genommene Kredite zu nennen, aber auch Zahlungen für Kreditadministration an Agenten. Einmalerträge fallen bei der Arrangierung neuer Kreditlinien an und sollten konzeptionell gesehen über die jeweilige Laufzeit verteilt werden und so über mehrere Jahre hinweg zum Erfolg der Geschäftsbeziehung beitragen.[5]

Eine weitere, allerdings weniger offensichtliche Ertragskomponente stellt die tatsächliche Verzinsung des gebundenen Kapitals dar. Ausgangspunkt hierfür ist die Überlegung, dass die Bank für den Teil eines Kredits, der zumindest kalkulatorisch mit haftendem Eigenkapital unterlegt ist, nicht nur die Zins*marge* als Differenz zwischen Aktiv- und Passivzins erwirtschaftet, sondern den gesamten Zins*ertrag*. Für Modellzwecke kann vereinfachend das in 3.1.1 ermittelte gebundene Kapital mit einem Marktzins wie z. B. dem EURIBOR multipliziert werden.

Betriebskosten

Typische Betriebskosten im Kreditgeschäft können von außen nur abgeschätzt werden, ggf. unter Zuhilfenahme veröffentlichter, nach Geschäftssparten aufgeschlüsselter Zahlen von Banken. Auch die Kostenstruktur einer konzerninternen Finanzierungsgesellschaft kann als Näherungswert dienen. Wie bei sämtlichen Modellparametern steht nicht die absolute Richtigkeit im Vordergrund, sondern vielmehr ein plausibler Wert, dessen Bandbreite durchaus in einem offenen Dialog mit Banken validiert werden kann. Im Ergebnis sollte im Unternehmensmodell *ein* Wert verwendet werden, da unterschiedliche Effizienzgrade einzelner Institute für diese Betrachtung ohne Relevanz sind.

5 Eine Vielzahl von Banken betrachtet jedoch in ihrer internen Rentabilitätsmessung solche Arrangierungsgebühren in voller Höhe zum Zahlungszeitpunkt.

Risikokosten

Risikokosten spiegeln die statistischen Ausfallfolgen von Krediten einer bestimmten Ratingklasse wider und werden in Prozent des Engagements ausgedrückt. Als Datengrundlage können Studien von Ratingagenturen wie die KMV-Studien von Moody's herangezogen werden.[6] Für Kreditlinien, die zugesagt, aber nicht ausgenutzt sind, ist von dem jeweiligen Risikoäquivalent auszugehen, da auch hierfür von den Banken Reserven gebildet werden.

Steuern

Für die Modellierung wird das errechnete Bruttoergebnis mit einem normalisierten Steuersatz von z. B. 35 % belastet.

Exkurs: Mark-to-Market-Bewertung

Eine zum RAROC-Ansatz komplementäre Kalkulationsart, insbesondere für angelsächsisch geprägte Investmentbanken, stellt die Marktbewertung von Kreditengagements dar. Diese ist für nach US-GAAP bilanzierende Häuser sogar zwingend vorgeschrieben und besagt, dass Kreditforderungen, die als „trading asset" gehalten werden, mit ihrem jeweiligen Marktwert anzusetzen sind, der sich aus dem Vergleich der vereinbarten Verzinsung mit der Risikoklasse des Kreditnehmers ergibt. Hierfür werden Marktpreise, wie z. B. die Renditen von Credit Default Swaps auf das jeweilige Unternehmen, herangezogen. Wenn sich nun ergibt, dass die mit diesem Unternehmen vereinbarten individuellen Konditionen relativ gesehen „zu günstig" sind (weil sich ggf. die Bank aus ökonomischem Kalkül mit gewissen Abschlägen in den Kreis der Kernbanken eingekauft hat), entsteht Wertberichtigungsbedarf, der die Gewinn- und Verlustrechnung belastet. Wenn am Laufzeitende das Kreditengagement ordnungsgemäß ausläuft, sind keine tatsächlichen Verluste entstanden, und die anfängliche Abwertung muss ertragswirksam zurückgenommen werden. Als gedankliche Analogien können der Weiterverkauf von Kredittranchen im Sekundärmarkt unter par oder die Absicherung von Engagements mit Kreditderivaten herangezogen werden, mit dem Unterschied, dass dabei entstehende Verluste aufgrund einer eigenen wirtschaftlichen Entscheidung der Bank tatsächlich realisiert werden. Losgelöst von der buchhalterischen Anforderung – ob kalkulatorisch oder realisiert – werden Marktbewertungen häufig von internen Controllingabteilungen der Banken mitberücksichtigt, um die Kundenverantwortlichen auf die für erforderlich gehaltene Ertrags-

---

6 Vgl. *Moody's KMV* (2006).

Risiko-Balance zu fokussieren.[7] Hier stoßen die Mark-to-Market-Methode und der RAROC-Ansatz wieder aneinander; beide führen bei vollkommener Information letztlich zum gleichen Ergebnis.

3.1.3 Ergebnisbeitrag des übrigen Bankgeschäfts

Nach der Darstellung des Kreditgeschäfts soll nunmehr das übrige Bankgeschäft behandelt werden, das so gut wie nicht risikobehaftet und damit deutlich weniger kapitalintensiv ist. Hieraus ergibt sich implizit, dass das Nicht-Kreditgeschäft in der Regel Haupttreiber der Kundenprofitabilität für eine Bank sein dürfte.

Provisionserträge nach Geschäftsarten

Zunächst gilt es, Transparenz über die Gesamterträge zu schaffen, die eine Bank mit einem Unternehmenskunden weltweit erzielt hat. Dies ist schon allein deshalb wichtig, um die Einhaltung von vereinbarten Gebührenstandards für Routinegeschäfte überwachen zu können. Außerdem ist es für ein stringentes Management von Bankbeziehungen wichtig zu wissen, welche Institute bei welchen Tochtergesellschaften engagiert sind. Andererseits werden bedeutende Kapitalmarkt- oder M&A-Transaktionen typischerweise auf zentraler Ebene anfallen. Es sind mithin verschiedene Quellen, aus denen an Banken geleistete Zahlungen zusammengetragen werden müssen. Dabei empfiehlt es sich, von vornherein eine Klassifizierung dieser Zahlungen nach Geschäftsart vorzunehmen, da deren Profitabilität sehr unterschiedlich ist. So wird es einer Bank nicht gleichgültig sein, ob sie ein und denselben Betrag für Kontoführung und Zahlungsverkehr oder für ein Beratungsmandat erhält. Möglich ist z. B. folgende Erhebungsstruktur:

- Kreditgeschäfte (einschließlich Garantien, Leasing, Handelslinien; oben bereits behandelt)
- Cash Management (Kontoführung, Zahlungsverkehr, Cash Pooling)
- Handelsgeschäft (Zins- und Währungssicherung, Derivate)
- Asset Management (Anlagegeschäft)
- Custody (Wertpapierverwahrung/-verwaltung, Depotgeschäft)

---

7 Für eine einzelne Kredittransaktion, zum Beispiel die Syndizierung der Haupt-Konsortiallinie eines Unternehmens, kommt auch eine andere Betrachtungsweise in Frage, nämlich die barwertige Ermittlung des Ergebnisses über die Gesamtlaufzeit. Hierbei werden die periodisch anfallenden Erträge (Arrangierungsprovisionen, Bereitstellungszinsen, Zinsmarge) für den geplanten Kreditverlauf einschließlich Tilgung den jeweiligen Kosten für gebundenes Kapital, Risiko und Betrieb gegenübergestellt und abgezinst. Das Ergebnis legt häufig bankintern den Ausgangspunkt für die Erwartung an die künftige Kundenbeziehung fest, d. h., der in der Regel negative Barwert aus dem Kredit soll über die Laufzeit durch Provisionsgeschäfte mindestens wieder kompensiert werden.

- Kapitalmarkt (Aktienemissionen, Platzierung von Schuldverschreibungen etc.)
- M&A (Beratung bei Unternehmenstransaktionen)

Entlang dieser Unterteilung werden pro (Kern-)Bank die Bruttoerträge aufgelistet, die aus Zinsmargen z. B. des Kredit- und Anlagegeschäfts bestehen können. Daneben sind in anderen Fällen die Bruttoerträge identisch mit den für bestimmte Leistungen gezahlten Beträgen; zum Teil müssen diese, wie z. B. die Handelsspannen bei Devisengeschäften, aber auch näherungsweise bestimmt werden.

Eingesetztes Kapital

Nach Basel II sind zur Abdeckung operationeller Risiken auch reine Provisionsgeschäfte mit regulatorischem Eigenkapital zu unterlegen, bei Firmenkunden mit den erwähnten 15 %, die demzufolge auch auf die Bruttoerträge des Nicht-Kreditgeschäfts Anwendung finden. Das in 3.1.1 ermittelte Kapital wird also erhöht.

Rentabilität

Während in die Bestimmung der Rentabilität des Kreditgeschäfts noch bestimmte bankeneinheitlich gültige Parameter wie Eigenkapitalbindung und Risikokosten eingehen, entzieht sich das genaue Netto-Ergebnis der hier diskutierten provisionsorientierten Geschäftsarten ein gutes Stück mehr der Nachvollziehbarkeit durch den Firmenkunden. Das bedeutet jedoch keineswegs, dass Bemühungen um plausible Näherungen nicht sinnvoll wären. Zunächst erscheint es offensichtlich, dass die genannten Geschäfte aufgrund ihrer Charakteristik wie Personalintensität, Technikunterstützung oder Standardisierbarkeit recht unterschiedliche Profitabilitäten aufweisen. Es ist daher für den Firmenkunden, der seine Kernbankengruppe aktiv steuern will, durchaus von Bedeutung, welche Geschäftsart er in welcher Ausprägung auf die einzelnen Institute verteilt. Als Entscheidungsunterstützung reichen dabei zunächst vereinfachte Nettomargen pro Geschäftstyp aus, die unter anderem aus veröffentlichten Cost Income Ratios, Spartenergebnissen von Universalbanken oder den Resultaten spezialisierter Institute abgeleitet werden können. Diese können und sollten dann in einem weiteren Schritt mit mehreren Banken offen diskutiert werden, nicht zuletzt deshalb, um zu verstehen, welche Geschäftsart für welche Bank besondere Bedeutung hat. Naturgemäß sind der Auskunftsbereitschaft dabei gewisse Grenzen gesetzt; andererseits schätzen Banken durchaus das ernste Interesse ihrer Firmenkunden an größerer Transparenz über den Erfolg der Geschäftsbeziehung.

3.2 Zusammenfassende Darstellung der Ergebnisse

Die bis hierher dargestellten Berechnungen werden am besten pro Bank in einem einzelnen Tabellenblatt durchgeführt, das die konzernweiten Kreditengagements inklusive zugehöriger Erträge, Kosten und gebundener Kapitalien sowie hiervon separiert die Erträge aus den übrigen Bankgeschäften enthält. Aus diesen Informationen kann zunächst der Erfolg des Kreditgeschäfts ermittelt und mit der unterstellten Zielrendite der Bank verglichen werden. Aus einer etwaigen Lücke kann abgelesen werden, welche Erwartungshaltung diese Bank in Bezug auf die übrige Kundenbeziehung haben wird. Inwiefern diese Erwartung erfüllt wird, zeigt der Blick auf die tatsächlich geflossenen Provisionen und anderen Erträge. Die Abbildung 3 zeigt schematisch den Aufbau eines solchen Bankreports, der alternativ pro Geschäftsjahr oder auch für die vergangenen oder künftigen zwölf Monate aufgestellt werden kann:

Bankname

Jahr

Kreditgeschäft	**Konsortiallinie**	**Projekt 1**	**Projekt 2**	**Garantien**	**Handel**	**Summe**
Betrag						
Status (genutzt/offen)						
Laufzeit						
Marge						
Bereitstellungssatz						
Provisionen						
Ertrag						
Gebundenes Kapital						
Ertrag auf gebundenes Kapital						
Risikokosten						
Betriebskosten						
Steuern						
Operatives Ergebnis						

	Ziel der Bank	**IST**	**Erforderlicher Zusatzertrag**
RAROC Kreditgeschäft			

Provisionsgeschäft	**Bruttoertrag**	**Op. Ergebnis**
Cash Management		
Handelsgeschäft		
Asset Management		
Custody		
Kapitalmarkt		
M&A		
Andere		
Summe Provisionsgeschäft		
Gebundenes Kapital		
RAROC Gesamtgeschäft		%

vergleichen mit

Anteil der Bank am gesamten Kreditengagement	%
Anteil der Bank am gesamten Provisionsbudget	%

Abbildung 3: *Ergebnistabelle*

Diese überblickartige Einzeldarstellung eignet sich gemeinsam mit anderen Daten, wie beispielsweise der eingangs erwähnten qualitativen Beurteilung, sehr gut für das Gespräch mit der betreffenden Bank. Auch ermöglicht sie die Simulation der Auswirkungen der Vergabe bestimmter Geschäfte auf die Rentabilität dieser Bankbeziehung.

Grundsätzlich sollte jedoch berücksichtigt werden, dass die näherungsweise ermittelte Rentabilität einer Bank in einem spezifischen Jahr immer cum grano salis zu interpretieren ist. So werden Kapitalmarkt- oder M&A-Transaktionen nicht stetig anfallen, Kredite zu unterschiedlichen Zeitpunkten fällig werden etc. Weiteren Aufschluss bieten daher Quervergleiche und zwar einerseits zwischen den einzelnen Instituten der Bankengruppe (Welches Renditeniveau wird insgesamt vom Firmenkunden angeboten? Wie wird dieses auf die einzelnen Banken verteilt? Steht die Rentabilität in einem guten Verhältnis zum Kreditengagement?) und andererseits über die Zeit (Wie entwickelt sich die Rentabilität einzelner Banken im Zeitablauf? Wird kumulativ ein angemessenes Renditeniveau im Gegenzug zu einer nachhaltigen Kreditbereitschaft erreicht?). Derartige zusammenfassende Analysen sollten zusätzlich zu den Einzelblättern in der Bankprofitabilitätsrechnung enthalten sein.

4. Verwendung im Bankendialog

Wie bei Geschäftsbeziehungen mit Zulieferern in Zeiten von Just-in-Time-Fertigung, Co-Design und Target Costing längst üblich, entwickeln Unternehmenskunden seit einiger Zeit ein deutlich stärkeres Interesse daran, wie viel Ertrag der Bankpartner mit ihnen erwirtschaftet und auf welche Weise er diesen erzielt. Das Wissen hierüber dient letztlich der Intensivierung der Partnerschaft und kommt somit beiden Seiten zugute.

Das systematische konzernweite Nachhalten von Art, Umfang und Erfolg von Kernbankbeziehungen – so wie von Infineon praktiziert – ist wertvolle Grundlage für den Bankendialog und dient vielfältigen Zwecken: Diskussionen über eine vorgeblich unzureichende Ertragssituation können deutlich fundierter geführt werden, Spielräume bei Preisverhandlungen lassen sich besser ausloten. Andererseits liefert die Transparenz über die aktuelle Profitabilität mögliche Entscheidungsunterstützung bei der Vergabe von Zusatzgeschäft oder neuen Mandaten.

Außerdem lässt sich anhand des insgesamt zur Verfügung stehenden Geschäftsvolumens die Größe der Kernbankengruppe analysieren.

Schließlich können die Auswirkungen einer Veränderung des Unternehmensratings oder geschäftlicher Maßnahmen wie Erhöhung der Verschuldung oder Akquisitionen auf die Profitabilität der Bankengruppe modelliert werden.

Die Erfahrungen von Infineon zeigen, dass Banken dem Ansinnen der Kunden nach tieferem Verständnis der Erfolgsfaktoren und des Ergebnisses der Geschäftsbeziehung offen gegenüberstehen und diesbezügliche Vorstöße großteils aktiv unterstützen, weil sie deren Wert für eine verbesserte Partnerschaft erkennen. Dabei steht eine Rentabilitätsabschätzung niemals allein, sondern vielmehr zusammenhängend mit und ergänzend zu anderen Instrumenten. Ihre bereichernde Funktion jedoch werden all jene Unternehmen schätzen, die über eine große und heterogene Bankengruppe Kreditzugang, erstklassiges Produktangebot und Servicequalität sicherstellen wollen.

Literatur

Corporate Executive Board (2005): Managing Bank Relationships, 2005.

Bank for International Settlements (2005): Basel II: International Convergence of Capital Measurement and Capital Standards: A Revised Framework, November 2005.

Moody's KMV, online (2006): moody's kmv, http://www.moodyskmv.com, 2006, 08.08.2006.

Kapitel 4:
Asset und Pension Management

Asset Management in einem Industrie-konzern

Albrecht Möhle – Volkswagen AG

1. Einführung
2. Leistungs- und beitragsbezogene Zusagen im Vergleich
3. Das Volkswagen Modell
4. Vom Mischfonds zur Overlay-Struktur
5. Struktur und Rollenverteilung
6. Investmentprozess
7. Zentrales Risikomanagement durch Overlay-Struktur
8. Performance
9. Ausblick

1. Einführung

Ende der 90er Jahre standen die Alterssicherungsinstrumente in Deutschland vor neuen großen Herausforderungen. Nachfolgende Einflussfaktoren waren hierfür besonders verantwortlich:

- Veränderungen in der demografischen Entwicklung
  - Anstieg der statistischen Lebenserwartung und demzufolge
  - Anstieg der Anzahl der Leistungsempfänger
- Veränderungen in der gesetzlichen Rentenversicherung
  - Rentenreform des Jahres 2000 mit Fokus auf die Schaffung einer selbstfinanzierten Privatversorgung
- Veränderungen im Wettbewerbsumfeld
  - Schließung alter Versorgungsmodelle
  - Schrittweise Entwicklung von innovativen Finanzierungskonzepten durch Pensionsfonds
- Unzureichender Insolvenzschutz

Bereits im Jahr 1995 hat die Volkswagen AG die Zeichen der Zeit erkannt und mit Bausteinsystemen und der Beteiligungsrente ein modernes Versorgungssystem für alle Beschäftigten des Unternehmens eingeführt.

Mit Gründung des Volkswagen Pension Trust e. V. in Deutschland wurde zudem ein Weg eröffnet, auch zukünftig die Finanzierbarkeit der Betriebsrente nachhaltig zu sichern.

Die Kombination aus der beibehaltenen Direktzusage und der Anlage der Versorgungsbeiträge auf dem Kapitalmarkt war der richtige Weg, die Versorgungserwartung der Belegschaft auf hohem Niveau zu sichern und die hierfür notwendigen Kosten zu begrenzen.

Das Konstrukt eines Treuhänders in Form eines Pension Trusts schuf darüber hinaus einen verbesserten Insolvenzschutz.

2. Leistungs- und beitragsbezogene Zusagen im Vergleich

Grundsätzlich sind zwei Formen der Versorgungszusage des Arbeitgebers zu unterscheiden:

- Leistungszusagen und
- Beitragszusagen.

Leistungszusagen („Defined Benefit") verpflichten den Arbeitgeber, dem Mitarbeiter bereits zum Zeitpunkt der Aufnahme in den Rentenplan verbindliche Zusagen über die Höhe der zukünftigen Rentenzahlungen zu machen und für die Erfüllung dieser Verträge entsprechende Vorsorge zu treffen.

Im Falle der Leistungszusage trägt der Arbeitgeber die volle Last der Altersversorgung (inklusive Anlage-/Liquiditätsrisiken), deren Sicherung nur unter Einsatz eines hohen finanziellen Aufwands zu gewährleisten ist.

Beitragszusagen („Defined Contribution") sind vergleichsweise flexibler. Bei dieser Form verpflichtet sich der Arbeitgeber, regelmäßig einen bestimmten Betrag in einen Fonds einzuzahlen. Das wirtschaftliche Anlagerisiko trägt bei diesem Modell der Arbeitnehmer.

Zudem steht es dem Arbeitnehmer frei, eigene Beträge in den betrieblichen Fonds einzuzahlen und somit seine individuelle Altersversorgung aktiv und flexibel zu gestalten.

3. Das Volkswagen Modell

Mit Gründung des Volkswagen Pension Trust e. V. im Jahr 2001 hat die Volkswagen AG einen Meilenstein für die Zukunft der betrieblichen Altersversorgung des Unternehmens gesetzt und gleichzeitig eine unmittelbare Kostenentlastung im Versorgungssystem erreicht.

Der Volkswagen Pension Trust e. V. wird als unabhängiger Treuhandverein geführt und hat drei Organe:

- die Mitgliederversammlung,
- den Aufsichtsrat und
- den Vorstand.

Durch Organvertretung von Arbeitnehmern in der Mitgliederversammlung und im Aufsichtsrat wird die Einbindung der Arbeitnehmer-Vertretung in der Verwaltung des Volkswagen Pension Trust e. V. sichergestellt. Die Struktur und die wesentlichen Aufgaben sind wie folgt aufgesetzt (siehe Abbildung 1):

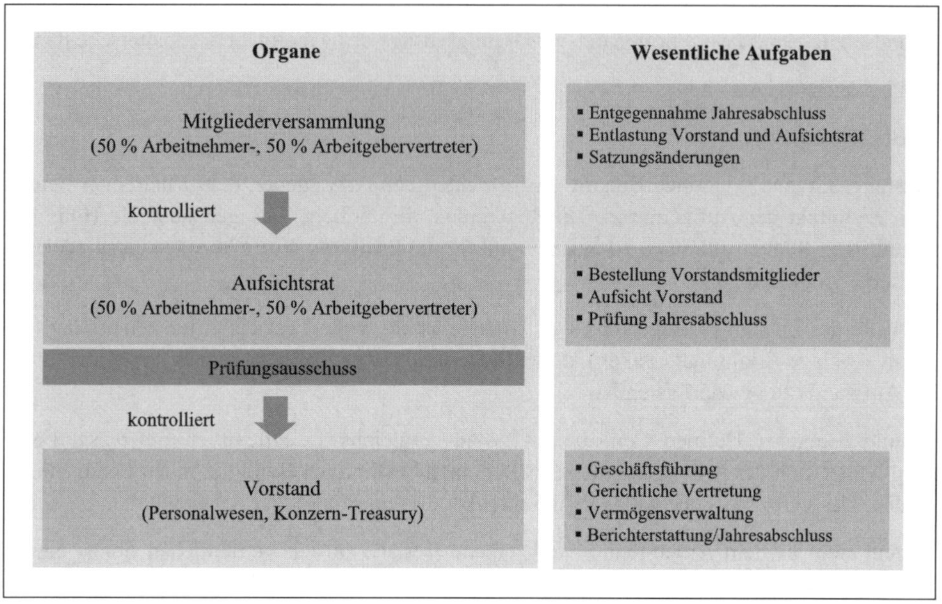

Abbildung 1: *Volkswagen Pension Trust e. V. – Organe und Aufgaben*

Durch das Modell der „doppelten Treuhand" wird das Vermögen möglichen Zugriffen Dritter entzogen und stellt somit den wichtigsten Pfeiler des Insolvenzschutzes für die Versorgungszusagen dar.

Die Idee des Pensionsfonds basiert auf dem Prinzip eines Bausteinsystems, das die Volkswagen AG 1995 etabliert hat:

Aus dem Brutto-Jahresgehalt der Mitarbeiter stellt die Volkswagen AG einen bestimmten Prozentsatz als Beitrag für die Altersversorgung zur Verfügung. Dieser Beitrag wird in einen jährlichen Rentenbaustein umgerechnet. Die Summe aller Bausteine ergibt dann die Betriebsrente.

Das Pensionsfondsmodell bietet seit dem Jahr 2001 einen zusätzlichen Baustein, der neben einem Garantiebaustein auch einen performanceabhängigen Überschussbaustein enthält.

Die Funktionsweise des Volkswagen Pension Trust ist in Abbildung 2 dargestellt:

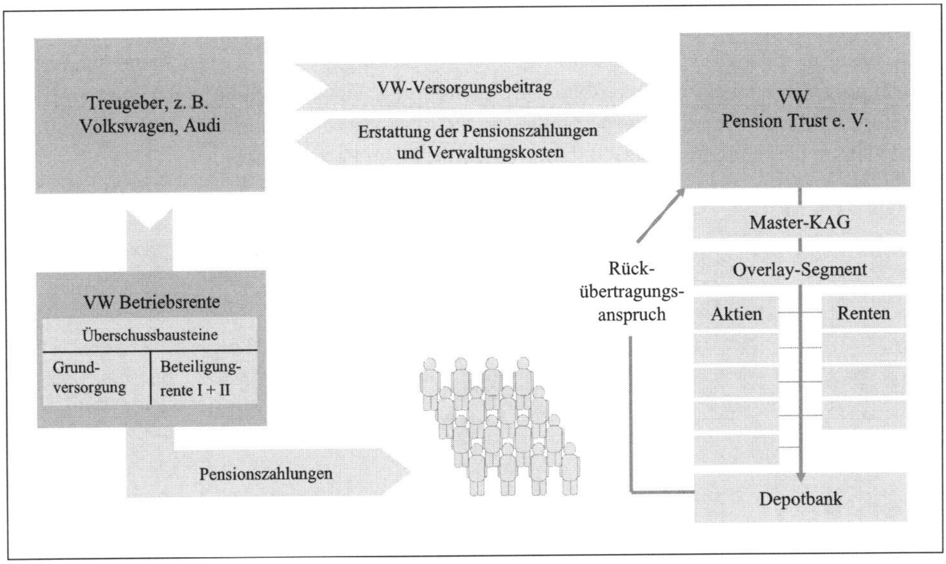

Abbildung 2: *Funktionsweise Volkswagen Pension Trust e. V. (am Beispiel des Pensionsfonds)*

4. Vom Mischfonds zur Overlay-Struktur

Der im Jahr 2001 aufgelegte Spezialfonds für die Betriebliche Altersversorgung für die Mitarbeiter der deutschen Volkswagen-Standorte wurde im Jahr 2005 grundlegend neu strukturiert. Der ehemalige Mischfonds (siehe Abbildung 3), dessen Betreuung zeitweise durch einen Vermögensverwalter erfolgte, wurde im Mai 2005 in eine Multimanagerstruktur umgewandelt. Basierend auf einer kurz zuvor erstellten Asset-Liability-Studie sowie den vom Vorstand des Trusts freigegebenen Asset-Klassen und fest definierten Mindestrenditezielen entwickelte ein unabhängiger Berater eine optimale Portfoliostruktur.

Unter Berücksichtigung der historischen Risiko- und Renditeparameter und der für die entsprechenden Asset-Klassen repräsentativen Indizes wurde eine strategische „Start-Allokation“ ermittelt, die den vorgenannten Anforderungen des Trusts nach Sicherheit und Rendite gerecht wird. Die Ziele der Restrukturierung bestanden in erster Linie darin, durch Diversifizierung der Asset Manager und Ausweitung der Asset-Klassen die Performance zu stabilisieren und Risiken zu minimieren. Bei der Mischfondsstruktur stellte sich heraus, dass durch sehr enge Anlagerichtlinien und den direkten Wettbewerb zwischen den Asset Managern, die in den gleichen Asset-Klassen und im gleichen Anlageuniversum investiert waren, ein zu zögerliches Verhalten bezüglich des Eingehens von Wetten vorlag. Die Manager orientierten sich stets sehr nahe an der Benchmark (geringer „Tracking Error"), so dass keine Outperformance gegenüber einem passiven Mandat erzielt wurde. Die Bündelung von Verantwortlichkeiten beim Asset Manager, insbesondere hinsichtlich Stock-Picking und Asset-Allokation, führte letztlich zu einer dauerhaft unterdurchschnittlichen Performance.

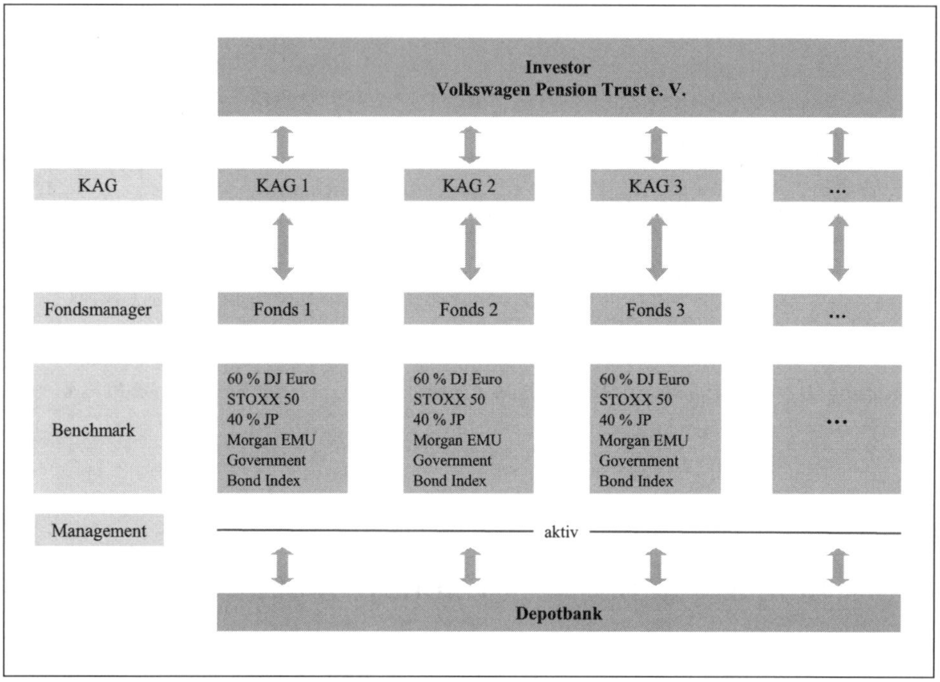

Abbildung 3: *Mischfondskonzept*

Nach der Entscheidung über die zukünftigen Asset-Klassen erfolgte die dezidierte Managerauswahl. Auch dieser Prozess wurde von einem externen Berater begleitet. Dieser wurde beauftragt, für sechs aktive Asset-Klassen die besten am Markt tätigen Manager zu identifizieren.

Für jedes Segment wurde in enger Abstimmung mit dem Volkswagen Pension Trust e. V. eine „Long List" mit jeweils sechs Managern erarbeitet.

Diesen Managern wurde ein umfangreicher Fragebogen über

- Unternehmensprofil
- Investmentprozess
- Performance-Daten
- Mandatsspezifikation

zugesandt. Die Auswertung der Fragebögen durch Treasury-Experten der Volkswagen AG sowie des Beraters führte zu einer „Short List“ von drei Managern pro Segment. Die finale Auswahl der Manager erfolgte dann im Rahmen eines „Beauty Contest“.

Die Überführung der Mischfonds in die Overlay-Struktur wurde durch einen Transition Manager (State Street Bank, London) durchgeführt. Ziel war hier, die bis dahin bestehende Struktur mit möglichst geringem Portfolioumschlag in die neue Struktur zu überführen und somit hohe Broker-Kosten zu sparen.

Durch Einbindung neuer externer Partner – wie Master-KAG und Overlay-Manager (siehe Abschnitt 5) – in die erarbeitete Struktur wurden Verantwortlichkeiten klarer voneinander abgegrenzt, Prozesse schlanker gestaltet und die Überwachung der Allokations- und Hedging-Vorgaben deutlich verbessert. Das neue Konzept ist in Abbildung 4 dargestellt.

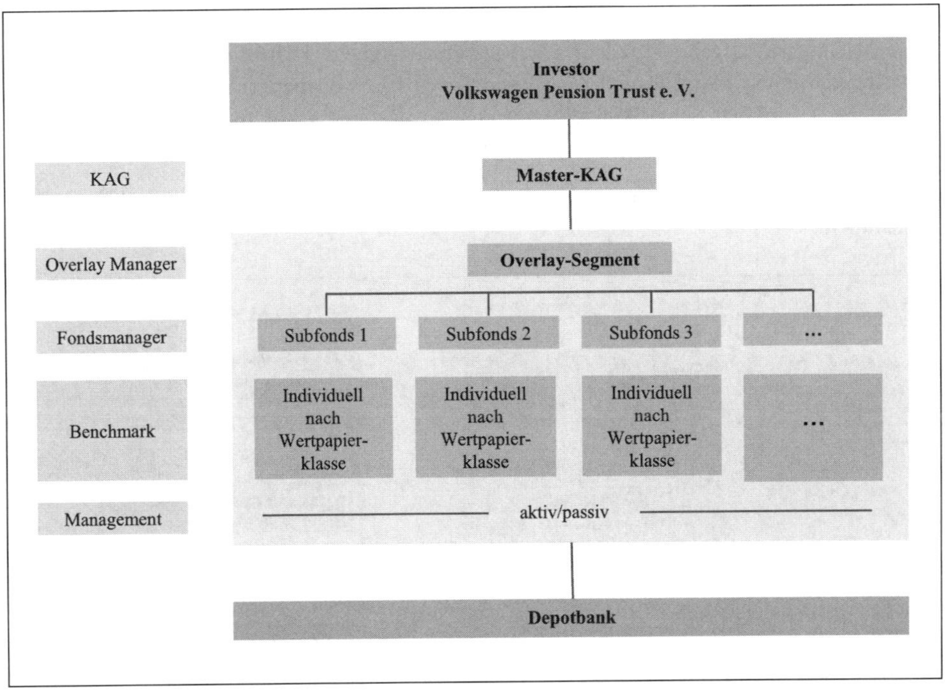

Abbildung 4: *Overlay-Konzept*

5. Struktur und Rollenverteilung

Der Pensionsfonds besteht derzeit aus sieben unterschiedlichen Anlagesegmenten sowie einem Overlay-Segment. Der Overlay-Manager übernimmt unter anderem die folgenden Aufgaben:

- Währungsabsicherung
- Allokation der Mittelzuflüsse
- Überwachung der strategischen Asset-Allokation
- Überwachung des Tracking Errors pro Mandat

Seine wichtigste Aufgabe ist jedoch das Risikomanagement. Hierfür wird die Wertentwicklung der einzelnen Mandate und des Gesamtfonds laufend überwacht. Im Falle der Überschreitung bestimmter Schwellenwerte wird nach sofortiger Abstimmung mit dem Volkswagen Pension Trust e. V. entsprechend gegengesteuert.

Die neue Struktur des Pensionsfonds mit den dazugehörigen Partnern wird in Abbildung 5 verdeutlicht.

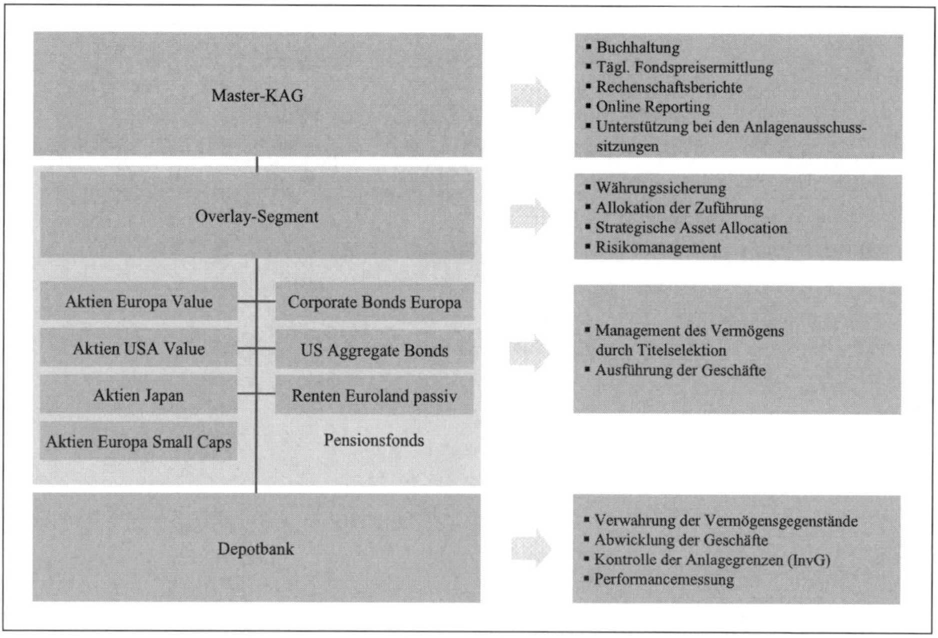

Abbildung 5: *Struktur eines Pensionsfonds mit dazugehörigen Partnern*

Neben der Master-KAG (Helaba Invest) und dem Global Custodian (State Street Bank) ist nunmehr auch ein Overlay-Manager (HSBC Trinkaus) in den Investmentprozess eingebunden. Dieser wurde, wie bereits erwähnt, vor allem für Risikomanagementaufgaben mandatiert. Die Erzielung von zusätzlichem Alpha, die ebenfalls strukturell möglich gewesen wäre, ist ausdrücklich nicht vorgesehen. Die Renditeerzielung obliegt ausschließlich den Segmentfondsmanagern.

Die aktuelle Struktur enthält folgende Mandatstypen:

Aktien	Aktien Europa Value Aktien USA Value Aktien Japan Aktien Europa Small Caps
Renten	Corporate Bonds Europa US Aggregate Bonds Renten Euroland

Abbildung 6: *Aktuelle Mandatstypen*

6. Investmentprozess

Der Investmentprozess ist in der neuen organisatorischen Ausgestaltung nach Verantwortlichkeiten klar strukturiert. Am Anfang stand die Festlegung des Mindestrenditeziels durch den Volkswagen Pension Trust e. V. Neben der Vorgabe der Asset-Klassen und der jeweiligen Indizes spielte die Definition des Risikobudgets eine entscheidende Rolle. Anhand dieser Vorgaben wurde anschließend im Rahmen einer Asset-Liability-Studie die neue Investmentstrategie entwickelt, zu der neben der Managerauswahl auch die Formulierung der Anlagerichtlinien zählte. Auf dieser Basis erfolgte die detaillierte Portfoliokonstruktion.

Die Fondsmanager dürfen Anlageentscheidungen nur im Rahmen dieser vom Volkswagen Pension Trust e. V. aufgestellten und für jedes Segment detailliert definierten Anlagerichtlinien treffen. Zweck dieser Richtlinien ist die Begrenzung der Marktrisiken. Die Richtlinien legen unter anderem fest, dass nur in festverzinsliche Wertpapiere und Aktien mit guter Bonität investiert werden darf (Ratingklassifizierung).

- Die Anlagerichtlinien des Volkswagen Pension Trust e. V. wurden im Rahmen der Restrukturierung komplett überarbeitet. Für jedes Segment gibt es spezifische Anlagerichtlinien, die das Investment beispielsweise in Anlageuniversum und Einzeltitelauswahl sinnvoll begrenzen.

Die Fondsmanager nutzen ihre Expertise, um den Marktwert des jeweiligen Segmentfonds unter Berücksichtigung eines Rendite-Risiko-Kalküls kontinuierlich zu steigern. Die wesentlichen Aufgaben der Fondsmanager bestehen in der Analyse der internationalen Markttrends sowie der Entwicklung und Umsetzung von Anlagestrategien im Rahmen der Anlagerichtlinien durch gezielte Selektion von Wertpapieren.

- Kein Fondsmanager darf Neuanlagen oder Umschichtungen der Anlagemittel über die eigene Hausbank abwickeln. Alle Transaktionen erfolgen über eine neutrale Depotbank, die investmentrechtlichen Vorgaben unterliegt. Im Rahmen der kontinuierlichen Überwachung achtet die Depotbank bei allen Anlagegeschäften darauf, dass die Anlagerichtlinien eingehalten werden. Die Depotbank berichtet dem Pension Trust auf wöchentlicher Basis über etwaige Überschreitungen.

  Des Weiteren werden die Tracking Errors vom Overlay-Manager laufend kontrolliert. Sämtliche Berichte laufen innerhalb des Treasury der Volkswagen AG, die als Dienstleister für den Volkswagen Pension Trust e. V. fungiert, zusammen und werden hier entsprechend verarbeitet. Am Ende des Prozesses steht die Performancemessung, die von der Depotbank durchgeführt und innerhalb des Treasury zeitnah evaluiert wird.

  Der Investmentprozess ist in Abbildung 7 dargestellt:

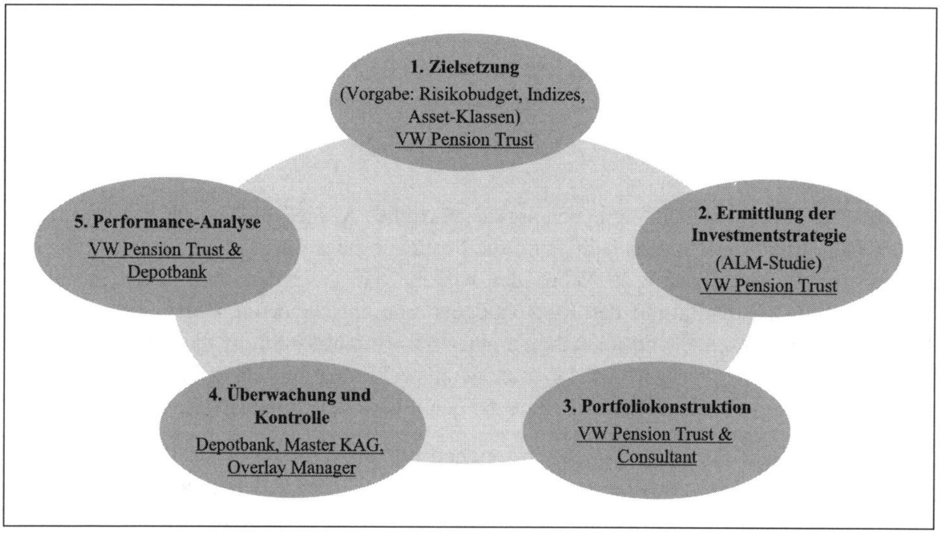

Abbildung 7: *Investmentprozess*

7. Zentrales Risikomanagement durch Overlay-Struktur

Das Thema Risikomanagement genießt im Volkswagen Konzern generell und speziell im strategischen Asset Management einen hohen Stellenwert. In den kritischen Börsenjahren 2000 bis 2003 wurde allen Marktteilnehmern schmerzhaft bewusst, dass man sich nicht nur auf eine vom Asset Manager abzuliefernde Performance verlassen sollte. Der Weg zur Performance führt immer auch entscheidend über ein dezidiertes Risikomanagement.

Die folgenden Risikoarten sind hierbei insbesondere zu berücksichtigen:

- Finanzrisiken (Liquditätssteuerung, Beherrschen von Marktrisiken)
- Operationale Risiken (Abwicklungsfehler, IT-Kapazitätsengpässe)
- Sonstige Risiken (Förderung der Mitarbeiter, Reputationsverlust)

Die beispielhaft genannten Unterpunkte verdeutlichen, dass Asset Management als ein komplexer Investmentprozess aufzufassen ist, bei dem alle Funktionen genau aufeinander abgestimmt sein müssen.

Wie bereits erwähnt, nimmt im Volkswagen Modell der Overlay-Manager eine wichtige Rolle hinsichtlich des Risikomanagements ein. Primäres Ziel des Overlay-Managements ist die Sicherung einer vorab durch den Anleger definierten Wertuntergrenze für das Gesamt-Portfolio. Neben der Unterstützung bei der Gestaltung der strategischen Asset-Allokation sowie der Währungssicherungsmaßnahmen für das Gesamt-Portfolio (einzelne Manager sind somit von der Währungssicherung ihres Segmentfonds entbunden) steht ein detaillierter Prozess für die Wertsicherung des Portfolios auf aggregierter Ebene im Vordergrund.

Das Risikomanagement dient der Begrenzung und Kontrolle des Kapitalmarktrisikos. Grundlage für das Risikomanagement sind die vom Anleger jährlich neu formulierten Risikoschwellenwerte für den Gesamtfonds. Der Overlay-Manager ermittelt aus dem Risikoschwellenwert für den Gesamtfonds zwei Risikoschwellenwerte („Vorwarnstufe“ und „Alarmstufe“) für jedes Fondssegment. Die Einhaltung der Risikoschwellenwerte auf Ebene der Segmente wird vom Overlay-Manager auf täglicher Basis überwacht. Bei Erreichen eines Risikoschwellenwertes wird der Anleger vom Overlay-Manager unverzüglich informiert. Gleichzeitig mit der Information über das Erreichen eines Risikoschwellenwertes unterbreitet der Overlay-Manager dem Anleger einen Vorschlag über das weitere Vorgehen. Dieser Vorschlag beinhaltet eine der nachfolgenden Handlungsalternativen:

- Umverteilung der Risikolimite in Bezug auf die Anlageklassen
- Erhöhung des Gesamtrisikolimits hinsichtlich des gesamten Anlageuniversums
- Umsetzung risikoreduzierender Sicherungsmaßnahmen

Die Umsetzung von Sicherungsmaßnahmen erfolgt durch den Overlay-Manager. Dazu werden börsengehandelte Terminkontrakte in den Overlay-Segmenten der Fonds eingesetzt.

Eine weitere Zielsetzung des Overlay-Managements ist die weitgehende Vermeidung von Fremdwährungsrisiken. Gegenstand der Währungssicherung durch den Overlay-Manager sind die Fremdwährungspositionen in den einzelnen Fondssegmenten. Gleichzeitig wird jedoch aus Gründen der Kostenreduzierung ebenfalls eine Begrenzung der Hedging-Transaktionen angestrebt. Hierfür wurden bestimmte Grenzwerte definiert. Ein aktives Währungsmanagement, d. h. eine Ausnutzung von kurzfristigen Einschätzungen der Währungsentwicklung, fällt in der beschriebenen Struktur nicht in den Aufgabenbereich des Overlay-Managers.

8. Performance

Die Auflegung des Volkswagen-Pensionsfonds erfolgte in einem schwierigen Marktumfeld. Die ohnehin vorherrschende Konjunkturschwächung und die Ereignisse des 11. September 2001 ließen das Portfolio innerhalb kürzester Zeit um bis zu 10 % fallen. Der negative Trend an den Aktienmärkten setzte sich vor dem Hintergrund der fundamentalen Daten und des starken Pessimismus der Marktteilnehmer bis März 2003 fort. Im Jahr 2001 verzeichnete der DJ EURO STOXX 50 ein Minus von 19,15 %, im Jahr 2002 sogar ein Minus von 36,11 %. Diese Entwicklung ist auch am Mischfondskonzept des Volkswagen Pension Trust e. V. nicht spurlos vorübergegangen. Die Fondsmanager, die neben der Titelselektion auch für die Allokation von Aktien und Renten verantwortlich waren, hatten sich fast ausnahmslos an der vorgegebenen Benchmark orientiert und die Aktienquoten nicht wesentlich reduziert. Als die Börsenkurse zu einer regelrechten Rallye anzogen, konnten die Fondsmanager die erzielten Verluste zum Teil wieder kompensieren.

Diese Marktkonstellation hat gezeigt, dass die von Volkswagen vormals etablierten Mischfondskonzepte in schwachen bzw. negativen Marktphasen nicht geeignet waren, Renditevorgaben sicherzustellen, was unter anderem ein Hauptgrund für die durchgeführte Restrukturierung im Mai 2005 war.

Die Abbildung 8 zeigt die Entwicklung des Pensionsfonds bis Ende 2005. Ab dem Zeitpunkt der Restrukturierung ist die deutliche Verbesserung der Rendite erkennbar.

Sollte es in Zukunft erneut zu einer Phase wie in den Jahren 2001 bis 2003 kommen, ist der Volkswagen Pension Trust e. V. durch das Overlay-Konzept im Zusammenhang mit Segment-Fonds besser gerüstet, um auf Marktturbulenzen reagieren und Portfoliosicherungsmaßnahmen kurzfristig einleiten zu können.

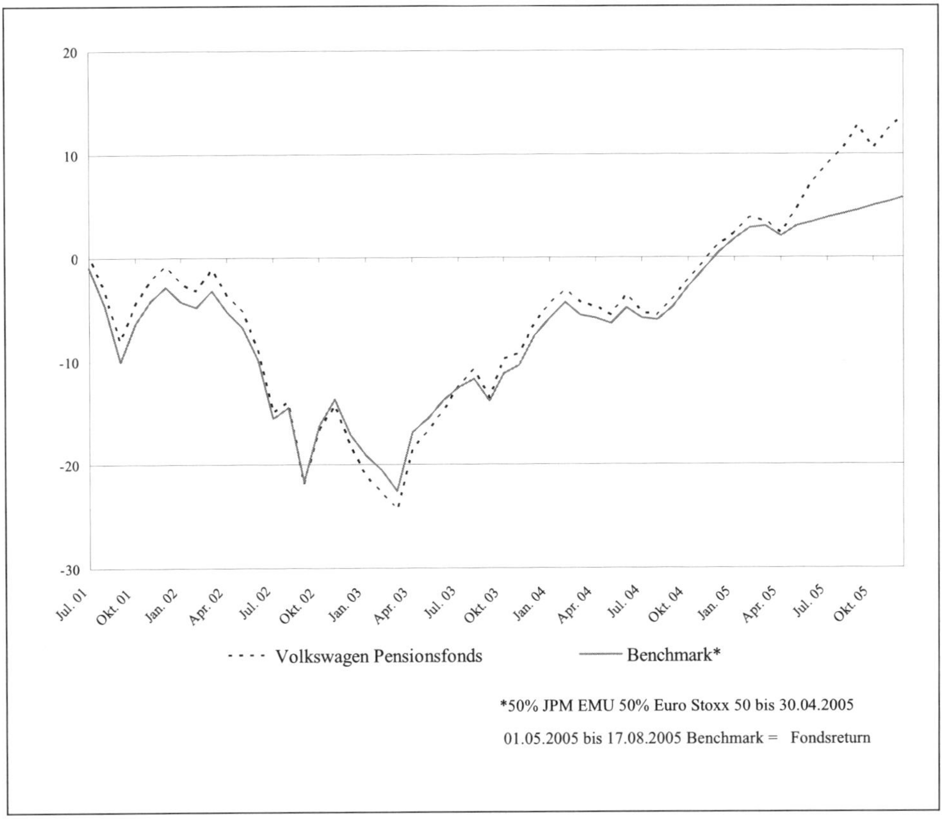

Abbildung 8: *Kumulierte Performance des Pensionsfonds (in % seit Auflegung)*

9. Ausblick

Das zurückliegende Finanzmarktjahr war geprägt durch wachsende Unternehmensgewinne, vor allem in der Europäischen Gemeinschaft. Trotz steigender Energiepreise entwickelten sich die Aktienmärkte weltweit positiv. Sehr ausgeprägt war diese Entwicklung auf dem japanischen und dem deutschen Aktienmarkt zu erkennen. Im Vergleich dazu war die Performance amerikanischer Aktien im Umfeld steigender Leitzinsen niedriger. Beim Blick auf die internationalen Finanzmärkte überwiegt zu Beginn des Jahres 2006 eine positive Grundstimmung.

Ein erheblicher Risikofaktor bleiben die offensichtlich nur schwer zu kalkulierenden Rohstoffpreise. Dazu kommt die ständige Unsicherheit über die zukünftige Zinsentwicklung.

Aufgrund der vorgenommenen Optimierungsmaßnahmen in der Anlagestrategie des Pensionsfonds wie auch des Zeitwertfonds konnten die Fonds mit den spezifischen Segmenten an den Aufwärtsbewegungen der Aktienmärkte in Europa, den USA und besonders in Japan partizipieren.

Institutionelle Anleger wie der Volkswagen Pension Trust e. V. werden sich zukünftig dennoch offener gegenüber alternativen Produkten bzw. Anlageklassen (Hedge Fonds, Emerging Markets, High Yields etc.) zeigen, um zusätzliche Renditequellen zu erschließen. Diese Diversifizierung ist für das rasant wachsende Volumen im Volkswagen Pension Trust e. V. eine zentrale Strategie zur Risikobegrenzung und eine große Herausforderung für die Zukunft.

Neuere Entwicklungen im Finanzmanagement von Pensionsverpflichtungen

Lothar Steinebach/Joachim Jäckle – Henkel KGaA

1. Einleitung

Die Pensionsverpflichtungen von Unternehmen sind in der jüngsten Vergangenheit mehr und mehr in den Fokus der Öffentlichkeit gerückt. Ein Grund dafür liegt in dem stetig steigenden Verpflichtungsumfang, der unter anderem durch die steigende Lebenserwartung der Menschen getrieben ist. Bei den nach wie vor üblichen Direktzusagen führt diese demografische Entwicklung zu einer für Unternehmen schlecht kalkulierbaren, längeren Rentenbezugszeit der Pensionäre. Darüber hinaus wird dem Thema besondere Bedeutung beigemessen, weil immer mehr Unternehmen aufgrund der Anwendung internationaler Rechnungslegungsvorschriften (IFRS) gezwungen sind, den tatsächlichen ökonomischen Verpflichtungsumfang zu zeigen. In diesem Zusammenhang sind die in den vergangenen Jahren gesunkenen Kapitalmarktzinsen von Bedeutung. Pensionsverpflichtungen werden in der Bilanz auf Basis einer Barwertbetrachtung dargestellt. Folglich führt die Anwendung niedrigerer Diskontierungszinsen zu einem höheren Verpflichtungsausweis. Allein die Dax-Unternehmen wiesen 2005 über EUR 250 Mrd. an Pensionsverpflichtungen in der Bilanz aus. Das entspricht mehr als einer Verdoppelung der ausgewiesenen Verpflichtungen seit 1998 und rund 35 % der aktuellen Marktkapitalisierung der Dax-Unternehmen.[1]

Diejenigen deutschen Unternehmen, die noch keinen Konzernabschluss nach IFRS oder US-GAAP aufgestellt haben, berechnen und veröffentlichen die Pensionsverpflichtungen nach dem in § 6a EStG vorgeschriebenen Teilwertverfahren. Die Anwendung des Teilwertverfahrens führt dazu, dass die Pensionsverpflichtungen mit einem niedrigeren Wert als nach IFRS gezeigt werden. Die mittlerweile durch IFRS und auch US-GAAP deutlich gestiegene Transparenz wurde nicht zuletzt auch von den Ratingagenturen und den Analysten gefordert.

Es existieren grundsätzlich zwei Ausgestaltungsformen von Pensionsplänen:[2]

- *Beitragsorientierte Pensionspläne* (Defined Contribution Plans) sind Modelle, bei denen eine Zahlung bestimmter Beträge an externe Versorgungsträger erfolgt; das Unternehmen ist zur Zahlung der Beiträge verpflichtet, garantiert aber nicht die Höhe der künftigen Leistungen.

- *Leistungsorientierte Pensionspläne* (Defined Benefit Plans) sind Modelle, bei denen sich das Unternehmen zu einer bestimmten künftigen Pensionsleistung verpflichtet, die unter anderem von der Gehaltshöhe und den Dienstjahren abhängt. Das Unternehmen hat damit zu garantieren, dass jederzeit ausreichende Mittel zur Begleichung fälliger Pensionsleistungen zur Verfügung stehen.

Bezüglich der Finanzierung der Pensionsverpflichtungen ist zwischen zwei Möglichkeiten zu unterscheiden:

---

1 Vgl. *Gohdes/Recktenwald* (2006), S. 1023; *Jasper/Delvai* (2005), S. 506.

2 Vgl. *Pellens* (2004), S. 403 - 405.

- Zum einen kann ein Unternehmen über die Bildung von Rückstellungen für die eingegangenen Verpflichtungen *Innenfinanzierung* betreiben. Zur Erfüllung der Pensionsverpflichtungen stehen somit alle auf der Aktivseite der Bilanz ausgewiesenen Vermögenswerte des Unternehmens zur Verfügung. Die Pensionszahlungen werden bei diesen so genannten *Unfunded Pension Plans* durch den operativ erwirtschafteten Cash Flow gedeckt.
- Zum anderen kann ein Unternehmen Pensionsverpflichtungen auch *extern finanzieren.* Diese so genannten *Funded Pension Plans* sind dadurch gekennzeichnet, dass das Unternehmen Beiträge an einen externen Versorgungsträger (Fonds) zahlt.

Während in den angelsächsischen Ländern seit jeher Pensionsverpflichtungen der Unternehmen extern über Pensionsfonds finanziert werden, erfolgt die Finanzierung der Pensionsverpflichtungen bei deutschen Unternehmen nach wie vor überwiegend mittels Rückstellungen.[3] Dies wirft die Frage auf, welche Risiken mit den beiden Möglichkeiten der Finanzierung von Pensionsverpflichtungen verbunden sind und welche Finanzierungsform aus ökonomischer Sicht vorteilhaft ist.

Bei der Entscheidung über die Art der Finanzierung der Pensionsrückstellungen sind vor allem Risikoaspekte von wesentlicher Bedeutung. Diesbezüglich sind neue Möglichkeiten des Kapitalmarktes erkennbar, über die die Risiken von Pensionsrückstellungen zumindest teilweise begrenzt werden können. Kennzeichnend für den Verlauf der letzten Jahre sind vor allem die rasante Entwicklung der Kapitalmärkte sowie eine enorme Anlageliquidität. Begünstigt durch eine mehrere Jahre andauernde Niedrigzinsphase ist darüber hinaus die Vielfalt der Finanzierungsinstrumente sprunghaft gewachsen. Dadurch wird es möglich, differenzierten Finanzierungsanlässen entsprechend spezialisierte Instrumente zuzuordnen. Parallel zur Entwicklung auf der Finanzierungsseite sind auch große Fortschritte beim Risikomanagement zu verzeichnen. Das Verständnis für Risiko nimmt generell permanent zu, was letztlich auch eine Folge der zunehmenden Transparenz bei Jahresabschlüssen der Unternehmen ist. Ausgangspunkt dieser Betrachtungen ist der Grundsatz, dass ein Risiko nicht beherrscht werden kann, wenn es nicht transparent ist.

Neben den großen Veränderungen auf den Kapitalmärkten sind auch im regulatorischen Umfeld der Pensionsverpflichtungen vor allem in Deutschland neue Trends zu verzeichnen und die Möglichkeiten stark gestiegen, Pensionsverpflichtungen extern zu finanzieren. An erster Stelle ist die Alternative zu nennen, zweckgebundenes Vermögen zur Deckung von Pensionsverpflichtungen in so genannte Contractual Trust Arrangements (CTA) einzubringen.[4]

Im Folgenden wird dargestellt, inwiefern Risiken aus Pensionsverpflichtungen extern im Rahmen eines CTA gesteuert werden können. Dabei wird zunächst in Abschnitt 2 die Risikostruktur von Pensionsverpflichtungen untersucht. Anschließend wird in Abschnitt 3 die Bilanzierung von Pensionsverpflichtungen sowohl nach HGB als auch gemäß IAS/IFRS erläutert. Nach einer Gegenüberstellung der Vor- und Nachteile einer externen Finanzierung

3 Vgl. *Harris/Braun* (2002), S. 982; *Pellens/Crasselt* (2005), S. 4 f.

4 Vgl. *Küppers/Louven/Schröder* (2005), S. 982 - 984.

gegenüber einer internen Finanzierung der Pensionsverpflichtungen in Abschnitt 4 wird in Abschnitt 5 dargestellt, wie Pensionsverpflichtungen extern über eine Hybridanleihe im Rahmen eines CTA finanziert werden können. Dabei werden auch Rating-Aspekte beleuchtet.

2. Risikostruktur von Pensionsverpflichtungen

Pensionsverpflichtungen entstehen durch die Zusage eines leistungsorientierten Altersversorgungsplanes (Defined Benefit Plan) von einem Unternehmen an seine Mitarbeiter. *Direktzusagen* im Sinne des „Gesetzes zur Verbesserung der betrieblichen Altersversorgung" (BetrAVG) sind als Defined-Benefit-Pläne zu qualifizieren. Der Altersversorgungsplan umfasst regelmäßig die Verpflichtung des Unternehmens, fest zugesagte Leistungen (in der Regel Rentenzahlungen in bestimmter Höhe) an frühere Arbeitnehmer zu gewähren. Folglich werden die so genannten *versicherungsmathematischen Risiken* allein vom Arbeitgeber getragen.

Die versicherungsmathematischen Risiken unterteilen sich in demografische und finanzielle Risiken. Zu den wichtigsten demografischen Risiken gehören:

- Mortalität der Begünstigten

Die Höhe der Pensionsverpflichtungen hängt entscheidend davon ab, mit welcher Wahrscheinlichkeit und wie lange die künftigen Pensionszahlungen zu erbringen sind. Daher wird bei einer üblichen Altersrente der Verpflichtungsumfang wesentlich durch die Erlebens- bzw. Sterbewahrscheinlichkeiten beeinflusst. Je länger die Menschen leben, desto höher sind die Pensionszahlungen. Die Lebenserwartung der Menschen – vor allem in den westeuropäischen Ländern – hat sich generell in den letzten Jahrzehnten erheblich erhöht.

- Fluktuationsrate

Die Höhe der Pensionsverpflichtung wird auch durch die Fluktuation von Mitarbeitern beeinflusst. Hierbei spielen in Deutschland vor allem die im BetrAVG geregelten Unverfallbarkeitsfristen von betrieblichen Versorgungszusagen eine Rolle. Nach § 1 BetrAVG ist eine nach dem 01.01.2001 erteilte Versorgungszusage nach fünfjähriger Dauer des Dienstverhältnisses unverfallbar. Verlässt ein Mitarbeiter das Unternehmen, ohne dass er einen unverfallbaren Anspruch auf Pensionsleistungen erworben hat, ist die für ihn bis dahin gebildete Rückstellung aufzulösen.

Die demografischen Risiken haben nicht nur einen Einfluss auf den Barwert der Pensionsverpflichtungen, sondern auch auf die Höhe der künftigen Pensionszahlungen. Dieser Zusammenhang gilt für die *finanziellen Risiken* nur teilweise. Zu den wichtigsten finanziellen Risiken zählen:

- Zinsänderungsrisiko

Der den Pensionsverpflichtungen ökonomisch zurechenbare beizulegende Zeitwert (= Fair Value) ist auf der Grundlage eines Barwertes der künftigen Pensionszahlungen zu berechnen. Der Diskontierungszins berücksichtigt den Zeitwert des Geldes und damit die Verteilung der Zahlungsverpflichtungen im Zeitablauf. Durch Zinsänderungen auf dem Kapitalmarkt schwankt der Barwert. Sinkt das Zinsniveau im Vergleich zum Vorjahr, so erhöht sich der Verpflichtungsumfang und umgekehrt. Die in den letzten Jahren tendenziell sinkenden Kapitalmarktzinsen haben die Pensionsverpflichtungen der Unternehmen deutlich höher ausfallen lassen, was ebenfalls zu den intensiver geführten Diskussionen um die Pensionen beigetragen haben dürfte. Das Zinsänderungsrisiko ist allerdings kein Cash-Flow-Risiko, sondern ein reines Bewertungsrisiko.

- Lohn-, Gehalts- und Rentensteigerungsrisiko

Leistungsorientierte Altersversorgungspläne sind regelmäßig als dynamische Leistungssysteme ausgestaltet. Bei dynamischen Leistungssystemen ist die Höhe der Leistungsverpflichtung unmittelbar von der Einkommensentwicklung des Pensionsberechtigten abhängig. Grund hierfür ist, dass dem Pensionsberechtigten eine Leistung zugesagt wird, die sich entweder am letzten Einkommen vor Eintritt des Versorgungsfalles oder nach dem in jedem einzelnen Dienstjahr bezogenen Einkommen richtet. Lohn- und Gehaltssteigerungen sind zum einen abhängig von der individuellen Karriereentwicklung. Zum anderen spielt die makroökonomische Entwicklung und hier insbesondere die Inflationsentwicklung eine große Rolle. Es kann davon ausgegangen werden, dass sich die Gehälter grundsätzlich entsprechend der Inflation weiterentwickeln. Anders als bei Lohn- und Gehaltssteigerungen hat ein Arbeitgeber in Deutschland gemäß § 16 BetrAVG die Pflicht, die laufenden Leistungen der betrieblichen Altersversorgung gegenüber Pensionären alle drei Jahre daraufhin zu prüfen, ob sie an die eingetretene Inflationsentwicklung anzupassen sind.[5] Durch die Anpassung erhöhen sich unmittelbar die laufenden Pensionszahlungen (= Cash-Flow-Risiko) und auch der Barwert der zugrunde liegenden Pensionsverpflichtung (= Bewertungsrisiko).

Auf Seiten der Unternehmen ist zu beobachten, dass in den letzten Jahren ein Schwerpunkt darauf gelegt wurde, die Leistungsseite der Pensionsverpflichtungen stärker einzugrenzen. Durch die Ausgestaltung von Pensionsplänen kann ein Unternehmen versicherungsmathematische Risiken reduzieren. So wird z. B. durch die Umstellung eines *endgehaltsorientierten Pensionsplanes* auf einen Cash-Balance-Plan ein Teil des Lohn- und Gehaltssteigerungsrisikos aus Sicht des Unternehmens reduziert. Bei einem *Cash-Balance-Plan* wird ein bestimmter Prozentsatz des Jahreseinkommens eines Mitarbeiters unter Zugrundelegung einer garantierten Mindestverzinsung in einen Rentenbaustein gewandelt. Die zu leistende Rente setzt sich dann aus der Summe der einzelnen Rentenbausteine der geleisteten Dienstjahre zusammen. Des Weiteren können das Sterblichkeits- und das Rentensteigerungsrisiko dadurch gemindert werden, dass die Alterversorgung ganz oder teilweise nicht als Rente, sondern als einmaliges Kapital bei Eintritt in das Pensionierungsalter vom Unternehmen gezahlt wird.

---

5 Die recht vage Vorschrift in § 16 BetrAVG ist durch die Rechtsprechung des Bundesarbeitsgerichtes (BAG) in diesem Sinne konkretisiert worden.

Die größtmögliche Risikoreduktion für ein Unternehmen kann erreicht werden, indem nur Defined-Contribution-Zusagen gegeben werden. Solche *beitragsorientierten Altersversorgungspläne* sind dadurch gekennzeichnet, dass die rechtliche und faktische Verpflichtung eines Unternehmens lediglich auf den vom Unternehmen vereinbarten Beitrag zu einer Versorgungseinrichtung (Fonds oder Versicherung) begrenzt ist. Über die Zahlung von Beiträgen hinausgehende Leistungsverpflichtungen bestehen für den Arbeitgeber nicht. Für Defined-Contribution-Zusagen sind daher auch keine Rückstellungen zu bilden. In Deutschland sind Beiträge des Unternehmens im Rahmen von *Direktversicherungen, Pensionskassen und Pensionsfonds im Sinne des BetrAVG* den Defined-Contribution-Zusagen zuzuordnen.

Über diese Veränderungen auf der Leistungsseite können allerdings grundsätzlich nur künftige Risiken der Unternehmen begrenzt werden (Future Service). In der Mehrzahl der Fälle bleibt der Altbestand der Zusagen (Past Service) unangetastet. Zudem sind in Deutschland Beiträge im Rahmen von Defined-Contribution-Zusagen nur bis zu bestimmten Maximalbeträgen einkommenssteuerfrei zu leisten. Über diese Beträge hinausgehende Beiträge sind vom Arbeitnehmer zu versteuern. Zur Altersversorgung von Mitarbeitern mit höheren Einkommen sind Defined-Contribution-Zusagen daher in Deutschland nicht geeignet.

Somit verbleiben regelmäßig, trotz Umstellung der Leistungsseite, immer noch erhebliche finanzielle Risiken, da die Laufzeit der Altzusagen in vielen Unternehmen eine Größenordnung von 50 Jahren oder mehr erreicht.

3. Bilanzierung von Pensionsverpflichtungen nach HGB und IAS/IFRS

Aus bilanzieller Sicht handelt es sich bei den Pensionsverpflichtungen um ungewisse Verbindlichkeiten, für die sowohl nach HGB als auch nach internationalen Rechnungslegungsvorschriften Rückstellungen zu bilden sind. Hinsichtlich der Bewertung von Pensionsverpflichtungen bestehen allerdings deutliche Unterschiede. Während in Deutschland Pensionsverpflichtungen in der HGB-Bilanz regelmäßig nach dem steuerlich allein zulässigen *Teilwertverfahren* berechnet werden, wird gemäß den IFRS die so genannte *Projected Unit Credit Method* angewendet.

Der Hauptunterschied zwischen den beiden Methoden besteht darin, dass die Verpflichtung nach der Projected Unit Credit Method in jedem Jahr auf der Grundlage aktueller finanzmathematischer Annahmen zu berechnen ist. Dies betrifft vor allem den Rechnungszins sowie Annahmen in Bezug auf Lohn-, Gehalts- und Rententrends. So ist z. B. der Rechnungszins, der eine ähnliche Laufzeit wie die Pensionsverpflichtungen widerspiegeln muss, auf der Grundlage der Rendite zu bestimmen, die am Bilanzstichtag für erstrangige, festverzinsliche

Industrieanleihen zu erzielen ist. Das steuerliche Teilwertverfahren schreibt hingegen die Anwendung eines Rechnungszinses in Höhe von 6 % verbindlich vor. Zudem dürfen beim Teilwertverfahren künftige Lohn-, Gehalts- und Rententrends nicht berücksichtigt werden. Diese Unterschiede in der Methodik führen dazu, dass die Pensionsverpflichtungen in einem Abschluss nach IFRS höher auszuweisen sind als in einem Abschluss nach HGB.

Änderungen der jährlich an die aktuellen Entwicklungen anzupassenden versicherungsmathematischen Annahmen führen dazu, dass der Barwert der Pensionsverpflichtungen nach IFRS im Zeitablauf mehr oder weniger stark schwanken kann. Die Erhöhungen und Verminderungen des Barwertes der Pensionsverpflichtungen aufgrund der jährlichen Anpassungen werden als *versicherungsmathematische Gewinne und Verluste* bezeichnet.

Für die bilanzielle Behandlung der versicherungsmathematischen Gewinne und Verluste besteht nach IAS 19 das Wahlrecht, diese

- unmittelbar erfolgswirksam zu erfassen,
- erst dann erfolgswirksam zu erfassen, wenn der Saldo der kumulierten versicherungsmathematischen Gewinne und Verluste den höheren der Beträgc von 10 % des Barwertes der Pensionsverpflichtung und 10 % des Marktwertes des Pensionsfondsvermögens übersteigt (10 % Korridor). Der Betrag, der diesen 10 % Korridor übersteigt, ist über die erwartete durchschnittliche Restdienstzeit der vom Pensionsplan erfassten Arbeitnehmer zu verteilen oder
- unmittelbar erfolgsneutral im Eigenkapital auszuweisen.[6]

Die Frage der Finanzierung spielt im Rahmen der Bewertung der Pensionsverpflichtungen zunächst einmal keine Rolle. Allerdings hat die Finanzierung der Pensionsverpflichtungen einen wesentlichen Einfluss auf den Ausweis in Bilanz und GuV. Nach den internationalen Rechnungslegungsvorschriften ist der Marktwert eines Fonds, der ausschließlich der Absicherung von Pensionsverpflichtungen dient, als Plan Asset nach IAS 19 in der Bilanz vom Barwert von Pensionsverpflichtungen abzusetzen. In der Gewinn- und Verlustrechnung kürzt der erwartete Ertrag des Pensionsfonds den Pensionsaufwand des laufenden Jahres. Im Gegensatz zu diesem *Nettoausweis* ist nach HGB der Marktwert des Fondsvermögens grundsätzlich separat auf der Aktivseite der Bilanz auszuweisen (Bruttoausweis). Die Abbildung 1 verdeutlicht die Verkürzung der Bilanzsumme nach IFRS im Vergleich zum HGB:

6 Vgl. *Höfer/Lüschper/Verhuven* (2006), S. 289; zu neueren Entwicklungen und zum Diskussionsstand beim FASB vergleiche *Gohdes* (2006), S. 990 - 992.

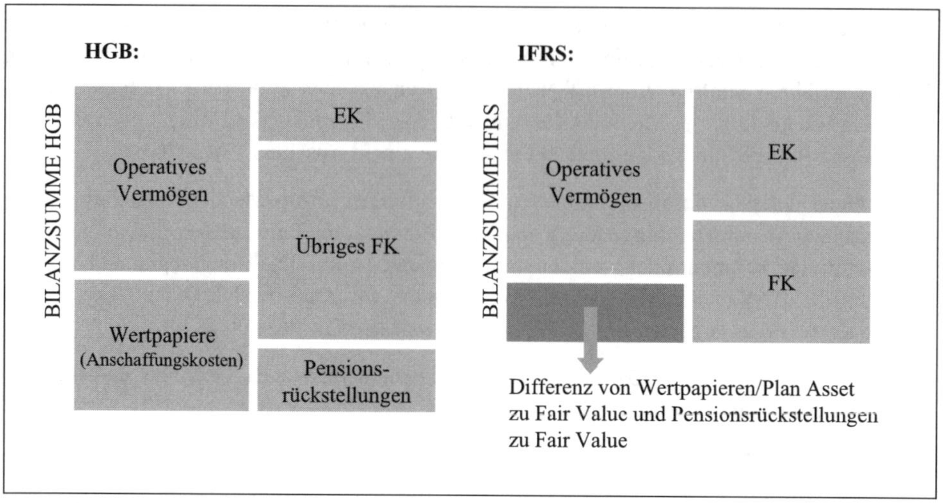

Abbildung 1: *Bilanzierung der Pensionsverpflichtungen nach HGB und IFRS*

Entsprechend sind Erträge aus dem Pensionsfonds separat in der Gewinn- und Verlustrechnung des Trägerunternehmens auszuweisen. Eine Ausnahme besteht nur bei der Abwicklung der betrieblichen Altersversorgung über eine Unterstützungskasse. Im Falle dieser mittelbaren Verpflichtungen darf nach HGB nur der jeweils nicht gedeckte Teil der Verpflichtung als Rückstellung ausgewiesen werden.

4. Interne versus externe Finanzierung von Pensionsverpflichtungen

Die vielfach in Deutschland anzutreffende *interne Finanzierung* der Pensionsverpflichtungen über Rückstellungen entspricht letztlich bei Direktzusagen der Übernahme einer Versicherungsleistung. Das Unternehmen verpflichtet sich gegenüber den begünstigten Mitarbeitern, eine lebenslange Betriebsrente zu zahlen, deren Höhe sich am Endgehalt vor Pensionierung orientiert. Alternativ werden Mindestverzinsungen garantiert, vergleichbar der Garantieverzinsung bei Lebensversicherungen. Die Bildung von Pensionsrückstellungen erfolgt zu Lasten des zu versteuernden Gewinns. Dadurch werden Mittel im Unternehmen gebunden, die ansonsten entweder als Steuern dem Fiskus oder letztlich den Anteilseignern in Form einer Erhöhung des Eigenkapitals zufließen würden. Diese Form der Innenfinanzierung bietet gegenüber der externen Finanzierung mit anderem Fremdkapital verschiedene Vorteile: Die erst später auszuzahlenden Mittel stehen dem Unternehmen langfristig zur Verfügung. In einem Umfeld von vielen aktiven Mitarbeitern und wenigen Pensionären übersteigt regelmäßig die Cash-neutrale und steuerabzugsfähige Zuführung zur Rückstellung die laufenden Auszahlungen für Pensionen. Darüber hinaus ergeben sich weitere Unterschiede zu anderen Formen des Fremdkapitals aus der Gläubigerstruktur. Arbeitnehmer und ehemalige Mitarbeiter können regelmäßig rechtlich keinen Einfluss auf die Geschäftspolitik mit Verweis auf die (fremdkapitalähnlichen) Pensionsverpflichtungen nehmen.

Die zunehmende durchschnittliche Lebenserwartung der Gesellschaft oder strukturelle Veränderungen im Unternehmensumfeld, z. B. Akquisitionen und Unternehmenszusammenschlüsse, führen in vielen Unternehmen mittlerweile dazu, dass die Innenfinanzierung der Pensionsverpflichtungen insgesamt Cash-negativ ist; d. h., Auszahlungen für Pensionen übersteigen den aus der steuerlich wirksamen Rückstellungsbildung generierten Cash-Vorteil.

Werden Pensionsverpflichtungen über Rückstellungen finanziert, sind die Pensionszahlungen aus dem operativen Geschäft heraus zu erwirtschaften. Damit übernehmen die Unternehmen finanzielle Risiken, die als integraler Bestandteil des operativen Geschäftsrisikos zu sehen sind. Es ist jedoch nachvollziehbar, dass die mit den Pensionsverpflichtungen verbundenen Risiken nicht ohne weiteres mit dem operativen Geschäftsrisiko korreliert sind. So gehen beispielsweise Erhöhungen von Pensionszahlungen aufgrund einer geringeren Mortalität nicht zwangsläufig mit Steigerungen des operativ erwirtschafteten Cash Flows einher. Darüber hinaus könnten hohe Pensionszahlungen auch die Finanzierung von Investitionen in das operative Geschäft behindern, wenn nicht ausreichend operativer Cash Flow erwirtschaftet wird.

Im Vergleich zur internen Finanzierung werden bei der *externen Finanzierung* der Pensionsverpflichtungen die für eine Kapitaldeckung notwendigen Vermögenswerte entweder aus nicht betriebsnotwendigem Vermögen oder aber aus Schulden finanziert. Bei einer fremdfinanzierten Kapitaldeckung werden Schulden des Unternehmens gegenüber seinen derzeitigen und ehemaligen Mitarbeitern ersetzt durch Schulden bei Gläubigern außerhalb des Unternehmens. Die zur Deckung der Pensionszahlungen notwendigen Mittel werden dem Pensionsfonds entnommen. Die Pensionszahlungen belasten folglich nicht mehr den operativen Cash Flow des Unternehmens. Vielmehr werden die Pensionszahlungen zum einen aus den Beiträgen des Unternehmens zum Pensionsfonds und zum anderen aus den erzielten Anlageerträgen des Pensionsfonds gedeckt. Mit der Entscheidung für eine externe Finanzierung von Pensionsverpflichtungen geht somit ein Unternehmen *zusätzliche Kapitalmarktrisiken* ein, da Verluste aus der Anlage der Mittel am Kapitalmarkt letztlich durch das Unternehmen zu tragen sind.

Allerdings lassen sich die mit den Pensionsverpflichtungen verbundenen Risiken durch die Auslagerung von Mitteln in einen Fonds dadurch reduzieren, dass sich die Vermögensanlage an dem Verpflichtungsprofil der Rentenverpflichtungen orientiert. Diese auch als Asset-Liability-Management bezeichnete Vorgehensweise berücksichtigt explizit die Zahlungsstruktur aus den Pensionsverpflichtungen bei der Investition der Mittel. Ziel ist es, eine zumindest teilweise deckungsgleiche Struktur der Erträge aus den Fondsanlagen und der Pensionsauszahlungen zu erreichen. Dies ist bei Anlage der Mittel im Unternehmen (Innenfinanzierung der Rückstellungen) nicht ohne weiteres möglich. Der operative Cash Flow wird kaum von den Auszahlungserfordernissen der Pensionsverpflichtungen beeinflusst, während das Ertragsprofil eines Fonds über die strategische Asset-Allokation an das Auszahlungsprofil der Pensionen angepasst werden kann. Darüber hinaus können mit der externen Finanzierung Bewertungsrisiken reduziert werden, indem z. B. ein Teil der Anlagen in lang laufende festverzinsliche Wertpapiere investiert wird. Änderungen des Zinsniveaus betreffen dann sowohl die Aktiv- als auch die Passivseite. Zinssatzverminderungen führen zwar weiterhin zu einer Erhöhung des Barwertes der Pensionsverpflichtungen; allerdings erhöhen sich in diesem Fall auch die Marktwerte der festverzinslichen Wertpapiere. Über den kombinierten Einsatz von festverzinslichen Wertpapieren und Zinsderivaten ist somit eine teilweise *Immunisierung gegen Zinssatzänderungen* möglich.

Doch kann die Immunisierung gegen Zinssatzänderungen nur ein Nebenziel des *Asset Liability Managements* sein, da aus rein ökonomischer Sicht die externe Finanzierung der Pensionsverpflichtungen über Fremdkapital nur dann vorteilhaft ist, wenn mit der Geldanlage langfristig ein höherer Ertrag erwirtschaftet wird als das Unternehmen für die zusätzliche Fremdkapitalaufnahme zahlt. Zu berücksichtigen ist hierbei, dass durch externe Finanzierung das Risiko der Kapitalanlage durch die Investition in verschiedene Anlageklassen und Titel diversifiziert und damit reduziert werden kann. Die Anlage in mehrere möglichst wenig korrelierte Anlageklassen und mehrere Einzeltitel bedingt daher eine Risikoadjustierung.[7]

Ein *steuerlicher Vorteil* lässt sich bei der externen Finanzierung aufgrund der asymmetrischen Behandlung von Zinsaufwendungen und bestimmten Anlageerträgen realisieren. Während Zinsaufwendungen auf das zusätzliche Fremdkapital regelmäßig zu 100 % steuerlich geltend gemacht werden können, sind z. B. Erträge aus der Anlage der Mittel in Aktien oder Aktienfonds in Deutschland unter bestimmten Umständen steuerfrei.

Die Vorteilhaftigkeit der internen gegenüber der externen Finanzierung von Pensionsverpflichtungen (und umgekehrt) hängt auch von dem Stadium ab, in dem sich der Pensionsplan eines Unternehmens befindet. Handelt es sich um einen eher neuen Plan mit vielen aktiven Mitarbeitern und wenigen Pensionären, ist der oben beschriebene Innenfinanzierungseffekt sehr hoch. Dieser Cash-Vorteil ist allerdings bei vielen Unternehmen mittlerweile zu einem Cash-Nachteil geworden. Aufgrund des stark gestiegenen durchschnittlichen Lebensalters und des bereits jetzt ungünstigen Verhältnisses zwischen aktiven Arbeitnehmern und Rentnern sind die Rentenauszahlungen vielfach höher als der aus der Steuerabzugsfähigkeit der Zuführung zu Pensionsrückstellungen generierte Cash-Vorteil.

Wie dargestellt, hängt die Vorteilhaftigkeit einer bestimmten Finanzierungsform für Pensionsverpflichtungen von vielen Einzelfaktoren ab.[8] Vor allem spielt im Falle der externen Finanzierung auch die Art der Refinanzierung der Pensionsverpflichtung eine entscheidende Rolle. Aufgrund der Langfristigkeit der Pensionsverpflichtungen wird den dafür gebildeten Rückstellungen teilweise sowohl Fremd- als auch Eigenkapitalcharakter beigemessen. Eine

---

7 Vgl. *Folgner* (2005), S. 18 - 19.

8 Vgl. auch *Schmalenbach-Gesellschaft/Arbeitskreis Finanzierung* (1998), S. 321 - 326.

äquivalente Refinanzierung der Pensionsverpflichtungen müsste folglich durch eine Mischung aus Eigen- und langfristigem Fremdkapital erfolgen. Die Finanzierung der Pensionsverpflichtungen durch nicht benötigte liquide Mittel wäre insofern nicht optimal.

Im Folgenden wird die externe Finanzierung der Pensionsverpflichtungen über eine Hybridanleihe vorgestellt. Aufgrund ihrer spezifischen Ausgestaltung stellt eine Hybridanleihe eine den Pensionsverpflichtungen äquivalente Finanzierungsform dar.

5. Externe Finanzierung von Pensionsverpflichtungen über Hybridanleihen

5.1 Charakteristik und Ausgestaltung von Hybridanleihen

In der Vergangenheit wurde auf dem Kapitalmarkt die Passivseite der Unternehmen in vielen Fällen lediglich in Eigenkapital und Fremdkapital unterteilt. Grundsätzlich sinnvolle Differenzierungen im Instrumentarium, wie z. B. Genussscheine, waren begrenzte Phänomene. Während die recht einfache und allgemeine Unterscheidung sinnvoll ist für didaktische Zwecke und auf den Kapitalmärkten für eine gewisse Standardisierung des Anlageuniversums sorgt, geht dieser Ansatz nicht angemessen auf die vielfältigen Finanzierungsbedürfnisse von Unternehmen ein. Es ist seit einiger Zeit ein Differenzierungstrend zu beobachten, der diesen Ansprüchen besser gerecht wird. Von besonderer Bedeutung ist in diesem Zusammenhang das so genannte *Mezzanine Kapital.* Darunter subsumiert man alle zwischen Eigen- und Fremdkapital liegenden Finanzinstrumente. Gemeinsames Merkmal dieser Instrumente ist die gegenüber „normalem" Fremdkapital nachrangige Bedienung der Investoren im Falle der Insolvenz. Die Einsatzmöglichkeiten dieser Instrumente sind vielfältig. Generell gilt, dass es sich bei Mezzanine Kapital um eine Finanzierung handelt, die das Eigenkapital des Unternehmens nicht verwässert.

Von besonderem Interesse sind die so genannten *Hybridanleihen*, die mittlerweile ein etabliertes Marktsegment des Kapitalmarkts darstellen. Hybridanleihen bieten die Möglichkeit, auch große Volumina an Mezzanine Kapital am Kapitalmarkt aufzubringen. In ihrer reinen Form sind Hybridanleihen gekennzeichnet durch sehr lange Laufzeiten, in einigen Fällen sogar unbegrenzte Laufzeiten, weshalb sie auch als *ewige Anleihen* bezeichnet werden.

In der Vergangenheit wurden Hybridanleihen nur von Finanzdienstleistungsunternehmen genutzt, die damit ihr haftendes Eigenkapital erhöhen konnten. Investoren gehen dabei von der Annahme aus, dass Finanzunternehmen als regelmäßige Emittenten auf dem Kapitalmarkt eine sehr viel höhere Abhängigkeit von Investoren aufweisen und deshalb mögliche Zinsstundungsrechte nur im äußersten Notfall nutzen.

Mittlerweile steht dieser Markt aber auch Unternehmen aus dem Nicht-Bankensektor zur Verfügung. Dies ermöglicht die Diversifizierung der Passivseite des emittierenden Unternehmens.

In der Regel werden dem Emittenten einer Hybridanleihe einseitige Kündigungsrechte eingeräumt. Zur Erhöhung der Rückzahlungswahrscheinlichkeit fordern die Anleiheinvestoren von vielen Emittenten eine Erhöhung des Zinskupons nach einigen Jahren. Die Zinszahlungen selbst sind regelmäßig abhängig von Cash-Flow-Entwicklungen und führen in a priori fest definierten Situationen zu Stundungsmöglichkeiten oder im Extremfall zu einer Nichtzahlung von Zinsen. Bei sorgfältiger Ausgestaltung sind die Zinsen für den Emittenten einer Hybridanleihe steuerlich abzugsfähig. In Deutschland ist Voraussetzung hierfür, dass eine mögliche Zinsstundung nicht direkt gewinnabhängig ist. Darüber hinaus sollte Hybridkapital eine feste Laufzeit aufweisen. Vor diesem Hintergrund wird deutlich, warum hybride Anleihen oft als günstiges Eigenkapital betrachtet werden.[9]

5.2 Rating-Aspekte

Die Ratingagenturen haben großen Anteil an der Akzeptanz neuer Finanzierungsformen. Sowohl Standard & Poor's als auch Moody's haben in letzter Zeit Methoden vorgestellt, die für die Beurteilung des neuen Instrumentariums angewandt werden. Die dadurch bedingte Transparenz und Sicherheit, sowohl für Emittenten als auch für Investoren, begünstigt eine steigende Nutzung dieser Instrumente. Vor allem Hybridanleihen haben davon profitiert.

Alle Ratingagenturen klassifizieren die Instrumente in drei bis vier Kategorien (Baskets), die die Eigenkapitalnähe messen. Durch diesen Prozess ergeben sich *Marktstandards*, die insofern hilfreich sind, als dass die Kapitalmarkteffizienz erhöht wird. Ohne solche Standards würde es Investoren und Emittenten gleichermaßen schwer fallen, diese Produkte einzusetzen. An dieser Stelle ist allerdings darauf hinzuweisen, dass die Schaffung faktischer Standards durch die Ratingagenturen keinen regulatorischen Charakter hat.

Die Ratingmethode bezüglich hybrider Anleihen ist zu vergleichen mit der Beurteilung der Pensionsverpflichtungen. Hinsichtlich der Klassifizierung von Pensionsverpflichtungen als Eigen- oder Fremdkapital gibt es aber deutliche Unterschiede zwischen den Ratingagenturen. Moody's misst den Pensionsverpflichtungen zumindest teilweise (50 %) eine eigenkapitalähnliche Charakteristik bei, da Schulden an die eigenen Mitarbeiter eines Unternehmens Laufzeiten von über 50 Jahren haben können und Mitarbeiter generell nicht wie dritte Gläu-

9 Zu den Charakteristika hybrider Anleihen vgl. ausführlich *Vater* (2006), S. 44 - 47.

biger auftreten. Hingegen vertritt Standard & Poor's die Auffassung, dass Pensionsrückstellungen vollständig dem Fremdkapital zuzuordnen sind. Diese rein formale Sichtweise von Standard & Poor's ist insbesondere von betroffenen deutschen Unternehmen heftig kritisiert worden, ohne dass Standard & Poor´s seine Ansicht hierzu geändert hätte. Strukturell erschweren die genannten unterschiedlichen Ratingansätze die Vergleichbarkeit zwischen Unternehmen und erhöhen die Komplexität bei einer fremdfinanzierten Auslagerung.[10]

Hybriden Anleihen wird von den Ratingagenturen – je nach Ausgestaltung – ein so genannter *Equity Credit* von bis zu 75 % zugestanden. Dies bedeutet, dass bis zu 75 % des Emissionserlöses für Ratingzwecke als Eigenkapital angesehen werden. Folglich können durch die Refinanzierung von Pensionsverpflichtungen über eine Hybridanleihe das Rating stabilisiert und der Finanzierungsspielraum eines Unternehmens ausgeweitet werden. Im Gegensatz dazu schränkt eine Refinanzierung der Pensionsverpflichtungen über die Verwendung einer Netto-Cash-Position den Finanzierungsspielraum ein, da diese Mittel nicht mehr anderweitig für Investitionen oder Akquisitionen eingesetzt werden können.

5.3 CTA als Finanzierungsvehikel

Entscheidet sich ein Unternehmen für eine Refinanzierung seiner bestehenden Pensionsverpflichtungen durch die Emission einer Hybridanleihe, ist die Frage zu beantworten, welches Medium zur Anlage des erzielten Emissionserlöses genutzt wird. Den Fondslösungen zuzuordnen ist die *Pensionskasse* im Sinne des BetrAVG. Diese übernimmt allerdings nicht nur die Anlage der Mittel. Vielmehr werden auch die Pensionsverpflichtungen eines Unternehmens auf eine Pensionskasse übertragen. Arbeitnehmer haben einen Rechtsanspruch auf Versorgungsleistungen, weshalb Pensionskassen ähnlich wie Lebensversicherungen behandelt werden und der Versicherungsaufsicht unterliegen. Die den Lebensversicherern und Pensionskassen vorgegebenen Anlagevorschriften engen den Anlagespielraum der Institutionen stark ein. Ein Anlageportfolio wird regelmäßig Stresstests unterzogen und darf bestimmte, auf Sicherheit ausgerichtete Anlagerelationen nicht überschreiten. Folgerichtig sind Pensionskassen auch von Beiträgen zur Insolvenzsicherung an den Pensionssicherungsverein befreit. Andererseits führen die restriktiven Vorgaben aber auch regelmäßig zu relativ niedrigen Erträgen. Dies ist auch an den in den letzten Jahren deutlich gesunkenen Garantieverzinsungen der Lebensversicherer erkennbar.

Die in der angelsächsischen Tradition entstandene und gebräuchliche Form des *Pension Trusts* ist eine in Deutschland unbekannte Rechtsform. In jüngster Zeit hat sich aber auch in Deutschland eine Konstruktion entwickelt, die dem angelsächsischen Trust nachempfunden ist. Konkret handelt es sich um das *Contractual Trust Arrangement* (CTA), das auf der Rechtsform eines Vereins basiert. Im Rahmen eines CTA sollen die aus dem Unternehmen

---

10 Vgl. *Ackermann/Jäckle* (2006), S. 883 - 884; *Gerke/Pellens* (2003).

ausgelagerten Mittel über ein doppelseitiges Treuhandmodell an die begünstigten Mitarbeiter verpfändet werden. Gegenstand der vertraglichen Beziehung zwischen dem Treugeber (Arbeitgeber) und dem Treuhänder (Trust) ist neben einer Verwaltungstreuhand zugleich eine Sicherungstreuhand. Aus der Verwaltungstreuhand ist der Trust dem Arbeitgeber gegenüber verpflichtet, die ihm übertragenen Mittel nach Maßgabe der Anlagerichtlinien anzulegen und zu verwalten. Diese Aufgabe wird regelmäßig vom Trust auf eine Kapitalanlagegesellschaft (KAG) übertragen, damit die Anlage der Mittel im gesetzlichen Rahmen einer Master KAG mit verschiedenen Sub-Fonds abgewickelt werden kann. Die Sicherungstreuhand gewährt den begünstigten Arbeitnehmern im Sicherungsfall (üblicherweise ist dies die Insolvenz des Arbeitgebers) einen eigenständigen Anspruch gegen den Trust. Das CTA stellt somit keinen Pensionsfonds im Sinne des BetrAVG dar. Darüber hinaus werden auch nicht die Pensionsverpflichtungen des Unternehmens übertragen. Da ein CTA im Vergleich zu Pensionskassen nicht der Versicherungsaufsicht unterliegt, bestehen für das Anlageuniversum des CTA allerdings grundsätzlich keine Beschränkungen.

Die rechtliche Struktur eines CTA ist in der Abbildung 2 nochmals grafisch dargestellt:

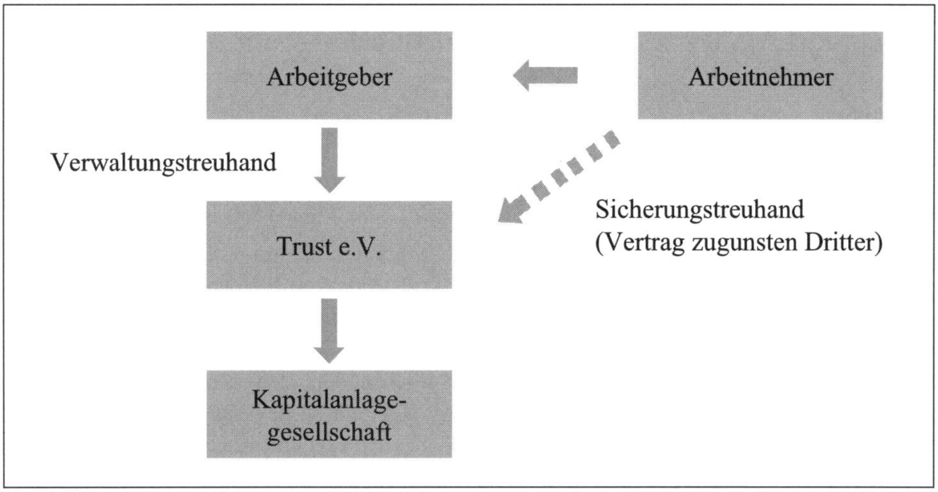

Abbildung 2: *Rechtliche Struktur eines CTA*

Die auf das CTA ausgelagerten Mittel sind aufgrund des doppelseitigen Treuhandverhältnisses als *Plan Assets* gemäß IAS 19 anzusehen. Das Unternehmen hat somit die Möglichkeit, die Pensionsverpflichtungen, um den Marktwert der Plan Assets gekürzt, in der Bilanz auszuweisen. Das CTA-Modell ist daher bilanziell den Funded-Defined-Benefit-Plänen zuzuordnen.

Durch die Deckung von Pensionsverpflichtungen mittels des in einem CTA vorgehaltenen Kapitals erhalten Mitarbeiter eine vergleichsweise bessere Sicherheit ihrer Ansprüche gegenüber dem Unternehmen. Vor diesem Hintergrund wird hier die Meinung vertreten, dass die

Beiträge von Unternehmen an den Pensionssicherungsverein (PSV) für den Teil der Pensionsverpflichtungen, der durch Vermögenswerte im CTA gesichert ist, nicht mehr gerechtfertigt sind.

6. Zusammenfassung

Mit Pensionsverpflichtungen sind unterschiedliche demographische und finanzielle Risiken für ein Unternehmen verbunden. Einige dieser Risiken lassen sich durch eine entsprechende Gestaltung der Pensionspläne reduzieren. Änderungen von Pensionsplänen wirken sich aber regelmäßig nur auf den so genannten Future Service aus. Besonders bei älteren Pensionsplänen, bei denen die Verpflichtungen gegenüber aktiven Mitarbeitern weitaus geringer sind als die Verpflichtungen gegenüber Pensionären, verbleiben teils erhebliche demografische und finanzielle Risiken aus dem so genannten Past Service beim Unternehmen.

Im vorliegenden Beitrag wurde eine Möglichkeit beschrieben, diese Risiken über die Aufnahme einer Hybridanleihe und die Anlage der Mittel im Rahmen eines CTA weiter zu reduzieren. Dabei wurde herausgearbeitet, dass die Hybridanleihe eine den Pensionsverpflichtungen äquivalente Finanzierungsform darstellt. Durch ein geeignetes Asset Liability Management lassen sich somit sowohl bilanzielle als auch ökonomische Vorteile gegenüber der internen Finanzierung von Pensionsverpflichtungen realisieren. Die Konstruktion des CTA hilft dabei, die ausgelagerten Mittel entsprechend IAS 19 als Plan Assets zu qualifizieren.

Literatur

Ackermann, U./Jäckle, J. (2006): Ratingverfahren aus Emittentensicht, in: Betriebs-Berater, 16/2006, S. 878 ff.

Folgner, A. (2005): Die Liquidität muss nicht immer aus der Portokasse kommen, in: Portfolio Institutionell, Sonderausgabe bAV, 10/2005, S. 17 ff.

Gerke, W./Pellens, B. (2003): Pensionsrückstellungen, Pensionsfonds und das Rating von Unternehmen – eine kritische Analyse, Forschungsgutachten im Auftrag von ThyssenKrupp AG, Deutsche Post AG, Linde AG, Erlangen-Nürnberg/Bochum 2003.

Gohdes, A. (2006): Bilanzierung versicherungsmathematischer Gewinne und Verluste: Neue Ära in der internationalen Rechnungslegung für Pensionen, in: Betriebs-Berater, 18/2006, S. 990 ff.

Gohdes, A. E./Recktenwald, S. (2006): Pensionsverpflichtungen in den Jahresabschlüssen der DAX-Unternehmen, in: Der Betrieb, 19/2006, S. 1021 ff.

Harris, S./Braun, B. (2002): Betriebliche Altersvorsorge in Deutschland im Wandel, in: Versicherungswirtschaft, 13/2002, S. 982 ff.

Höfer, R./Lüschper, R./Verhuven, T. (2006): Erfolgswirksame und erfolgsneutrale Erfassung versicherungstechnischer Gewinne/Verluste bei Bilanzierung von Versorgungsverpflichtungen (IFRS/US-GAAP), in: Der Betrieb, 06/2006, S. 289 ff.

Jasper, T./Delvai, K. (2005): Betriebliche Altersversorgung im Fokus des Kapitalmarkts, in: Finanz Betrieb 7 - 8/2005, S. 506 ff.

Küppers, C./Louven, C./Schröder, J. (2005): Contractual Trust Arrangements – Insolvenzsicherung und Bilanzverkürzung, in: Betriebs-Berater, 14/2005, S. 763 ff.

Pellens, B. (2004), Internationale Rechnungslegung, Stuttgart 2004.

Pellens, B./Crasselt, N. (2005): Funding Strategies for Defined Benefit Pension Plans and the Measurement of Leverage Risk, in: Ballwieser, W., Schmalenbach Business Review (SBR), Special Issue 2/2005: Current Issues in Financial Reporting and Financial Statement Analysis, S. 3 ff.

Schmalenbach-Gesellschaft/Arbeitskreis Finanzierung (1998): Betriebliche Altersversorgung mit Pensionsrückstellungen oder Pensionsfonds, in: Der Betrieb, 7/1998, S. 321 ff.

Vater, H. (2006): Ewige Anleihen – Funktionsweise, Einsatzzweck und Ausgestaltung, in: Finanz Betrieb 1/2006, S. 44 ff.

Kapitel 5: Risikomanagement

Ausgewählte Aspekte des finanzwirtschaftlichen Risikomanagements

Peter Ganz – TUI AG

1. Rahmenbedingungen

1.1 Regulatorische Rahmenbedingungen

Die gesetzlichen Grundlagen, die das Management eines Unternehmens verpflichten, ein adäquates Risikomanagement zu etablieren, sind im Wesentlichen den §§ 91 (2) AktG und 289 (1) HGB zu entnehmen. Das Aktiengesetz fordert die Errichtung eines Überwachungssystems für die Früherkennung von Entwicklungen, die den Fortbestand der Gesellschaft zu gefährden drohen. Das HGB verpflichtet den Vorstand eines Unternehmens, im Lagebericht auf Risiken der künftigen Entwicklung einzugehen.

Für den Bereich der Industrieunternehmen existieren darüber hinaus keine expliziten gesetzlichen oder aufsichtsrechtlichen Vorgaben zur quantitativen und qualitativen Ausgestaltung von Risikomanagementprozessen in Treasury-Abteilungen und den mit der Abwicklung, der Kontrolle und der Verbuchung von Geschäften betrauten Stellen. Aus diesem Grund werden in der Praxis die Veröffentlichung des Arbeitskreises KonTraG des Verbandes Deutscher Treasurer e. V. (VDT) über die „Mindeststandards der internen Aufbau-/Ablauforganisation im Industrie-Treasury“ vom Oktober 1998 sowie die Veröffentlichung des Arbeitskreises „Finanzierungsrechnung“ der Schmalenbach-Gesellschaft für Betriebswirtschaft e. V. „Risikomanagement und Risikocontrolling in Industrie- und Handelsunternehmen“ aus dem Jahre 2001 als weitere Leitfäden angesehen.

1.2 Anforderungen des Kapitalmarkts

Da international operierende Unternehmen den uneingeschränkten Zugang zum Banken- und Kapitalmarkt zur Refinanzierung ihrer bestehenden Finanzverbindlichkeiten sowie zur Finanzierung zukünftiger Investitionsvorhaben suchen, liegt es in ihrem Interesse, im Rahmen der Finanzmarktkommunikation insbesondere auf die Informationsbedürfnisse der Kapitalgeber einzugehen. Dabei ist der Bedarf an Informationen der Finanzöffentlichkeit in den vergangenen Jahren stetig gewachsen. Diese Entwicklung geht einher mit nachhaltigen Veränderungen der internationalen Rechnungslegung.[1]

In die verpflichtende Berichterstattung fließen beispielsweise zunehmend Elemente ein, die den Investoren bzw. Finanzanalysten eine Prognose über die voraussichtliche Entwicklung des Unternehmens erleichtern sollen. Besonders der Lagebericht entwickelt sich damit zu einem Instrument einer zukunfts- und wertorientierten Berichterstattung, wie die Änderungen der Anforderungen an den Konzernlagebericht durch den neuen § 315 HGB und die Deutschen Rechnungslegungsstandards Nr. 15 „Lagebericht" (DRS15) und Nr. 5 „Risikoberichterstattung" (DRS5) des Deutschen Standardisierungsrats sowie die Verpflichtung kapitalmarktorientierter Unternehmen zur Aufstellung eines Konzernabschlusses gemäß der International Financial Reporting Standards (IFRS) zeigen.[2]

Der erhöhte Informationsbedarf der Kapitalgeber lässt sich aus dem allgemeinen Renditedruck, dem insbesondere institutionelle Investoren bei ihren Anlageentscheidungen ausgesetzt sind, ableiten. Dabei setzt eine zunehmend tiefer gehende Analyse von Seiten der Investoren voraus, dass die zur Verfügung gestellten Daten den Einfluss der stark gestiegenen Volatilität der Finanzmärkte auf das Unternehmen, aber auch die vom Emittenten begebenen Finanzierungsinstrumente transparent darstellen.

Während aktuelle sowie potenzielle Aktionäre die von der Gesellschaft zur Verfügung gestellten Informationen vornehmlich zur Überprüfung ihrer Unternehmensbewertung analysieren und damit die Grundlage für die Entscheidung des Aktienerwerbs schaffen, versuchen die Kreditgeber, aus der Rechnungslegung Aufschluss darüber zu gewinnen, ob die Zahlungsfähigkeit des Darlehensnehmers und damit die fristgerechte und vollständige Rückzahlung der überlassenen Mittel gewährleistet ist.

Eigenkapital- und Fremdkapitalgeber verlassen sich dabei häufig nicht nur auf ihr eigenes Urteil, sondern stützen sich zudem auf Analysen von Finanz- sowie Kreditanalysten. Insbesondere Fremdkapitalgebern ist häufig ein Engagement in Finanztitel eines Unternehmens ohne externes Credit Ranking vor dem Hintergrund intern vorgeschriebener Anlagevorschriften untersagt. Diese Tatsache führt dazu, dass Unternehmen, die ein breites Spektrum an Investoren ansprechen möchten, um damit die Finanzierungskosten zu senken, sich zunehmend einem externen Credit-Rating-Prozess stellen.[3]

Das Rating von Anleihen und deren Emittenten erfolgt durch spezialisierte Analystenteams, die neben den öffentlich verfügbaren Daten des Rechnungswesens auch auf darüber hinausgehende interne Unternehmensdaten zurückgreifen, um zu einem Ratingurteil zu gelangen.

---

1 Die internationale Rechnungslegung stellt das Risikomanagement insbesondere durch die Vorschriften aus IAS 39 und IFRS 39 vor neue Herausforderungen. Das finanzwirtschaftliche Risikomanagement steht vor der Aufgabe, neben dem ökonomisch/operativ richtigen Sicherungsverhalten auch stärker die aus einer Trading/Hedging-Klassifikation resultierenden bilanziellen Folgen zu berücksichtigen. Die Komplexität des Sachverhaltes macht es erforderlich, diese Problematik einer separaten Analyse zuzuführen, so dass im Rahmen dieser Untersuchung nicht weiter auf die Aspekte des IAS 39 eingegangen wird.

2 Vgl. *Baetge/Heumann* (2006), S. 345.

3 Vgl. hierzu *Verband Deutscher Treasurer e. V.* (2003), „Externes Rating".

Bei der Zusammenstellung insbesondere der unternehmensinternen Daten sowie zur Vorbereitung der Gespräche zwischen den Analysten der Ratingagenturen und dem Management der Unternehmen wird häufig auf Rating-Advisory-Dienstleistungen ausgewählter Banken zurückgegriffen. Diese Berater unterstützen die jeweilige Gesellschaft bei der zielgerichteten und effizienten Aufbereitung von zukünftigen Unternehmensstrategien und Plänen, insbesondere der Produkt- und Finanzplanung im Hinblick auf die Analysebedürfnisse der Ratingagenturen. Aus Sicht des Unternehmens erhält die strategische Unternehmensplanung neben dem Management und dem Aufsichtsrat nicht nur einen weiteren Adressaten, sondern darüber hinaus fließen auch die geplante Ergebnis-, Cash-Flow- sowie Verschuldungsentwicklung des laufenden Geschäftsjahres sowie der zukünftigen Planjahre direkt in die Bonitätsbeurteilung des Unternehmens mit ein.

Aus Sicht des Managers finanzwirtschaftlicher Risiken gelten damit die in der Unternehmensplanung unterstellten Prämissen für Zins- und Währungsentwicklungen sowie die für die Gesellschaft wesentlichen Rohstoffpreisentwicklungen als Benchmark für zukünftige Risikomanagemententscheidungen.

2. Finanzwirtschaftliches Risikomanagement der TUI AG

2.1 Zielsetzung des finanzwirtschaftlichen Risikomanagements

Die durch den Vorstand vorgegebene Strategie für den Finanzbereich wird bei der TUI AG in der Konzernrichtlinie „Finanzmanagement" konkretisiert. Die Ausübung des Finanzmanagements der TUI orientiert sich danach an folgenden Zielsetzungen:

- Jederzeitige und nachhaltige Versorgung des Unternehmens mit ausreichender Liquidität;
- Investment Grade Rating als mittelfristige Zielsetzung für die Bonitätseinstufung des Konzerns und
- Begrenzung von finanzwirtschaftlichen Risiken (Liquiditäts-, Zins-, Währungs-, Rohstoffpreis-, Kontrahenten- und Aktienkursrisiken jeglicher Art sowie finanztechnische Länderrisiken) der TUI.

Ein einheitliches Auftreten der TUI in der Finanzöffentlichkeit wird durch die interne Organisation ihres Finanzmanagements sichergestellt. Daraus abgeleitet ergibt sich eine grundsätzliche Zentralisierung des konzernweiten Finanzmanagements in der Holding der TUI AG. Die Gesamtsteuerung sowie die Verantwortung für die konsistente Umsetzung, die Einhaltung und die Qualitätssicherung des Finanzmanagements der TUI erfolgen ausschließlich in der Finanzabteilung der TUI AG.

Bevor im Folgenden ausführlicher auf die Risikomanagementprozesse eingegangen wird, sind zunächst die Ziele des Risikomanagements finanzwirtschaftlicher Risiken näher zu erläutern.

Im Rahmen einer wertorientierten Unternehmenssteuerung ist zunächst zu belegen, dass das finanzwirtschaftliche Risikomanagement eines Unternehmens im Interesse der Anteilseigner erfolgt. Vor dem Hintergrund, dass sich die Unternehmen in unvollkommenen Märkten bewegen, wird durch das Risikomanagement angestrebt, unter anderem durch den Einsatz von Finanzinstrumenten zur Abwehr von exogenen, das Unternehmen negativ beeinflussenden Faktoren die Interessen der Shareholder zu wahren.[4]

Im Grundsatz wird dabei der These gefolgt, dass zukünftig zu generierende Cash Flows durch das bewusste Begrenzen von finanzwirtschaftlichen Risiken sicherer werden, so dass sich die Risikoprämie der Investoren, die mit einem Engagement als Eigen- oder Fremdkapitalgeber verbunden ist, reduziert.

Gleichzeitig ist aber auch darauf hinzuweisen, dass alle Sicherungsstrategien zeitlich begrenzt sind und damit nachhaltige Veränderungen der exogenen Faktoren das Unternehmen zeitverzögert erreichen.

2.2 Management des Währungs-, Rohstoffpreis- und Zinsrisikos

Der wesentliche Beitrag des finanzwirtschaftlichen Risikomanagements besteht für die TUI darin, die Margen von Produkten und Dienstleistungen sowohl in der Schifffahrt als auch in der Touristik, die bereits in der Verkaufsphase durch eine fixierte Preisbindung gekennzeichnet sind, zu sichern. Insofern besteht ein wesentlicher Aspekt des finanzwirtschaftlichen Risikomanagements in der Stabilisierung von zukünftig zu erzielenden operativen Cash Flows einer Sicherungsperiode. Gleichzeitig müssen auch Überlegungen angestellt werden, wie z. B. bei nachhaltig gestiegenen Beschaffungskosten auch zukünftig die Margenziele erreicht werden können.

Das beste Beispiel hierfür liefert aktuell die Preisentwicklung an den Ölmärkten. Am Beispiel der Jet Fuel-Preisentwicklung kann aufgezeigt werden, dass sich der Kerosinpreis von durchschnittlich 300 USD/t im Jahre 2004 auf durchschnittlich 700 USD/t im Jahre 2005 innerhalb

---

4 Vgl. hierzu weiterführende Überlegungen in *Headley/Tufano* (1994).

von zwei Jahren mehr als verdoppelt hat. Der dargestellte Preisanstieg bedeutet für den TUI Konzern im Flugbetrieb eine nachhaltige Mehrbelastung, die durch Einnahmen aus Sicherungsgeschäften in den letzten drei Geschäftsjahren signifikant reduziert werden konnte.

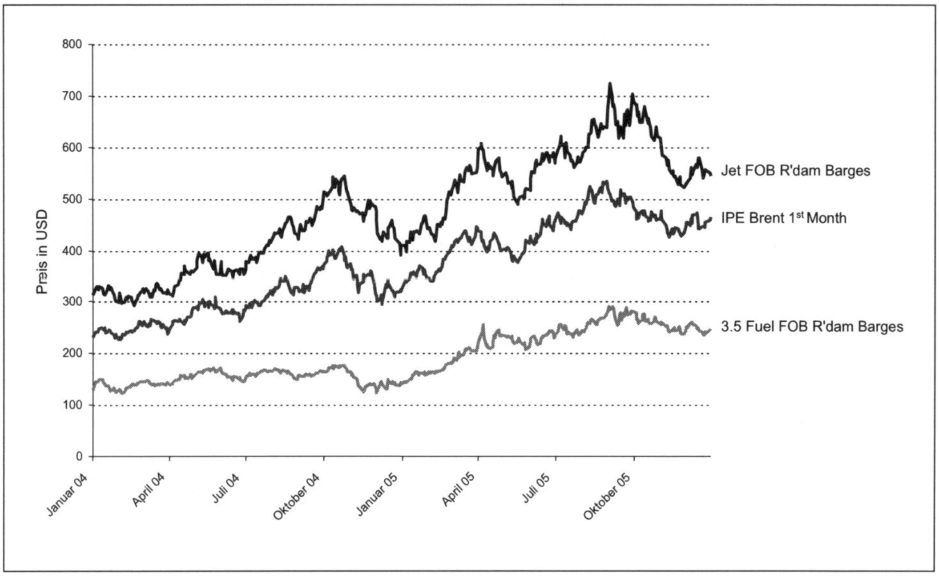

Abbildung 1: *Entwicklung des Ölmarktes in den Jahren 2004 und 2005*

Darüber hinaus wurden neben verstärkten Rationalisierungsanstrengungen der Luftfahrtbranche zur Begrenzung der Risiken in diesem Zeitraum „Kerosinpreisaufschläge" eingeführt, da ohne die Möglichkeit eines zumindest teilweisen Übertragens der Kostensteigerungen auf den Kunden die Margenbeiträge der Flugdienstleistungen geringer ausgefallen wären.

Während bei Wechselkurs- sowie Rohstoffpreisrisiken durch den Einsatz von Sicherungsinstrumenten der Schutz der operativen Marge im Mittelpunkt steht, spielen bei Zinsänderungsrisiken in erster Linie die Einflüsse zukünftiger Zinsein- und -auszahlungen sowie Kursrisiken von gegebenenfalls vorzeitig zu veräußernden bzw. zurückzuzahlenden Anleihen auf die Ergebnisentwicklung des laufenden Geschäftsjahres sowie die Unternehmensplanung eine zentrale Rolle. Die Ziele eines aktiven Zinsmanagements leiten sich daher aus der Begrenzung der sich negativ auf die erwarteten Ergebnisse auswirkenden Faktoren ab.

2.3 Management des Bonitätsrisikos

Als Bonitätsrisiko wird die Möglichkeit verstanden, dass der Kontraktpartner in einem Schuldverhältnis seinen Verpflichtungen nicht fristgerecht oder nicht vollständig nachkommt. In seiner schärfsten Form tritt dieses Risiko dann ein, wenn der Kontraktpartner ausfällt und mit dessen Ausfall ein Schaden für das Unternehmen verbunden ist. Nicht nur der tatsächliche Ausfall, sondern auch die Erhöhung der Ausfallwahrscheinlichkeit führt zu einem Bonitätsrisiko in Form einer Bonitätsverschlechterung. Dieses kann sich für ein extern geratetes Unternehmen in der Herabstufung des Ratings niederschlagen, die beispielsweise bei Anleihen eines Unternehmens Kursrückgänge zur Folge hat, die wiederum unmittelbar bei dessen Gläubigern zu Marktwertverlusten führen. Darüber hinaus verschlechtern sich auch die Konditionen zukünftiger Verschuldungsmöglichkeiten aufgrund der gestiegenen Risikoprämie (messbar im Anstieg des Credit Spread der ausstehenden Anleihen oder der „Credit Default Swap"-Werte des Unternehmens) der Investoren, die in anstehenden Vertragsverhandlungen hierfür eine finanzielle Kompensation in Form höherer Zinssätze sowie möglicherweise verschärfter Anleihebedingungen fordern.

Der TUI Konzern hat durch den Erhalt eines Credit Ratings im Oktober 2005 – derzeit langfristiges Credit Rating von Standard & Poor's „BB+, Ausblick positiv" und von Moody's „Ba2, Ausblick negativ" – eine externe Bonitätsbeurteilung erhalten und damit eine weitere Bedingung zum uneingeschränkten Kapitalmarktzugang erfüllt, indem durch den Dialog mit den Ratingagenturen sowie deren Beurteilungen die Transparenz über das Unternehmen erhöht wurde.

Das Ratingurteil einer Anleihe schlägt sich in der Höhe der Bonitätsrisikoprämie – was der Differenz der Rendite einer risikobehafteten gegenüber der Rendite einer risikolosen Anleihe entspricht – nieder.[5] Aus Abbildung 2 wird zudem deutlich, dass es zu einem überproportionalen Anstieg der Prämie bei abnehmender Bonität kommt.

Damit bleibt zunächst festzuhalten, dass das Investment-Grade-Ziel knapp unterschritten wurde. Dennoch wird diese mittelfristige Zielsetzung nach Einschätzung der Ratingagenturen als erreichbar angesehen. Insbesondere das Heben von Synergien im Geschäftsfeld Containerschifffahrt aus der Akquisition von CP Ships Ende 2005 sowie die Anstrengungen des Managements zur Verbesserung der operativen Margen im touristischen Geschäft sollen die finanziellen Relationen verbessern. Begleitet werden diese Vorhaben mit einer weiteren Entschuldung des Konzerns durch bereits angekündigte und mittlerweile weitestgehend vollzogene Desinvestionen.

---

5 Vgl. hierzu *Perridon/Steiner* (2004), S. 199.

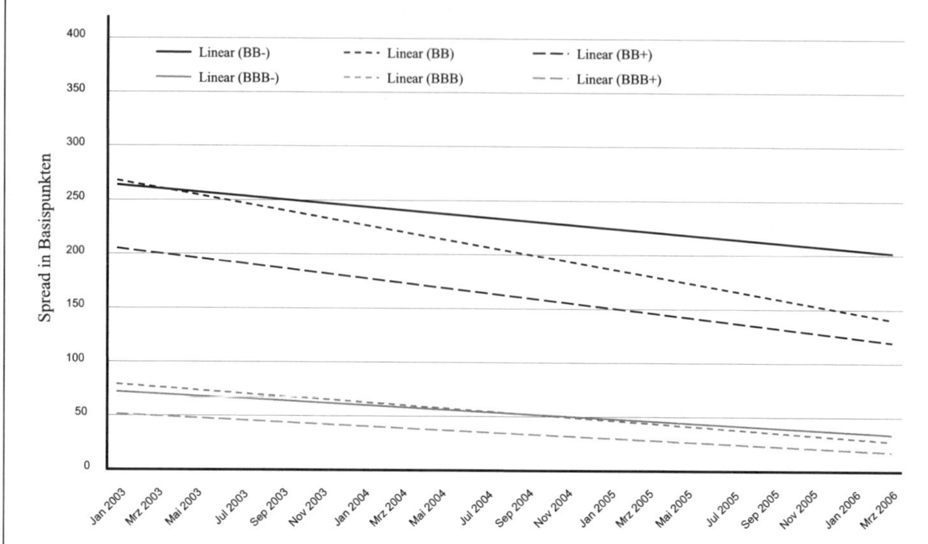

Hohe Kapitalmarktliquidität führte zu einer signifikanten Reduzierung der Bonitätsrisikoprämie (Spread) während der letzten drei Jahre in allen Rating-Kategorien.

Abbildung 2: *Spread-Unterschiede bei unterschiedlichen Bonitätsklassen*

Einhergehend mit der Erreichung der Bonitätszielsetzung des Managements kann sich auch die Bonitätsrisikoprämie der TUI reduzieren. Darüber hinaus unterliegen Investment-Grade-Unternehmen in der Regel geringeren „Covenants"-Verpflichtungen in Refinanzierungsvereinbarungen. Somit kann bei Erreichen eines Investment-Grade-Status ein vertraglich größerer finanzieller Freiheitsgrad erreicht werden.

2.4 Management des Liquiditätsrisikos

Das Liquiditätsmanagement umfasst die Gesamtheit aller Aktivitäten, die direkt oder indirekt die kurz- und mittelfristige Versorgung der TUI AG mit Liquidität sicherstellen.

Das Cash Management umfasst innerhalb der TUI das gesamte Spektrum der finanziellen Aktivitäten mit dem Ziel, die Effizienz der Finanzadministration bei der Bearbeitung der ein- und ausgehenden Zahlungsströme zu steigern sowie die Planbarkeit und die Planungssicherheit der Geldströme und der Finanzpositionen zu verbessern.

Auf Basis von Einzelplänen der Konzerngesellschaften werden bei der TUI AG diese Daten zu einem 12-monatigen rollierenden Konzernfinanzplan zusammengefasst. Diese Informationen versetzen die Verantwortlichen wiederum in die Lage, eine in ihrer Höhe adäquate Liquiditätsreserve vorzuhalten sowie diese effizient zu nutzen.

Die Zahlungsfähigkeit des TUI Konzerns war im Geschäftsjahr 2005 durch die Zahlungsmittelzuflüsse aus laufendem Geschäft, bilateralen und syndizierten Kreditvereinbarungen und einer „Bridge-Loan-Vereinbarung“ mit einem Bankenkonsortium im Zusammenhang mit dem Angebot zur Übernahme von CP Ships jederzeit gegeben. Im Dezember 2005 schloss die TUI AG eine Vereinbarung über eine syndizierte Kreditlinie in Höhe von EUR 1,75 Mrd. mit einer Laufzeit von drei Jahren ab. Daneben bestanden noch nicht in Anspruch genommene Kreditlinien, so dass die Liquiditätsreserve der TUI über EUR 2 Mrd. betrug. Gleichzeitig erfolgte im Dezember 2005 nach Erhalt des Credit Ratings die Ausgabe einer Senior Fixed Rate Note in Höhe von EUR 450 Mio., einer Senior Floating Rate Note in Höhe von EUR 550 Mio. sowie einer nachrangigen Hybridanleihe in Höhe von EUR 300 Mio. Ziel dieser Maßnahmen war die vollständige Refinanzierung der CP-Ships-Akquisition, die bereits im September 2005 durch die Durchführung einer Kapitalerhöhung in Höhe von rund EUR 1 Mrd. teilfinanziert wurde.

2.5 Zwischenfazit

Die vorstehenden Beispiele zeigen, dass finanzwirtschaftliche Risiken neben den im Folgenden aufgezeigten Hedging-Aktivitäten auch durch die Inanspruchnahme der Banken und Kapitalmärkte beeinflusst und damit auch begrenzt werden können.[6] Das heißt, dass sowohl durch Finanzierungstransaktionen als auch durch den Einsatz von Finanzinstrumenten gegen Zinsänderungs-, Wechselkurs- oder Rohstoffpreisrisiken der Einfluss von finanzwirtschaftlichen Risiken auf die Entwicklung der laufenden Geschäftsjahresergebnisse auf ein vertretbares Maß – je nach unternehmensindividuellen Vorgaben – reduziert werden kann. Damit erhöht sich die Prognosequalität von Vorschaurechnungen, und das Management wird in die Lage versetzt, Erwartungshaltungen der Finanzöffentlichkeit bezüglich finanzwirtschaftlicher Einflussfaktoren zu steuern. Da das Verfehlen von Ergebniserwartungen der Analysten zum Teil starke Kursreaktionen auslösen kann und diese als Indiz dafür genommen werden, dass Probleme in der operativen Geschäftstätigkeit vorliegen, kann dies als weitere Notwendigkeit für ein Hedging finanzwirtschaftlicher Risiken betrachtet werden.

6 Während die Basis für das Zinsmanagement durch die Wahl von variablen oder fixen Kapitalmarktinstrumenten beeinflusst werden kann, ist auch zu beachten, dass Kapitalmarktinvestoren unterschiedliche Präferenzen zum Zeitpunkt der Emissionen haben, die bei einer optimierten Kapitalallokation zu berücksichtigen sind.

3. Darstellung des Risikomanagementprozesses anhand des Managements von touristischen Währungsrisiken im TUI Konzern

Im Folgenden wird am Beispiel des touristischen Währungsrisikomanagements der sechsstufige Risikomanagementprozess des TUI Konzerns ausführlicher dargestellt.

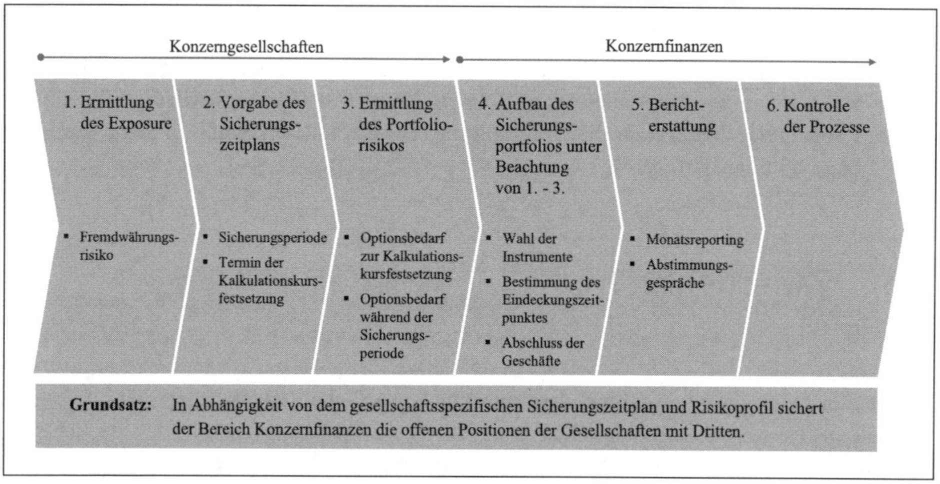

Abbildung 3: *Risikomanagementprozess der TUI AG in sechs Schritten*

Die Basis für das Währungsmanagement bildet die Ausführungsbestimmung zur „Absicherung von Fremdwährungsrisiken“ zwischen den TUI Konzerngesellschaften und der TUI AG als Teil der Konzernrichtlinie „Finanzmanagement“.[7] Danach ist die Finanzabteilung für die Erarbeitung von Vorschlägen zur Risikostrategie, die regelmäßige Erfassung, die Quantifizierung und die Analyse der konzernweiten Fremdwährungsrisiken, das Berichtswesen sowie die Umsetzung der vom Gesamtvorstand der TUI AG festgelegten Risikostrategie verantwortlich.

7 Vgl. hierzu *Verband Deutscher Treasurer e. V.* (2005).

3.1 Ermittlung des Währungsexposure

Die Währungsrisikopositionen (Exposure) aus dem operativen Geschäft werden auf der Ebene der Konzerngesellschaften erfasst. Währungsrisiken werden durch Entscheidungen des operativ verantwortlichen Managements ausgelöst, so dass diesem auch die Erfassung bzw. Meldung sowie die laufende Aktualisierung der eingegangenen Währungsrisiken übertragen werden.[8] Die laufende Aktualisierung ist von besonderer Bedeutung, da sich Risikopositionen im Zeitablauf konkretisieren. Bei touristischen Dienstleistungen werden die geplanten Umsätze und Aufwendungen durch den Buchungsvorgang einer Reise fixiert. Fremdwährungsrisiken der touristischen Veranstalter treten immer dann auf, wenn Transport- oder Unterkunftsdienstleistungen eingekauft werden, die nicht der Heimatwährung des Veranstalters entsprechen.

Die Erfassung der definierten Währungsrisikopositionen geschieht in der Regel in Form von saisonalen Aggregationen. Der Prozess der Exposure-Meldung erfolgt in elektronischer Form auf Monatsebene, so dass grundsätzlich auch Aggregationen für die Geschäftsjahresanalyse vorgenommen werden können. Im Mittelpunkt steht hierbei die Analyse der Höhe des Jahres-Exposure, der erzielten durchschnittlichen Eindeckungskurse für das abgelaufene Geschäftsjahr, der Höhe des Absicherungsgrades für das folgende Budgetjahr sowie der prozentualen Veränderung des Eindeckungskurses.

Für die TUI AG eröffnet sich darüber hinaus die Möglichkeit zur konzernweiten Aggregation der Währungsrisiken eines Geschäftsjahres, die zur weiterführenden Analyse von Wechselkursrisiken herangezogen werden können. Hierbei erhöhen systemseitig generierte, standardisierte Berichte die Transparenz in der Risikomanagementberichterstattung. Als Vorbedingung für eine aussagekräftige Konzernberichterstattung der jeweiligen Wechselkursrisiken gilt dabei, dass alle konsolidierten Konzerngesellschaften sich der Pflege der Datensätze verpflichten und laufend, d. h. mindestens einmal pro Monat, ihren festgestellten Veränderungsbedarf innerhalb der für die Exposure-Erfassung vorgesehenen Systeme anpassen.

3.2 Erstellen des Sicherungszeitplans

Nach Erstellung der Exposure-Planung legen die touristischen Konzerngesellschaften einen „Sicherungszeitplan" vor, der angibt, zu welchem Zeitpunkt welcher Anteil des operativen Fremdwährungsrisikos der Gesellschaft durch den Finanzbereich der TUI AG zu sichern ist.

---

8 Vgl. *Gebhardt/Mansch* (2001), S. 78 ff.

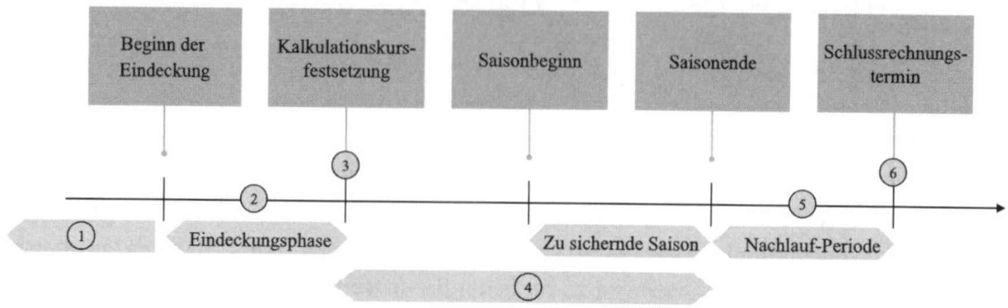

(1) *Vor Beginn der Eindeckung:* Die Gesellschaften verabschieden jeweils einen Sicherungszeitplan, in dem der zeitliche Aufbau der Absicherung bis zu einer Sicherungsquote von nahezu 100 % der offenen Position festgelegt wird, sowie ein Risikoprofil, welches das Flexibilitätsbedürfnis der Gesellschaft in Form von festen bzw. optionalen Sicherungen beschreibt. Weiterhin melden die Gesellschaften ihre geplanten Exposure.

(2) *Eindeckungsphase:* Eindeckung des FX-Bedarfes gemäß Sicherungszeitplan durch die Finanzabteilung.

(3) *Kalkulationskursfestsetzung:* Nach diesem Termin lassen sich Kursänderungen nicht mehr an die Kunden weitergeben. Die gesicherte Position beträgt nahezu 100 % der für die Kataloge geplanten Exposures.

(4) *Periode zwischen Kalkulationskursfestsetzung und Saisonende:* Gegebenenfalls Anpassungen der geplanten Exposures durch die Gesellschaften bzw. Adjustierung der gesicherten Position durch die Finanzabteilung. Durch monatliches Reporting wird die Ergebnisentwicklung transparent.

(5) *Nachlaufperiode:* Restabwicklung der in der Sicherungsperiode nicht aufgebrauchten Geschäfte gegen nachlaufende Rechnungen dieser Periode.

(6) *Schlussrechnungstermin:* Glattstellung aller noch offenen FX-Geschäfte, Nachkalkulation des Kursergebnisses zu Gunsten oder Lasten der Gesellschaft.

Abbildung 4: *Darstellung eines touristischen „Sicherungszeitplanes"*

Der Sicherungszeitraum ist dabei von der Gesellschaft festzulegen und kann in Abhängigkeit von der Markteinführung unterschiedlicher Katalogeditionen je Saison mehr als einen Kalkulationsstichtag umfassen. Grundsätzlich gilt, dass die aktuelle sowie zwei zukünftige Saisons den Sicherungszeitraum begrenzen, so dass der touristische Sicherungshorizont in der Regel auf einer 18-monatigen rollierenden Basis beruht. Aufgrund dieser saisonal geprägten Sicherungsüberlegungen weist die einmal jährlich zu erstellende strategische Drei-Jahres-Planung hinsichtlich der geplanten Währungsumrechnungskurse unterschiedliche Absicherungsgrade auf. Je weiter der Planungsprozess in die Zukunft reicht, umso eher gelten die Wechselkursannahmen als Schätzgrößen, die im Zeitablauf in den turnusmäßigen Sicherungsfahrplan aufgenommen werden und erst dann mit adjustierten Umsatz- und Aufwandsschätzungen das Budget des Folgejahres konkretisieren.[9]

9 Zu betonen ist hierbei, dass die Bezeichnung der Wechselkursannahmen als reine „Schätzgröße" keine negative Wertung beinhaltet, da vor der Fixierung von Aufwands- oder Preiskomponenten in der Regel alle Anpassungsmechanismen (Risikoreduzierung oder Risikoüberwälzung) des Marktes nach wie vor zur Verfügung stehen. Ausgenommen hiervon sind Wechselkursveränderungen, welche die Umsatzerlöse oder aber Aufwandspositionen so stark verzerren, dass die im Markt gewöhnlich vorzufindenden Preisanpassungsmechanismen versagen.

3.3 Erstellen des Risikoprofils

Durch die Bestimmung des „Risikoprofils" geben die Konzerngesellschaften darüber Aufschluss, wie hoch ihrer Meinung nach der Bedarf an „optionalen" Sicherungsstrukturen während der zu sichernden Zeitperiode sein sollte. Diese Vorgabe manifestiert sich im Normalfall durch die Gewährung eines Prämienbudgets für die jeweilige touristische Saison und orientiert sich in der Regel an der absoluten Höhe des Exposure. Die Entscheidung über den Einsatz von Optionen bleibt in Abhängigkeit zum Grundgeschäft den operativen Entscheidungsträgern vorbehalten.

3.4 Eindeckung des Sicherungsportfolios

Die Fremdwährungsrisiken der Konzerngesellschaften werden mittels konzerninterner marktkonformer Sicherungsgeschäfte an die Finanzabteilung übertragen. Die Devisenhändler des Front Office der TUI AG sichern – gegebenenfalls nach erfolgtem Netting – die für die TUI AG daraus entstehenden Fremdwährungspositionen bei Banken ab.

Im Falle geringer Volumina der internen Sicherungsgeschäfte erfolgt zumeist keine Weitergabe des Fremdwährungsrisikos an die Banken. In diesem Fall übernimmt die TUI AG das Fremdwährungsrisiko der Konzerngesellschaften. Zur Begrenzung der daraus potenziell resultierenden Währungsverluste auf Seiten der TUI AG wurden angemessene Limite durch Arbeitsanweisungen gegenüber den betroffenen Personen des Devisenhandels („Limite für offene Währungspositionen") erlassen.[10]

Durch die zentrale Absicherung reduzieren sich, auf Basis aller im Geschäftsjahr getätigten Devisensicherungsgeschäfte, die externen Geschäfte im Vergleich zu den intern abgeschlossenen Geschäften signifikant, so dass die TUI AG bei dem Einsatz risikopolitischer Instrumente volumenabhängige Preisvorteile und Kostendegressionseffekte erzielen kann.

Die Mitarbeiter des Front Office sind – auf Basis der durch die Gesellschaft vorzugebenden Parameter (Exposure-Planung sowie Vorgabe der Sicherungszeiträume und des Risikoprofils) – im Rahmen der aufgestellten Arbeitsanweisungen für die Wahl der Zeitpunkte sowie die Ausgestaltung und Auswahl der Sicherungsinstrumente verantwortlich.

10 Darüber hinaus sind gemäß dieser Arbeitsanweisung bei Erreichen eines Kursverlustes über alle Währungen hinweg innerhalb eines Handelstages alle offenen Positionen bis auf einen vertretbaren Restgegenwert zu schließen.

3.5 Berichterstattung

Im Rahmen der Berichtsfunktion analysiert und bewertet die Finanzabteilung der TUI AG auf Basis der monatlich durch die Konzerngesellschaften zu überprüfenden Fremdwährungsplanungen die Risikoposition der Gesellschaften und berichtet diese an die Gesellschaften.

Aufbau FX-Reporting – Fallbeispiel
Gesellschaft: TUI Konzerngesellschaft (KU)
Saison: Winter 2005/2006
Fremdwährungsbedarf: USD

Latest Forecast (USD)	Hedged Amount (USD)	Hedged in %
USD 62.000.000 USD-Bedarf – gemeldet durch TUI KU	USD 58.900.000 Abgesicherter USD-Bedarf, basierend auf konzerninternen Devisen-Sicherungen	95 %
Achieved Hedge Rate	**Unhedged Amount (USD)**	**Seasonal Rate**
1,2770 Durchschnittlicher Sicherungskurs aus den konzerninternen Devisen-sicherungen	USD 3.100.000 Ungesichertes Volumen	1,2600 Saisonrate – Sicherungskurs für die Saison
Actual Spot Rate	**Actual Forward Rate (End of Season)**	**P/L against Seasonal Rate (EUR)**
1,1957 Aktueller Kassa-Kurs	1,1932 Forward-Kurs zum Saisonende	EUR 484.566,07 Vergleich von (Latest Forecast x Seasonal Rate) mit (Hedged Amount x Achieved Hedge Rate + Unhedged Amount x Actual Forward Rate)

***Abbildung 5**: Darstellung eines touristischen „Währungsberichts“*

Der standardisierte saisonale Report einer Gesellschaft besteht aus folgenden Bestandteilen (siehe Abbildung 5):[11]

- Latest Forecast: Aktuelles kumuliertes Netto Exposure einer Währungseinheit

11 Vgl. hierzu *Gebhardt/Mansch* (2001), S. 90 f.

- Hedged Amount: Gesichertes Volumen
- Achieved Hedged Rate: Durchschnittlicher Sicherungskurs (aus den internen Devisengeschäften)
- Unhedged Amount: Ungesichertes Volumen
- Seasonal Rate: Saisonrate (Sicherungskurs für die Saison gemäß Katalogplanung)[12]
- Actual Spot Rate: Aktueller Kassakurs
- Actual Forward Rate End of Season: Aktueller Terminkurs zum Ende der jeweiligen Saison
- P/L against Seasonal Rate: Bisher erzielbares Sicherungsergebnis (bei sofortiger Eindeckung der noch offenen Positionen)

Ein positives Ergebnis (P/L against Seasonal Rate) signalisiert somit, dass – bei Eintreten der Mengenerwartungen – das Währungsrisiko bei der Preisstellung der Kataloge, bei sofortiger Sicherung der noch offenen Position, adäquat abgebildet wurde.

Damit kann festgehalten werden, dass nach Fixierung des Referenzkurses ein Währungsrisiko sich nur aus dem bis dahin ungesicherten Teil des Exposure ergeben kann. Diese offene Position wird durch die Konzernvorgabe einer Mindestsicherungsquote zum Zeitpunkt der Kalkulationskursabgabe begrenzt. Sicherungsgrade über 100 %, die sich durch reduzierte Mengenvorgaben ergeben können, sind sofort erfolgswirksam aufzulösen, so dass sich alle Sicherungsgeschäfte von ihren Beträgen sowie ihrem Risikohorizont immer auf ein entsprechendes fristenkongruentes Grundgeschäft beziehen. Für zukünftige touristische Saisons, die sich bereits laut Sicherungsfahrplan in der Phase der Eindeckung befinden, aber noch nicht den Zeitpunkt der Kalkulationskursfixierung erreicht haben, kann entsprechend der Logik des Verfahrens noch kein Sicherungsergebnis ermittelt werden. Der bis dahin durchschnittlich erzielte Sicherungskurs kann jedoch in der Phase der Vorkalkulation als erste Kalkulationskursschätzung benutzt werden.

Neben der schriftlichen Berichterstattung finden darüber hinaus in regelmäßigen Abständen Abstimmungsgespräche mit den Tochtergesellschaften statt, in denen von Seiten der Gesellschaften der aktuelle Stand der touristischen Finanzplanung dargestellt wird. Zum anderen werden die aktuellen Vorkommnisse an den Kapitalmärkten durch die Finanzverantwortlichen kommentiert und mit einem Marktausblick versehen. Diese Treffen, die mindestens halbjährlich stattfinden, überprüfen die unternehmensindividuellen Sicherungsstrategien und ermöglichen einen Rückblick auf die bereits abgeschlossene touristische Saison. In der Praxis haben sich diese Treffen als ein wichtiges Element zur Weiterentwicklung des Risikomanagementprozesses herausgestellt, da durch den gegenseitigen Austausch von Informationen, die der jeweils anderen Seite grundsätzlich in ihrer Tiefe nicht zur Verfügung stehen, und die

12 Der Sicherungskurs für das gesicherte Währungsexposure repräsentiert den volumengewichteten Kurs der abgeschlossenen internen Sicherungsgeschäfte. Der zum Zeitpunkt der Katalogpreisfixierung ungesicherte Teil des Währungsexposures wird für die Bestimmung der Referenzrate mit dem Terminkurs bewertet.

daran anschließende Diskussion gemeinsame Lösungswege entwickelt werden, die wiederum von beiden Seiten mitgetragen werden.

3.6 Kontrolle und Prozesse

Der Risikomanagementprozess wird begleitet durch adäquate interne Kontrollmechanismen. Insbesondere die Konzentration der Finanzgeschäfte bei der TUI AG als Bank des Konzerns und eine damit einhergehende Stärkung der zentralen Kompetenzen führt hier zu einer erweiterten Aufgabenstellung des Treasury.

Klassische Kontrollen innerhalb des Finanzbereiches beziehen sich auf die Einhaltung der täglichen Limite für den Handelsbereich (Positions- und Ergebnislimite), die Prüfung der Marktgerechtheit beim Abschluss von Handelsgeschäften, die Bestätigungsaufgaben für abgeschlossene Handelsgeschäfte und nachgelagerte Kontrollen sowie auf die grundsätzliche Anwendung von Ordnungsmäßigkeitsprinzipien wie z. B. die Funktionstrennung oder das Vier-Augen-Prinzip.[13]

Eine adäquate Ausstattung der Kontrollen und Prozesse umfasst auch die Verantwortung für die Initialisierung und DV-Umsetzung des Prozesses bei der Neueinführung von Sicherungsinstrumenten und ihrer Bewertung.[14]

In der Konzernrichtlinie zum Finanzmanagement werden die in diesem Zusammenhang für die TUI relevanten wesentlichen Grundsätze explizit aufgeführt:

- Die Finanzielle Unabhängigkeit und der Handlungsspielraum des Konzerns müssen gewahrt werden.
- Finanztransaktionen sind stets grundgeschäftsbezogen (Ausschluss der Spekulation).
- Finanzinstrumente müssen hinsichtlich Funktionsweise, Abbildung, Bewertung, Buchung und Bilanzierung sowie Überwachung mit eigenen Mitteln beherrschbar sein.
- Alle finanziellen Risiken sind zu quantifizieren und durch Limite zu begrenzen.
- Es besteht eine Andienungspflicht von Finanztransaktionen seitens der Konzerngesellschaften gegenüber Konzernfinanzen.
- Finanzinformationen müssen stets konzernweit transparent, vollständig, aktuell und richtig sein.

---

13 Vgl. hierzu *Verband Deutscher Treasurer e. V.* (1998).

14 Adäquate Prozesse umfassen des Weiteren die Sicherstellung der Datenqualität der Marktdatenversorgung und den Einsatz entsprechender Bewertungsmodelle durch eine geeignete Treasury-Management-Software.

- Die Ordnungsmäßigkeit und Sicherheit der Abläufe sind zu gewährleisten.

Überprüft werden die Ordnungsmäßigkeit und Angemessenheit des Risikomanagementprozesses durch mindestens eine jährliche interne Prüfung seitens der Konzern-Revision, gegebenenfalls unter Einbeziehung externer Wirtschaftsprüfer.

Um eine Zentralisierung des Risikomanagements, die Standardisierung von Abläufen und Meldesystemen, die Erfüllung von externen und internen Berichtsanforderungen sowie die Nutzung von Synergien umzusetzen, waren insbesondere deutliche Anstrengungen und Investitionen hinsichtlich Modernisierung und Umfang der DV-Systeme erforderlich.

Mittels der folgenden DV-technischen und prozessualen Maßnahmen bzw. Lösungen gelingt es, den vorstehend aufgeführten Anforderungen gerecht zu werden:

- Einsatz möglichst integrierter Systeme mit nur wenigen Schnittstellenlösungen
- Realisierung eines Straight Through Processing (STP) für Handelsgeschäfte (einmalige Erfassung, elektronische Rückbestätigung, jederzeitige Bewertung und automatisierte Buchung)
- Umsetzung einheitlicher Reportingstandards
- Etablierung elektronischer Workflows bis hin zur Anwendung webbasierter Front Ends, um den Konzerngesellschaften direkten Zugriff auf ihre Daten/Reports zu ermöglichen

Neben den Hedging-Aktivitäten und der damit verbunden Margensicherung sowie der Reduzierung der Ergebnisvolatilität des Konzerns kann Treasury somit auch durch eine Erhöhung der Prozesseffizienz einen Wertbeitrag für das Gesamtunternehmen liefern.

4. Zusammenfassung

Da die Kapitalmarktfinanzierung ein wesentlicher Eckpfeiler der Unternehmensfinanzierung geworden ist, sind die Informationsbedürfnisse der Kapitalgeber richtungweisend für die Berichterstattung. Festzuhalten bleibt, dass die kapitalmarktorientierte Rechnungslegung zunehmend die Rahmenbedingungen des Managements finanzwirtschaftlicher Risiken bestimmt.

Zur Erfüllung der gesetzlich vorgeschriebenen Berichtspflichten sind die etablierten Risikomanagementprozesse (hier dargestellt am Beispiel des Managementprozesses touristischer Währungsrisiken) und dabei insbesondere die geschäftsjahresbezogene Konzernberichterstattung weiterzuentwickeln. Dabei steht im Vordergrund, die operativen Sicherungsbedürfnisse der Konzerngesellschaften mit der ergebnisorientierten Konzernsteuerung sowohl für die

Belange der Shareholder als auch der Bondholder zu vernetzen. Hierfür werden insbesondere der Bedarf an gut qualifizierten Mitarbeitern sowie der IT-Bedarf der Treasury-Abteilungen weiter ansteigen, um die umfassenden Herausforderungen insbesondere auch der Bilanzierungs- und Bewertungsvorschriften der International Financial Reporting Standards (IFRS) voll erfüllen zu können.

Literatur

Baetge, J./Heumann, R. (2006): Wertorientierte Berichterstattung, in: Der Betrieb, Heft 07, Münster 2006.

Gebhardt, G./Mansch, H. (Hrsg., 2000): Risikomanagement und Risikocontrolling in Industrie- und Handelsunternehmen, in: Schmalenbachs Zeitschrift für betriebswirtschaftliche Forschung, Sonderheft 46-01, Frankfurt am Main, Erlangen 2000.

Headley, J. S./Tufano, P. (1994): Why Manage Risk?, Harvard Business School N9-294-107, 1994.

Perridon, L./Steiner, M. (2004): Finanzwirtschaft der Unternehmung, 13. Auflage, München 2004.

Verband Deutscher Treasurer e. V. (Hrsg., 1998): Mindeststandards der internen Aufbau/Ablauforganisation im Industrie-Treasury, Frankfurt am Main 1998.

Verband Deutscher Treasurer e. V. (Hrsg., 2003): Rating im Unternehmen, 2. Auflage, Frankfurt am Main 2003.

Verband Deutscher Treasurer e. V. (Hrsg., 2005): Konzernfinanzrichtlinien, Frankfurt am Main 2005.

Ermittlung und Aggregation von Währungsrisiken

Peter Seethaler/Steffen Haß/Marko Brunner – KPMG

1. Einleitung

Deutsche Unternehmen gehören seit jeher zu den exportstarken Unternehmen im internationalen Wettbewerbsumfeld. Seit den siebziger Jahren konnten sie durch Produktionsaufbau und Zukäufe im Ausland ihre Wettbewerbsposition weiter stärken. Mit nur wenigen Ausnahmen sind heute sowohl ihr Absatz als auch ihre Produktionskapazitäten international weit gestreut. Als Konsequenz der Internationalisierung sehen sich die Unternehmen in gesteigertem Maße Risiken aus Wechselkursänderungen ausgesetzt. Die Steuerung dieser Währungsrisiken stellt für Unternehmen oftmals eine große Herausforderung dar, die es durch die Etablierung eines adäquaten Risikomanagement-Prozesses zu bewältigen gilt.

Die Komplexität im Währungsmanagement und die daraus resultierenden Anforderungen an die Ausgestaltung des Risikomanagement-Prozesses werden von unterschiedlichen Faktoren beeinflusst. Neben der Anzahl der Währungen kommt sicherlich der Volatilität der einzelnen Währungen, in denen Geschäfte abgewickelt werden, eine bedeutende Rolle zu. Ferner führen Kapitalverkehrsbeschränkungen in einzelnen Ländern dazu, dass bestimmte Währungen aus dem üblichen Steuerungsprozess ausgeschlossen und andere Wege gefunden werden müssen, die bestehenden Risiken zu begrenzen.

Mit der Anzahl der in das Währungsmanagement integrierten Tochtergesellschaften steigt typischerweise der Koordinations- und Prozessaufwand zur Erhebung der Währungsrisiken der Einzelgesellschaften. Gleichzeitig ergibt sich mit der internationalen Streuung von Produktions- und Vertriebsstätten eine Vielzahl funktionaler Währungen innerhalb der bestehenden Konzernstruktur. Bei einer, in der Praxis vorherrschenden, zentralen Steuerung der Währungsrisiken ergeben sich daraus wichtige Anforderungen an die Methodik zur Quantifizierung der konzernweiten Währungsrisikoposition. Diese sind insofern zwingend zu berücksichtigen, als dass bei Anwendung einer nicht adäquaten Systematik zur Exposure-Ermittlung die Gefahr besteht, dass Risiken im besten Falle nur unvollständig erfasst werden. Für die darauf aufbauende Sicherungsstrategie bedeutet dies, dass einzelne Risiken systematisch falsch gesichert werden. Als Konsequenz kann es zu einer geringeren Sicherung oder auch einer Übersicherung, gemessen an der angestrebten Sicherungsquote, kommen. Im weitaus schlimmeren Fall werden einzelne Risiken überhaupt nicht erfasst; das Unternehmen hat somit keinen vollständigen Überblick über die Währungsrisiken und läuft Gefahr, von den Auswirkungen solcher Risiken überrascht zu werden.

Aufgrund der essenziellen Bedeutung einer korrekten Währungsrisikoposition als Grundlage für die sich anschließenden Steuerungs- und Controllingprozesse sowie der in der Praxis oftmals in diesem Zusammenhang vorzufindenden konzeptionellen Fehler sollen im Rahmen dieses Beitrags zwei verschiedene Ansätze zur Quantifizierung und Aggregation von Währungsrisiken kurz erläutert und anschließend diskutiert werden.

2. Grundlagen der Exposure-Ermittlung

2.1 Währungsrisiko-Kategorien

2.1.1 Darstellung der unterschiedlichen Exposure-Konzepte

In der Praxis werden typischerweise drei Formen von Währungsrisiko-Kategorien[1] unterschieden:

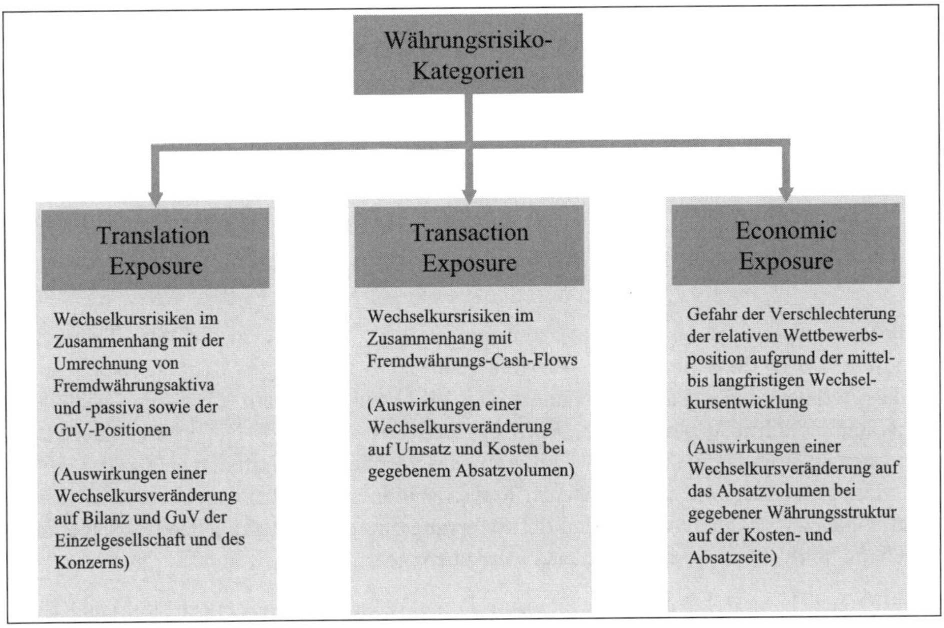

Abbildung 1: *Übersicht über Exposure-Kategorien*

Das *Translation Exposure* bezieht sich auf Wechselkursrisiken, die im Zusammenhang mit der Umrechnung von Fremdwährungsaktiva und -passiva im Jahresabschluss stehen. Es kann im Einzelabschluss einer Gesellschaft entstehen, wenn sich die zur Umrechnung von Fremdwährungspositionen anzuwendenden Wechselkurse seit dem letzten Berichtstermin geändert haben. Solche Umrechnungsdifferenzen können darüber hinaus auch im Konzernabschluss auftreten, wenn im Rahmen der Konsolidierung Abschlüsse, die in Fremdwährung aufgestellt sind, in die Konzernwährung umgerechnet werden.

1 Zur Definition der verschiedenen Währungsrisiko-Kategorien sowie damit verbundenen Abgrenzungsproblemen vgl. *Büschgen* (1993), S. 228 ff., *Fastrich/Hepp* (1991), S. 133 ff. und *Jokisch* (1987), S. 98 ff.

Das *Transaction Exposure* beschreibt Wechselkursrisiken im Zusammenhang mit Fremdwährungs-Cash-Flows und zielt auf die Auswirkungen einer Wechselkursveränderung auf Umsatz und Kosten bei gegebenem Absatzvolumen ab. Anders als das Translation Exposure bezieht sich das Transaction Exposure ausdrücklich auch auf künftige Cash Flows. Während beim Translation Exposure das Risiko auf Basis des aktuellen Bestands an Aktiva und Passiva ermittelt wird, ist beim Transaction Exposure neben den risikobehafteten Währungsbeträgen zusätzlich eine zeitliche Dimension zu berücksichtigen. Gleiches gilt auch für das Economic Exposure.

Das *Economic Exposure* beschreibt die Auswirkungen von mittel- bis langfristigen Wechselkursveränderungen auf die relative Wettbewerbsposition eines Unternehmens. Grundlegender Gedanke ist, dass sich mittel- bis langfristige Veränderungen des Wechselkursniveaus nachhaltig auf die Wettbewerbsfähigkeit und mithin auf Handlungsspielräume in der Preisgestaltung auswirken können. Maßgeblich für die Stärke solcher wechselkursinduzierten Wettbewerbseffekte sind vor allem die Währungsstrukturen auf Absatz- und Kostenseite, die Marktstellung des Unternehmens und damit einhergehend die Fähigkeit, Margenschwankungen an Kunden und Lieferanten weiterreichen zu können, sowie die internationale Streuung von Produktionsstätten.[2]

2.1.2 Diskussion der Exposure-Konzepte

Üblicherweise basiert das Währungsmanagement von Unternehmen auf dem Transaction Exposure. Durch die Einbeziehung aller innerhalb eines festgelegten Risikohorizonts anfallenden Fremdwährungs-Cash-Flows in die Exposure-Ermittlung wird bereits ein Großteil der kurz- und mittelfristig steuerbaren Wechselkursrisiken abgedeckt. Die in das Transaction Exposure einbezogenen Cash Flows sind zumeist recht gut quantifizierbar, so dass relativ zuverlässige Aussagen über die Höhe der Risikopositionen getroffen werden können. Daraus folgt zugleich, dass die entsprechend der Sicherungsstrategie abzuschließenden Sicherungsgeschäfte hinreichend fundiert abgeleitet werden können.

Eine Einbeziehung des Translation Exposure in das Währungsmanagement birgt das Risiko, Positionen zu sichern, die zu keinem Zeitpunkt (oder zumindest nicht innerhalb des betrachteten Risikohorizonts) liquiditätswirksam werden. Während bei der Sicherung von Transaction Exposures die Fremdwährungsbeträge aus dem Sicherungsgeschäft zur Bedienung des Grundgeschäfts herangezogen werden können, steht dem Zahlungsstrom aus dem Sicherungsgeschäft im Fall der Sicherung von Translation Exposures kein aus dem Grundgeschäft resultierender Cash Flow gegenüber. Folglich geht mit einer Sicherung von Translation Exposures stets ein (liquiditätswirksames) Transaktionsrisiko – hervorgerufen durch das Sicherungsgeschäft – einher. Aus diesem Grund lässt sich in der Praxis beobachten, dass die meisten Unternehmen Translation Exposures nicht absichern.

2 Eine umfangreiche empirische Untersuchung zum Economic Exposure und der Determinanten des Economic Exposure deutscher Unternehmen bietet *Brunner* (2003).

Das nachstehende Beispiel verdeutlicht nochmals die Liquiditätsproblematik im Zusammenhang mit der Sicherung von Translation Exposures:

Beispiel

Finanzierung eines „Net Investment in a Foreign Operation“ (100-prozentige Tochtergesellschaft mit Sitz in Großbritannien) mit Hilfe eines variabel verzinslichen Kredits in der funktionalen Währung der britischen Tochtergesellschaft.

Für die Muttergesellschaft mit der funktionalen Währung EUR besteht aus bilanzieller Sicht das Risiko, dass im Rahmen der Konsolidierung Wechselkursschwankungen zwischen EUR und der funktionalen Währung der Tochtergesellschaft (GBP) zu einer erhöhten Volatilität der konsolidierten, in EUR ausgewiesenen Konzernbilanz führen. Dies resultiert aus der Umrechnung der Beteiligung zu den jeweiligen Stichtagskursen. Je stärker die Auf- bzw. Abwertung im Währungspaar GBP/EUR ausfällt, umso stärker wird sich dieser Effekt auf das in EUR umgerechnete Eigenkapital der Tochtergesellschaft und damit auf die konsolidierte Bilanz auswirken.

Zur Reduzierung der Volatilität der konsolidierten Bilanz und G&V auf Grund von Wechselkursschwankungen finanziert die Muttergesellschaft die Investition mit einem GBP-Darlehen und designiert diese Sicherungsbeziehung als „Net Investment Hedge in a Foreign Operation“. Zu Beginn der Hedge-Beziehung ergeben sich folgende Bilanzen (dargestellt werden nur Fremdwährungspositionen):

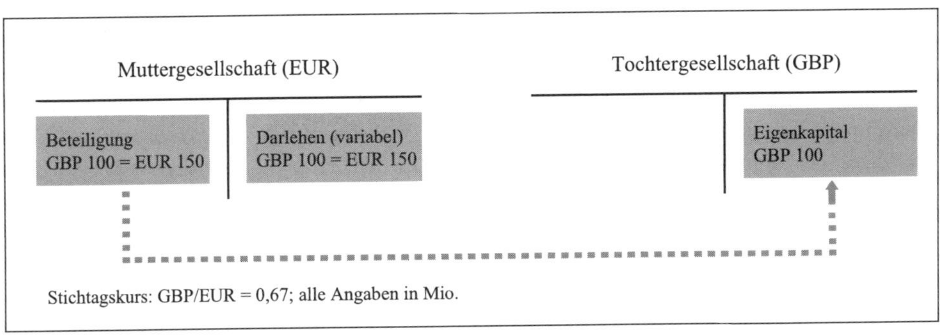

Abbildung 2: *Ausgangsituation Sicherung eines Net Investment in a Foreign Operation*

Bei einer angenommenen Effektivität von 100 % dieser Hedge-Beziehung zwischen der Ausgangssituation und dem neuen Bewertungsstichtag gleichen sich die wechselkursbedingten Wertveränderungen der in EUR ausgedrückten Werte des Eigenkapitals der Tochtergesellschaft und des Fremdwährungskredits gegenseitig aus, so dass die Bilanz der Muttergesellschaft in Summe unberührt von Wechselkursveränderungen bleibt.

Die Währungsumrechnungsdifferenzen aus dem Net Investment und dem Kredit werden als Foreign Currency Translation Reserve (OCI) im Eigenkapital gebucht.

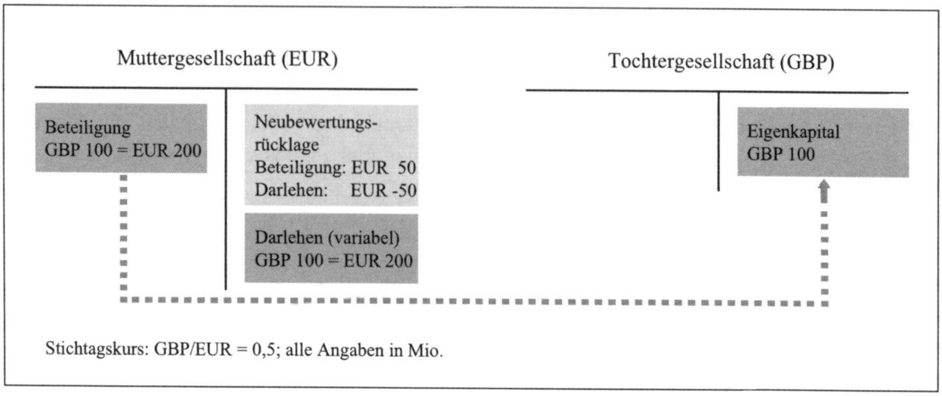

Abbildung 3: *Hedge eines Net Investment in a Foreign Operation nach Wechselkursveränderung*

Aus bilanzieller Sicht besteht somit kein Risiko. Das Translation-Exposure-Konzept vernachlässigt allerdings, dass aus dem Fremdwährungskredit risikobehaftete Cash Flows resultieren: Alle zukünftigen Zinszahlungen sowie die Tilgung des Kredits sind in GBP zu leisten. Sofern der Wechselkurs auf das Niveau von GBP/EUR = 0,5 sinkt und bis zur Fälligkeit des Darlehens auf diesem verbleibt, ergibt sich ceteris paribus ein liquiditätswirksamer Mehraufwand von EUR 50 Mio. aus der Rückzahlungsverpflichtung des Kredits im Vergleich zur Ausgangssituation. Mit der Sicherung des Net Investment in a Foreign Operation wurde folglich ein Transaction Exposure aufgebaut.[3]

Eine finanzwirtschaftliche Steuerung auf der Grundlage des Economic Exposure erscheint ebenso problematisch, da das Economic Exposure im Wesentlichen durch realwirtschaftliche Ursachen hervorgerufen wird. Finanzwirtschaftliche Maßnahmen bewirken hier lediglich eine vorübergehende Sicherung über den Zeitraum ihrer Laufzeit, so dass das Risiko eines Verlusts von Marktanteilen nur zeitlich verschoben wird und die außerhalb des Sicherungshorizonts liegenden Umsätze von den dann gültigen Wechselkursrelationen abhängen. Zur Steuerung des Economic Exposure werden deshalb in der Praxis in erster Linie realwirtschaftliche Maßnahmen wie das Herbeiführen von Währungskonformität auf Absatz- und Kostenseite, z. B. durch Veränderung der Sourcing-Strategie oder Produktionsverlagerungen, in Betracht gezogen. Darüber hinaus ist die Bestimmung des Economic Exposure mit hoher Unsicherheit behaftet, da die Wechselkursschwankungen zum Teil über komplexe Wirkungszusammenhänge auf die Unternehmens-Cash-Flows wirken und so eine exakte Quantifizierung der Risikoposition nur schwer möglich ist. In der Praxis ist zu beobachten, dass das

3 Aus dem Net Investment würde erst dann ein zu berücksichtigendes Transaction Exposure resultieren, wenn z. B. Dividenden an die Muttergesellschaft gezahlt werden.

Economic Exposure unter anderem auf Grund der aufgeführten Aspekte typischerweise nicht im Fokus des Währungsmanagements steht.

Aus den vorstehenden Gründen soll im Folgenden nur noch das Transaction Exposure betrachtet werden.

2.1.3 Bestandteile des Transaction Exposure

Wie bereits beschrieben, stellt das Transaction Exposure rein auf Fremdwährungs-Cash-Flows ab. Cash Flows lassen sich hinsichtlich ihrer Eintrittswahrscheinlichkeit in geplante, vertraglich vereinbarte und bereits gebuchte Zahlungsströme klassifizieren. Während geplante Cash Flows noch vergleichsweise unsicher sind, lassen sich vertraglich vereinbarte und insbesondere gebuchte Cash Flows mit einer weitaus höheren Planungsqualität bestimmen.

Folgerichtig sieht die häufig anzutreffende Sicherungsstrategie hinsichtlich der operativen Wechselkursrisiken vor, diejenigen Cash Flows, deren erwartetes Eintrittsdatum weiter in der Zukunft liegt, mit einer geringeren Sicherungsquote zu sichern als zeitlich nähere. Je näher ein Cash Flow rückt und damit je sicherer Aussagen über seine Höhe und Eintrittswahrscheinlichkeit gemacht werden können, umso verlässlicher kann eine Hedge-Strategie aufgebaut werden – die Gefahr, eine offene Position aus Sicherungsgeschäften zu generieren, sinkt.[4]

Zur Erhöhung der Transparenz sollte daher innerhalb der Ermittlung der Währungsrisikoposition nicht nur nach zeitlichem Anfall und Ursache, sondern ebenfalls nach den vorgenannten Klassen der Eintrittswahrscheinlichkeit der Exposures differenziert werden. Eine Differenzierung zwischen den einzelnen Cash-Flow-Arten erleichtert zudem die Designation von Sicherungsbeziehungen nach internationalen Rechnungslegungsstandards sowie die regelmäßig durchzuführende Effektivitätsmessung.

2.2 Funktionale Währung

Unabhängig von der Währungsrisiko-Kategorie bestehen Währungsexposures nicht isoliert in einer Währung, sondern beziehen sich immer auf ein Währungspaar. Als Referenzwährung dient die so genannte funktionale Währung der jeweiligen Gesellschaft bzw. des Konzerns. Üblicherweise handelt es sich hierbei um die Währung des Umfeldes, in dem ein Unternehmen hauptsächlich Zahlungsmittel erwirtschaftet und aufwendet. Dies ist in der Regel die Währung des Landes, in dem das Unternehmen ansässig ist, oder die Währung der Mutter-

4 Aus theoretischer Sicht lässt sich eine mit zunehmendem Horizont der operativen Plangrößen abnehmende Sicherungsquote auch damit begründen, dass die Preisanpassungsmöglichkeiten eines Unternehmens steigen, je weiter der Cash Flow in der Zukunft liegt.

gesellschaft, wenn die wirtschaftliche Tätigkeit des betrachteten Unternehmens weitgehend unselbständig ausgeübt wird.[5]

2.3 Risikohorizont

Um das Transaction Exposure operationalisierbar für das Risikomanagement zu machen, bedarf es der Bestimmung eines zeitlichen Horizonts, innerhalb dessen die betrachteten Risiken erfasst und gesteuert werden. Bekanntermaßen entsteht das Währungsrisiko deutlich vor der buchhalterischen Erfassung bzw. Rechnungsstellung. Insofern ergibt sich eine Abweichung von der Risikoperiode des Rechnungswesens zu dem ökonomischen Risikohorizont, der dem Währungsmanagement zu Grunde liegen sollte.

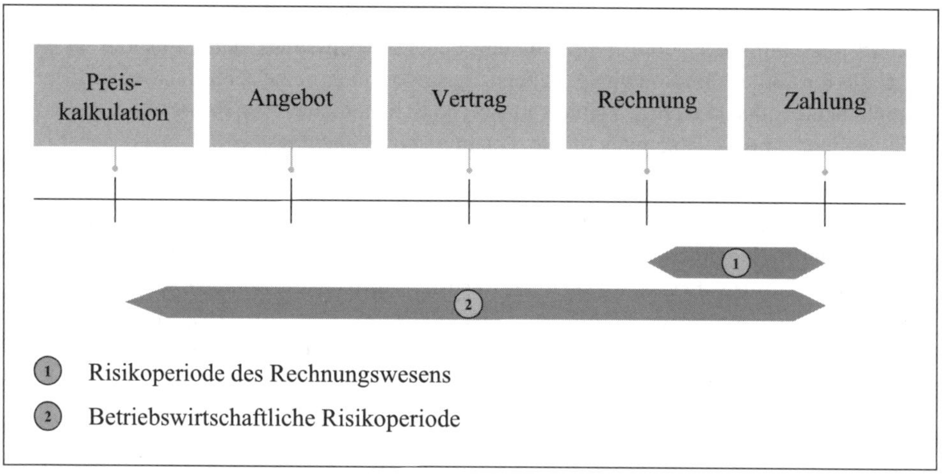

Abbildung 4: *Buchhalterische versus ökonomische Risikoperiode*

Der ökonomische Risikohorizont verkörpert denjenigen Zeitraum, innerhalb dessen die Auswirkungen von Wechselkursschwankungen nicht oder nur begrenzt über Preisanpassungen an Kunden und Lieferanten weitergegeben werden können. Dieser wird im Wesentlichen durch die Spezifika des Marktes bestimmt, in dem ein Unternehmen tätig ist. Hier seien vor allem die Marktstruktur auf Angebots- und Nachfrageseite genannt – sowohl bezogen auf das Endprodukt wie auch auf Vorprodukte – und damit einhergehend die Marktmacht des betrachteten Unternehmens. Darüber hinaus spielt die Art des Produkts ebenfalls eine wesentliche

5 Die funktionale Währung eines Unternehmens kann definiert werden als die Währung des primären Wirtschaftsumfelds, in dem das Unternehmen tätig ist. Eine detaillierte Beschreibung des Konzepts der funktionalen Währung findet sich z. B. in IAS 21.9-14.

Rolle. Hersteller von Investitionsgütern müssen in der Regel einen längeren Risikohorizont zu Grunde legen als z. B. Hersteller von Konsumgütern.

Sofern beispielsweise ein Unternehmen ausschließlich einzelkalkulierte Aufträge abwickelt und Wechselkursschwankungen aufgrund der Marktstellung an seine Kunden weitergeben kann, ergibt sich der ökonomische Risikohorizont aus der jeweiligen Auftragsperiode. Der Kalkulation des Auftrags werden in der Praxis üblicherweise die jeweiligen Terminkurse, bezogen auf die geplanten Zeitpunkte der Fremdwährungseinzahlungen bzw. -auszahlungen, zu Grunde gelegt. Diese werden um einen Auf- bzw. Abschlag korrigiert, um dem Währungsrisiko bis zum Inkrafttreten des Vertrags Rechnung zu tragen.

3. Verfahren der Ermittlung des Gruppen-Exposure

In internationalen Konzernen werden Wechselkursrisiken überwiegend zentral gesteuert. Hierfür sprechen, neben der Möglichkeit, im Konzern auftretende gegenläufige Risikopositionen zu netten, vor allem Kostengründe. So können durch Economies of Scale oftmals günstigere Konditionen erzielt werden als bei kleineren, dezentralen Kontraktvolumina. Darüber hinaus ist der dezentrale Aufbau der für ein fundiertes Risikomanagement notwendigen fachlichen Kenntnisse und Fähigkeiten sowie der entsprechenden Kapazitäten sehr kostenintensiv.

Voraussetzung für eine zentrale Steuerung der Währungsrisiken ist zunächst die Ermittlung eines Gruppen-Exposure. Dabei lassen sich grundsätzlich zwei Ermittlungsmethoden unterscheiden:

- Exposure-Ermittlung auf Grundlage der Fremdwährungsrisiken der Konzerngesellschaften
- Exposure-Ermittlung auf Grundlage der konzernexternen Cash Flows

Die Unterschiede zwischen beiden Vorgehensweisen sollen im Folgenden anhand von Fallbeispielen herausgearbeitet werden. Hierauf basierend wird eine kritische Würdigung beider Ansätze vorgenommen.

Unabhängig von der angewandten Methode zeigt sich in der Praxis häufig, dass die Ermittlung der gruppenweiten Währungsrisikoposition die Unternehmen vor eine Reihe organisatorischer Herausforderungen stellt. In vielen Konzernen wird versucht, die Komplexität im Währungsmanagement a priori dadurch zu reduzieren, dass die Anzahl der Gesellschaften und Währungen, die in die Exposure-Ermittlung einfließen sollen, auf einen kleineren Kreis beschränkt werden. Aus Effizienzgründen wird somit bewusst ein Teil des Währungsrisikos nicht in die Exposure-Erfassung einbezogen. Entscheidendes Kriterium für die Definition von Materialitätsgrenzen sollte die Risikotragfähigkeit des Konzerns, aber insbesondere auch der

Einzelgesellschaft sein. Die Fähigkeit, Verluste aus Wechselkursrisiken durch Eigenkapital kompensieren zu können, sollte in jedem Fall regelmäßig neu beurteilt werden.

3.1 Exposure-Ermittlung auf Grundlage der Fremdwährungsrisiken der Konzerngesellschaften

3.1.1 Exposure-Ermittlung auf Gesellschaftsebene

Ausgangspunkt für diesen Ansatz zur Exposure-Ermittlung sind die Währungsrisikopositionen auf der Ebene der einzelnen Gesellschaften. Aus diesen Exposures wird anschließend das Gruppen-Exposure durch Aggregation abgeleitet.

Für die Exposure-Ermittlung auf Gesellschaftsebene sind nach diesem Ansatz alle Cash Flows relevant, unabhängig davon, ob sie aus Geschäftsbeziehungen mit externen oder konzerninternen Geschäftspartnern resultieren. Gemäß der Definition des Transaction Exposure sind diejenigen Fremdwährungs-Cash-Flows relevant, die innerhalb des ökonomischen Risikohorizonts anfallen werden.

Die Ermittlung der Währungsrisikoposition auf Gesellschaftsebene soll im Folgenden anhand von Fallbeispielen dargestellt werden.

Fallbeispiel 1

> Eine Tochtergesellschaft mit funktionaler Währung GBP erzielt externe Umsatzerlöse in Höhe von USD 100 Mio., GBP 200 Mio. und EUR 50 Mio. Alle Cash Flows werden zum selben Zeitpunkt innerhalb des Risikohorizonts erwartet.

Aufgrund der funktionalen Währung GBP als Referenzwährung ergibt sich, dass nur der USD-Cash Flow und der EUR-Cash Flow ein Transaction Exposure darstellen; die GBP 200 Mio. stellen aus Sicht der Gesellschaft kein Risiko dar.

Fallbeispiel 2

> Bei der GBP-Gesellschaft fallen zusätzlich Kosten aus internen Lieferbeziehungen mit der Muttergesellschaft (funktionale Währung EUR) in Höhe von GBP 300 Mio. an.

Wie im Fallbeispiel 1 stellen die GBP 300 Mio. kein Risiko für die GBP-Gesellschaft dar. Allerdings ergibt sich für die Muttergesellschaft daraus ein Transaction Exposure, da die erwartete Einzahlung nicht in EUR anfällt.

Fallbeispiel 3

> Die Muttergesellschaft bezieht extern Vorprodukte im Wert von USD 250 Mio.

Der Muttergesellschaft entsteht aus der Transaktion ein Exposure in Höhe von USD 250 Mio.

Fallbeispiel 4

> Die GBP-Gesellschaft plant eine Dividendenzahlung an die Muttergesellschaft. Die erwartete Dividende ergibt sich als Summe aus allen internen und externen Cash Flows dieser Gesellschaft. Hieraus resultiert aus Sicht der Tochtergesellschaft ein geplanter Liquiditätsübertrag in Höhe von EUR -50 Mio., GBP 100 Mio. sowie USD -100 Mio. Dies entspricht – bewertet zu den aktuellen, für den Zahlungszeitpunkt gültigen Terminkursen – einem Gegenwert in Höhe von GBP 50 Mio.

Die Dividendenzahlung ist sowohl auf Gesellschaftsebene als auch auf Ebene der Muttergesellschaft im Hinblick auf die Exposure-Ermittlung relevant. Im Gegensatz zu einem Übertrag der Liquidität im Rahmen bestehender Cash-Pooling-Systeme führt ein Liquiditätsübertrag in Form einer Dividendenzahlung dazu, dass keine Forderung bzw. Verbindlichkeit der Tochtergesellschaft gegenüber der Muttergesellschaft besteht.[6]

Die sich unter Berücksichtigung sämtlicher vorgenannter Transaktionen ergebenden Cash Flows und Exposures auf Ebene der Tochter- bzw. Muttergesellschaft sind in Abbildung 5 nochmals zusammengefasst:

6 Die folgenden Ausführungen beziehen sich ausschließlich auf Liquiditätsüberträge im Zusammenhang mit Dividendenzahlungen.

	Tochtergesellschaft (GBP)			Muttergesellschaft (EUR)		
	EUR	GBP	USD	EUR	GBP	USD
Umsatzerlöse:	+50	+200	+100		+300	
Beschaffungskosten:		-300				-250
Dividende/ Liquiditätsübertrag:	-50	+100	-100	+50	-100	+100

alle Angaben in Mio.; Exposures sind grau hinterlegt

Abbildung 5: *Cash-Flow- und Exposure-Übersicht auf Ebene der Einzelgesellschaften*

3.1.2 Aggregation der Gesellschafts-Exposures zum Gruppen-Exposure

In der Praxis werden die Exposures der Tochtergesellschaft oftmals mittels interner Sicherungsgeschäfte auf die Muttergesellschaft transferiert, so dass sich das Gruppen-Exposure aus den Exposure-Positionen der Muttergesellschaft und den internen Sicherungsgeschäften ergibt. Sofern nur ein Teil der dezentral bestehenden Währungsrisiken mittels interner Geschäfte auf die Muttergesellschaft übertragen wird, sollte zwingend darauf geachtet werden, dass nicht nur die sich ergebende Risikoposition der Muttergesellschaft, sondern ebenfalls die dezentral verbleibenden Währungsrisiken in die zentrale Steuerung mit einfließen. Ansonsten besteht die Gefahr, dass im Fall einer Weitergabe der internen Devisentermingeschäfte an den Markt bei deutlich unterschiedlichen Nominalvolumina und Hedge Ratios einzelner Tochtergesellschaften der Effekt eintritt, dass die Netto-Position vor Sicherung durch ein deutlich höheres Nominalvolumen an externen Geschäften (Overhedge) gesichert wird.

Beispiel

Tochtergesellschaft A weist ein Exposure in Höhe von USD 400 Mio. auf und sichert hiervon USD 100 Mio. bei der Muttergesellschaft mittels interner Devisentermingeschäfte ab. Die Währungsrisikoposition der Tochtergesellschaft B beläuft sich auf USD -450 Mio.; Tochtergesellschaft B sichert hiervon USD 400 Mio. über interne Devisentermingeschäfte mit der Muttergesellschaft ab. Die internen Sicherungsgeschäfte werden von der Muttergesellschaft 1:1 an den Markt weitergegeben.

Aus vorgenannten Transaktionen ergibt sich eine Gesamtposition an Grundgeschäften nach Netting in Höhe von USD -50 Mio. und an externen Devisentermingeschäften in Höhe von USD 300 Mio. Auf Gruppenebene ergibt sich somit ein Overhedge in Höhe von USD 250 Mio.

Die zentrale Steuerung der Währungsrisiken erfolgt auf Basis des Gruppen-Exposure, welches sich aus der Zusammenfassung der Währungsrisikopositionen der Tochtergesellschaften sowie der Muttergesellschaft ergibt. Bei der Aggregation werden sowohl gleichgerichtete wie auch gegenläufige Exposures zusammengefasst, wobei nur solche Positionen zu aggregieren sind, die sich auf die gleichen Währungspaare beziehen, das heißt gleiche Transaktionswährung und gleiche zu Grunde liegende funktionale Währung. Zur Aggregation stehen im Wesentlichen zwei Alternativen zur Verfügung.

Zum einen kann eine Aggregation ausschließlich auf Ebene der von den Gesellschaften gemeldeten Währungspaare erfolgen. Bei dieser Alternative setzt sich das Gruppen-Exposure in einer Währung aus einer Vielzahl von unterschiedlichen Währungspaaren zusammen. So ergeben sich aus den Fallbeispielen 1 und 3 aus Gruppensicht für die USD-Cash Flows (USD 100 Mio. bei der Tochtergesellschaft und USD -250 Mio. bei der Muttergesellschaft) ein USD/GBP-Exposure und ein gegenläufiges USD/EUR-Exposure.

Gegen dieses Vorgehen der Ermittlung der Gruppenposition spricht jedoch, dass es mit zunehmender Anzahl an Gesellschaften und Komplexität der externen und internen Geschäftsbeziehungen zu einer stark ansteigenden Zahl verschiedener Währungspaare kommt, welche separat zu steuern sind. Zudem können die bestehenden Netting-Potenziale bei dieser Vorgehensweise in der Regel (bei Vorliegen mehrerer funktionaler Währungen im Konzern) nur zu einem geringen Teil ausgeschöpft werden.

Diesen Nachteil vermeidet der zweite Aggregationsansatz, indem alle Exposures gegen eine gemeinsame Währung, in der Regel die Gruppenwährung, ausgewiesen werden. Anschließend können die Exposures pro Währung aggregiert werden.

Grundlage sind zunächst wieder alle auf Gesellschaftsebene identifizierten Exposure-Positionen. Für alle Gesellschaften, deren funktionale Währung von der funktionalen Währung der Gruppe abweicht, erfolgt eine Aufspaltung des Exposure in zwei „Währungs-Legs“: Das eine Leg beschreibt das Exposure der ursprünglichen Transaktionswährung gegen die Gruppenwährung (Original Currency Leg), wohingegen das zweite, gegenläufige Leg ein Exposure der funktionalen Währung der jeweiligen Gesellschaft gegen die Gruppenwährung darstellt (Functional Currency Leg).

In dem vorstehenden Fallbeispiel existiert für beide Gesellschaften ein USD-Exposure. Bei der Tochtergesellschaft besteht dieses allerdings gegenüber der funktionalen Währung GBP und bei der Muttergesellschaft gegen EUR. Deshalb können die gegenläufigen USD-Exposures nicht unmittelbar gegeneinander aufgerechnet werden. Um beide Exposures einheitlich gegen die gemeinsame Gruppenwährung EUR darzustellen und so das interne Netting-Potenzial auszuschöpfen, wird das USD/GBP-Exposure in ein USD/EUR-Exposure und ein gegenläufiges GBP/EUR-Exposure aufgespaltet. Abbildung 6 zeigt die Exposure-

Aufspaltung anhand der Beispielfälle 1 und 3, wobei zur Ermittlung der Höhe des zweiten Legs aus Gründen der leichteren Nachvollziehbarkeit vereinfachend ein Wechselkurs von jeweils 1 angenommen wird.[7]

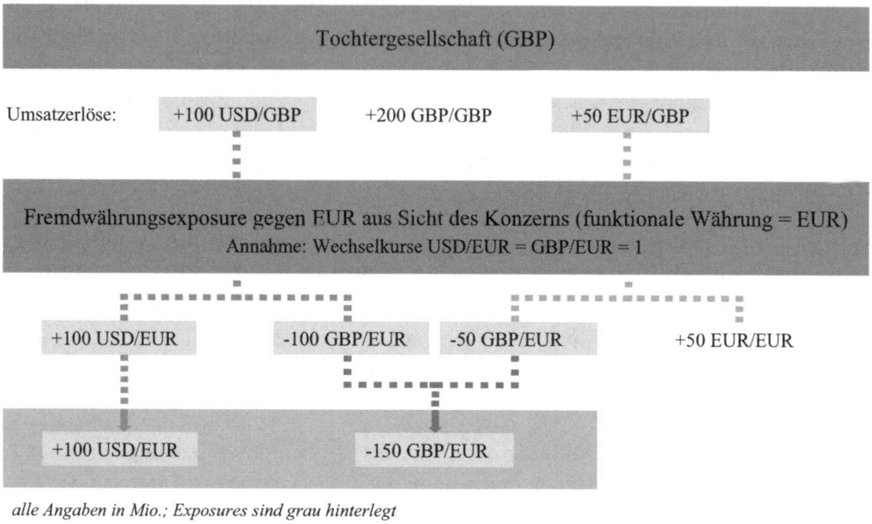

Abbildung 6: *Aufspaltung der Exposures*

Als Resultat ergeben sich jeweils Exposures gegen die Gruppenwährung EUR. Diese lassen sich anschließend pro Währung aggregieren. Je größer die Währungsvielfalt und die Anzahl der Gesellschaften mit unterschiedlichen funktionalen Währungen in einem Konzern ist, umso mehr Netting-Potenzial kann mit diesem Aggregationsansatz ausgeschöpft werden. Abbildung 7 zeigt die Exposure-Aggregation für die vorstehend aufgeführten Fallbeispiele 1 bis 4.

Das Netting-Potenzial kann zusätzlich erhöht werden, falls sich im Portfolio Währungen mit sehr hoher Korrelation befinden. In diesen Fällen können so genannte „Proxy-Hedges" durchgeführt werden. Hierbei werden diejenigen Exposures zusammengefasst, deren Währungen eine hohe Korrelation aufweisen; die Sicherung erfolgt anschließend nur in einer Währung. So lassen sich beispielsweise Exposures zusammenfassen, wenn der Wert der zu Grunde liegenden Währung an den Wert einer anderen Währung gekoppelt ist (Peg).

---

7 Hinsichtlich des innerhalb des Aggregationsverfahrens heranzuziehenden Wechselkurses vgl. Abschnitt 3.1.3.

	Tochtergesellschaft (GBP)			Muttergesellschaft (EUR)			Ebene
	EUR	GBP	USD	EUR	GBP	USD	
Umsatzerlöse:	+50[2]	+200	+100[1]		+300[3]		EINZEL-GESELLSCHAFT
Beschaffungskosten:		-300				-250[4]	
Dividende/ Liquiditätsübertrag:	-50[5]	+100	-100[6]	+50	-100[7]	+100[8]	

	Konzern (EUR)			
	EUR	GBP	USD	
Umsatzerlöse:		-100[1]	+100[1]	KONZERN
	+50[2]	-50[2]		
		+300[3]		
Beschaffungskosten:			-250[4]	
Dividende/ Liquiditätsübertrag:	-50[5]	+50[5]		
		+100[6]	-100[6]	
		-100[7]		
			+100[8]	
Exposure gegen EUR:		+200	-150	

alle Angaben in Mio.; Exposures sind grau hinterlegt; die Indexzahlen verdeutlichen die Aufspaltung der orginären Exposures der Einzelgesellschaften in das Gruppen-Exposure (Bsp.: +100 USD/GBP → +100 USD/EUR und -100 GBP/EUR)

Abbildung 7: *Gruppen-Exposure auf der Grundlage aller risikobehafteten Cash Flows*

Darüber hinaus können durch empirische Analysen die Korrelationen zwischen Währungen ermittelt werden und anhand der Risikobereitschaft des Unternehmens eine Grenze für die geforderte Korrelation gesetzt werden. Dennoch sollte immer beachtet werden, dass jeder Proxy-Hedge gegenüber einem normalen Hedge das Risiko beinhaltet, dass sich die unterstellte Korrelationsbeziehung im Zeitablauf verändern kann. In der Praxis sind deshalb Proxy-Hedges nur in eingeschränktem Umfang anzutreffen.

3.1.3 Wechselkurse zur Umrechnung von Cash Flows

Die mit der Aufspaltung der Exposures verbundene Umrechnung des Original Leg in das Functional Currency Leg wird in der Praxis zum Teil sehr unterschiedlich gehandhabt. Hierfür werden alternativ unter anderem der Kassakurs, der Terminkurs oder ein aus der Unternehmensplanung resultierender Kurs verwendet.

Aus theoretischer Sicht ist der Terminkurs die beste Alternative. Der Terminkurs als Erwartungswert für den zukünftigen Wechselkurs[8] steht gegenüber dem Kassakurs zum einen im Einklang mit dem jeweils zu Grunde liegenden Marktdatenszenario aus Wechselkursen und der Zinsdifferenz zwischen den jeweiligen Währungen für den Fälligkeitszeitpunkt der Cash Flows. Zum anderen spiegelt er den Kurs wider, zu dem das Exposure zum aktuellen Zeitpunkt am Markt gesichert werden kann. Unternehmensinterne Plankurse weisen den Nachteil auf, dass diese oftmals nicht marktgerecht sind und daher zu einer falschen Exposure-Ermittlung führen können.

In der Praxis besteht vereinzelt Unsicherheit darüber, wie die Umrechnung des Original Currency Leg in das Functional Currency Leg zu erfolgen hat, wenn Teile des Exposure bereits mit entsprechenden Instrumenten gesichert wurden. Es sei angenommen, dass das zentrale Treasury das im Beispiel ermittelte GBP-Exposure zu 100 % gesichert hat. Die Umrechnung dieser Position zum marktkonformen Terminkurs würde implizieren, dass der erwartete Wert dieser Position bis zu ihrer Fälligkeit mit der Veränderung des Terminkurses schwanken würde, obwohl er durch ein Sicherungsgeschäft bereits fixiert ist. Aus diesem Grund ist nur für den ungesicherten Anteil des Exposure der jeweilige Terminkurs zur Umrechnung heranzuziehen. Für den gesicherten Teil ist hingegen der kontrahierte Sicherungskurs anzuwenden.

3.2 Exposure-Ermittlung auf Grundlage der konzernexternen Cash Flows

Alternativ zum Ansatz, das Gruppen-Exposure auf Grundlage der Fremdwährungsrisiken der Konzerngesellschaften zu ermitteln, beschränkt sich der im Folgenden dargestellte Ansatz ausschließlich auf die Erfassung konzernexterner Cash Flows. Dieser Ansatz wird von einigen Unternehmen angewendet. Die Richtigkeit seiner Ergebnisse hängt allerdings, wie im Folgenden gezeigt wird, von einer zentralen Annahme ab.

Der Ansatz sieht vor, alle externen zukünftigen Cash Flows, die in einer Währung ungleich der Gruppenwährung anfallen, in die Exposure-Ermittlung einzubeziehen. Im Umkehrschluss werden die in der funktionalen Währung der Gruppe denominierten Exposures der Tochtergesellschaften bei der Ermittlung des Gruppen-Exposure nicht berücksichtigt. Gleiches gilt für interne Cash Flows zwischen den Gesellschaften. Der Unterschied zu dem in Abschnitt 3.1 vorgestellten Ansatz wird schnell deutlich, da nun unmittelbar eine Gruppensichtweise auf das Exposure zu Grunde gelegt wird, anstelle die Exposures zunächst auf Gesellschaftsebene zu ermitteln und diese als Basis für die Ableitung des Gruppen-Exposure zu verwenden.

---

8 Zur Terminkurstheorie der Wechselkurserwartung sowie weiteren internationalen Währungsparitätsbeziehungen und Theorien der Wechselkurserwartung vgl. *Breuer* (1997), S. 27 ff., *Seethaler* (1999), S. 16 ff. und *Stephan* (1989), S. 37 ff.

Übertragen auf die vorstehend beschriebenen Fallbeispiele sind aus dem Kreis der originären Cash Flows ausschließlich die Nicht-EUR-Cash-Flows der Fallbeispiele 1 und 3 (USD 100 Mio., GBP 200 Mio. und USD 250 Mio.) relevant für das Gruppen-Exposure, da diese sowohl extern als auch ungleich der Gruppenwährung EUR sind. Die folgende Darstellung gibt noch einmal einen Überblick über das Gruppen-Exposure, wie es sich auf Basis des soeben beschriebenen Ansatzes darstellt:

	Tochtergesellschaft (GBP)			Muttergesellschaft (EUR)			Ebene
	EUR	GBP	USD	EUR	GBP	USD	
Umsatzerlöse:	+50	+200	+100		+300		EINZEL-GESELLSCHAFT
Beschaffungskosten:		-300				-250	
Dividende/ Liquiditätsübertrag:	-50	+100	-100	+50	-100	+100	

	Konzern (EUR)			
	EUR	GBP	USD	
Umsatzerlöse:		+200	+100	KONZERN
Beschaffungskosten:			-250	
Dividende/ Liquiditätsübertrag:		+100 -100	-100 +100	
Exposure gegen EUR:		+200	-150	

alle Angaben in Mio.; Exposures sind grau hinterlegt

Abbildung 8: *Gruppen-Exposure auf der Grundlage externer Cash Flows*

Diesem Ansatz zur Ermittlung eines Gruppen-Exposure liegt jedoch eine zentrale Annahme zu Grunde: Es wird unterstellt, dass die bei einer Gesellschaft anfallende Liquidität innerhalb des Risikohorizonts an die Muttergesellschaft als Dividende abgeführt und dort in die Gruppenwährung konvertiert wird. Nur mit Hilfe dieser Annahme kann in diesem Ansatz auf die Einbeziehung interner Cash Flows in das Gruppen-Exposure verzichtet werden. Die internen Cash Flows eliminieren sich gegenseitig, da für alle Cash Flows annahmegemäß die gemeinsame Gruppenwährung (EUR) als Bezugswährung gilt und nicht sämtliche funktionalen Währungen der einzelnen Gesellschaften.

Die unterstellte Liquiditätsabführungsannahme bedeutet im skizzierten Beispiel, dass die GBP-Gesellschaft ihren erwarteten Gewinn innerhalb des Risikohorizonts an die Muttergesellschaft transferiert. Für die Tochtergesellschaft entspricht diese Netto-Liquidität einem Äquivalent in Höhe von GBP 50 Mio.

4. Diskussion und Zusammenfassung

Die Beispiele zur Ermittlung des Gruppen-Exposure haben gezeigt, dass die beiden konkurrierenden Ansätze – Exposure-Ermittlung auf der Grundlage aller risikobehafteten Cash Flows und Exposure-Ermittlung auf der Grundlage aller externen Cash Flows in Nicht-Gruppenwährung – zu den gleichen Ergebnissen führen. Wie allerdings bereits angedeutet wurde, kann diese Schlussfolgerung nicht grundsätzlich getroffen werden. Zur Beurteilung, welcher Ansatz zur Exposure-Ermittlung sich besser eignet, ist folglich immer auch eine Analyse der den Ansätzen zu Grunde liegenden Annahmen anhand der unternehmensspezifischen Gegebenheiten erforderlich.

Generell kann der zweite Ansatz als unkomplizierter beschrieben werden. Seine Methodik ist intuitiv und ebenso problemlos anwendbar. Er ist hinsichtlich seiner Implementierung mit deutlich weniger technischen und konzeptionellen Anforderungen sowie Datenanforderungen verbunden als der erste Ansatz, der zur Exposure-Ermittlung Informationen über externe als auch interne Cash Flows voraussetzt. Allerdings liefert der zweite Ansatz nur dann das korrekte Gruppen-Exposure, wenn die zentrale Annahme erfüllt ist, dass die Netto-Liquidität der Tochtergesellschaften innerhalb des Risikohorizonts vollständig an die Muttergesellschaft transferiert wird.

Ist diese Annahme nicht erfüllt, das heißt verbleibt Liquidität aus externen und/oder internen Geschäften in der Gesellschaft, wird das Gruppen-Exposure nicht korrekt ausgewiesen. Das folgende Beispiel, in dem angenommen wird, dass die Netto-Liquidität der GBP-Gesellschaft aus dem vorstehenden Beispiel in der Tochtergesellschaft verbleibt, verdeutlicht dies.

Das nach der zweiten Methode ermittelte Gruppen-Exposure betrug USD -150 Mio. und GBP 200 Mio. Der Verbleib der Netto-Liquidität in Höhe von GBP 50 Mio. in der Tochtergesellschaft hat keinen Einfluss auf die Höhe des Gruppen-Exposure, da sich aus Konzernsicht keine Veränderung in Bezug auf die externen Zahlungsströme bzw. Liquiditätsbestände ergibt.

Anders wirkt sich hingegen das Ausbleiben der Dividendenzahlung auf das gemäß erstem Ansatz ermittelte Gruppen-Exposure aus.

Während durch den Übertrag der Netto-Liquidität das ursprünglich aus EUR- und USD-Umsätzen resultierende Transaction Exposure vollständig auf die Muttergesellschaft übergegangen ist, verbleibt das Transaction Exposure ohne Dividendenzahlung nun bei der Tochtergesellschaft. Zusätzlich entfällt für die Muttergesellschaft das Währungsrisiko aus dem Übertrag der GBP-Liquidität. In der Summe ergibt sich ein Gruppen-Exposure in Höhe von USD 150 Mio. und GBP 150 Mio. – insgesamt GBP 50 Mio. weniger als zuvor.

	Tochtergesellschaft (GBP)			Muttergesellschaft (EUR)			Ebene
	EUR	GBP	USD	EUR	GBP	USD	
Umsatzerlöse:	+50[1)]	+200	+100[2)]		+300[3)]		EINZEL-GESELLSCHAFT
Beschaffungskosten:		-300				-250[4)]	
Dividende/ Liquiditätsübertrag:							

	Konzern (EUR)			
	EUR	GBP	USD	
Umsatzerlöse:		-50[1)]		KONZERN
		-100[2)]	+100[2)]	
		+300[3)]		
Beschaffungskosten:			-250[4)]	
Dividende/ Liquiditätsübertrag:				
Exposure gegen EUR:		+150	-150	

alle Angaben in Mio.; Exposures sind grau hinterlegt

Abbildung 9: *Gruppen-Exposure ohne Übertrag der Netto-Liquidität*

Ein Vergleich der beiden Ansätze macht deutlich, dass sich das Transaction Exposure ausschließlich im ersten Ansatz unter Berücksichtigung der funktionalen Währung der jeweiligen Gesellschaft ergibt. Isoliert betrachtet führt beispielsweise der USD-Umsatz der Tochtergesellschaft im ersten Ansatz zu einem Exposure in Höhe von USD 100 Mio. gegen GBP, wohingegen sich unter Anwendung des zweiten Verfahrens ein Exposure in Höhe von USD 100 Mio. gegen EUR ergibt. Die gleiche Risikoposition würde sich im zweiten Ansatz jedoch auch ergeben, wenn der Umsatz nicht bei der britischen Tochtergesellschaft, sondern bei der europäischen Muttergesellschaft entstehen würde.

Da letztlich unberücksichtigt bleibt, dass das aus der Netto-Liquidität der Tochtergesellschaft resultierende Währungsrisiko nicht gegen die Gruppenwährung EUR, sondern gegen die funktionale Währung der Tochtergesellschaft (GBP) besteht, ist das Gruppen-Exposure im zweiten Ansatz falsch erfasst. Die Anwendung dieser Methode ist daher nur dann gerechtfertigt, wenn die ihm zu Grunde liegende Annahme eines Übertrags der Netto-Liquidität gewährleistet ist.

Darüber hinaus ist generell anzumerken, dass der Ansatz, das Exposure auf der Grundlage von externen Cash Flows zu ermitteln, keine Möglichkeit bietet, Aussagen über die innerhalb eines Konzerns anfallenden Wechselkursrisiken zu treffen. Um die Währungsrisiken einzelner Gesellschaften zu steuern, z. B. über interne Sicherungsgeschäfte mit dem zentralen Treasury, müssten diese Exposures separat ermittelt werden.

Anders als der zweite vorgestellte Exposure-Ansatz berücksichtigt der erste Ansatz ausdrücklich Gewinntransfers zwischen den Gesellschaften durch die Planung von Dividendenzahlungen. Dieser Methodik ist allerdings das Risiko inhärent, dass Dividenden erst recht spät in die Cash-Flow-Planung einbezogen werden. Somit besteht das Risiko, dass geplante Gewinnübertragungen aus ausländischen Tochtergesellschaften auch nur vergleichsweise kurzfristig gesichert werden können. Da es sich hierbei jedoch um ein organisatorisches Thema handelt und nicht ein methodisches, lässt sich das Risiko durch eine rechtzeitige Einbeziehung der geplanten Dividende in die Planung reduzieren.

Literatur

Büschgen, H. E. (1993): Internationales Finanzmanagement, Frankfurt am Main 1993.

Breuer, W. (1997): Unternehmerisches Währungsmanagement – Eine anwendungsorientierte Einführung, Wiesbaden 1997.

Brunner, M. (2003): Das Economic Exposure deutscher Unternehmungen, Frankfurt am Main u. a. 2003.

Fastrich, H./Hepp, S. (1991): Währungsmanagement international tätiger Unternehmen, Stuttgart 1991.

Jokisch, J. (1987): Betriebswirtschaftliche Währungsrisikopolitik und Internationales Finanzmanagement – Elemente einer Theorie der betriebswirtschaftlichen Währungsrisikopolitik als Bestandteil des Internationalen Finanzmanagements, Stuttgart 1987.

Seethaler, P. (1999): Hedging von Währungsrisikopositionen – Einzelwirtschaftliche Funktionen von Devisenterminkontrakten, Wiesbaden 1999.

Stephan, J. (1989): Entscheidungsorientierte Wechselkurssicherung, Bergisch Gladbach 1989.

Automatisierung im Währungsmanagement

Peter Jakobsmeier/Dirk Baltzer – Celanese AG

1. Einleitung

Der folgende Beitrag beschreibt, wie ein weltweit tätiges Unternehmen die Währungsrisiken der Tochtergesellschaften vollautomatisch über die Inhouse Bank absichern kann.

Dabei wird davon ausgegangen, dass das multinationale Unternehmen eine Holdingstruktur hat und alle operativ tätigen Tochtergesellschaften ihr Währungsrisiko gegen die jeweilige funktionale Währung (Heimatwährung) absichern müssen. Ferner wird angenommen, dass der Konzern nach US-GAAP oder den International Financial Reporting Standards (IFRS) bilanziert.

Das Treasury übernimmt die Rolle der „Inhouse Bank" des Konzerns und kontrahiert mit den Tochtergesellschaften die jeweiligen internen Sicherungsgeschäfte. Im Ergebnis wird das komplette Transaktionsrisiko auf Ebene der Tochtergesellschaften eliminiert und automatisch auf die Konzernholding übertragen. Die Konzernholding kann dann im nächsten Schritt das Währungsrisiko gemäß der Konzernstrategie extern mit Banken absichern.

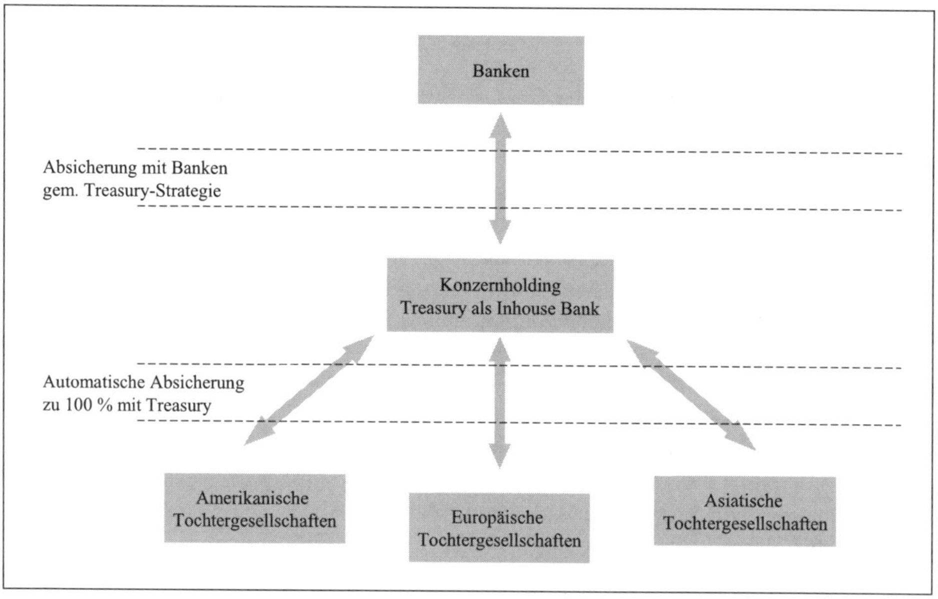

Abbildung 1: *Automatische Währungsabsicherung im Konzern*

Der Prozess der internen Kurssicherung der operativen Einheiten mit dem Treasury – nicht die externe Kurssicherung der Konzernholding selbst – wird dabei so organisiert, dass er vollautomatisch abläuft. Die Tochtergesellschaften müssen in keiner Phase der Kurssicherung eingreifen. Die eigentlichen Arbeitsabläufe im Finanz- und Rechnungswesen auf Ebene der

Tochtergesellschaften werden nicht tangiert und können unverändert bestehen bleiben. Die automatische Absicherung ist dann erfolgreich implementiert, wenn die Tochtergesellschaften zu jeder Zeit neutrale Währungsergebnisse ausweisen, egal welche Kursbewegungen vorherrschen. Lediglich die Kurssicherungskosten oder -erlöse (in Gestalt der so genannten Forward-Punkte) verbleiben in den Tochtergesellschaften.

Im Folgenden wird zunächst in Abschnitt 2 auf die Voraussetzungen der internen automatischen Währungssicherung eingegangen. Anschließend wird in Abschnitt 3 die automatisierte Kurssicherung der Tochtergesellschaften durch die Beschreibung des Prozessablaufs eines internen Devisensicherungsgeschäfts verdeutlicht.

Darüber hinaus wird gezeigt, dass die automatische Sicherung der Transaktionsrisiken auch durch eine zusätzliche längerfristige Absicherung von geplanten Positionen ergänzt werden kann (siehe Abschnitt 4).

2. Voraussetzungen für die automatische Kurssicherung

2.1 Cash Pooling

Eine wichtige Voraussetzung für die vollständig automatisierte Kurssicherung ist ein Cash Pooling der Tochtergesellschaften mit der Konzernholding, welche die internen Sicherungsgeschäfte mit den Tochtergesellschaften abschließt. Da alle Devisensicherungsgeschäfte zwecks automatischer Abwicklung auf internen Währungskonten (IC-Konten) abgewickelt werden, müssen die ein- und ausgehenden Zahlungen aus dem operativen Geschäft der Tochtergesellschaften vollständig auf die Bankkonten der Konzernholding gepoolt werden. Nur dann kommt es zu einem entsprechenden Ausgleich der entstehenden Währungssalden auf den IC-Konten der Tochtergesellschaften bei der Konzernholding.

Durch ein vollständiges Pooling ist – wie im Folgenden dargestellt wird – gewährleistet, dass die Tochtergesellschaft zu keiner Zeit ein Währungsrisiko trägt, auch wenn beispielsweise der Zeitpunkt des Forderungseingangs mit der Fälligkeit des Sicherungsgeschäfts nicht übereinstimmt.

Da der Cash-Pooling-Prozess und der Prozess der Absicherung des Währungsexposure der Tochtergesellschaften über interne Sicherungsgeschäfte unabhängig voneinander sind, können die üblichen Abläufe in der Debitorenbuchhaltung (Zahlläufe, Forderungsüberwachung und Mahnwesen) unverändert beibehalten werden. Auf den externen Bankkonten der Tochtergesellschaften erscheinen die internen Sicherungsgeschäfte nicht.

2.2 Konzernweit integriertes Rechnungswesen

Ein konzerweit integriertes und einheitliches Rechnungswesen ist nicht notwendige Voraussetzung für die automatisierte Kurssicherung. Damit lässt sich allerdings der Aufwand für die Pflege der notwendigen Schnittstellen, auf die im weiteren Verlauf noch näher eingegangen wird, erheblich reduzieren.

Um eine automatische Absicherung durchführen zu können, müssen täglich alle neu gebuchten Forderungen und Verbindlichkeiten in fremder Währung (aus Sicht der Tochtergesellschaften) an das Treasury gemeldet werden. Dafür müssen täglich die entsprechenden Buchungen aus den Systemen der Tochtergesellschaften ausgelesen werden. Die Erstellung dieser Ausleseroutinen für jede Tochtergesellschaft wird erheblich vereinfacht, wenn es im Konzern eine einheitliche Systemplattform für die Buchhaltung und möglichst auch einen einheitlichen Kontenplan gibt. So kann als Ergebnis des Auslesens täglich ein Report erstellt und dem Treasury elektronisch zur Verfügung gestellt werden. In diesem Report sollten Filtermöglichkeiten für Währungen, Betrag, Kontrahenten und Buchungsschlüssel vorgesehen werden, um bezüglich der Einbeziehung der Geschäfte in die automatische Absicherung flexibel zu bleiben. So können z. B. bestimmte Währungen von der automatischen Sicherung ausgeschlossen oder Sicherungsgeschäfte nur ab einer bestimmten Betragsgrenze abgeschlossen werden.

2.3 Schnittstellen zur Automatisierung der Währungsabsicherung durch interne Devisentermingeschäfte

2.3.1 Marktdatenschnittstelle

Das Treasury-System muss täglich mit allen relevanten Währungskursen, Zinssätzen und Forwardsätzen versehen werden, damit es für alle abzusichernden Forderungen und Verbindlichkeiten interne Sicherungsgeschäfte mit marktgültigen Sicherungskursen erzeugen kann. Hierbei ist darauf zu achten, dass der Devisenkurs im Treasury-System mit dem gültigen Devisenkurs desselben Tages im Buchhaltungssystem übereinstimmt. Anderenfalls entstehen systematische Kursdifferenzen bei den Tochtergesellschaften, da der Einbuchungskurs der zu sichernden Forderung oder Verbindlichkeit des Buchhaltungssystems von dem Kassakurs des

Treasury-Systems, der bei der Berechnung des Sicherungskurses zugrunde gelegt wird, abweicht.

2.3.2 Schnittstelle zwischen Treasury-System und Buchhaltungssystem der operativen Einheiten

Wie vorstehend bereits dargestellt, müssen die täglich neu gebuchten Forderungen und Verbindlichkeiten in fremder Währung aus den Buchhaltungssystemen der Tochtergesellschaften ausgelesen und so bereitgestellt werden, dass das Treasury-System diese als interne Devisengeschäfte einlesen kann. Die Tochtergesellschaften liefern die zu sichernden Forderungen und Verbindlichkeiten in Dateien, die typischerweise folgende Daten enthalten:

- Kennung für die Tochtergesellschaft (wird im Treasury-System zum Kontrahent des Sicherungsgeschäfts mit der Holding)
- Währung und Betrag
- Tag der Buchung (wird im Treasury-System zum Handelstag des Sicherungsgeschäfts)
- Tag der Fälligkeit (wird im Treasury-System unter anderem zur Berechnung des Sicherungskurses benötigt)
- Kundennummer und Kommentarfeld, um die Rechnung eventuell im Buchhaltungssystem zurückverfolgen zu können

2.3.3 Schnittstelle zwischen dem Buchhaltungssystem von Treasury und dem Buchhaltungssystem der operativen Einheit

Da für die Tochtergesellschaften kein Zusatzaufwand mit der Abwicklung der Sicherungsgeschäfte entstehen soll, muss dafür gesorgt werden, dass die Abwicklung bei Fälligkeit nicht nur auf den IC-Konten der Konzernholding stattfindet, sondern auch direkt auf den IC-Konten auf Seiten der Tochtergesellschaften. Das Treasury stößt zu diesem Zweck Buchungsroutinen an, die diese analogen Fälligkeitsbuchungen auf den IC-Konten der Tochtergesellschaften spiegelbildlich vornehmen. Die Richtigkeit der Buchungen kann von den Tochtergesellschaften jederzeit kontrolliert werden, da das Treasury sie über alle Abschlüsse der internen Devisentermingeschäfte täglich informiert und auch Fälligkeitslisten zur Verfügung stellt.

Durch die automatische Absicherung aller neu gebuchten Forderungen und Verbindlichkeiten können sehr viele Mikrohedges entstehen. Es ist daher wahrscheinlich, dass an einem bestimmten Tag eine ganze Reihe von internen Devisentermingeschäften gleichzeitig fällig wird. Aus Gründen der Übersichtlichkeit ist es ratsam, alle an einem Tag fälligen Devisentermingeschäfte zusammenzufassen und auf den IC-Konten in Summe zu buchen. So werden beispielsweise alle EUR/USD-Geschäfte zunächst nach USD-Käufen und USD-Verkäufen getrennt. Anschließend werden die Summen der positiven und negativen Marktwerte der USD-Käufe und der USD-Verkäufe (alle z. B. gegen EUR) gesondert gebucht. Eine Zusammenfassung der Käufe und Verkäufe innerhalb eines Währungspaares ist nicht ratsam, da es dazu kommen kann, dass sich USD-Käufe und USD-Verkäufe genau ausgleichen, die EUR-Gegenwerte allerdings nicht (immer dann, wenn die Devisentermingeschäfte zu unterschiedlichen Zeiten und damit zu unterschiedlichen Kursen abgeschlossen wurden). Eine Buchung, bei der die eine Seite einen Betrag von null aufweist, kann oft nicht automatisch gebucht werden.

3. Ablauf der automatischen Kurssicherung

3.1 Entstehung und Neutralisierung des Währungsrisikos bei den operativen Einheiten

Aus der operativen Tätigkeit multinationaler Unternehmen entsteht ein Währungsrisiko (so genanntes Transaktionsrisiko), sobald Tochtergesellschaften geplante Umsätze, kontrahierte Verträge oder Forderungen und Verbindlichkeiten aus dem operativen Geschäft in anderen Währungen als ihrer funktionalen (Heimat-)Währung aufweisen. Dabei kommt es bei der Entstehung des Währungsrisikos nicht darauf an, ob es sich um einen konzerninternen oder externen Warenverkehr handelt. Das Transaktionsrisiko führt – buchhalterisch betrachtet – immer dann zu einem (positiven oder negativen) Kursergebnis, wenn die Forderungen oder Verbindlichkeiten in fremder Währung zu anderen Kursen eingebucht werden, als sie nachher bei Fälligkeit realisiert werden.

Diese Kursdifferenz wird in der Gewinn- und Verlustrechnung in der Regel innerhalb des Betriebsergebnisses als „Kursergebnis aus Devisen“ ausgewiesen. Findet eine vollständige Absicherung aller gebuchten Fremdwährungspositionen statt, so kompensiert der Ergebniseffekt des Sicherungsgeschäfts den Ergebniseffekt des Underlying. Das Kursergebnis aus Devisen bei der Tochtergesellschaft ist dann, unabhängig von der Entwicklung der Währungskurse, immer ausgeglichen. Im Devisenergebnis verbleiben lediglich die Forward-Punkte aus dem Kurssicherungsgeschäft, die die Zinsdifferenz zwischen den Währungen reflektieren. In diesem Fall hat die Gesellschaft zu keinem Zeitpunkt eine gebuchte offene Währungsrisikoposition, und die automatische Absicherung führt zu dem gewünschten Ergebnis.

In der Praxis kann es allerdings vorkommen, dass trotz vollautomatischer Absicherung das Devisenergebnis einen Saldo aufweist. In diesem Fall funktioniert die vollständige Absicherung nicht, wofür es verschiedene Fehlerquellen geben kann. So können z. B. die an das Treasury übermittelten und für die Absicherung vorgesehenen Buchungen unvollständig sein (etwa weil die Konfiguration für das Auslesen der Buchung falsch eingestellt wurde) oder bestimmte Rechnungen aus unterschiedlichen Gründen von den Kunden in einer anderen Währung als der, in der sie gebucht wurden, bezahlt werden.

3.2 Buchung bei der Entstehung von Forderungen und Verbindlichkeiten in fremder Währung

Die Buchungen von Forderungen und Verbindlichkeiten der Tochtergesellschaften in fremder Währung werden mit den jeweiligen, für den Buchungstag gültigen, Devisenumrechnungskursen systemseitig versehen. Dieser Umrechnungskurs ist Grundlage für alle weiteren Berechnungen und Bewertungen in funktionaler Währung der jeweiligen Gesellschaft.

Bei den Tochtergesellschaften läuft am Ende eines Buchungstages eine Jobroutine, die alle Forderungen und Verbindlichkeiten in fremder Währung ausliest und als Datei auf ein definiertes Verzeichnis innerhalb des Zugriffs des Treasury stellt. In dieser Jobroutine wird definiert, welche Buchungen oder Mindestbeträge gesichert werden sollen. Am Folgetag startet das Treasury eine weitere Programmroutine, welche die Dateien der verschiedenen Tochtergesellschaften aufruft und deren Inhalte in einer einzigen Datei zusammenfasst. Die Programmroutine konvertiert zudem die gesammelten Informationen in ein für das Treasury-System einlesefähiges Format. Die Zeilen dieser Einlesedatei bestehen aus Gesellschaftsnummer der Tochtergesellschaft, Forderung oder Verbindlichkeit, Währung, Betrag, Fälligkeit und Kommentar. So wird beispielsweise die Information, dass eine Tochtergesellschaft mit funktionaler Währung EUR Waren im Wert von USD 500.000 mit einem Zahlungsziel von drei Monaten verkauft hat, umgewandelt in ein internes Sicherungsgeschäft, bei welchem das Treasury von dieser Tochtergesellschaft USD 500.000 in drei Monaten zu einem noch unbestimmten Kurs gegen EUR ankauft. Der Sicherungskurs wird durch das Treasury-System pro Einzelgeschäft automatisch ermittelt. Dies geschieht mittels aktueller Marktdaten, die im Treasury-System hinterlegt sind.

Buchungsbeispiel:

> Verkauf von Waren im Wert von USD 500.000 am 15. März mit dreimonatigem Zahlungsziel an Kunden. Der gültige Tageskurs ist 1 EUR = 1,25 USD.
>
> Die Buchung des Verkaufs auf Ebene der Tochtergesellschaft lautet:

Per Kundenforderung EUR 400.000 (USD 500.000) – An Umsatzerlöse EUR 400.000.

Das interne Derivatgeschäft wird bei Abschluss am 15. März nicht gebucht. Durch das interne Derivatgeschäft verkauft die Tochtergesellschaft 500.000 USD per Termin an das Treasury. Der Terminkurs wäre z. B. 1 EUR = 1,28 USD.

3.3 Bewertung am Monatsende

An jedem Monats- oder Quartalsende werden sämtliche Forderungen und Verbindlichkeiten in fremder Währung bei den Tochtergesellschaften nach IFRS zum beizulegenden Zeitwert (Fair Value) bewertet. Gleiches gilt für die offenen Devisentermingeschäfte der Tochtergesellschaften mit der Konzernholding.

Die beizulegenden Zeitwerte der internen Devisensicherungsgeschäfte werden vom Treasury berechnet und zur Information an die Tochtergesellschaften versandt. Die Buchungen der Marktwerte werden, wie die Buchungen bei Fälligkeit der Devisengeschäfte, in die Buchungskreise der Tochtergesellschaften gespiegelt.

Buchungsbeispiel:

Der Kassakurs für die Bewertung der Forderung am 30. April ist 1 EUR = 1,23 USD. Die Kundenforderung in Höhe von USD 500.000 wird dadurch mit EUR 406.504 bewertet. Der Terminkurs zum Stichtag ist 1 EUR = 1,254 USD. Das interne Derivatgeschäft hat annahmegemäß einen negativen Marktwert von EUR 8.000 aus Sicht der Tochtergesellschaft.

Die Bewertungsbuchung im Kontokorrent lautet:

Per Kundenforderung EUR 6.504 – An Devisenergebnis EUR 6.504.

Die Buchung des Sicherungsgeschäfts lautet:

Per Devisenergebnis EUR 8.000 – An Verbindlichkeit aus Derivaten gegenüber Treasury EUR 8.000.

An dem Beispiel wird deutlich, dass die Tochtergesellschaft per Saldo einen Verlust von EUR 1.496 (EUR 8.000 – EUR 6.504) ausweist. Dies liegt daran, dass die Restlaufzeit des Sicherungsgeschäfts kürzer geworden ist. Daher ist auch der Unterschied zwischen Kassa- und Terminkurs geringer als bei Abschluss des Devisengeschäfts am 15. März (damals 3 Cent).

Die Bewertungsbuchungen werden zum 1. Mai wieder storniert, um eine Differenzenbuchung in künftigen Perioden zu vermeiden.

3.4 Buchungen bei Fälligkeit

Nur im Idealfall geht eine Kundenzahlung genau zu dem Zeitpunkt ein, an dem auch das interne Sicherungsgeschäft der Tochtergesellschaft fällig ist. Bei einer vollautomatischen internen Sicherung, verbunden mit einem vollständigen Cash Pooling aller zu sichernden Währungen der Tochtergesellschaften, spielt es für das Devisenrisiko der Tochtergesellschaft keine Rolle, wann der Kunde zahlt. Das interne Sicherungsgeschäft wird über die IC-Konten am Fälligkeitstag abgewickelt, und die Kundenforderung wird am Tag des Zahlungseingangs unabhängig von der Fälligkeit des Sicherungsgeschäfts ausgeziffert und ebenfalls, mit Hilfe des Cash Pooling, auf den IC-Konten gebucht.

Durch die verspätete Kundenzahlung im Zusammenhang mit der pünktlichen Abwicklung des internen Sicherungsgeschäfts wird das IC-Konto der Tochtergesellschaft in Währung kurzzeitig überzogen. Der Gegenwert des Sicherungsgeschäfts in Euro wird der Tochtergesellschaft termingerecht gutgeschrieben. Der späte Zahlungseingang des Kunden gleicht schließlich die Überziehung des IC-Währungskontos aus.

Die Tochtergesellschaft ist trotz verspäteter Kundenzahlung zu jedem Zeitpunkt zum Terminkurs gesichert und wird unabhängig vom Termin des Zahlungseingangs am Ende immer nur die Forward-Punkte im Devisenergebnis ausweisen müssen. Die Tochtergesellschaft ist zu keiner Zeit einem Währungsrisiko ausgesetzt.

Entstehende Liquiditätsspitzen auf den Konten der Konzernholding, die durch Auseinanderfallen der Fälligkeiten von Sicherungsgeschäften und dem Eingang von Kundenzahlungen entstehen, werden durch kurzfristige Devisenswaps ausgeglichen.

Buchungsbeispiel:

> Am Fälligkeitstag, dem 15. Juni, beträgt der Kurs 1 EUR = 1,30 USD. Das interne Sicherungsgeschäft wird auf den IC-Konten in USD und EUR abgewickelt. Der Kunde bezahlt eine Woche später USD 500.000 auf das USD-Bankkonto der Tochtergesellschaft (der Kurs an diesem Tag soll 1 EUR = 1,32 USD sein). Der Betrag wird im Rahmen des Cash Pooling vom Treasury abgebucht und auf dem USD IC-Konto gutgeschrieben.
>
> Bei Fälligkeit des Sicherungsgeschäfts lautet die Abwicklungsbuchung:
>
> *Per EUR-IC-Konto EUR 390.625 – An USD-IC-Konto USD 500.000 (EUR 390.625).*

Bei Eingang der Kundenzahlung eine Woche später wird die Kundenforderung ausgeziffert mit:

Per USD-Bankkonto USD 500.000 (EUR 378.788) – An Kundenforderung USD 500.000 (EUR 378.788).

Die dazugehörige Cash-Pool-Buchung lautet:

Per USD-IC-Konto USD 500.000 (EUR 378.788) – An USD-Bankkonto USD 500.000 (EUR 378.788).

Berechnet man aus diesem Beispiel das Devisenergebnis für die Tochtergesellschaft, so kommt man zu folgendem Ergebnis:

Dic Kundenforderung wurde mit EUR 400.000 gebucht und mit EUR 378.788 ausgeziffert, wodurch ein Verlust von EUR 21.212 entstand.

Die entsprechende Buchung lautet:

Per Devisenergebnis EUR 21.212 – An Kundenforderung EUR 21.212.

Das USD-IC-Konto ist zunächst mit USD 500.000 im Gegenwert von EUR 390.625 belastet worden und wurde anschließend mit USD 500.000 im Gegenwert von EUR 378.788 wieder ausgeglichen. Daraus ergibt sich ein Gewinn (die USD-Verbindlichkeit ist, in EUR gerechnet, gesunken) von EUR 11.837.

Das USD-Bankkonto weist nach Clearing einen Saldo von null auf und führt zu keiner Bewertungsbuchung.

Die entsprechende Buchung lautet:

Per USD-IC-Konto EUR 11.837 – An Devisenergebnis EUR 11.837.

In Summe verbleibt ein Verlust von EUR 9.375 bei der Tochtergesellschaft. Dies entspricht genau der Differenz zwischen Kassakurs bei Einbuchung der Kundenforderung und dem Terminkurs (1,25 - 1,28), zu dem diese Forderung am 15. März gesichert wurde.

Das Beispiel zeigt aber auch Folgendes:

Um den Ergebniseffekt aus der Devisensicherung für die Tochtergesellschaften beurteilen zu können, müssen verschiedene Komponenten zusammen betrachtet werden.

- Kursdifferenzen aus der Kunden- und Lieferantenbuchhaltung
- Bewertungsbuchung der IC-Währungskonten
- Marktwerte der internen Devisengeschäfte

Nur die Addition aller Komponenten ergibt ein sinnvolles Ergebnis, das bei einer vollständigen Absicherung aller Währungsrisiken lediglich die Forward-Punkte der Sicherungsgeschäfte wiedergeben sollte.

3.5 Externe Absicherung des Währungsrisikos durch Treasury

Durch die vollautomatische interne Absicherung des Währungsrisikos der Tochtergesellschaften mit dem Treasury wird erreicht, dass die Währungsrisiken der einzelnen operativen Einheiten an das Treasury übertragen werden und dort zentral konzentriert sind. Das bedeutet natürlich nicht, dass damit die Währungsrisiken für den Konzern abgesichert sind. Dies kann nur durch den Abschluss externer Devisensicherungsgeschäfte geschehen.

Die interne Absicherung durch das Treasury schafft die Möglichkeit, gegenläufige Risiken, die aus den Tochtergesellschaften heraus resultieren, im Vorfeld zu kompensieren (Netting). Sollte die Konzernstrategie z. B. eine hundertprozentige Absicherung der gebuchten Risiken vorschreiben, so muss das Treasury lediglich die täglich neu entstehende Nettoposition extern mit Banken absichern.

Sollte sich die Konzernholding dazu entschließen, Devisenpositionen offen zu lassen oder nur teilweise abzusichern, so wird sich diese Entscheidung ausschließlich im Devisenergebnis der Konzernholding widerspiegeln. Alle Entscheidungen über eine von 100 % abweichende Absicherungsquote führen dann nur noch in der Konzernholding zu einem positiven oder negativen Devisenergebnis. Das Ergebnis der Tochtergesellschaft bleibt unbeeinflusst.

4. Erweiterung der automatischen Absicherung des buchhalterischen Währungsrisikos auf geplante Größen

Obwohl die Abläufe bei der vollautomatischen Währungssicherung so einfach und integriert sind, hat diese Form der Sicherung den Nachteil, dass nur bereits gebuchte Währungsrisiken abgesichert werden. Für viele Unternehmen reicht dies jedoch nicht aus, da die Laufzeit der gebuchten Forderungen und Verbindlichkeiten und somit die Laufzeit der Sicherungsgeschäfte bei ihnen nur sehr kurz ist, das Währungsrisiko für das Unternehmen allerdings schon sehr viel früher als mit der buchhalterischen Erfassung der Fremdwährungsforderung oder -verbindlichkeit beginnt. So werden im Treasury oftmals auch Risiken im Zusammenhang mit geplanten Cash Flows gesichert, die aus bereits abgeschlossenen Verkaufsverträgen resultieren und somit eine hohe Eintrittswahrscheinlichkeit aufweisen. Die Abbildung 2 macht den Unterschied zwischen den verschiedenen Sicherungszeitpunkten anhand eines Exportgeschäfts deutlich.

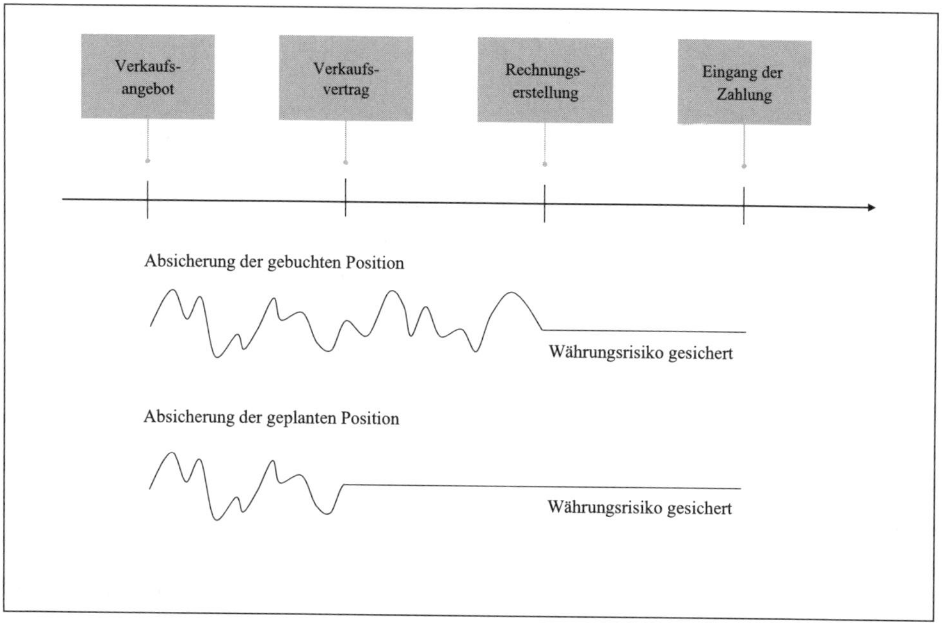

Abbildung 2: *Ausweitung des Sicherungshorizonts*

Das System der automatischen Absicherung lässt sich allerdings gut mit der Absicherung von geplanten Umsätzen kombinieren, ohne dass man Gefahr läuft, die Umsätze doppelt abzusichern.

Wenn das Treasury zusammen mit der Tochtergesellschaft beschließt, Plangrößen abzusichern, dann können z. B. die geplanten Exportumsätze der Tochtergesellschaft per Devisentermingeschäft mit dem Treasury auf den Tag abgeschlossen werden, an dem man die Buchung dieser Umsätze plant. Wird der Umsatz dann gebucht, so ist er, wie alle anderen Umsätze auch, Bestandteil der automatischen Sicherung.

Um zu verhindern, dass der Umsatz doppelt gesichert wird, muss am Tag der Fälligkeit des internen Sicherungsgeschäfts für den geplanten Umsatz dieses Sicherungsgeschäft durch ein gegenläufiges internes Kassageschäft glattgestellt werden. Die Abwicklung des Sicherungsgeschäfts sowie die Abwicklung des Kassageschäfts finden auf den IC-Konten statt.

Durch die Glattstellung des internen Sicherungsgeschäfts mit einem internen Kassageschäft wird der Währungssaldo auf den IC-Konten wieder ausgeglichen. Ist für die buchhalterische Behandlung der Absicherung der Planumsätze „Hedge Accounting“ nach IFRS vorgesehen, dann wird das interne Sicherungsgeschäft eins zu eins durch das Treasury mit einer externen Bank eingedeckt. Bei Fälligkeit dieses Sicherungsgeschäfts für Planumsätze wird das externe Devisengeschäft ebenfalls mit einem externen Kassageschäft geschlossen. Der Ergebniseffekt aus der Glattstellung des externen Sicherungsgeschäfts durch das externe Kassageschäft wird manuell berechnet und in die Umsatzerlöse der Tochtergesellschaft gebucht.

Nach den strengen Anforderungen für die Anwendung von „Hedge Accounting“ sind die bei diesen Sicherungsgeschäften während der Laufzeit entstehenden Marktwerte im Eigenkapital und nicht in der Gewinn- und Verlustrechnung zu erfassen, da es sich hier um die Absicherung von künftigen Zahlungsströmen (Cash Flows) handelt. Daher ist es sinnvoll, die Sicherungsgeschäfte zur Absicherung von Planumsätzen von den übrigen Sicherungsgeschäften, die automatisch erzeugt werden, durch ein spezielles Kennzeichen bzw. einen speziellen Instrumententyp im Treasury-System zu trennen. So wird verhindert, dass die Marktwerte nicht mit den Marktwerten der übrigen Sicherungsgeschäfte vermischt werden.

5. Zusammenfassung

Eine vollautomatische Absicherung des Währungsrisikos der operativen Einheiten mit der Konzernholding hat viele positive Aspekte, die nachstehend zusammenfassend dargestellt werden:

1. Die Vorgabe der 100-%igen Absicherung des Währungsrisikos wird automatisch umgesetzt und bedarf keiner intensiven Kontrolle der Tochtergesellschaften.
2. Die Sicherung der Währungsrisiken von einer Vielzahl von Tochtergesellschaften kann mit einer relativ schlanken Treasury-Einheit durchgeführt werden. Andere Arbeitsabläufe innerhalb der Tochtergesellschaften werden dabei nicht tangiert und können unverändert weiterbestehen.
3. Durch ein umfassendes Cash Pooling der Konten der operativen Einheiten wird erreicht, dass die Gesellschaften, auch wenn die Fälligkeiten der automatischen internen Sicherungsgeschäfte von den tatsächlichen Zahlungsein- und ausgängen abweichen, zu keiner Zeit ein Währungsrisiko aufweisen. Die vollautomatische Währungsabsicherung der gebuchten Risiken kann durch eine zusätzliche längerfristige Währungssicherung von geplanten Positionen ergänzt werden.

4. Das Treasury erhält durch seine Funktion als Schnittstelle zwischen den Tochtergesellschaften und dem Treasury-System Einblicke aus erster Hand in die Geschäftsentwicklung. Die Schnittstellen, die zur vollständigen Absicherung der Fremdwährungsrisiken benötigt werden, liefern diese Daten quasi als Nebenprodukt und ohne zusätzlichen Aufwand an das Treasury. Diese Informationen eignen sich auch für eine kurzfristige Liquiditätsplanung. Wird die Schnittstelle erweitert, so dass nicht nur Fremdwährungsforderungen und -verbindlichkeiten der Tochtergesellschaften, sondern auch ihre Forderungen und Verbindlichkeiten in heimischer Währung überspielt werden, so stehen dem Treasury alle Daten aus den Buchhaltungssystemen der Tochtergesellschaften, die für eine Liquiditätsplanung relevant sind, zur Verfügung.

Ausgewählte Fragen zum Zinsmanagement in Industrieunternehmen

Christian Held/David Freidl/Florian Khuen – Bayer AG

1. Einleitung

Der vorliegende Beitrag beschäftigt sich mit ausgewählten Fragestellungen zum Zinsmanagement in Industrieunternehmen. Die Schwerpunkte der Betrachtung werden auf die Steuerung des Liquiditäts- und Zinsrisikos sowie auf das Gruppenkreditgeschäft von Industrieunternehmen gelegt.

Im ersten Abschnitt soll zunächst definiert werden, was die Liquiditätsreserve eines Industrieunternehmens beinhalten und welchen Zweck sie erfüllen soll. Anschließend zeigen wir einen Ansatz zur Bestimmung der Höhe der Mindestreserve auf und erläutern, in welcher Form diese Reserve in der Praxis vorgehalten werden sollte. Im zweiten Abschnitt werden die Grundlagen des Gruppenkreditgeschäftes behandelt. Hierzu werden dessen Vorteile und Voraussetzungen dargelegt. Daneben wird auch das Prinzip erklärt, mit dem sich die Vorteilhaftigkeit von gruppeninternen Geschäften errechnen lässt. Im letzten Abschnitt gehen wir dann auf einen Ansatz ein, mit dem sich das Zinsrisiko eines Industrieunternehmens steuern lässt. Basis dieses Ansatzes ist die Definition des Zinsrisikos sowie die Frage, wie sich dieses Risiko wirtschaftlich und buchhalterisch in einem Industrieunternehmen niederschlägt. Aufbauend auf der Erklärung des theoretisch zinsrisikominimalen Portfolios stellen wir dann die Grundzüge des Konzeptes der Zielwertsteuerung vor. Im Rahmen dieses Konzeptes werden Zielwerte für das Zinsportfolio definiert, nach denen das Portfolio aus Zinspositionen des Unternehmens gesteuert werden soll.

Die Abschnitte dieses Beitrags stehen nicht unabhängig nebeneinander. Die ersten beiden Abschnitte fließen inhaltlich in den letzten Abschnitt ein. Insofern zeigt der vorliegende Beitrag wichtige grundlegende Zusammenhänge der unterschiedlichen Aufgabenbereiche des Zinsmanagements eines Industrieunternehmens auf.

2. Minimum Cash – Bestimmungsgründe für eine Liquiditätsreserve

2.1 Definition und Funktion der Liquiditätsreserve

Fast alle Geschäftsvorfälle eines Unternehmens führen früher oder später zu Zahlungsmittelzu- oder -abflüssen. Um dauerhaft bestehen zu können, muss ein Unternehmen jederzeit in der Lage sein, seine Zahlungsverpflichtungen zu erfüllen. Es müssen deswegen ausreichend Ressourcen an Zahlungsmitteln, und zwar in Form einer Liquiditätsreserve, vorgehalten werden.

Im engeren Sinne zählen zur Liquiditätsreserve Bankguthaben, Tages- bzw. Festgelder und kurz laufende Wertpapiere. Im weiteren Sinne können und sollten auch freie Kreditlinien dazugezählt werden. Kriterium für die Wahl der zu summierenden Positionen ist die jederzeitige Verfügbarkeit der Mittel bzw. die entsprechende sofortige Liquidationsmöglichkeit.

Primäre Funktion einer Liquiditätsreserve ist es, dem Unternehmen zu ermöglichen, jederzeit seine kurzfristigen Zahlungsverpflichtungen aus der operativen Geschäftstätigkeit abdecken zu können. Sie wird daher oft auch als „betriebsnotwendige Liquiditätsreserve" bezeichnet. Diese Reserve soll zum einen *geplante Netto-Zahlungsausgänge* abdecken können. Da Planungen mit Unsicherheit behaftet sind, muss zusätzlich ein Puffer für unvorhergesehene Mindereingänge sowie Mehrausgänge vorgehalten werden. In einer Welt ohne Unsicherheit wäre dieser Puffer für *ungeplante operative Netto-Zahlungsausgänge* überflüssig.

Neben dem bisher beschriebenen Bedarf an liquiden Mitteln für operative Zahlungsverpflichtungen ist es unerlässlich, die Zahlungsverpflichtungen des Unternehmens aus kurzfristig fällig werdenden Finanzverbindlichkeiten (hier als „*kurzfristige Finanzverbindlichkeiten*" definiert) durch eine Reserve abdecken zu können.

Die Liquiditätsreserve zu einem bestimmten Zeitpunkt entspricht somit:

Liquiditätsreserve =

Reserve für geplante und ungeplante operative Netto-Zahlungsausgänge

+

Reserve für kurzfristige Finanzverbindlichkeiten

Abbildung 1: *Bestimmung der Liquiditätsreserve*

2.2 Ableitung der Höhe und Form der Liquiditätsreserve

Um die Gesamthöhe der Liquiditätsreserve zu ermitteln, sind die oben erwähnten drei Komponenten zu bestimmen. Die geplanten operativen Zahlungsströme ergeben sich aus der

Liquiditäts- und Finanzplanung; ebenso die Höhe und Veränderung der kurzfristigen Finanzverbindlichkeiten. In diesem Zusammenhang ist zu klären, in welcher Form diese beiden Komponenten als Reserve vorgehalten werden sollen. Die Reserve für geplante operative Netto-Zahlungsausgänge sollte in Form physischer Anlagen bestehen. Die Fälligkeitsstruktur dieser Anlagen ist so zu wählen, dass im Zeitpunkt des Ausgangs ausreichend liquide Mittel zur Verfügung stehen. Zur Deckung von Finanzverbindlichkeiten sind Kreditlinien die geeignete Form der Reserve. Über solche Linien wird die jederzeitige Refinanzierbarkeit von fällig werdenden Finanzverbindlichkeiten sichergestellt. Da die Höhe von Kreditlinien in der Regel nicht flexibel angepasst werden kann, ist es bei der Bestimmung des zu deckenden Betrags an Finanzverbindlichkeiten angebracht, den geplanten Maximalwert innerhalb einer längeren Planperiode zu ermitteln.

Aufwendiger ist es, den Puffer für Abweichungen von den geplanten Zahlungsströmen zu bestimmen. Hierfür gibt es zwei grundsätzlich unterschiedliche Verfahren: eine retrograde Betrachtung der Vergangenheitsdaten und eine zukunftsgerichtete Ableitung auf Basis der Finanzplanung. Für Unternehmen mit stetigen Einnahmen und Ausgaben mag ersteres Verfahren ausreichend sein. Schwieriger ist das Umfeld bei starken saisonalen Schwankungen oder in Bereichen des Anlagenbaus bzw. größerer Investitionsvorhaben.

In der Praxis darf unterstellt werden, dass sowohl Vergangenheitsdaten vorliegen als auch eine Finanzplanung vorhanden ist. Ein sinnvoller Ansatz ist es, auf Basis von historischen Zeitreihen Plan-Ist-Abweichungsanalysen durchzuführen, um den notwendigen Puffer für ungeplante operative Netto-Zahlungsausgänge quantifizieren zu können. Je nach Geschäftsmodell oder -umfeld des Unternehmens können dann in einem zweiten Schritt Adjustierungen der errechneten Werte vorgenommen werden, wenn die Geschäftsstruktur der Vergangenheit sich nicht mehr in ausreichendem Maße auf die nähere Zukunft übertragen lässt.

Wie sollen nun konkret die Plan-Ist-Abweichungsanalyse durchgeführt und der Puffer bestimmt werden? Zunächst sollte ein ausreichend langer Zeitraum der in der Vergangenheit geplanten und dann in den jeweiligen Perioden tatsächlich eingetretenen Zahlungsein- und -ausgänge gewählt werden. Enthält die Zeitreihe keine ausreichende Anzahl an Daten, ist der Aussagegehalt der Analyse zu relativieren. Außerdem müssen die einzelnen Planungszeiträume bestimmt werden. Mögliche Alternativen hierfür sind ein Tag, eine Woche, ein Monat oder drei Monate. Längere Perioden erscheinen wenig empfehlenswert.

Nehmen wir an, dass das Unternehmen eine historische Gesamtperiode von drei Jahren als geeignete statistische Basis wählt, und unterstellen wir, dass es sich für Ein-Monats-Planungsintervalle entscheidet. Dann sind die letzten 36 Ein-Monats-Planungen heranzuziehen und mit den Ist-Werten zu vergleichen.

Für die so ermittelte Zeitreihe der absoluten Planungsabweichungen wird eine Standardnormalverteilung unterstellt. Für diese sind der Mittelwert und die Standardabweichung zu ermitteln. In einem weiteren Schritt ist dann festzulegen, mit welcher Wahrscheinlichkeit die Liquiditätsreserve eine negative Abweichung von den geplanten Zahlungsströmen abdecken soll (Konfidenzniveau).

Beispiel

Die Verteilung der monatlichen Abweichungen der tatsächlichen Zahlungsströme von den geplanten Zahlungsströmen hat einen Mittelwert von EUR -3 Mio. und eine Standardabweichung von EUR 10 Mio. Die Geschäftsführung legt fest, dass die Liquiditätsreserve in 95 von 100 Monaten negative Abweichungen von den Planwerten abdecken soll. Daraus ergibt sich ein Sicherheitspuffer in Höhe von EUR 16,45 Mio.[1] Die verbleibenden 5 % kennzeichnen das Restrisiko, dass die negativen Abweichungen den Puffer überschreiten.

Der negative Mittelwert von EUR -3 Mio. zeigt, dass für den betrachteten Zeitraum die Planung im Durchschnitt zu optimistisch gewesen ist. Die Ist-Werte der Liquiditätsposition waren im betrachteten Zeitraum durchschnittlich geringer als die geplanten Werte. Das bedeutet, dass im Durchschnitt weniger liquide Mittel eingezahlt und/oder mehr liquide Mittel ausgezahlt wurden als jeweils einen Monat zuvor geplant. Es sollte daher prinzipiell die Planung an sich kritisch hinterfragt werden, um Abweichungen dieser Art über einen längeren Zeitraum zu vermeiden.

Es stellt sich abschließend die Frage, in welcher Form die Liquiditätsreserve für ungeplante operative Netto-Zahlungsausgänge vorgehalten werden soll. Eine Möglichkeit besteht darin, den notwendigen Deckungsbedarf vollständig in flüssigen Mitteln bereitzuhalten. Die grundsätzlich andere Variante ist, die Reserve über Bankkreditlinien zu halten bzw. bei Bedarf sehr zeitnah kurzfristige Kapitalmarktpapiere zu emittieren. Eine praxisgerechte Lösung könnte darin bestehen, eine Mischform zu wählen.

Kapitalmarktfinanzierungen können jedoch problematisch werden, wenn aufgrund mangelnder Nachfrage von Investoren eine Finanzierung nicht möglich ist. Dies kann unter anderem bei Marktstörungen oder bei unzureichender Liquidität im Markt der Fall sein. Daher erscheint es nicht ratsam, sich auf den zeitnahen Abschluss von Kapitalmarktfinanzierungen als Form der Reserve für ungeplante operative Netto-Zahlungsausgänge zu verlassen. Kreditlinien sind im Gegensatz dazu feste Kreditzusagen, die allerdings den Nachteil haben, dass sie in der Regel nicht flexibel genug in ihrer Höhe angepasst werden können.

Für den Fall, dass die Reserve nur aus flüssigen Mitteln besteht, ergibt sich ein höherer Betrag an kurzfristigen Anlagen, die parallel neben kurzfristigen Verbindlichkeiten bestehen. Dies führt wegen der Zinsdifferenz zwischen Anlage und Aufnahme zu höheren Netto-Zinskosten. Ein praktikabler Ansatz, diese Kosten auf ein akzeptables Niveau zu reduzieren, besteht darin, physische Geldanlagen nur für ein bestimmtes Sicherheitsniveau zu halten und für die Abdeckung der Restwahrscheinlichkeit bis zu einem definierten höheren Sicherheitsniveau eine Kreditlinie heranzuziehen. Auf diese Weise kann dann von möglichen Kostenvorteilen einer Kreditlinie gegenüber der Alternative physischer Anlagen profitiert werden.

---

1 Dieser Wert errechnet sich als Produkt aus Standardabweichung und z-Wert des gewählten Konfidenzniveaus. Der z-Wert gibt die Abweichung – gemessen in Standardabweichungen – vom Mittelwert an, die mit einer bestimmten Wahrscheinlichkeit, hier 5 %, überschritten wird. Im Beispiel ergibt sich: 10 Mio. EUR * 1,645 = 16,45 Mio. EUR.

3. Grundlagen des Gruppenkreditgeschäftes

3.1 Vorteile und Voraussetzungen von gruppeninternen Finanzierungen

Die verschiedenen Gesellschaften einer nationalen oder internationalen Unternehmensgruppe weisen individuelle Anlage- und Finanzierungsbedarfe auf. Liquiditätsanlagen oder Kreditaufnahmen können entweder extern über Banken bzw. am Kapitalmarkt getätigt oder über gruppeninterne Anlagen oder Kredite dargestellt werden. Ein Industrieunternehmen kann in unterschiedlicher Weise von internen Geschäften profitieren. Einer der wesentlichen Vorteile interner Geschäfte ist, dass sich der Liquiditätsausgleich innerhalb der Unternehmensgruppe optimieren lässt. Wenn beispielsweise eine Gesellschaft einer Unternehmensgruppe überschüssige Liquidität von EUR 1 Mio. für einen Monat aufweist, könnten diese Mittel für einen Monat an eine andere Gesellschaft in Form eines Darlehens ausgereicht werden. Hierdurch ist es nicht notwendig, dass die kreditgebende Gesellschaft den Betrag bei einer Bank anlegt und die kreditsuchende Gesellschaft bei einer Bank einen Kredit aufnimmt.

In der Regel werden sich allerdings die Anlage- und Kreditbedarfe der Gruppengesellschaften nur unvollständig decken. Daher ist es sinnvoll, eine Gesellschaft innerhalb der Gruppe zu bestimmen, die wie eine Bank („Inhouse Bank“) Anlage- und Kreditbedarfe zusammenführt und entstehende Liquiditäts- oder Finanzierungsüberhänge der Gruppe extern anlegt oder aufnimmt. Wenn im vorstehenden Beispiel die Gesellschaft mit dem Anlagebedarf nur EUR 500.000 überschüssige Mittel für einen Monat zur Verfügung hätte, müsste die Finanzierungsgesellschaft zusätzlich einen Kredit in Höhe von EUR 500.000 aufnehmen, um den Aufnahmebedarf der zu finanzierenden Gesellschaft („D“) decken zu können.

Parallel zur Optimierung des Liquiditätsausgleichs können durch interne Anlagen und Darlehen zugleich die Zinskosten der Gruppe vermindert werden. Dies wird zum einen dadurch erreicht, dass die Zinsdifferenz zwischen externer Anlage und externer Aufnahme vermieden wird. Diese Differenz resultiert aus dem Unterschied zwischen dem Aufschlag, der für einen Bankkredit oder eine Kapitalmarktfinanzierung über dem risikofreien Zins[2] zu zahlen ist[3], und dem Abschlag vom risikofreien Zins, der akzeptiert werden muss, wenn vorhandene Liquidität angelegt werden soll. Zum anderen können schlechtere Refinanzierungskonditio-

---

2 Damit ist der ausfallrisikofreie oder quasi-ausfallrisikofreie Zins gemeint. Bei kurzfristigen Darlehen ist dies der Inter-Bankensatz („Geldmarktsatz“) bzw. bei langfristigen Krediten der Swapsatz oder der Zinssatz von Staatsanleihen in der betrachteten Währung.

3 Dieser besteht bei einem Bankkredit im Wesentlichen aus dem firmenspezifischen Credit Spread, den Verwaltungskosten der Bank sowie dem Verzinsungsanspruch der Eigenkapitalgeber der Bank. Der Aufschlag einer Kapitalmarktfinanzierung umfasst lediglich den Credit Spread des Unternehmens. Allerdings sind zusätzlich als separate Kosten noch Bankgebühren zu berücksichtigen.

nen einer Tochtergesellschaft im Vergleich zu den Konditionen der zentralen Finanzierungsgesellschaft vermieden werden. Mit einer zentralen Steuerung lassen sich durch die entstehende Volumenkonzentration in der Regel bessere Konditionen bei Anlagegeschäften und Finanzierungen erzielen. Angewendet auf den Kreditbedarf der Gesellschaft D, aus obigem Beispiel, bedeutet dies Folgendes:

D könnte EUR 500.000 bei einer Bank zu 3,0 %[4] für einen Monat aufnehmen, während die zentrale Finanzierungsgesellschaft sich für den gleichen Zeitraum zu 2,8 %[5] bei einer Bank refinanzieren könnte. Durch einen Kredit in Höhe von EUR 500.000 von D bei der „Inhouse Bank“ entsteht ein Vorteil von 0,2 % auf Gruppenebene.

Komplizierter wird das Konzernkreditgeschäft, wenn Fremdwährungsanlagen oder -kredite von Tochtergesellschaften berücksichtigt werden müssen. Unterstellen wir, dass die oben betrachtete Unternehmensgruppe eine Tochter („A“) in Australien hätte. A könnte AUD 850.000 zu 6,0 %[6] für einen Monat bei einer australischen Bank aufnehmen. Auch in diesem Fall könnte ein Gruppenvorteil durch ein Gruppendarlehen entstehen. Dies wäre dann der Fall, wenn die Refinanzierungskondition der „Inhouse Bank“ umgerechnet in AUD-Konvention kleiner als 6,0 % wären. Zu diesem Zweck müssen die Konditionen eines EUR/AUD-Währungsswaps herangezogen werden. In arbitragefreien Märkten würden in diesem Beispiel 2,8 % in EUR-Konvention unter Berücksichtigung eines EUR/AUD-Währungsswaps einem Zinssatz in AUD-Konvention von rund 5,8 % entsprechen.[7] Dies ergibt sich aus der Zinsdifferenz zwischen dem EUR- und AUD-Währungsraum. Umgekehrt lassen sich die 6,0 % auf die gleiche Weise in einen Zinssatz in EUR-Konvention transformieren. Dieser würde dann einem EUR-Zins von rund 3,0 % entsprechen. Auf diese Weise hätte sich ein Gruppenvorteil von 0,2 % sowohl in AUD- als auch in EUR-Konvention ergeben.[8]

Zusätzlich zu den oben dargestellten direkt erzielbaren Einsparungen lassen sich höhere Zinskosten auch indirekt verhindern; so vermeidet die Kürzung der Bilanzsumme durch das Gruppenkreditgeschäft negative Ratingimplikationen eines unnötig hohen Fremdkapitalvolumens in der Bilanz.

Neben der Optimierung des Liquiditätsausgleichs und der Zinskostenersparnis können durch das Gruppenkreditgeschäft Anlage- und Finanzierungspositionen in einem Zinsportfolio zusammengefasst werden, das in den Büchern der zentralen Finanzierungsgesellschaft geführt wird. Die im Portfolio entstehende Risikostreuung kann für die Risikosteuerung ausgenutzt werden. Spezialisten und kostenintensive Systeme können zudem innerhalb der Unter-

---

4 3,0 % = 2,5 % EUR-Geldmarktsatz + 0,5 % Aufschlag der Bank.

5 2,8 % = 2,5 % EUR-Geldmarktsatz + 0,3 % Aufschlag der Bank.

6 6,0 % = 5,5 % AUD-Geldmarktsatz + 0,5 % Aufschlag der Bank.

7 Hierbei werden aus Vereinfachungsgründen 0,01 % Aufschlag in EUR-Konvention mit 0,01 % in AUD-Konvention gleichgesetzt. Um exakt zu kalkulieren, müsste mit so genannten Konversionsfaktoren eine Umrechung des Aufschlags in Basispunkten vorgenommen werden.

8 Unter Berücksichtigung der oben genannten Konversionsfaktoren würden 0,2 % in EUR-Konvention nur unwesentlich von dem Vorteil in AUD-Konvention abweichen.

nehmensgruppe an einer Stelle, und zwar im Treasury der „Inhouse Bank“, konzentriert werden. Ebenso ermöglicht die zentralisierte Steuerung in einer Gesellschaft eine bessere Trennung in Front Office (Händler) und Back Office (Prüfung und Abwicklung der Geschäfte) bzw. Controlling (Kontrolle und Berichterstattung), als wenn die Finanzgeschäfte dezentral durch die Tochtergesellschaften geführt würden. Dies erhöht die Sicherheit der Prozesse im Rahmen des Finanzmanagements.

3.2 Das Grundprinzip der Vorteilhaftigkeitsrechnung

Mit Hilfe der Vorteilhaftigkeitsrechnung soll vor Vergabe einer Gruppenanlage oder eines -darlehens ermittelt werden, wie groß der Vorsteuervor- bzw. -nachteil und der Nachsteuervor- bzw. -nachteil sind. Wirtschaftlich macht eine gruppeninterne Finanzierung nur dann Sinn, wenn ein Nachsteuervorteil besteht. Allerdings ist es aus steuerlichen Gründen in der Regel zwingend notwendig, dass die vereinbarten Konditionen dem „Arm´s Length Principle“ entsprechen. Aus steuerlicher Sicht bilden die banküblichen Soll- bzw. Habenzinsen der jeweiligen Gesellschaften die Ober- bzw. Untergrenze für die Konditionen von Gruppendarlehen bzw. -anlagen.[9] Hat eine der beteiligten Gesellschaften Zugang zum Kapitalmarkt, dann sind ihre Konditionen am Kapitalmarkt stellvertretend für Bankkonditionen heranzuziehen. Ist ein Vor- und/oder Nachsteuervorteil nicht gegeben, sollte eine dezentrale Anlage oder Aufnahme der Tochtergesellschaft erfolgen.

Angewendet auf ein Gruppendarlehen der „Inhouse Bank“ an eine Tochtergesellschaft bedeutet dies, dass die zentrale Finanzierungsgesellschaft mindestens ihre Refinanzierungskosten decken bzw. mindestens den gleichen Zinssatz erzielen muss wie bei der Geldanlage bei einer Bank. Gleichzeitig darf die Tochtergesellschaft für das Darlehen in keinem Fall mehr zahlen als bei einer Fremdfinanzierung. Bei einer Gruppenanlage muss die Tochtergesellschaft aus der Anlage mindestens den gleichen Zinssatz erhalten wie aus einer externen Geldanlage. Die zentrale Finanzierungsgesellschaft darf dagegen in keinem Fall mehr zahlen als bei einer Fremdfinanzierung bzw. keinen Zinssatz erbringen, der über dem einer externen Geldanlage liegt.

Auf Basis der Vorsteuerkonditionen lässt sich in einem zweiten Schritt der Nachsteuervor- oder -nachteil ermitteln. Zu diesem Zweck sind von den Zinserträgen aus der gruppeninternen Finanzierung der anlegenden oder kreditvergebenden Gesellschaft die Ertragssteuern dieser Gesellschaft abzuziehen. Bei der kreditaufnehmenden Gesellschaft ist die Anrechnung des Zinsaufwandes aus der gruppeninternen Finanzierung als Steuerersparnis zu berücksichtigen. Um den Vergleich mit einer externen Anlage bzw. Kreditaufnahme vornehmen zu können, sind diese Steuereffekte in gleicher Form für die Zinssätze der externen Anlage bzw.

9 Vgl. aus deutscher steuerlicher Sicht zu diesem Thema unter anderem das BFH-Urteil vom 28.02.1990-IR 83/87.

des externen Kredites zu errechnen. Unter Einbeziehung dieser Steuereffekte lässt sich dann vergleichen, ob die gruppeninterne Anlage/Kreditaufnahme im Vergleich zur externen Anlage/Kreditaufnahme nach Steuern vorteilhaft ist oder nicht.

4. Ein Ansatz zur Zinsrisikosteuerung in Industrieunternehmen

4.1 Definition und Auswirkungsformen des Zinsrisikos eines Industrieunternehmens

Das Zinsrisiko eines Industrieunternehmens kann allgemein so definiert werden, dass durch die Volatilität der Veränderung von Marktzinssätzen der Zinsaufwand höher oder der Zinsertrag niedriger als der erwartete Zinsaufwand oder -ertrag ausfällt (Cash-Flow-Risiko) bzw. unerwartete Opportunitätskosten (Marktwertrisiko) entstehen können, die zu einem höheren Zinsaufwand oder niedrigeren Zinsertrag führen. Die obige Definition für das Zinsrisiko berücksichtigt also zum einen, dass sich das Zinsergebnis durch unerwartete Schwankungen kurzfristiger, variabler Geldmarktsätze erhöhen kann. Zum anderen bezieht sich die Definition auch auf unerwartete Opportunitätskosten, die bei festverzinslichen Geschäften durch unerwartete Bewegungen mittel- und langfristiger Zinsen entstehen können.

Das Zinsrisiko für ein Industrieunternehmen geht von zinstragenden Positionen aus. Zum einen können operative Forderungen und Verbindlichkeiten eine Zinsvereinbarung enthalten. Zum anderen gibt es originäre und derivative zinstragende Finanzgeschäfte. Zinsvereinbarungen für operative Geschäfte sind Bestandteil der Absatz- und Preispolitik eines Industrieunternehmens und daher kein Bestandteil unserer Betrachtung.

Zu den originären Finanzgeschäften können auf der Aufnahmeseite vor allem Bankkredite, Commercial Paper, Anleihen und strukturierte Finanzierungsformen gezählt werden. Auf der Anlageseite verfügen Industrieunternehmen zumeist über eine Liquiditätsreserve[10] bestehend aus Tages- und Festgeldern sowie kurz laufenden Wertpapieren. Neben originären Finanzgeschäften kann auch von Derivaten ein Zinsrisiko ausgehen. Dies ist z. B. bei Devisenswaps sowie Zins- und Währungsswaps, die zur Absicherung von Gruppendarlehen in Fremdwährung abgeschlossen werden, zu berücksichtigen. Bei diesen Geschäften sollten jeweils die Long- und die Short-Seiten als eigenständige Zinsgeschäfte betrachtet und als Anlagege-

---

10 Vgl. Abschnitt 2: Minimum Cash – Bestimmungsgründe für eine Liquiditätsreserve.

schäfte (Long-Seite) bzw. Kredite (Short-Seite) interpretiert werden. Durch diese Sichtweise werden die jeweiligen Long- und Short-Seiten bei der Identifizierung zinsrisikotragender Positionen wie originäre Geschäfte behandelt.

Wie genau schlägt sich nun eine Veränderung der Marktzinssätze wirtschaftlich und buchhalterisch beim Unternehmen nieder? Dies soll im Folgenden für den Fall einer variablen und für den Fall einer fixen Verbindlichkeit dargestellt werden.

Variabel verzinsliche Verbindlichkeiten zeichnen sich dadurch aus, dass der Zins, der für die Kapitalbereitstellung zu zahlen ist, in relativ kurzen Zeitabständen, üblicherweise alle drei oder sechs Monate, angepasst wird.[11] Wenn sich der relevante Referenzzinssatz verändert, verändert sich in der Folge auch die Höhe des Zinsaufwandes und der Zinszahlungen, die das Unternehmen zu leisten hat. Es ist Schwankungen des Geldmarktsatzes direkt ausgesetzt.

Anders ist die Situation bei festverzinslichen Verbindlichkeiten: Diese Art der Verbindlichkeit zeichnet sich dadurch aus, dass der Zins, der für die Kapitalbereitstellung zu zahlen ist, nicht angepasst wird, sondern bis zur Fälligkeit des jeweiligen Festzinspapiers unverändert bleibt.[12] Das Unternehmen verpflichtet sich, einen vertraglich vereinbarten Zins zu zahlen, unabhängig von Veränderungen des Marktzinssatzes. Die Höhe der Zins-Cash-Flows ist unabhängig von Marktbewegungen. Dafür verändert sich bei Marktzinsbewegungen der Marktwert der Verbindlichkeit.[13] Fallende Zinsen führen zu einem Anstieg des Marktwertes der Verbindlichkeit und umgekehrt. In der potenziellen Veränderung des Marktwertes schlägt sich das Zinsrisiko bei festverzinslichen Verbindlichkeiten nieder.

Warum ist das aber für ein Unternehmen relevant, obwohl der Zinsaufwand und die Zinszahlungen fixiert sind?

Die Veränderung des Marktwertes ist der Barwert der Abweichung der zukünftigen Zinszahlungen, die das Unternehmen abweichend von den aktuell gültigen Marktkonditionen zu leisten hat. Veränderungen des Marktwertes einer Verbindlichkeit oder eines Portfolios aus Verbindlichkeiten stellen Opportunitätskosten oder -erträge dar, d. h. entgangene Chancen, von gefallenen Zinsen profitiert zu haben, bzw. vermiedene Risiken, von gestiegenen Zinsen betroffen zu sein. Das soll für den Fall fallender Marktzinsen beschrieben werden.

11 Entweder weil die Verbindlichkeit fällig ist und verlängert werden muss oder weil der Zins einer länger laufenden originären oder derivativen Verbindlichkeit in Intervallen angepasst wird.

12 Sonderformen von Festzinsanleihen werden hier nicht betrachtet.

13 Der Buchwert von Originärgeschäften ist üblicherweise nicht betroffen. Diese werden nach IFRS zu fortgeführten Anschaffungskosten nach der Effektivzinsmethode bewertet. Bei Originärgeschäften, die als Underlying für Derivate im Fair Value Hedge Accounting dienen, wird jedoch auch der Buchwert entsprechend den Marktwertschwankungen angepasst.

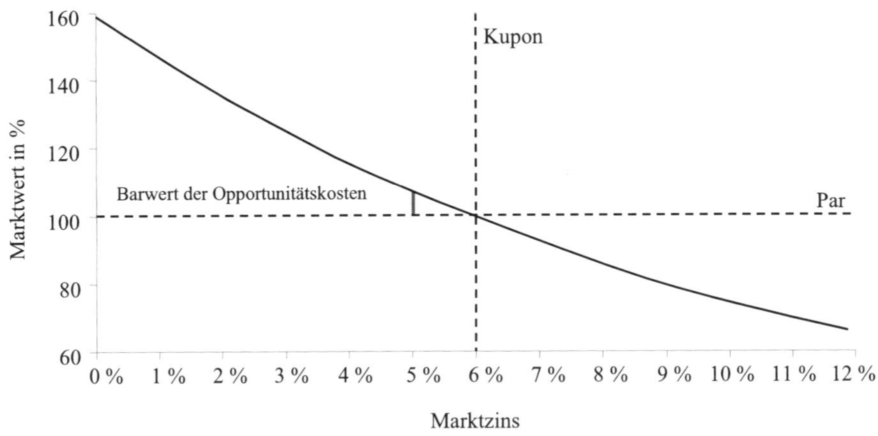

Abbildung 1: *Marktwertveränderungen von Festzinsverbindlichkeiten*[14]

Beispiel

Ein Unternehmen emittiert eine 10-jährige Anleihe mit einem Kupon von 6 % zu Par.[15] Direkt nach der Emission verschiebt sich die Zinsstrukturkurve parallel um 1 Prozentpunkt.[16] Dadurch steigt der Marktwert der Anleihe auf 107,7 %.[17] Das Unternehmen zahlt jedes Jahr einen Kupon von EUR 6 je EUR 100 Nominalbetrag der Anleihe. Zu aktuellen Konditionen müsste das Unternehmen nur EUR 5 für dieselbe Finanzierung erbringen. Der zusätzliche Aufwand von EUR 1 über eine Laufzeit von zehn Jahren entspricht genau der Marktwertveränderung von EUR 7,7 je EUR 100 Nominalvolumen.[18] Durch die Fixierung des Zinsaufwandes entstehen dem Unternehmen Opportunitätszinskosten über die gesamte Restlaufzeit der festverzinslichen Verbindlichkeit.[19] Dadurch, dass im Zinsergebnis EUR 6 pro EUR 100 Nominalbetrag als Zinsaufwand und eben nicht EUR 5 gebucht und

14 Es wird unterstellt, dass das Papier zu Par begeben wurde. Somit entspricht der Kupon der ursprünglichen Rendite. In der Abbildung 1 wird weiterhin ein sehr kleiner Betrachtungszeitraum unterstellt, so dass die Barwertveränderung der Verbindlichkeit aufgrund der geringeren Restlaufzeit zu vernachlässigen ist.

15 Die 6 % setzen sich zusammen aus dem risikolosen Marktzins und dem firmenspezifischen Credit Spread. Im Beispiel wird von einer flachen Zinsstrukturkurve ausgegangen.

16 Der Credit Spread der Anleihe soll sich hier nicht verändern.

17 Der Marktwert berechnet sich als ∑[6/(1,05)^t] + 100/(1,05)^10, für t = 1 bis 10.

18 Die Marktwertveränderung berechnet sich als ∑[6/(1,05)^t] - ∑[5/(1,05)^t], für t = 1 bis 10.

19 Hierbei wird unterstellt, dass die impliziten Terminzinssätze nach der Zinsbewegung auf 5 % bis zur Fälligkeit der Anleihe eintreten werden.

ausgewiesen werden, wirken sich solche Opportunitätskosten tatsächlich als höherer Zinsaufwand in der GuV aus.

Es ist deshalb unerlässlich, neben den direkten kurzfristigen Zinsaufwendungen auch die Marktwerte des Zinsportfolios in das Risikomanagement mit einzubeziehen. Der Marktwert der Verbindlichkeiten schwankt durch Veränderungen der Zinssätze an den Finanzmärkten.[20] Die Höhe der Veränderung hängt näherungsweise von dem ursprünglichen Marktwert der Verschuldung, von der Stärke der Zinsbewegung und von der modifizierten Duration[21] der Verbindlichkeit ab.

4.2 Das zinsrisikominimale Portfolio

Die Ziele der Zinsportfoliosteuerung sind auf der einen Seite die Minimierung des Zinsrisikos und auf der anderen Seite die Minimierung des Zinsaufwandes. In diesem Kapitel wird beschrieben, wie ein Unternehmen sein Verbindlichkeitenportfolio so strukturieren kann, dass das Zinsrisiko minimiert wird. Das zinsrisikominimale Portfolio soll definiert werden als das Portfolio, dessen Anteil fixer Verbindlichkeiten bei gegebener modifizierter Duration der Originärgeschäfte zu einer minimalen Varianz des Total Returns des Portfolios führt. Der Total Return setzt sich dabei zusammen aus Zinszahlungen und Marktwertschwankungen.

Das Volumen des Zinsportfolios ist vorgegeben durch die Höhe der finanziellen Nettoverschuldung. Auf die physische Kapitalbindung der Passivseite als Fragestellung des Liquiditätsrisikomanagements soll hier nicht näher eingegangen werden. Wir nehmen an, dass das Unternehmen eine bestimmte Fälligkeitsstruktur definiert hat und auf dieser Basis den Fix-Anteil[22] und damit die modifizierte Duration des Gesamtportfolios bestimmt, um das Zinsrisiko zu minimieren.

Auf Basis der vorgegebenen physischen Fälligkeitsstruktur lassen sich zwei Extremszenarien ableiten: ein Portfolio, bei dem sämtliche Verbindlichkeiten bis zur jeweiligen Fälligkeit festverzinslich sind, und ein Portfolio, bei dem sämtliche Verbindlichkeiten unabhängig von ihrer Endfälligkeit variabel verzinslich sind. Dazwischen ist jede Kombination aus fixem und variablem Anteil denkbar.

---

20 Neben Veränderungen der Marktzinssätze aus parallelen und nicht-parallelen Veränderungen der Zinskurve hat auch der Zeitablaufeffekt in Form des Pull-to-Par- und des Roll-Down-Effektes Einfluss auf den Marktwert. Auf diese Effekte soll hier allerdings nicht näher eingegangen werden.

21 Die Duration ist die marktwertgewichtete durchschnittliche Kapitalbindung einer festverzinslichen Investition oder Finanzierung. Finanzmathematisch entspricht die modifizierte Duration der 1. partiellen Ableitung des Marktwertes der Investition oder Finanzierung nach der Veränderung der Rendite bis zur Fälligkeit.

22 Der variable Anteil ist dann gleich 1 - Fixanteil in %.

Um die gesuchten Parameter bestimmen zu können, müssen zuerst die Einflussgrößen auf den Total Return und deren Varianzen sowie Kovarianzen bestimmt werden.

Der Total Return des Portfolios, d. h. die Höhe der Zinszahlungen und die Veränderungen des Marktwertes, ist von einer Vielzahl einzelner Zinssätze abhängig.[23] Eine Analyse basierend auf sämtlichen Zinssätzen ist allerdings unpraktikabel. Es ist deshalb sinnvoll, die Zinssätze zu bestimmen, die die Cash-Flow-Höhe des variablen Anteils und den Marktwert des fixen Anteils des Portfolios am stärksten beeinflussen. Zu diesem Zweck sind die Korrelationen einzelner Zinssätze mit den Zinssätzen zu untersuchen, die den Marktwert determinieren. Zur Bestimmung des genauen Zusammenhangs zwischen dem Zins oder den Zinsen und dem Portfoliomarktwert ist eine Regressionsanalyse durchzuführen.

Der Anteil fest- und variabel verzinslicher Zinsinstrumente im varianzminimalen Portfolio lässt sich dann einfach berechnen.[24] Im Allgemeinen wird der Anteil fixer Portfoliokomponenten hier eher niedrig sein, weil eine Veränderung im mittel- und langfristigen Teil der Zinskurve über die modifizierte Duration der Instrumente einen deutlich stärkeren Einfluss auf den Total Return hat als eine Veränderung der Geldmarktsätze.

4.3 Festlegung von Zielwerten und Steuerung des Zinsportfolios

Der Fix-/Variabel-Mix und die modifizierte Duration sind die beiden Parameter, nach denen das Zinsrisiko des Unternehmens gesteuert werden soll. Das in Abschnitt 4.2 ermittelte zinsrisikominimale Portfolio weist die Parameter eines theoretisch risikominimalen Portfolios auf. Es berücksichtigt allerdings nicht, dass ein Industrieunternehmen unter Umständen aus geschäftspolitischen Gründen nur einen bestimmten Anteil an variabler Verzinsung akzeptieren möchte und das Portfolio daher möglicherweise in der Praxis nicht umgesetzt werden kann.

Bei der Determinierung des zinsrisikominimalen Portfolios wird auf die Varianz der Veränderung von Zinssätzen historischer Zeitreihen abgestellt. Der Treasurer muss sich allerdings fragen, wie stark sich das Zinsergebnis in einer einzigen Berichtsperiode erhöhen wird, wenn im Worst-Case-Szenario die Geldmarktsätze signifikant stärker steigen und gleichzeitig die langfristigen Sätze deutlich stärker sinken als bei üblicherweise zu beobachtenden Zinsbewe-

23 Zur Bestimmung des Marktwertes ist für jeden Cash-Flow-Termin jeweils ein separater Diskontierungszins relevant.

24 Für zwei Portfoliokomponenten, also einen fixen und einen variablen Zins, ergibt sich der risikominimale Fixanteil, indem die erste Ableitung der Portfoliovarianz gleich Null gesetzt wird.

gungen.[25] Damit betrachten wir im Worst-Case-Szenario die Verschiebung der Zinskurve in Richtung einer extremen Inversion.

Die Risikotragfähigkeit eines Industrieunternehmens lässt sich an unterschiedlichen Parametern festmachen. Ein geeigneter Ansatz wäre, Ratingimplikationen des beschriebenen Worst-Case-Szenarios für die Frage der Risikotragfähigkeit heranzuziehen.[26] Drastische Erhöhungen des Zinsaufwandes durch Erhöhungen der Geldmarktsätze sollten nicht dazu führen, dass bestimmte Kennzahlen für das Rating eines Unternehmens oder sogar das Rating selbst gefährdet werden. Es gilt somit zu ermitteln, wie stark sich das Zinsergebnis in einer Periode erhöhen darf, ohne dass sich bestimme Ratingkennzahlen auf das Niveau der nächst schlechteren theoretischen Ratingkategorie herabsenken.[27]

Der Zweck einer solchen theoretischen Analyse besteht darin, quantifizieren zu können, welchen zusätzlichen maximalen Mehraufwand im Zinsergebnis bzw. welche damit verbundenen Zinszahlungen ein Industrieunternehmen in einer Berichtsperiode verkraften könnte. Der durch eine Erhöhung der Geldmarktsätze im Worst-Case-Szenario[28] entstehende Zinsaufwand darf den ermittelten „Ratingschwellenwert“ nicht übersteigen. Daher ist der variable Anteil zu errechnen, bei dem diese Bedingung gerade noch erfüllt ist.[29] Der so berechnete variable Anteil ist dann der neue Zielwert für den variablen Anteil des Portfolios.

---

25 Ein sinnvoller Ansatz ist die Betrachtung von einer Standardabweichung der Zeitreihe der *untersuchten Zinssätze* als potenzielle Veränderung der kurz- und langfristigen Zinssätze.

26 Aus der Gesamtbanksteuerung ist ein anderer Ansatz bekannt, der gedanklich einen Schritt weiter geht und theoretisch auch auf ein Industrieunternehmen übertragen werden könnte. Nach diesem Ansatz soll die Summe der Risiken die Risikodeckungsmasse, also allgemein das Eigenkapital, nicht übersteigen. Auf diesen Ansatz wollen wir hier nicht weiter eingehen.

27 Eine solche Ratinganalyse sollte auf einer Ceteris-paribus-Annahme erfolgen. D. h., dass alle anderen relevanten Kennzahlen und Einflussgrößen konstant bleiben und nur Veränderungen des Zinsergebnisses betrachtet werden. Zinsausgaben können im Vergleich zu anderen Faktoren bei der Bestimmung des Ratings eines Unternehmens eher von nachgelagerter Bedeutung sein. Daher hängt es von der individuellen Situation des Unternehmens ab, ob sich höhere Zinsausgaben lediglich auf bestimmte Kennzahlen auswirken oder sogar direkt eine Veränderung des Ratings auslösen. Letzteres wird in der Regel eher unwahrscheinlich sein.

28 Nach verschiedenen Berechnungen waren kurz- und langfristige Zinssätze in den wichtigsten Währungen in der jüngeren Vergangenheit positiv miteinander korreliert. Wären die Sätze perfekt positiv miteinander korreliert, dann wäre die Wahrscheinlichkeit für eine entgegengerichtete Bewegung gleich Null. Wären kurz- und langfristige Zinssätze nicht miteinander korreliert, dann würde die Wahrscheinlichkeit für den Bereich +1 Std. bis $+\infty$ bzw. -1 Std. bis $-\infty$ $0{,}1587 * 0{,}1587 = 0{,}0252$ betragen. Auf Basis der zweidimensionalen Normalverteilung und der ermittelten Korrelationen zwischen der Veränderung kurz- und langfristiger Zinssätze liegt die Wahrscheinlichkeit, dass entgegengerichtete Bewegungen von größer oder gleich 1 Standardabweichung (Std.) entstehen, somit zwischen 0 % und 3 %. Der genaue Wert hängt davon ab, wie stark die Korrelation zwischen den untersuchten Zinssätzen ist.

29 Wenn das Unternehmen eine geringere Restwahrscheinlichkeit als 3 % für notwendig erachtet, muss mit einem Wert von mehr als 1 Standardabweichung kalkuliert werden.

Beispiel

> Das zinsrisikominimale Portfolio für ein Unternehmen hat einen variablen Anteil von 95 % und einen Fix-Anteil von 5 %. Im Worst-Case-Szenario führt der variable Anteil von 95 % zu einem Mehraufwand des Unternehmens in der GuV von EUR 50 Mio. Im Rahmen einer Ratinganalyse zeigt sich allerdings, dass sich bestimmte Ratingkennzahlen bereits bei einer Erhöhung von mehr als EUR 45 Mio. in die nächst schlechtere Kategorie bewegen. Eine potenzielle Verschlechterung der ausgewählten Ratingkennzahlen akzeptiert das Unternehmen nicht. Daher beträgt der maximal akzeptierte Mehraufwand in der GuV EUR 45 Mio. Dieser „Ratingschwellenwert" entspricht allerdings im Worst-Case-Szenario einem variablen Anteil von nur 85 %. Daher darf der variable Anteil in keinem Fall höher als 85 % sein bzw. muss der fixe Anteil mindestens 15 % betragen.

Aufgrund des höheren Anteils festverzinslicher Positionen entstehen im langfristigen Durchschnitt höhere Zinskosten. Zusätzlich können potenziell höhere Zinskosten in Form von unerwarteten Opportunitätskosten verursacht werden, weil sich durch den höheren Zielwert für den Fixanteil auch die modifizierte Duration des Portfolios erhöht.[30] Diese höheren bzw. potenziell höheren Kosten werden nach diesem Ansatz bewusst in Kauf genommen, um stärkere Belastungen im Zinsergebnis bzw. höhere Zinsauszahlungen der jeweils aktuellen Periode zu vermeiden.

Die Parameter des Zinsportfolios verändern sich im Zeitablauf, weil sich durch operative Zahlungsein- oder -ausgänge das Volumen an variabler Verschuldung ändert. Dies hat einen Einfluss auf den Fixanteil und damit auf die modifizierte Portfolio-Duration. Nach dem Konzept der Zielwertsteuerung soll das Zinsportfolio des Unternehmens mechanistisch in regelmäßigen Abständen an die Zielwerte angepasst werden. Monatliche oder quartalsweise Anpassungen dieses Portfolios erscheinen am praktikabelsten. Die Adjustierungen der Portfolio-Parameter an die vorgegebenen Zielwerte soll mit originären und derivativen Instrumenten[31] erfolgen.

Würde bei diesem Konzept versucht, das Portfolio ständig an starren Zielwerten auszurichten, könnte unter Umständen ein beträchtliches Volumen an originären Geschäften oder gehandelten Zinsderivaten erforderlich sein. Um das Volumen der Anpassungsgeschäfte zu reduzieren, sollten Bandbreiten für die Zielwerte des Fixanteils und der modifizierten Portfolio-Duration definiert werden, in denen die Parameter des Zinsportfolios schwanken dürfen, ohne dass es zu Anpassungsgeschäften kommt. Die Festlegung dieser Bandbreiten muss individuell auf das jeweilige Unternehmen zugeschnitten sein und hängt vom gewünschten Verhältnis aus Kosten und Risiko ab.

---

30 Eine Überprüfung der Zielwerte sollte in regelmäßigen Abständen durchgeführt werden. Eine jährliche Aktualisierung bzw. Untersuchung bei signifikanten Portfolioveränderungen ist sinnvoll.

31 Vor allem Zinsswaps kommen hierfür in Frage.

Beispiel

> Der Finanzverantwortliche entscheidet, dass 15 % ≤ Zielwert Festanteil ≤ 25 % sein soll. Die Schwankungsbreite für die modifizierte Portfolio-Duration soll Zielwert +/- 0,25 Jahre sein.

Die Regelbindung für den Treasurer im Rahmen des Konzeptes der Zielwertsteuerung liegt darin, das Zinsportfolio zu den Anpassungsterminen immer dann anzupassen, wenn die Parameter des Portfolios die festgelegten Bandbreiten überschritten haben. Auf welchen Wert angepasst wird, ist eine risikopolitische Entscheidung; z. B. könnte jeweils auf die Mittelwerte adjustiert werden.

Beispiel

> Falls der Festzinsanteil des Zinsportfolios unter 15 % fällt oder über 25 % steigt, dann muss auf 20 % angepasst werden. Weicht die modifizierte Duration um mehr als 0,25 Jahre vom Zielwert ab, dann muss auf den Zielwert angepasst werden.

Eine zentrale Eigenschaft des oben beschriebenen Konzeptes ist, dass im Rahmen eines Optimierungsansatzes simultan fest und variabel verzinsliche Positionen des Zinsportfolios gesteuert werden. Es ist darauf hinzuweisen, dass die zur Erreichung des vorstehenden Optimierungskalküls abzuschließenden Zinsderivate positive und negative Marktwerte bzw. Marktwertveränderungen aufweisen können. Dies ist z. B. dann der Fall, wenn originäre Festzinsverbindlichkeiten über einen Zinsswap in eine „synthetisch" variable Verbindlichkeit getauscht werden und die zur Bewertung relevanten Zinsen steigen. Negative Marktwerte bzw. negative Marktwertveränderungen solcher Swaps würden jedoch durch positive Marktwerte bzw. positive Marktwertveränderungen[32] der gesicherten Verbindlichkeiten ausgeglichen. Bei positiver Wertentwicklung der Sicherungsgeschäfte würde es durch die Wertveränderungen der gesicherten Verbindlichkeiten ebenfalls zu einem ökonomischen Ausgleich kommen.[33] Wird umgekehrt eine originär variable Verbindlichkeit in eine „synthetisch" festverzinsliche Verbindlichkeit getauscht, können in einem Umfeld sinkender Zinsen negative Marktwerte bzw. negative Marktwertveränderungen der Sicherungsgeschäfte entstehen. In diesem Fall würde der gleiche wirtschaftliche Effekt wie bei originär festverzinslichen Positionen im Zinsportfolio entstehen. Es lässt sich somit zeigen, dass positive und negative Marktwerte bzw. Marktwertveränderungen von Sicherungsgeschäften integraler Bestandteil dieses Steuerungsansatzes sind und eine isolierte Betrachtung der Marktwerte der eingesetzten Zinsderivate nicht sinnvoll ist. Dies ist insbesondere auch dann zu berücksichtigen, wenn

---

32 Bei Verbindlichkeiten liegt ein positiver Marktwert dann vor, wenn der Marktwert der Verbindlichkeit unter dem Nominalwert liegt. Entsprechend liegt eine positive Marktwertveränderung dann vor, wenn der Marktwert der Verbindlichkeit abnimmt.

33 Mögliche Ineffektivitäten werden hier vernachlässigt.

kein Hedge Accounting für Sicherungsgeschäfte erreicht werden kann. Dies hätte zur Folge, dass die Sicherungsgeschäfte zu Marktwerten zu bilanzieren sind und die Marktwertveränderungen in der GuV ausgewiesen werden, während die zugehörigen Verbindlichkeiten zu fortgeführten Anschaffungskosten angesetzt werden. GuV-Schwankungen aus Sicherungsgeschäften, sowohl positive als auch negative, sind in diesem Fall unvermeidlich.

Bisher haben wir uns ausschließlich auf die Steuerung des Zinsrisikos konzentriert. Es lässt sich zeigen, dass sich das Liquiditätsrisiko des Unternehmens integriert mit dem Zinsrisiko steuern lässt und sich hierdurch Synergieeffekte erzielen lassen.

Müsste der Treasurer sich nur an die Regelbindung halten, Zielwerte für den Fixanteil und die modifizierte Portfolio-Duration zu steuern, entstünde ein systematischer Fehlanreiz. Dieser würde darin bestehen, dass die Fälligkeitsstruktur der Verbindlichkeiten nicht so strukturiert wird, dass der Kassenbestand stets auf dem Niveau der physischen Liquiditätsreserve gehalten wird. Mit Hilfe von originären Finanzgeschäften lassen sich die Zielwerte des Fixanteils und der modifizierten Portfolio-Duration steuern. Nach dem oben beschriebenen Ansatz ist dies jedoch nicht zwingend erforderlich. Theoretisch könnte der Treasurer die Zinsrisikosteuerung fast ausschließlich mit Hilfe von Zinsderivaten durchführen. Wird dagegen die Nebenbedingung eingeführt, dass der Treasurer auch versuchen muss, die überschüssige Liquidität auf dem Niveau der Liquiditätsreserve zu halten, wird er die Fälligkeitsstruktur der Originärgeschäfte so gestalten müssen, dass nicht unnötige, über die Liquiditätsreserve hinausgehende Liquidität vom Unternehmen vorgehalten wird. Auf diese Weise können unter Umständen signifikante Zinskosten gespart werden. Gleichzeitig kann die modifizierte Portfolio-Duration verstärkt über originäre Geschäfte gesteuert werden. Falls Schwierigkeiten bestehen, Hedge Accounting für Derivate zu erreichen, können dadurch zudem unnötige Schwankungen des Zinsergebnisses vermieden werden. Außerdem werden das Controlling und das Rechnungswesen durch ein kleineres Derivate-Buch entlastet.

Durch die oben genannte Nebenbedingung lassen sich die Zinsrisiko- und die Liquiditätsrisikosteuerung miteinander verzahnen und integriert steuern. Mit diesem Steuerungsansatz wird ein ausgewogener Ausgleich zwischen dem Anspruch einer praktikablen Handhabung und einer theoretischen Fundierung erreicht.

Commodity-Risikomanagement

Hans Bünting – RWE AG

1. Einführung

Neben den „populären“ und in der Literatur ausführlich behandelten Finanzrisiken aus Zins-, Fremdwährungs- und Aktienexposure sind – auch bedingt durch die Globalisierung sowohl der Absatz- als auch der Beschaffungsmärkte sowie der damit einhergehenden gestiegenen Wettbewerbsintensität – in den letzten Jahrzehnten vermehrt die Risiken aus Commodity-Exposure in den Fokus der Finanzmanager von Industrieunternehmen gerückt. Die hohe Volatilität der Rohstoffmärkte (siehe Abbildung 1), die zunehmende Ressourcenverknappung etwa bei fossilen Brennstoffen wie Öl und Gas sowie die Tatsache, dass zahlreiche Rohstoffe aus politisch instabilen Regionen importiert werden müssen, haben die aus Commodities erwachsenden Risiken deutlich erhöht. Als Beispiel soll hier die unmittelbare Abhängigkeit eines Stahlproduzenten von Preisen für Eisenerz, Kokskohle oder Strom und die mittelbare Abhängigkeit von den Strompreis bestimmenden Gas-, Öl-, Kohle- oder CO_2- Preisen dienen. Neben diesen Preisrisiken stellt auch der Ausfall eines Lieferanten oder Abnehmers ein erhebliches Ergebnisgefährdungspotenzial dar, das im Extremfall als bestandsgefährdend eingeordnet werden muss.

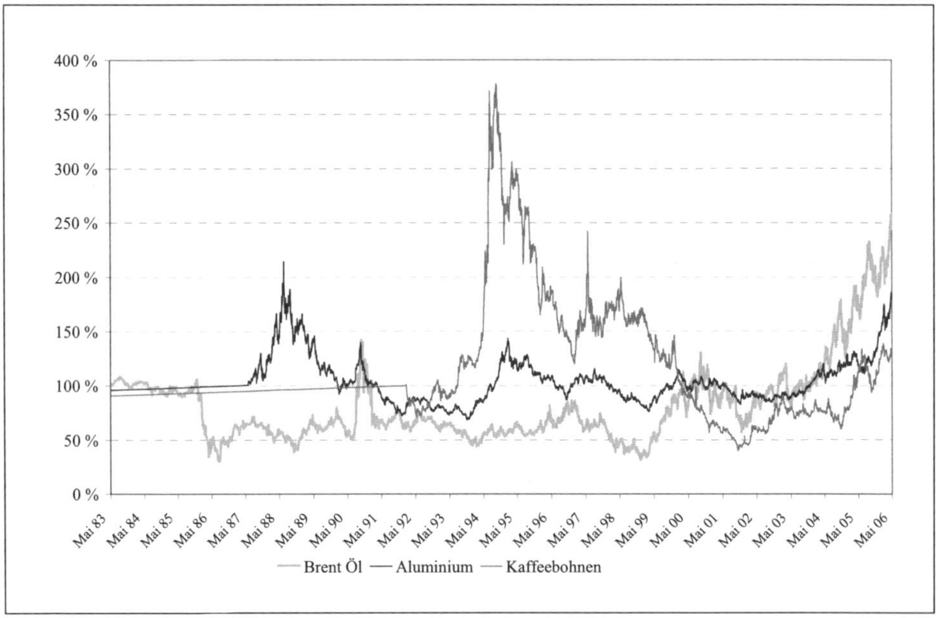

Abbildung 1: *Preisentwicklung ausgewählter Commodities*

Der folgende Beitrag befasst sich neben der Klassifizierung und Charakterisierung von Commodity-Risiken mit Strategien und Instrumenten zur ihrer Steuerung und beschreibt die unternehmensinternen Voraussetzungen, um den Grundprinzipien eines „Best Practice" Commodity-Risikomanagements zu entsprechen.

2. Commodity-Risiken in Industrieunternehmen

2.1 Commodity-Begriff

Unter Commodities werden im Allgemeinen homogene Güter bezeichnet, die auf Großmärkten wie Börsen oder Auktionen, aber auch im außerbörslichen Freiverkehr („Over The Counter", OTC) gehandelt werden. Charakteristisch für Commodity-Märkte ist dabei ein hohes Maß an Transparenz, da die Preise entweder offiziell gelistet werden (an Börsen), im Rahmen von wettbewerblichen Preisbildungsprozessen festgestellt (Auktionen) bzw. von Intermediären wie Brokern oder spezialisierten Nachrichtendiensten veröffentlicht werden. Commodities sind zumeist am Anfang von Wertschöpfungsketten zu finden, so z. B. Kohle, Öl, Eisenerz, oder im noch relativ frühen Stadium der Veredelung (z. B. Aluminium, Kupfer, Strom). Auch im Agrarsektor haben sich zahlreiche Commodity-Märkte entwickelt, z. B. für Kaffee, Kakao, Orangensaftkonzentrat oder Schweinebäuche.

2.2 Marktpreisrisiko

Alle an freien Märkten gehandelten Güter sowie Derivate, deren Wert von einem Gut als dem zu Grunde liegenden Basiswert (Underlying) bestimmt wird, sind Marktpreisrisiken – oft auch als Marktpreisänderungsrisiken bezeichnet – ausgesetzt. Das Marktpreisrisiko wird dabei als der mögliche Verlust, der sich aus der Unsicherheit über die künftige Entwicklung von Marktrisikofaktoren ergibt, beschrieben. Im Commodity-Bereich typischerweise anzutreffende Marktrisiken sind die Preise des Underlying, Wechselkurse, Zinssätze, Korrelationen sowie implizite Volatilitäten von Optionen. Da – wie bereits ausgeführt – zahlreiche Commodities zumindest teilweise aus Lieferländern stammen, die durch politisch eher instabile Verhältnisse geprägt sind, oder auch klimatische Einflüsse die Produktionsverhältnisse beeinflussen können, sind die Preisentwicklungen von Commodities in besonderem Maße so genannten Event-Risiken ausgesetzt, das heißt exogenen Schocks, die zu plötzlichen und unerwarteten kurzfristigen Preissprüngen führen.

Commodity-Preise zeigen im Gegensatz etwa zu Aktienkursen langfristig einen stabilen Trend, der sich im Allgemeinen an den erwarteten Kosten der Produktion der jeweiligen Commodity orientiert. Dabei gilt generell, dass kurzfristig die Grenzkosten preisbestimmend sind, das heißt, die variablen Kosten des Grenzanbieters setzen den Preis für den gesamten Markt. Die zu beobachtenden Preissprünge bei Spotpreisen sind beeinflusst von kurzfristigen Angebots- und Nachfrageschwankungen, die insbesondere bei Engpasssituationen dazu führen, dass Grenzanbieter Aufschläge (so genannte „Fly-ups") auf ihren grenzkostenbasierten Angebotspreis kalkulieren. Dies alles führt zu Volatilitäten in kurzfristigen Spotmärkten, die deutlich über denjenigen langfristiger Terminpreise liegen. Das Phänomen, dass sich Commodity-Spotpreise tendenziell immer in Richtung eines langfristigen Gleichgewichtsniveaus bewegen, wird in der Literatur als „Mean Reversion" bezeichnet.[1]

2.3 Kreditrisiko

Unter einem Kreditrisiko wird zumeist das Risiko verstanden, dass ein Kontrahent seinen vertraglichen Verpflichtungen nicht nachkommen kann.[2] Diese Ausprägung des Kreditrisikos wird als Adressenausfallrisiko bezeichnet. Eine weitere Ausprägung ist das Bonitätsrisiko. Die Bonität eines Kontrahenten wird durch die Beurteilung seiner Ausfallwahrscheinlichkeit bestimmt. Ändert sich die Bonität des Kontrahenten, so ändert sich der Wert von Forderungen gegenüber diesem Kontrahenten. Das Bonitätsrisiko ist unabhängig vom tatsächlichen Ausfall des Kontrahenten.

Im Rahmen des Commodity-Risikomanagements steht das Adressenausfallrisiko im Vordergrund; daher werden im Folgenden dessen Bestandteile „Zahlungsrisiko" und „Wiedereindeckungsrisiko" näher betrachtet.

2.3.1 Zahlungsrisiko

Unter dem Zahlungsrisiko (auch Settlement Risk) wird die Unfähigkeit eines Kontrahenten verstanden, seinen aktuellen Zahlungsverpflichtungen nachzukommen. Damit handelt es sich typischerweise um ein Risiko, das der Lieferant einer Commodity gegenüber dem Abnehmer eingeht. Bei rein finanziellen Geschäften besteht das Zahlungsrisiko aus der Differenz zwischen Vertragspreis und dem der Abrechnung zu Grunde liegenden Marktpreis der Commodity am Abrechnungstag (Marktwert des Vertrages). Bei Geschäften mit physischer Erfüllung

1 Vgl. zum Phänomen der „Mean Reversion" z. B. *Pilipović* (1997), S. 3 f.

2 Vgl. zu den folgenden Ausführungen zum Thema „Kreditrisiko": *Jost/Karsten-Lohmann/Mayfeld* (2006).

ermittelt sich das Risiko aus dem Volumen der geleisteten Lieferung, bewertet mit dem vertraglich vereinbarten Preis.

2.3.2 Wiedereindeckungsrisiko

Das Wiedereindeckungsrisiko beschreibt den Fall, dass ein Kontrahent während der Laufzeit eines Vertrages ab dem Abschlusszeitpunkt seinen Liefer- bzw. Abnahmeverpflichtungen bzw. künftigen Zahlungsverpflichtungen nicht nachkommen kann. Fällt ein Kontrahent aus, so muss sich der Vertragspartner zu den zum Zeitpunkt des Ausfalls geltenden Marktbedingungen neu eindecken.

3. Exposure-Ermittlung und -Messung

3.1 Risikopositionen

Ein Verlustrisiko aus sich ändernden Marktpreisen besteht immer dann, wenn eine offene Position gegenüber zumindest einem Marktrisikofaktor besteht. Es ist darauf hinzuweisen, dass einem Verlustrisiko auch gleiche oder ähnliche Gewinnmöglichkeiten gegenüberstehen, wenn sich der Marktpreis in eine für den Positionshalter günstige Richtung verändert. Wird eine Commodity-Position in der Hoffnung auf sich günstig entwickelnde Preise bewusst nicht abgesichert, so wird eine spekulative Position eingenommen.

Eine offene Position resultiert zumeist aus einer mengenmäßigen Differenz zwischen einer Long-Position (Long = gekaufte Kontrakte mit Lieferung an den Long-Positionshalter) und einer Short-Position (Short = verkaufte Kontrakte mit Lieferung durch den Short-Positionshalter) in einem Portfolio. Der Wert einer Long-Position erhöht sich mit steigenden Preisen und vice versa; der Wert einer Short-Position verhält sich genau entgegengesetzt.

Stimmen Long-Position und Short-Position in einer Commodity bezüglich Menge, Lieferzeitraum, Lieferart oder -zone und Produktspezifikationen vollkommen überein, so ist die Gesamtposition geschlossen, und es besteht kein Marktpreisrisiko. Existiert jedoch eine Differenz zwischen der Long- und der Short-Position in Bezug auf die Volumina, so besteht ein „Outright-Risiko" in Höhe des Wertes des Nettovolumens. Bei mengenmäßiger Ausgeglichenheit, jedoch Differenzen in mindestens einem der genannten Kriterien, besteht ein „Basisrisiko". Basisrisiken spiegeln die Gefahr der unterschiedlichen Wertentwicklung einer volumenmäßig geschlossenen Position wider. Das Ausmaß des Basisrisikos ermittelt sich aus der Korrelation, die zwischen den potenziellen Marktwertänderungen der sich ansonsten ausgleichenden Long- und Short-Position besteht.

Ein typisches Beispiel für Basisrisiken sind Time-Spread-Risiken, die aus unterschiedlichen Lieferperioden bzw. Settlement-Zeitpunkten von sich mengenmäßig aufhebenden Transaktionen entstehen. Time Spreads sind häufig bei Commodity-Händlern beobachtbare Strategien, wie etwa eine Sommer-Long-Position in Verbindung mit einer gleich großen Winter-Short-Position. Erhöht sich die Preisdifferenz (Basis) zwischen dem Sommer- und dem Winterkontrakt z. B. durch einen ceteris paribus sinkenden Preis für den Winterkontrakt, so gewinnt die Gesamtposition an Wert, da der Winterkontrakt jetzt zu einem niedrigeren Preis als dem vereinbarten Verkaufspreis wieder geschlossen werden kann, während das Schließen des Sommerkontraktes zum ursprünglichen Preis ermöglicht wird. Verengt sich die Preisdifferenz dagegen, z. B. durch ein ceteris paribus Absinken des Preises auf den Sommerkontrakt, so verliert die Gesamtposition an Wert. Beim Hedgen von Commodity-Risiken mittels Kontrakten, die sich auf eine andere Lieferperiode beziehen, sind diese Time-Spread-Risiken zwingend zu beachten.

Oftmals wird – gegebenenfalls weil es einfacher erscheint oder eine identische Gegenposition für ein Hedging nicht ohne weiteres am Markt verfügbar ist – der Hedge eines spezifischen Risikos mit einem liquideren, hoch korrelierten Standardprodukt durchgeführt. Dabei besteht jedoch das Risiko, dass diese hohe Korrelation zumindest zeitweise nicht Bestand hat. Dies kann fundamentale Gründe haben, z. B. erhält die weniger liquide Commodity einen unerwarteten Preisschub durch eine zeitweise Verknappung des Marktes, oder der die üblicherweise hohe Korrelation begründende Faktor entfällt unerwarteterweise temporär. Letzterer Fall ist denkbar z. B. bei Rohöl einerseits und raffinierten Rohölprodukten andererseits, bei denen durch z. B. Brände oder andere Anlagenausfälle die üblicherweise vorhandene Raffineriekapazität für einen längeren Zeitraum ausfallen kann. Dies führt in der Folge zu einem relativ knapperen Angebot der raffinierten Produkte und folglich zu einem relativ ansteigenden Preis.

Basisrisiken resultieren auch aus unterschiedlichen Kontraktspezifikationen. So ist der Einkauf einer Commodity auf fob (free on board)-Basis und der Weiterverkauf der Commodity oder die Preiskalkulation des aus der Commodity gefertigten Produkts auf cif (cost, insurance, freight)-Basis mit dem Risiko einer Veränderung der Umschlags- und Versicherungskosten – in diesem Fall das Basisrisiko – behaftet und kann zu einem Verlust führen. Zu beachten sind Basisrisiken aus unterschiedlichen Kontraktspezifikationen auch im Rahmen des Hedging von spezifischen Commodity-Geschäften durch standardisierte, gegebenenfalls rein derivative Kontrakte mit Cash Settlement. Diese Standardkontrakte bilden in der Regel nicht alle spezifischen Eigenschaften des zu sichernden Grundgeschäftes ab, wodurch Basisrisiken entstehen.

3.2 Risikomaße

Zur Beurteilung des Risikos eventuell bestehender offener Commodity-Positionen und damit der Ableitung von zu ergreifenden Sicherungsstrategien ist das Risiko zunächst zu quantifizieren. Idealerweise erfolgt dies in einem in Geldeinheiten ausgedrückten Risikomaß, so dass das eingegangene Risiko und der erwartete Ertrag in ein Verhältnis zueinander gesetzt werden können. Auch im Bereich der Kreditrisiken sollte die Frage „Für wie viel ist der Kontrahent x gut?" beantwortet werden können. Risikomaße dienen – neben der Quantifizierung – auch als Grundlage für Hedge-Entscheidungen (siehe Abschnitt 4.2 dieses Beitrags).

3.2.1 Marktrisikomaße

Die bekannten Marktrisikomaße lassen sich grundsätzlich in zwei unterschiedliche Kategorien einteilen. Die so genannten „Greeks“ (Griechen) beschreiben die Sensitivität des Wertes von Commodity-Positionen in Abhängigkeit von der Variation wertbeeinflussender Variablen im Rahmen von Partialanalysen. Damit sind diese Risikomaße gut geeignet, das Risiko gegenüber einzelnen Commodity-Exposure, z. B. Kohle, Öl oder Aluminium, zu beschreiben.[3] Im Folgenden werden die wichtigsten Greeks kurz dargestellt:

Delta

„Delta“ beschreibt, um wie viel sich der Wert einer Position ändert, wenn sich der Preis des Basiswertes (z. B. der Ölpreis) absolut (z. B. in USD/bbl) oder relativ (in % je Einheit) ändert. Üblich ist bei Commodity-Deltas der Bezug auf absolute Wertänderungen. So würde ein Delta von +1 USD/bbl unter Zugrundelegung einer unbesicherten Long-Position von 1 Mio. bbl Rohöl und einer Preisänderung für Rohöl von +1 USD/bbl ohne Berücksichtigung von Diskontierungseffekten einen Wertzuwachs der Position von USD 1 Mio. bedeuten, bzw. ein Sinken des Rohölpreises um 1 USD/bbl einen Wertverlust von USD 1 Mio. Handelt es sich bei der offenen Position um eine aus linearen Kontrakten (Forwards, Futures, Swaps) zusammengesetzte Position, ist das Delta der Position wie auch von jedem einzelnen Kontrakt gleich „1“.

Bei nichtlinearen Commodity-Kontrakten, wie Optionen oder Verträgen mit eingebetteten Optionalitäten bzw. Flexibilitäten[4], gilt dieses konstante Verhältnis zwischen Basiswertänderung und Kontraktwertänderung nicht. Das Delta einer Option beschreibt, wie viele Mengen-

---

3 Greeks werden im Rahmen von Handelsportfolios insbesondere zur Messung und Limitierung des Risikos von Optionsportfolios eingesetzt.

4 Eingebettete Optionalitäten in Commodity-Verträgen sind z. B. Minimal- bzw. Maximalabnahmemengen oder Verlängerungs- und Kündigungsoptionen.

einheiten des Basiswertes im Verhältnis zur im Optionskontrakt vereinbarten Liefermenge als Hedge benötigt werden, um die Wertänderung der Option bei einer marginalen Basiswertänderung zu neutralisieren. Mathematisch ist das Delta die erste Ableitung der Optionspreisfunktion nach dem Basiswert. Die Nichtlinearität des Deltas von Optionen besagt, dass sich der Wert des ungehedgten Kontraktes zwar mit Änderungen des Basiswertes verändert, jedoch nicht im konstanten 1:1-Verhältnis. Es gilt dabei, dass out-of-the-money-Optionen über ein geringes Delta verfügen (das heißt, sie sind in ihrer Wertentwicklung relativ insensitiv gegenüber Veränderungen des Basiswertes und benötigen daher für ein wirksames Hedging eine geringe Gegenposition), während in-the-money-Optionen ein hohes Delta in Höhe von maximal „1" aufweisen (das heißt, sie sind in ihrer Wertentwicklung sensitiv gegenüber Veränderungen des Basiswertes und benötigen eine große Gegenposition als wirksamen Hedge). At-the-money-Optionen verfügen über ein Delta im Bereich von 0,5.

Gamma

„Gamma" drückt die Sensitivität des Delta einer Option auf Änderungen des Basiswertes aus. Ein hohes Gamma impliziert, dass sich das Delta bereits bei relativ kleinen Schwankungen des Basiswertes stark ändert und vice versa. Mathematisch ist Gamma die Ableitung des Deltas bezüglich des Basiswertes; es beschreibt somit die Steigung des Deltas. Da bei linearen Kontrakten das Delta immer gleich „1" ist, verfügen nur nichtlineare Kontrakte über ein Gammarisiko.

Vega

„Vega" beschreibt die Sensitivität des Wertes des Optionskontraktes gegenüber der Preisvolatilität des Basiswertes. Mathematisch stellt Vega die erste Ableitung des Preises einer Option nach der Volatilität des Basiswertes dar. Allgemein gilt, dass eine steigende Volatilität des Basiswertes den Wert der Option ebenfalls steigen lässt und vice versa.

Value at Risk

Eine besonders im Handelsbereich sowohl für Finanz- als auch für Commodity-Exposure populäre quantitative Risikokennzahl ist „Value at Risk" (im Folgenden VaR). VaR ist ein auf mathematisch-statistischen Modellen beruhendes Verfahren, das im Rahmen einer Simulationsrechnung[5] den möglichen maximalen Wertverlust eines Kontraktes oder Portfolios mit einer festgelegten Vertrauenswahrscheinlichkeit (Konfidenzniveau) über einen bestimmten Zeitraum (Haltedauer) ermittelt. Beispielhaft ist das Ergebnis einer VaR-Simulation[6] für eine

5 Vgl. zu den Verfahren der VaR-Berechnung: *Huschens* (2000).

6 Annahmen: 95 % Konfidenzniveau, 10 Tage Haltedauer.

Brent-Öl-Long-Position von 1 Mio. bbl, Liefermonat Juli 2007, per 24. April 2006 in der folgenden Abbildung 2 dargestellt:

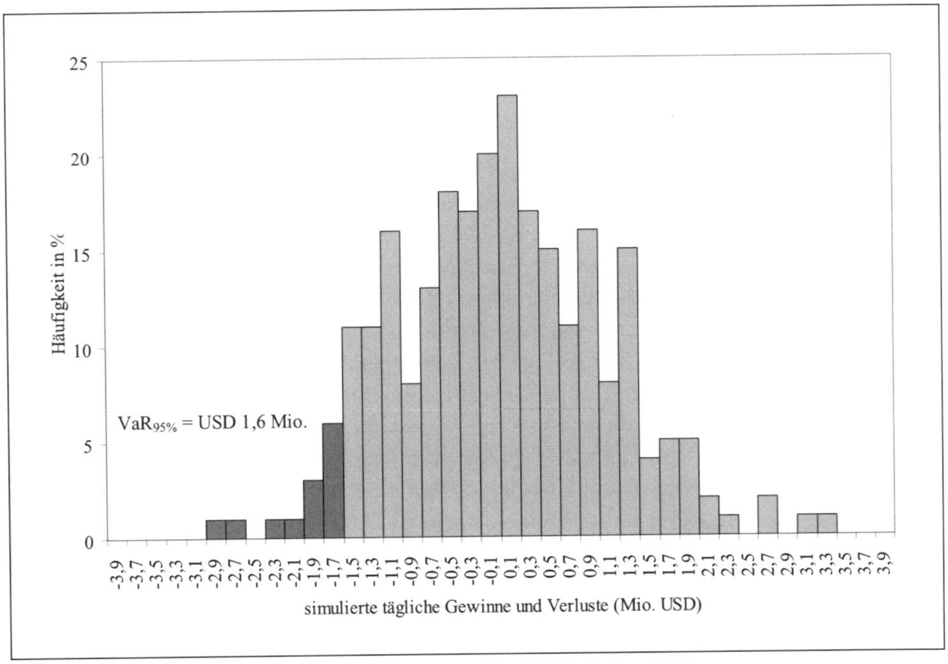

Abbildung 2: *Value-at-Risk-Simulationsergebnis für eine Brent-Öl-Long-Position*

Das Konfidenzniveau legt das Quantil fest, für den ein VaR ausgewiesen werden soll. Ein Konfidenzniveau von 95 % sagt aus, dass in 5 % der simulierten Fälle die negative Wertänderung des simulierten Kontraktes bzw. Portfolios über die gewählte Haltedauer größer oder gleich dem als VaR ausgewiesenen Betrag ist.

Die Haltedauer besagt, über wie viele Tage, an denen Preise für die betroffene Commodity festgestellt werden, die potenzielle Wertänderung der unveränderten Position simuliert wird. Die Haltedauer ist so festzulegen, dass sie den realen Gegebenheiten möglichst entspricht. Das bedeutet, ein Kontrakt, den man nicht absichern kann, sollte auch über seine gesamte Kontraktlaufzeit abgebildet werden. Ist eine Preisabsicherung jederzeit möglich, so ist eine geeignete Konvention zu finden, um das finanzielle Risiko für den Entscheider transparent zu machen, z. B. 1 Tag.

3.2.2 Kreditrisikomaße

Wie bereits beschrieben, besteht das Kredit-Exposure eines Commodity-Liefervertrages aus zwei Komponenten, dem Zahlungs- und dem Wiedereindeckungsrisiko.[7] Dem Zahlungsrisiko entspricht der Wert der bereits geleisteten, jedoch noch nicht bezahlten Ware, abzüglich bereits geleisteter An- und Vorauszahlungen und eventuell vorhandener Sicherheiten.

Beim Wiedereindeckungsrisiko wird hingegen eine zukunftsorientierte Perspektive eingenommen. Das Risiko besteht hier im möglichen Wertverlust aus dem Ausfall eines Kontrahenten ab dem Zeitpunkt des Vertragsabschlusses bis zum Ende der Lieferperiode für die noch nicht gelieferten Mengen. Im Falle des Kontrahentenausfalls sind die mit dem Kontrahenten vereinbarten Kontraktmengen zu dem dann aktuellen Marktpreis wieder einzudecken. Zu unterscheiden ist dabei zwischen aktuellem Exposure (Mark to Market, MtM) des Kontraktes zum Zeitpunkt des Ausfalls und dem möglichen Verlust, falls der Kontrahent zu einem späteren Zeitpunkt, aber noch vor Ablauf des Lieferzeitraums, ausfällt. Das letztere Risiko stellt eine potenzielle Gefahr dar; es wird als „Potential Future Exposure" (PFE) bezeichnet. Die Ermittlung des PFE, das einen möglichen Verlust für einen potenziellen Kontrahentenausfall darstellt, kann mittels eines VaR-ähnlichen Simulationsmodells ermittelt werden, das die möglichen Wertänderungen des Kontraktes über die Gesamtlaufzeit ermittelt. Den typischen Verlauf des PFE über den Lieferzeitraum zeigt die Abbildung 3:

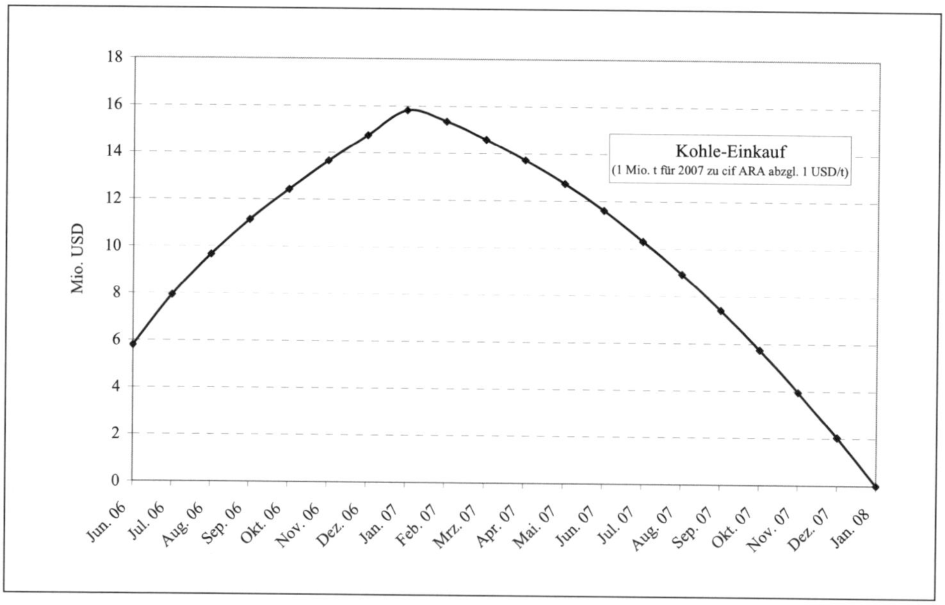

Abbildung 3: *Typischer Verlauf des Potential Future Exposure (PFE) eines Commodity-Kontraktes am Beispiel Kohle-Einkauf*

---

7 Vgl. auch *Weinert* (2006).

Charakteristisch ist, dass das Risiko einer negativen Wertänderung, und nur dieses wird beim PFE aufgrund der Fokussierung auf das Ausfallrisiko betrachtet – potenzielle Chancen bei entgegengesetzter Preisentwicklung sind nicht relevant – zunächst zunimmt, mit abnehmenden Restliefermengen jedoch reduziert wird. Dies ist auf den den Preisänderungseffekt überlagernden Mengeneffekt zurückzuführen, das heißt, auf der Zeitachse nimmt zwar das Risiko der Änderung des spezifischen Wertes je Einheit der Commodity weiterhin zu, jedoch reduziert sich das Gesamtrisiko mit abnehmender Restliefermenge.

4. Risikosteuerung

4.1 Risikopräferenz und Risikomanagementstrategie

Entscheidend für die zu wählenden Strategien und Maßnahmen zur Reduktion von Commodity-Risiken ist die Risikopräferenz des Positionshalters. Im Falle von Industrieunternehmen entscheiden somit entweder das grundsätzliche Geschäftsmodell oder die konkreten Erwartungen des Managements und/oder der Aktionäre an das Risikomanagement über zu ergreifende oder auch bewusst nicht zu ergreifende Maßnahmen. Dabei beeinflussen zahlreiche Faktoren, ob ein Unternehmen eher risikofreudig oder risikoavers mit seinem Commodity-Exposure umgeht. Neben den Erwartungen des Kapitalmarktes („Safe Haven" versus „spekulative Aktie") sind insbesondere die Risikotragfähigkeit, gemessen an der Möglichkeit, volatile Ergebnisse und Cash Flows verkraften zu können, und die relative Wettbewerbs- und Kostenposition des Unternehmens in seinem wettbewerblichen Umfeld entscheidend für die Wahl der grundsätzlichen Risikoneigung. Festzustellen ist somit, dass vor der Definition einer Risikomanagementstrategie die Frage des generellen Umgangs mit Risiko für das Unternehmen beantwortet werden muss. Erst dann kann der konkrete Einsatz adäquater Instrumente zur Mitigation von Risiken geplant werden.

Grundsätzlich kann hinsichtlich der Risikoneigung zwischen den Ausprägungen „Risikoneutralität", „Risikoaversion" und „Risikofreude" unterschieden werden. Risikoneutralität impliziert, dass dem Risiko-Exposure des Unternehmens, das heißt den möglichen Abweichungen vom durchschnittlichen Erwartungswert künftiger Ergebnisse, wenig Bedeutung beigemessen wird. Ein aktives Risikomanagement ist nicht notwendig. Das Unternehmen akzeptiert die Risiken (und auch die Chancen), die das marktliche Umfeld bietet, und agiert rein opportunistisch. Risikoaversion dagegen bedeutet, dass ein proaktives Management der Risiko-Exposures erfolgt, um erkannte Risiken abzusichern und potenzielle Ergebnisabweichungen zu vermindern. Damit konzentriert sich das Unternehmen im Wesentlichen auf eine Margenoptimierung; Chancen und Risiken aus Commodity-Exposure werden zu Gunsten der Ergebnissicherheit vermieden. Das risikofreudige Unternehmen dagegen wird sein Risikoprofil bewusst gegenüber dem Ursprungszustand ausbauen, wenn das Management die Chance eines zusätzlichen Profits aus der Risikoposition höher erachtet als das Verlustrisiko; ein Anwachsen potenzieller Abweichungen vom erwarteten Ergebnis wird in Kauf genommen. Ein Beispiel hierfür ist der Verkauf von Aluminium auf Termin an einen Kunden und das gleichzeitige Offenhalten der Rohstoffbezugspositionen Aluminiumoxid und Strom[8] in der Erwartung sinkender Preise für diese Güter. Das risikoaverse Unternehmen dagegen würde gleichzeitig mit dem Verkauf auch die Preise der für die Produktion benötigten Rohstoffe – entweder durch Terminkäufe oder über derivative Preissicherungsinstrumente – absichern und somit die Marge fixieren.

4.2 Hedging von Commodity-Risiken

4.2.1 Internes Netting

Das hier als internes Netting bezeichnete Aufrechnen bereits existierender Exposure in einem Unternehmen ist kein aktives Hedging von Risiko-Exposure im klassischen Sinne wie in den folgenden Abschnitten beschrieben, sondern nutzt das Wissen über die eigenen Commodity-Positionen und das sich daraus ergebende Netto-Risiko aus. Entscheidend ist, dass die Zusammenhänge der unterschiedlichen Commodity-Exposure im Rahmen von Korrelationsanalysen transparent gemacht und quantifiziert werden können. Dazu bedarf es – neben einer stets aktuellen vollständigen Übersicht über alle Commodity-Exposure im eigenen Portfolio – einer gründlichen statistischen Aufbereitung der relevanten Marktdaten. Im Anschluss werden unter Berücksichtigung der Korrelation der Marktdaten (in der Regel Commodity-Preise) alle Short- und Long-Positionen zur Gesamtrisikoposition aggregiert. Die resultierende Netto-Position stellt dann das Risiko dar, das abgesichert werden kann. Wird dementsprechend vorgegangen, so geht das Unternehmen ein Korrelationsrisiko (Basisrisiko) ein, das beim einzelnen vollständigen Hedgen aller offenen Brutto-Positionen nicht eingegangen wird. Vorteile des internen Netting sind Transaktionskostenvorteile durch Verringerung der externen Hedging-Geschäfte sowie ein geringeres Kreditrisiko, das im Fall des vollständigen Hedgings aller offenen Brutto-Positionen bei einer höheren Anzahl externer Transaktionen gegebenenfalls eingegangen wird.

---

8 Diese beiden Positionen machen über 50 % der Produktionskosten einer Aluminiumschmelze aus (vor Abschreibungen).

4.2.2 Überwälzung von Risiken durch vertragliche Gestaltung

Eine elegante Möglichkeit der Reduzierung von Commodity-Risiken ist das Weiterreichen an Lieferanten oder – in den meisten Fällen – an Kunden. Beispiel für diese Vorgehensweise ist die Übertragung von Ölpreisbindungen aus Gaslieferverträgen auf die Gastarife der Gasversorger an den Endkunden. Dies gelingt immer dann besonders gut, wenn sich diese Vorgehensweise als „Standard" in einem Markt etabliert hat und ein Preiswettbewerb verschiedener Anbieter auf der Ebene der reinen Marge bzw. Preise für Neben- und Zusatzleistungen, nicht jedoch auf der Ebene der Commodity-Komponente, stattfindet. Auch eine Koppelung der Bezugskosten eines bezogenen Rohstoffs an die Preisentwicklung des eigenen Produkts ist eine in der Unternehmenspraxis zu beobachtende Strategie des Transfers von Risiken.[9] Kritisch bei dieser Art der Risikosteuerung ist jedoch die Durchsetzbarkeit. Dies gelingt in der Regel nur, wenn – wie beschrieben – der Wettbewerb durch eine ähnliche Vorgehensweise der Konkurrenten dies zulässt, das transferierte Risiko wie im Fall eines aluminiumpreisgebundenen Strompreises vom neuen Positionshalter akzeptiert wird oder auf Grund ausgeübter Marktmacht des Käufers bzw. Verkäufers akzeptiert werden muss. Es können sich in einzelnen Fällen jedoch durchaus Win-Win-Situationen ergeben, die zu einem Transfer von Commodity-Risiken zwischen Lieferant und Bezieher führen, auch wenn dies nicht auf den ersten Blick offensichtlich erscheint.

4.2.3 Einsatz von Termingeschäften und Derivaten

Im Rahmen der Absicherung von Commodity-Exposure ist die auf dem jeweiligen Commodity-Markt vorherrschende Liquidität zu beachten, da sie sowohl in Bezug auf die absicherbaren Volumina, den Zeithorizont als auch die einhergehenden Transaktionskosten Implikationen hat. Je geringer die Liquidität ist, desto höher sind in der Regel die Transaktionskosten. Es ist grundsätzlich zu unterscheiden zwischen Börsengeschäften und OTC-Geschäften einerseits und linearen und nichtlinearen Instrumenten andererseits. An Commodity-Börsen[10] werden standardisierte Kontrakte gehandelt, in der Regel Futures und Spotkontrakte sowie in seltenen Fällen einfache Optionskontrakte. Vorteile börslicher Transaktionen sind das geringe Kreditrisiko[11], die ausreichende Liquidität (wichtig, um eine Hedge-Transaktion gegebenenfalls unter relativ geringen Kosten aufzulösen bzw. glattzustellen) sowie das hohe Maß an Transparenz über gehandelte Volumina und Preise. Der OTC-Markt bietet dagegen ein breiteres Portfolio an Produkten bis hin zu bilateral maßgeschneiderten strukturierten Lösungen für

---

9 Vgl. dazu z. B. *Craul* (2000), der die Bindung des Strompreises eines Aluminiumproduzenten an den Börsenkurs von Aluminium beschreibt.

10 Z. B. London Metal Exchange (LME), Intercontinental Exchange (ICE), European Energy Exchange (EEX), Chicago Board of Trade (CBOT).

11 Durch fortlaufendes Margining ist die Börse, die ja Kontraktpartner ist, gegen das Kontrahentenausfallrisiko gesichert. Zu beachten ist jedoch der eventuell hohe Liquiditätsbedarf, der sich aus der Pflicht der Hinterlegung von Sicherheiten (in der Regel Barsicherungen oder erstklassige Wertpapiere) ergeben kann. Ein populäres Beispiel für die potenziellen negativen Konsequenzen hohen Liquiditätsbedarfs für börsliche Hedgingtransaktionen bietet der Fall „Metallgesellschaft". Vgl. *Spremann/Herbeck* (1997), S. 166 ff.

komplexe Risiken. Zu beachten sind im OTC-Markt die höheren Kreditrisiken (vergleiche dazu den folgenden Abschnitt 3.2.4) sowie die gegebenenfalls geringe Liquidität in Nicht-Standard-Produkten.

Die Wahl, ob lineare Instrumente (Forwards, Swaps, Futures) oder nichtlineare Instrumente (Optionen[12]) zur Absicherung gewählt werden, sollte am konkreten Einzelfall festgemacht werden. Lineare Instrumente sind geeignet, ebenfalls lineare Exposure so zu sichern, dass der Gewinn (oder Verlust) bzw. der Preis der abzusichernden Commodity fixiert wird. Die Absicherung nichtlinearer Risiken kann mit in ihrer Wirkrichtung gegenläufigen, ebenfalls nichtlinearen Instrumenten oder mittels Delta-Hedging mit linearen Instrumenten erfolgen.

Wie bereits in Abschnitt 3.1 ausgeführt, verbleiben beim Hedging von Risiken aus mitunter sehr individuell gestalteten Grundgeschäften mittels liquider und standardisierter Instrumente wie Futures und Forwards oftmals Basisrisiken, die sich an unterschiedlichen Kontraktspezifikationen hinsichtlich Zahlungsart, Einlieferung/Lieferort, Ermittlung des Settlement-Preises usw. festmachen lassen.

4.2.4 Absicherung von Kreditrisiken

Die Absicherung gegen Kontrahentenausfälle im Rahmen von Commodity-Handelsgeschäften sollte auf zwei Wegen erfolgen: In einem ersten Schritt sollte eine Abschätzung der Höhe des Kreditrisikos eines potenziellen Kontrahenten durch eine Bonitätsprüfung und -bewertung vor Vertragsabschluss vorgenommen werden. Am einfachsten ist eine solche Bonitätsprüfung, wenn externe Ratings für den Kontrahenten vorliegen. Liegt kein externes Rating vor, so können Auskunfteien wie etwa Creditreform als Informationsquellen über die Bonität von potenziellen Kontrahenten dienen. Auch eine Bankauskunft – zu deren Einholung der potenzielle Kontrahent jedoch zustimmen muss – oder der Einblick in die Geschäftslage des Unternehmens durch Gespräche mit der jeweiligen Finanzabteilung, etwa über nicht veröffentlichte Finanzdaten, können Grundlage für eine Bonitätsbewertung sein. Alternativ kann eine eigenständige Bewertung mit Hilfe der zur Verfügung gestellten vollständigen Geschäftsabschlüsse in Verbindung mit einer qualitativen Analyse des Kontrahenten erfolgen. Auf Basis des Ergebnisses der Bonitätsbewertung in Zusammenhang mit dem potenziellen Kreditrisiko der Transaktion(en) ist zu entscheiden, ob mit den betrachteten Kontrahenten eine Geschäftsbeziehung aufgenommen wird.

Über die vertragliche Ausgestaltung kann in einem zweiten Schritt das Kreditrisiko aus den konkreten Geschäftsbeziehungen weiter reduziert werden. Neben der empfohlenen Verwendung möglichst standardisierter und von der Rechtsprechung anerkannter Vertrags- und Dokumentationsformen[13] ist der Einsatz von Kreditsicherheiten im Commodity-Geschäft weit

---

12 Zur Einführung in Optionsrisiken vgl. *Hull* (2004).

13 Zu beachten bei internationalen Geschäften ist, dass Verträge und ihre Regelungen in unterschiedlichen Jurisdiktionen gegebenfalls nicht immer durchsetzbar sind. Daher empfiehlt sich bei Unsicherheit darüber das Hinzuziehen entsprechender juristischer Beratung.

verbreitet. Zu nennen sind Garantien, Bürgschaften, Letter of Credit und andere verwandte Sicherungsformen[14]. Als probates Mittel gilt auch die Hinterlegung von Barsicherheiten im Rahmen einer Margining-Vereinbarung, die ebenso wie das standardmäßige Margining bei Börsen auch bilateral zwischen Lieferant und Kunde vereinbart werden kann. Auch Vorauszahlungsvereinbarungen – insbesondere bei Kontrahenten mit hohen Kreditrisiken – sind durchaus üblich.

Verfügt man nicht über ein eigenes professionelles Kreditrisikomanagement in Anlehnung an die Empfehlungen und Vorgaben aus den „Mindestanforderungen an das Betreiben von Handelsgeschäften der Kreditinstitute" der Bundesanstalt für Finanzdienstleistungsaufsicht (BaFin)[15], ist es ratsam, für derivative Transaktionen zum Hedging von Commodity-Exposure entweder Börsentransaktionen durchzuführen oder mit einem erstklassigen und im Derivategeschäft erfahrenen Kontrahenten, wie etwa Bankinstituten, auf Basis anerkannter Vertragsformen, wie z. B. dem Deutschen Rahmenvertrag für Finanztermingeschäfte oder dem ISDA Master Agreement, abzuschließen.

5. Organisation des Commodity-Risikomanagements

Das Commodity-Risikomanagement ist ein integraler Bestandteil des unternehmensweiten Risikomangements („Enterprise Risk Management", ERM) und als solches in den Risikomanagementprozess des Unternehmens eingebunden. Grundlegende Prinzipien, die als „Best Practice"-Standards mittlerweile in der Unternehmenspraxis etabliert sind, und insbesondere beim Management von Risiken über Transaktionen an Handelsmärkten von Seiten der Aufsichtsbehörden und der Wirtschaftsprüfer verlangt werden, sind:

- Funktionstrennung: Es ist innerhalb des Risikomangementprozesses zwischen den Funktionen der Ausführung (Front Office), Kontrolle (Middle Office) und Abwicklung (Back Office) zu trennen. Dies bedeutet, dass die Verantwortlichkeiten zwischen den ausführenden Bereichen (Handelsabteilung, Finanzabteilung), den berichtenden bzw. kontrollierenden Abteilungen sowie den weiterverarbeitenden Abteilungen wie Rechnungsstellung, Zahlungsverkehr usw. zumindest auf personeller, am besten auch auf organisatorischer Ebene, voneinander getrennt sein sollten.
- Vier-Augen-Prinzip: Jede Transaktion sollte von zumindest zwei Mitarbeitern bzw. neben dem ausführenden Mitarbeiter auch dem verantwortlichen Abteilungsleiter im Rahmen der

14 Vgl. die Übersicht über Instrumente der Kreditsicherung bei Handelsgeschäften bei *Jost/Karsten-Lohmann/Mayfeld* (2006), S. 414 ff.

15 Vgl. *BaFin* (1995).

unternehmersinternen Kompetenz- und Unterschriftsregelungen schriftlich bestätigt werden. Dies gilt auch für jede nachträgliche Anpassung bestehender Kontrakte.

- Erfassung und Berichterstattung: Die Hedge-Transaktionen sind, ebenso wie das zugrunde liegende Geschäft, unverzüglich nach Abschluss in die Risiko-Berichtssysteme aufzunehmen und zeitnah zu berichten. Die Berichterstattung über die Commodity-Risikoposition sollte – je nach Umfang des Exposure – zumindest quartalsweise, idealerweise monatlich an die Geschäftsführung erfolgen. Für proprietäre Handelspositionen gilt eine tägliche Berichterstattungspflicht[16].
- Eindeutige Zuordnung von Risikoexposure und -verantwortung: Um Friktionen und gegebenenfalls kontraproduktiven Umgang mit Risikopositionen zu vermeiden, empfiehlt es sich, die Verantwortung für Risiken jeweils an einer Stelle im Unternehmen zu konzentrieren. So können z. B. Ölrisiken in einem zentralen Portfoliomanagement, das alle vorhandenen Bezugs- und Absatzverträge mit Ölpreisrisiken in einem Portfolio bewirtschaftet, verantwortet werden. Auch der unternehmensinterne Transfer von Risiken – durch interne derivative Geschäfte zu Marktbedingungen – an eine zentrale Einheit hat sich bewährt. Damit können sich z. B. Vertriebsbereiche auf Volumen- und Kreditrisiken sowie die Sicherung einer angemessenen Vertriebsmarge konzentrieren, während Preisrisiken zentral gesteuert werden.

6. Ausblick

Der Einsatz eines professionellen Managements der Commodity-Risikoposition ist bei Industrieunternehmen, deren Ertragslage in hohem Maße den Schwankungen der internationalen Commodity-Märkte ausgesetzt ist, bereits weit fortgeschritten. Beispielhaft soll hier die Energiebranche genannt werden, die im Zuge der Liberalisierung der Märkte in Großbritannien sowie nachfolgend der restlichen Europäischen Union nahezu durchgängig das Risikomanagement für Commodity-Risiken als Kernprozess definiert und implementiert hat. Entsprechend wurde in organisatorischer Hinsicht der Aufbau von Handelsabteilungen oder sogar die Gründung eigener Handelshäuser initiiert. Die zunehmende Volatilität der Rohstoffmärkte durch globale Einflüsse wie den Energie- und Rohstoffbedarf von Nationen wie China und Indien sowie der Markteintritt auch rein finanzieller Akteure mit spekulativem Interesse wie Hedge Funds erfordern ein koordiniertes Agieren seitens der betroffenen Industrieunternehmen. Dabei ist das Commodity-Risikomanagement in seinen Ausprägungen Markt- und Kreditrisiko als einer der kritischen Erfolgsfaktoren für das Ertragsmanagement

---

16 Vgl. zur Ausgestaltung des Risiko-Controllings für Commodity-Handelsorganisationen: *Bünting/Boc* (2006).

und somit als Aufgabe des Top-Managements von Industrieunternehmen, die einem hohen Commodity-Risiko ausgesetzt sind, zu bewerten.

Literatur

BaFin (1995) (vormals *BAKred*): Verlautbarung über Mindestanforderungen an das Betreiben von Handelsgeschäften der Kreditinstitute, 1995.

Bünting, H./Boc, N. H. (2006): Risiko-Controlling und Organisation, in: Horstmann K.-P./Cieslarczyk, M. (Hrsg.): Energiehandel, Köln u. a. 2006.

Clewlow, L./Strickland, C. (2000): Energy Derivatives – Pricing and Risk Management, London 2000.

Craul, M. (2000): Hedging von induzierten Stromlieferungsverträgen, in: Energiewirtschaftliche Tagesfragen, Oktober 2000.

Hull, J. C. (2004): Fundamentals of Futures and Options Markets, Fifth Edition, New Jersey 2004.

Huschens, S. (2000): Verfahren zur Value-at-Risk-Berechnung im Marktrisikobereich, in: Johannig, L./Rudolph, B. (Hrsg.): Handbuch Risikomanagement, München 2000.

Jost, M./Karsten-Lohmann, M./Mayfeld, C. (2006): Kreditrisikomanagement, in: Horstmann, K.-P./Cieslarczyk, M. (Hrsg.): Energiehandel, Köln u. a. 2006.

Pilipović, D. (1997): Energy Risk – Valuing and Managing Energy Derivatives, New York u. a. 1997.

Spremann, K./Herbeck, T. (1997): Zur Metallgesellschaft AG und ihrer Risikomanagement-Strategie, in: zfbf, Sonderheft 38, 1997.

Weinert, T. (2006): Kreditrisikomanagement: Freund oder Feind?, in: ew, Jg. 105, Heft 3, 2006.

Grundlagen des Kreditrisikomanagements

Christoph Waidacher/Marc Dönges – E.ON AG

1. Einleitung

Die Swissair war ein Traditionsunternehmen mit einer 70-jährigen Erfolgsgeschichte und exzellentem Ruf in ihrer Branche. Als internationales Aushängeschild einer der reichsten Industrienationen der Welt trug die Swissair sogar das Symbol der Nationalflagge in ihrem Logo. Ihr guter Ruf und ihre Zuverlässigkeit brachten ihr den Spitznamen „fliegende Bank" ein. Als die Swissair im Oktober 2001 zahlungsunfähig wurde, brach am selben Tag ihr weltweiter Flugverkehr zusammen; darüber hinaus mussten in Folge unzählige Aktionäre, Gläubiger und Geschäftspartner finanzielle Verluste hinnehmen.

Fälle wie dieser führen vor Augen, dass das Kreditrisiko eine reale Bedrohung für Industrieunternehmen darstellt. In der Regel treten Ausfälle (zumal so spektakuläre wie der oben beschriebene) im Geschäftsbetrieb von Industrieunternehmen nur selten auf, sind dafür aber mit hohen Verlusten verbunden. In dieser Hinsicht unterscheidet sich das Kreditrisiko z. B. vom Wechselkursrisiko, das auf täglicher Basis zu Verlusten führen kann. Diese Besonderheit der relativ geringen Eintrittswahrscheinlichkeit birgt die Gefahr, das Kreditrisiko zu unterschätzen. In manchen Geschäftsbereichen ist erst eine Art „Kulturwandel" erforderlich, bevor überhaupt die Existenz eines Kreditrisikos anerkannt wird.

Tatsächlich treten Kreditrisiken bei praktisch allen Geschäftstätigkeiten auf, sei es im Einkauf (z. B. wenn ein Lieferant seinen Verpflichtungen nicht nachkommt und kurzfristig Ersatz gefunden werden muss), im Handel (Eigenhandel ebenso wie Sicherungsgeschäfte, Finanzgeschäfte ebenso wie Rohstoffgeschäfte), im Vertrieb (z. B. wenn Kunden ihre Rechnungen nicht bezahlen) oder in der Geldanlage (z. B. bei Finanzinvestitionen).

Ziel des Kreditrisikomanagements ist es, diese Risiken unter Kontrolle zu halten. Im Einzelnen bedeutet das, Risiken zu identifizieren, zu messen, zu limitieren, zu steuern und zu berichten. Dementsprechend ist auch dieser Beitrag gegliedert. Zu Beginn werden in Abschnitt 2 die notwendigen Definitionen und möglichen Messmethoden für das Kreditrisiko dargelegt. Nach einer knappen Darstellung der gesetzlichen und organisatorischen Anforderungen an das Kreditrisikomanagement in Abschnitt 3 betrachten wir in den Abschnitten 4 und 5, mit welchen Verfahren das Kreditrisiko vermindert und gesteuert werden kann. Hierauf folgend werden in den Abschnitten 6 und 7 Anforderungen des Kreditrisikomanagements an das Berichtswesen sowie an IT-Systeme dargestellt. Abschließend wird in Abschnitt 8 diskutiert, wie sich das Kreditrisikomanagement in das Gesamtbild des Risikomanagements von Industrieunternehmen einfügt.

2. Der Begriff des Kreditrisikos – Definitionen und Problembereiche

Das Kreditrisiko ist die Gefahr, einen Verlust zu erleiden, weil sich die Kreditwürdigkeit eines Geschäftspartners ändert. Konkret kann sich der Verlust darin äußern, dass der Geschäftspartner vereinbarte Zahlungen nicht oder nicht rechtzeitig leistet oder dass ein von der Kreditwürdigkeit des Geschäftspartners abhängiges Geschäft an Wert verliert (z. B. weil ein Rating Downgrade stattfindet). Um das Kreditrisiko messen zu können, muss man drei Fragen beantworten:

- Wie groß könnte der mögliche Verlust sein?
- Wie groß wäre der tatsächliche Verlust?
- Wird der Verlust eintreten?

Im Folgenden geben wir mögliche Antworten auf diese drei Fragen.

2.1 Das Exposure – Wie groß könnte der mögliche Verlust sein?

Offensichtlich kann man beim Ausfall eines Geschäftspartners nur dann einen Verlust erleiden, wenn das mit ihm eingegangene Geschäft einen positiven Wert darstellt (die Bedeutung von Geschäften mit negativem Wert wird in Abschnitt 8 diskutiert). Dieser Wert ist das Exposure (Risikoposition) und kann durch zwei unterschiedliche Ursachen hervorgerufen werden. Zum einen kann es sich um den Wert handeln, den man verlieren würde, wenn man das Geschäft zu aktuellen Bedingungen neu abschließen müsste (Wiedereindeckungsrisiko), zum anderen kann es sich um den Wert von erwarteten Zahlungen handeln (Settlementrisiko).

Während das Exposure aus dem Settlementrisiko relativ eindeutig durch die Höhe der erwarteten Zahlung definiert werden kann, gibt es verschiedene Möglichkeiten für die Definition des Exposure aus dem Wiedereindeckungsrisiko. Eine Möglichkeit besteht darin, das Exposure dem Nominalwert gleichzusetzen. Das bedeutet z. B., dass das Exposure bei einer Investition in ein Wertpapier dem Nominalbetrag des Wertpapiers gleichgesetzt wird. Diese Definition hat den Vorteil, einfach und eindeutig zu sein. Nachteilig ist jedoch, dass der Nominalwert nicht unbedingt den tatsächlichen Wert einer Risikoposition darstellt. Für einen Zinsswap würde beispielsweise die Verwendung des Nominalwerts in der Regel eine starke Überschätzung des Exposure bedeuten. Abhängig vom Geschäftstyp wird man daher eine

Korrektur vornehmen müssen, z. B. in Form eines prozentuellen Auf- oder Abschlags auf den Nominalwert, mit Hilfe dessen auch die Auswirkungen typischer Volatilitäten und Liquiditätsbeschränkungen berücksichtigt werden. Dieses Verfahren ist z. B. im Grundsatz I (siehe Abschnitt 3) vorgesehen.

Selbst nach dieser Art von Korrektur wird aber der Nominalwert nur eine, teils grobe, Näherung für den Wert der Position darstellen. Möchte man diesen Wert realistischer abschätzen, so kann man das Exposure aus dem Wiedereindeckungsrisiko durch den aktuellen Marktwert der Position definieren. Dieser Marktwert enthält allerdings auch Abschläge, die das Kreditrisiko der Position bereits berücksichtigen. So verringert sich z. B. der Marktwert eines Bonds, wenn sich der Kreditspread des Emittenten aufgrund eines Downgrades ausweitet. Dieser Effekt kann dazu führen, dass das tatsächliche Exposure umso mehr unterschätzt wird, je größer das Ausfallrisiko des Geschäftspartners ist (vergleiche dazu auch Abschnitt 8). Eine Möglichkeit zur Vermeidung dieses Nachteils stellt die Definition des Exposure aus Wiedereindeckungsrisiko durch den ausfallfreien Marktwert dar, d. h. durch den Marktwert, den man bei Bewertung der Position ohne Berücksichtigung der Wertreduktion durch Kreditrisiken erhält. Dies kann z. B. durch das Diskontieren aller zukünftigen Cash Flows des Geschäfts mit einer kreditrisikofreien Zinskurve erreicht werden.

Bei der Verwendung von Marktwerten zur Definition des Exposure aus Wiedereindeckungsrisiko stellt sich außerdem die Frage, ob der Verlust letztlich nicht noch wesentlich größer ausfallen könnte, wenn sich der zugehörige Markt in der Zeit bis zur tatsächlichen Umsetzung des Ersatzgeschäfts ungünstig entwickelt. Um diesem Aspekt Rechnung zu tragen, können anstelle von Marktwerten auch im Rahmen von Stresstests ermittelte Marktwerte (Potential Exposure) verwendet werden, in die Annahmen über mögliche zukünftige negative Marktentwicklungen einfließen. Diese Berücksichtigung potenzieller zukünftiger Entwicklung kann auch für die Entscheidungsfindung vor einem Geschäftsabschluss (siehe Abschnitt 5) oder bei einer niedrigen zeitlichen Berichtsfrequenz hilfreich sein.

2.2 Risikominderung und Recovery – Wie groß wäre der tatsächliche Verlust?

Wenn ein Kreditereignis eintritt, erfolgt in der Regel kein Totalverlust. Hierfür gibt es zwei Ursachen: Zum einen wird das Exposure in vielen Fällen durch Risikominderungstechniken wie Netting oder Besicherungen reduziert (siehe Abschnitt 4), zum anderen können oft Teile der Risikoposition zurückerhalten werden (Recovery), z. B. im Rahmen der Verwertung der Konkursmasse.

Risikominderungstechniken werden im weiteren Verlauf des Beitrags ausführlicher diskutiert. Für das Messen des Kreditrisikos ist lediglich anzumerken, dass man Risikominderungstechniken sowohl als Exposure-verringernd als auch als limiterhöhend abbilden kann (siehe Abschnitt 5). In jedem Fall muss aber sichergestellt sein, dass die Auswirkung von Risikominderungen konservativ abgeschätzt wird, z. B. durch eine prozentuale Reduktion der Besicherung (so genannter „Haircut"), durch die unter anderem Risiken aus der Marktwertschwankung der Besicherung berücksichtigt werden. Eine weitere Möglichkeit besteht darin, das Netting lediglich mit einer gewissen Wahrscheinlichkeit einzubeziehen (um eventuell vorhandene Rechtsrisiken zu berücksichtigen).

Recovery ist ein Thema, das im Rahmen der Richtlinie Basel II (siehe nächster Abschnitt) mit Hilfe des Konzepts des „Loss Given Default" (LGD) behandelt wird. Die Recovery Rate gibt den prozentuellen Anteil am Exposure an, der nach einem Kreditausfall wiedererstattet werden kann. Diese Größe hängt sowohl vom Marktumfeld als auch vom betrachteten Einzelfall ab und ist daher nicht einfach zu modellieren. Ein seitens Basel II im Rahmen des IRB-Foundation-Ansatzes vorgegebener Standardwert für die Recovery Rate ist 55 % (bzw. LGD gleich 45 %).

2.3 Wahrscheinlichkeiten und Korrelationen – Wird der Verlust eintreten?

Nachdem die Höhe des Verlustes im Fall eines Kreditausfalls diskutiert wurde, bleibt noch die Frage nach der Wahrscheinlichkeit des Ausfalls. Diese Ausfallwahrscheinlichkeit kann im Prinzip entweder unter Rückgriff auf Marktinformation (z. B. Credit Spreads) oder unter Verwendung von strukturellen Informationen über den Geschäftspartner (z. B. die Firmenbilanz) modelliert werden (internes Rating). Im zweiten Fall hängt die Modellierungsmethode vom Geschäftspartnertyp ab: Banken haben eine prinzipiell andere Bilanzstruktur als Industrieunternehmen, und diese wiederum unterscheiden sich grundlegend von Staaten oder staatlichen Organisationen. Alternativ zum internen Rating kann, sofern vorhanden, ein von einer Ratingagentur erstelltes Rating verwendet werden (externes Rating).

Will man die zeitliche Dynamik der Ausfallwahrscheinlichkeit berücksichtigen, so muss man zusätzlich die Übergangswahrscheinlichkeiten zwischen Ratingklassen modellieren. Bei der Betrachtung von Portfolios kommen zudem Korrelationen zwischen den Geschäftspartnern ins Spiel.

Aus den Antworten auf die in den Abschnitten 2.1 bis 2.3 aufgeworfenen Fragen können nun verschiedene mögliche Messgrößen für das Kreditrisiko abgeleitet werden: Das Exposure selbst (ohne Berücksichtigung von Ausfallwahrscheinlichkeiten), der erwartete Verlust (d. h. das Produkt von Exposure oder LGD und Ausfallwahrscheinlichkeit) oder komplexere Größen wie der Credit Value at Risk, der aus Annahmen über die Zeitdynamik der Ausfallwahrscheinlichkeit abgeleitet wird.

Welche Größe verwendet werden sollte, hängt davon ab, wie man die nachfolgenden Anforderungen gewichtet. Eine Messgröße für Kreditrisiko sollte

- das Risiko realistisch abbilden
- leicht aggregierbar sein
- mit vertretbarem Aufwand hinreichend genau berechenbar sein
- verständlich und gut kommunizierbar sein
- leicht in Relation zu anderen Risiken zu setzen sein
- leicht in Relation zu Chancen zu setzen sein und
- Backtesting-fähig (d. h. im Rückblick überprüfbar) sein

Diese Anforderungen widersprechen einander teilweise; z. B. ist eine Größe im Allgemeinen komplexer (und damit schwieriger zu kommunizieren), je realistischer sie das Risiko abbildet. Eine finale Antwort auf die Frage nach einer geeigneten Messgröße kann an dieser Stelle deshalb nicht gegeben werden.

Abschließend soll noch erwähnt sein, dass die vorstehend genannten Größen nicht völlig unabhängig voneinander sind. So kann ein hohes Exposure zu einer Erhöhung der Ausfallwahrscheinlichkeit des zugehörigen Geschäftspartners führen (z. B. wegen erhöhter Margin-Zahlungen). Auch kann es zu einem Sinken der Recovery Rate kommen, wenn das Exposure so hoch ist, dass sich dadurch die Verhandlungsposition des Schuldners verbessert.

3. Gesetzliche Anforderungen und organisatorische Grundlagen

Welchen gesetzlichen und organisatorischen Anforderungen ein Unternehmen unterliegt, hängt von Rahmenbedingungen wie z. B. Rechtsform oder Börsenlisting ab. In der Folge geben wir eine Zusammenfassung der Anforderungen und Grundlagen, die bei multinationalen Industrieunternehmen wie E.ON relevant sind.

Die grundlegende gesetzliche Anforderung für Unternehmen mit Sitz in Deutschland zur Bewältigung ihrer Risiken ist das Gesetz zur Kontrolle und Transparenz im Unternehmensbereich (KonTraG), das am 1. Mai 1998 in Kraft getreten ist. Das Kreditrisikomanagement ist im KonTraG-Artikelgesetz nicht ausdrücklich erwähnt. Kreditrisiko stellt jedoch eine Bedrohung der Existenz eines Unternehmens dar; aus diesem Grund müssen Erfassung, Bewertung und Steuerung von Kreditrisiken Bestandteil eines Risikomanagements der gesetzlich geforderten Form sein. Die praktische Umsetzung des Kreditrisikomanagements wurde vom

Gesetzgeber den Unternehmen nicht vorgegeben; sie bleibt daher den Unternehmen vorbehalten.

Das Kreditrisikomanagement ist ebenfalls ein Sarbanes-Oxley-Act-relevantes Thema, da die Berichterstattung des Kontrahentenrisikos Teil der Finanzberichterstattung ist. Der Sarbanes-Oxley-Act (SOA) ist seit 2002 auch verpflichtend für alle nicht-amerikanischen Unternehmen, die eine Börsennotierung in den USA aufweisen. Ziele der neuen Vorschriften zur Finanzberichterstattung, die im SOA zusammengefasst sind, sind die Sicherstellung ihrer Richtigkeit, Genauigkeit und Vollständigkeit sowie die Offenlegung von Risiken. Die Section 404 des SOA verpflichtet das Management von Unternehmen, ein internes Kontrollsystem zu implementieren, die Wirksamkeit der internen Kontrollen zu beurteilen und gegebenenfalls Schwachstellen zu beseitigen. Diese Verpflichtungen müssen daher auch im Kreditrisikomanagement umgesetzt werden.

Der Baseler Ausschuss für Bankenaufsicht hat im Januar 2001 einen Vorschlag zur Änderung der bestehenden internationalen Eigenkapitalregelung „Basel I“ (veröffentlicht 1988) vorgelegt. In diesem Entwurf sollen Risiken bei der Kreditvergabe besser erfasst und die Eigenkapitalvorsorge der Kreditinstitute risikogerechter gestaltet werden. Allgemein ist der Entwurf unter der Bezeichnung „Basel II“ bekannt. Nach einer Übernahme in das EU-Recht sollen die zugehörigen Anforderungen im Jahr 2007 in Form von Vorgaben der nationalstaatlichen Behörden in Kraft treten. In diesem Zusammenhang sind auch die „Mindestanforderungen an das Risikomanagement“ (MaRisk) zu nennen. MaRisk wird die „Mindestanforderungen an das Kreditgeschäft der Kreditinstitute“ (MaK), die „Mindestanforderungen an das Betreiben von Handelsgeschäften“ (MaH) und die „Mindestanforderungen an die Ausgestaltung der internen Revision“ vereinheitlichen und ablösen. Kreditinstitute sind im Fokus von MaRisk und unterliegen auch bereits den zugehörigen Einzelverordnungen. Teilweise sollen die Anforderungen auch auf Industrieunternehmen angewendet werden, die Handelstätigkeiten im Commodity-Geschäft ausführen. Für Industrieunternehmen stellen diese Verordnungen jedoch bis auf Weiteres zumindest einen sehr wichtigen Best-Practice-Ansatz dar, an dem sich die Implementierung und die Prozesse des Kreditrisikomanagements orientieren sollten.

Neben den gesetzlichen Anforderungen existieren in Unternehmen auch wirtschaftliche Anforderungen, wie beispielsweise die zunehmende Globalisierung und Komplexität der Faktoren Wettbewerb, Unternehmen (im Sinne von Konzernverflechtungen) und der Kapitalmärkte, die das Management von Kreditrisiken als wichtigen Prozess in Unternehmen unterstreichen.

Organisatorische Grundlagen für das Kreditrisikomanagement lassen sich aus der Verlautbarung MaH ableiten. Als Grundsatz sind für den Arbeitsablauf im Bereich der Handelstätigkeit die klare funktionale Trennung von

- Handel,
- Abwicklung und Kontrolle,
- Rechnungswesen und

- Überwachung

definiert. Zumindest der Handel ist von den anderen Bereichen auch organisatorisch zu trennen. Die Trennung des Handels von den anderen Bereichen ist bis einschließlich der Ebene der Geschäftsleitung zu gewährleisten. Das Kreditrisikomanagement ist im Bereich der Überwachung anzusiedeln, um miteinander nicht zu vereinbarenden Tätigkeiten im Bereich des Handels vorzubeugen. Auch innerhalb des Funktionsbereichs Überwachung muss gewährleistet sein, dass bei der Bearbeitung von Geschäftsvorfällen Tätigkeiten durch verschiedene Personen ausgeführt werden (mindestens Vier-Augen-Prinzip). Darüber hinaus müssen alle maßgeblichen Prozesse des Kreditrisikomanagements, auch die funktionale Trennung, mit klar festgelegten Verantwortlichkeiten in konzernweiten Kreditrisikomanagementrichtlinien festgehalten werden. Diese Richtlinien sollten regelmäßig aktualisiert werden.

Wesentlicher Punkt des Bereichs Überwachung in den MaH ist das unabhängige Managementreporting. In der Verlautbarung wird ein mindestens monatliches Reporting sowie bei gravierenden Verstößen gegen interne Richtlinien ein ad-hoc Reporting verlangt (siehe Abschnitt 6), was auch aus praktischen Gesichtspunkten sinnvoll ist.

Ein weiteres Indiz für eine gute Integration der organisatorischen Grundlagen des Risikomanagements im Unternehmen ist die Präsenz eines Chief Risk Officers (CRO) bzw. eines Risikokomitees, das für die Koordination des Risikomanagements im gesamten Konzern verantwortlich ist. Diese Einrichtungen erlauben, unabhängig von der sonstigen organisatorischen Gliederung im Unternehmen, eine ganzheitliche Sicht auf alle risiko-relevanten Themen. Die Verantwortlichkeiten des Risikokomitees im Kreditrisikomanagement am Beispiel des E.ON Konzerns umfassen die Verabschiedung von Richtlinien, Entscheidungen über Kreditlimitvergaben und Konsequenzen bei deren Übertretung (siehe Abschnitt 5) sowie die Weiterentwicklung der für das Risikomanagement eingesetzten IT-Systeme (siehe Abschnitt 7). Risikokomitees können auch in einer Hierarchiestruktur in mehreren Ebenen eines Unternehmens installiert werden, wie dies z. B. im E.ON Konzern der Fall ist.

Die Einhaltung der gesetzlichen Anforderungen und organisatorischen Grundlagen ist sowohl durch regelmäßige als auch durch Ad-hoc-Prüfungen der internen und externen Revision zu kontrollieren. Über die Prüfungen sind schriftliche Berichte zu erstellen und den verantwortlichen Mitgliedern der Geschäftsleitung bzw. dem Risikokomitee vorzulegen. Die Empfehlungen für die Beanstandungen sind schnellstmöglich umzusetzen; nicht beseitigte Mängel sind den verantwortlichen Personen nachweislich mindestens einmal jährlich zur Kenntnis zu bringen.

4. Vermeidung und Minderung von Kreditrisiko

Unternehmerisches Handeln beinhaltet das Eingehen von Risiken. In der Regel lassen sich diese Risiken jedoch durch den Einsatz geeigneter Methoden reduzieren, in Einzelfällen sogar ganz vermeiden. Ein Beispiel ist die Vertragsgestaltung von Geschäften, bei der immer auch der Aspekt der Kreditrisikominimierung, besser noch der Kreditrisikovermeidung, als Ziel verfolgt werden sollte.

Eine weitere Möglichkeit zur Kreditrisikominderung ist die Integration der Wertschöpfungskette in das Geschäftsmodell eines Unternehmens. Diese Integration birgt eine risikovermeidende Komponente in sich, da zu kontrahierende Geschäfte nun ohne jegliches Kreditrisiko im eigenen Unternehmen abgeschlossen werden können. Der E.ON Konzern bietet hier im Gasbereich mit der Integration der Wertschöpfungsstufen Up-, Middle- und Downstream ein anschauliches Beispiel. Des Weiteren kann auch durch das Erkennen und die Nutzung von anderen natürlichen Hedges innerhalb des eigenen Unternehmens externes Kredititrisiko vermieden werden. Ein sehr effektives Beispiel hierfür ist die Implementierung eines Cash-Pooling-Systems in Konzernen. Dadurch wird vermieden, dass sich jeder Teilkonzern eine eigene Anlagenposition mit externen Banken aufbaut und somit eigene Risikopositionen generiert. Das Cash Pooling nettet intern gegenläufige Exposures und sorgt somit für den großen unternehmerischen Vorteil, dass nur noch die Netto-Position angelegt wird. Resultate sind ein geringerer Finanzierungsaufwand und ein geringeres Kreditrisiko.

Weil die Vermeidung von Kreditrisiko jedoch nicht immer gewährleistet werden kann, wird im Folgenden ein Überblick über traditionelle Kreditminderungstechniken gegeben. Die originäre Sicherheit eines Kreditnehmers ist seine Bonität. Um Konzentrationen von Kreditrisiken zu verhindern, ist die Diversifikation der Risiken das meistgenutzte Instrument. Die Diversifikation kann z. B. durch eine Limitierung verschiedener Faktoren erreicht werden (siehe Abschnitt 5).

Ein weit verbreitetes Instrument zur Minderung von Kreditrisiko sind Garantien und Sicherheiten. Die Garantie ist definiert als ein Vertrag, durch den sich ein Dritter (Garant) verpflichtet, den Schaden zu übernehmen, der sich aus einem bestimmten unternehmerischen Handeln ergeben kann. Zum Beispiel haftet der Garant für den Ausfall eines Kredites im Falle einer Insolvenz. Der wesentliche Unterschied zwischen einer Garantie und einer dinglichen Sicherheit besteht darin, dass der Kreditgeber im Falle von Sicherheiten einen Vermögensgegenstand erhält, der bei Ausfall des Kreditnehmers verwertet werden kann. Dagegen beruht die Kreditrisikominderung bei Garantien auf einem Zahlungsversprechen des Garantiegebers. In der Praxis kann die Art des Garanten sehr unterschiedlich sein; hierbei treten Banken, Konzernmuttergesellschaften, Schwesterunternehmen oder auch externe Dritte als Garanten auf.

Die Reduktion von Exposure aufgrund der vorzeitigen Auflösung eines Geschäfts mit positivem Marktwert ist das Closeout.[1] Auf den Finanzmärkten ist das Anwenden von Closeouts ein standardisiertes Instrument; auf anderen Handelsmärkten wird diese Technik nicht oft verwendet. Die Durchführung eines Closeouts setzt das Einverständnis des Geschäftspartners voraus; dieser verlangt gewöhnlich eine Prämie für die Zustimmung. Des Weiteren ist ein Closeout nur auf Einzelgeschäftsebene abzuschließen. Eine unternehmensweite Exposure-Reduzierung in großem Umfang kann hierdurch unter Umständen recht mühevoll sein.

Unter einer Netting-Vereinbarung (Netting Agreement) wird die Verrechnung von Geschäften mit demselben Geschäftspartner verstanden. Beim Netting wird das Ausfallrisiko gemindert, indem alle Geschäfte mit demselben Geschäftspartner verrechnet werden. Deshalb hat Netting nur dann eine risikomindernde Wirkung, wenn auch Positionen mit gegenläufigen Marktwerten vorliegen. In diesem Zusammenhang ist das Netting durch Novation von dem Netting durch Closeout zu unterscheiden. Das Netting durch Novation erlaubt den jeweiligen Netting-Vertragspartnern die Verschmelzung von Verpflichtungen in derselben Währung und mit demselben Wertstellungstag (Valuta). Unter dem Netting durch Closeout werden Verfahren mit Liquidationsklauseln erfasst. Es ermöglicht die automatische Glattstellung der Kontrakte durch Saldierung, sobald ein vorher festgelegtes Kreditereignis, wie z. B. die Eröffnung eines Insolvenzverfahren bei einem Geschäftspartner, eingetreten ist. Es ist weiterhin zwischen bilateralen und multilateralen Netting-Vereinbarungen zu unterscheiden. Beim bilateralen Netting verpflichten sich zwei Geschäftspartner, die Positionen gegeneinander zu netten. Sie vereinbaren hierzu einen Rahmenvertrag, in dem sie die Art des Nettings sowie die betroffenen alten und zukünftigen Kontrakte bestimmen. Das multilaterale Netting wird von mehr als zwei Geschäftspartnern abgeschlossen, meistens über Börsen oder weitere Organisationen (siehe „Clearing“ im weiteren Verlauf). Multilaterales Netting hat den Vorteil einer größeren Exposure-Reduktion als bilaterales Netting. Im Commodity-Handelsgeschäft ist weiterhin zu unterscheiden zwischen Master Netting Agreements, die bilateral ein Netting von verschiedenen Geschäften, aber nur für ein bestimmtes Commodity zulassen, und dem Cross Commodity Netting, das ein Netting von sich ausgleichenden Positionen in verschiedenen Commodities zulässt. Eine weitere Form des Nettings ist das Cross Affiliate Netting. Hierbei handelt es sich um eine bilaterale Netting-Vereinbarung, welche die Beteiligungen der Geschäftspartner in der Netting-Vereinbarung inkludiert. Diese Form des Nettings ist allerdings nicht sehr verbreitet, da die rechtliche Lage in der Regel komplex ist (multiple Jurisdiktionen).

Ein sehr effektives, aber relativ aufwendiges Instrument zur Minderung von Kreditrisiken ist das Margining. Beim Margining werden in regelmäßigen Abständen (z. B. täglich, wöchentlich oder monatlich) Sicherheiten, in der Regel in Form von Bargeld, bilateral ausgetauscht. Die Richtung des Austausches und die Höhe des Bargeld-Transfers hängen vom Marktwert der offenen Position ab. Die Dokumentation ist üblicherweise standardisiert in Form eines Annexes zu einem Master Agreement. Das Margining erfordert aufgrund der Anforderungen

1 Das Eingehen eines Gegengeschäfts mit demselben Geschäftspartner, um das aktuelle Kreditexposure im Falle eines Netting Agreements (siehe unten) zu reduzieren bzw. zu eliminieren, stellt faktisch ebenfalls ein Closeout dar.

an Berechnung und Management der Margin-Auszahlungen bzw. -einzahlungen ein spezialisiertes EDV-System (siehe Abschnitt 7). Des Weiteren kann es bei volatilen Märkten zu großen Margin-Zahlungen kommen, die in den Unternehmen refinanziert werden müssen. Andererseits kann es zu großen erhaltenen Margin-Zahlungen kommen; das hier erhaltene Geld kann dann kreditrisikowirksam wieder angelegt werden.

Clearing ist die Verwendung eines Clearing-Service einer Börse zur Minderung des Kreditrisikos. Dabei fungiert die Börse als zentraler Clearer zwischen Käufer und Verkäufer. Somit ist kein direkter Kontakt zwischen den Geschäftspartnern erforderlich. Die Börse oder ein Clearing-Mitglied tragen das Kreditrisiko und garantieren die Erfüllung jedes Geschäfts. Oftmals verlangt die Börse Margin-Zahlungen von den betroffenen Parteien. Nachteil der Nutzung eines Clearing-Verfahrens kann wie bei Margining die unerwartet hohe Cash-Anforderung sein. Eine zusätzliche Einschränkung besteht darin, dass über eine Börse meist nur standardisierte Geschäfte kontrahiert werden können.

Ein weiteres Instrument zur Kreditrisikominderung mit Rückgriff auf einen externen Anbieter ist die Kreditversicherung. Diese wird von Unternehmen eingekauft, um sich gegen das Insolvenzrisiko oder Zahlungsverzugsrisiko eines Geschäftspartners zu schützen. Anbieter der Kreditversicherungen sind spezialisierte Versicherungen und einige Banken. Für diesen Versicherungsschutz ist eine Prämie zu zahlen, deren Höhe abhängig von der versicherten Forderung ist. Ein Vorteil der Kreditversicherung ist, dass die Zustimmung des Geschäftspartners nicht benötigt wird. Nachteile sind die statische Versicherungssumme, die keine Marktwert- oder Exposure-Änderungen erfährt, sowie die bevorzugte Methode von Kreditversicherungen, komplette Portfolios und nicht einzelne Geschäftspartner zu versichern.

Kreditderivate sind ein innovatives Instrument der Kreditrisikosteuerung. Im Gegensatz zu traditionellen derivativen Finanzinstrumenten liegt ihr Fokus auf bonitätsinduzierten Marktwertänderungen des Underlyings. Beim Credit Default Swap (CDS) z. B. entrichtet der Sicherungsnehmer an den Sicherungsgeber eine periodische Gebühr, berechnet auf den Nominalwert des abzusichernden Risikoaktivums. Im Gegenzug erhält der Sicherungsnehmer für einen festgelegten Zeitraum das Recht, einen vertraglich fixierten Verlustausgleich vom Sicherungsgeber zu verlangen, falls beim Risikoaktivum ein bestimmtes Kreditereignis eintritt. Die Definition des Kreditereignisses sowie die Bestimmung der Höhe der Ausgleichszahlung sind individuell vereinbar. Die rechtlich eindeutige Definition des Default in den CDS-Verträgen ist daher unabdingbar.

Abschließend bleibt festzustellen, dass eine Bandbreite von Instrumenten zur Vermeidung und Minderung von Kreditrisiken besteht. Der Einsatz dieser Instrumente bedeutet aber auch höhere Kosten und/oder die Akzeptanz einer Schmälerung von Gewinnchancen.

5. Steuerung des Kreditrisikos durch Limitierung

Die Limitierung von Kreditrisiko zielt nicht nur auf eine Beschränkung des Risikos ab. Sie erlaubt es außerdem, das Kreditrisiko zu steuern, indem z. B. Klumpenrisiken vermieden werden und Risiken angemessen verteilt werden (Diversifikation). Zudem stellen die mit einer Limitverletzung verbundenen Prozesse ein effizientes Frühwarnsystem dar.

Bei der Wahl der Risikogröße(n), die man limitieren möchte, kann auf die Überlegungen aus Abschnitt 2 zurückgegriffen werden. Dabei ist zu entscheiden, ob man nur das gegenwärtige Risiko limitieren oder ob man Exposures, die erst in der Zukunft auftreten werden, schon aus heutiger Sicht beschränken möchte. In jedem Fall ist ein funktionierendes Messverfahren für das Kreditrisiko eine notwendige Voraussetzung für das Aufsetzen eines Limitsystems. Weitere unverzichtbare Bedingungen sind ein funktionsfähiges Verfahren zur Überwachung der Limitauslastung und eine definierte Vorgehensweise bei Limitverletzungen. Auf die organisatorischen Anforderungen an ein Limitmanagement und -monitoring treffen die in Abschnitt 3 dargestellten Überlegungen zu.

Das Kreditrisiko kann nach vielen Kriterien limitiert werden: zum einen nach Kriterien, die auf Geschäftsinformationen beruhen (Limitierung nach Einzelgeschäft, nach Geschäftstyp oder nach Geschäftslaufzeit und Portfolio). Zum anderen kann eine Limitierung nach Kriterien erfolgen, die auf Kontrahenteninformationen beruhen (Limitierung nach Kontrahent, nach Branche, nach Ratingklasse oder nach Land). Das Ziel dieser Limit-Strukturierung sollte durch die Vermeidung von Klumpenrisiken gekennzeichnet sein. Hierbei ist zu beachten, dass die Limit-Kriterien entsprechende Korrelationen widerspiegeln sollten (z. B. Korrelationen innerhalb von Branchen oder Ländern). Außerdem können auf diese Weise Exposures zusammengefasst werden, die vergleichbare Profile aufweisen (die zeitliche Verteilung des Kreditrisikos sieht z. B. bei einer Anleihe ganz anders aus als bei einem Zinsswap).

Verfügbare Kreditlimite sind in der Regel ein knappes Gut; zugleich kann das Fehlen ausreichender Kreditlimite zum Verpassen von Gewinnchancen führen. Die Vergabe von sowohl permanenten als auch temporären Limiten (Limitallokation) ist deshalb ein komplexes Optimierungsproblem. Dabei ist die Ursache für den Limitbedarf zu berücksichtigen: Ist er für das Aufrechterhalten des Geschäftsbetriebs erforderlich, leitet sich der Bedarf aus anderen Vorgaben (z. B. Hedging-Vorgaben) ab, oder geht es um die Erschließung eines zusätzlichen Gewinnpotenzials? Auch die Zeiträume, für die temporäre Limite vergeben werden, müssen zur Natur des betroffenen Geschäfts passen (d. h. beispielsweise Saisonalitäten berücksichtigen) und sollten sich nach den vorliegenden Reportingzeiträumen richten. Schließlich muss auch der mit mehrfachen Limitanpassungen verbundene Aufwand bei der Vergabe temporärer Limite bedacht werden. In jedem Fall gilt aber: Limite, die nicht überschritten werden können, sind nutzlos.

Wie mit einer Limitverletzung umgegangen werden soll, hängt entscheidend von ihren Ursachen ab. Ausgehend von der Diskussion in Abschnitt 2 können drei Typen von Ursachen für

Limitverletzungen unterschieden werden: eigene Handelstätigkeit, marktspezifische und kontrahentenspezifische Faktoren. Eine Limitverletzung auf Grund von eigener Handelstätigkeit stellt ein Fehlverhalten dar und sollte gegebenenfalls angemessene disziplinäre Maßnahmen nach sich ziehen. Ganz anders ist die Sachlage bei einer Limitverletzung auf Grund marktspezifischer Faktoren – wenn z. B. die Risikoposition durch Kurssteigerungen anwächst – einzuschätzen. Oft geht ein derartiger Anstieg des Risikos mit einem gleichzeitigen Anstieg von Gewinnchancen einher, die bei der Reaktion berücksichtigt werden sollten. Neben dem in Abschnitt 4 dargestellten Einsatz von Minderungstechniken zur Reduktion der Risikoposition kann daher, abhängig von der Analyse der Sachlage, auch eine temporäre Limiterhöhung sinnvoll sein. Ein wiederum anderer Fall ist eine Limitverletzung auf Grund von kontrahentenspezifischen Faktoren, wie z. B. einem Rating Downgrade. Diese Ursache stellt eine reine Erhöhung des Risikos ohne erhöhte Gewinnchancen dar. Deshalb empfiehlt sich der Einsatz von Minderungstechniken, wobei die gegebenenfalls verbesserte Verhandlungsposition, z. B. beim Einfordern von Sicherheiten oder Garantien, genutzt werden kann.

Folgende Maßnahmen ergänzen eine Kreditlimitierung:

- Geschäftskonditionen können abhängig vom damit verbundenen Kreditrisiko mehr oder weniger günstig für den Geschäftspartner gestaltet werden. Sofern jedoch nicht für sämtliche Geschäftspartner vollständige Informationen in Bezug auf deren Bonität vorliegen und pauschale Geschäftskonditionen Anwendung finden, besteht die Gefahr einer negativen Auslese, so dass gerade die Geschäftspartner verbleiben, deren Kreditrisiko man unterschätzt.
- Die Vergütung von Händlern kann vom eingegangenen Risiko abhängig gemacht werden.

Diese Maßnahmen sind allerdings nur flankierender Natur; die Limitierung von Kreditrisiken kann durch sie nicht ersetzt werden.

6. Berichtswesen

Den zentralen Aspekt des Reportings im Kreditrisikomanagement der E.ON AG stellt das Reporting an das Risikokomitee dar. Es gliedert sich in das regelmäßige und das ad-hoc Reporting. Das regelmäßige Reporting ist die Basisinformationsquelle für das Risikokomitee, anhand dessen die aktuellen Risikopositionen beurteilt und gegebenenfalls steuernde Maßnahmen eingeleitet werden. Die Qualität und Frequenz des regelmäßigen Reportings ist daher sehr wichtig. In diesem Zusammenhang ist es empfehlenswert, die Frequenz des regelmäßigen Reportings an die Dynamik des Risikos anzupassen. Beispielsweise in Zeiträumen mit sehr volatilen Preisentwicklungen sollte die Frequenz des Reportings erhöht werden, um den

Informationsstand aller am Kreditrisikomanagement beteiligten Personen so aktuell wie möglich zu halten.

Bestandteile des Reportings sind ein konzernweiter Überblick hinsichtlich der vergebenen Kreditlimite, deren Auslastung sowie das zugehörige Kreditrisiko. Die Bestandteile des Risikoberichts werden in zwei unterschiedlichen Aggregationsstufen berichtet: auf Risikoklassenebene (Ratingklassen) und auf Risikoverbundebene (zu einem Konzern gehörende Geschäftspartner werden zu einem Risikoverbund zusammengefasst). Das Risikokomitee wird innerhalb dieses Reports ebenfalls über aktuelle Ratingänderungen beziehungsweise kreditrisikorelevante Nachrichten von Geschäftspartnern informiert. Neben dem regelmäßigen Reporting hat die E.ON AG auch den Prozess des Ad-hoc-Reportings implementiert. Adhoc-Reports werden im Fall von Kreditlimitüberschreitungen sowie kurzfristig benötigten Risikokomitee-Entscheidungen erstellt. Die Market Units der E.ON AG werden über die Kreditlimite sowie deren Auslastung ebenfalls in regelmäßiger Frequenz informiert. Die beiden Aggregationsstufen für das Reporting an die Market Units umfassen die Risikoverbundebene und die Ebene der einzelnen Geschäftspartner innerhalb eines jeweiligen einzelnen Risikoverbundes. Die Market Units können sich anhand dieses Reports über ihre eigenen Limite sowie die der Schwester Market Units informieren (Peer Group).

Weiterhin sind quartalsweise die Kreditrisiken aus Commodity- und Treasury-Transaktionen im Rahmen des KonTraG-Reportings zu berichten. Jede Market Unit der E.ON AG ist dazu verpflichtet, ihre jeweiligen Exposures im Rahmen des KonTraG-Reportings zu melden. Auf dieser Basis wird ein konzernweiter Bericht des Adressenausfallrisikos erstellt.

Das Kontrahentenrisiko aus dem Einsatz von derivativen Finanzinstrumenten ist jährlich zur Erstellung des Geschäftsberichts des E.ON Konzerns zu berechnen. E.ON liefert diese Berechnung in den Kategorien Ratingklasse und Fristigkeit.

7. IT-Systeme im Kreditrisikomanagement

Das Ziel beim Einsatz von IT-Systemen in Unternehmen sollte generell sein, ein System einzusetzen, das alle gewünschten Funktionen abdeckt und dabei so wenig Schnittstellen wie möglich erfordert; dies gilt auch für den Einsatz von IT-Systemen im Kreditrisikomanagement. In der Regel müssen jedoch Informationen aus sehr unterschiedlichen Geschäftsbereichen – und den zugehörigen IT-Systemen – übernommen und aggregiert werden. In den wenigsten Industrieunternehmen sind die zugehörigen Transaktionen in einem System abgebildet, so dass sich daher die Notwendigkeit von Schnittstellen ergibt. Die Datenbasis für die Ermittlung des Kreditrisikos sind die Handelssysteme. Hier sind die kreditrisikobehafteten Geschäfte erfasst und die für Marktwert- oder Risikoberechnungen notwendigen Informationen hinterlegt. Treasury-Transaktionen wie Währungs- und Zinsgeschäfte werden in größeren Unternehmen durch Treasury-Management-Systeme, Commodity-Transaktionen durch Commodity-spezifische Handelssysteme abgebildet. In weltweit agierenden Konzernen mit zahlreichen, rechtlich selbständigen Einheiten ist davon auszugehen, dass sich die Anzahl der relevanten Handelssysteme vervielfacht.

Für die Limitierung der Exposures (siehe Abschnitt 5) ist ein konzernweites Limitverwaltungssystem erforderlich. Das System muss für die Kreditrisikomanager über einen Echtzeit-Zugriff verfügen, um die Entstehung von redundanten Daten oder von beispielsweise doppelten Limitvergaben zu verhindern. Per Schnittstelle wird das System mit den aktuellen Wechselkursen und den in den Handelssystemen berechneten Exposures versorgt. Im Gegenzug dient das Limitverwaltungssystem als Datenlieferant für die Handelssysteme. Die eingerichteten Kreditlimite werden per Schnittstelle an die Handelssysteme übertragen. In den Handelssystemen werden die Kreditlimite mit den Geschäftspartnern verknüpft. Im Fall einer Geschäftsprüfung zeigt das Handelssystem dem Händler nun umgehend an, ob das geplante Geschäft in Übereinstimmung mit dem vorgesehenen Kreditlimit ist. Bei der E.ON AG deckt das Limitverwaltungssystem die Funktionen Stammdaten, Bonitätsanalyse, Rating, Limitvergabe und -verwaltung sowie die Verwaltung von Sicherheiten ab.

Bei den eingesetzten Instrumenten zur Minderung von Kreditrisiken ist die Abbildung im Handelssystem oder im Limitverwaltungssystem konzerneinheitlich pro Instrument zu entscheiden. Grundsätzlich werden Exposure-reduzierende Instrumente führend in den Handelssystemen berücksichtigt; Limit-erhöhende Instrumente werden führend in den Limitverwaltungssystemen abgebildet. Trotz gegebener IT-Ausstattung kann der Fall auftreten, z. B. im Fall von Margining, dass beide Systeme das Instrument nicht abbilden können. Hier ist die Implementierung eines weiteren IT-Systems notwendig, das die entsprechenden Instrumente korrekt abbildet. Dies bedeutet natürlich auch, dass weitere Schnittstellen für das Handelssystem und Limitverwaltungssystem entstehen.

8. Kreditrisiko im Gesamtbild des Enterprise Risk Managements

Kreditrisiko ist kein isoliertes Phänomen. Vielmehr steht es im Wechselspiel mit anderen Risiken, denen Unternehmen ausgesetzt sind. Oftmals ist die Reduktion eines Risikos mit der Erhöhung eines anderen Risikos verbunden. Hierzu sind nachstehend einige Beispiele genannt:

- Eine erhöhte Hedging-Aktivität zur Verringerung von Marktpreisrisiken vergrößert das Geschäftsvolumen und impliziert damit ein erhöhtes Potenzial für das Kreditrisiko.

- Das Margining reduziert das Kreditrisiko, erhöht aber gleichzeitig das operationelle Risiko und das Liquiditätsrisiko auf Grund möglicher Margin-Zahlungen.
- Bei der Vergabe von Kreditlimiten in unterschiedlichen Währungen ergeben sich Wechselkursrisiken.
- Je realistischer – und damit komplexer – ein Modell zur Kreditrisikoberechnung ist, desto höher ist auch das damit verbundene Modellrisiko.

Im Kreditrisikomanagement müssen alle diese Zusammenhänge berücksichtigt werden, um eine optimale Unternehmenssteuerung zu ermöglichen. An manchen Stellen ist auch der Übergang zwischen Risikoarten fließend. Beispielsweise kann der Kursverlust einer Aktie aufgrund eines Rating Downgrades sowohl dem Marktpreisrisiko als auch dem Kreditrisiko zugerechnet werden. Eine Möglichkeit, dieser Wechselwirkung gerecht zu werden, ist die Integration von Markt- und Kreditrisiko in einem einzigen Modell (das dadurch allerdings sehr komplex wird).

Noch ein Aspekt des Kreditrisikomanagements sollte nicht vergessen werden: Jedes Unternehmen stellt selbst ein Kreditrisiko für seine Geschäftspartner dar. Eine Verschlechterung des eigenen Ratings kann sich deshalb durch erhöhte Refinanzierungskosten, in Form von Zahlungen auf Grund vertraglich festgelegter Schwellen, oder durch erhöhte Margin-Anforderungen auswirken. Deshalb kann es hilfreich sein, neben dem eigenen Exposure gegenüber den Geschäftspartnern auch das Exposure, das die Geschäftspartner gegen das eigene Unternehmen aufweisen, regelmäßig zu überwachen.

Es ist natürlich, sich im Risikomanagement auf die negativen Aspekte von Risiko zu konzentrieren. Dabei darf jedoch nicht übersehen werden, dass sich in der Regel erst durch die Übernahme von Risiken auch Gewinnchancen eröffnen. Abhängig vom Geschäftsmodell muss jede wirtschaftliche Tätigkeit bestimmte Risiken vermeiden, andere dulden und wieder andere bewusst eingehen. So ist Kreditrisiko für Unternehmen lediglich eine Begleiterscheinung ihrer Tätigkeiten und wird nur geduldet, um Gewinnchancen an anderen Stellen des Geschäftsmodells zu eröffnen. In diesem Zusammenhang stellt sich Kreditrisiko also als notwendiges Übel ohne direkt damit verbundene Chance dar. Im Gegensatz dazu kann das gezielte Eingehen von Kreditrisiko zum zentralen Geschäftsmodell einer Bank gehören. In diesem Fall ergeben sich Chancen, die unmittelbar mit dem Risiko verknüpft sind, z. B. bei der Vergabe von Krediten oder beim Halten spekulativer Positionen in Kreditderivaten. Die Kenntnis dieser Zusammenhänge ist notwendig, um die Auswirkung von Entscheidungen im Risikomanagement auf andere Aspekte des Geschäftsmodells zu verstehen. Ungeachtet der Unterschiede zwischen den Geschäftsmodellen von Banken und Industrieunternehmen ändert sich jedoch nichts an den grundlegenden Anforderungen an ein erfolgreiches Risikomanagement, wie sie in Abschnitt 3 skizziert wurden.

Literatur

Aktiengesetz (AktG): § 91 Absatz 2.

Basel Committee on Banking Supervision (2004): Internal Convergence of Capital Measurements and Capital Standards, Basel 2004.

Bluhm, C./Overbeck, L./Wagner, C. (2003): An introduction to Credit Risk Modeling, München und Frankfurt am Main 2003.

Bogensperger, J./Schober, C./Müller, K./Schmöllerl, M. (2006): Kreditrisikomanagement im liberalisierten Europäischen Stromgroßhandel, Teil 1 in: Verband der Elektrizitätsunternehmen Österreichs, VEÖ Journal Februar 06, Wien 2006.

Bogensperger, J./Schober, C./Müller, K./Schmöllerl, M. (2006): Kreditrisikomanagement im liberalisierten Europäischen Stromgroßhandel, Teil 2 in: Verband der Elektrizitätsunternehmen Österreichs, VEÖ Journal Februar 06, Wien 2006.

Bundesaufsichtsamt für das Kreditwesen (1995): Verlautbarung über Mindestanforderungen an das Betreiben von Handelsgeschäften der Kreditinstitute, 1995.

Duffie, D./Singleton, K. (2003): Credit Risk – Pricing, Measurement and Management, Princeton 2003.

Fusaro, P. (1998): Energy Risk Management, New York 1998.

Gupton, G./Finger, C./Bhatia, M. (1997): Credit Metrics™-Technical Documentation, New York 1997.

Ong, M. (1999): Internal Credit Risk Models, Chicago 1999.

Public Company and Accounting Reform and Investor Protection Act of 2002: The Sarbanes-Oxley-Act, Section 404: Management Assessment of Internal Controls.

Risikoabbildung im Kreditrisikomanagementprozess

Peter Rathgeb/Bernd Walter – Siemens Financial Services GmbH

1. Einleitung

Das Portfolio an Finanzdienstleistungen von Siemens Financial Services (im Folgenden SFS) umfasst die nachstehenden sechs Geschäftsgebiete:

- Equipment & Sales Financing (ESF)
  - Leasing und verwandte Finanzierungen
  - Forderungsfinanzierung
  - Asset Based Lending
- Equity (EQ)
- Project & Export Finance (PEF)
- Investment Management (IM)
- Insurance (INS)
- Treasury & Financing Services (TFS)

Resultierend aus den Leasing- und Factoring-Aktivitäten steuert SFS ein weltweites Kreditportfolio mit einem Exposure von rund EUR 10 Mrd. Dieses Portfolio unterliegt nicht nur Kredit-, sondern auch Asset-Preisrisiken, die im Rahmen des Leasinggeschäftes entstehen.

Der hier thematisierte Kreditrisikomanagementprozess bezieht sich auf die Kredit- und Asset-Preisrisiken. Es gibt unterschiedliche Sichtweisen bei der Betrachtung dieses Prozesses. Im Folgenden wählen wir einen Blickwinkel, der den Prozess in die beiden wesentlichen Bestandteile Risikogenerierung und -vermeidung einerseits und Risikoabbildung andererseits unterteilt (siehe auch Abbildung 1):

- Risikogenerierung und -vermeidung

  Der Teilprozess Risikogenerierung und -vermeidung wird vom Geschäftsgebiet verantwortet und umfasst die beiden Teilbereiche Geschäftsakquisition/Geschäftsanbahnung und Geschäftssteuerung. Auf Grund beider Teilbereiche kann zusätzliches Risiko erzeugt als auch bestehendes mitigiert werden.

- Risikoabbildung

  Der Teilprozess Risikoabbildung beinhaltet die Teilbereiche Schätzung schuldner- und transaktionsbezogener Daten, Kreditrisikomodellierung und Kreditrisiko-Controlling. Innerhalb dieser drei Teilbereiche erfolgen die Risikoidentifikation, -abbildung und -überwachung.

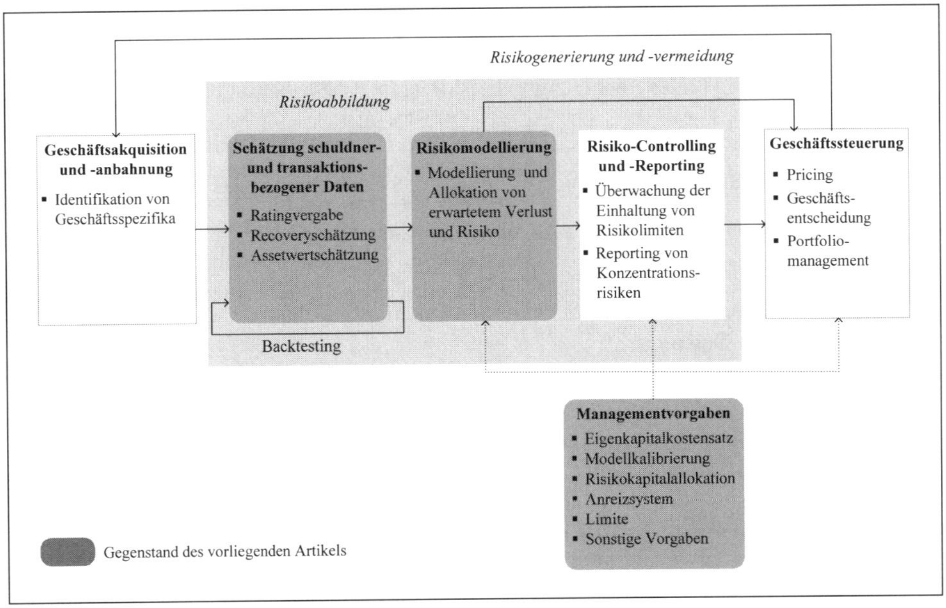

Abbildung 1: *Kreditrisikomanagementprozess bei SFS*

Der vorliegende Beitrag fokussiert auf die Funktion Risikoabbildung im Rahmen des Kreditrisikomanagementprozesses. Nichtsdestotrotz soll an dieser Stelle kurz der gesamte Kreditrisikomanagementprozess skizziert werden:

- Geschäftsakquisition und -anbahnung

  Der Kreditrisikomanagementprozess beginnt mit der Geschäftsakquisition und -anbahnung. Ihr wesentlichstes Merkmal im Sinne des hier dargestellten Kreditrisikomanagementprozesses ist die Identifikation von Geschäftsspezifika wie z. B.

  - Kundenname,
  - Leasingobjekt bei Leasingtransaktionen,
  - Name des Portfolioverkäufers bei Portfoliotransaktionen,
  - möglicherweise bestehende Garantien oder Kreditversicherungen oder
  - Merkmale möglicherweise bestehender Cash Pools oder Loss Caps bei Portfoliotransaktionen.

  Diese Geschäftsmerkmale stellen die Inputvariablen für die Risikoabbildung dar.

- Schätzung schuldner- und transaktionsbezogener Daten

  Der erste Schritt der Risikoabbildung besteht in der Schätzung schuldner- und transaktionsbezogener Daten auf Basis der zuvor identifizierten Geschäftsspezifika. Diese schuldner- und transaktionsbezogenen Daten umfassen unter anderem:

- das Kundenrating und damit die Ausfallwahrscheinlichkeit,
- das Rating eines Portfolioverkäufers bei Portfoliotransaktionen,
- ggf. das Rating eines Sicherungsgebers (Garant, CDS-Verkäufer, Kreditversicherer etc.),
- die Recovery Rate,
- den Wertverlauf des Leasingobjektes in der Zeit bei Leasingtransaktionen.

Die Schätzung schuldner- und transaktionsbezogener Daten wird im Rahmen des Backtesting regelmäßig überprüft.

Abschnitt 2 widmet sich im Detail dem Themenkomplex Schätzung schuldner- und transaktionsbezogener Daten.

- Risikomodellierung

Die Risikomodellierung als zweiter Schritt der Risikoabbildung verlangt als Inputgröße die Schätzung der schuldner- und transaktionsbezogenen Daten. Das Ziel der Risikomodellierung besteht in der kombinierten Darstellung von Ausfall-, Recovery- und Asset-Preisrisiken sowohl auf Einzelebene als auch im Portfoliokontext. Das Ergebnis der Risikomodellierung ist die Zuweisung von erwartetem Verlust und Risiko

- zu Untereinheiten des Bestandsportfolios bis hin zur einzelnen Bestandstransaktion sowie
- zu Neugeschäftstransaktionen.

Ersteres stellt eine direkte Inputgröße für das Risiko-Controlling und -Reporting sowie eine indirekte Inputgröße für die Geschäftssteuerung dar. Indirekt bedeutet in diesem Zusammenhang, dass die Ergebnisse der Risikomodellierung zuvor durch das Risiko-Controlling und -Reporting aufbereitet, gefiltert und bewertet werden.

Die Zuweisung von erwartetem Verlust und Risiko zu Neugeschäftstransaktionen erfolgt direkt als Dienstleistung für die Geschäftssteuerung.

Das Thema Risikomodellierung ist Gegenstand von Abschnitt 3.

- Risiko-Controlling und -Reporting

Das Risiko-Controlling und -Reporting ist auf die Ergebnisse der Risikomodellierung angewiesen. Auf Basis dieser Ergebnisse wird die Einhaltung von Risikolimiten bezüglich des Gesamtportfolios sowie bestimmter Subportfolios überwacht. Darüber hinaus wird die Einhaltung von Schuldner-, Branchen- und Asset-Klassenlimiten kontrolliert.

- Geschäftssteuerung

Risikomodellierung, -Controlling und -Reporting liefern entscheidungsrelevante Informationen an die Geschäftssteuerung. Diese Informationen haben informativen oder aber im Fall von Limitüberschreitungen auch verbindlichen Charakter.

Die Verwertung der Informationen, die durch Risikomodellierung, -Controlling und -Reporting generiert wurden, führt im Rahmen der Geschäftssteuerung zu diversen Handlungsentscheidungen. Dies äußert sich im Pricing, also der Preisverhandlung mit dem Kunden, in der Entscheidung, ob ein Geschäft durchgeführt wird oder nicht, und letztlich auch im Portfoliomanagement.

Ziel des Portfoliomanagements ist die Replizierung des gewünschten Portfoliorisikoprofils. Dieses Ziel kann durch unterschiedlichste Maßnahmen, wie z. B. die Verbriefung einer Portfoliotranche, den Abschluss einer Kreditversicherung oder den Abschluss von Neugeschäft in einer bisher unterrepräsentierten Branche, erreicht werden. Alle diese Maßnahmen führen wieder zur Geschäftsanbahnung als Ausgangspunkt des Kreditrisikomanagementprozesses zurück.

Ein sehr wichtiger Baustein des Kreditrisikomanagementprozesses besteht aus den Rahmenbedingungen. Diese berühren Kreditrisikomodellierung, -Controlling und -Reporting sowie die Geschäftssteuerung. Das Thema Rahmenbedingungen wird in Abschnitt 4 behandelt.

Der letzte Abschnitt resümiert die Erfolgsfaktoren für den Kreditrisikomanagementprozess von SFS.

2. Schätzung schuldner- und transaktionsbezogener Daten

Wie oben bereits dargestellt, besteht das zentrale Ziel der Schätzung schuldner- und transaktionsbezogener Daten bei SFS in der Ratingvergabe und der Zuweisung der erwarteten Verlusthöhe bei Ausfall.

Das Rating muss bestimmten Anforderungen genügen. Diese werden in Abschnitt 2.1 aufgezeigt. Die Berücksichtigung dieser Anforderungen hat bei SFS zur Entwicklung und zur Anwendung bestimmter Verfahren der Ratingvergabe geführt. Welche Verfahren und Methoden bei SFS zum Einsatz kommen, beschreibt Abschnitt 2.2. Die Zuweisung der erwarteten Verlusthöhe bei Ausfall wird in Abschnitt 2.3 behandelt. Sowohl die Vergabe des Ratings als auch die Zuweisung der erwarteten Verlusthöhe bedürfen der regelmäßigen Überprüfung. Dies geschieht im Rahmen des Backtesting, auf das in Abschnitt 2.4 eingegangen wird.

2.1 Anforderungen an die Ratingvergabe

In den letzten Jahren wurde der Prozess der Ratingvergabe bei SFS systematisch aufgearbeitet und angepasst. Der Ausgangspunkt der Veränderungen waren Kosten-Nutzen-Abwägungen, die in die Definition eines Anforderungskataloges für die Ratingvergabe mit eingeflossen sind:

- Zuweisung einer Ausfallwahrscheinlichkeit

  Die Ratingvergabe muss synonym sein mit der Zuweisung einer Ausfallwahrscheinlichkeit. Hierbei ist wichtig, dass Klarheit über die Ausfalldefinition besteht, d. h. darüber, welcher Sachverhalt als Ausfall gilt und welcher nicht. Andernfalls ist es nicht möglich, eine Ausfallwahrscheinlichkeit zu schätzen. Die Vergabe einer Ausfallwahrscheinlichkeit sollte einer realistischen Einschätzung entspringen. Dies bedeutet, dass weder zu konservativ noch zu euphemistisch bewertet werden darf.

- Trennung von Ratingvergabe und Kreditentscheidung

  In der Vergangenheit dominierte bei der Ratingvergabe die Zuspitzung auf die binäre Entscheidung zwischen Annahme oder Ablehnung eines Kreditantragstellers. Eine Differenzierung nach Bonität über diese binäre Einteilung hinaus war sekundär. Bei diesem Ansatz bemaß sich der Zins, der allen angenommenen Kunden gleichermaßen abverlangt wird, nach der durchschnittlichen Ausfallrate aller angenommenen Kunden.

  Die Güte der Ratingmethode wurde in der Vergangenheit danach beurteilt, wie viele angenommene Kunden tatsächlich ausgefallen sind. Daher bestand der Anreiz, Ausfälle möglichst zu vermeiden, also Kunden eher zu konservativ zu bewerten. Infolgedessen sind viele Kunden ungerechtfertigterweise abgelehnt worden, obwohl sie normalerweise zwar mit einem schlechten Rating belegt, aber doch angenommen worden wären. Somit ist in der Vergangenheit durch die Ratingentscheidung die Kreditentscheidung häufig schon vorweggenommen worden.

  Ratingvergabe und Kreditentscheidung sollten jedoch strikt voneinander getrennt werden. Aus diesem Grund sollte die Bonitätseinschätzung vollkommen unabhängig von der Entscheidung zwischen Annahme und Ablehnung erfolgen. Anstatt die Einschätzung auf Annahme oder Ablehnung zuzuspitzen, sollte bei der Ratingvergabe das gesamte mögliche Bonitätsspektrum abgedeckt werden. Dies deckt sich mit der Forderung, dass die Ratingvergabe äquivalent zur Zuweisung einer Ausfallwahrscheinlichkeit sein muss.

- Abwägung von Kosten und Nutzen bei der Wahl der Ratingmethode

  Im Bereich der manuellen Ratingvergabe wurde für alle Kunden die gleiche Methode der Bonitätsanalyse angewendet. Einzige Ausnahme bildeten spezielle Kundensegmente, für die Sonderregeln galten. Somit wurde ungeachtet der Engagementhöhe und des damit für SFS verbundenen Risikos immer der gleiche Ratingaufwand betrieben. Die Wahl der zu verwendenden Ratingmethode und der resultierende Ratingaufwand sollten jedoch von der Engagementhöhe und dem damit induzierten Risiko abhängen.

- Intersubjektive Vergleichbarkeit

  Der Ratingprozess von SFS eröffnete dem einzelnen Kreditanalysten in der Vergangenheit einen sehr weiten Bewertungsspielraum. Dies betraf nicht nur die Auswahl der als relevant eingestuften Eingangsinformationen (Bilanzkennzahlen, Branchensituation etc.), sondern auch die Schätzung von deren Ausprägung sowie deren Verknüpfung zu einem Rating. Der Ratingprozess war somit wenig standardisiert und die Art, wie der Prozess gelebt wurde, hochgradig abhängig vom jeweiligen Analysten. Im Ergebnis führte dies dazu, dass die intersubjektive Vergleichbarkeit von Ratings nur eingeschränkt gegeben war. Der Ratingprozess sollte jedoch so weit wie möglich standardisiert und nachvollziehbar sein. Im Idealfall beschränkt sich das Analystenurteil auf die Einschätzung der Eingangsinformationen, während die Verknüpfung weitgehend vorgegeben ist.

- Orientierung des Ratings am erwarteten Verlust

  Zur Gewährleistung der Konsistenz zwischen Ratingvergabe und Risikorechnung ist vorauszusetzen, dass der Analyst im Rahmen der Bonitätsanalyse Erwartungswerte schätzt. Die Unterscheidung zwischen erwarteten und unerwarteten Verlusten ist insbesondere dann notwendig, wenn neben der Bonitätsanalyse ein Risikomodell für die Schätzung des Portfoliorisikos Anwendung findet. Der erwartete Verlust ist streng genommen kein Risiko; er wird dem Kunden direkt über einen Preisaufschlag in Rechnung gestellt. Analysten tendieren dazu, unerwartete Verluste und Extremszenarien im Rahmen der Analyse anzunehmen. Dies führt dazu, dass im Rahmen des Portfoliorisikomodells ein eventuelles Extremszenario als erwartetes Szenario angenommen wird, was zu Multiplikatoreffekten führt.

- Prozessdifferenzierung zwischen Erstanalysen und Folgeanalysen

  Die Ratingvergabe dient einerseits als Wegbereitung der Geschäftsentscheidung und andererseits als Informationsgrundlage bei der Bilanzierung. Insofern ist die Bedeutung der Bonitätsanalyse vor Abschluss einer Transaktion (Erstanalyse) darin zu sehen, dass basierend auf der Analyse Entscheidungen über den Abschluss der Transaktion oder über die Preisgestaltung getroffen werden können. Eine periodische Aktualisierung der Analyse (Folgeanalyse) erfüllt oft „nur" den Zweck der richtigen Darstellung im Rechnungswesen des bilanzierenden Unternehmens. Die Prozesse der Erstanalyse und der Folgeanalyse liefen in der Vergangenheit bei SFS identisch ab, unabhängig davon, ob darauf basierend eine Geschäftsentscheidung getroffen wurde oder nicht. Aus Kosten-Nutzen-Überlegungen ist es jedoch zweckmäßiger, für die Folgeanalyse ein einfacheres, weniger aufwendiges Ratingverfahren zu verwenden als für die Erstanalyse.

- Überprüfung der Prognosegüte

  Eine systematische Überprüfung der Prognosegüte und eine Rückkoppelung der Ergebnisse in den Prozess der Ratingvergabe waren in der Vergangenheit nicht gegeben. Der

Ratingvergabeprozess hat jedoch weit reichende Auswirkungen auf den Preisbildungsprozess, die Portfoliorisikorechnung, die Risikokapitalallokation und letztlich die Vorsorgenbildung von SFS. Somit ist die Überprüfung der Prognosegüte und die eventuell daraus resultierende Anpassung des Ratingprozesses Voraussetzung für eine hohe Qualität des gesamten Risikomanagementprozesses.

- Festlegung eines Zeithorizontes für das Rating

  Mit einer Ratingaussage ist immer ein Zeithorizont verbunden. Klassischerweise unterscheidet man „Rating through the Cycle" und „Rating Point in Time".

  „Rating through the Cycle" bedeutet, dass das vergebene Rating dem Durchschnittsrating eines Schuldners über den gesamten Konjunkturzyklus hinweg entspricht. Das „Rating through the Cycle" ist somit unabhängig vom aktuellen konjunkturellen Umfeld. Große Ratingagenturen haben den Anspruch, ein „Rating through the Cycle" zu erstellen.

  Dagegen steht das „Rating Point in Time", das auf einen wesentlich kürzeren Zeitraum, z. B. nur auf das nächste Jahr, abstellt. Das „Rating Point in Time" reflektiert eine aktuelle Einschätzung basierend auf dem aktuellen konjunkturellen Umfeld. Statistische Ratingverfahren arbeiten typischerweise nach diesem Prinzip, da vom aktuellen konjunkturellen Umfeld beeinflusste Ausprägungen der Schuldnermerkmale in die Ratingvergabe einfließen.

  Eine verbindliche Festlegung eines einheitlichen Zeithorizonts für alle Ratingmethoden ist Voraussetzung für die Vergleichbarkeit von Ratings über unterschiedliche Methoden hinweg. Darüber hinaus beeinflusst die Wahl des Zeithorizonts die Überprüfung der Prognosegüte im Rahmen des Backtesting. Beim „Rating through the Cycle" sind abschließende Aussagen bezüglich der Prognosegüte erst nach Vollendung eines vollen Konjunkturzyklus möglich.

2.2 Eingesetzte Verfahren der Ratingvergabe

Basierend auf den oben beschriebenen Anforderungen wurde der Ratingvergabeprozess von SFS neu gestaltet. Die Eckpunkte werden im Folgenden dargestellt:

- Einsatz der jeweils nach Kosten-Nutzen-Überlegungen günstigsten Ratingmethode

  Wie oben skizziert, sollten die Wahl der zu verwendenden Ratingmethode und damit der Ratingaufwand von der Engagementhöhe und dem damit induzierten Risiko abhängen.

  Da der Risikogehalt einer Transaktion ex ante nicht feststellbar ist, wird er über das Kreditvolumen approximiert. Sinnvolle Schwellenwerte für den Übergang von niedrig- in höherwertige Analyseverfahren wurden auf Basis von Kosten-Nutzen-Analysen der jeweiligen Verfahren ermittelt. Die Kreditanträge werden über ein Workflow-System dem jeweiligen Ratingverfahren zugewiesen.

Im unteren Volumensegment befinden wir uns im Bereich der vollautomatisierten Bonitätsanalyseverfahren. Für kleinste Kreditvolumina werden *Entscheidungsbäume* eingesetzt. Diese weisen anhand einfacher, meist qualitativer Informationen dem Schuldner ein binäres Rating zu, das nur die beiden Ausprägungen Annahme oder Ablehnung aufzeigt. Daneben werden im unteren Volumensegment ab bestimmten Schwellenwerten *Scorekarten* verwendet. Scorekarten verdichten schuldnerspezifische Merkmale mithilfe von Gewichten, die über logistische Regressionen ermittelt werden, zu einer Ausfallwahrscheinlichkeit, die wiederum einem Rating zugeordnet wird.

Im mittleren Volumensegment werden *teilautomatisierte Ratingmethoden* verwendet. Im Mittelpunkt dieser Verfahren stehen Finanzinformationen aus dem Jahresabschluss des Schuldners. Über regressionsbasierte Modelle werden aus der Verknüpfung von Finanzinformationen Ausfallwahrscheinlichkeiten und daraus abgeleitet Ratings ermittelt. Ab definierten Volumengrenzen werden zusätzlich wenige, eindeutig spezifizierte qualitative Informationen hinzugenommen und durch fest vorgegebene Verfahren mit dem reinen Finanzrating verknüpft. Diese qualitativen Informationen drücken sich typischerweise nicht über die verwendeten vergangenheitsbezogenen Finanzinformationen aus.

Erst im oberen Volumensegment werden *manuelle Ratingmethoden* angewendet. Hierbei wird zwischen den Begriffen Finanzprofil, Geschäftsprofil und finanzielle Flexibilität unterschieden. Über das Finanzprofil wird ein Ratingspektrum vorgegeben, das auf Basis des Geschäftsprofils und der finanziellen Flexibilität – nur stärker eingeschränkt – verändert werden kann. Die Verknüpfung von Finanzprofil, Geschäftsprofil und finanzieller Flexibilität ist vom Modell vorgegeben. Das Finanzprofil wird lediglich über zwei Finanzkennzahlen determiniert. Die konkreten Ausprägungen dieser Kennzahlen werden auf Basis typischer Ausprägungen in den jeweiligen Ratingklassen in ein konkretes Finanzrating überführt. Die Ermittlung des Geschäftsprofils und der finanziellen Flexibilität erfolgt über die zusätzliche Bewertung großteils qualitativer Information. Die Kriterien und die Verknüpfung der Kriterien sind wiederum vom Modell vorgegeben. Bezüglich der Verknüpfung der Kriterien hat der Analyst allerdings die Möglichkeit, sich über die Modellvorgaben hinwegzusetzen. Insgesamt sind die Verfahren so konstruiert, dass der Analyst sich im Wesentlichen auf den Verfahrensinput konzentriert, während die Verknüpfung von Inputgrößen großteils über zentral determinierte Modelle vorgegeben ist.

- Verminderter Aufwand für Folgeanalysen

  Um der oben beschriebenen größeren Bedeutung der Erstanalyse im Vergleich zur Folgeanalyse Rechnung zu tragen, wird der Aufwand zur Erstellung von Folgeanalysen eingeschränkt. Bis zu bestimmten Größensegmenten wird zunehmend ausschließlich ein Finanzrating erstellt und damit auf die Ermittlung und zusätzliche Bewertung qualitativer Information teilweise oder ganz verzichtet.

- Nutzung von Marktinformationen für Rating und Monitoring

  Ein wichtiges Element insbesondere im Monitoring der Kreditwürdigkeit von Bestandskunden, aber auch bei der Erstanalyse ist ein auf Marktinformationen basierendes Frühwarnsystem. Dieses System verknüpft auf täglicher Basis kreditnehmerspezifische Credit Spreads aus Credit Default Swap- und Bondpreisen mit den zukünftigen Zahlungsströmen der Kreditpositionen der jeweiligen Kreditnehmer und errechnet so den bonitätsinduzierten Gewinn oder Verlust der jeweiligen Position. Der Wert der Position reagiert somit unmittelbar auf jede Spread-Veränderung und löst bei Überschreiten bestimmter Schwellenwerte Eskalationsprozesse aus.

2.3 Zuweisung der erwarteten Verlusthöhe bei Ausfall

Im Rahmen der Kreditrisikomanagementprozesse wurde bis heute ein Schwergewicht auf die Entwicklung von Ratingvergabeverfahren gelegt. Verfahren zur Schätzung der Verlusthöhe im Falle des Ausfalls eines Schuldners sind dagegen weit weniger entwickelt. Im Rahmen der Entwicklung von Verfahren für die Schätzung der Verlusthöhe unterscheidet SFS zwischen Erlösen nach Ausfall dank Verwertung von dinglichen Sicherheiten (Asset Recovery) und Erlösen nach Ausfall auf Basis des nach Abzug dinglicher Sicherheiten verbleibenden Restkreditvolumens (Credit Recovery).

- Die Schätzung der Asset Recovery

  Große Teile des Kreditvolumens von SFS stammen aus Leasingforderungen. Leasingforderungen sind besicherte Forderungen: Im Falle des Ausfalls kann der Leasinggeber auf das Leasingobjekt zugreifen und es veräußern. Um den Risikogehalt einer Gesamttransaktion abschätzen zu können, werden erwartete Wertverläufe von Leasinggegenständen ermittelt. SFS orientiert sich dabei am Grundgerüst der American Society of Appraisers (ASA). Für die Ermittlung des Wertverlaufes wird jeder Leasinggegenstand entweder einer Klasse an vergleichbaren Objekten zugewiesen oder bei entsprechender Größe oder Bedeutung individuell bewertet. Als Resultat wird jedem Leasinggegenstand ein erwarteter Wertverlauf zugewiesen.

- Die Schätzung der Credit Recovery

  Ungleich schwieriger ist die Ermittlung der erwarteten Credit Recovery. Mangels ausreichenden Datenmaterials werden bisher ratingabhängige Pauschalsätze angewendet.

2.4 Backtesting-Regelkreis

Der Risikomanagementprozess lebt von der Prognosegüte. Die Überprüfung der Prognosegüte steht damit im Zentrum eines Regelkreises, der dafür sorgt, dass Schwächen der Prognoseverfahren erkannt und die Verfahren daraufhin angepasst werden.

Im Rahmen des Risikomanagementprozesses werden Verluste prognostiziert. Die erwartete Verlusthöhe wird durch die prognostizierten Parameter Ausfallwahrscheinlichkeit, Wertverlauf des Leasinggegenstandes und erwartete Credit Recovery determiniert.

Während der Backtesting-Prozess für die Ausfallwahrscheinlichkeit automatisiert ist und regelmäßig erfolgt, befindet sich der Backtesting-Prozess für Werteverläufe und erwartete Recovery noch im Projektstadium.

- Backtesting der Ausfallwahrscheinlichkeit

  Im Rahmen des Backtesting der Ausfallwahrscheinlichkeit werden für eine bestimmte Stichprobe von Schuldnern und bezüglich eines bestimmten Zeitraums Ausfallprognose und tatsächliche Ausfallrate miteinander verglichen. Die Stichprobe besteht aus der Gesamtheit aller Schuldner, die z. B. mit derselben Ratingmethode bewertet wurden, die dem gleichen Land entstammen oder dem gleichen Geschäftszweig angehören. Der betrachtete Zeitraum wird als Entwicklungszeitraum bezeichnet und umfasst typischerweise ein Jahr. Die Ausfallprognose bezieht sich auf den Anfang dieses Entwicklungszeitraums und liegt in Form eines Ratings und damit auch in Form einer Ausfallwahrscheinlichkeit vor. Die tatsächliche Ausfallrate hingegen versteht sich als Anteil der am Ende des Entwicklungszeitraums als ausgefallen geltenden Schuldner an der Gesamtzahl der Schuldner.

  Für das Backtesting unverzichtbar ist eine klare und allgemein gültige Ausfalldefinition. Weiterhin ist es unbedingt notwendig, dass Ausfälle entsprechend der Definition nicht nur erkannt, sondern in den Systemen auch als solche kenntlich gemacht werden.

  Die Beurteilung der Prognosegüte erfolgt unter den beiden Blickwinkeln Trennschärfe und Niveau:

  - Trennschärfe

    Unter Trennschärfe versteht man die Fähigkeit, gute von schlechten Schuldnern zu unterscheiden und entsprechend zu sortieren. Die Trennschärfe wird über den so genannten Gini-Koeffizienten gemessen. Dabei werden alle Schuldner der Stichprobe nach der initialen Bonitätseinschätzung aufsteigend sortiert. Jedem Schuldner wird anschließend eine so genannte Erkennungsrate zugeordnet. Diese misst den Anteil der ausgefallenen Kunden, der erkannt worden wäre, hätte man diesen Schuldner sowie alle als schlechter eingestuften Schuldner abgelehnt. Je höher die Erkennungsrate über alle möglichen Ablehnungsquoten hinweg ist, desto höher ist die Trennschärfe. Beim Vergleich des Gini-Koeffizienten über verschiedene Stichproben hinweg ist jedoch Vorsicht geboten. Denn er wird unter anderem stark von der Ausfalldefinition und der Güte der Ausfallfeststellung beeinflusst.

- Niveau

  Die Güte einer Ratingmethode hängt nicht nur von der Trennschärfe ab, sondern auch davon, inwieweit das tatsächliche Ausfallniveau durch die Ratingvergabe prognostiziert werden konnte. Der Vergleich von prognostizierter und tatsächlicher Ausfallrate erfolgt nicht nur auf der Ebene der Gesamtstichprobe, sondern auch auf der Ebene jedes einzelnen Ratings.

  Die Beurteilung möglicher Abweichungen zwischen Soll und Ist erfolgt über einen so genannten Binomialtest. Dabei wird zunächst unterstellt, dass die im Rahmen des Ratingprozesses vergebene Ausfallwahrscheinlichkeit richtig ist. Gegeben diese Annahme stellt sich die Frage, mit welcher Wahrscheinlichkeit die tatsächlich gemessene Ausfallrate oder eine noch weiter von der Prognose abweichende Rate theoretisch beobachtet werden kann. Je höher diese Wahrscheinlichkeit ist, desto wahrscheinlicher ist wiederum die Richtigkeit der ursprünglichen Prognose. Wenn die Wahrscheinlichkeit der Richtigkeit eine bestimmte, vorab definierte Irrtumswahrscheinlichkeit unterschreitet, wird die ursprüngliche Prognose als falsch verworfen.

- Interpretation der Ergebnisse des Backtesting

  Für die Verbesserung der Ratingmethoden ist die Rückkopplung der Ergebnisse des Backtesting in den Ratingprozess unverzichtbar. Hierfür werden quartalsmäßig für verschiedene Portfolios, Länder und Ratingmethoden die Ergebnisse des Backtesting erzeugt, im Rahmen einer quartalsweisen Besprechung diskutiert und entsprechende Maßnahmen abgeleitet.

  Die Brauchbarkeit der Ergebnisse des Backtesting hängt entscheidend von der Qualität der Ausfallfeststellung ab. Werden Ausfälle nicht rechtzeitig festgestellt oder sind in den Systemen als solche nicht erkennbar, können nur bedingt Schlussfolgerungen aus dem Backtesting abgeleitet werden. Ein weiterer relevanter Aspekt bei der Beurteilung der Ergebnisse des Backtesting ist der mit der Ratingaussage verbundene Zeithorizont. Die Güte eines „Rating through the Cycle“ kann abschließend erst nach Vollendung eines Konjunkturzyklus beurteilt werden. Unterhalb dieser Zeitdauer muss die konjunkturelle Entwicklung während des Beobachtungszeitraums mit in die Interpretation der Ergebnisse des Backtesting einfließen.

3. Risikomodellierung

Wie oben bereits dargestellt, besteht das Ziel der Risikomodellierung in der Allokation von erwartetem Verlust und Risiko. Dies wird mit Hilfe der beiden folgenden Modelle geleistet:

- Modell für die Geschäftsbewertung
- Portfoliorisikomodell

Der Abschnitt 3.1 umreißt grob das Zusammenspiel beider Modelle sowie ihre Einbettung in die IT-Landschaft und die Prozesse. Abschnitt 3.2 beschreibt das Modell für die Geschäftsbewertung im Detail und Abschnitt 3.3 widmet sich dem Portfoliorisikomodell.

3.1 Architektur der Risikomodellierung

Die Einbettung der Risikomodellierung in die IT-Landschaft und die Prozesse veranschaulicht Abbildung 2. Die mit Nummern gekennzeichneten Schritte werden im Folgenden im Detail beschrieben.

Die bestandsführenden Systeme liefern monatlich alle bestehenden Transaktionen an das Datawarehouse.

Die bestandsführenden Systeme liefern monatlich alle bestehenden Transaktionen an das Geschäftsbewertungsmodul. Dieses errechnet für jede Transaktion einen Barwert unter Berücksichtigung der Refinanzierungskosten und des erwarteten Verlustes (im Folgenden $PV_{Refi,EL}$). Der $PV_{Refi,EL}$ wird anschließend in das Datawarehouse eingespeist und dort auf die unter Schritt 1 eingespeisten Transaktionen gemappt.

Das Gesamtportfolio wird monatlich inklusive des $PV_{Refi,EL}$ pro Datensatz an das Portfoliorisikomodell geliefert. Dieses errechnet das Gesamtportfoliorisiko sowie dessen Allokation auf unterschiedlichste Subeinheiten des Portfolios. Parallel wird eine so genannte Risikomatrix berechnet. Diese enthält Risikobeiträge für das Standardgeschäft in Abhängigkeit des Ratings, der Laufzeit und der Exposuregröße. Sowohl die Ergebnisse der Risikoberechnung als auch die Risikomatrix werden an das Datawarehouse zurückgespeist.

Basierend auf den unter 3 erstellten Ergebnissen der monatlichen Risikorechnung werden vom Risiko-Controlling und -reporting Berichte erstellt.

Die unter 3 berechnete Risikomatrix für die Bewertung des Standardgeschäfts wird vom Datawarehouse in das Geschäftsbewertungsmodul geladen.

Das Geschäftsbewertungsmodul stellt der Geschäftssteuerung Geschäftsbewertungen in Form von Barwerten zur Verfügung. Diese Barwerte beinhalten neben den Refinanzierungskosten und dem erwarteten Verlust auch die Risikokosten ($PV_{Refi,EL,Risk}$). Die Risikokosten werden mit Hilfe der unter 3 berechneten Risikomatrix bestimmt. Das Geschäftsbewertungsmodul kann auf zwei Wegen angesprochen werden; zum einen direkt über eine eigene Benutzeroberfläche und zum anderen indirekt über die bestandsführenden Systeme.

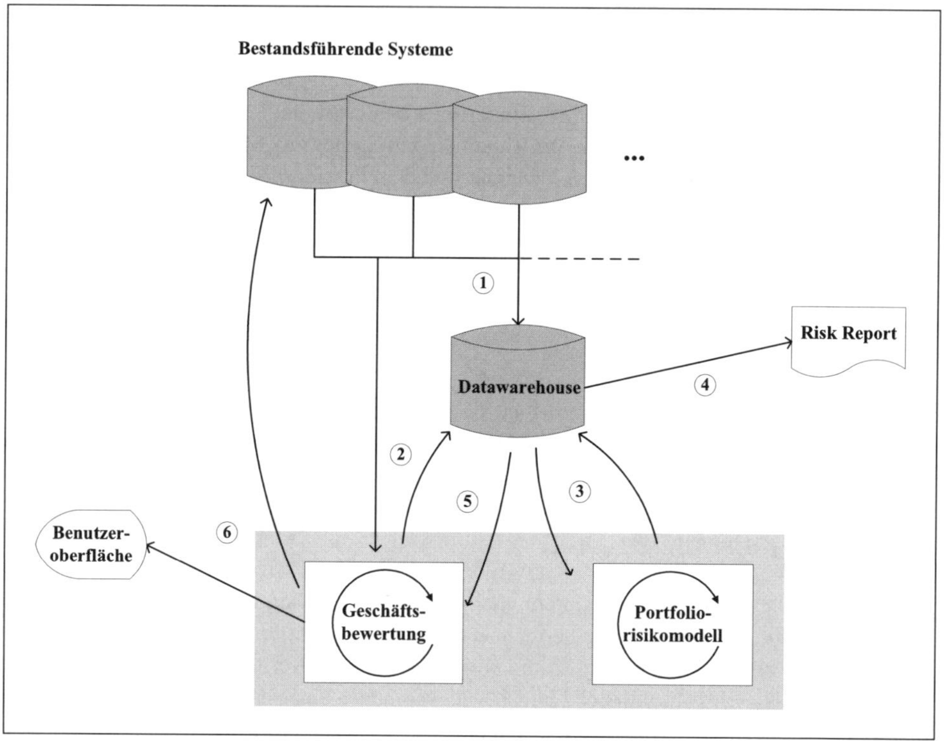

Abbildung 2: *Architektur der Risikomodellierung*

3.2 Modell für die Geschäftsbewertung

Wie unter 3.1 skizziert, werden Geschäftsbewertungen für zwei Anwendungsfälle erstellt:

- Barwertbestimmung für den Bestand als Inputvariable für das Portfoliorisikomodell

  Bei Kenntnis der Cash Flows wird ein Barwert berechnet.

- Geschäftsbewertung für Neugeschäft als Inputvariable für die Geschäftssteuerung

Hier muss wiederum in zwei Aufgabenstellungen unterschieden werden:

- Berechnung eines Barwertes bzw. Auszahlungsbetrages und einer Rendite

  Dieser Anwendungsfall tritt hauptsächlich im Rahmen des Factorings auf. Beim Forderungshandel existieren nur zwei Cash Flows: eine zunächst unbekannte Auszahlung am Anfang und eine Rückzahlung in Höhe des Betrages der anzukaufenden Rechnung oder Forderung. In diesem Fall geht es darum, bei gegebenem, endfälligem Cash Flow den Auszahlungs-Cash-Flow bzw. Barwert und die dadurch implizierte Rendite zu berechnen.

- Berechnung einer Cash-Flow-Struktur und einer Rendite

  Dieser Anwendungsfall tritt hauptsächlich im Rahmen des Leasinggeschäftes auf. Beim Leasing existieren im Gegensatz zum Forderungshandel mehrere Rückflüsse in Form von Leasingraten und einer endfälligen Restwertzahlung. Bekannt sind am Anfang in der Regel nur der Auszahlungsbetrag für das zu refinanzierende Leasingobjekt bzw. der Barwert und die grobe Struktur der Cash Flows. Die vorab bekannte Grobstruktur umfasst die Vertragslaufzeit, die Termine der Leasingraten und die Restwertzahlung am Laufzeitende. Zunächst unbekannt sind jedoch die Höhe der Leasingraten sowie die implizite Rendite, welche beide erst zu bestimmen sind. Anders als im trivialen Fall von nur einem Cash Flow lässt sich dieses Problem nicht analytisch, sondern nur durch Iteration lösen.

Je nach Aufgabenstellung werden teilweise oder vollständig die drei Aspekte Refinanzierungskosten, erwarteter Verlust und Risikokosten berücksichtigt:

- Refinanzierungskosten

  Die Refinanzierungskosten entsprechen der Differenz zwischen der Summe der nominalen Cash Flows und der Summe der mit dem Refinanzierungssatz von SFS diskontierten Cash Flows.

- Erwarteter Verlust

  Der erwartete Verlust wird mit Hilfe einer Baumstruktur errechnet. Vor jedem Cash Flow weist diese Baumstruktur eine Verzweigung auf, die in zwei Äste mündet. Der eine Ast repräsentiert den Ausfall in der Periode vor dem jeweils betrachteten Cash Flow; der andere Ast steht für eine Zahlung in dieser Periode. Während die Äste mit Ausfall alle Sackgassen darstellen, führt der Überlebensast bis zur Endfälligkeit. Jedem Endknoten der Baumstruktur lassen sich Zahlungsströme und Wahrscheinlichkeiten zuweisen. Somit kann letztlich der Barwert und damit der erwartete Verlust ermittelt werden.

  Der Zahlungsstrom eines Astes mit Ausfall besteht aus der erwarteten Recovery. Diese gliedert sich im Fall von Leasingverträgen in erwarteten Marktwert des Leasingobjektes einerseits (Asset Recovery) und die darüber hinaus erzielbare Recovery andererseits (Credit Recovery).

Weiterhin lassen sich im Rahmen der Baumstruktur auch Wahlrechte des Leasingnehmers am Laufzeitende abbilden. Häufig hat der Leasingnehmer am Laufzeitende die Option, das Leasingobjekt zu einem vorab vereinbarten Preis zu kaufen oder es an den Leasinggeber zurückzugeben. Dies führt zu einer weiteren Verzweigung der Baumstruktur am Laufzeitende.

Darüber hinaus bestehen im Leasinggeschäft häufig so genannte Restwertgarantien. Dies bedeutet, dass der Leasingnehmer bzw. ein Dritter für die Restwertzahlung garantiert. Wenn es zur Rückgabe des Leasingobjektes kommt, hängt der Zahlungsstrom für den Leasinggeber zunächst vom vorab unbekannten Marktwert des Leasingobjektes ab. Existiert zusätzlich eine Restwertgarantie, mit der dieser Zahlungsstrom nach unten hin begrenzt wird, so lässt sich der Wert des Zahlungsstromes als Kaufoption darstellen. Diese Kaufoption weist einen Ausübungspreis in Höhe der Restwertgarantie auf. Bei Kenntnis der Verteilung des Marktwertes könnte die Kaufoption bewertet werden. Hierauf wird der Einfachheit halber verzichtet. Stattdessen wird lediglich der innere Wert der Kaufoption berücksichtigt.

- Risikokosten

  Die Risikokosten ergeben sich als Verzinsung des zu hinterlegenden Risikokapitals. Der Zinssatz hierfür entspricht dem Eigenkapitalkostensatz. Das Risikokapital wird transaktionsabhängig über die Risikomatrix bestimmt, die vom Portfoliorisikomodell geliefert wird. Der an das Portfoliorisikomodell gelieferte Barwert enthält Refinanzierungskosten und erwarteten Verlust ($PV_{Refi,EL}$). Im Rahmen der Geschäftsbewertung für die Geschäftssteuerung hingegen werden auch die Risikokosten mit einbezogen; somit wird mit dem $PV_{Refi,EL,Risk}$ operiert.

3.3 Portfoliorisikomodell

Das Ziel der Portfoliorisikomodellierung ist die Bestimmung der Risikokapitalunterlegung und der Risikokosten. Dieses Ziel besteht nicht nur auf der Portfolioebene, sondern auch auf der Subportfolio- bis hin zur Transaktionsebene. Auf allen Ebenen muss der Beitrag zum Portfoliorisiko bestimmbar sein.

Dieses Ziel setzt die Kenntnis der Verteilung der Portfoliobarwertveränderungen für eine gegebene Haltedauer voraus. Die in diesem Zusammenhang betrachteten Barwerte ($PV_{Refi,EL}$) enthalten noch keine Risikokosten. Denn die Risikokosten sind ja noch nicht bekannt, sondern sollen erst mit Hilfe des Portfoliorisikomodells errechnet werden.

Bei Kenntnis der Verteilung der Portfoliobarwertveränderungen kann ein Risikomaß errechnet werden, auf dessen Basis Risikokapitalunterlegung und Risikokosten bestimmbar sind.

Die Verteilung der Portfoliobarwertveränderungen kann analytisch oder numerisch genähert werden. Aufgrund der Heterogenität des Portfolios und der Komplexität der abzubildenden Risiken hat sich SFS für den numerischen Weg entschieden und benutzt ein Monte-Carlo-simulationsbasiertes Modell. Dieses Modell ist von den Autoren selbst entwickelt worden und beruht in den Grundzügen auf dem Ansatz von CreditMetrics, ist allerdings um viele interessante Merkmale erweitert worden.

Abschnitt 3.3.1 widmet sich den inhaltlichen Modellmerkmalen, während Abschnitt 3.3.2 auf verwendete Algorithmen fokussiert.

3.3.1 Inhaltliche Modellmerkmale

Das Portfoliorisikomodell weist eine Reihe von erwähnenswerten inhaltlichen Merkmalen auf, die entwickelt wurden, um der Komplexität der Aufgabenstellung gerecht zu werden.

- Risikomaß

  Aufgrund seiner Kohärenzeigenschaften wird der Expected Shortfall[1] als Risikomaß verwendet. Zu den Kohärenzeigenschaften eines Risikomaßes zählen unter anderem Subadditivität[2] und Monotonie[3]. Der Expected Shortfall ist auch additiv, was bedeutet, dass sich das Portfoliorisiko als Summe der Risiken der einzelnen Untereinheiten darstellen lässt. Diese Eigenschaft ist für eine sinnvolle Risikokapitalallokation unabdingbar. Auch die Monotonieeigenschaft ist für die Bewertung von Transaktionen unterschiedlichen Risikogehaltes unverzichtbar. Weiterhin ist der Expected Shortfall als Mittelwert eines Quantilbereiches im Rahmen der Monte-Carlo-Simulation stabiler als ein rein quantilbasiertes Risikomaß wie z. B. der Value at Risk.

- Simulation von Barwertveränderungen

  Für die Simulation von Barwertveränderungen (Veränderung des $PV_{Refi,EL}$) werden alle Transaktionen mit einem Obligor zu einer einzigen, barwertigen Position zusammengefasst. Diese Position wird vereinfachend als Bullet-Struktur abgebildet. Die Laufzeit dieser synthetischen Bullet-Struktur wird so gewählt, dass die Sensitivität aufgrund von Ratingveränderungen erhalten bleibt.

  Im Zentrum des Modells steht die Simulation von Firmenwertrenditen. Überschreitet die Firmenwertrendite eine bestimmte Schwelle, so migriert der Obligor in eine andere Ratingkategorie oder fällt im Extremfall sogar aus. Dieser neue, simulierte Zustand des Obligors impliziert einen neuen Barwert.

---

1 Dies entspricht dem Mittelwert eines bestimmten Quantilbereiches der Verteilung, z. B. der Mittelwert der 1 % schlechtesten Fälle.

2 Subadditivität bedeutet, dass die Summe der Einzelrisiken größer oder gleich dem Gesamtrisiko ist.

3 Monotonie bedeutet, dass eine größere Position auch ein größeres Risiko verursacht oder dass bei gleichem Barwert eine schlechtere Position ein höheres Risiko verursacht.

Im Falle der Migration ergibt sich der neue Barwert aufgrund der Tatsache, dass die vom Obligor zu erwartenden Cash Flows mit einer neuen, gegebenenfalls höheren oder niedrigeren Ausfallwahrscheinlichkeit zu bewerten sind. Im Fall des Ausfalls dagegen bestimmt sich der neue Barwert aufgrund der erzielbaren Recovery.

Der Vergleich mit dem Ausgangsbarwert ergibt die Barwertveränderung. Die Wahrscheinlichkeit, mit der in der Simulation ein anderer Zustand erreicht wird, wird durch ratingabhängige Ausfall- und Migrationswahrscheinlichkeiten vorgegeben.

- Dynamik der Ausfallwahrscheinlichkeiten

  Für die Dynamik der Ausfall- und Migrationswahrscheinlichkeiten wird ein homogener Markov-Prozess unterstellt. Dabei wird aus der mehrjährigen Ausfallstatistik von S&P und den SFS-eigenen Ausfallwahrscheinlichkeiten für ein Jahr eine Generatormatrix der Ausfall- und Migrationsintensitäten abgeleitet. Auf Basis dieser Generatormatrix können in der Simulationsrechnung für beliebige Zeiträume Ausfallwahrscheinlichkeiten ausgerechnet werden.

- Abhängigkeiten zwischen Obligoren

  Die Abhängigkeit zwischen Obligoren wird über ein Faktormodell dargestellt. Das Faktormodell ist so aufgebaut, dass sich die Firmenwertrendite aus genau einem systematischen und einem idiosynkratischen Faktor zusammensetzt. Der systematische Faktor stellt eine Branche-Region-Kombination dar, auch Sektor genannt. Alle Sektoren korrelieren miteinander entsprechend einer vorgegebenen Korrelationsmatrix. Somit wird die vertikale Korrelation[4] durch das Gewicht des systematischen Faktors bestimmt. Die horizontale Korrelation[5] dagegen hängt zusätzlich von der Korrelation der beteiligten Branche-Region-Kombination ab.

  Das Gewicht des systematischen Faktors steuert die Streuung der Ausfallraten in einem Sektor. Somit kann das Gewicht des systematischen Faktors mit Hilfe der historischen Streuung sektorspezifischer Ausfallraten kalibriert werden. Die Schätzung der Korrelationsmatrix beruht auf der Historie von Aktienindexzeitreihen.

  Das Risikomodell bietet die Möglichkeit, Firmenverbünde wie z. B. Konzernstrukturen abzubilden, auch wenn die Einzelbestandteile dieses Trusts unterschiedliche Ratings aufweisen oder unterschiedlichen Branchen oder Regionen angehören. Dies geschieht im Faktoransatz über die Zuweisung eines idiosynkratischen Faktors, der das gemeinsame Geschick der am Verbund beteiligten Firmen bestimmt. Der systematische Faktor dagegen kann bei unterschiedlicher Branchenzugehörigkeit unterschiedlich sein. Im Fall unterschiedlicher Branchen oder unterschiedlicher Ratings, also unterschiedlicher Schwellenwerte für den Default, kann es vorkommen, dass trotz hoher Korrelation der Trustbestandteile miteinander nur einzelne von diesen ausfallen.

---

4 zwischen zwei Obligoren der gleichen Branche-Region-Kombination

5 zwischen zwei Obligoren einer unterschiedlichen Branche-Region-Kombination

- Berücksichtigung von Asset-Preisrisiken

  Ein sehr wichtiges Element des Risikomodells besteht in der Abbildung von Asset-Preisrisiken im Rahmen des Leasinggeschäftes. SFS als Leasinggeber bleibt während der Leasingvertragsdauer und in vielen Fällen darüber hinaus rechtlicher Eigentümer des Leasingobjektes. Hierdurch entstehen Asset-Preisrisken, die in Asset-Recovery-Risiken und Asset-Preisrisiken am Laufzeitende unterschieden werden können.

- Asset-Recovery-Risiko

  Im Fall des Ausfalls des Leasingnehmers kann der Leasinggeber auf das Leasingobjekt zurückgreifen. Diese so genannte Asset Recovery ist jedoch der Höhe nach unsicher, da der Marktwert des Leasingobjektes Schwankungen unterworfen ist.

- Asset-Preisrisiko am Laufzeitende

  Häufig hat der Leasingnehmer am Laufzeitende das Wahlrecht, das Leasingobjekt zurückzugeben oder aber zu einem vorab vereinbarten Preis zu kaufen. Wenn der Leasingnehmer nicht ausfällt und das Asset am Laufzeitende zurückgibt, muss der Leasinggeber dieses am Sekundärmarkt veräußern und trägt somit das Asset-Preisrisiko.

  Bei Leasingverträgen wird im Rahmen des Risikomodells simuliert, ob der Obligor ausfällt. Wenn ja, wird die Asset Recovery simuliert. Wenn nein, wird simuliert, ob das Asset zurückgegeben wird. Ist dies der Fall, wird der Marktpreis des Assets simuliert.

  Jedes Asset wird einer Asset-Klasse zugeordnet. Jeder Asset-Klasse wiederum wird ein erwarteter Wertverlauf in der Zeit sowie eine Standardabweichung zugewiesen. Der erwartete Wertverlauf ist degressiv und spiegelt den erwarteten Wertverzehr infolge von Abnutzung und Alterung wider. Die Standardabweichung bringt zum Ausdruck, wie stark die tatsächlichen Asset-Preise um den erwarteten Wertverlauf herum streuen.

  Ferner wird angenommen, dass die Asset-Preisveränderung analog zur Firmenwertrendite systematischen und unsystematischen Einflüssen unterliegt. Dieser Sachverhalt wird über einen Faktoransatz abgebildet, bei dem der systematische Anteil in einen Asset-Klasse-abhängigen und einen branchenabhängigen Faktor zerlegt wird. Der branchenabhängige Faktor ist identisch mit der Branche-Region-Kombination des Branchenmodells, über welches die Abhängigkeiten zwischen Firmenwertrenditen dargestellt werden.

- Stochastische Credit Recovery

  Ein weiteres Modellmerkmal besteht in der Abbildung einer stochastischen Credit Recovery. Die Credit Recovery steht für den Teil, der bei Ausfall über den Verkauf eines etwaigen Assets hinaus zurückgewonnen werden kann. Genau wie die Asset Recovery unterliegt auch die Credit Recovery zufälligen Schwankungen. Diese Stochastizität wird im Rahmen des schon oben diskutierten Markov-Prozesses für die Ausfall- und Migrationswahrscheinlichkeiten abgebildet. Hierbei wird die Migrationsmatrix für die Zustandsänderungen des Obligors um zusätzliche Spalten und Zeilen erweitert. Diese Erweiterung betrifft den absorbierenden Ausfallzustand, der in Ausfallzustände mit jeweils unterschiedlicher Recovery aufgefächert wird. Zusätzlich wird jedem dieser Defaultzustände eine eigene Wahrscheinlichkeit zugeordnet, mit der dieser Zustand aus der betrachteten Ratingkategorie heraus erreichbar ist. Hierdurch wird Folgendes erreicht:

- Erstens lässt sich pro Ratingkategorie ein bestimmter Erwartungswert für die Credit Recovery abbilden. Die erwartete Recovery ergibt sich als über alle Defaultzustände wahrscheinlichkeitsgewichtetes Mittel der Recoveries.
- Zweitens lässt sich pro Ratingkategorie eine bestimmte Volatilität der Credit Recovery modellieren. Diese ergibt sich aufgrund der Möglichkeit, im Fall des Ausfalls zufällig unterschiedliche Ausfallzustände mit unterschiedlichen Recoveries zu erreichen.
- Drittens lässt sich eine Term Structure der Recovery darstellen, d. h., dass die Recovery von der Fristigkeit des Geschäfts abhängt. Die Term Structure ergibt sich automatisch aufgrund der Dynamik des zu Grunde liegenden Markov-Prozesses, d. h. der Potenzierung der Migrationsmatrix.

■ Kreditderivate

Ein großer Vorteil der Flexibilität der Monte-Carlo-Simulation besteht in der Möglichkeit der Abbildung von Kreditderivaten. So kann das Risikomodell die Auswirkungen von Cash Pools, Loss Caps, CDS und Kreditversicherungen berücksichtigen.

Durch die Kombination von Cash Pools und Loss Caps können beliebige Portfoliotranchen und somit auch CDOs dargestellt werden. Zur Berechnung des Expected Loss einer Portfoliotranche kann die sonst übliche Haltedauer von einem Jahr im Risikomodell auf „Hold to Maturity“ ausgedehnt werden. „Hold to Maturity“ bedeutet in diesem Zusammenhang, dass angenommen wird, das ganze Portfolio werde bis zur Fälligkeit des am längsten laufenden Geschäfts gehalten. Dies bedeutet, dass im Rahmen der Simulation Migrationen für die Ermittlung des Portfoliowertes am Ende der Laufzeit keine Rolle spielen, sondern dass lediglich Ausfälle Berücksichtigung finden.

3.3.2 Verwendete Algorithmen

Das Portfoliorisikomodell bedient sich einer Reihe von Techniken, um einerseits die Monte-Carlo-Simulation an sich zu beschleunigen und andererseits die Zahl der Simulationsrechnungen im Rahmen von Risiko-Controlling und -Reporting sowie Geschäftsbewertung zu reduzieren. Diese Techniken können grob in drei Klassen unterteilt werden:

■ Aggregation von Datensätzen und Risiken

In einem ersten Schritt werden alle Cash Flows einer Transaktion zu einem Datensatz aggregiert. Wie oben schon angedeutet, wird dabei der näherungsweise Barwert des Geschäftes ermittelt und das Geschäft als Bullet-Struktur dargestellt. In einem zweiten Schritt werden sämtliche Transaktionen eines Obligors zu einer einzigen Position verdichtet, die wieder als Bullet-Struktur abgebildet wird. Sofern hierbei mehrere Leasing Assets zusammengefasst werden müssen, wird der konzentrierende Effekt der Verdichtung hinterher wieder korrigiert.

In der Simulationsrechnung findet eine Aggregation der Risiken statt. Da das Portfolio relativ heterogen und konzentriert ist, wird das Portfoliorisiko von den 10 % riskantesten Positionen dominiert. Daher wird auch nur für diese 10 % ein neuer Barwert simuliert. Für die restlichen 90 % der Positionen wird nur der systematische Einfluss simuliert; der unsystematische Einfluss wird nicht simuliert. Somit wird als neuer Barwert der bedingte Erwartungswert angenommen, der sich unter der Bedingung der Realisierung der systematischen Einflüsse ergibt. Der Verzicht auf die Simulation eines großen Teils der idiosynkratischen Einflüsse bedeutet eine leichte Unterschätzung des Portfoliorisikos, die durch die Kalibrierung des Risikomodells wieder korrigiert wird. Der große Vorteil liegt jedoch in einer 90 %-igen Ersparnis von Rechenzeit.

- Sparsame und effiziente Rechenoperationen

  Unter der Rubrik sparsame und effiziente Rechenoperationen lassen sich im Wesentlichen drei Einzelmaßnahmen zusammenfassen:

  - Zufallszahlengenerator

    Der Simulationsrechnung liegt ein selbst entwickelter, hocheffizienter Zufallszahlengenerator zu Grunde. Dieser basiert auf dem Prinzip der linearen Kongruenzen und kombiniert zwei gleich lange Zahlenfolgen miteinander. Die eine Folge repräsentiert die zu verwendenden Zufallszahlen, die andere bestimmt die Reihenfolge des Auslesens aus der ersten. Da die Zufallszahlen vorab abgespeichert und nur ausgelesen und nicht jedes Mal neu berechnet werden müssen, arbeitet der Generator sehr schnell. Die Länge der Sequenz des Generators entspricht dem Produkt der Länge der beiden Folgen. Die einzige Beschränkung für die Länge der Generatorsequenz besteht einerseits im Speicherplatz für die beiden Folgen und andererseits in dem mit zunehmender Länge zunehmenden Aufwand für das Auslesen aus der zweiten Folge.

  - Spiegelung von Zufallszahlen

    Da die Zufallszahlen aus der symmetrischen Normalverteilung gezogen werden, darf jede Realisierung gespiegelt, d. h. mit -1 multipliziert, werden. Hierdurch wird bei nahezu gleichem Aufwand die Zahl der zur Verfügung stehenden zufälligen Realisierungen verdoppelt.

  - Parallelisierte Simulation

    Die Programmausführung im Rahmen der Simulationsrechnung kann auf mehrere so genannte Threads aufgeteilt werden, die parallel auf unterschiedlichen Rechnern abgearbeitet werden. Mit zunehmender Anzahl von Threads erhöht sich die Anzahl der möglichen Rechenoperationen pro Zeiteinheit; dies allerdings bei steigendem Rechenaufwand für die Verwaltung dieser Threads. Die Erfahrung zeigt, dass die optimale Thread-Anzahl bei zwei bis drei liegt.

- Vorabberechnung von relevanten Resultaten
  - Reportingfunktionalitäten

    Wie oben schon skizziert, besteht das Ziel der Portfoliorisikomodellierung im Ausweis des globalen Risikokapitalverbrauchs und in der Zuweisung desselben auf beliebige Untereinheiten des Portfolios. Diese Untereinheiten können Geschäftszweige, Regionen, Länder, Branchen, Produktarten, Key Accounts oder Forderungsverkäufer bzw. Vendoren[6] sein.

    Dieses Ziel erfordert die Errechnung des Risikobeitrags zum Gesamtrisiko jeder einzelnen dieser Untereinheiten, was normalerweise eine hohe Anzahl von Simulationsrechnungen über das Gesamtportfolio erfordern und somit unzulässig viel Zeit in Anspruch nehmen würde. Aus diesem Grund wird monatlich eine einzige Simulation durchgeführt, im Rahmen derer sämtliche Risikobeiträge zum Gesamtrisiko ermittelt werden. Dieser Vorgang ist sehr arbeitsspeicherintensiv, da für jeden einzelnen Portfoliobestandteil alle Simulationszenarioergebnisse zwischengespeichert werden müssen, die zu den schlechtesten Szenarien auf Gesamtportfolioebene zählen. Aber trotz der hohen Speicherintensität ist dieses Vorgehen wesentlich performanter als eine hohe Anzahl von Simulationsrechnungen.

  - Risikomatrix zur Bewertung von Geschäften

    Im Rahmen der Bewertung von Neugeschäften wird der Beitrag eines Neugeschäfts zum Risiko des Bestandsportfolios inklusive dieses Neugschäfts ausgerechnet. Somit wird das Neugeschäft im Verbund mit dem Bestand bewertet. Dem liegt die Annahme zugrunde, dass das Gesamtportfolio langfristig betrachtet in der Zeit konstant bleibt. Dies heißt, es wird angenommen, dass im Moment der Bewertung des Neugeschäfts ein gleichartiges Altgeschäft ausgelaufen ist und jetzt durch das Neugeschäft ersetzt wird.

    Der Risikobeitrag eines Neugeschäftes zum Risiko des Bestands inklusive dieses Neugeschäfts ist dank der Additivität des verwendeten Risikomaßes Expected Shortfall bestimmbar. Dieses Vorgehen ist zu unterscheiden vom marginalen Risiko, das die Veränderung des Risikos des Bestands aufgrund eines zusätzlichen Geschäftes ausweisen würde.

    Um nicht für jedes Neugeschäft explizit den Risikobeitrag simulieren zu müssen, wird monatlich eine so genannte Risikomatrix erstellt. Diese beinhaltet für eine sehr große Anzahl von Exposure/Laufzeit/Rating/Sektor-Kombinationen Beiträge zum Portfoliorisiko. Das Standardgeschäft wird durch Interpolation in dieser Matrix bewertet.

    Um simulationsbedingte Monotonieschwächen der Risikomatrix zu vermeiden, werden für das Neugeschäft pro Simulationsszenario nur die Ausprägungen des systematischen Faktors simuliert. Gegeben dessen Realisierung werden die bedingten Wahrscheinlichkeiten für die Migration in andere Ratingzustände bestimmt. Jede mögliche Zustands-

---

6 Hersteller von Produkten, die über Leasingverträge durch SFS finanziert werden.

änderung würde eine bestimmte Barwertveränderung induzieren. Die Portfoliobarwertveränderung infolge des Neugeschäfts für das betrachtete Simulationsszenario ergibt sich als wahrscheinlichkeitsgewichtetes Mittel sämtlicher möglicher Barwertveränderungen.

4. Rahmenbedingungen des Kreditrisikomanagementprozesses

Rahmenbedingungen in Form von Vorgaben und Restriktionen spielen eine zentrale Rolle im Kreditrisikomanagementprozess von SFS. Vorgaben und Randbedingungen sind durch den Steuerungswunsch motiviert oder entspringen Anforderungen von Ratingagenturen oder aufsichtsrechtlichen Vorschriften. Obwohl SFS keine Bank ist, orientieren sich die Rahmenbedingungen am Bankenaufsichtsrecht.

Die bei SFS existierenden Vorgaben und Randbedingungen werden im Folgenden kurz skizziert:

- Risikokapitalallokation

  Hierbei handelt es sich um das Risikokapital, das SFS vom Siemens-Konzern zur Verfügung gestellt wird. Dieses Kapital wird entsprechend dem Ermessen des Managements auf die einzelnen Geschäftsgebiete von SFS allokiert. Das Risiko-Controlling überwacht, dass die tatsächlich über das Risikomodell gemessene Risikokapitalauslastung nicht über dem zugewiesenen Risikokapital liegt.

- Limite

  Hinsichtlich der Limite sind die folgenden drei Arten zu unterscheiden:

  - Risikokapitallimit

    Das übergeordnete Risikokapitallimit für das gesamte Kredit- und Asset-Portfolio von SFS entspricht dem dieser Aktivität zugewiesenen Risikokapital. Das Risikokapitallimit wird den Managementvorgaben entsprechend auf Subeinheiten des Portfolios allokiert und somit die Limiteinhaltung auch auf diesen Unterebenen überwacht.

  - Schuldnerlimite

    Zusätzlich zum Risikokapitallimit existieren ratingabhängige Limite hinsichtlich des Exposure gegenüber einem einzelnen Schuldner. Diese Limite sind als zweites, operatives Sicherheitsnetz neben der Risikokapitallimitierung zu verstehen. Neben dem

Sicherheitsaspekt gründet die Motivation für die Schuldnerlimite auf der Großkreditrichtlinie des Kreditwesengesetzes.

- Asset-Klassenlimite

  Hierbei handelt es sich um Limite hinsichtlich des Exposure in bestimmten Asset-Klassen. Wie das Schuldnerlimit ist auch dieses Limit als zweites, operatives Sicherheitsnetz neben der Risikokapitallimitierung zu betrachten.

- Eigenkapitalkostensatz

  Der Eigenkapitalkostensatz ist der Satz, mit dem sich das Risikokapital verzinst. Dieser Satz wird von der Konzernzentrale vorgegeben und orientiert sich am Verzinsungsanspruch der Siemens-Aktionäre.

- Modellkalibrierung

  Jedes Modell benötigt einen Ankerpunkt, um aus dem Modell auch in absoluter Hinsicht sinnvolle Aussagen ableiten zu können. Als Ankerpunkt für das Portfoliorisikomodell wurden die Eigenkapitalanforderungen von Basel II herangezogen. Insofern wurde das Modell so kalibriert, dass die Risikokapitalauslastung laut Portfoliorisikomodell den Basel-II-Eigenmittelanforderungen für Kredit- und operationelle Risiken entspricht.

- Vorgabe einer relativen Mindestunterlegung

  In Ergänzung zum absoluten Risikokapitallimit wird von Ratingagenturen die Einhaltung einer bestimmten relativen Mindestunterlegung bezüglich des Exposure verlangt. Diese Vorgabe entspricht dem Wesen nach der Basel-I-Forderung nach einer fixen, risikounabhängigen Unterlegung.

- Anreizsystem

  Das Anreizsystem basiert auf dem EVA[7]-Konzept. Der EVA oder auch „Economic Value Added“ ist definiert als das Geschäftsergebnis nach Steuern abzüglich der Kapitalkosten. Die Auswirkungen von Kreditgeschäften schlagen sich in zweierlei Hinsicht in dieser Kenngröße nieder:

  - Der erwartete oder realisierte Verlust vermindert das Geschäftsergebnis.
  - Die Refinanzierungs- und Risikokapitalkosten determinieren die Kapitalkosten.

  Der EVA-Logik zufolge ist zunächst jedes Geschäft als vorteilhaft anzusehen, das mindestens die Summe aus erwartetem Verlust und Kapitalkosten verdient.

Absolute und relative Risikokapitalvorgaben können in der Praxis besondere Herausforderungen an den Risikomanagementprozess stellen.

Die absolute Risikokapitalvorgabe entspringt der jährlich fixierten Allokation von Risikokapital im Rahmen der Budgetierung. Das zugewiesene Risikokapital verursacht sprungfixe

---

7 Economic Value Added = Net Operating Profit after Tax - Cost of Capital.

Kosten, die unterjährig nicht geändert werden können. Hierdurch können Leerkosten hervorgerufen werden, sofern es nicht gelingt, das zugewiesene Kapital voll auszulasten.

Entsprechend dem EVA-basierten Anreizsystem gelten nur die Geschäfte als vorteilhaft, die ihre Risikokosten verdienen. Bei Existenz von Leerkosten ist diese Logik jedoch nicht optimal hinsichtlich der Maximierung des Gesamt-EVA. Stattdessen kann es zweckmäßig sein, mit Hilfe einer Deckungsbeitragsrechnung die Leerkosten zu minimieren. Insofern darf bei Unterauslastung des zugewiesenen Kapitals jedes Geschäft getätigt werden, das über den erwarteten Verlust hinaus mindestens einen Cent verdient und somit, wenn auch minimal, zur Deckung der Leerkosten beiträgt.

Die relative Risikokapitalvorgabe oder auch relative Mindestunterlegung dagegen entspringt dem Wesen nach der Basel-I-Forderung nach einer fixen Unterlegung für alle ausgereichten Kredite. Sie ist abzugrenzen von der ökonomischen Unterlegung, die sich frei von regulatorischen Vorgaben einzig am finanzwirtschaftlich Gebotenen orientiert.

Bei Vorgabe einer relativen Mindestunterlegung besteht der Anreiz, ein dieser Anforderung entsprechendes Risikoprofil zu erzeugen. Denn um die Kosten der relativen Mindestunterlegung zu verdienen, muss im Portfolioschnitt entsprechend risiko- und damit ertragreiches Geschäft kontrahiert werden.

Für den Ankaufsprozess würde dies bedeuten, dass risiko- und ertragreiches Geschäft so lange gegenüber risiko- und ertragsarmem Geschäft bevorzugt werden müsste, bis die Kosten der geforderten Mindestunterlegung auch verdient werden können. Da es jedoch kontraproduktiv wäre, im Ankaufsprozess risikoarme Kunden abzulehnen, muss das gewünschte Risikoprofil nachgelagert durch geeignete Maßnahmen der Portfoliosteuerung sichergestellt werden.

5. Schlusswort

Das Kreditrisikomangement steht im Zentrum des Kreditgeschäfts von SFS und determiniert somit maßgeblich den Erfolg dieses Geschäftsfeldes. Je komplexer und herausfordernder das Umfeld und die Rahmenbedingungen sind, umso mehr ist der Kreditrisikomanagementprozess auf Transparenz hinsichtlich bestehender Risiken und möglicher Handlungsalternativen angewiesen.

Die für die Risikotransparenz im Kreditrisikomangementprozess von SFS wesentlichen Erfolgsfaktoren werden im Folgenden nochmals kurz zusammengefasst:

- Flexible Modelle zur Abbildung auch komplexer Sachverhalte

Finanzmathematische Modelle sind im Kreditrisikomanagementprozess von SFS an vielen Stellen im Einsatz: bei der maschinellen Bonitätsprognose, dem Backtesting der Ratingvergabe, der Geschäftsbewertung oder der Portfoliorisikorechnung. Diese Modelle sind anspruchsvoll, aber dennoch flexibel aufgebaut, um notfalls auch komplexeste Sachverhalte abbilden zu können.

- Leistungsfähige IT-Infrastruktur mit hohem Automatisierungsgrad

  Eine leistungsfähige IT-Infrastruktur ermöglicht einen hohen Automatisierungsgrad und damit einen effizienten, kostengünstigen Kreditrisikomanagementprozess. Diese IT-Infrastruktur wirkt sich in allen Prozessschritten aus. Sie beginnt bei der Prozessierung von Kreditanträgen inklusive der Bonitätsprognose und Geschäftsbewertung. Es setzt sich fort in der Erfassung von Transaktionen in bestandsführenden Systemen und der Datenaggregation im Datawarehouse und endet in der Auswertung dieser Daten im Rahmen der Portfoliorisikorechnung und dem Backtesting der Bonitätsprognose.

- Mitteleinsatz unter Kosten-Nutzenerwägungen

  Die Effizienz des Kreditrisikomanagementprozesses ist auch auf einen optimierten Mitteleinsatz unter Kosten-Nutzen-Aspekten angewiesen. Kosten-/Nutzen-Abwägungen spielen insbesondere bei der Wahl des geeigneten Ratingverfahrens eine große Rolle.

- Regelkreis hinsichtlich der Schätzung schuldner- und transaktionsbezogener Daten

  Die Qualität der Schätzung schuldner- und transaktionsbezogener Daten ist von immenser Bedeutung für die Risikoabbildung und damit für den gesamten Kreditrisikomanagementprozess. Diese Qualität wird im Rahmen des Backtesting-Regelkreises ständig überwacht und verbessert.

Risikomonitoring auf Basis eines einheitlichen Treasury-Berichtswesens

Andreas Drabert/Claas Carsten Kohl/Guillaume de Clerck –

European Aeronautic Defence and Space Company EADS NV

1. Einleitung

In der Luft- und Raumfahrtindustrie im Allgemeinen und bei der EADS im Besonderen kennzeichnen die folgenden Faktoren die Situation im Risikomanagement:

Das Exposure ist auf Grund der Preise der angebotenen Produkte im Vergleich zu anderen Industrien in großen Losen geclustert. So liegt der Listenpreis eines Airbus A380 je nach Ausstattung bei etwa USD 280 Mio. Projekte im Verteidigungsbereich können über mehrere Jahre verteilt Größenordnungen von mehreren Mrd. EUR erreichen.

Auf Grund der üblichen Konventionen im Luftfahrtmarkt wird – selbst gegenüber europäischen Fluggesellschaften – in der Regel in USD fakturiert. Die Produktionskosten fallen hingegen zu einem erheblichen Teil in EUR an.

Zwischen Bestellung und Auslieferung eines Verkehrsflugzeuges können je nach Modell bis zu fünf Jahre liegen.

Zu Vertragsabschluss fallen häufig Anzahlungen durch die Kunden an, die im Rahmen der Produktionsvorbereitung benötigt werden, da ein nicht unerheblicher Teil der Kosten bereits vor Produktionsbeginn anfällt. Ein in den letzten Jahren immer weiter wachsender Auftragsbestand geht somit einher mit einem Anstieg der liquiden Mittel.

Dies führt einerseits zu einer außerordentlich hohen Anfälligkeit gegenüber sehr langfristigen Schwankungen des EUR/USD-Kurses und andererseits zu einem relativ großen Sockel an liquiden Mitteln. Die beiden Hauptaufgaben im Risikomanagement der EADS sind daher die Währungsabsicherung eines enormen Netto-Exposure über mehr als acht Jahre mit einem Sicherungsvolumen von etwa USD 47 Mrd. per Jahresende 2005 und die Steuerung des Anlageportfolios von etwa EUR 8 Mrd.

Mit der Gründung der EADS erhielt das Management die Aufgabe, die Treasury-Aktivitäten des Konzerns auch im Hinblick auf die oben angedeuteten Risiken neu zu strukturieren und zu vereinheitlichen. In den Vorgängerfirmen wurden diese Aufgaben höchst unterschiedlich und teilweise von deren jeweiligen Muttergesellschaften wahrgenommen. Daher ging mit der Neustrukturierung und der Ansiedlung in München der personelle Neuaufbau des Bereiches Finance & Treasury einher, der rechtlich im Namen der EADS NV, der Muttergesellschaft des Konzerns, handelt.

Im Rahmen der Neudefinition der Treasury-Aktivitäten wurde eine einheitliche Risikomanagement-Philosophie entwickelt, in deren Mittelpunkt der Gedanke steht, dass das Konzernergebnis ausschließlich von operativen Tätigkeiten und nicht von Finanztransaktionen abhängen soll. Daher wird eine bewusste Eliminierung bzw. Steuerung der Finanzrisiken angestrebt, die eine zentralisierte Informationsbasis zur Voraussetzung hat. Durch die zentrale Ausrichtung im Risikomanagement sollte eine Reduzierung des mit der Steuerung der hohen und langfristigen Markt- und Kreditrisiken einhergehenden operationellen Risikos erfolgen.

Diese Philosophie spiegelt sich in den konzernweiten Richtlinien für Treasury-Aktivitäten wider. Eine wichtige Aufgabe des Treasury-Berichtswesens besteht in der Überwachung, inwieweit diese Richtlinien und die darin eingebettete Risikomanagement-Philosophie umgesetzt werden und welche Auswirkungen auf das Konzernergebnis zu erwarten sind.

Das Treasury-Berichtswesen ist natürlich an den beiden oben skizzierten Hauptaufgaben Währungs- und Anlagemanagement ausgerichtet und musste im Rahmen der Neustrukturierung der Treasury-Aktivitäten neu definiert werden. Innerhalb des Bereiches Finance & Treasury ist das Middle Office für die Erstellung der entsprechenden Berichte verantwortlich.

2. Management von EADS-spezifischen Risiken

2.1 Währungsrisiken

Auf Grund der langfristigen Natur der Währungsrisiken erscheint eine Risikoschätzung mit Maßen wie Value at Risk (VaR) nicht angemessen, da Verfahren zur Volatilitätsschätzung über lange Zeiträume nur sehr schwierig umsetzbar und parametrisierbar sind. Daher wird die Anfälligkeit gegenüber Währungsrisiken auf „traditionelle“ Weise absolut als ungesichertes Währungsexposure bzw. relativ als Sicherungsquote angegeben.

Das Währungsexposure wird dabei grundsätzlich in zwei Klassen geteilt: Das erwartete Währungsexposure (Expected Exposure) als Obermenge und das für Absicherungsgeschäfte qualifizierte Währungsexposure (Eligible Exposure) als Untermenge.

Als zweite Dimension wird das Währungsexposure in drei Typen unterteilt: Firm Exposure, das aus festen Aufträgen und Projekten generiert wird, Indirect Airbus Exposure, das bei Tochtergesellschaften anfällt, die interne Aufträge von Airbus gemäß Vertrag in USD fakturieren und Short-term Backlog Exposure, das bei Tochtergesellschaften entsteht, die grundsätzlich einen Auftragsbestand haben, der nur einen kurzen Zeitraum (< 1 Jahr) abdeckt, der sich aber auf rollierender Basis konstant erneuert.

Das Berichtswesen der Gesellschaften, die Indirect Airbus Exposure aufweisen, beinhaltet zusätzlich für die einzelnen künftigen Geschäftsjahre einen so genannten Precaution Factor, der die angenommene Eintrittswahrscheinlichkeit des Indirect Airbus Exposure widerspiegelt. Um das Exposure entsprechend planen zu können, werden diese Gesellschaften regelmäßig über den Auftragsbestand von Airbus informiert. Short-term Backlog Exposure entsteht hauptsächlich bei Gesellschaften, die eine Serienfertigung unterhalten.

Gemäß den Richtlinien für das Währungsrisikomanagement soll die Sicherungsquote für das Eligible Exposure grundsätzlich zwischen 50 % und 100 % liegen, wobei kurzfristige Exposures eine Sicherungsquote nahe 100 % aufweisen müssen.

Da die im Spot-Markt beobachteten Zyklen deutlich unter dem relevanten Zeitraum von bis zu acht Jahren liegen, wird die Sicherungsgeschwindigkeit (gemessen in Exposure pro Woche) dynamisch in Abhängigkeit des erzielbaren Terminkurses und der Höhe des Gesamt-Exposure gesteuert. Das heißt, in Zeiten eines günstigen Terminkurses und hohen Exposures werden rasch hohe Volumina gesichert, während in Zeiten ungünstiger Terminkurse und relativ niedrigen Exposures nur in geringem Maße gesichert wird. Dies führt letztlich dazu, dass über einen ganzen Zyklus im Markt hinweg verstärkt vergleichsweise günstige Durchschnittskurse erzielt werden können. Die Parameter für diese „Geschwindigkeitsregelung“ werden in regelmäßigen Abständen überprüft, um gegebenenfalls an die jeweils aktuelle Marktsituation angepasst zu werden.

Die EADS NV geht bei der Absicherung des Währungsrisikos in der Regel keine eigene Position ein, sondern gibt die Transaktionen mit den Tochtergesellschaften 1:1 an den Markt weiter. Der Konzern betreibt Hedge Accounting nach IAS 39. Die EADS NV fährt durch diese 1:1-Weitergabe der Währungssicherungsgeschäfte immer eine neutrale Position. Die nach IAS 39 erforderlichen Dokumentationspflichten obliegen den Tochtergesellschaften.

Die Absicherung des Währungsrisikos erfolgt in der Regel mit Devisentermingeschäften und Währungsswaps. Gelegentlich kommen strukturierte Devisentermingeschäfte und Devisenoptionen zum Einsatz.

2.2 Zinsrisiken

Die Steuerung des Anlageportfolios erfolgt mittels einer Zielallokation pro Instrumentklasse, die ausgehend von einer in der Anlagerichtlinie definierten Verlustgrenze die dadurch implizit festgelegte Zielvolatilität für das Gesamtportfolio dokumentiert. Darüber hinaus wird unter Berücksichtigung zusätzlicher Restriktionen die erwartete Gesamtperformance optimiert und somit letztendlich das Zielvolumen pro Instrumentklasse ermittelt. Das Portfolio wird schrittweise an die Zielallokation angepasst.

Eine zeitnahe Ermittlung der Volatilität des Portfolios ist auf Grund von Einschränkungen des zentralen Treasury-Systems Reuters Kondor Trade Processor (KTP) derzeit nicht möglich. Es wird aber ex-post die im Rahmen der Zielallokation angenommene erwartete Performance pro Instrumentklasse gegenüber der letztlich erzielten Performance abgeglichen, um gegebenenfalls Anpassungen in der kurzfristigen Allokation vornehmen zu können. Hierbei wird insbesondere die Outperformance gegenüber einer Benchmark betrachtet.

Das Portfolio setzt sich im Wesentlichen aus kurzfristigen Zins- und Geldmarktinstrumenten sowie Geldmarktfonds zusammen. Ein kleinerer Teil des Portfolios, der als langfristiger Liquiditätspuffer anzusehen ist, soll zu einer höheren Performance führen und umfasst Anleihen, strukturierte Zinspapiere, Anleihefonds und andere Positionen. Die Anleihen können in Abhängigkeit von der Marktsituation zwischen fixen und variablen Zinszahlungen geswapt werden.

Je nach Dauer der Zinsbindung unterliegt die jeweilige Position entweder Cash-Flow-Risiken (bei kurzer Zinsbindung) oder Preisrisiken (bei langer Zinsbindung). Cash-Flow-Risiken wirken sich direkt auf das Zinsergebnis in der P & L aus, Preisrisiken hingegen auf unrealisierte Gewinne und Verluste aus der Marktbewertung der Position, die, soweit unter IAS zulässig, ins OCI oder andernfalls in die P & L gebucht werden. Im Rahmen der Anlagerichtlinie werden Verlustlimite sowohl für die P & L als auch für das OCI festgelegt.

2.3 Kreditrisiken

Aus Gesichtspunkten des operativen Risikos werden im Anlageportfolio, soweit möglich, Kreditrisiken gemieden, die bereits auf Grund der Durchführung der Währungsabsicherung bestehen.

Die Risikoermittlung erfolgt jedoch in gleicher Weise. Abhängig von Markt, Laufzeit, Wechselkurs und Komplexität des Instruments wird ein definierter Anrechnungsfaktor auf das Nominalvolumen der jeweiligen Transaktion angewendet. Die Anrechnungsfaktoren sind so definiert, dass das Risiko in der Regel überschätzt wird.

Das so geschätzte Risiko wird gegen ein Limit gestellt, das abhängig vom externen oder internen (hauptsächlich bei Fonds) Rating und weiteren instrumentspezifischen Kriterien ist.

Ein einheitliches dynamisches Limitsystem unter gleichzeitiger Berücksichtigung von Markt- und Kreditrisiken lässt sich auf Grund systemspezifischer Einschränkungen derzeit nicht zeitnah umsetzen, ist jedoch bereits für die Zukunft angedacht.

Kreditrisiken, die im operativen Geschäft gegenüber Unternehmen der Luft- und Raumfahrtbranche sowie gegenüber Fluggesellschaften entstehen, werden gesondert gesteuert. Im Anlageportfolio werden derartige Kreditrisiken gezielt gemieden, um die Konzentration des Konzerns gegenüber diesem Sektor nicht zusätzlich durch Finanzanlagen zu steigern.

3. Situation vor Einführung des Treasury-Reports

Bis zum Jahresende 2004 wurde vom Middle Office ein monatlicher Bericht erstellt, der auf Excel-Vorlagen basierte, die manuell ausgefüllt wurden. Dieser Bericht wurde ausschließlich im Finanzbereich der Konzernzentrale verteilt und die Erstellung nahm bis zu 15 Tage in Anspruch. Inhaltlich bestand dieser Bericht hauptsächlich aus Kennzahlen zum Fremdwährungsexposure, der Entwicklung der Cash-Situation und Kennzahlen zum Cash Management.

Der notwendige Aufwand für die Erstellung und das erzielte Ergebnis standen nicht immer in einem günstigen Verhältnis zueinander, und daher wurde Mitte 2004 im Rahmen der Anpassung der Kurssicherungsrichtlinie sowie der Einführung der neuen Anlagerichtlinie und der Limit-Richtlinie beschlossen, die Struktur und den Umfang des Treasury-Berichtswesens neu auszurichten.

4. Strategie und Ziele des Treasury-Reports

Mit der Einführung des neuen Treasury-Reports wurde neben der Anpassung an neue Richtlinien auch eine Verbesserung der zuvor dargestellten Situation im Sinne eines definierten und strukturierten Prozesses angestrebt. Dies erfolgte insbesondere vor dem Hintergrund, die Mitarbeiter des Middle Office zeitlich zu entlasten und somit für andere Aufgaben, wie z. B. die praktische Umsetzung der neuen Anlagerichtlinie und Limit-Richtlinie, einsetzen zu können. Im Einzelnen wurden die folgenden Ziele definiert:

- Die Berichtsinhalte sollten auf die Überwachung der neuen bzw. geänderten Richtlinien ausgerichtet werden, insbesondere der Anlagerichtlinie sowie der darin definierten Verlustgrenzen.
- Ein Großteil der verschiedenen Ad-hoc-Reports sollte abgeschafft werden, und damit einhergehend sollte ein strukturierter Berichtsprozess sowohl zum Middle Office hin als auch vom Middle Office weg eingeführt werden.
- Im Gegensatz zur bisherigen Situation sollte der Treasury-Report auch den einzelnen Geschäftsbereichen und Geschäftseinheiten zur Verfügung gestellt werden, um über eine gesicherte Informationsbasis in einem einheitlichen Format für Gespräche mit Vertretern der Geschäftsbereiche und Geschäftseinheiten zu verfügen.
- Struktur und Layout der einzelnen Berichte sollten vereinheitlicht werden, um eine bessere Lesbarkeit zu erreichen.

- Altdatenbestände sollten auch zur Verfügung stehen, wenn relevante Daten im zentralen Treasury-System gelöscht oder verändert wurden.
- Es sollte eine hinreichend flexible Datenstruktur Verwendung finden, um zukünftige Erweiterungen des Treasury-Kennzahlensystems zu ermöglichen.
- Die Bearbeitungszeiten sollten durch weitgehende Automatisierung der Datenkonsolidierungsprozesse deutlich gesenkt werden, damit sich die Mitarbeiter des Middle Office anstatt auf technische Vorgänge mehr auf die wirklichen Inhalte des Treasury-Reports konzentrieren können. Damit sollte eine deutlich umfangreichere Kommentierung der Information einhergehen.
- Das Datenmanagement sollte durch Verwendung eines zentralen Data Warehouse und klar definierte Datenquellen vereinheitlicht werden, um damit gleichzeitig eine deutliche Erhöhung der Datenkonsistenz zu erreichen.
- Als Grundprinzip des Treasury-Reports sollte die Geschwindigkeit der Erstellung in der Regel Vorrang vor einer möglichst hohen Genauigkeit der Daten haben, um so dem Management möglichst zügig entscheidungsrelevante Informationen zur Verfügung stellen zu können.

5. Aufbau des Treasury-Reports und Erstellungsprozess

5.1 Struktur

Alle Berichte im Rahmen des Treasury-Berichtswesens gliedern sich in zwei Teile: zum einen eine Kurzübersicht (im Folgenden „Dashboard" genannt) mit den wichtigsten Kennzahlen und Grafiken sowie zum anderen detaillierte Analysen, die diese Kennzahlen genauer erklären können. Je nach Empfänger hat der Treasury-Report einen unterschiedlichen Umfang:

- Der Finanzvorstand erhält eine sechs Seiten umfassende Zusammenfassung der wichtigsten Informationen, das Dashboard.
- Alle anderen Empfänger in der Konzernzentrale erhalten zusätzlich zum Dashboard eine detaillierte Analyse auf Konzernebene, die weitere 17 Seiten umfasst.

- Die einzelnen Geschäftsbereiche erhalten einen Bericht mit zwölf Seiten, der ein Dashboard für den jeweiligen Geschäftsbereich und Details zu den enthaltenen Geschäftseinheiten enthält.
- Für die einzelnen Geschäftseinheiten wird ein elfseitiger Bericht mit Details zu den jeweils zugehörigen Tochtergesellschaften erstellt.

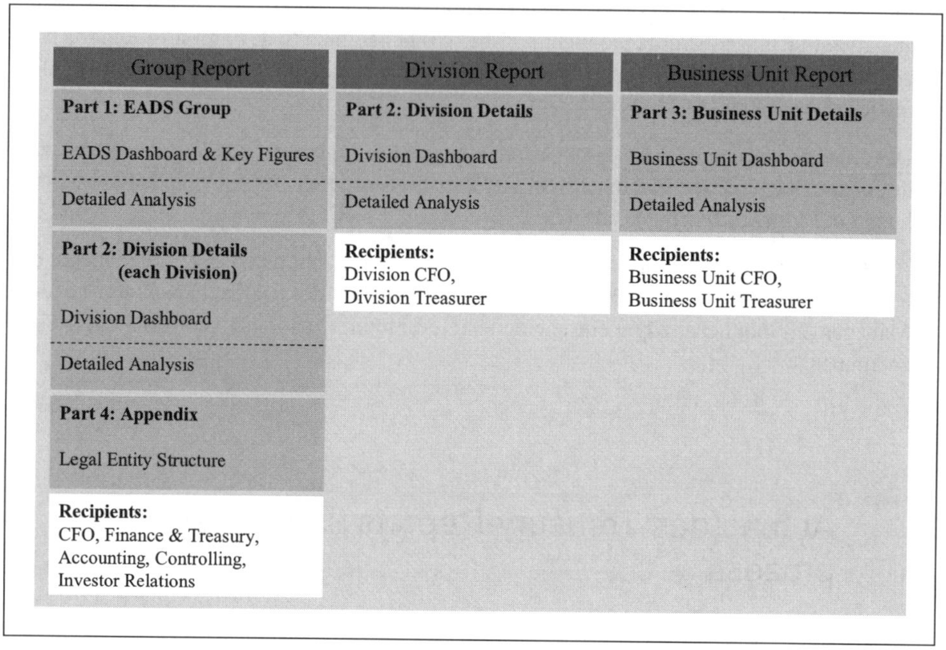

Abbildung 1: *Struktur, Inhalte und Umfang der Berichte in Abhängigkeit von den jeweiligen Empfängern*

Aufbau und Inhalt der einzelnen Berichte sind im Wesentlichen identisch. Dies ist der entscheidende Vorteil der Architektur des Systems und der einheitlichen Datenstrukturen. Je nach Hierarchieebene im Konzern werden die Informationen konsolidiert oder gegebenenfalls Zusatzinformationen geliefert, die auf den untergeordneten Ebenen nicht zur Verfügung stehen.

5.2 Inhalte

Im Folgenden werden hauptsächlich Kennzahlen beschrieben, die in den unterschiedlichen Dashboards Verwendung finden und somit dazu dienen, einen Überblick über die jeweilige

Fragestellung zu gewinnen. Eine Beschreibung aller Detailanalysen würde an dieser Stelle sicherlich zu weit führen.

5.2.1 Status der Währungsabsicherung

Auch wenn bei Einführung des neuen Treasury-Reports insbesondere Wert auf die Darstellung von Kennzahlen gelegt wurde, die die Einhaltung der neuen Richtlinien überwachen sollen, bezieht sich der wichtigste und größte Teil der Informationen weiterhin auf das Fremdwährungsmanagement im EUR/USD-Segment.

Die Zielsetzung besteht hierbei in der Abschätzung, inwieweit sich Währungsschwankungen auf das Konzernergebnis auswirken können, sowie in der Überprüfung, ob die Währungssicherungsstrategie in der beschlossenen Form umgesetzt wurde und ob diese Strategie noch an die Marktgegebenheiten angepasst ist. Ersteres wird erreicht, indem – wie nachstehend beschrieben – der verbleibende Einfluss von Währungsschwankungen auf das Konzern-EBIT ermittelt wird. Der zweite Sachverhalt wird wie folgt in grafischer Form verdeutlicht.

Die Säulendiagramme stellen Expected Exposure, Eligible Exposure und Hedged Amount pro Jahr dar und geben somit einen Überblick über den zeitlichen Verlauf und das Volumen der Währungsabsicherung. Zusätzlich sind als Liniendiagramme die durchschnittlich erzielten Terminkurse und die zum Berichtsdatum im Markt erzielbaren EUR/USD-Terminkurse pro Jahr abgebildet. Der Abstand zwischen beiden Kurven verdeutlicht die unrealisierte Performance, die durch die Kurssicherung erzielt werden konnte.

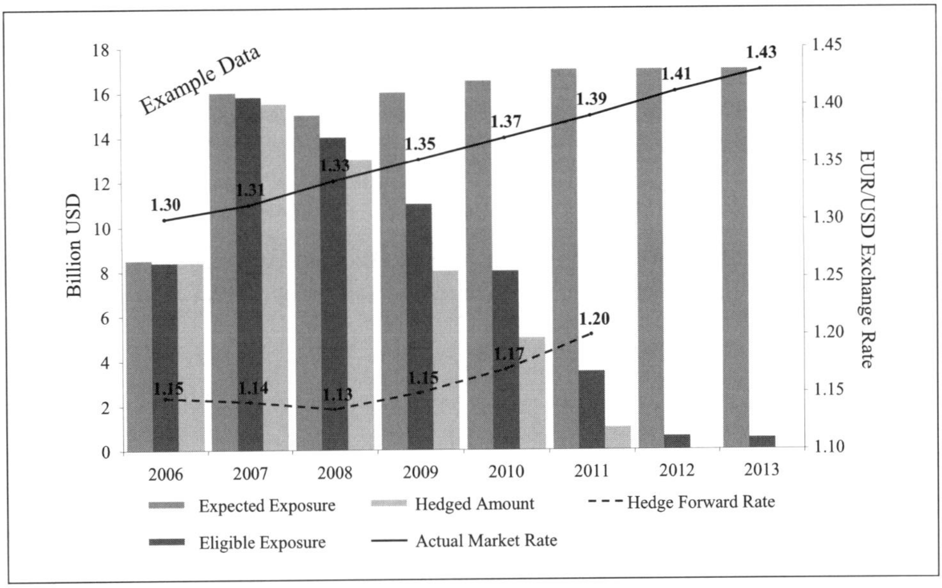

Abbildung 2: *Währungsexposure, Sicherungsvolumen und erzielter Terminkurs*

Darüber hinaus werden im Dashboard weitere grundlegende Kennzahlen angegeben, so z. B. Volumen und erzielter Terminkurs für Sicherungstransaktionen im aktuellen Monat, kumuliert im laufenden Jahr sowie für das gesamte EUR/USD-Währungsportfolio. Wichtig für das Management sind weiterhin die Sicherungsquote und das ungesicherte Volumen für das laufende Jahr und den Zeithorizont der operativen Planung (drei Jahre).

Im Dashboard wird auch der Effekt der seit der Verabschiedung der aktuellen operativen Planung abgeschlossenen Sicherungstransaktionen auf das EBIT über den Planungshorizont quantifiziert. Er errechnet sich aus der Differenz des erzielten Terminkurses gegenüber dem Plankurs. Zusätzlich wird das Ergebnis einer Simulation dargestellt, die zeigt, welchen weiteren Effekt eine sofortige Absicherung des Expected Exposure bzw. des Eligible Exposure auf das EBIT über den Planungszeitraum hätte. Diese Informationen ermöglichen es dem Management, die Performance der Sicherungstransaktionen aus dem EBIT herauszurechnen, um eine um Währungs- und Kurssicherungseffekte bereinigte Analyse des geplanten EBIT vornehmen zu können.

Wie oben bereits erläutert, wird die Sicherungsgeschwindigkeit abhängig vom erzielbaren Terminkurs und dem ungesicherten Exposure gesteuert. Dadurch wird gegenüber einer konstanten Sicherungsgeschwindigkeit bzw. einer jeweils sofortigen Absicherung bei Erkennen eines neuen Exposure ein Performance-Effekt erzielt, der ebenfalls im Dashboard dokumentiert wird. Dafür wird unter der Annahme konstanter Swap-Punkte der durchschnittliche volumengewichtete Spotkurs der abgeschlossenen Transaktionen gegen den Durchschnitt aller Tagesmittelkurse (arithmetisches Mittel von Tageshöchst- und Tagestiefstkurs) gerechnet.

5.2.2 Anlagestatus

Der Anlagestatus dient letztlich der Überprüfung, ob die Vorgaben der Anlagerichtlinie mit den darin definierten Verlustlimits eingehalten wurden. Dazu wird untersucht, inwieweit die vom Asset-Management-Komitee[1] verabschiedete, jeweils aktuelle Zielallokation des Anlageportfolios umgesetzt und ob die erwartete Performance erzielt werden konnte.

Die wichtigsten Informationen des Anlagestatus sind daher die Aufteilung des Volumens in Instrumentklassen und die Performance der jeweiligen Anlagen in diesen Instrumentklassen.

1 Das Asset-Management-Komitee tagt in der Regel einmal pro Quartal und setzt sich neben dem Leiter Finance & Treasury aus Vertretern des Front Office, Treasury Controlling und Accounting zusammen.

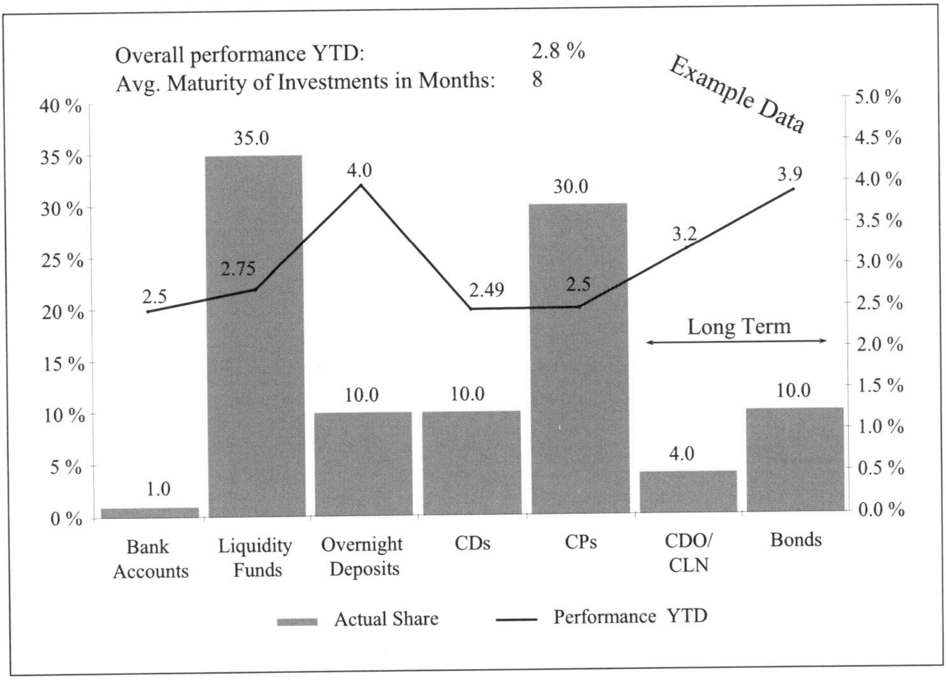

Abbildung 3: *Volumen und Performance der Finanzanlagen*

Dies ermöglicht letztlich den Vergleich mit der Zielallokation und eine Einschätzung, ob in den einzelnen Instrumentklassen die erwartete Performance erzielt wird. Darüber hinaus werden im Dashboard das aktuelle Anlagevolumen, die Performance im Vergleich zur Benchmark sowie die Ausnutzung der in der Anlagerichtlinie definierten Verlustlimite dargestellt.

Als letzte Information kommen zwei Grafiken mit der Aufteilung des Anlagevolumens nach Wirtschaftssektoren und Regionen hinzu.

5.2.3 Cash-Management-Status

Ziel des Cash-Management-Status ist, die monatliche Veränderung der Netto-Cash-Position auf Grund wesentlicher interner und externer Einflussfaktoren zu analysieren.

Um einen Überblick über die aktuelle Cash-Situation zu bekommen, wird zunächst eine Schätzung der Brutto-Finanzposition vorgenommen, die auf Grund des zentralisierten Cash Managements im Wesentlichen auf den Cash-Pooling-Bewegungen des letzten Monats und weiteren Informationen der Tochtergesellschaften beruht. Zusammen mit den bekannten Informationen zu den externen Finanzschulden errechnet sich die Netto-Finanzposition. Die Bewegungen des vergangenen Monats werden, gegliedert nach den wichtigsten Herkunftskategorien, grafisch dargestellt.

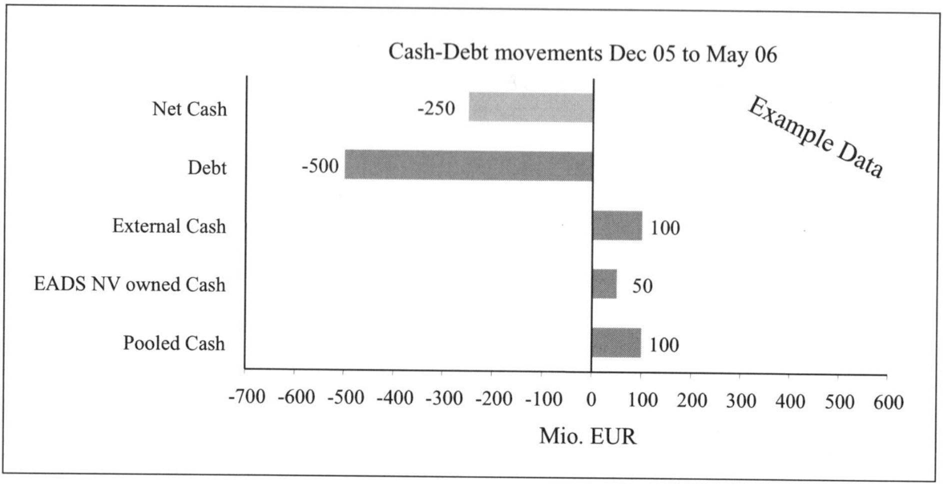

Abbildung 4: *Wesentliche Treiber der Net-Cash-Veränderungen*

5.2.4 Kreditrisikostatus

Der Kreditrisikostatus dient der Überwachung der bewusst eingegangenen, breiten Streuung von Kreditrisiken. Diese Streuung ist letztlich auf eine restriktive Politik zurückzuführen, die der enormen Größe des Gesamtportfolios und insbesondere des Derivate-Portfolios der EADS und den damit verbundenen potenziell besonders hohen Marktwertveränderungen dieses Portfolios Rechnung trägt. Eine hohe Konzentration positiver Marktwerte gegenüber wenigen einzelnen Kontrahenten würde ein besonders hohes Kreditrisiko gegenüber diesen Kontrahenten implizieren und somit die Möglichkeiten zur Tätigung weiterer Transaktionen einschränken. Umgekehrt hätten hohe Konzentrationen von negativen Marktwerten gegenüber wenigen einzelnen Kontrahenten zur Folge, dass die EADS für diese Kontrahenten ein hohes Kreditrisiko darstellen würde und diese weitere Transaktionen ablehnen könnten. Eine breite Streuung des Portfolios liegt somit sowohl im Interesse der EADS als auch im Interesse potenzieller Kontrahenten.

Um eine möglichst breite Streuung der Kreditrisiken zu erreichen, stehen sowohl für Anlagen als auch für Kurssicherungsgeschäfte eine Vielzahl von Kontrahentenlimits zur Verfügung. Im Dashboard für den Kreditrisikostatus wird aufgezeigt, ob diese Limite, gegliedert nach Ratingklassen, weiterhin ausreichen, oder ob neue Limite für neue Kontrahenten vergeben werden müssen.

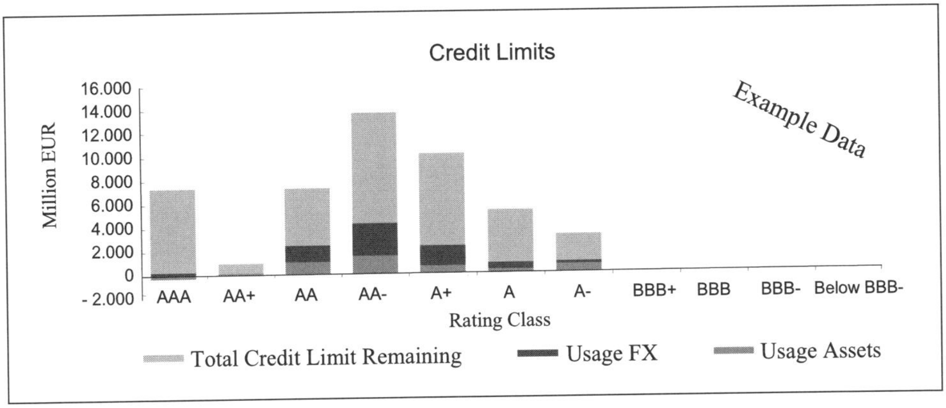

Abbildung 5: *Nutzung und Nutzungsart der Kreditlimite pro Ratingklasse*

5.3 Prozess

5.3.1 Währungsexposure-Reporting der Tochtergesellschaften

Wie bereits oben dargestellt, beziehen sich die wichtigsten Kennzahlen im Treasury-Berichtswesen des Konzerns auf das Währungsexposure. Um dieses in einheitlicher Form und angepasst an die neue Kurssicherungsrichtlinie konzernweit berichten zu können, wurde im Rahmen der Einführung des neuen Treasury-Reports eine einheitliche Vorlage zur Erfassung des Währungsexposure der Tochtergesellschaften entwickelt, das an die oben beschriebenen Definitionen des Währungsrisikos im Konzern angepasst ist und monatlich für USD und GBP erhoben wird.

Month-End	Company Name	FACTS Number		Currency
31.12.2006			in Mio.	USD

	YEAR	2006 remaining	2007	2008	2009	2010	2011	2012	...	Total
1	Expected Firm Exposure (According to OP, FCI, FCII, FCIII)*									
2	Firm Exposure (Projected Related & Updated Monthly)*									
3	Hedges in Place for Firm Exposure @ Average Hedge Rate									
4	Hedge Ratio based on Firm Exposure									
5	Hedge Ratio based on Expected Firm Exposure									
6	Required Hedge Ratio under Hedge Policy	100%	100%	100%	100%	100%	100%	100%	...	100%
7	**Over/Underhedged based on Firm Exposure**									
8	Expected Indirect Airbus Exposure (According to OP, FCI, FCII, FCIII)*									
9	Precaution Factor in %*	1.00	1.00	1.00	1.00	1.00	1.00	1.00	...	
10	Eligible Indirect Airbus Exposure (Updated Quarterly)*									
11	Hedges in Place for Eligible Indirect Airbus Exposure @ Average Hedge Rate									
12	Hedge Ratio based on Eligible Indirect Airbus Exposure									
13	Hedge Ratio based on Expected Indirect Airbus Exposure									
14	Recommended Hedge Ratio under Hedge Policy									
15	**Over/Underhedged based on Indirect Airbus Exposure**									
16	Expected Flows Beyond Short Term Backlog Exposure (According to OP, FCI, FCII, FCIII)*									
17	Eligible Flows Beyond Short Term Backlog Exposure (Updated Monthly)*									
18	Hedges in Place for Eligible Short Term Backlog Exposure @ Average Hedge Rate									
19	Hedge Ratio based on Eligible Short Term Backlog Exposure									
20	Hedge Ratio based on Expected Short Term Backlog Exposure									
21	**Total Over/Underhedged based on Eligible Exposure**									
	Total Expected Exposure (= Total OP Exposure; Sum of 1 + 8 + 16)									
	Total Eligible Exposure (Sum of 2 + 10 + 17)									
	Total Hedges in Place (Sum of 3 + 11 + 18) @ Average Hedge Rate									
	Total Hedge Ratio based on Eligible Exposure									
	Total Hedge Ratio based on Expected Exposure									
	Total Over/Underhedged based on Eligible Exposure									

Glossary:

* To be updated by Subsidiary

** Remaining Period for Current Year

Abbildung 6: *Vorlage zur Erfassung des Währungsexposure der Tochtergesellschaften*

Diese Informationen fließen dann wie unten skizziert über KTP ins zentrale Data Warehouse des Treasury-Reports.

5.3.2 Datenquellen

Hauptdatenquelle für den Bericht ist das zentrale Treasury-System KTP, das alle Informationen zu Transaktionen enthält, die von der zentralen Treasury-Abteilung abgeschlossen und abgewickelt werden.

Informationen zum Währungsexposure werden in einem einheitlichen Excel-basierten Format (wie oben beschrieben) von den Tochtergesellschaften für die erwarteten Cash Flows in USD und GBP bis zum dritten Arbeitstag des Monats zugeliefert.

Die monatliche Finanzposition für jeden Geschäftsbereich kann mit einigen Zusatzannahmen relativ genau aus den Informationen des Cash Managements gewonnen werden, da mit wenigen Ausnahmen in den Bereichen Finanzierung und Anlage für die einzelnen Geschäftsbereiche ein Kontrahierungszwang mit der zentralen Treasury-Abteilung besteht. Lediglich die Vormonatsposition wird mit Informationen aus dem Konsolidierungsteam korrigiert, um ein möglichst exaktes Bild zu zeigen.

5.3.3 Administrativer Prozess

Sobald alle notwendigen Daten verfügbar sind, werden die folgenden Prozessschritte nacheinander ausgeführt:

- Zunächst findet eine Diskussion mit verschiedenen Geschäftseinheiten statt, um das gemeldete Währungsexposure, die aktuelle Finanzposition und die erwartete Geschäftsentwicklung besser nachvollziehen zu können. Die hier gewonnenen Informationen fließen gegebenenfalls auch in die Kommentare des Berichts ein.
- Danach wird der automatisierte Lade-Prozess in Oracle gestartet. Im Anschluss daran werden die Excel-Vorlagen für den Report automatisch aktualisiert.
- Im nächsten Schritt werden die Kommentare manuell auf den neuesten Stand gebracht.
- In diesem Stadium erfolgt dann eine Qualitätskontrolle des Berichts, bei dem einige manuelle Plausibilitätsprüfungen durchgeführt werden und insbesondere ein Vergleich mit dem Vormonat erfolgt.
- Im letzten Schritt werden die Excel-Vorlagen in pdf-Dateien konvertiert, die dann an die definierten Empfänger in der Konzernzentrale, in den Geschäftsbereichen und in den Geschäftseinheiten gesendet werden.

6. Technologie

Da die Hauptdatenquelle das KTP-System ist, das in einer Oracle-Umgebung arbeitet, lag die Entscheidung nahe, das Data Warehouse ebenfalls in einer parallel installierten Oracle-Datenbank zu realisieren.

Die Informationen, die zusätzlich zu den Daten aus KTP benötigt werden, werden in spezifischen Tabellen direkt in der KTP-Datenbank abgelegt. Dies gilt für das Währungsexposure ebenso wie für Cash und Finanzschulden.

Das Data Warehouse besteht aus drei Bereichen:

c) Staging Area 1: In diesen Bereich werden zunächst alle Daten kopiert, die direkt aus KTP benötigt werden.

d) Staging Area 2: Dieser Bereich ist dem Berechnungsmodul zugewiesen. Hier werden Daten abgelegt, die durch Berechnung aus Daten in Staging Area 1 gewonnen werden. Alle Daten werden grundsätzlich mit allen notwendigen Hierachieinformationen und im für den Report benötigten Format abgelegt.

e) Reporting Area: Dieser Bereich wird durch Kopie von Staging Area 2 befüllt und dient sowohl als Datenquelle für die Excel-Vorlagen als auch zur dauerhaften Sicherung der Informationen.

Abbildung 7 fasst noch einmal die Systemarchitektur und die wesentlichen technischen Prozesse, die das Zusammenspiel der einzelnen Module sicherstellen, zusammen:

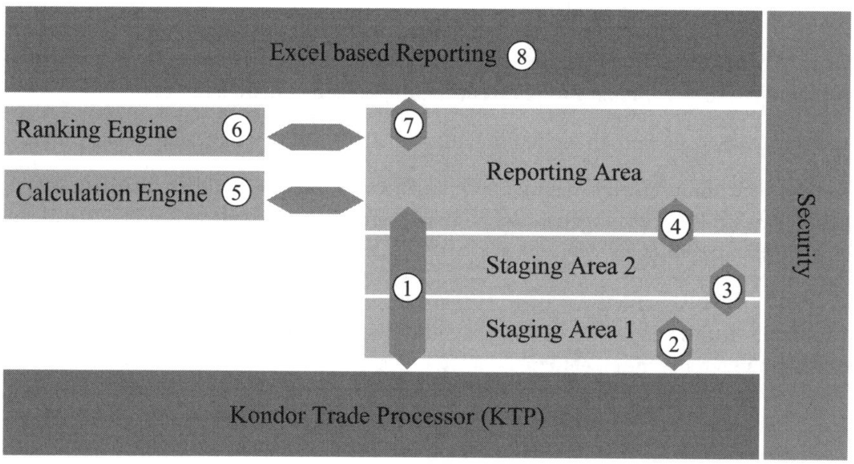

① Laden der Stammdaten von KTP in die Reporting Area

② Laden der Transaktionsdaten vom KTP-System in Staging Area 1 (im Quellformat)

③ Erzeugen der Reporting-Datenelemente in Staging Area 2 (im Berichtsformat)

④ Kopieren der Datenelemente in die Reporting Area

⑤ Initiieren der Berechnungen durch die Calculation Engine

⑥ Gliedern des Datenbestandes anhand der maximal möglichen 14 Beschreibungsparameter

⑦ Bereitstellen der Daten zur Benutzung

⑧ Erzeugung des Treasury-Berichts

Abbildung 7: *Modularer Aufbau und Integration mit KTP*

7. Projekt

Das Design und die Implementierung des Treasury-Reports erfolgten über einen Zeitraum von etwa zwölf Monaten. Die ersten Ergebnisse in Form von erzeugten Berichten standen bereits nach etwa neun Monaten zur Verfügung. Die verbleibenden drei Monate wurden für eine Art „Testproduktion" genutzt, in der weitere Anpassungen an Berichten und der unterliegenden technischen Basis durchgeführt wurden.

Neben den internen Kräften wurden auch externe Kräfte mit dem Projekt betraut:

- Über einen Zeitraum von etwa einem Jahr standen zwei Berater zur Verfügung, die sich hauptsächlich mit dem Design des abstrakten Datenmodells, der daran angepassten Strukturierung der Inhalte und der Testproduktion befassten.
- Zwei Programmierer nahmen in etwa sechs Monaten die eigentliche Entwicklung der nötigen Softwaremodule vor.
- Ein Datenbankentwickler stand für etwa zwei Wochen zu Verfügung, um das Datenmodell in Oracle und die verschiedenen Zugriffsmechanismen zu implementieren.

Möchte man den Gesamtaufwand aller internen und externen Kräfte schätzen, kommt man letztlich auf etwa vier Mannjahre.

8. Fazit und Ausblick

Die oben genannten Zielsetzungen wurden weitestgehend erreicht. Der Report hat einen hohen Akzeptanzgrad sowohl im Management der Konzernzentrale als auch in den Geschäftsbereichen und Geschäftseinheiten. Er wird in der Regel als Diskussionsbasis in den diversen Treasury-Komitees, zwischen der zentralen Treasury-Abteilung und den verschiedenen Geschäftsbereichen verwendet. Die Konsistenz der berichteten Daten ist deutlich belastbarer als vor Einführung des neuen Treasury-Reports.

Der technische Aufwand ist auf Grund des flexiblen Datenmodells und des hohen Datenvolumens (etwa 200.000 Datensätze pro Monat) deutlich höher als erwartet. Damit sind gegebenenfalls notwendige Anpassungen der Struktur nicht immer sofort umsetzbar. Eine einfachere Datenstruktur wäre weniger flexibel ausgefallen und würde somit bestimmte Änderungen nicht ermöglichen. Darüber hinaus erfordert das Datenvolumen mehr Zeit als erwartet für die Endkontrolle der Berichte.

Sollen kurzfristig weitere Details analysiert werden, müssen gegebenenfalls weitere interne Ad-hoc-Berichte durch das Middle Office erstellt werden. Ziel bleibt ein ganzheitlicher Ansatz für das Risikomanagement. Bisher spielen volatilitätsbasierte Kennzahlen nur eine untergeordnete Rolle im Treasury-Report, da derzeit noch kein System eingeführt wurde, das diese Kennzahlen liefern könnte, und zudem deren Ermittlung für die langfristigen Währungsrisiken nicht trivial ist.

Die Einführung eines solchen Systems wird derzeit angedacht und vorbereitet; daher geht die Tendenz bei der Erweiterung und Anpassung des Treasury-Reports eindeutig zur Verwendung komplexer und aggregierter Marktrisikomaße, insbesondere im Asset Management, wo VaR und bestimmte Risk-Return-Maße wichtige Kenngrößen zur Steuerung des Portfolios darstellen. Im Währungsmanagement könnten CFaR oder EPSaR entsprechende Messgrößen sein. In beiden Fällen wäre es interessant, weitere abgeleitete Kennzahlen wie beispielsweise „Expected Loss over Threshold“ zu verwenden, um Aussagen über das Verhalten des Portfolios in extremen Marktsituationen zu erhalten. Diese Risikomaße würden den Treasury-Report um eine neue Dimension erweitern.

Darüber hinaus sollten Markt- und Kreditrisiken – analog zur Vorgehensweise in Banken – nicht getrennt voneinander betrachtet werden. Dies könnte letztendlich zu einem ganzheitlichen dynamischen Limitsystem führen, das Markt- und Kreditrisiken in einer Kennzahl zusammenfasst und eine Steuerung der Kreditrisiken in Abhängigkeit der Marktsituation ermöglichen würde.

Die Erreichung dieses Ziels liegt natürlich noch in der Zukunft – die Ziele können aber zur Orientierung dienen, wenn es darum geht, die nächsten Schritte für die Erweiterung des Treasury-Reports festzulegen. Prozess, Struktur und technische Basis des Treasury-Berichtswesens der EADS sind auf jeden Fall hinreichend flexibel ausgelegt.

Kapitel 6:
Treasury Accounting

Hedge Accounting – Anwendungsfälle aus der Praxis

Tina Gusinde/Thomas Wittig – BMW AG

1. Herausforderungen eines globalen Umfelds

Im globalen wirtschaftlichen Umfeld stehen deutsche Industrie- und Handelsunternehmen verschiedensten Herausforderungen und Risiken gegenüber. Auf der einen Seite ist der Trend zu ausländischen Produktionsstandorten zu beobachten. Auf der anderen Seite erweitert die Internationalisierung der Absatzmärkte die Komplexität des unternehmerischen Handelns. Die Geschäftsentwicklung ist daher zunehmend durch volkswirtschaftliche Rahmenbedingungen wie die Veränderung von Wechselkursen und Zinsen oder die Preisentwicklung auf den internationalen Rohstoff- und Energiemärkten geprägt.

Die Globalisierung der unternehmerischen Tätigkeiten spiegelt sich auch in einem erhöhten Finanzierungsbedarf wider, der zunehmend durch internationale Finanz- und Kapitalmärkte gedeckt werden muss. Damit erweitern sich die Risikopositionen für die Unternehmen.

Diese Risiken, die sich im operativen Geschäft und im Rahmen von Finanztransaktionen ergeben, lassen sich durch die Einbringung Dritter mit geeigneten Finanzinstrumenten reduzieren (*Hedging*). Als Hedging bezeichnet man eine Absicherungsstrategie, die durch Abschluss einer Gegenposition eine Risikobegrenzung im Hinblick auf zukünftige Preisschwankungen herbeiführt. Im Rahmen des Hedging werden daher zu bestehenden oder künftigen Risikopositionen zeitlich begrenzt Sicherungsgeschäfte mit dem Ziel eingegangen, Gewinne und Verluste aus beiden Geschäften weitgehend auszugleichen.[1]

Durch den Abschluss von Sicherungsgeschäften besteht die Möglichkeit, Positionen zum einen gegen Marktwertrisiken (*Fair Value Risk*) oder zum anderen gegen Zahlungsstromrisiken (*Cash Flow Risk*) zu sichern. Für Industrie- und Handelsunternehmen – auch im mittelständischen Bereich – sind in diesem Zusammenhang zunehmend Währungs- und Zinsänderungsrisiken von zentraler Bedeutung. *Währungsrisiken* entstehen durch mögliche Kursschwankungen im Zeitraum zwischen dem Abschluss der zu Grunde liegenden vertraglichen Vereinbarung (z. B. Absatzgeschäft) bzw. der Planung eines derartigen Geschäfts und dem Erfüllungstag des Geschäfts. *Zinsänderungsrisiken* hängen von der Art der vereinbarten Verzinsung ab: Bei festverzinslicher Struktur besteht durch den Renditeausgleich am Kapitalmarkt ein Marktwertrisiko. Bei variabler Zinsstruktur ist die Höhe der zukünftigen Zahlungsströme ungewiss.

Aber nicht nur die effiziente Absicherung der operativen und finanziellen Risiken, sondern auch die bilanzielle Darstellung der Sicherungsbeziehung im Rahmen der Rechnungslegung (*Hedge Accounting*) stellt eine Herausforderung an die Unternehmen dar. Die umfangreichen Vorschriften der International Financial Reporting Standards (IFRS), die erstmalig ab dem Geschäftsjahr 2005 für alle kapitalmarktorientierten Unternehmen in der EU zwingend vorgeschrieben sind, bestätigen dies.

---

1 Vgl. *Kuhn/Scharpf* (2005), S. 249.

Für eine praxisorientierte Auseinandersetzung mit dem Finanzmanagement ist daher ein Grundverständnis der buchhalterischen Abbildung von Hedging-Aktivitäten im Rahmen des Jahresabschlusses wichtig. Nicht zuletzt spielt die potenzielle Ergebnisauswirkung im Vorfeld der Entscheidung über geeignete Absicherungsmaßnahmen eine bedeutende Rolle.

2. Grundlagen des Hedge Accounting

Die bilanzielle Abbildung von Sicherungsgeschäften ist im Rahmen der IFRS in *IAS 39* (*Financial Instruments: Recognition and Measurement*) geregelt. Dazu werden die für finanzielle Vermögenswerte und finanzielle Verbindlichkeiten grundsätzlich geltenden Bewertungsvorschriften z. T. außer Kraft gesetzt, damit der wirtschaftlich angestrebte Sicherungszweck auch bilanziell dargestellt werden kann.[2]

Zur Vermeidung von Ergebnisvolatilität ist die Anwendung von Hedge Accounting immer dann sinnvoll, wenn

- der Gegenstand der Sicherung (*Grundgeschäft*) und das *Sicherungsinstrument* unterschiedlichen Bewertungen unterliegen (z. B. Bewertung des Gegenstands der Sicherung zu fortgeführten Anschaffungskosten, Bewertung des Sicherungsinstruments zum beizulegenden Zeitwert) oder
- der Gegenstand der Sicherung eine erwartete, risikobehaftete Transaktion darstellt, deren Auswirkung erst in künftigen Perioden erfolgswirksam wird.[3]

2.1 Begriffsdefinitionen

Im Rahmen der Regelungen zum Hedge Accounting nach *IAS 39* werden die verschiedenen Elemente einer Sicherungsbeziehung wie folgt definiert:

Ein Sicherungsinstrument (*Hedging Instrument*) stellt eine Position dar, mit der das Ziel verfolgt wird, das dem Grundgeschäft innewohnende Risiko (Wert- bzw. Zahlungsstromrisiko) zu reduzieren oder auszugleichen. Sicherungsinstrumente haben sich auf genau identifizierbare Risiken mit Auswirkungen auf das Periodenergebnis zu beziehen, um als Sicherungsgeschäfte auch im bilanziellen Sinne zu gelten. Damit erfüllt eine lediglich allgemeine

---

2 Vgl. hierzu auch *Heuer/Theile* (2005), S. 384 f.

3 Vgl. *Bellavite-Hövermann/Barckow* (2005) in: Baetge et al. (Hrsg.), Rz. 152.

Beschreibung von Geschäftsrisiken die Anforderungen für die Bilanzierung einer Sicherungsbeziehung nicht (*IAS 39 AG 110*).

Als Sicherungsinstrumente kommen in der Regel *Derivate* zur Anwendung, soweit deren beizulegender Zeitwert zuverlässig ermittelt werden kann.[4] Als Derivat wird im Allgemeinen ein Finanzinstrument bezeichnet, dessen Bewertung sich von einem anderen Finanztitel ableitet. Klassische Beispiele für zu Sicherungszwecken eingesetzte derivative Finanzinstrumente in Industrie- und Handelsunternehmen stellen Zinsswaps, Cross Currency Swaps sowie Devisentermingeschäfte dar. Es können aber auch Optionen zum Einsatz kommen.

Nach IAS 39 sind derivate Finanzinstrumente, die folgende Merkmale kumulativ erfüllen (*IAS 39.9*):

- Schwankung ihres Zeitwerts vollzieht sich in Abhängigkeit von einem zu Grunde liegenden Basisvertrag (*Underlying*)
- Keine bzw. nur geringe Netto-Investition (*No or Little Net Investment*)
- Begleichung zu einem späteren Zeitpunkt (*Settled at a Future Date*)

Ein Grundgeschäft (*Hedged Item*) stellt einen Sachverhalt dar, durch den die Gesellschaft dem Risiko einer Änderung des beizulegenden Zeitwerts oder des künftigen Cash Flow ausgesetzt ist und das für Bilanzierungszwecke durch den Einsatz von Sicherungsinstrumenten gesichert werden kann (*IAS 39.9*). Derivative Finanzinstrumente selbst stellen keine Grundgeschäfte dar (*IAS 39 IG-Q&A F.2.1*).

Für das Hedge Accounting kommen nach *IAS 39.78* grundsätzlich folgende Grundgeschäfte in Betracht:

- Bilanzierte Vermögenswerte und Schulden, z. B. Wertpapiere, Forderungen und Verbindlichkeiten
- Schwebende Geschäfte (*Unrecognised Firm Commitments*) im Sinne von nicht bilanzwirksamen, jedoch mit rechtlicher Bindung eingegangenen Verpflichtungen, z. B. Sicherung eines bereits vertraglich vereinbarten Einkaufs von Rohstoffen in fremder Währung
- Geplante Transaktionen (*Forecast Transactions*) im Sinne von mit hoher Wahrscheinlichkeit eintretenden künftigen Geschäftsvorfällen, für die keine rechtliche Verpflichtung vorliegt, z. B. Sicherung von künftigen Umsätzen in fremder Währung

Für Sicherungsbeziehungen geeignete Grundgeschäfte können sich auf einen einzelnen Sachverhalt (einzelner Vermögenswert bzw. einzelne Schuld, einzelnes schwebendes Geschäft oder einzelnes erwartetes Geschäft) beziehen. In diesem Zusammenhang spricht man von einem *Micro Hedge*.

Grundgeschäfte können jedoch auch eine Gruppe gleichartiger Sachverhalte mit vergleichbaren Risikoeigenschaften (Portfolio) umfassen. Man spricht dann von einem *Portfolio* oder

---

4 Vgl. hierzu auch *Heuser/Theile* (2005), S. 386 f. sowie *KPMG* (2006), S. 114 f.

Macro Hedge. Vergleichbare Risikoeigenschaften sind gegeben, wenn sich die Änderungen des beizulegenden Zeitwerts der einzelnen Positionen im Portfolio erwartungsgemäß weitgehend proportional zur Änderung des Gesamtportfolios verhalten (*IAS 39.78 i. V. m. IAS 39.83*).

2.2 Voraussetzungen für Hedge Accounting

Hedge Accounting ist nur unter bestimmten Voraussetzungen zulässig. Erfüllt eine Sicherungsbeziehung die in IAS 39 vorgegebenen Kriterien nicht bzw. nicht mehr, ist die Anwendung der Bewertungsregeln für das Hedge Accounting nicht erlaubt: Sicherungsinstrument und Grundgeschäft sind stattdessen gesondert nach den für das jeweilige Finanzinstrument geltenden (allgemeinen) Bestimmungen zu erfassen. Folgende zentrale Voraussetzungen für Hedge Accounting müssen erfüllt sein (*IAS 39.88*):

- Dokumentation des Sicherungszusammenhangs
- Nachweis der Wirksamkeit des Sicherungszusammenhangs

2.2.1 Dokumentation des Sicherungszusammenhangs

Zu Beginn des Sicherungszusammenhanges (in der Regel bei Abschluss des Sicherungsgeschäfts) sind sowohl die Sicherungsbeziehung als auch die Sicherungsstrategie für Dritte nachvollziehbar zu dokumentieren. Die Dokumentation der Sicherungsbeziehung beinhaltet Angaben zur formellen Zusammengehörigkeit von Grund- und Sicherungsgeschäft sowie Angaben zum Zweck der eingegangenen Geschäfte (Benennung des gesicherten Risikos). Ferner müssen die Methoden zur Bestimmung der Effektivität der Sicherung (z. B. Dollar-Offset-Methode, Regressionsanalyse, siehe 2.2.2) dargestellt werden.[5]

Solange dies nicht erfolgt, ist das Sicherungsinstrument als allein stehender Handelswert (*Financial Asset Held For Trading*) zu klassifizieren und zum Stichtag mit dem beizulegenden Zeitwert (*Fair Value*) zu bewerten, wobei Änderungen des beizulegenden Zeitwerts erfolgswirksam zu erfassen sind.

Liegt in der Gesellschaft für eine genau definierte Art von Geschäften eine einheitliche Risikostrategie vor, können für alle diese Geschäfte Dokumentationen zum gesicherten Risiko und zur angewendeten Methode der Bestimmung der Effektivität in standardisierter Form vorgenommen werden. Der Zusammenhang zwischen Grund- und Sicherungsgeschäft, die Effektivitätsmessung sowie der Bezug der einzelnen Geschäfte zum Anwendungsbereich

5 Vgl. hierzu auch *Kuhn/Scharpf* (2005), S. 291.

der oben beschriebenen Standarddokumentation sind hingegen für jede einzelne Sicherungsbeziehung gesondert herzustellen.[6]

2.2.2 Nachweis der Wirksamkeit des Sicherungszusammenhangs

Die Wirksamkeit des Sicherungsgeschäfts (*Hedge Effectiveness*) stellt eine wesentliche Voraussetzung für die Bilanzierung von Sicherungsbeziehungen dar. Die Effektivität der Sicherung bezeichnet das Ausmaß, mit dem Grund- und Sicherungsgeschäft durch ihre jeweils gegenläufige Entwicklung insgesamt das betreffende Risiko mindern (*IAS 39.9*). Dies kommt darin zum Ausdruck, dass sich Wertänderungen bzw. Zahlungsstromschwankungen des Grundgeschäfts im Hinblick auf das gesicherte Risiko und jene des Sicherungsgeschäfts über die gesamte Laufzeit der Sicherung weitgehend ausgleichen.

Zur Anwendung der Grundsätze des Hedge Accounting muss die Wirksamkeit der Sicherungsbeziehung (erwartungsgemäß) von Anfang an als hoch effektiv (*highly effective*) einzuschätzen sein. Man spricht hier von *prospektiver Effektivität.* Diese ist nachfolgend für die Dauer der Sicherungsbeziehung *regelmäßig* (in der Regel in Zeitabständen der Zwischenberichterstattung) zu prüfen. Der Effektivitätstest ist selbst dann durchzuführen, wenn angenommen werden kann, dass die Sicherungsbeziehung hoch wirksam ist (*IAS 39 AG 106 ff.*). IAS 39 erlaubt grundsätzlich keine so genannte *Shortcut-Methode,* bei der im Falle der Übereinstimmung der wesentlichen Konditionen wie Nominalbetrag, Laufzeit etc. per se eine 100 %ige Effektivität angenommen wird.[7]

Die im Nachhinein periodisch zu ermittelnde tatsächliche Wirksamkeit einer bestehenden Sicherungsbeziehung für eine abgelaufene Berichtsperiode wird als *retrospektive Effektivität* bezeichnet. Diese liegt vor, wenn die ermittelten Wertänderungen des Grundgeschäfts zu *mindestens 80 %* und *höchstens 125 %* durch gegenläufige Wertänderungen des eingesetzten Sicherungsinstruments ausgeglichen werden (*IAS 39 AG 105*).

Der Standard selbst enthält keine Vorschriften hinsichtlich der Methoden zur Beurteilung der Wirksamkeit eines Sicherungsgeschäftes (*IAS 39 AG 107*). Die gewählte Methode hängt daher von der Art des zu sichernden Risikos und des eingesetzten Sicherungsinstrumentes ab. Zur Messung der Effektivität kann z. B. die *Dollar-Offset-Methode* herangezogen werden, die durch Vergleich der Änderungen der beizulegenden Zeitwerte von Grund- und Sicherungsgeschäft innerhalb der Betrachtungsperiode den Nachweis über die Wirksamkeit einer Sicherungsbeziehung dokumentiert. Die Betrachtung kann in diesem Zusammenhang periodenbezogen oder kumulativ erfolgen. Dies ist allerdings zu Beginn der Sicherungsbeziehung entsprechend festzulegen (*IAS 39 IG-Q&A F.4.2*). Im folgenden Beispiel ist die retrospektive Effektivität nach beiden Methoden gegeben:

---

6 Vgl. hierzu auch *KPMG* (2006), S. 119.

7 Vgl. *Kuhn/Scharpf* (2005), S. 299, sowie *KPMG* (2006), S. 123.

Periodenbezogene Betrachtung in Mio. EUR	1. Quartal	2. Quartal	3. Quartal
Änderung des beizulegenden Zeitwerts			
Grundgeschäft	-100	-150	+40
Sicherungsgeschäft	+110	+120	-50
Effektivität	*110 %*	*80 %*	125 %
Kumulative Betrachtung in Mio. EUR	**1. Quartal**	**2. Quartal**	**3. Quartal**
Änderung des beizulegenden Zeitwerts			
Grundgeschäft	-100	-250	-210
Sicherungsgeschäft	+110	+230	+180
Effektivität	*110 %*	*92 %*	*86 %*

Abbildung 1: *Effektivitätsmessung mittels der Dollar-Offset-Methode*

Die Dollar-Offset-Methode hat grundsätzlich den Vorteil, dass die gleichen Bewertungsgrößen herangezogen werden, die ohnehin für die Bilanzierung ermittelt werden müssen.[8] Neben der Dollar-Offset-Methode kommen in der Praxis aber auch statistische Verfahren (z. B. *Regressionsanalysen)* zum Einsatz.

2.2.3 Angaben und Erläuterungen im Anhang

Neben den Vorschriften des IAS 39 zur Bilanzierung von Sicherungsbeziehungen regelt der bisherige IAS 32 und ab 2007 der IFRS 7 (Financial Instruments: Disclosures) die umfangreichen Anhangangaben, die im Zusammenhang mit Hedge Accounting darzustellen sind. Im Zentrum stehen dabei neben der allgemeinen Darstellung des Risikomanagements insbesondere Angaben zu den abgesicherten Risiken.

Aufgrund ihrer zentralen Bedeutung werden im Folgenden die Grundlagen des Hedge Accounting für Cash Flow Hedges und Fair Value Hedges näher dargestellt.[9]

---

8 Vgl. *Kuhn/Scharpf* (2005), S. 310.

9 IAS 39 regelt auch die bilanzielle Abbildung einer Absicherung einer Nettoinvestition in einen ausländischen Geschäftsbetrieb *(Hedge of Net Investment in a Foreign Operation)*; hierzu wird auf *Kuhn/Scharpf* (2005), S. 354 f. verwiesen.

3. Cash Flow Hedge Accounting

3.1 Bilanzielle Darstellung

Die Sicherung von Schwankungen künftiger Zahlungsströme spielt im wirtschaftlichen Umfeld von Unternehmen eine zentrale Rolle. Risiken in diesem Zusammenhang können sich zum einen aus geplanten Transaktionen ergeben. So können erwartete Umsatzerlöse oder geplante Käufe z. B. von Rohstoffen die Absicherung durch Cash Flow Hedges erforderlich machen, um Wechselkurs- oder Preisschwankungen auszugleichen. Zum anderen erfordern Vermögenswerte und Schulden mit einer variablen Verzinsung gegebenenfalls die Absicherung von Zinssatzänderungen.

Beispiel

Ein Automobilkonzern hat neben seinen industriellen Produktionsaktivitäten eine Finanzdienstleistungssparte zur Unterstützung des Vertriebs. Die Aktivseite der Finanzdienstleistungssparte weist wegen der zugrunde liegenden Absatzfinanzierung über mehrjährige Leasingverträge eine festverzinsliche Struktur auf. Die Refinanzierungsseite hat häufig allerdings eine variable Struktur.

Beispielhaft sei angenommen, eine Finanzdienstleistungsgesellschaft des Konzerns nimmt ein Darlehen mit folgenden Ausstattungsmerkmalen auf:

- Darlehensvertrag: EUR 50 Mio.
- Laufzeit: 3 Jahre
- Zinsvereinbarung: Variabler Zins
- Zinssatz: 3-M-EURIBOR
- Zinstermin: Quartalsweise

Der variable Zins des Darlehens soll durch den Einsatz eines Zinsswaps (Payer Swap) in eine Festzins-Vereinbarung umgewandelt werden, um Schwankungen in den Zinszahlungsströmen zu vermeiden.

Der Payer Swap wird über einen Kapitalbetrag in Höhe von EUR 50 Mio. und eine Laufzeit von drei Jahren abgeschlossen. Aus dem Swap erhält die Gesellschaft jeweils quartalsweise den 3-M-EURIBOR und bezahlt einen Festzins von 4,0 %.

Da das Grundgeschäft durch seine variable Verzinsung stets zu Marktbedingungen verzinst wird, unterliegt es keinen Änderungen des beizulegenden Zeitwerts. Es ist weiterhin zu fortgeführten Anschaffungskosten zu bilanzieren. Eine kompensierende Erfassung gegenläufiger Marktwertschwankungen als Fair Value Hedge scheidet damit aus.

Die Sicherungsbeziehung kann daher bei entsprechender Dokumentation als Cash Flow Hedge dargestellt werden. Eine hohe Effektivität der Sicherungsbeziehung ist durch die Tatsache, dass die wesentlichen Konditionen der Anleihe und des Zinsswaps identisch sind (*Critical Term Match*), gegeben. Auf eine quartalsweise retrospektive Berechnung der Wirksamkeit mittels der Dollar-Offset-Methode kann allerdings nicht gänzlich verzichtet werden.[10]

Für die *bilanzielle Darstellung* von *Cash Flow Hedges* sieht IAS 39 Folgendes vor:

Sind sämtliche Voraussetzungen für das Hedge Accounting erfüllt, ist der *effektive* Teil der Wertänderungen des Sicherungsinstruments zum Stichtag *erfolgsneutral* in das Eigenkapital zu buchen (*IAS 39.95 i. V. m. IG-Q&A F.6.2 lit.g*). Der *ineffektive* Teil hingegen ist *erfolgswirksam* zu erfassen.

Damit sind effektive Bewertungsgewinne und -verluste aus dem Sicherungsinstrument zunächst erfolgsneutral und werden erst in künftigen Perioden zum Ausgleich von Gewinnen (Verlusten) aus dem gesicherten Grundgeschäft dargestellt.

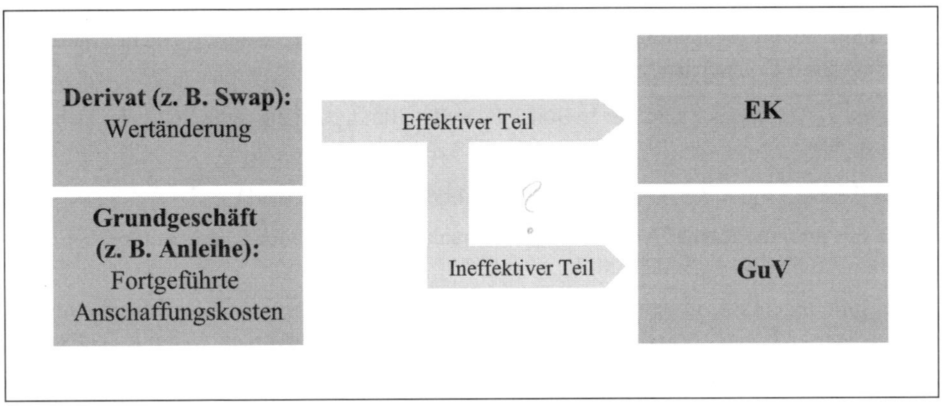

Abbildung 2: *Bilanzielle Darstellung des Cash Flow Hedge Accounting*

10 Zur Darstellung der drei gängigen Methoden zur Messung der Effektivität im Rahmen des Cash Flow Hedge Accounting vgl. *Kuhn/Scharpf* (2005), S. 318 - 329.

3.2 Anwendungsfall aus der Praxis: Konzerninterne Lieferungen und Leistungen

Beispiel

Die zunehmende Globalisierung führt dazu, dass Unternehmen weltweite Produktions- und Vertriebsnetzwerke aufbauen. Die internen und externen Warenflüsse sind daher unterschiedlichen Währungsrisiken ausgesetzt. Die interne Fakturierung der erbrachten Lieferungen und Leistungen kann in diesem Zusammenhang entweder in der funktionalen Währung des Mutterunternehmens bzw. des Konzerns oder in der funktionalen Währung der entsprechenden Konzerneinheit erfolgen (*Fremdwährungsfakturierung*), je nachdem, welche Unternehmenseinheit das Währungsrisiko tragen soll.

Geplante konzerninterne Transaktionen

Grundsätzlich können im Rahmen des Hedge Accounting nur Transaktionen mit externen Parteien als Grundgeschäfte herangezogen werden. Nach einer Neufassung des IAS 39 im April 2005 dürfen geplante konzerninterne Transaktionen als Grundgeschäfte im Rahmen des Cash Flow Hedge Accounting designiert werden, wenn ein zu sicherndes Fremdwährungsrisiko auch aus Konzernsicht existiert (*IAS 39.80*).[11]

Geplante Transaktionen sind generell nur dann als Grundgeschäfte zulässig, wenn sichergestellt ist, dass

- das Geschäft mit *hoher Wahrscheinlichkeit* abgeschlossen wird und
- die mit diesem Geschäft verbundenen Schwankungen der Zahlungsströme für die Gesellschaft ein *Erfolgsrisiko* darstellen.

Dabei sind folgende Kriterien zu einer Einschätzung der Eintrittswahrscheinlichkeit einer geplanten Transaktion unter anderem heranzuziehen (*IAS 39 IG-Q&A F.6.2 lit.e i. V. m. F.3.7*):

- Häufigkeit vergleichbarer Transaktionen in der Vergangenheit
- Finanzielle und operative Möglichkeiten der Gesellschaft, diese Transaktionen tatsächlich durchzuführen
- Entsprechende Planungen der Gesellschaft

Führt die gesicherte geplante Transaktion zum Ansatz eines Vermögenswerts oder einer Schuld (z. B. Kauf einer Anlage in fremder Währung), ist der kumulierte, zunächst im Eigenkapital erfasste Betrag, entweder mit den Anschaffungskosten zu verrechnen (*IAS 39.98 lit.b*)

---

11 Vgl. hierzu auch *Kehm/Lüdenbach* (2005), in: Lüdenbach/Hoffmann (Hrsg.), § 28, Rz. 245.

oder er kann fortgeführt und erst dann aus dem Eigenkapital ausgebucht werden, wenn das gesicherte Geschäft selbst erfolgswirksam wird (*IAS 39.98 lit.a*).

Führt die geplante Transaktion hingegen nicht zur Erfassung einer Bilanzposition (z. B. Sicherung eines erwarteten Umsatzes), sind die im Eigenkapital dargestellten Beträge in der Periode unmittelbar erfolgswirksam zu erfassen, in der auch die gesicherte Transaktion erfolgswirksam wird (*IAS 39.100*).

Beispielhaft sei angenommen, die nationalen und internationalen Produktionsaktivitäten des Automobilkonzerns sind bei dem in Deutschland ansässigen Mutterunternehmen gebündelt. Die Fahrzeuge werden über eigenständige Vertriebseinheiten in den jeweiligen Ländern vermarktet. Die interne Fakturierung der konzerninternen Lieferungen erfolgt in Euro als funktionaler Währung des Mutterunternehmens bzw. des Konzerns. Auf Grundlage der internen Produktionsplanungen sichern die weltweiten Vertriebseinheiten ihren monatlichen Euro-Bedarf basierend auf den gewährten Zahlungszielen gegenüber dem Mutterunternehmen ab.

Bei den abgeschlossenen Währungssicherungen handelt es sich z. B. um Devisentermingeschäfte oder Cross Currency Swaps. Es können aber auch Fremdwährungsoptionen zum Einsatz kommen.

Die eingegangenen Sicherungsbeziehungen und die zugrunde liegenden Ziele des Risikomanagements müssen formal dokumentiert werden. In diesem Zusammenhang muss auch dargestellt werden, dass letztlich nicht die konzerninterne Lieferung in Euro, sondern die Umsatzrealisierung in Fremdwährung aus Konzernsicht das zu sichernde Risiko darstellt. Die formale Designation der konzerninternen Transaktionen in diesem Zusammenhang ist möglich, da das Volumen des externen Geschäfts das interne übersteigt.

Im Zeitablauf lässt sich die bilanzielle Abbildung des Cash Flow Hedge Accounting aus Konzernsicht wie folgt darstellen:

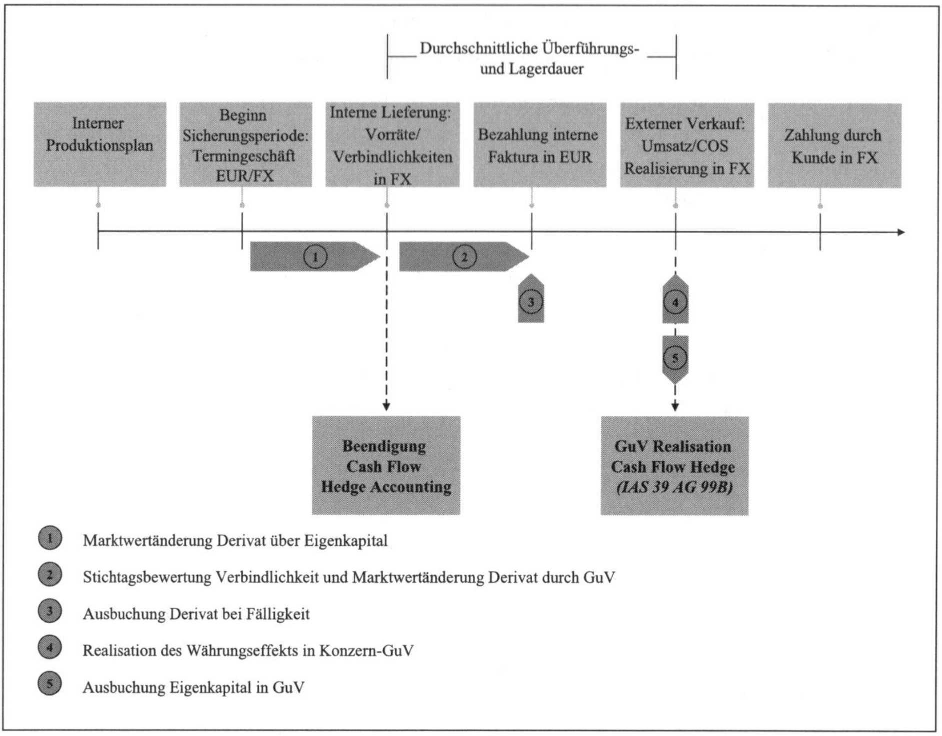

Abbildung 3: *Cash Flow Hedge Accounting von geplanten konzerninternen Transaktionen*

Basierend auf internen Produktions- und Lieferplänen schließen die Vertriebseinheiten geeignete Sicherungsgeschäfte ab. Zu jedem Stichtag werden diese Sicherungsgeschäfte zum aktuellen Marktwert (*Fair Value*) bewertet und die Marktwertänderungen werden erfolgsneutral im Eigenkapital erfasst.

Zum Zeitpunkt der Lieferung werden die Fahrzeuge mit dem aktuellen Tageskurs in die Vorratsbestände eingebucht. Bis zur Umsatzrealisation erfolgt keine Neubewertung der Vorräte. Die gegenüber dem Mutterunternehmen entstehende Euro-Verbindlichkeit wird zum jeweiligen Stichtag neu umgerechnet. Zum Zeitpunkt der Lieferung wird auch das Cash Flow Hedge Accounting im eigentlichen Sinne beendet und die aufgelaufene Hedge-Rücklage im Eigenkapital „eingefroren". Die Marktwertänderung der Sicherung läuft ab diesem Zeitpunkt gegenläufig zur Stichtagsbewertung der Verbindlichkeit in die Gewinn- und Verlustrechnung.

Zum Zeitpunkt der Begleichung des internen Zahlungsziels wird das Sicherungsinstrument realisiert und damit ausgebucht.

Der im Rahmen des Cash Flow Hedge Accounting erfasste Währungseffekt im Eigenkapital wird dann realisiert, wenn die zugrunde liegende Transaktion die Konzerngewinn- und

Verlustrechnung berührt. Konzerninterne Transaktionen haben grundsätzlich keinen Einfluss auf das Konzernergebnis, da diese im Rahmen der Konsolidierung auf Konzernebene eliminiert werden. Letztlich liegt aber der konzerninternen Lieferung an eine Vertriebseinheit eine externe Umsatzrealisation in Fremdwährung zu Grunde. Dies ist im eigentlichen Sinne die zu sichernde erwartete Transaktion. Durch die Umsatzrealisation in Fremdwährung wird aus Konzernsicht der Währungseffekt erfolgswirksam. Daher ist zu diesem Zeitpunkt die aufgelaufene Marktwertänderung des Sicherungsinstruments aus dem Eigenkapital auszubuchen und ebenfalls erfolgswirksam zu realisieren.

Effektivitätsmessung

Die Sicherung einer *erwarteten Transaktion* (z. B. eines Warenkaufs) gilt als effektiv, wenn

- Basis, Erfüllungsdatum und Erfüllungsort sowie Liefermenge übereinstimmen und das erwartete Grundgeschäft mit hoher Wahrscheinlichkeit abgeschlossen wird,
- der beizulegende Zeitwert des Derivats (z. B. Termingeschäft) bei Abschluss des Sicherungsgeschäfts Null beträgt und
- Schwankungen der aus dem Geschäft erwarteten Zahlungsströme auf dem Terminpreis der Ware basieren (*IAS 39 AG 108*).

Demnach kann für den Fall, dass die wesentlichen Bedingungen der geplanten Transaktion und des Sicherungsgeschäfts identisch sind, unterstellt werden, dass sowohl zu Beginn als auch für die Laufzeit eine wirksame Sicherungsbeziehung vorliegt. Auf eine retrospektive Effektivitätsmessung kann dennoch nicht verzichtet werden.

Die Wahl eines Absicherungsquotienten (*Hedge Ratio*), der ungleich eins ist, erhöht in der Regel die Effektivität. So kann es sinnvoll sein, nur 80 % des Transaktionsvolumens als gesichertes Grundgeschäft zu designieren, dieses jedoch zu 100 % zu sichern. Hingegen ist es nicht möglich, das gesamte Transaktionsvolumen zu designieren, dieses dann aber nur zu 80 % zu sichern.[12]

Da die Sicherungsbeziehung auf einer erwarteten konzerninternen Transaktion beruht, kann es zu Verschiebungen im Zeitablauf kommen. Denkbar wären beispielsweise Abweichungen im Produktionsplan oder beim Transfer (z. B. durch Zollbehörden). Im Sinne des Cash Flow Hedge Accounting kommt es in diesem Zusammenhang zu Planungsfehlern (*Forecast Errors*), da auf monatlicher Basis unter Umständen eine Unter- bzw. Übersicherung des tatsächlichen Euro-Bedarfs vorliegt.

12 Vgl. *Kuhn/Scharpf* (2005), S. 293.

Beendigung Cash Flow Hedge Accounting

Verzögerungen bei einer geplanten Transaktion haben grundsätzlich keinen Einfluss auf die Gültigkeit der Sicherungsbeziehung, allerdings kann sich ein nicht termingerechter zeitlicher Eintritt auf den *Effektivitätsnachweis* der Sicherungsbeziehung auswirken. Des Weiteren stellt sich die Frage, ob die Voraussetzung der hohen Wahrscheinlichkeit des Eintritts auch für künftige geplante Transaktionen immer noch als gegeben angenommen werden kann.[13]

Liegen die grundlegenden Voraussetzungen für das Hedge Accounting nicht mehr vor, wird jedoch der Eintritt einer geplanten Transaktion noch erwartet, verbleiben die abgegrenzten Wertänderungen des Sicherungsinstruments so lange im Eigenkapital, bis die geplante Transaktion durchgeführt wird. Wird die geplante Transaktion voraussichtlich nicht durchgeführt, sind die im Eigenkapital abgegrenzten Wertänderungen des Sicherungsinstruments erfolgswirksam zu erfassen (*IAS 39.101 lit.b und c*).

4. Fair Value Hedge Accounting

4.1 Bilanzielle Darstellung

Mit Hilfe von *Fair Value Hedges* wird beabsichtigt, das Risiko von Veränderungen des beizulegenden Zeitwerts der erfassten Vermögenswerte und Schulden mit Auswirkung auf die Gewinn- und Verlustrechnung zu mindern. Im Mittelpunkt steht eine Absicherung von Bilanzpositionen.

Änderungen des beizulegenden Zeitwerts ergeben sich beispielsweise bei

- Zinsinstrumenten (z. B. festverzinsliche Anleihen) aus der Änderung der Marktzinssätze,
- Währungsinstrumenten (z. B. Fremdwährungsforderungen und -verbindlichkeiten) aus der Änderung von Devisenkursen und
- Aktieninstrumenten aus einer Änderung der Aktienkurse.[14]

---

13 Vgl. *Kuhn/Scharpf* (2005), S. 298 f.

14 Vgl. *Kuhn/Scharpf* (2005), S. 252.

Beispiel

Die Finanzierungsgesellschaft des Automobilkonzerns begibt am Kapitalmarkt eine Anleihe mit folgenden Ausstattungsmerkmalen:

- Anleihevolumen: EUR 500 Mio.
- Laufzeit: 5 Jahre
- Zinsvereinbarung: Festzins
- Zinssatz: 5,0 %
- Zinstermin Quartalsweise

Die Festzins-Anleihe soll in eine Vereinbarung mit variablem Zins transformiert werden. Dazu wird ein Zinsswap (Receiver Swap) über einen Kapitalbetrag in Höhe von EUR 500 Mio. und eine Laufzeit von fünf Jahren abgeschlossen. Aus dem Swap erhält die Gesellschaft jeweils quartalsweise einen Festzins von 5,0 % und bezahlt jeweils quartalsweise den 3-M-EURIBOR. Da die wesentlichen Konditionen der Anleihe und des Zinsswap identisch sind, kann von einer hohen Effektivität ausgegangen werden (*Critical Term Match*).

Zur Abbildung der Sicherungsbeziehung aus *Fair Value Hedges* sind die Bewertungsgewinne und -verluste aus dem Sicherungsinstrument im Ergebnis der jeweiligen Periode zu erfassen.

Gleichzeitig sind Änderungen des beizulegenden Zeitwerts der gesicherten Position (Vermögenswert bzw. Schuld), soweit sie auf das gesicherte Risiko zurückzuführen sind, erfolgswirksam dagegen zu buchen (*IAS 39.89 lit.b*). Für den Fall, dass das zu sichernde Grundgeschäft ansonsten zu Anschaffungskosten bilanziert wird, erfolgt dies über ein so genanntes *Basis Adjustment* des Buchwerts. Die daraus resultierende *Kompensation der Erfolgswirkungen* stellt das Sicherungsgeschäft damit auch bilanziell dar.

Ist die Sicherungsbeziehung vollkommen effektiv, gleichen sich die Bewertungsänderungen von Grund- und Sicherungsgeschäften aus. Andernfalls kann auch bei einem effektiven Sicherungsverhältnis die Marktwertänderung des Sicherungsinstruments von der des Grundgeschäfts abweichen (Effektivität ≠ 100 %); für diesen Fall stellt sich ein Ergebniseffekt ein.

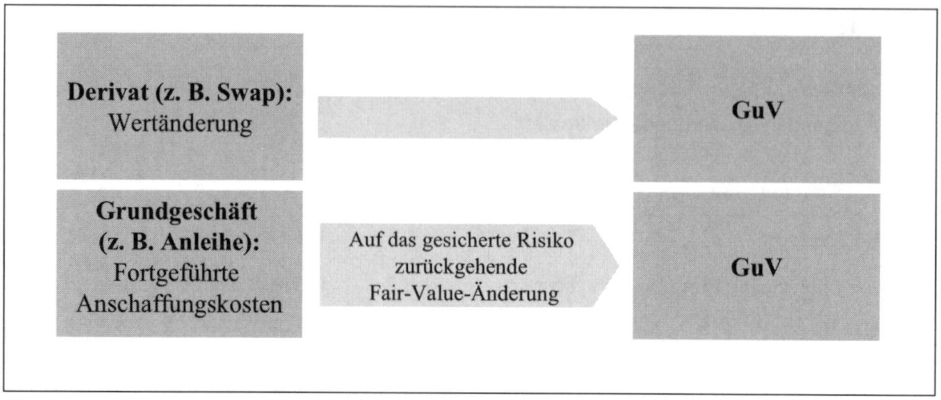

Abbildung 4: *Bilanzielle Darstellung des Fair Value Hedge Accounting*

Hedge Accounting im Zusammenhang mit Fair Value Hedges ist zu *beenden,* wenn die Voraussetzungen für die Anwendung nicht mehr vorliegen, das Sicherungsgeschäft selbst abgelaufen, verkauft oder ausgeübt worden ist oder die Gesellschaft die Zuordnung von Grund- und Sicherungsgeschäft aufgehoben hat (*IAS 39.91*).

4.2 Anwendungsfall aus der Praxis: Treasury Center

Beispiel

Die Refinanzierung der zahlreichen Aktivitäten des Automobilkonzerns kann auf verschiedene Weise geschehen. Konzernfinanzierungsgesellschaften, die beispielsweise strategisch in Ländern mit den wichtigsten Finanz- und Kapitalmärkten platziert sind, nehmen Kapital auf und transferieren diese Mittel intern an die einzelnen Einheiten im Konzern.

Diese Refinanzierung kann unterschiedlich strukturiert sein, z. B. über Anleihen, Bonds oder Commercial-Paper-Programme. Erfolgt die Mittelaufnahme in einer variablen Struktur und wird durch einen externen Payer Swap gesichert, kann die Sicherungsbeziehung als Cash Flow Hedge bilanziell dargestellt werden (siehe Beispiel unter 3.1). Erfolgt die Refinanzierung festverzinslich und wird durch einen externen Receiver Swap gegen Marktwertschwankungen gesichert, kann Fair Value Hedge Accounting herangezogen werden (siehe Beispiel unter 4.1). Diese buchhalterischen Abbildungen über Micro Hedges bereiten in der Praxis in der Regel keine größeren Schwierigkeiten.

Die Komplexität des Hedge Accounting nimmt deutlich zu, wenn das Zinsmanagement über eine zentrale Einheit (*Treasury Center*) konzernweit zentralisiert und gesteuert wird.

Eine mögliche Ausprägung eines Treasury Center im Sinne eines zentralen Zinsbuches könnte folgendermaßen aussehen:

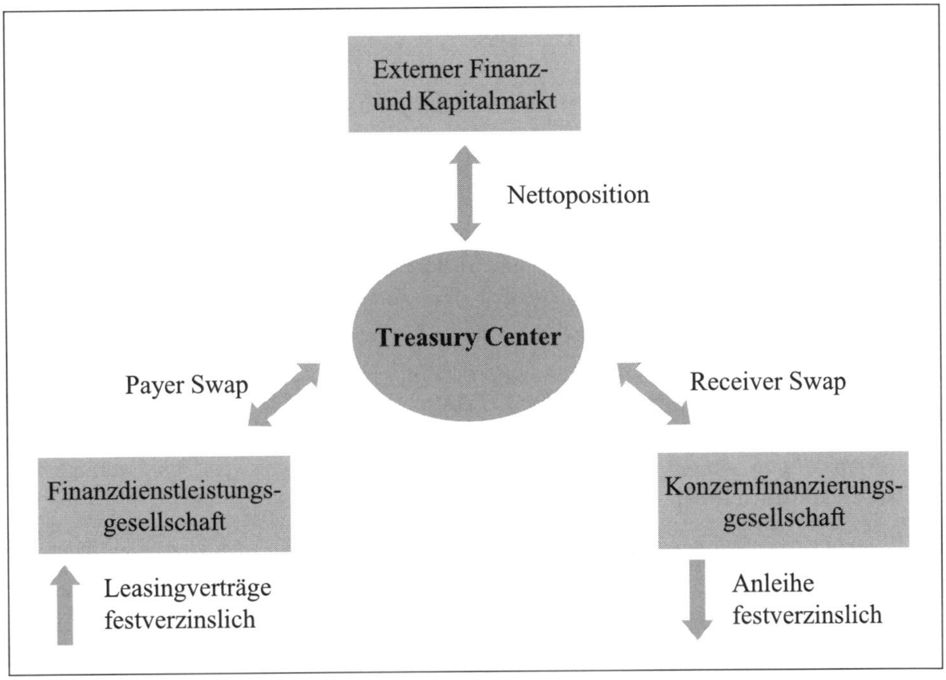

Abbildung 5: *Zinsmanagement im Treasury Center*

Die verschiedenen Einheiten im Konzern schließen ihre Zinssicherungsgeschäfte (*Payer* und *Receiver Swaps*) nicht mit externen Parteien ab, sondern kontrahieren ihre Zinsswaps zu Marktbedingungen mit einem Treasury Center. Im Rahmen des zentralen Zinsmanagements wird die Nettorisikoposition des Konzerns bestimmt und entsprechend durch geeignete Instrumente extern abgesichert. Durch die zentrale Steuerung der Zinsrisiken kann die Anzahl der extern am Markt abgeschlossenen Sicherungen reduziert werden.

Konzerninterne Sicherungsgeschäfte

Konzerninterne Sicherungen sind im Rahmen des Konzernabschlusses grundsätzlich keine zulässigen Hedging Instruments. Nur Sicherungen, die mit einer externen Partei abgeschlossen werden, dürfen für das Hedge Accounting verwendet werden (*IAS 39.73*). Im Rahmen der Bilanzierung eines Treasury Centers bedeutet dies, dass ein internes Sicherungsgeschäft nur dann als Nachweis der Sicherungsbeziehung herangezogen werden kann, wenn diesem ein externes Derivat gegenübersteht.[15]

Bilanzierung von Portfolio Hedges

Des Weiteren ist die Designation einer *Nettorisikoposition* als gesichertes Grundgeschäft explizit untersagt, weil die Effektivität durch Vergleich der Wertänderungen des Sicherungsinstruments und des Grundgeschäfts nicht beurteilt werden kann (*IAS 39.84*). Daher ergibt sich im Rahmen der Bilanzierung eines Treasury Centers für den Konzernabschluss häufig die Problemstellung der Darstellung von *Portfolio Hedges* (Macro Hedges). Im Rahmen des IAS 39 wurde dieses Thema in Bezug auf die Sicherung von Zinsänderungsrisiken durch eine Ergänzung im Jahre 2004 umfassend geregelt (*Fair Value Hedge Accounting for a Portfolio Hedge of Interest Rate Risk*).[16]

Als Voraussetzung für die Bilanzierung eines Portfolio Hedges sind umfassende Verfahrensdokumentationen vorzunehmen (*IAS 39 AG 114*):

1 *Identifizierung des abzusichernden Portfolios,* das Vermögenswerte und Verbindlichkeiten umfassen kann;

2 Einteilung der Zahlungsströme in *Zeitkategorien* basierend auf den zugrunde liegenden Zinsrisiken;

3 Feststellung der *Nettoposition* pro Laufzeitband;

4 *Designation* eines Betrages finanzieller Vermögenswerte oder Verbindlichkeiten als Grundgeschäft pro Laufzeitband.

Die Bilanzierung stellt sich darauf aufbauend wie folgt dar:

1 Die Wertänderung der designierten *Grundgeschäfte* wird erfolgswirksam erfasst und in der Bilanz als separater Posten ausgewiesen. Es ist keine Zuordnung der gesamten Wertänderung zu einzelnen Vermögenswerten bzw. Verbindlichkeiten erforderlich.

2 Die Wertänderung des *Sicherungsinstruments* wird in der Bilanz sowie in der Gewinn- und Verlustrechnung vollständig gebucht.

3 Als Folge der oben genannten Schritte werden in der Gewinn- und Verlustrechnung *Ineffektivitäten* unmittelbar ausgewiesen.

Im Rahmen der Effektivitätsmessung eines Portfolio Hedges kann auf einen Fälligkeitsplan (*Maturity Schedule*) der finanziellen Vermögenswerte und Verbindlichkeiten zurückgegriffen

---

15 Vgl. hierzu auch die Ausführungen von *Kuhn/Scharpf* (2005), S. 267 ff.

16 Zur umfangreichen Darstellung von Portfolio Hedge Accounting in der Praxis vgl. auch *Arnoldi/Leopold* (2005), S. 22 – 38, sowie *Kehm/Lüdenbach* (2005), in: Lüdenbach/Hoffmann (Hrsg.), § 28, Rz. 249.

werden, der die Verminderung des Zinsänderungsrisikos für die Nettoposition aufzeigt (IAS 39 AG 111).[17]

Die Darstellung eines Portfolio Hedge ist in der Praxis wesentlich komplexer als die bilanzielle Abbildung eines Micro Hedge. Insbesondere müssen hierfür die finanziellen Vermögensgegenstände und Verbindlichkeiten des Konzerns zahlungsstromorientiert nach Währungen sortiert und entsprechend geeignete Portfolien, die demselben Risiko unterliegen, definiert werden. Nachteilig im Zusammenhang mit Portfolio Hedges ist auch die Tatsache, dass eine Bestandsveränderung des zugrunde liegenden Portfolios automatisch auch eine Änderung des Absicherungsquotienten pro Laufzeitband hervorruft. Dies hat dann wiederum Auswirkungen auf die Effektivitätsmessung.

Alternativ zu Portfolio Hedges ist es in der Praxis unter Umständen einfacher, einen spezifischen Vermögenswert oder eine spezifische Verbindlichkeit aus der Nettorisikoposition als Grundgeschäft zu bestimmen. Wenn beispielsweise der Konzern über finanzielle Vermögenswerte von USD 200 Mio. und Verbindlichkeiten in Höhe von USD 150 Mio. verfügt, die ähnliche Risiken und Laufzeiten aufweisen, und das Treasury Center daher eine Nettorisikoposition von USD 50 Mio. absichert, so kann für den Konzernabschluss ein Betrag von USD 50 Mio. dieser Vermögenswerte als Grundgeschäft designiert werden (vgl. hierzu *IAS 39 AG 101*). Wie beschrieben, darf die Nettorisikoposition selbst nicht herangezogen werden. Es ist aber bei entsprechender Dokumentation möglich, nur einen Teil – im Beispiel USD 50 Mio. des Vermögenswertes in Höhe von USD 200 Mio.– zu sichern.[18]

Die Komplexität der bilanziellen Darstellung der Aktivitäten eines Treasury Centers ist bei der Strukturierung des konzerninternen Zinsmanagements zu berücksichtigen. Die hohen Anforderungen an entsprechende Dokumentationen und Effektivitätsnachweise müssen bei der systemtechnischen Ausgestaltung vor allem in Industrie- und Handelsunternehmen in die Betrachtung miteinbezogen werden. Banken haben geschäftsbedingt hierzu bereits deutlich mehr Erfahrung.

5. Schlussfolgerung: IAS 39 in der Praxis

Hedge Accounting stellt für die Praxis eine große Herausforderung dar. Nicht zuletzt die umfangreichen Regelungen des IAS 39, die in Teilen sehr „bankenlastig“ sind, sind für In-

---

17 Vgl. *Kuhn/Scharpf* (2005), S. 301.

18 Vgl. hierzu auch *KPMG* (2006), S. 146 ff.

dustrie- und Handelsunternehmen schwierig umzusetzen. Die wirtschaftlichen Sicherungszusammenhänge können oft in der Rechnungslegung nicht entsprechend abgebildet werden. Dies hat Schwankungen im Gewinnausweis zur Folge, die Externen nur schwer verständlich gemacht werden können.

Die spezifischen Regelungen erfordern daher einen hohen Abstimmungsaufwand zwischen dem Rechnungswesen und dem Treasury. Sicherungsmaßnahmen müssen vor Abschluss auf ihre bilanziellen Auswirkungen hin überprüft werden. Auch die Erfüllung der Ansprüche an die Effektivitätsmessung muss sichergestellt sein. Teilweise folgen daher Hedging-Strategien nicht immer in vollem Maße den wirtschaftlichen Bedürfnissen des Unternehmens, sondern orientieren sich auch an der Ergebniswirkung der entsprechenden Maßnahmen.

Die Komplexität des Hedge Accounting erfordert aber nicht nur eine enge interne Zusammenarbeit der verschiedenen Bereiche und Einheiten in einem Konzern. Auch sind neue Aspekte der Sicherungsstrategie zunehmend im Vorfeld mit dem Wirtschaftsprüfer abzustimmen.

Aktuelle Entwicklungen im Rahmen der IFRS bestätigen, dass die Überarbeitung der Bilanzierung von Finanzinstrumenten nicht abgeschlossen ist. Es bleibt daher weiterhin abzuwarten, wie zukünftige Neuerungen im Rahmen des Hedge Accounting in der Praxis umgesetzt werden können.

Literatur

Arnoldi R./Leopold T. (2005): Portfolio Fair Value Hedge Accounting: Entwicklung IAS-konformer und praxistauglicher Buchungsregeln, in KoR 1/2005, S. 22 - 38.

Baetge et al. (Hrsg., 2005): Rechnungslegung nach International Accounting Standards (IAS) – Kommentar auf Grundlage des deutschen Bilanzrechts, 2. Auflage, 2005.

Heuser, P./Theile C (2005): IAS/IFRS Handbuch – Einzel- und Konzernabschluss, 2. Auflage, 2005.

Kuhn S./Scharpf P. (2005): Rechnungslegung von Financial Instruments nach IAS 39, 2. Auflage, 2005.

KPMG IFRG Limited (Hrsg., 2005): Financial Instruments Accounting, International Financial Reporting Standards, 2006.

Lüdenbach N./Hoffmann W. D (2005): Haufe IFRS-Kommentar, 3. Auflage, 2005.

Kapitel 7:
Treasury IT

Systemauswahl und -implementierung

Thomas Seibel/André Scipio/Christoph Waldvogel – RWE AG

1. Struktur der RWE AG

Die RWE AG ist die Management Holding des RWE Konzerns und nimmt als solche zentrale Leistungsfunktionen wahr, wie z. B. die Konzernentwicklung, Mergers & Acquisitions, Finanzierung, Controlling sowie Führungskräfteentwicklung und Kommunikation.

Die übergeordneten Ziele des in der RWE AG ansässigen Finanzmanagements sind unter anderem die Finanzierung der unternehmerischen Aktivitäten, die Sicherung der finanziellen Flexibilität und der jederzeitigen Liquidität sowie die Überwachung und Steuerung finanzieller Risiken (Zins-, Währungs-, Aktien-, Liquiditäts-, Spread- und Adressenausfallrisiken).

Das Finanzmanagement des RWE Konzerns erfolgt zentral über die RWE AG. Diese Bündelung der Aufgaben ist Voraussetzung für eine zentrale Steuerung und Überwachung von Risiken und stärkt außerdem die Verhandlungsposition gegenüber Kreditinstituten und anderen Marktteilnehmern.

2. Projektzielsetzung

Bis zum Projektstart im 1. Quartal 2002 war in der RWE AG kein integriertes Treasury Management System (TMS) im Einsatz. Für die zahlreichen Aufgaben in den einzelnen Finanzabteilungen wurden zu dem Zeitpunkt unterschiedliche Systeme eingesetzt.

Die Umstellung von einem dezentralen auf ein zentrales Finanzmanagement (Inhouse Bank) im RWE Konzern konnte somit nur unter der Voraussetzung gewährleistet werden, dass die Implementierung eines integrierten TMS alle Aufgaben der Inhouse-Bank-Funktion des Konzern-Treasury unterstützt.

Innerhalb des TMS sollten die folgenden Funktionen und Aufgaben abgedeckt werden:

- Cash-Flow-Planung (kurz-, mittel- und langfristig)
- Cash Management (Disposition, Zahlungsverkehr etc.)
- Interne und externe Finanzierungen
- Risk Management (Zins-, Währungs- und Aktienrisiken)
- Asset Management (Risiko- und Performance-Messung)
- Transaktionsmanagement

- Schnittstellen zur Finanzbuchhaltung, zu Electronic-Banking-Systemen und zu Marktdatcninformations-Systemen

3. Auswahlprozess

Vor dem Start der Implementierung eines TMS musste zunächst eine den RWE-Anforderungen entsprechende Software ausgewählt werden. In diesem Zusammenhang war im ersten Schritt eine Entscheidung zu treffen, ob RWE die Systemauswahl eigenständig durchführt, oder ob externe Berater, die sich auf solche Auswahlprozesse spezialisiert haben, zur Unterstützung hinzugezogen werden.

Die Entscheidung fiel auf Grund nicht ausreichender Kenntnisse auf dem unüberschaubaren Markt der Systemanbieter einerseits sowie fehlender Erfahrungen zu Systemeinführungen andererseits zu Gunsten externer Unterstützung aus. Für den sich anschließenden Auswahlprozess wurde ein halbes Jahr veranschlagt.

Der Zeitplan sah die folgenden Projektschritte vor:

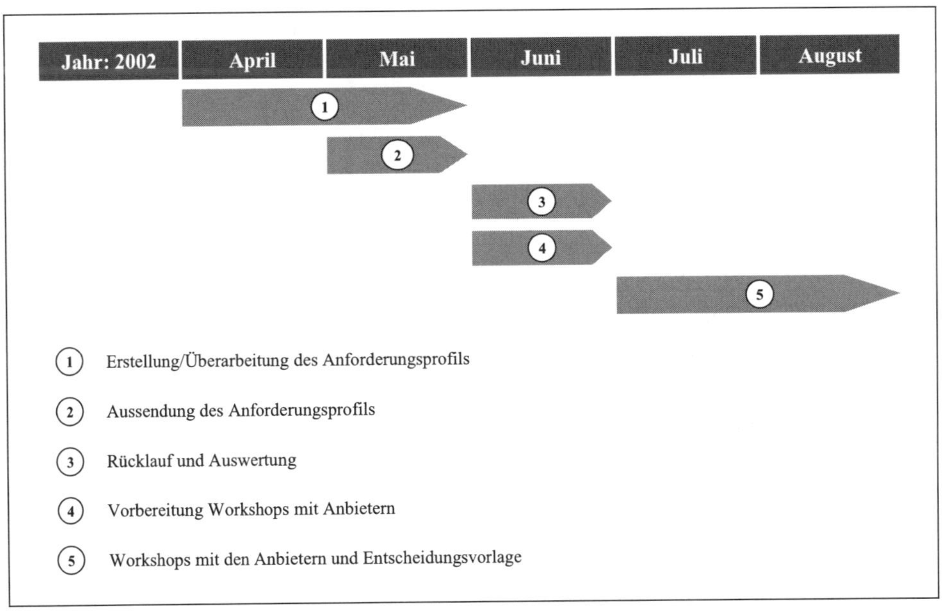

Abbildung 1: *Zeitplan Projektschritte*

3.1 Anforderungskatalog und Scoring-Modell

Nach der Entscheidung für einen Beratereinsatz wurde von allen relevanten Abteilungen ein Anforderungsprofil für das anzuschaffende TMS erstellt. Dieses beinhaltete eine gemeinsame Definition der notwendigen Funktionalitäten, die anhand der vorhandenen bzw. der neu zu schaffenden Prozesse erarbeitet wurden. Zusätzlich mussten EDV-technische Voraussetzungen und Anforderungen wie z. B. Hardwarespezifikationen oder Revisionssicherheit der Software festgelegt werden. Insgesamt wurden 235 Einzelanforderungen formuliert.

Im Anschluss an die Vorselektion der infrage kommenden Anbieter (hier: zwölf Anbieter) durch den Berater wurden die Anforderungsprofile als elektronisches Pflichtenheft versandt. Um den eng vorgegebenen Zeitrahmen einzuhalten, wurde den Anbietern ein Termin vorgegeben, bis zu dem die Antworten eingetroffen sein mussten. Nach dem Rücklauf wurden die Anbieterdaten ausgewertet. Dazu gehörte auch die Klärung noch offener bzw. unklarer Punkte.

Die von den Anbietern ausgefüllten Anforderungsprofile wurden nach den folgenden Kriterien bewertet:

Grundsätzlich wurden für die positive Beantwortung einer Frage zwei Punkte und für Fragen mit Unterpunkten je ein Punkt vergeben. Wenn eine Frage ausschließlich offen zu beantworten war, gab es keine Punkte. Jede Frage wurde nach der Bedeutung für RWE gewichtet („K.O.-Kriterien“ = 4-fach…„nice to have“ = 1-fach), so dass maximal 1.358 Punkte erreicht und 85 K.O.-Kriterien erfüllt werden konnten. K.O.-Kriterien wurden intern, nicht jedoch gegenüber den Anbietern ausgewiesen.

Eine Übersicht des Anforderungsprofils mit der Wichtigkeit der einzelnen Kategorien wird in den Abbildungen 2 und 3 gezeigt.

Abbildung 2 zeigt die durchschnittliche Wichtigkeit der 16 festgelegten Anforderungsgruppen sowie die Anzahl der darin befindlichen K.O.-Kriterien. Ferner zeigt sie, dass die Rubrik „Instrumente“ mit einer Wertigkeit von 3,8 und 27 K.O.-Kriterien von höchster Priorität war. „Schulung und Support“ dagegen war mit einem Wert von 2,9 weniger bedeutsam und enthielt kein K.O.-Kriterium.

Nr.	Kategorien	Gewichtung	# K.O.-Kriterien
1.	Technische Anforderungen	2,9	5
2.	Schulung und Support	2,9	0
3.	Datenerfassung und Speicherung	3,2	3
4.	Datenausgabe	3,1	1
5.	Sicherheit	3,4	6
6.	Schnittstellen	3,6	5
7.	Cash Management	3,4	8
8.	Liquiditätsplanung	3,1	4
9.	Instrumente	3,8	27
10.	Limitwesen	3,3	2
11.	Analyse	3,5	7
12.	Kalkulation/Bewertungen	3	4
13.	Finanzmathematische Anforderungen	3,4	5
14.	Abwicklungsanforderungen	4	1
15.	Rechnungswesen	3,2	5
16.	Weitere Faktoren	3,2	2

Wichtigkeit	
1	„nice to have"
2	weniger wichtig
3	wichtig
4	Knock-out-Kriterium

Abbildung 2: *Gewichtungsmatrix bei der Systemauswahl*

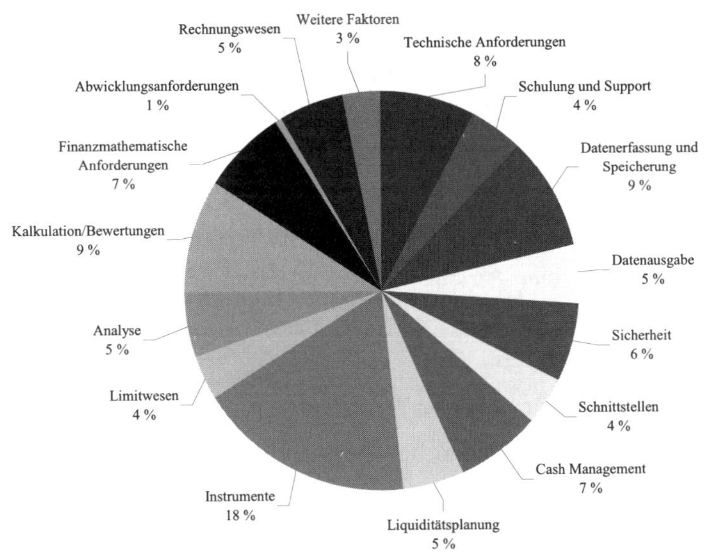

Abbildung 3: *Gewichtsverteilung der einzelnen Kategorien in %*

Abbildung 3 zeigt die Verteilung der zu erreichenden Punkte (inklusive der Gewichtung) für die Anforderungskategorien, gemessen an der Gesamtzahl der möglichen Punkte.

Das schließlich bei der RWE AG implementierte System erfüllte 95 % der Anforderungen bei drei nicht erfüllten K.O.-Kriterien.

Nach Rücklauf sämtlicher Antworten wurden die aufbereiteten Ergebnisse durch die Berater dem Entscheidungsgremium bei RWE präsentiert. Im nächsten Schritt wurde eine Vorauswahl zur Erstellung der Short List der besten sechs Anbieter getroffen. Diese sechs Anbieter wurden zu Präsentations-Workshops eingeladen. Bei der Vorbereitung dieser Workshops wurde großer Wert darauf gelegt, dass es nicht zu einer Standard-Systempräsentation kommt, sondern dass individuelle Workshops auf Basis vorgegebener typischer Geschäftsvorfälle und Berichtserfordernisse der RWE AG durchgeführt werden.

Die Zielsetzung der Workshops mit den Anbietern bestand in der Präsentation der Ergebnisse als finale Entscheidungsunterlage für die Endauswahl zur Implementierung eines TMS bei der RWE AG.

3.2 Workshops mit den Systemanbietern

Um für alle sechs eingeladenen Anbieter Chancengleichheit zu gewährleisten und eine objektive Bewertung sicherzustellen, wurde an diese im Vorfeld der Präsentation eine klar strukturierte Agenda mit Fallbeispielen versandt.

Folgende Fallbeispiele sollten von der Erfassung der Transaktionen bis zur Bewertung, dem Risikomanagement und der Buchung präsentiert werden:

- Emission einer Festzins-Anleihe in EUR mit gleichzeitigem Abschluss eines Empfänger-Swaps
- Abschluss eines internen und externen Devisentermingeschäfts
- Absicherung einer USD-Short-Position mit einer Währungsoption
- Emission einer Fremdwährungsanleihe mit gleichzeitigem Abschluss eines Cross Currency Swaps
- Performance-Berechnung für ein Renten-Portfolio

Diese Fallbeispiele wurden auf die speziellen Bedürfnisse der unterschiedlichen Abteilungen hin untersucht.

An den Workshops nahmen seitens RWE Vertreter aus den Bereichen Treasury, Corporate Finance, Asset Management, Financial Risk Management, Accounting und IT teil. Für jeden

Workshop wurden vier Stunden veranschlagt. Alle Workshops wurden in einer Woche abgehalten.

Die Bewertung des jeweiligen Systems wurde sofort nach dem jeweiligen Workshop durchgeführt und in die Bereiche Dateneingabe, Limitwesen, Bewertung, Berichte, „System Allgemein“ und „Workshop Allgemein“ unterteilt. 45 Prüfungspunkte waren insgesamt vorgegeben. Je Prüfpunkt wurden Noten und Kommentare vergeben.

Nach der ersten Workshoprunde wurde der Anbieterkreis von zuvor sechs auf zwei verkleinert. Mit jedem der beiden Anbieter wurde ein ganztägiger Parallel-Workshop gehalten, bei dem der Anbieter jedem involvierten Fachbereich ein bis drei Stunden für Fragen und Vorführungen zur Verfügung stand.

3.3 Vertragsabschluss

Nach Festlegung des zu implementierenden TMS kam es zum Vertragsabschluss. Vertragspartner waren der TMS-Anbieter und die für den Zentraleinkauf zuständige RWE-Gesellschaft, die über einen auf Software spezialisierten Bereich verfügt, der die notwendige Erfahrung der Vertragsgestaltung und -abwicklung bis hin zur Systemabnahme hat.

Im Einzelnen wurden ein Softwarelizenzvertrag und ein Software-Support-Vertrag geschlossen. Die Kosten der Lizenz richten sich nach den erworbenen Modulen und nach der Anzahl der User. Die jährliche Wartungsgebühr beträgt 15 bis 20 % der einmaligen Lizenzkosten. In der Wartungsgebühr sind die Kosten für die Weiterentwicklung der Software und die damit verbundenen Upgrades sowie die Bereitstellung des Customer Support enthalten.

Wichtige Vertragsbestandteile sind:

- Updates
- Support
- Kosten und Gebühren
- Garantie
- Haftungsbeschränkung
- detaillierte Produktbeschreibung und technische Übersicht
- Standard- und besondere Schnittstellen
- Entwurf des Dokuments zur Projektdefinition
- Entwurf des Projektplans
- Beschreibung zusätzlicher Funktionsanforderungen

- Ausrüstung und zusätzliche Software, die vom Käufer vor der Installation bereitzustellen ist

4. Implementierungsphase

Das Implementierungsprojekt begann im August 2002 mit dem Ziel, die Implementierung der neuen Software bis zum Juli 2003 abzuschließen.

Der geplante Implementierungsumfang umfasste zu diesem Zeitpunkt die folgenden zehn Funktionsbereiche:

- Abwicklung, Verwaltung und Buchung von Geldmarktgeschäften (Anlagen und Aufnahmen), des Commercial-Paper-Programms sowie von Kapitalmarktaufnahmen und anderer hiermit in Zusammenhang stehender Finanzinstrumente wie z. B. Zinsderivate
- Automatisierung und Unterstützung der Prozesse im internen Liquiditätsausgleich (Cash Pooling) inklusive aktueller Kontoinformationen, kurzfristiger Liquiditätsplanung (Eingabe der Planungsdaten durch die Tochtergesellschaften) und interner Zinsverrechnung
- Verwaltung von zugesagten Kreditlinien einschließlich deren Ausnutzung und Limitüberwachung
- Abwicklung, Verwaltung und Buchung aller Fremdwährungsgeschäfte (intern, extern) inklusive einer Schnittstelle zu einer elektronischen Handelsplattform
- Abwicklung, Verwaltung und Buchung von konzerninternen Finanzgeschäften (von der Eingabe der Geschäfte durch die Konzerngesellschaften bis zur Buchung und Zahlung von Geschäften)
- Operative Abwicklung der Stellung bzw. Gewährung von Sicherheiten
- Real Time Pricing und Bewertung aller Finanzgeschäfte inklusive Value-at-Risk-Analysen
- Unterstützung der zugehörigen Back-Office-Funktionalitäten (Transaktionsfreigabe, Bestätigung, Zahlung, Kontenabgleich) und automatische Erzeugung der Buchungssätze für das ERP Enterprise Ressource Planning System (Zahlungen, Abgrenzungen, Bewertungen)
- Hedge Accounting nach IAS 39 sowie die parallele Buchführung nach HGB
- Vollständige Abbildung der Asset-Management-Aktivitäten, insbesondere auch der Performance-Messung

Zu Beginn der Implementierungsphase wurde ein Projektteam aus RWE-Mitarbeitern, Mitarbeitern des externen Beratungsunternehmens sowie Beratern des TMS-Anbieters gebildet. Zunächst fand eine Kick-off-Veranstaltung für die nicht mit der Software vertrauten Mitglieder des Projektteams statt.

Inhalt der viertägigen Veranstaltung war eine allgemeine Softwareschulung, die durch den TMS-Anbieter durchgeführt wurde. Das Projektteam wurde in die Funktionsweisen, die Prozesse sowie das Handling des TMS eingeführt. Diese Kenntnisse sind bereits zu Beginn der Implementierung wichtig, um das richtige Setup beispielsweise für die Portfoliostruktur, die Stammdaten, den Transaktionsfluss, das Limitwesen und die Benutzerverwaltung festzulegen.

Das Projekt-Management gestaltete sich folgendermaßen:

- Die Projektleitung wurde zu Beginn durch einen Mitarbeiter des Systemanbieters und durch einen internen Projektleiter aus dem Finanzbereich der RWE AG gestellt. Das Beratungsunternehmen aus dem Auswahlprozess stellte einen Projektbeobachter, der übergeordnete Beratungsfunktionen wahrnahm.
- Es fand mindestens ein wöchentlicher Conference Call des Projektteams statt. In diesen Gesprächen wurden die zu Projektbeginn aufgesetzte „To-Do-Datenbank" und die sich daraus ergebenden Aufgaben besprochen und aktualisiert. Damit war sichergestellt, dass alle am Projekt direkt beteiligten Personen immer den gleichen Kenntnisstand hatten.
- Die internen und externen Kapazitäten und Anwesenheiten wurden rollierend mit einem Horizont von vier Wochen geplant. Dies war wichtig für die Planung von Aufgaben, bei denen z. B. Systemtechniker vor Ort notwendig waren.
- Durch einen monatlichen Soll-Ist-Abgleich der geplanten und geleisteten Arbeitszeiten wurde das quantitative Engagement der verschiedenen Bereiche und Berater sichtbar und berichtet. So konnte, falls nötig, der Druck erhöht werden, um den Zeitplan des Gesamtprojekts nicht zu gefährden.
- Monatlich fand eine Lenkungsausschusssitzung zum Projektfortschritt und zu anstehenden Entscheidungen statt. Dieser Ausschuss bestand aus dem Leiter Finanzen, dem Leiter Rechnungswesen sowie den internen und externen Projektleitern. Moderiert wurden die Sitzungen von dem begleitenden Berater für das Projekt.

Trotz intensiver Vorbereitung stellte sich relativ schnell heraus, dass die ambitionierte Zielsetzung bis zum geplanten Projektende nicht erreichbar war. Während der Implementierungsphase offenbarte sich, dass nicht alle von RWE angeforderten Funktionalitäten in dem implementierten Software-Release verfügbar waren.

Als weiterer Grund ist sicherlich die knappe Ressourcenzuteilung der RWE-Mitarbeiter anzuführen. Insbesondere zu Quartalsterminen war die Situation im Projekt und im Betrieb strapaziert. Die Auswechslung von Beratern des TMS-Herstellers führte zwar zu Irritationen, schlug sich aber nicht negativ im Zeitplan nieder.

Nachstehend sind die zeitintensivsten Arbeiten im Projektverlauf aufgeführt:

- Erfassung sämtlicher Stammdaten von Banken und RWE-Gesellschaften
- Anlage aller notwendigen Instrumente und Portfolios
- Erstellung des Setup für die vollständige Marktdatenversorgung
- Festlegung der Buchungsregeln im Accounting-Modul
- Prüfung des automatisierten Imports von Standardtransaktionen aus dem Bestand per 31.12.2002 sowie die manuelle Erfassung komplexer Transaktionen per gleichem Bestandstermin

Bis August 2003 waren sechs der oben genannten zehn Funktionsbereiche, die im Implementierungsumfang vorgesehen waren, ganz oder teilweise implementiert und konnten in den Produktionsbetrieb übernommen werden.

Erreicht wurden die Ziele für die Geldhandelsaktivitäten, das Cash Management und die Kontodisposition, die Abbildung der internen und externen Finanzierungsaktivitäten, den Devisenhandel sowie Teile des Risikomanagements. Die wesentlichen, noch nicht umgesetzten Anforderungen waren die Anbindung an das ERP-System im Rechnungswesen und die Abbildung der Asset-Management-Funktionalitäten.

Der Lenkungsausschuss entschied das sofortige „Go Live" für die fertig gestellten Funktionsbereiche und setzte zur Übernahme der Buchungsinformationen aus dem TMS November 2003 als neuen Termin. Dies bedeutete, dass für ca. drei Monate ein Parallelbetrieb des alten und neuen Systems hinsichtlich der oben genannten Funktionsbereiche erfolgte. Gleichzeitig ergab sich durch die Verzögerung die Chance, die Schnittstelle zum ERP-System intensiver zu testen.

Bei Einstellung des Parallelbetriebes musste sichergestellt werden, dass im ERP-System und im TMS der gleiche Datenbestand vorhanden war. Insbesondere mussten interne und externe Kontosalden nochmals abgeglichen werden. Das Rechnungswesen lieferte die Salden aller Konten per Stichtag des Go Live; diese Salden wurden im TMS als Startsaldo der Konten übernommen.

Um den gleichen Datenbestand im TMS und im ERP-System laufend zu gewährleisten, wurde bei RWE folgendes Setup gewählt:

- Die abgerufenen, elektronischen Kontoauszüge der Banken werden in das TMS importiert.
- Die Kontoabstimmung erfolgt innerhalb des TMS. Posten auf den Kontoauszügen, die nicht im TMS geplant waren (z. B. Bankgebühren oder fehlgeleitete Überweisungen), werden als Transaktionen im TMS erfasst, um den Cash Flow auch im System verfügbar zu haben. Diese Transaktionen werden in der weiteren Verarbeitung auf ein Sammelkonto im ERP-System gebucht und anschließend bearbeitet.
- Nach der Abstimmung werden alle Cash Flows mit Valuta vom Vortag oder älter zur Übernahme in das ERP-System vorbereitet. Dazu wurden in der Implementierungsphase

im Rechnungswesen-Modul Regeln angelegt, die zu jedem Cash Flow über den Lebenszyklus eines Finanzinstruments einen Buchungssatz für das entsprechende Konto im ERP-System erzeugen. Im weiteren Verlauf wird daraus eine Datei erzeugt, die in das ERP-System importiert wird.

- Auf den internen Konten wird direkt im Rechnungswesen gebucht. Um auch diese Posten im TMS zu haben, werden die täglich erstellten internen Kontoauszüge für die RWE-Gesellschaften (im SWIFT MT940-Format) in das TMS importiert. Hierbei muss sichergestellt sein, dass nur die im Rechnungswesen veranlassten Buchungen in das TMS gelangen, da die anderen Posten bereits bekannt sind. Die Lösung liegt in der Verwendung von unterschiedlichen Belegnummernkreisen.

Danach wurde die Implementierung für den Bereich Asset Management fortgeführt. Hierbei bestand eine der wichtigsten Fragestellungen darin, ob die von RWE aufgelegten Spezialfonds im Detail mit allen enthaltenen Instrumenten oder lediglich die Fondsanteile im TMS abgebildet werden sollen. Da die Abbildung im Detail einen hohen Arbeitsaufwand bei Veränderungen der Fondszusammensetzung darstellt, entschied sich RWE für die zweite Variante. Während mit diesem gewählten Setup die Performancemessung der Finanzanlagen im TMS möglich ist, wird die notwendige Performance Attribution der Spezialfonds von einem externen Anbieter geliefert. Ein weiteres Problem stellte die Rechnungslegung für Wertpapiere dar. Das TMS liefert Werte nach IFRS. Für den Einzelabschluss ist aber die Rechnungslegung nach HGB notwendig. Als Folge daraus wird der Wertpapier-Bestand der RWE AG noch im ERP-System mitgeführt.

Das „Go Live“ für den Bereich Asset Management war im Mai 2004 und bezog sich ausschließlich auf die Positionen der RWE AG. Die auch von der RWE AG verwalteten Anlagen der RWE-Gesellschaften werden seit August 2004 im TMS abgebildet.

Noch während der Schlussphase der Implementierung musste ein Upgrade-Projekt auf die damals aktuelle Version des TMS gestartet werden, um einige der zunächst nicht erfüllten Anforderungen verfügbar zu haben.

Da auch in der dann implementierten Version noch nicht alle vertraglich zugesicherten Funktionalitäten verfügbar waren, hat RWE mit dem TMS-Anbieter nachverhandelt und eine Einigung erzielt, in der RWE für die fehlenden Funktionalitäten und die daraus entstandenen zusätzlichen Kosten entschädigt wurde. Erst nach dieser Einigung wurde das System durch RWE abgenommen.

Die Abnahme des TMS stellt den Schlusspunkt der Implementierungsphase dar. Ab diesem Zeitpunkt laufen Gewährleistungsfristen, und die Berechnung der in der Regel jährlichen Wartungsgebühr beginnt.

5. Lessons Learned

Nicht erst nach Abschluss, sondern bereits während des Projekts sollte man hinterfragen, welche kritischen Sachverhalte im Rahmen des Projektverlaufs aufgetreten sind und welche Verbesserungsmaßnahmen sich hieraus künftig ableiten lassen. Die wichtigsten Erkenntnisse, die RWE aus diesem Projekt als Lehre gezogen hat, sind nachstehend zusammengefasst:

- Bereits am Anfang eines Implementierungsprojekts sollte man ausreichend interne Ressourcen für ein solches Projekt bereithalten. Diese müssen frühzeitig benannt und idealerweise auch vom Tagesgeschäft freigestellt werden. Sowohl für die Systemtests als auch für das Design der neuen Geschäftprozesse sollte man auf eigene Ressourcen zurückgreifen. Andernfalls begibt man sich in eine zu starke Abhängigkeit von externen Beratern. Dies führt zu Kostenerhöhungen und vergrößert den Schulungsbedarf für die Mitarbeiter, die nach erfolgreicher Implementierung mit dem System arbeiten sollen. Hinzu kommt, dass sich die eigenen Mitarbeiter frühzeitig mit dem System auseinander setzen und erste Erfahrungen sammeln. Sollte es im späteren Produktionsbetrieb zu Problemen kommen, so ist deren Behebung schneller möglich. Je früher Mitarbeiter eine neue Software als „ihr“ System anerkennen, desto eher wird der Erfolg einer Systemeinführung sichtbar.
- Die heutigen TMS sind komplex. Durch die vielen Funktionalitäten, die ein solches System den verschiedenen Anwendern bietet, muss man als Anwender daher die Möglichkeit haben, das System seinen eigenen Bedürfnissen anzupassen. Dies ist sowohl im Transaktionsfluss als auch bei Bewertungen, der Portfoliostruktur oder der Buchungssystematik etc. möglich. Jeder Parameter, der eingestellt bzw. verändert werden kann und für eine bestimmte Applikation oder Funktion benötigt wird, kann Auswirkungen auf andere Funktionalitäten haben. Deshalb sollte man über sehr gut geschultes Personal verfügen, das die komplexen Zusammenhänge eines solchen TMS versteht.
- RWE hat im Auswahlprozess versucht, durch praxisbezogene, sorgsam ausgewählte Anwendungsfälle Standard-Präsentationen zu verhindern. Dennoch entstanden in der Implementierungsphase Probleme bei der Parametrisierung des Systems, die so nicht erwartet wurden. Gewisse Fragen zu Funktionalitäten können in den Systempräsentationen noch nicht gestellt werden, da man sich in der Regel noch nicht der Komplexität des TMS bewusst ist. So müssen solche Detailfragen während der Projektphase entschieden werden, wobei sich häufig herausstellt, dass die gewünschte Funktionalität nicht in der Standardimplementierung enthalten ist. Dann kann man das System entweder parametrisieren, so dass die Funktionalität wie gewünscht verfügbar ist, bzw. in besonderen Fällen Programmierer beauftragen, die für die Verfügbarkeit der gewünschten Funktionalität sorgen. Beide Vorgehensweisen sind mit Beratungs- und Programmieraufwand verbunden, der oftmals nicht im Budget enthalten war.

6. Optimierung der Treasury-Prozesse nach der TMS-Einführung

Durch die Systemeinführung wurden auch Prozesse, Schnittstellen und Organisationsstrukturen auf den Prüfstand gestellt. Diese kritische Analyse setzt sich bei Systemen, die flexibel unternehmensspezifisch konfigurierbar sind, ständig fort. Die Einführungsphase geht also fließend in die Weiterentwicklungsphase über. Für die RWE AG bedeutet dies, dass die fachliche Administration des Systems durch Mitarbeiter im Finanzbereich sichergestellt werden muss. Die technische Administration wird durch den konzerneigenen IT-Dienstleister wahrgenommen. Im ständigen Austausch mit den Fachabteilungen, dem Systemanbieter und anderen Anwendern des TMS hat die Administration die Aufgabe, Prozess- und Systemveränderungen zu planen und durchzuführen.

Eine der wichtigsten Weiterentwicklungen nach Abschluss des Einführungsprojekts war die im Folgenden dargestellte Automatisierung des Devisengeschäftes, vom Handel über die Bestätigungen bis hin zur Abwicklung und dem Risikomanagement.

6.1 Devisenhandel

Bis zum Zeitpunkt der Systemeinführung wurde der Devisenhandel der Tochtergesellschaften zum Teil mit der RWE AG oder selbstständig mit Banken getätigt. Bei der RWE AG anfallende Geschäfte wurden damals per Telefon abgeschlossen. Im Anschluss an den Handel mussten die Transaktionsdetails in den jeweiligen Systemen erfasst werden.

6.1.1 Externer Devisenhandel

Über eine Online-Verbindung stellt die RWE AG simultane Preisanfragen an mehrere Market Maker und erhält innerhalb von Sekunden direkt handelbare Quotierungen, die sofort rechtsgültig ausgeübt werden können. Dazu wird eine Preisanfrage über die Eingabemaske auf dem Bildschirm definiert und an einen oder mehrere Market Maker gleichzeitig versendet.

Die angefragten preisstellenden Banken können in einem schnellen Antwortverfahren ihre Quotierung auf eine Preisanfrage manuell (per Eingabemaske) oder automatisch (per Autotrader) abgeben. Das System übermittelt die Quotierungen zurück an die RWE AG, die sofort die vorteilhafte Quotierung auswählen, elektronisch bestätigen und so das rechtsverbindliche Geschäft abschließen kann.

Nach dem rechtsgültigen Abschluss einer Transaktion wird eine elektronische Schlussnote für beide Seiten ausgelöst. Diese wird im XML-Datenformat über elektronische Schnittstellen in die Positionsführung und andere Front-Office-Applikationen des TMS übermittelt.

6.1.2 Interner Devisenhandel

Die Tochtergesellschaften wurden ebenfalls an die konzernweite elektronische Handelsplattform angebunden, die unter dem RWE-Logo betrieben wird. Über ein individuell konfigurierbares Zusammenspiel zwischen Multibank-Portal und der internen Handelsplattform können Anfragen der dezentralen Einheiten mit einem beliebigen Automatisierungsgrad auch direkt an die Banken weitergeleitet werden. Alternativ kommen die Anfragen in der Treasury der RWE AG an.

Preisanfragen der Töchter werden von einem Autodealer entgegengenommen, in dem alle standardisierbaren Vorgehensweisen der Zentrale zuvor erfasst wurden. Der Autodealer unterscheidet gemäß flexibel konfigurierbarer Regeln, ob die Nachfrage manuell weiterbearbeitet, automatisch durch einen internen Preis bedient oder direkt automatisch gegen eine externe Multibankanfrage glattgestellt werden soll (Back-to-Back-Geschäft).

Im letzten Fall leitet die interne Plattform die Anfrage an die externe Plattform weiter, die bei einigen vorher festgelegten Market Makern eine simultane Preisanfrage stellt. Der beste Preis wird wiederum direkt an die ursprünglich anfragende Tochter geleitet, wobei das Group Treasury die Option eines automatischen Margenaufschlags besitzt. Akzeptiert die Gesellschaft den Preis, laufen am Ende eines solchen Prozesses elektronische Handelsbestätigungen automatisch in die positionsführenden Systeme von Tochter, Group Treasury und der kontrahierenden Bank.

6.2 Bestätigungen

Der Prozess der Transaktionsbestätigungen, sowohl intern als auch extern, war vor Einführung des TMS sehr aufwendig und mit vielen manuellen Tätigkeiten verbunden. Die Bestätigungen aus den Devisenhandelsgeschäften, welche die RWE AG als Inhouse Bank an die Tochtergesellschaften zu versenden hatte, wurden bis zur Einführung des TMS mit einem Textverarbeitungsprogramm pro Transaktion erstellt, unterschrieben und per Post versandt.

Die externen Bestätigungen wurden mit den Eingaben der Händler in Excel-Spreadsheets von einem Back-Office-Mitarbeiter verglichen, bei Abweichungen – teilweise mehrfach – geändert und bei Übereinstimmung durch zwei Zeichnungsberechtigte unterschrieben. Danach wurden diese autorisierten Gegenbestätigungen an die Banken gefaxt und zu Dokumentationszwecken abgelegt.

Die vorstehend dargestellte Zentralisierung des Devisenhandels und die damit verbundene Vervielfachung der Transaktionszahl, die vom Group Treasury abzuwickeln war, wäre ohne eine weitgehende Automatisierung der Bestätigungsprozesse bzw. eine Personalaufstockung undenkbar gewesen.

Die externen Devisenhandelstransaktionen mit den Banken werden mittlerweile ohne Eingreifen eines Mitarbeiters in einen Status versetzt, der Zahlungen ermöglicht. Dies geschieht über eine internetbasierte Plattform, die sowohl die Bestätigungen der Banken als auch die Transaktionsdetails der RWE AG über eine Schnittstelle erhält. Dazu läuft alle 30 Minuten ein Programm, das die Transaktionsdaten aus dem TMS ausliest und anschließend per Datentransfer an die Internetplattform sendet. Gleichzeitig werden Daten für übereinstimmende Bestätigungen abgeholt. Stimmen die Transaktionsdetails der Kontrahenten und RWE überein, so erhält man eine Ergebnisdatei mit diesen Informationen. Daraufhin werden die Transaktionen im TMS in den finalen Transaktionsstatus versetzt.

Das Back Office muss somit nur bei denjenigen Transaktionen eingreifen, die von der Schnittstelle nicht in den finalen Status weitergeleitet werden, da die Gegenbestätigung der Bank mit der Eingabe des Händlers der RWE AG nicht übereinstimmt.

Für die Bestätigung der konzerninternen Transaktionen bietet das bei RWE implementierte TMS die Möglichkeit, Bestätigungen im XML-Format so vorzukonfigurieren, dass bei Bestätigung eines Deals die variablen Daten wie Kontrahent, Adresse, Nominalbetrag oder Kurs in die Bestätigung automatisch aufgenommen werden und an eine in den Kontrahentendaten gepflegte E-Mail-Adresse als PDF-Datei versendet werden. Das TMS erkennt ebenfalls, ob es sich um eine Änderung an der Transaktion handelt. Dann wird die Bestätigung mit dem Vermerk „Änderung“ versehen, so dass die Tochtergesellschaft weiß, dass die bisherige Bestätigung ihre Gültigkeit verliert. Ebenso werden Stornos mit einem Stornovermerk versehen. Besitzt die Tochtergesellschaft keine E-Mail-Adresse oder möchte sie die Bestätigung als Brief erhalten, so wird auch automatisch im Back Office eine Bestätigung gedruckt, die nur noch versendet werden muss. Durch die konzerninterne Anweisung, dass Bestätigungen nicht mehr gegenbestätigt werden, müssen die Tochtergesellschaften sich nur noch bei Unstimmigkeiten an das Group Treasury wenden. Mittlerweile werden mehr als 95 % der internen Bestätigungen automatisiert per E-Mail an die Tochtergesellschaften versandt.

6.3 Zahlungsverkehr

Der Zahlungsverkehr für Finanztransaktionen, wie z. B. das Settlement von Devisenhandelstransaktionen oder Zinszahlungen aus Zinsswaps, verlief vor der Einführung des TMS bei RWE weitgehend manuell. Geschäfte mit Banken, bei denen RWE eine Kontoverbindung in den entsprechenden Währungen unterhielt, bereiteten keinen großen Aufwand im Zahlungsverkehr, da dort eine automatische Gutschrift oder Belastung auf den RWE-Konten erfolgte.

Sobald aber mit Kontrahenten gehandelt wurde, bei denen RWE keine Kontoverbindung unterhielt, mussten die fälligen Zahlungen überwacht werden. Hinzu kam, dass bei Fälligkeit Überweisungsträger erstellt, unterschrieben und an die Hausbank gesendet werden mussten, damit die Zahlungen rechtzeitig bei den Kontrahenten von RWE eintrafen.

Durch die Entwicklung einer Schnittstelle vom TMS zum Multi-Cash-System sowie die entsprechende Pflege der Kontodaten der Kontrahenten innerhalb des TMS wurde der Zahlungsverkehr für Zahlungen aus Finanztransaktionen weitgehend automatisiert. Nach der Cut-off-Zeit für die Eingabe der Transaktionen und der Abstimmung mit den Banken über die Höhe der zu zahlenden Beträge werden aus dem TMS für jede Bank, von der Zahlungen zu leisten sind, Zahlungsverkehrsdateien erzeugt. Diese werden in das Multi-Cash-System eingelesen und nach Ergänzung zweier elektronischer Unterschriften an die Banken versendet.

Zur Reduzierung der Anzahl der Zahlungen sowie der Settlement-Risiken wurden mit einem Großteil der Banken Netting-Vereinbarungen geschlossen, so dass bei allen Zahlungen pro Währung und pro Valutatag nur die Spitze ausgeglichen wird. Eine solche Funktionalität bietet das bei RWE eingeführte TMS. So kann man, je nach Vereinbarung mit der Bank, Regeln bei den Kontrahenten hinterlegen, ob alle Zahlungen pro Valutatag und Währung oder beispielsweise nur die Zahlungen aus Devisengeschäften mit in das Netting einbezogen werden sollen.

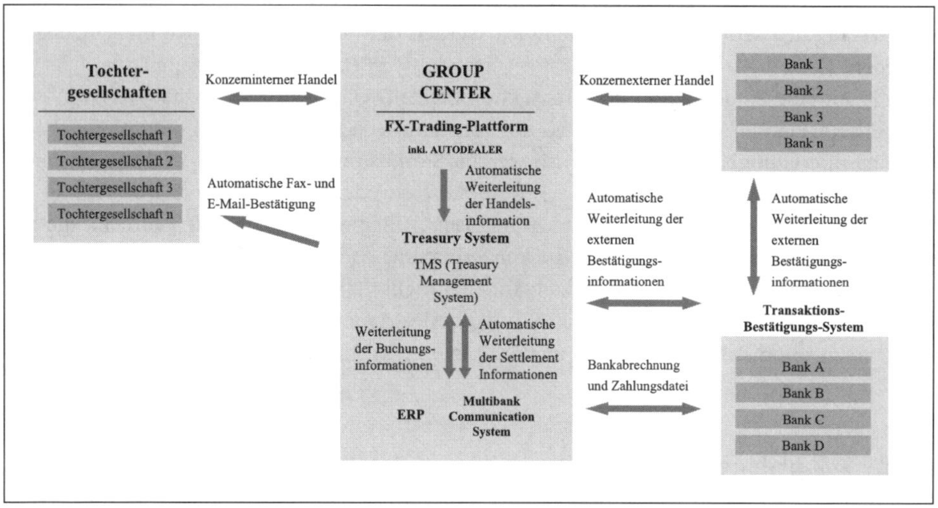

Abbildung 4: *Prozesse bei der RWE AG nach der Einführung eines TMS*

6.4 Finanzwirtschaftliches Risikomanagement

Ein wesentliches Ziel für die Einführung des TMS war der Aufbau eines modernen und integrierten finanzwirtschaftlichen Risikomanagements. Im Zusammenhang mit der internationalen Expansion von RWE wurden komplexe Finanztransaktionen getätigt und Derivate abgeschlossen, deren Risiken messbar und steuerbar sein mussten. Deshalb stand die Umsetzung dieses Punktes nach der Systemeinführung weit oben auf der Prioritätenliste.

Mit Hilfe des TMS können die finanzwirtschaftlichen Risiken heute aggregiert und real time bewertet werden. Sowohl Adressenausfallrisiken als auch Marktpreisrisiken werden mittlerweile regelmäßig quantifiziert, basierend unter anderem auf Value at Risk und Sensitivitätsanalysen. Diese Analysen bieten heute wichtige Hilfestellungen bei Finanzierungs- oder Absicherungsentscheidungen im Finanzmanagement der RWE.

7. Fazit

RWE ist heute sehr zufrieden mit dem eingeführten TMS. Ein Vorteil besteht in dem Zugriff aller Anwender auf ein und dieselbe Datenbank. Durch die Standardisierung von Auswertungen und Analysen, die heute eine verlässliche Basis für Entscheidungen liefern und eine frühzeitige Identifizierung und Steuerung der Risiken ermöglichen, wurde der Abstimmungsbedarf auf ein Minimum reduziert.

Die Bedeutung der Systemeinführung lässt sich an der erheblich gestiegenen Zahl der Geschäfte erkennen. Allein im Devisenhandel ist die Transaktionsanzahl innerhalb von drei Jahren um 783 % gestiegen. Gleichzeitig wurde die Mitarbeiterzahl nur um 14 % erhöht.

Ohne die Unterstützung eines integrierten TMS, mit automatisch arbeitenden Schnittstellen, wäre eine solche Steigerung des Transaktionsvolumens nicht möglich gewesen.

Auf- und Ausbaumöglichkeiten einer SWIFT-Infrastruktur

Andreas Drabert/Michael Marquard – European Aeronautic Defence and Space Company EADS NV

1. Einleitung

„European Aeronautic Defence and Space Company EADS NV", so wie sie sich heute als multinationales Unternehmen darstellt, ist das Ergebnis eines jahrelangen Konsolidierungsprozesses in der Branche. Dieser fand seinen Höhepunkt im Zusammenschluss von Aerospatiale Matra, DaimlerChrysler Aerospace (Dasa) und dem spanischen Unternehmen CASA zur EADS im Juli 2000. Damit verbunden war auch die Einführung einer neuen „Treasury Policy", die zur Konsequenz hatte, dass neue Richtlinien und Standards für die zentralen Treasury-Aktivitäten geschaffen wurden. Durch diesen Veränderungsprozess ergab sich für die EADS die Chance, eine neue Treasury-Abteilung und neue Geschäftsabläufe einzuführen.

Zunächst wurde als Teil der Neugründung eine Veränderung der Organisation vorgenommen. Als Vorbild diente die in der Bankenorganisation übliche Trennung von Front, Middle und Back Office. Zuständig für das Abschließen aller Finanzgeschäfte ist das Front Office (FO), was insbesondere Aktivitäten zur Absicherung von Finanzpositionen (z. B. Devisenkassa- und Termingeschäfte) umfasst. Die Finanzdisposition sowie die Abwicklung und Kontrolle aller Finanzgeschäfte fallen in den Zuständigkeitsbereich des Back Office (BO). Das Middle Office (MO) trägt Sorge für das Risikoreporting, die Bewertung aller Finanzgeschäfte und überwacht im Sinne einer erweiterten operationalen Kontrolle sämtliche Treasury-Aktivitäten.

Bei einem F/X-Portfolio[1] von ca. USD 47 Mrd. per 31.12.2005 und einer Transaktionszahl von rund 120.000 Treasury-Aktivitäten pro Jahr sind eine sichere und effiziente Abwicklung sowie eine effektive Kontrolle nur durch höchstmögliche Automatisierung zu erreichen. Diese Erkenntnis führte schließlich zu Überlegungen, die EADS an das SWIFT-Netzwerk anzubinden, das im Dezember 2003 erfolgreich implementiert wurde. Im Folgenden sollen die wesentlichen Charakteristika, die Zugangsmöglichkeiten, die Hauptanwendungsgebiete und die Vorteile von SWIFT bei der EADS anhand ausgewählter Beispiele des täglichen Geschäftsablaufs erläutert werden.

2. SWIFT

Das Akronym „SWIFT" steht für „Society for Worldwide Interbank Financial Telecommunication". Hierbei handelt es sich um ein genossenschaftliches Unternehmen nach belgischem

1 Das Währungsportfolio – kurz F/X-Portfolio – umfasst bei EADS Devisenkassa- und -termingeschäfte, Devisenswaps sowie Devisenoptionen.

Recht mit dem Ziel, durch Datenfernübertragung den internationalen Zahlungsverkehr zu beschleunigen und zu sichern.[2] Alle bedeutenden Banken (ca. 7.800) sind diesem Datenfernübertragungsnetz angeschlossen, das im Jahre 1977 eingeführt und in über 200 Ländern zugänglich gemacht wurde.

In diesem Netz können standardisierte Nachrichten aus dem Bankengeschäft wie z. B. Zahlungsaufträge, Avise und Geschäftsbestätigungen sicher und schnell innerhalb von wenigen Minuten und unabhängig von der geografischen Lage übertragen werden.

Mit dem SWIFT-BIC (BIC ist die Abkürzung für Bank Identifier Code, umgangssprachlich auch SWIFT-Code genannt) kann jedes direkt oder indirekt teilnehmende Kreditinstitut oder Unternehmen eindeutig identifiziert werden.

Der SWIFT-Code hat eine Länge von acht oder elf alphanumerischen Zeichen und lautet im Fall der EADS:

EADSDEMM

4-stelliger Bank- bzw. Firmencode: EADS
2-stelliger Ländercode: DE für Deutschland
2-stellige Codierung des Ortes: MM für München

Die Formate der SWIFT-Nachrichten sind standardisiert und heißen Message Types (kurz MT). Nachstehend sind die Formate mit besonderer Relevanz für Industrieunternehmen aufgeführt:

MT101	Standardnachricht für Kundenzahlungsaufträge an Banken
MT3xx	Standardnachricht für Devisen- und Geldmarktgeschäftsbestätigungen
MT940	Standardnachricht für elektronische Kontoauszüge
MT942	Intraday-Kontoauszüge (werden mehrmals täglich zur Verfügung gestellt)
MT541	Standardnachricht für Wertpapierzahlungsaufträge an Banken
MT999	Administrative Nachrichten via Freitext

Insgesamt werden über SWIFT pro Jahr 904 Mio. Nachrichten weltweit übertragen (Stand: 28.02.2006).[3] SWIFT ist damit der weltweite Standard im internationalen Zahlungsverkehr und daher für EADS von besonderem Interesse.

2 Vgl. *Altmann* (2001), S. 281.

3 Vgl. *Swift.com* (2006).

3. Möglichkeiten einer Mitgliedschaft

Es gibt verschiedene Zugangsmöglichkeiten sowie Formen einer Mitgliedschaft bei SWIFT. Die für Industrieunternehmen relevanten Möglichkeiten sollen im Folgenden kurz dargestellt werden.

3.1 Vollmitgliedschaft

Eine Vollmitgliedschaft ist in der Regel nur für Banken oder für Unternehmen möglich, die im Besitz einer Vollbank- oder Teilbanklizenz sind. Seit 2001 hat sich SWIFT für Industrieunternehmen, die bestimmte Voraussetzungen erfüllen, weiter geöffnet.[4] Als Voraussetzungen sind z. B. ein bestimmtes Transaktionsvolumen oder die Empfehlung von Banken, die bereits Mitglied bei SWIFT sind, zu nennen. Mit Hilfe dieser Zulassungsvoraussetzungen verfolgt SWIFT das Ziel, ein insgesamt hohes Qualitätsniveau sicherzustellen und in Bezug auf die Mitglieder ein Mindestmaß an Schutz zu gewährleisten. Weitere Informationen stellt SWIFT auf seiner Homepage „www.swift.com“ zur Verfügung.

3.2 Mitgliedschaft als Treasury Counterparty

Für ein Industrieunternehmen bietet sich eine Mitgliedschaft bei SWIFT als „Treasury Counterparty“ an. Der Status „Treasury Counterparty“ ermöglicht es dem Unternehmen, SWIFT-Nachrichten vom Format MT3xx sowie administrative Nachrichten auszutauschen.

Um als „Treasury Counterparty“ anerkannt zu werden, bedarf es der Empfehlung von mindestens acht Banken, die bereits Mitglied bei SWIFT sind. Bei diesen Empfehlungen handelt es sich um so genannte „Support Letters“, die zum Ausdruck bringen sollen, dass es aus Sicht der Banken wünschenswert ist, dass das betreffende Unternehmen am SWIFT-Netz teilhaben soll. Darüber hinaus muss das Unternehmen jährlich einen Jahresabschluss nach internationalen Standards erstellen und diesen entsprechend prüfen lassen. Ebenso muss sich das Unternehmen bereit erklären, die SWIFT-Regelungen gemäß dem SWIFT-Handbuch zu befolgen.

Werden von dem Unternehmen zusätzliche „Message Types“ beantragt, also z. B. MT101 für das Senden von Zahlungsaufträgen an eine Bank oder MT541 für Wertpapierzahlungsaufträ-

---

4 Vgl. *Treasury Today* (2006), May 2006, Andrés Huerta Arena, S. 37.

ge, muss mit jeder einzelnen Bank, an die EADS Zahlungsaufträge sendet, ein MA-CUG-Vertrag[5] abgeschlossen werden.

SWIFT ist für den Abschluss eines MA-CUG-Vertrags im eigentlichen Sinne kein Vertragspartner, sondern stellt lediglich die erforderliche Infrastruktur zur Verfügung.

3.3 Mögliche Zugangsformen zu SWIFT

Hinsichtlich des Zugangs zu SWIFT besteht die Möglichkeit, sich direkt an das SWIFT-Netz oder auch indirekt über ein Service-Büro[6] anbinden zu lassen. Bei der direkten Anschlussform muss jedoch in eine eigene SWIFT-Infrastruktur investiert werden, um eine Schnittstelle zwischen dem Treasury Management System und dem SWIFT-Netzwerk herstellen zu können. Eine direkte Anbindung hat daher in der Regel hohe Investitions-, Betriebs- und Wartungskosten zur Folge, die sich nur bei einem hohen Nachrichtenumsatz rentieren. Um diese Kosten zu vermeiden und gleichzeitig Synergien zu nutzen, kann eine Anbindung an SWIFT über ein Service-Büro erfolgen.

4. Ausgangssituation vor Einführung von SWIFT

Vor der Einführung von SWIFT wurden sämtliche Treasury-Geschäfte[7] manuell – entweder per Fax oder per Post – bestätigt. Die Bestätigungen des Kontrahenten mussten mit den eigenen Bestätigungen manuell im Hinblick auf Übereinstimmung der Geschäftsdaten, wie z. B. Handelstag, Valutadatum, Fälligkeitsdatum, Geschäftsart, Kontrahenten-Daten, Zahlungsinstruktionen, Zahlungswege sowie auf vertragsrechtliche Vereinbarungen, überprüft werden. Bei im Durchschnitt 300 Devisen- und Geldmarktgeschäftsbestätigungen pro Woche bedeutet dies nicht nur einen erheblichen zeitlichen und damit auch personellen Aufwand, sondern gleichzeitig ein hohes operationelles Risiko.

---

5 MA-CUG steht für „Member Administered Closed User Group". „A MA-CUG is a mechanism by which corporates are given access to the SWIFT network. By joining a MA-CUG, a corporate can exchange SWIFT messages with a bank, which is a member of the SWIFT network", vgl. *Treasury Today* (2006), S. 37.

6 Professioneller von SWIFT zertifizierter Diensteanbieter, der den Zugang zum SWIFT-Netz ermöglicht.

7 Hierzu gehören unter anderem Devisenkassa-, Devisentermingeschäfte und die Kombination der beiden sowie Geldmarktgeschäfte, Interest Rate Swaps, Optionen, Bonds oder Money Market Funds.

Das Risiko beginnt für die EADS mit dem Zeitpunkt, in welchem der Händler das Geschäft am Telefon abschließt (Zeitpunkt t1). Von diesem Zeitpunkt an befindet sich die EADS bis zum endgültigen Abgleich der Geschäftsbestätigung mit der Bestätigung des Kontrahenten (Zeitpunkt t2) in einer Situation der Unsicherheit.

Beispiel: Operationelles Risiko

Ein Händler beabsichtigt, USD 100 Mio. gegen EUR am 17.05.2006 per Sechs-Monats-Termin zu kaufen, da dieser USD-Betrag von einer Tochtergesellschaft zur Begleichung einer Rechnung am 17.11.2006 benötigt wird. Der dazu korrespondierende EUR-Betrag beträgt bei einem Terminkurs von 1,285 EUR/USD am 17.05.2006 EUR 77.821.011,67. Es sei angenommen, dass der Händler durch ein Missverständnis anstatt eines Kaufs einen Verkauf von USD per Termin abschließt. Wird der Fehler auf Grund einer zu spät erhaltenen Bestätigung des Kontrahenten erst am Folgetag – bei einem mittlerweile gesunkenen Kurs von 1,275 EUR/USD – bemerkt, ergibt sich für die EADS folgende Situation:

Der Händler muss zunächst das falsch getätigte Geschäft durch ein Gegengeschäft wieder schließen. Darüber hinaus muss er USD 100 Mio. gegen Euro zu einem Kurs von 1,275 EUR/USD[8] kaufen. Bei einem Kurs von 1,275 EUR/USD bedeutet dies, dass er für USD 100 Mio. nun EUR 78.431.372,55 aufwenden muss. Dies sind EUR 610.360,88 mehr, als dies zum ursprünglich geplanten Kurs von 1,285 der Fall gewesen wäre. Das ursprünglich beabsichtigte Geschäft muss ferner wieder hergestellt werden, ebenfalls zum Kurs von 1,275. Dies bedeutet einen nochmaligen Kursverlust von EUR 610.360,88. In summa ergibt sich daraus ein Kursverlust von EUR 1.220.721,76. Dieser Kursverlust ergab sich dadurch, dass der Fehler, eine falsche Position eingegangen zu sein, nicht rechtzeitig bemerkt wurde. Bei einem automatisierten Abstimmungs- und Kontrollprozess hätte dieser Fehler früher bemerkt werden können, so dass der hohe Kursverlust vermeidbar gewesen wäre.[9]

Neben diesem Beispiel gibt es natürlich noch eine Vielzahl von möglichen anderen operationellen Risiken, wie z. B. fehlerhafte oder zu lange Abstimmungsprozesse bei Geschäftsbestätigungen durch die Kontrahenten, fehlende oder unvollständige Kontrollen, menschliche Fehler oder der Ausfall von Computersystemen.

Alle operationellen Risiken sind dadurch gekennzeichnet, dass der daraus resultierende Schaden umso geringer ist, je schneller der Fehler bemerkt und korrigiert wird. Im vorstehenden Beispiel bedeutet eine Verringerung der Zeitspanne bis zur Aufdeckung der fehlerhaften Positionierung eine Reduzierung der Wahrscheinlichkeit einer stärkeren Kursänderung. Aus

---

8 Die Differenzen bezüglich der Geld- und Briefkurse werden hier vernachlässigt.

9 Wird der oben beschriebene Fehler über einen längeren Zeitraum nicht bemerkt, kommt neben dem Risiko der Kassakursänderung noch das Risiko der Zinsänderung hinzu.

diesem Grund sollten die Abstimmungs- und Kontrollprozesse entsprechend effizient gestaltet und automatisiert werden.

5. Gründe für die Einführung von SWIFT

Der durch einen erhöhten Auftragseingang bedingte rasante Anstieg von Finanztransaktionen führte zu Überlegungen, die Kontroll-, Abstimmungs- und Abwicklungsprozesse zu automatisieren, da eine manuelle Kontrolle und Abwicklung sämtlicher Geschäfte nicht mehr zeitnah möglich und auch mit zu hohen operationellen Risiken verbunden gewesen wäre.

Vorrangiges Ziel war es, alle Treasury-Geschäfte schon wenige Minuten nach deren Abschluss durch den Händler mit der Gegenbestätigung des Kontrahenten automatisch abgleichen zu können, um Fehler – noch bevor sie zu einem finanziellen Schaden führen – identifizieren und korrigieren zu können. Nach einer umfassenden Anforderungs- sowie Kosten-Nutzen-Analyse kristallisierte sich das SWIFT-System als besonders geeignet heraus, diesen Anforderungen gerecht zu werden.

Die besonderen Vorteile durch den Einsatz von SWIFT sind nachstehend dargestellt:

- Standardisierte, fälschungssichere Nachrichtenübertragung
- Beleglose, vollautomatische Datenübertragung (Straight Through Processing); dadurch Einsparung von Arbeitszeit sowie weitgehender Ausschluss manueller Fehler
- Sehr schnelle Übertragung innerhalb von wenigen Minuten; dadurch zeitnahe Reaktionsmöglichkeit
- Gesicherter Systemzugang durch Verschlüsselung
- Warnmeldungen bei Störungen oder fehlerhaften Nachrichten; dadurch schnellere Eingriffsmöglichkeit
- Automatischer Abgleich von Geschäftsbestätigungen zu Devisen- und Geldmarktgeschäften; dadurch Einsparung von Zeit für Kontrollaktivitäten sowie Minimierung des operationellen Risiko
- Ausfallsicherheit des Systems als Basis eines verlässlichen Geschäftsprozesses
- Zukünftige Ausbaufähigkeit der SWIFT-Plattform, z. B. in Richtung Massenzahlungsverkehr
- Möglichkeit eines Outsourcing über ein Service-Büro
- Sehr gute Erreichbarkeit aller Marktteilnehmer auf Grund des weltweiten Standards

- Möglichkeit einer kompletten Archivierung sämtlicher Transaktionsdaten

Auf Grund des großen prognostizierten Einsparpotenzials sowie der Tatsache, dass SWIFT als weltweiter Standard für den Austausch von elektronischen Nachrichten Anerkennung findet, hat das EADS-Management das SWIFT-Projekt als eines der zu priorisierenden Projekte ausgewählt.

6. Gründe für die Anbindung über ein Service-Büro

Die EADS hat sich entschieden, über ein Service-Büro an SWIFT teilzunehmen, da über diesen Weg Kostenvorteile gegenüber einer Eigeninstallation realisiert werden können. Die direkte Anbindung an SWIFT hätte eine große Investition in eine ausfallsichere Hardware und deren Wartung erforderlich gemacht.

Ein weiteres entscheidendes Argument für ein Service-Büro ist das dort bereits vorhandene Know-how. Hierdurch werden Fehler vermieden und Lernprozesse beschleunigt. Die notwendigen Administrationstätigkeiten, wie z. B. An- und Abmeldeprozesse sowie der Austausch von elektronischen Schlüsseln, werden vom Service-Büro wahrgenommen. Dadurch werden Kapazitäten auf Seiten der EADS freigesetzt und aufwendige Prozesse eingespart. Schließlich bietet das Service-Büro wertvolle Zusatzdienste, wie z. B. die Kontrolle der Nachrichtendetails und der Warnmeldungen, sowie einen hohen professionellen Service-Level für das operative Geschäft.

Wählt man den Weg über ein Service-Büro, wird die elektronische Architektur vom Service-Büro zur Verfügung gestellt. Auch bei einer indirekten Anschlussform ist man natürlich Mitglied bei SWIFT; lediglich die physikalische Verbindung erfolgt über ein Service-Büro.

7. Hauptanwendungsgebiete von SWIFT

Die Hauptanwendungsgebiete von SWIFT bei der EADS sind der automatische Abgleich von Bestätigungen zu Devisen- und Geldmarktgeschäften, elektronische Zahlungen, elektronische Wertpapierzahlungsaufträge sowie der Erhalt von elektronischen Kontoauszügen. Im Folgenden sollen diese Anwendungen anhand ausgewählter Beispiele näher betrachtet werden.

7.1 Automatischer Abgleich von Devisen- (MT300) und Geldmarktgeschäften (MT320)

Vor der Einführung von SWIFT wurden sämtliche Devisen- und Geldmarktgeschäfte manuell bestätigt. Die Geschäftsbestätigung erfolgte entweder per Fax, per E-Mail oder auf dem Postweg. Darüber hinaus wurden alle Geschäfte nochmals telefonisch abgestimmt. Manuelle sowie kommunikative Fehler waren nicht auszuschließen. Mittlerweile erfolgt dieser Prozess automatisch über SWIFT.

Im Folgenden soll betrachtet werden, welchen Prozess eine Nachricht vom Typ MT300[10] – vom Abschluss des Geschäftes durch den Händler im Front Office bis zum finalen Abgleich mit der Gegenbestätigung des Kontrahenten durch das SWIFT Accord System[11] – durchläuft.

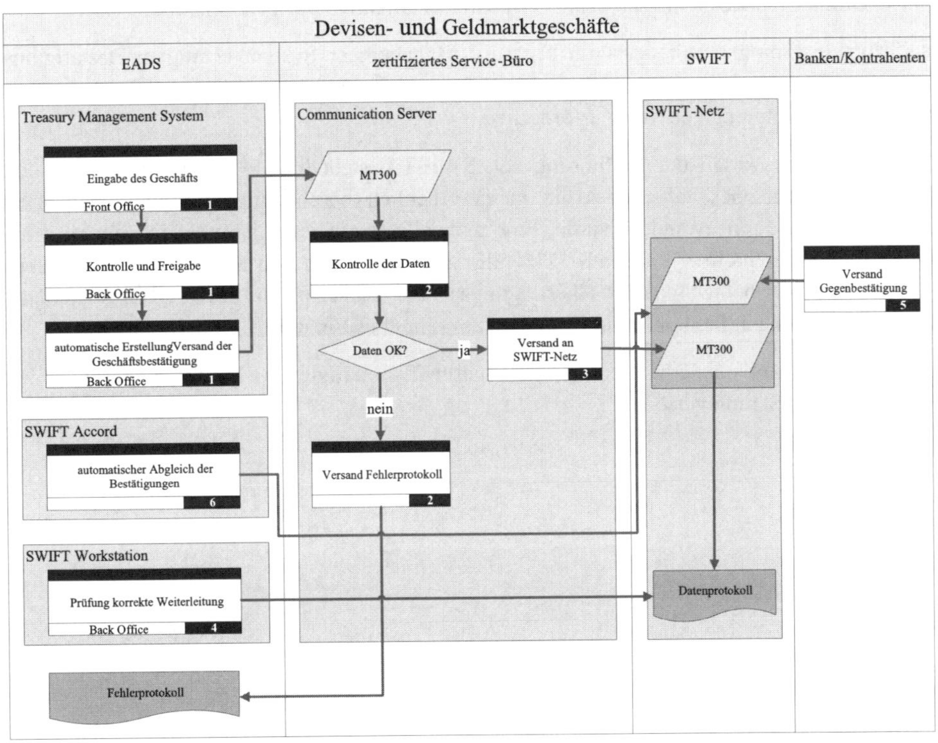

Abbildung 1: *Automatischer Abgleich von Devisen- u. Geldmarktbestätigungen mit SWIFT*

10 MT300 = Message Type für Devisengeschäfte, MT320 = Message Type für Geldmarktgeschäfte, MT399 = Message Type für administrative Nachrichten.

11 SWIFT Accord ist eine Software zum automatischen Abgleich der Geschäftsbestätigungen der Kontrahenten. In einer lokalen Datenstation, die mit einer SWIFT-Datenbank verbunden ist (= Webstation), kann festgestellt werden, ob die Geschäftsbestätigungen abgeglichen werden konnten.

Der Gesamtprozess ist durch die nachstehenden einzelnen Prozessschritte gekennzeichnet:

Geschäftsabschluss und Eingabe des Devisengeschäftes durch einen Händler im Front Office in das Treasury Management System. Automatische Weiterleitung an das Back Office. Kontrolle und Freigabe der Geschäftsdaten. Mit der Freigabe wird gleichzeitig ein MT300 generiert und verschlüsselt.

Weiterleitung der Nachricht an das Service-Büro, durch das eine formale Kontrolle aller Daten erfolgt. Bei fehlerhaften Daten oder bei technischen Problemen sendet das Service-Büro innerhalb von wenigen Minuten ein Fehlerprotokoll an das Back Office der EADS.

Sind alle Daten formal korrekt, erfolgt eine Weiterleitung der Nachricht an das SWIFT-Netz.

In der Workstation[12] wird geprüft, ob die Nachrichten vom SWIFT-Netz angenommen worden sind.

Der Kontrahent sendet seinerseits eine Geschäftsbestätigung vom Typ MT300.

Bei Übereinstimmung mit der vom Treasury Management System erzeugten Bestätigung erfolgt ein automatischer Abgleich in SWIFT Accord. Ein manueller Eingriff ist nur bei Nichtübereinstimmung der Daten erforderlich.

Der wesentliche Vorteil der Einführung von SWIFT besteht für die EADS darin, dass der frühere manuelle Geschäftsprozess in einen erheblich beschleunigten vollautomatischen Geschäftsprozess umgewandelt wurde. Eine manuelle Bearbeitung ist nur noch für ca. zehn Prozent aller Geschäfte erforderlich. Dies führt zur Freisetzung von Kapazitäten. Bei fehlerhaften Daten oder bei technischen Übertragungsproblemen sendet das Service-Büro innerhalb weniger Minuten ein Fehlerprotokoll, so dass ein schnelles Eingreifen ermöglicht wird.

Abbildung 2 zeigt musterhaft eine Devisengeschäftsbestätigung (MT300), wie sie in der SWIFT Accord Station verfügbar ist.

12 Die Workstation ist eine lokale Datenstation, die ebenfalls mit dem SWIFT-Netz verbunden ist. Hiermit können alle aus- und eingehenden Nachrichten identifiziert werden. Wurde eine Nachricht erfolgreich an das SWIFT-Netz überstellt, erhält diese in der Workstation einen Bestätigungsvermerk.

Deal Type	Foreign Exchange Confirmation		
Sender:	EADSDEMMXXX	Receiver:	EADSDEMMXXX
BIC Sender:	EADSDEMMXXX	BIC Receiver:	EADSDEMMXXX
Receiver:	MSLNGB2XXXX	Sender:	MSLNGB2XXXX
BIC Receiver:	MSLNGB2XFXO	BIC Sender:	MSLNGB2XFXO
A General Information			
F20:	SPT380280	F20:	RNU2YZ
		F21:	NEW
F22A:	NEWT	F22A:	NEWT
F22C:	EADSMM8692MSLN2X	F22C:	EADSMM8692MSLN2X
F82A:	EADSDEMM	F87A:	EADSDEMMXXX
F87A:	MSLNGB2XFXO	F82A:	MSLNGB2XFXO
B Transaction Details			
F30T:	20060526	F30T:	20060526
F30V:	20060531	F30V:	20060531
F36:	1,8692	F36:	1,8692
B1 Amount Bought			
F32B:	GBP1069976,46	F33B:	GBP1069976,46
F57D:	NET SETTLEMENT	F57D:	NET SETTLEMENT
		F58D:	/24631702 EADS NV
B2 Amount Sold			
F33B:	USD2000000,00	F32B:	USD2000000,00
F57D:	NET SETTLEMENT	F57D:	NET SETTLEMENT
C Optional General Information			
F29A:	/PHON/00 49 (089) 607 35 056		
F24D:	PHON	F24D:	PHON
D Split Settlement Details			

Abbildung 2: *Automatischer Abgleich mit SWIFT Accord*

Beim zugehörigen Geschäft handelt es sich um einen Verkauf von USD 2 Mio. (Feld F33B) gegen GBP 1.069.976,46 (Feld 32B) zu einem Kurs von 1,8692 GBP/USD (Feld F36) am 26.05.2006 (Feld F30T) per Valuta 31.05.2006 (Feld F30V) an den Kontrahenten (Feld F87A).

Die linke Seite stellt die Daten der EADS dar; die rechte Seite beinhaltet die Daten des Kontrahenten. Stimmen beide Seiten überein, kann das Geschäft in SWIFT Accord automatisch abgeglichen werden.

Bei Nichtübereinstimmung muss manuell eingegriffen werden. Die Felder F57D geben Auskunft über die Zahlungsweise. Gibt es mit einer Bank mehrere Devisengeschäfte mit gleicher Valuta, erfolgt bei der EADS eine Verrechnung mit den anderen Zahlungen (Netting).

7.2 Elektronische Zahlungsaufträge

Vor Einführung von SWIFT wurden Zahlungen über verschiedene elektronische Plattformen oder auch manuell per Fax getätigt. Unabhängig vom Zahlungsweg mussten bei der EADS die Zahlungen aus Devisen- und Geldmarktgeschäften telefonisch mit den Zahlungsbanken abgestimmt werden.

Seit Juli 2005 werden nahezu alle Treasury-Zahlungen über SWIFT abgewickelt. Der Zahlungsprozess wird in Abbildung 3 dargestellt.

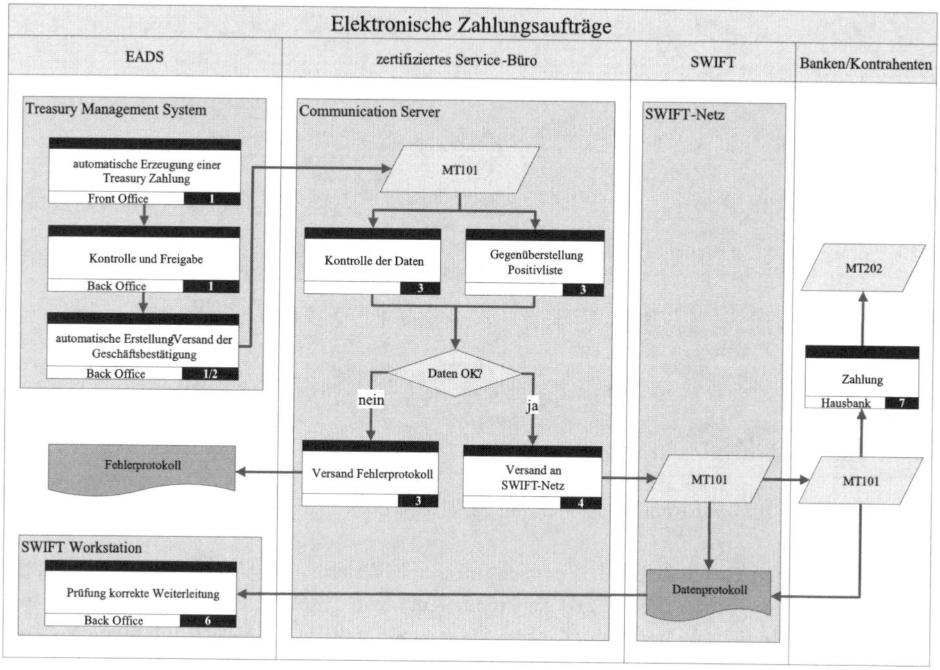

Abbildung 3: *MT101 Elektronische Zahlungsaufträge mit SWIFT*

Der Gesamtprozess ist durch die nachstehenden einzelnen Prozessschritte gekennzeichnet:

1. Automatische Erzeugung einer Treasury-Zahlung durch das Treasury Management System. Die Kontrolle und Freigabe der Zahlung erfolgt durch das Back Office der EADS bei gleichzeitiger Generierung einer MT101.
2. Nach Verschlüsselung der Nachricht erfolgt die Weiterleitung an das Service-Büro.
3. Hier erfolgen eine formale Kontrolle der Geschäftsdaten sowie eine weitere Kontrolle durch Gegenüberstellung einer „Positiv-Liste“ (Prüfliste), die alle vorher genehmigten

Kontrahentendaten enthält. Stimmen die Daten nicht überein, wird der Zahlungsauftrag nicht ausgeführt. Das Service-Büro sendet eine Fehlermeldung an das Back Office. Die Positiv-Liste wird unabhängig vom Back Office durch das Middle Office gepflegt.

4. Nach erfolgreichem Abgleich mit der Positiv-Liste erfolgt die Weitergabe der MT101 an das SWIFT-Netz.
5. Über SWIFT gelangt die Nachricht an eine Zahlungsbank der EADS.
6. In der Workstation wird überprüft, ob die MT101 erfolgreich verschickt wurde.
7. Die Hausbank führt mit einer MT202 die Zahlung an die Bank des Begünstigten aus.

Der wesentliche Vorteil der Einführung von SWIFT besteht für die EADS darin, dass die Zahlungen in einem vollautomatischen Prozess von einer einzigen Plattform getätigt werden. Eine manuelle Kontrolle ist nur in Ausnahmefällen erforderlich; ansonsten erfolgt der gesamte Prozess vollautomatisch (STP). Zahlungen können nur an vorher genehmigte Kontrahenten getätigt werden, was durch einen automatisierten Abgleich gegenüber einer Positiv-Liste sichergestellt ist. Darüber hinaus ist die EADS nicht mehr von elektronischen Bankensystemen abhängig.

7.3 Bereitstellung elektronischer Kontoauszüge

Bisher wurden die Kontoauszüge der verschiedenen Banken von den Zahlungsbanken der EADS gesammelt, formatiert und über die jeweils bankeigene Banking-Software an das Treasury Management System der EADS weitergeleitet. Durch den Einsatz von SWIFT ist es nun auch möglich, die täglichen Kontoauszüge direkt von der jeweiligen Bank zugestellt zu bekommen. Dies erfolgt durch die Bereitstellung einer MT940.

Der Erhalt von elektronischen Kontoauszügen mittels SWIFT lässt sich wie folgt darstellen (siehe Abbildung 4):

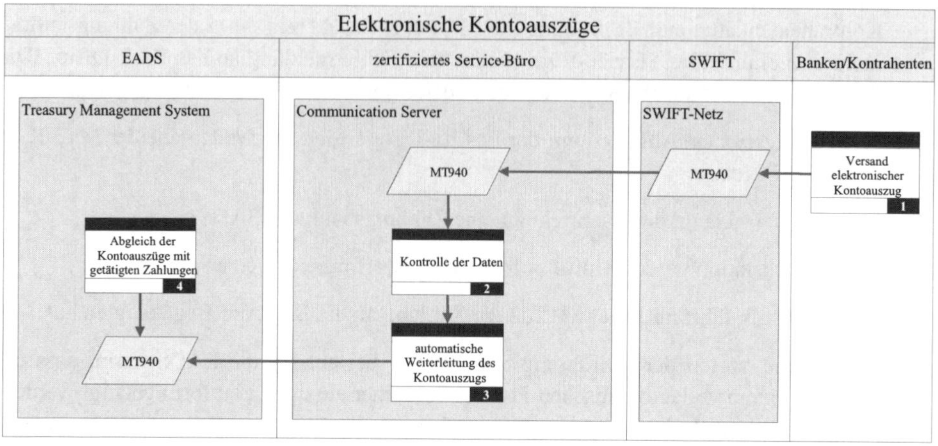

Abbildung 4: *Erhalt von elektronischen Kontoauszügen mit SWIFT*

Der Prozess ist in vier Teilschritte untergliedert:

1. Die Bank(en) sendet(n) über das SWIFT-Netz einen elektronischen Kontoauszug (MT940).
2. Es erfolgen eine Weiterleitung an das Service-Büro und eine anschließende formale Kontrolle sowie eine Vollständigkeitskontrolle.
3. Der elektronische Kontoauszug wird automatisch an das Treasury Management System weitergeleitet.
4. Es erfolgt ein Abgleich der Kontoauszüge mit den getätigten Zahlungen.

Der Vorteil einer Einführung von SWIFT besteht darin, dass die Kontoauszüge von den Kontrahenten direkt an die SWIFT-Adresse der EADS gesendet werden können, während sie früher bei einer Zahlungsbank erst gesammelt und verarbeitet werden mussten. Somit entfällt das Risiko des Nichterhalts aller Kontoauszüge auf Grund eines Systemausfalls bei der zwischengeschalteten Zahlungsbank. Ein weiterer großer Vorteil ist auch hier die Unabhängigkeit von den elektronischen Banksystemen.

7.4 Abwicklung von Wertpapiergeschäften

Die für Industrieunternehmen relevanten Wertpapiergeschäfte werden bei der EADS ebenfalls über das SWIFT-Netz abgewickelt. Dies sind insbesondere Commercial Papers, Certificates of Deposit, Bonds und Money Market Funds. Vor der Einführung von SWIFT erfolgte der gesamte Abwicklungs- und Kontrollprozess manuell. Es musste ein Schreiben mit allen

Details zu dem Wertpapierzahlungsauftrag manuell erstellt und an die Depotbank gefaxt werden. Der zeitnahe Erhalt dieses Schreibens bei der Depotbank musste mit einem Anruf bei der Depotbank ebenso wie die erfolgreiche Abwicklung des Geschäftes überprüft werden.

Mit der Abwicklung über SWIFT wurde dieser Prozess weitgehend automatisiert. Auch für die Depotbank ist damit eine Automatisierung ihrer Prozesse möglich. Der Geschäftsprozess kann wie folgt dargestellt werden (siehe Abbildung 5):

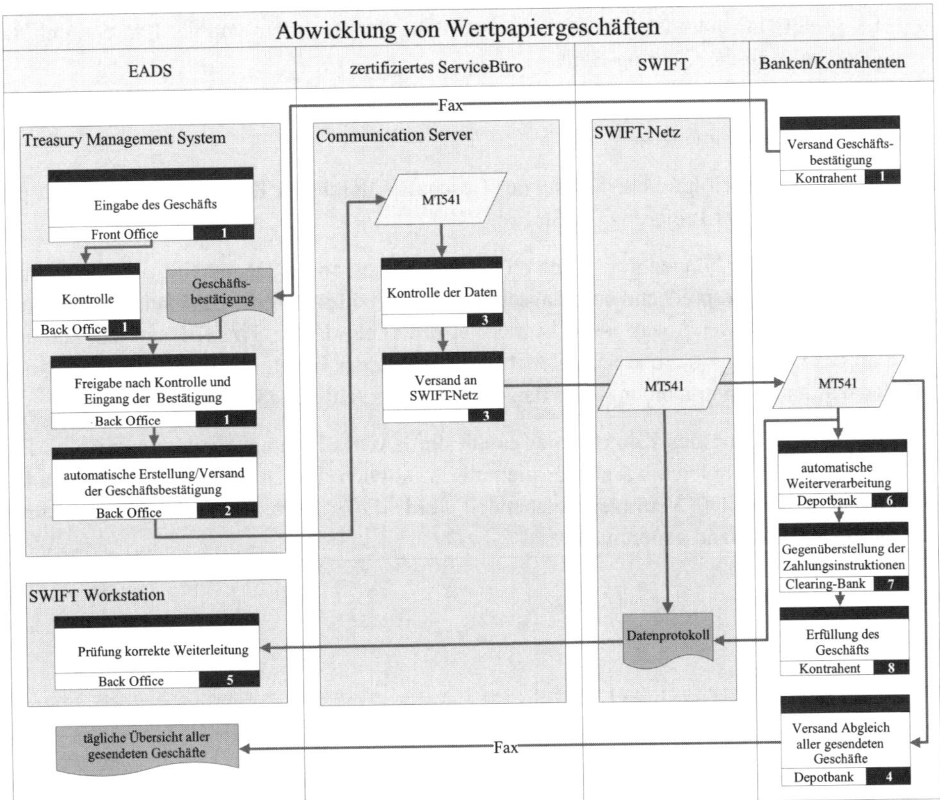

Abbildung 5: *Wertpapierzahlungsaufträge mit SWIFT*

Der Gesamtprozess ist durch die nachstehenden einzelnen Prozessschritte gekennzeichnet:

1. Nach Abschluss und Eingabe der Geschäfte durch das Front Office in das Treasury Management System erfolgt eine automatische Weiterleitung an das Back Office. Dort wird das Geschäft geprüft und anschließend freigegeben. Die Freigabe erfolgt aber erst, nachdem das Back Office eine Bestätigung des Kontrahenten per Fax erhalten hat.

2. Gleichzeitig mit der Freigabe wird eine SWIFT-Nachricht vom Typ 541 generiert, verschlüsselt und an das Service-Büro weitergeleitet.

3. Dort erfolgen eine formale Kontrolle der Nachricht und eine anschließende Weiterleitung an das SWIFT-Netz.
4. Über das SWIFT-Netz gelangt die Nachricht an die Depotbank, die täglich der EADS per Fax einen Abgleich aller gesendeten Geschäfte bereitstellt.
5. In der Workstation kann festgestellt werden, ob die Nachricht vom Typ 541 erfolgreich an die Depotbank gesendet wurde.
6. Es erfolgt eine automatische Weiterverarbeitung der Nachricht von der EADS durch die Depotbank an die Clearing-Bank.
7. Bei der Clearing-Bank wird eine automatische Gegenüberstellung der Zahlungsinstruktionen vorgenommen.
8. Abschließend erfolgt die Erfüllung des Geschäftes durch den Kontrahenten entweder per Zahlung oder per Lieferung der Stücke.

Wertpapiergeschäfte können mit Hilfe von SWIFT schnell an die Depotbank zur Abwicklung gegeben und dort entsprechend automatisch weiterverarbeitet werden. Ein manuelles Eingreifen von Seiten der Depotbank ist nicht mehr erforderlich, da die SWIFT-Nachricht automatisch an das Clearingsystem weitergeleitet wird. Neben der Beschleunigung der Abwicklung werden damit auf Unternehmens- und Bankenseite auch Fehlerquellen reduziert.

Die Gegenbestätigung des Kontrahenten erhält die EADS allerdings weiterhin per Fax. Ein vollautomatischer Abgleich wäre zwar theoretisch möglich; hierzu müssten jedoch mit allen Kontrahenten MA-CUG-Verträge ausgehandelt werden. Aus Kosten- und Zeitgründen wurde davon zunächst Abstand genommen.

8. Projektverlauf

Im Folgenden soll kurz der Projektverlauf zur Einführung von SWIFT betrachtet werden. Dabei werden zunächst die Projektphasen sowie anschließend die Notwendigkeit von Projektmeilensteinen erläutert. Der Abschnitt schließt mit einer Betrachtung unserer Projekterfahrungen.

8.1 Projektphasen

Die vorstehend behandelten Anwendungsbereiche von SWIFT wurden nicht simultan, sondern sequenziell und insbesondere nach erfolgreicher Anwendung der jeweils vorhergehenden Phase eingeführt. Jeder Phase ging eine intensive Testphase voraus.

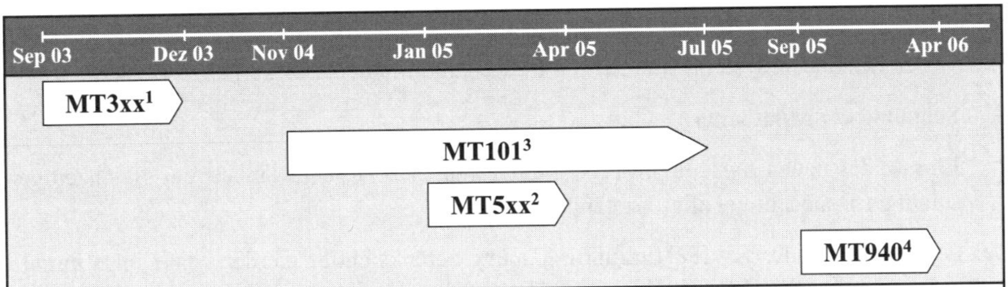

1) Abgleich (Matching) von Devisen- und Geldhandelsgeschäften mit Kontrahenten
2) Wertpapierabwicklung, MA-CUG-Vertrag erforderlich
3) Senden von Zahlungs-aufträgen an die Zahlungsbanken, MA-CUG-Verträge erforderlich
4) Erhalt der täglichen Kontoauszüge

Abbildung 6: *Projektphasen*

Das Streben nach schnellen Abstimmungsprozessen im Massengeschäft führte zunächst zur Implementierung des Message Types MT3xx. Nach erfolgreicher Implementierung des MT3xx begann die EADS in einem nächsten Schritt mit der Abwicklung von Wertpapiergeschäften über SWIFT. Dazu musste mit der Depotbank ein MA-CUG-Vertrag abgeschlossen werden. In einer dritten Phase wurde mit der Umstellung der Zahlungen auf SWIFT begonnen. Die bisher manuelle und über verschiedenste Zahlungsplattformen getätigte Zahlungsabwicklung wurde jetzt zentralisiert und automatisiert. Damit konnte die Unabhängigkeit von den Banken weiter vorangetrieben werden. Diese Überlegungen führten schließlich auch zur Einführung von elektronischen Kontoauszügen via SWIFT.

8.2 Projektmeilensteine

Für eine termingenaue und erfolgreiche Durchführung des SWIFT-Projektes waren die Erarbeitung und Einhaltung von Meilensteinen unabdingbar. Diese im Folgenden dargestellten Meilensteine waren fester Bestandteil jeder der oben genannten Projektphasen:

1. Aushandeln und Unterzeichnung von Verträgen mit SWIFT, den Kontrahenten und dem Service-Büro.
2. Modifikation des Treasury Management Systems dergestalt, dass SWIFT-Nachrichten generiert und verschlüsselt werden können.
3. Anpassung von Treasury-Prozessen an die neue Umgebung und Definition von internen Kontrollen.
4. Einführung der neuen Infrastruktur.
5. Testen des neuen Systems im internen Betrieb und mit den erforderlichen Banken.
6. Schulung der Mitarbeiter.
7. Einsatz des neuen Systems im produktiven täglichen Geschäftsablauf bei gleichzeitiger ständiger Beobachtung aller Vorgänge.

Bei der Planung einer SWIFT-Einführung muss berücksichtigt werden, dass eine initiale Anbindung an das SWIFT-Netz nur viermal pro Jahr möglich ist. Wird ein solcher Termin versäumt, muss bis zum nächsten Termin gewartet werden.

8.3 Projekterfahrungen

8.3.1 Erfahrungen mit Banken

Als besonders zeitintensiv erwies sich das Aushandeln der MA-CUG-Verträge mit diversen Banken, da hier die rechtlichen Grundlagen für den Austausch von Nachrichtentypen über SWIFT geschaffen werden mussten. Da die EADS die SWIFT-Zahlungen über mehrere Zahlungsbanken abwickelt, musste mit jeder Zahlungsbank eigens ein MA-CUG-Vertrag abgeschlossen werden (der Forwarding Service über eine Bank war aus unternehmenspolitischen Gründen nicht erwünscht). Ein MA-CUG-Vertrag musste auch mit der Depotbank, an die von EADS Wertpapierzahlungsaufträge per SWIFT gesendet werden, abgeschlossen werden.

Die Kooperation zwischen den Banken und der EADS verlief insgesamt sehr gut. Insbesondere während der Testphase bekamen wir viel Unterstützung von den Banken. Es gab nur vereinzelt Probleme mit einigen wenigen Banken, die mit einer zeitlichen Verzögerung oder weiterhin per Fax bestätigten. Dies lag zum Teil auch an den technischen sowie organisatorischen Voraussetzungen bei den jeweiligen Banken.

In summa kann man erfreulicherweise feststellen, dass mittlerweile sämtliche Kontrahenten, mit denen wir Geschäfte abschließen, die SWIFT-Bestätigungen (MT300) innerhalb von wenigen Minuten an uns senden. Nur in vereinzelten Fällen kommt es zu zeitlichen Verzögerungen.

8.3.2 Interne Erfahrungen

Durch die intensive Partizipation aller EADS-Mitarbeiter im Treasury-Bereich sowie die Übertragung von Verantwortung an die Projektmitarbeiter entwickelte sich ein sehr konstruktiver Teamgeist. Durch den gemeinsamen Lernprozess verbesserte sich auch das Verständnis aller Projektmitarbeiter und Anwender für das neue System. Aber auch das Verständnis für die einzelnen Prozesse und Geschäftsarten wurde dadurch geschärft, ebenso wie die Wahrnehmung von Kosten, Qualität und Zeit als Determinanten zur Minimierung des operationellen Risikos.

Dadurch erhöhte sich auch bei den Mitarbeitern die Akzeptanz für erforderliche Maßnahmen und Veränderungen bezüglich der gewohnten Abläufe. Vor dem Hintergrund dieser Entwicklung verwundert es auch nicht, dass neue Anwendungsmöglichkeiten durch den gemeinsamen Dialog erkannt und vorgeschlagen wurden. Inzwischen hat dieses Projekt zu einem intensiven Know-how-Transfer zwischen den Abteilungen geführt und zu erheblichen Ergebnisverbesserungen beigetragen.

Durch den Einsatz von SWIFT hat sich der manuelle Eingriffsbedarf um ca. 90 Prozent reduzieren lassen. Bei einer wöchentlichen Transaktionszahl von durchschnittlich 300 Devisen- und Geldmarktgeschäften bedeutet dies, dass 270 Devisengeschäftsbestätigungen nicht mehr manuell überprüft werden müssen. Somit werden Ressourcen frei zur Klärung der verbleibenden 10 %. Dies stellt wertvolle Zeit dar, insbesondere in Anbetracht der Notwendigkeit einer hohen Reaktionsgeschwindigkeit bei Fehlern, was eine signifikante Reduzierung des operationellen Risikos darstellt. Fehler können innerhalb von wenigen Minuten nach Abschluss des Geschäftes identifiziert und korrigiert werden. Durch den Einsatz von SWIFT Accord können Bestätigungen der Kontrahenten bereits nach wenigen Minuten automatisch abgeglichen werden. Dadurch kann sich das Treasury der EADS auf die reine Fehlerbearbeitung konzentrieren.

Durch den automatischen Import der elektronischen Kontoauszüge in das Treasury-Management-System konnte eine Zeitersparnis von einer Stunde pro Tag erreicht werden. Dies gilt auch für die elektronischen Zahlungen sowie Wertpapierzahlungsaufträge, die in einem vollautomatisierten Prozess ablaufen.

9. Zusammenfassung und Ausblick

Zusammenfassend kann festgestellt werden, dass durch den Einsatz von SWIFT bei der EADS die Abstimmungs-, Abwicklungs- und Kontrollprozesse im Treasury-Bereich wesentlich beschleunigt werden konnten, was zu einer signifikanten Reduzierung des operationellen

Risikos beigetragen hat. Durch die Automatisierung konnte die Fehlerquote drastisch gesenkt werden.

Die Möglichkeiten, die das SWIFT-Netz bietet, haben zu Überlegungen geführt, diese Technik für weitere Anwendungen zu nutzen und die Plattform weiter auszubauen. In Planung ist bereits die Bestätigung von Optionsgeschäften und sonstigen Derivativen mittels SWIFT. Darüber hinaus wird bei der EADS bereits die Überlegung angestellt, ob SWIFT nicht auch für den kommerziellen Massenzahlungsverkehr genutzt werden soll.

Der ständig fortschreitende, weltweite Prozess der elektronischen Vernetzung zwingt Banken und Unternehmen zum Umdenken. Der künftige Informationsfluss zwischen Unternehmen und Banken, aber auch zwischen Unternehmen wird zunehmend elektronisch ablaufen. Vor dem Hintergrund dieser Entwicklung erscheint die Präsenz auf der SWIFT-Plattform vorteilhaft.

Literatur

Altmann, J. (2001): Außenwirtschaft für Unternehmen, 2. Auflage, Stuttgart 2001.

Arnold, G. (2005): Corporate Financial Management, 3. Auflage, London 2005.

Buckley, A. (1992): Multinational Financing, New York 1992.

Stocker, K. (2001): Wechselkursmanagement auf Euro-Basis, Wiesbaden 2001.

Swift.com, online (2006): SWIFT in figures – SWIFTNet FIN traffic July 2006 YTD, http://www.swift.com/index.cfm?item_id=4329, August 2006; (Stand: 27.07.2006).

Treasury Today (2006), May 2006.

Stichwortverzeichnis